深层碳酸盐岩气藏高效开发技术论文集

刘义成 徐 伟 邓 惠 李隆新 等编

石油工业出版社

内 容 提 要

本书汇编了国家科技重大专项课题《深层碳酸盐岩气藏高效开发技术》在"十三五"期间撰写的优秀学术论文，内容主要涉及天然气开发地质、气藏工程两大领域，收录了攻关团队在储层精细描述、地质建模、渗流规律表征、开发方式优选等方面形成的创新技术成果，展示了成果对四川盆地深层碳酸盐岩气藏开发的关键支撑作用。

本书可供从事气藏开发的专业技术人员及管理人员参考，也可作为石油高等院校相关专业的参考资料。

图书在版编目（CIP）数据

深层碳酸盐岩气藏高效开发技术论文集 / 刘义成等编 . —北京：石油工业出版社，2021.11
ISBN 978-7-5183-4992-0

Ⅰ. ①深… Ⅱ. ①刘… Ⅲ. ①碳酸盐岩油气藏 – 油田开发 – 文集 Ⅳ. ① TE344-53

中国版本图书馆 CIP 数据核字（2021）第 217446 号

出版发行：石油工业出版社
（北京安定门外安华里 2 区 1 号　100011）
网　　址：www.petropub.com
编辑部：（010）64523541
图书营销中心：（010）64523633
经　销：全国新华书店
印　刷：北京中石油彩色印刷有限责任公司

2021 年 11 月第 1 版　2021 年 11 月第 1 次印刷
787×1092 毫米　开本：1/16　印张：25
字数：600 千字

定价：180.00 元
（如出现印装质量问题，我社图书营销中心负责调换）
版权所有，翻印必究

《深层碳酸盐岩气藏高效开发技术论文集》编委会

主　编：刘义成

副主编：徐　伟　邓　惠　李隆新

成　员：（按姓氏笔画排序）

王俊杰　王　蓓　王　璐　申　艳　兰雪梅
朱　讯　刘启国　刘曦翔　闫海军　李佳峻
李　骞　杨泽恩　杨胜来　张连进　张　岩
张　春　陈建勋　罗文军　孟凡坤　姚宏宇
陶夏妍　戚　涛　鲁　杰　鄢友军　蒲柏宇

前言

四川盆地是世界上最早开发利用天然气的地区，也是我国现代天然气工业的摇篮，盆地油气资源量 $38 \times 10^{12} m^3$，探明率尚不足 10%，勘探开发潜力巨大，是中国最具潜力的含油气盆地之一。目前，盆地常规天然气年产量超 $350 \times 10^8 m^3$，其中深层碳酸盐岩气藏天然气年产量占比达 83% 以上，是四川盆地常规天然气产量贡献的压舱石。

"十二五"期间，中国石油西南油气田公司发扬艰苦奋斗、求实创新的精神，在四川盆地埋深 4600~7500m 的深层碳酸盐岩领域取得突破，相继发现安岳气田震旦系灯影组气藏、寒武系龙王庙组气藏以及川西下二叠统栖霞组气藏，提交天然气三级储量超过 $1 \times 10^{12} m^3$，开发潜力巨大，成为四川盆地乃至国内"十三五"期间天然气上产的主力气藏。然而，这些气藏经历了超长时间的埋藏演化，成岩、成藏过程多样，储层非均质性强，气水关系复杂，全球尚无同类型气藏高效开发先例，要实现储量向产量的快速转化面临巨大挑战。

"十三五"期间，西南油气田公司以国家科技重大专项为依托，联合中国石油大学（北京）、西南石油大学、中国石油勘探开发研究院等高等院校、科研院所，组建"产、学、研"相结合的联合攻关团队，采取多学科、多专业联合攻关的方式，聚焦四川盆地深层碳酸盐岩气藏高效开发目标，开展储层发育主控因素研究、储渗体精细描述研究、产能特征及产能控制因素研究、多重介质储层特殊渗流规律及可动性研究、地层水活跃性及其对策研究，创新形成了深层碳酸盐岩气藏高效开发技术系列，支撑四川盆地深层碳酸盐岩气藏高效开发获得重大突破。截至 2020 年底，安岳气田建成年产能 $150 \times 10^8 m^3$，川西下二叠统栖霞组气藏试采规模突破年产 $8 \times 10^8 m^3$，成为国内天然气上产的增长极。

在课题攻关期间，攻关团队撰写了一批高水平学术论文，为了与国内同行分享四川盆地深层碳酸盐岩气藏开发取得的先进理念和技术，西南油气田公司组织编写了《深层碳酸盐岩气藏高效开发技术论文集》，编写组由长期从事气藏开发的专家、技术骨干组成。本书是"十三五"期间四川盆地深层碳酸盐岩气藏开发技术形成和应用的总结，对同类型气藏开发具有较强的指导作用。希望本书的出版能对全国从事气藏开发的科研人员和管理人员有所帮助，促进我国天然气开发水平的不断提高。

目录

第一部分 天然气开发地质

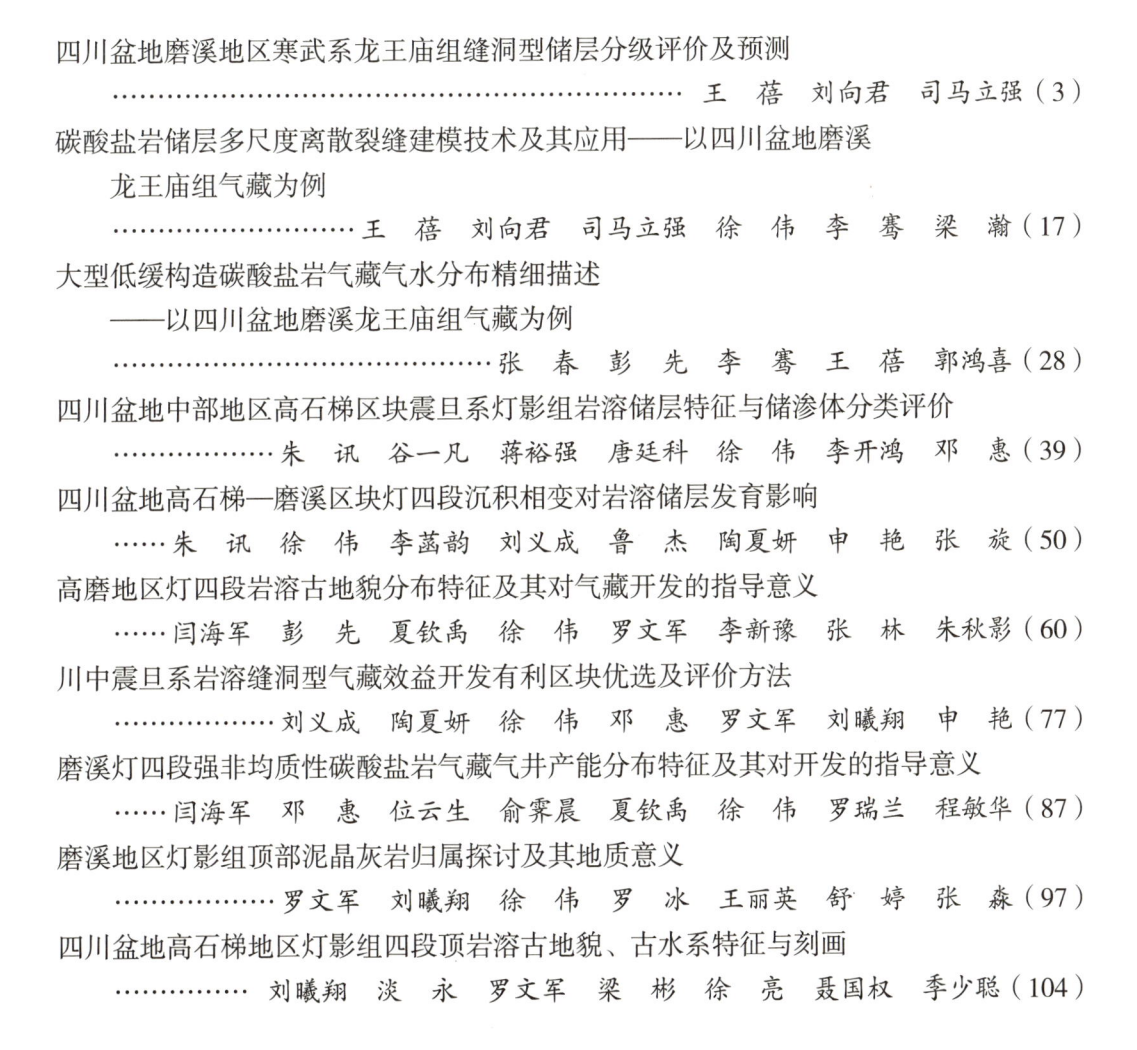

四川盆地磨溪地区寒武系龙王庙组缝洞型储层分级评价及预测
.... 王 蓓 刘向君 司马立强（3）

碳酸盐岩储层多尺度离散裂缝建模技术及其应用——以四川盆地磨溪龙王庙组气藏为例
.... 王 蓓 刘向君 司马立强 徐 伟 李 骞 梁 瀚（17）

大型低缓构造碳酸盐岩气藏气水分布精细描述
——以四川盆地磨溪龙王庙组气藏为例
.... 张 春 彭 先 李 骞 王 蓓 郭鸿喜（28）

四川盆地中部地区高石梯区块震旦系灯影组岩溶储层特征与储渗体分类评价
.... 朱 讯 谷一凡 蒋裕强 唐廷科 徐 伟 李开鸿 邓 惠（39）

四川盆地高石梯—磨溪区块灯四段沉积相变对岩溶储层发育影响
...... 朱 讯 徐 伟 李蔄韵 刘义成 鲁 杰 陶夏妍 申 艳 张 旋（50）

高磨地区灯四段岩溶古地貌分布特征及其对气藏开发的指导意义
...... 闫海军 彭 先 夏钦禹 徐 伟 罗文军 李新豫 张 林 朱秋影（60）

川中震旦系岩溶缝洞型气藏效益开发有利区块优选及评价方法
.... 刘义成 陶夏妍 徐 伟 邓 惠 罗文军 刘曦翔 申 艳（77）

磨溪灯四段强非均质性碳酸盐岩气藏气井产能分布特征及其对开发的指导意义
...... 闫海军 邓 惠 位云生 俞霁晨 夏钦禹 徐 伟 罗瑞兰 程敏华（87）

磨溪地区灯影组顶部泥晶灰岩归属探讨及其地质意义
.... 罗文军 刘曦翔 徐 伟 罗 冰 王丽英 舒 婷 张 森（97）

四川盆地高石梯地区灯影组四段顶岩溶古地貌、古水系特征与刻画
.... 刘曦翔 淡 永 罗文军 梁 彬 徐 亮 聂国权 李少聪（104）

四川盆地高石梯地区震旦系灯影组四段硅质岩成因及地质意义
　　……………… 罗文军　徐　伟　刘曦翔　王　强　申　艳　杨　柳　朱　讯（114）
四川盆地高石梯—磨溪地区震旦系灯影组白云岩溶蚀差异实验研究
　　……………… 罗文军　季少聪　刘曦翔　刘义成　淡　永　梁　彬　聂国权（125）
高石梯—磨溪地区灯四气藏产能主控因素分析
　　………… 陶夏妍　徐　伟　杨泽恩　姚宏宇　孙　波　申　艳　杨　柳　朱　讯（135）
双鱼石栖霞组白云岩储层储集空间表征及评价
　　……………………………………… 王俊杰　刘义成　何溥为　兰雪梅（144）
超深断块碳酸盐岩气藏储层裂缝发育特征与主控因素
　　——以双鱼石栖霞组气藏为例
　　……………… 兰雪梅　张连进　王天琪　杨　山　王俊杰　蒲柏宇　何溥为（158）
川西北双鱼石地区栖霞组沉积微相特征
　　……………… 蒲柏宇　张连进　刘曦翔　兰雪梅　王俊杰　文　雯　徐昌海（168）

第二部分　气藏工程

Influence of Pore Structure and Solid Bitumen on the Development of Deep Carbonate Gas Reservoirs: A Case Study of the Longwangmiao Reservoir in Gaoshiti–Longnusi Area, Sichuan Basin, SW China
　　……………… Jianxun Chen　Shenglai Yang　Dongfan Yang　Hui Deng　Jiajun Li（183）
A Study on the Influence of Pore Structure on Gas Flow and Recovery in Ultradeep Carbonate Gas Reservoirs at Multiple Scales
　　　　　　　　Jianxun Chen　Shenglai Yang　Qingyan Mei
　　………………………………………… Jingyuan Chen　Hao Chen　Jiajun Li（205）
高石梯—磨溪碳酸盐岩气藏斜井产能评价
　　………………………… 孟凡坤　雷　群　闫海军　何东博　邓　惠（238）
缝洞型碳酸盐岩气藏多类型储层内水的赋存特征可视化实验
　　…… 王　璐　杨胜来　彭　先　邓　惠　李隆新　孟　展　钱　坤　王　千（246）
深层有水气藏多层合采技术界限探讨
　　……………… 徐　伟　刘义成　邓　惠　樊怀才　张　岩　庄小菊　姚宏宇（260）
改进的产能模拟法在确定安岳气田磨溪区块储层物性下限中的应用
　　………………… 王　璐　杨胜来　徐　伟　孟　展　韩　伟　钱　坤（268）
应力敏感碳酸盐岩复合气藏生产动态特征分析
　　………………………… 孟凡坤　雷　群　徐　伟　何东博　闫海军　邓　惠（277）
深层强非均质碳酸盐岩气藏合理开发井距研究——以安岳气田GM地区灯四气藏为例
　　……………… 邓　惠　彭　先　刘义成　徐　伟　陶夏妍　谈健康　高奕奕（290）

缝洞型碳酸盐岩储层开展地质条件下应力实验的必要性
——以四川盆地川中地区 LY 气藏为例
.... 鄢友军 刘义成 徐 伟 邓 惠 罗文军（297）

缝洞型碳酸盐岩储层气水两相微观渗流机理可视化实验研究
.... 王 璐 杨胜来 刘义成 王云鹏 孟 展 韩 伟 钱 坤（306）

三维数字岩心流动模拟技术在四川盆地缝洞型储层渗流研究中的应用
.... 鄢友军 李隆新 徐 伟 常 程 邓 惠 杨 柳（321）

数字岩心结合成像测井构建裂缝—孔洞储层孔渗特征
.... 李隆新 常 程 徐 伟 鄢友军 杨 柳 邓 惠（332）

多孔介质速度场和流量场分布
.... 戚 涛 胡 勇 李 骞 彭 先 赵潇雨 荆 晨（342）

多段压裂水平井三线性流模型适用性研究
.... 刘启国 岑雪芳 李隆新 鲁 恒 金吉焱（353）

缝洞型碳酸盐岩气藏多层合采供气能力实验
... 王 璐 杨胜来 刘义成 徐 伟 邓 惠 孟 展 韩 伟 钱 坤（362）

缝洞型碳酸盐岩气藏多类型储层孔隙结构特征及储渗能力
——以四川盆地高石梯—磨溪地区灯四段为例
.... 王 璐 杨胜来 彭 先 刘义成 徐 伟 邓 惠（377）

第一部分 天然气开发地质

四川盆地磨溪地区寒武系龙王庙组缝洞型储层分级评价及预测

王 蓓[1,2] 刘向君[1] 司马立强[1]

（1.西南石油大学；2.中国石油西南油气田公司）

摘 要 利用四川盆地磨溪地区岩心、薄片、测井、地震、试井等资料，优选储层分级评价参数，建立该区碳酸盐岩储层多指标联合分级评价标准，明确优质储层发育主控因素，结合FMI成像测井缝洞识别技术和储层地震波形分类技术，有效预测了各级储层空间展布。压汞实验明确研究区发育4类储集空间，利用优选的中值孔喉半径、缝洞发育带的有效孔隙度和有效渗透率、裂缝—溶蚀孔洞发育组合关系4个评价参数建立储层分级评价标准，将研究区储层分为Ⅰ级缝洞型优质储层、Ⅱ级缝孔型中等储层、Ⅲ级晶间孔型差储层；结合构造位置、沉积相、后生成岩作用3个优质储层发育主控因素，利用各级储层地球物理响应特征和渗流特征，预测了各井区、各层段、各级别储层展布。经钻井证实本次研究建立的分级评价标准和预测方法正确有效。

关键词 四川盆地；磨溪地区；寒武系龙王庙组；碳酸盐岩；缝洞型储层；分级评价；储层预测

1 引言

储层分级是储层评价的关键，目前常见的储层分级方法可分为3类：（1）利用储层有效厚度、物性参数、孔隙结构等参数建立交会图版或引入数学参数优选对储层品质影响较大的表征参数[1-3]；（2）通过沉积微相、岩性岩相、成岩相等对储层孔隙结构的影响进行归纳分类[4]；（3）在综合评价的基础上运用分形维数、灰色理论、模糊理论、聚类分析、BP神经网络法等进行定量评价[5-7]。虽然目前的储层分级评价方法可从储层评价参数、岩石物理相、数学方法等多角度对储层进行定性和定量评价，但均主要应用于碎屑岩储层，在碳酸盐岩储层中运用较少[8,9]。

四川盆地磨溪地区寒武系龙王庙组气藏埋深超过4500m，2013年提交探明储量超4000×10^{8}m^3，是迄今中国发现的单体规模最大的特大型海相碳酸盐岩整装气藏，也是目前世界上发现规模最大的储层为寒武系的气藏[10]。目前，针对气藏开发阶段储层精细描述，亟需解决以下两个问题。①按照石油天然气行业标准中碳酸盐岩储集岩分类标准[11]，将孔隙度大于12%、渗透率大于10000mD作为Ⅰ类储集岩，孔隙度为6%~12%、渗透率为100~10000mD作为Ⅱ类储集岩，孔隙度为2%~6%、渗透率为1~100mD作为Ⅲ类储集岩，将孔隙度小于2%，渗透率小于1mD作为Ⅳ类储集岩，照此标准研究区Ⅰ类优质储层基本不发育，但实钻井试油却证实气藏获30余口百万立方米以上高产工业气井，故原行业标准中的分类标准不适用于研究区储层分级评价。②由于研究区储层分级评价标准尚不明确，导致对优质储层展布刻画不够精细，难以支撑气藏产能补充建设部署的需求。因此，迫切需要开展深层海相碳酸盐岩储层分级评价研究，建立新的、适用性强的储层分级评价标准，并对各级储层进行预测。

磨溪龙王庙组气藏以碳酸盐岩裂缝—孔洞型储层为主，缝、洞配置关系复杂，小尺度的溶蚀孔洞和微裂缝极为发育，储层非均质性较强，具低孔、中高渗透特征。为克服常规低渗透性碎屑岩储层分级方法在中高渗透碳酸盐岩储层分级评价中的弊端，以及常规方法在实际运用时未考虑储层非均质性的局限性[5-7]，需要对磨溪龙王庙组气藏在综合研究储层基本特征、储层内部结构的基础上，研究储层分级评价的参数，建立适用于研究区的储层分级标准，并对储层分级评价参数的主控因素进行分析，并对各级储层的分布进行预测，明确优质储层展布规律，为进一步优化该类气藏开发技术指标、实现增产稳产等方面提供参考。

2 研究区概况

磨溪地区地理上位于四川省遂宁市及重庆市潼南县境内，构造上处于四川盆地川中平缓构造带乐山—龙女寺古隆起东端（图1）。磨溪地区龙王庙组位于下寒武统上部，与下伏

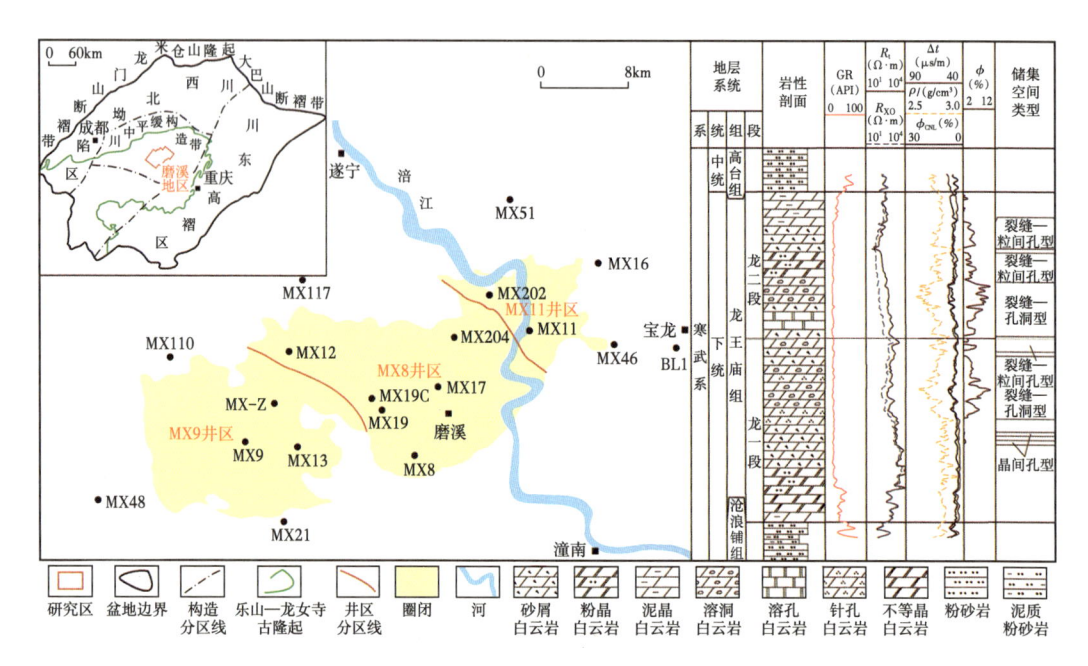

图1 四川盆地磨溪地区地理位置及龙王庙组综合柱状图

沧浪铺组和上覆高台组呈整合接触，地层顶界构造低缓、多高点，地层厚度为80~110m，自下而上可划分为龙一段和龙二段。岩性以残余砂屑白云岩、亮晶砂屑白云岩、细—中晶白云岩为主，除在乐山—龙女寺古隆起核部地区剥蚀殆尽外，其他地区均广泛分布[12]。沉积相为局限台地相，颗粒滩为最有利于储层发育的亚相[13, 14]。储层平面上大规模连片展布，龙二段储层较龙一段发育规模大，具有向北、北东方向迁移的趋势[15]。总体上，磨溪龙王庙组气藏为岩性—构造复合圈闭气藏，具有储量规模大、高温、高压、H_2S含量中等、CO_2含量较低的特征。

现有的勘探开发工作成果和地质研究表明，磨溪龙王庙组经历多期构造运动，地层埋深较大，经历了多期溶蚀作用改造[12]，次生孔、洞、缝较发育[15, 16]，具有储层区域展布各向异性、储集空间内部结构非均质性强、储层控制因素复杂多变、储层厚度差异大、单井产量不均的特征。

3 储集空间基本特征

磨溪地区龙王庙组储集空间发育溶蚀孔洞、粒间溶孔、晶间溶孔、晶间孔、裂缝，主要可归纳为裂缝—孔洞型、裂缝—孔隙型两种储集空间组合。

3.1 裂缝—孔洞型

裂缝—孔洞型储层岩性以残余砂屑白云岩、砂屑白云岩为主，单层垂厚为1.02~32.50m，平均为7.43m，柱塞样平均孔隙度为5.21%。储集空间以溶蚀孔隙和直径2~5mm的小尺度串珠状溶蚀孔洞为主，微裂缝次之[图2（a）、（d）]。储层段岩心平均孔洞密度为25.2个/m，以孔隙扩溶型的小尺度溶蚀孔洞为主，占比为81%[图2（b）、（f）]。裂缝有构造缝、压溶缝和构造扩溶缝3类，宏观缝欠发育，以晚期高角度微裂缝和网状微裂缝发育为特点，现今对孔渗性贡献较大的有效缝主要包括白云石、沥青部分充填的构造缝和沿构造缝分布的溶蚀缝[图2（d）]。储层段岩心平均裂缝密度为0.5~0.7条/m，缝开度为20~100μm，缝长度平均为22.4mm。

3.2 裂缝—孔隙型

裂缝—孔隙型储层包括裂缝—粒间（溶）孔型储层和晶间（溶）孔型储层。裂缝—粒间（溶）孔型储层岩性以残余砂屑白云岩、砂屑白云岩为主，单层垂厚平均为4.11m，柱塞样平均孔隙度为3.81%，均较裂缝—孔洞型储层小。储集空间以粒间溶孔和微裂缝为主[图2（c）、（e）]，粒间溶孔常被晚期白云石和沥青半充填[图2（g）、（h）]，剩余孔隙孔径为0.1~1.0mm，面孔率为2%~10%。该类型储层裂缝发育情况与裂缝—孔洞型储层相似，对改善储层渗流能力具较好作用。

晶间（溶）孔型储层岩性以晶粒云岩为主，单层平均垂厚和柱塞样平均孔隙度较小，分别为2.29m和3.10%。储集空间以晶间溶孔、晶间孔和微裂缝为主[图2（h）、（i）]。晶间（溶）孔常见沥青充填，孔径为0.1~0.3mm，面孔率为2%~10%。

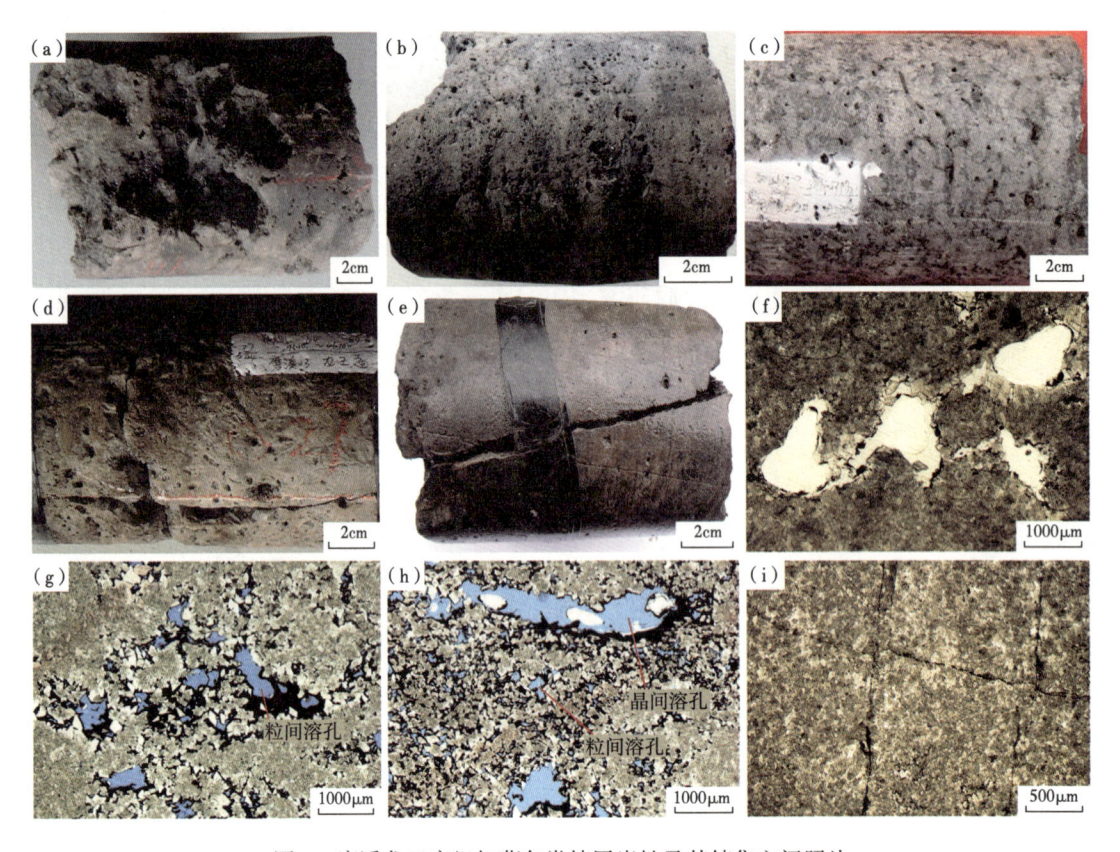

图 2 磨溪龙王庙组气藏各类储层岩性及其储集空间照片

（a）MX13 井，褐灰色泥—粉晶溶洞白云岩，4621.93~4622.10m，洞壁内被白云石半充填，偶见石英，洞内有沥青运移痕迹，洞径 1~50mm；（b）MX204 井，深灰色砂屑白云岩，4651.23~4651.36m，溶洞发育，洞径以 2~5mm 为主；（c）MX202 井，灰色花斑状细晶—粉晶溶孔云岩，4647.85~4647.97m，溶蚀孔隙不规则分布；（d）MX13 井，褐灰色粉晶白云岩，4610.64~4610.89m，发育网状缝，孔洞直径 0.5~12.0mm，面孔率 11%；（e）MX12 井，褐色粉晶白云岩，4639.34~4639.50m，见高角度缝一条，孔洞零星发育，最大洞径 0.7cm，面孔率 3%；（f）MX13 井，细晶残余砂屑白云岩，4614.58m，溶洞发育，沥青及白云石少量充填，铸体，单偏光；（g）MX12 井，褐色细晶残余砂屑溶孔白云岩，4648.43m，粒间溶孔发育，边缘充填沥青，铸体，单偏光；（h）MX12 井，褐灰色细—中晶残余砂屑白云岩，4639.13m，粒间溶孔、晶间孔及晶间溶孔发育，铸体，单偏光；（i）MX12 井，褐色细晶残余砂屑云岩，4638.18m，见网状微裂缝，沥青充填，铸体，单偏光

4 储层分级评价参数与标准

为了精细表征研究区储层微观内部结构及物性参数，开展了 CT 扫描、数字岩心、压汞测试等室内分析实验。通过对气藏储层 20 个压汞样品的孔隙度与排驱压力、中值压力关系图版分析（图 3）发现，不同毛细管压力曲线对应的孔隙度界限区间不同，分别以孔隙度值 2%、4%、7% 为分界点，将实验样品分为 4 个分布区。不同孔隙度区间的排驱压力具有明显差异，据此研究将龙王庙组气藏储集空间分为 4 类：Ⅰ类，孔隙度大于 7%；Ⅱ类，孔隙度为 4%~7%；Ⅲ类，孔隙度为 2%~4%；Ⅳ类，孔隙度小于 2%（表 1）。每类储集空间分别代表相应储层类型。

第一部分 天然气开发地质

表1 龙王庙组气藏储层孔喉结构分类评价表

储集空间类别	储层类型	孔隙度（%）	排驱压力（MPa）	中值压力（MPa）	中值孔喉半径（μm）	最大孔喉半径（μm）	最大进汞量（%）	退出效率（%）
Ⅰ类	1	大于7	小于0.2	小于1	大于0.7	大于4.0	大于90	大于25
Ⅱ类	2	4~7	0.2~0.9	1~5	0.2~0.7	0.8~4.0	85~90	15~25
Ⅲ类	3	2~4	0.9~7.0	5~40	0.02~0.20	0.1~0.8	75~85	10~15
Ⅳ类	4	小于2	大于7.0	大于40	小于0.02	小于0.1	小于75	小于10

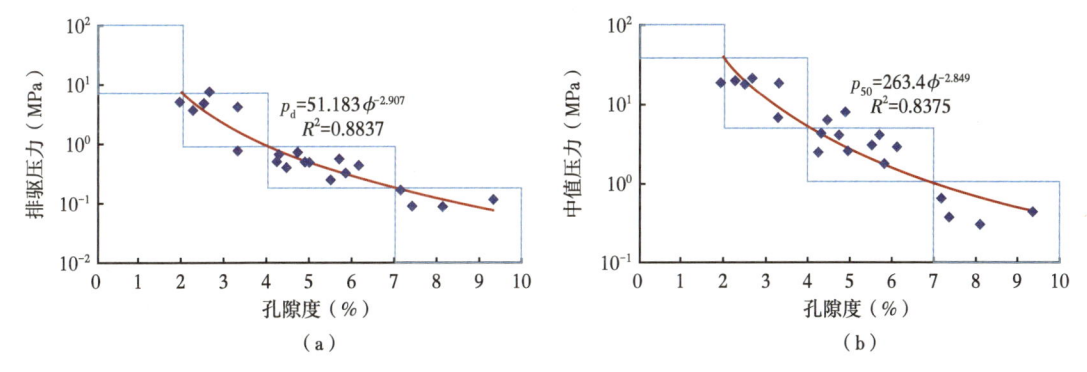

图3 龙王庙组储层压汞样品孔隙度与排驱压力和中值压力图版

(a) $p_d=51.183\phi^{-2.907}$, $R^2=0.8837$
(b) $p_{50}=263.4\phi^{-2.849}$, $R^2=0.8375$

通过对20个压汞样品的孔隙度与最大喉道半径、中值喉道半径关系图版分析（图4）发现，实验样品点也分布在4个分布区。不同喉道半径对应的孔隙度界限区间不同，其界限与孔隙度值2%、4%、7%的分界点基本吻合，不同孔隙度区间的喉道半径分界明显，这也印证了龙王庙组气藏储层内部可能存在储层物性相对差异的4个类别的储集空间。经对比分析，孔隙度大于7%的储层以发育裂缝—孔洞型储集空间为主；孔隙度为4%~7%的储层以裂缝—粒间（溶）孔型储集空间为主；孔隙度为2%~4%的储层以微裂缝、晶间（溶）孔型储集空间为主；孔隙度小于2%的储层以晶间孔型储集空间为主。

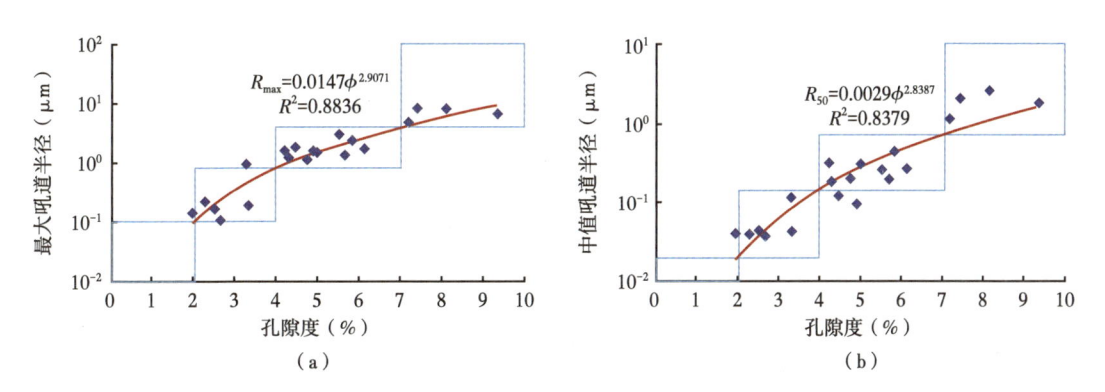

图4 龙王庙组孔隙度与最大喉道半径和中值喉道半径关系图版

(a) $R_{max}=0.0147\phi^{2.9071}$, $R^2=0.8836$
(b) $R_{50}=0.0029\phi^{2.8387}$, $R^2=0.8379$

对储层内部结构分析表明，在相同的排驱压力和中值压力下，中值孔喉半径越大，最大进汞量和退出效率亦越大，表明储层孔隙结构越好，因此，中值孔喉半径是储层分级的重要参数。研究区柱塞样品压汞实验表明，Ⅰ类、Ⅱ类储集空间孔隙度较高，孔、喉搭配关系良好，具有较低的排驱压力和中值压力、较低的束缚水饱和度和较高的退汞效率（表1）。其中，Ⅰ类储集空间最大孔喉半径大，中值孔喉半径大于0.7μm，以裂缝－孔洞型储集空间为主，毛细管压力曲线呈凹状台阶型，储渗性最好。Ⅱ类储集空间中值孔喉半径为0.2~0.7μm，以裂缝—粒间（溶）孔型储集空间为主，毛细管压力曲线呈双台阶型，孔渗性较好。Ⅲ类、Ⅳ类储集空间孔隙度较低—极低，喉道半径较小，排驱压力、中值压力较高，束缚水饱和度也较高，退汞效率较低。其中，Ⅲ类储集空间中值孔喉半径为0.02~0.20μm，孔渗能力相对较弱，以晶间（溶）孔型储集空间为主，毛细管压力曲线呈近似直线型；Ⅳ类储集空间中值孔喉半径小于0.02μm，储渗能力很差，基本为无效储集空间。

综合以上龙王庙组气藏储层地质特点及其内部储集空间分析研究，可基本认为储层内部储集空间的中值孔喉半径、裂缝—溶蚀孔洞发育带的有效孔隙度和有效渗透率以及裂缝—溶蚀孔洞组合发育程度这4个参数是研究区储层分级评价的关键参数。

4.1 孔隙度评价

磨溪龙王庙组气藏1415块储层柱塞样品平均孔隙度为4.22%，84.88%的样品孔隙度分布范围在2%~6%，所以，基质孔隙度对储层分级用处不大，而裂缝、溶蚀孔洞发育带的有效孔隙度则是储层分级的关键因素（下文所指孔隙度均为有效孔隙度）。研究区裂缝与孔洞、孔隙配合发育，Ⅰ类储层储集空间主要为裂缝—孔洞型，裂缝—孔隙型储层少量发育；Ⅱ类储层储集空间主要为裂缝－孔隙型，裂缝—孔洞型少量发育；Ⅲ类储层发育少量裂缝—粒间孔型储层；Ⅳ类非储层储渗能力很差，基本为无效储集空间。据此按孔隙度大小分为4级：大于7%、4%~7%、2%~4%及小于2%（表2）。例如，位于研究区溶蚀孔洞较发育区的MX8井比相对低孔低渗透区域的MX19井测井解释孔隙度高，分别为6.1%和3.9%。

表2 磨溪龙王庙组气藏储层孔隙度、渗透率分类评价表

储集空间类别	孔隙度（%）	渗透率（mD）	平均储层垂厚（m）	测试产量（10^4m^3）
Ⅰ类	>7	>5.0	>34	>100
Ⅱ类	4~7	0.5~5.0	20~34	30~100
Ⅲ类	2~4	0.05~0.5	10~20	3~30
Ⅳ类	<2	<0.05	<10	<3

4.2 渗透率评价

磨溪龙王庙组气藏1245块储层柱塞样品平均渗透率为0.75mD，最高达64.3mD。与基质孔隙度参数指标一样，基质渗透率对储层分级亦用处不大，而裂缝、溶蚀孔洞发育带的有效渗透率则是储层分级的关键因素（下文所指渗透率均为有效渗透率）。研究区试井解释渗透率高达500mD，显示出中、高渗透特征，因此将渗透率指标也分为4级：大于5mD、0.5~5.0mD、0.05~0.50mD及小于0.05mD（表2）。例如，位于研究区溶蚀孔洞较发育区的MX8井较相对低孔低渗透区域的MX19井测试产量高78.4×10^4m^3/d，试井解释其渗透率分别为535.3mD和0.043mD。

4.3 裂缝评价

研究区储层柱塞样品物性统计表现出低孔、低渗透特征，平均渗透率为0.75mD，动、静态资料所展示出的渗透率存在较大矛盾，表明储层中微裂缝可能极为发育，岩心和铸体薄片观察也同样证实微裂缝非常发育。而MX17井实钻裂缝发育程度高，测井解释孔隙度为4.4%，试井解释近井区渗透率为0.5mD，但测试获中产工业气流。因此，裂缝是提高气藏渗流能力的有效通道。

4.4 储集空间类型评价

研究区钻井证实，溶蚀孔洞越发育，气井测试获工业气流产量越高，即溶蚀孔洞发育程度与气井产量之间存在正相关关系。如果储层中溶蚀孔洞和裂缝均较发育，裂缝与溶蚀孔洞在储层中组合良好，则极易获得高产工业气流。例如，位于气藏北部的MX12井溶蚀孔洞较发育，裂缝—孔洞型储层钻遇率为60%，测试获百万立方米以上高产工业气流。

通过对储层分级评价参数的分析并综合以上研究分析论证，可以确立本区储层评价的关键参数为：储层内部储集空间中值孔喉半径和裂缝、溶蚀孔洞发育带的有效孔隙度、有效渗透率以及裂缝与溶蚀孔洞的发育组合，其中裂缝与溶蚀孔洞的发育组合关系为评价储层的核心参数。结合室内储层实验数据即可建立与研究区相对应的储层分级评价参数标准（表3）。

表3 磨溪龙王庙组气藏储层分级评价标准

储层类型	储层级别	孔隙度（%）	渗透率（mD）	中值孔喉半径（μm）	面孔率（%）
Ⅰ级	缝洞型优质储层	>7	>5.0	>0.7	>6
Ⅱ级	孔缝型中等储层	4~7	0.5~5.0	0.2~0.7	3~6
Ⅲ级	晶间孔型差储层	2~4	0.05~0.50	0.02~0.20	3~5
Ⅳ级	非储层	<2	<0.05	<0.02	<3

Ⅰ级缝洞型优质储层。以裂缝—孔洞型储层为主，发育少量裂缝—孔隙型储层。多尺度裂缝广泛发育，与孔洞（溶蚀孔洞）和孔隙（溶蚀孔隙）配合发育，与孔洞（溶蚀孔洞）孔喉配位数为1~5。构造位置位于龙王庙组顶界构造高部位，表生期溶蚀作用对储层的影响最明显，沉积环境为颗粒滩中部厚层滩主体区域，试井解释曲线显示出井筒附近储层呈现良好的径向流特征，测试产量高、试采产量大、生产压差小，属于高产型储层。

Ⅱ级缝孔型中等储层。以裂缝—孔隙型储层为主，其中裂缝—粒间孔型储层占50%以上，发育少量裂缝—孔洞型储层和晶间孔型储层，裂缝与粒间孔（粒溶孔）配合发育。构造位置位于地层顶界高部位或斜坡部位；沉积环境为颗粒滩主体或侧翼的滩边缘；试井曲线表现为依靠酸化改造改善近井地带渗流条件，但酸化改造范围有限，基质补给流体能力不足；测试产量较高、试采产量相对较低、生产压差大，属于中产型储层。

Ⅲ级晶间孔型差储层。以晶间孔型储层为主，发育少量裂缝—粒间孔型储层，裂缝—孔洞型储层零星分布或基本不发育。晶间孔（晶间溶孔）孔径较小，基本不与裂缝配合发育。构造位置位于龙王庙组顶界相对低部位；沉积环境为颗粒滩边缘；试井曲线表现为酸化改造沟通距离十分有限，相对低渗透特征明显；较Ⅰ级和Ⅱ级储层测试产量低、试采产量低、生产压差大，属于低产型储层。

5 优质储层的地球物理响应特征

已往的勘探开发实践表明，研究区储层与非储层以及不同类别储层的地球物理响应特征有明显差异。在沉积相、岩电实验和地球物理资料解释的基础上，筛选出FMI电成像测井和无监督地震波形分类技术对储层进行地球物理响应特征分析。

5.1 测井响应特征

测井资料中电成像测井对缝、溶蚀孔洞的分辨率较高，通过岩心观察、岩电实验和成像测井解释等资料表明，磨溪龙王庙组气藏储层中有效裂缝按产状可分低角度缝、斜交缝、高角度缝和网状缝，储集空间按直径大小和成岩作用可分为孔洞（溶蚀孔洞）、粒间孔（粒间溶孔）、晶间孔（晶间溶孔）。用岩心、电成像测井资料标定后，常规测井主要是依据自然伽马、电阻率及孔隙度曲线响应的特征识别孔、洞、缝，见表4。

表4 龙王庙组气藏缝洞测井响应模式表

储集空间		岩心特征	常规测井响应	成像测井响应		玫瑰花图	发育程度	形成环境
				直井	定向井			
裂缝	高角度缝						缝长2~8m,少量垂直缝超过10m,缝密度0.15条/m	形成于构造应力过程中或断层附近，构造缝较平直，溶缝经过淡水或地下水的溶蚀，缝壁呈港湾状，白云石和沥青部分充填
	斜交缝						缝密度0.10条/m	
	低角度缝						缝密度0.01条/m	
	网状缝						岩心上相对不发育，在部分铸体薄片中可见	
孔洞	溶蚀孔洞						洞径2~50mm 面洞率4%~81%	由溶孔继续溶蚀扩大而成的，受原岩岩相影响，与表生期大气淡水溶蚀有关；沿裂缝局部溶蚀扩大而成的，抬升期构造缝有关
	粒间(溶)孔						孔径0.1~1.0mm 面孔率2%~15%	由于酸性流体或大气淡水淋滤的影响，高能环境下淘洗干净的粒间孔隙经历成岩期溶蚀改造叠合形成
	晶间(溶)孔						孔径0.1~0.8mm 面孔率2%~10%	发育于重结晶强烈的晶粒云岩中，晶间孔与晶间溶孔伴生，常见沥青充填

井径测井　自然伽马测井　密度测井　声波时差测井　中子孔隙度测井　深测向电阻率测井　浅测向电阻率测井

研究区裂缝—孔洞型储层以孔洞（溶蚀孔洞）和高角度裂缝为主，缝、洞发育程度高。直径2~5mm的小洞约占孔洞总数的80%，平均面孔率为4.05%，裂缝以高角度缝为主，最大主应力方向为北东—南西向和北西—南东向，裂缝指数（FI）表明裂缝发育程度较高（FI≥0.6），成像测井图像表现为斑状特征，呈大小不均、形状不规则小圆状或椭圆形的"蜂窝"暗色斑状和多条暗色高导异常，某些低角度和斜交缝多被溶蚀孔洞特征所掩盖。常规测井响应声波时差为138.0~156.2μs/m，密度普遍小于2.8g/cm³，中子孔隙度为5%~10%，深侧向电阻率测井值小于4000Ω·m。

裂缝—粒间（溶）孔型储层以粒间孔（粒间溶孔）和高角度裂缝为主，缝、洞发育程度中等。粒间孔（粒间溶孔）平均面孔率为3.04%，裂缝以高角度缝和斜交缝为主，偶见网状缝和低角度缝，最大主应力方向为北东—南西向和北西—南东向，裂缝指数为0.3~0.6，成像测井图像表现为块状特征，呈黑色与亮色的过渡暗色块状异常和多条暗色高导异常或呈正弦、近似正弦曲线的暗色高导异常（具有浸染特征）。常规测井响应声波时差为135.1~150.1μs/m，密度为2.70~2.85g/cm³，中子孔隙度为4%~8%，深侧向电阻率小于5000Ω·m。晶间（溶）孔型储层以晶间孔（晶间溶孔）为主，缝、洞发育程度较低，平均面孔率为2.75%，裂缝以斜交缝和低角度缝为主，发育较为局限或不发育，裂缝指数小于0.3，成像测井图像基本为同一色彩（亮色）的低导异常和部分层段为较连续的暗色正弦曲线或类似于泥质条带的高导异常，边缘有浸染状特征。常规测井响应声波时差为132.1~144.1μs/m，密度为2.75~2.85g/cm³，中子孔隙度为3%~6%，深侧向电阻率小于5000Ω·m。

5.2 地震响应特征

磨溪地区龙王庙组地震资料主频为35~40Hz，频宽为6~72Hz，依据研究区地震波场正演模型，现有地震资料对储层的最小分辨率为10m，不同储层发育程度在地震记录上的反射特征和振幅能量也会有差异[17-20]。井震资料联合处理和标定表明，不同地震波形特征代表不同的储层发育特征，其平面分布和组合反映一定的储层发育分布规律。利用无监督波形分类方法可将磨溪龙王庙组气藏地震响应细分为3类7种子波波形。经过与实际钻井资料分析对比，划分出的3类地震波形与储层发育程度有较好的对应关系，结合实际储层物性资料，可对研究区进行储层分级分类并对其平面分布规律进行综合解释（表5）。

通过对比可以看出，不同类型波形具有明显的特征差异。地震波形表现为地层内部强波峰反射的储层类别，可细分为单峰内部强峰型、双峰顶弱内强型、双峰顶强内强型3种，振幅能量属性图中主要对应于黄色—红色高能滩体控制的裂缝—孔洞型储层发育区。地震波形表现为地层内部弱波峰反射的储层类别，可细分为单峰中部弱峰型、单峰中部杂乱型、双峰顶强中弱型3种，振幅能量属性图中主要对应于绿色—黄色相对低能滩体控制的裂缝—孔隙型储层发育区。地震波形为地层内部波谷反射的储层类别，表现为单峰顶强中无型，振幅能量属性图中主要对应于绿色低能滩体控制的裂缝—孔隙型储层发育区。

研究区以强峰型模式为主的气井较以弱波峰型和波谷型为主的气井占比高，三者占比分别为75.5%、21.0%和3.8%，储层厚度分别为17.4m、5.5m和1.2m，孔隙度分别为 5.2%、3.6% 和 3.4%，测试产量分别为（100~200）×10^4m³/d、（30~100）×10^4m³/d 和（3~30）×10^4m³/d。

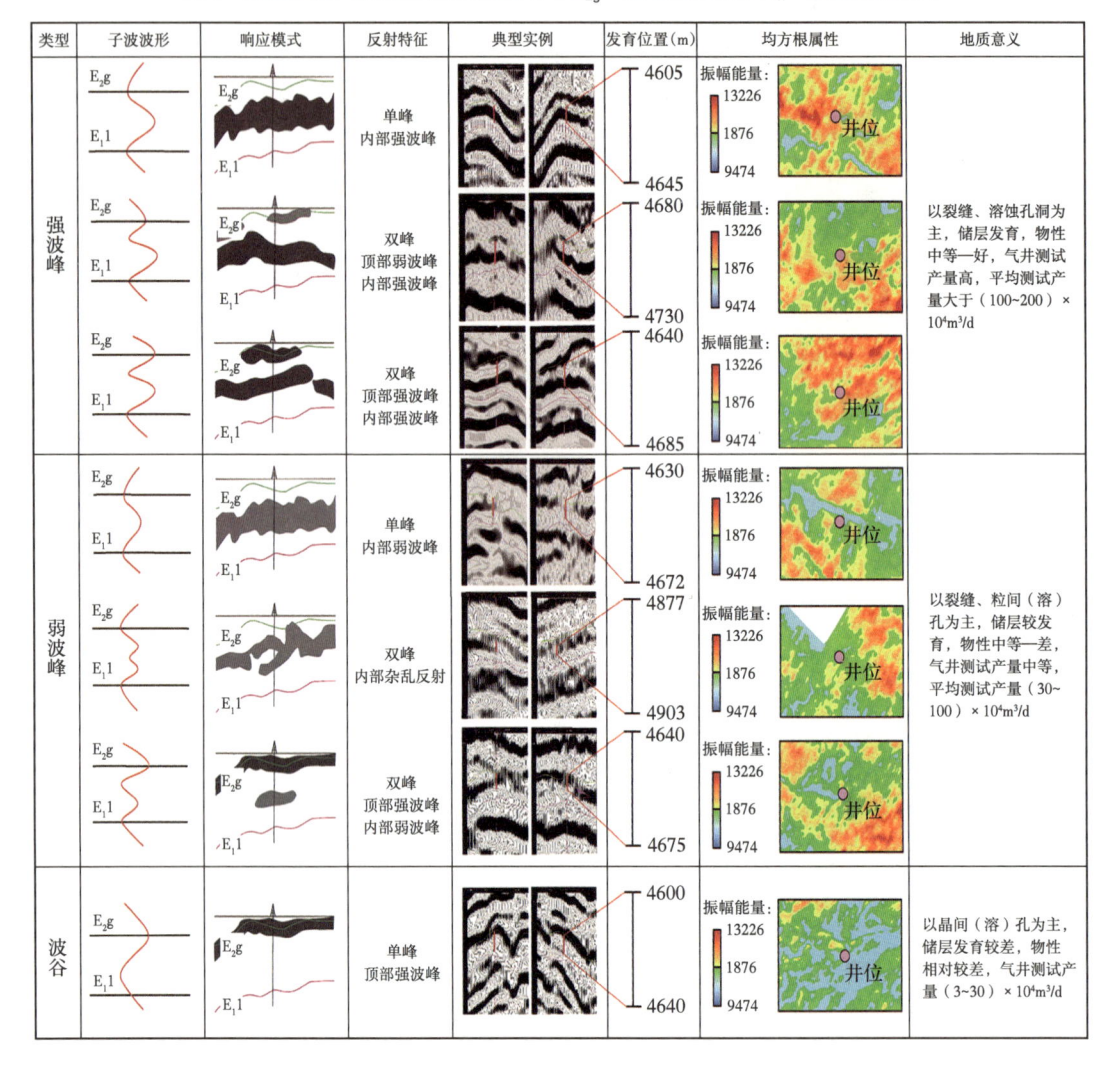

表5 龙王庙组气藏地震波形分类表（E_{2g}—龙王庙组顶；E_{1l}—龙王庙组底）

类型	子波波形	响应模式	反射特征	典型实例	发育位置(m)	均方根属性	地质意义
强波峰			单峰 内部强波峰		4605 4645	振幅能量: 13226 1876 9474	以裂缝、溶蚀孔洞为主，储层发育，物性中等—好，气井测试产量高，平均测试产量大于（100~200）×10^4m³/d
			双峰 顶部弱波峰 内部强波峰		4680 4730	振幅能量: 13226 1876 9474	
			双峰 顶部强波峰 内部强波峰		4640 4685	振幅能量: 13226 1876 9474	
弱波峰			单峰 内部弱波峰		4630 4672	振幅能量: 13226 1876 9474	以裂缝、粒间（溶）孔为主，储层较发育，物性中等—差，气井测试产量中等，平均测试产量（30~100）×10^4m³/d
			双峰 内部杂乱反射		4877 4903	振幅能量: 13226 1876 9474	
			双峰 顶部强波峰 内部弱波峰		4640 4675	振幅能量: 13226 1876 9474	
波谷			单峰 顶部强波峰		4600 4640	振幅能量: 13226 1876 9474	以晶间（溶）孔为主，储层发育较差，物性相对较差，气井测试产量（3~30）×10^4m³/d

通过以上对各级储层的预测研究表明，优质储层的储集空间以孔洞（溶蚀孔洞）和高角度裂缝为主，缝、洞发育程度高，地震响应为强峰型模式。即裂缝指数越大、成像测井图像上表现孔洞发育的暗色斑状特征越多，常规测井响应声波时差为 14.0~15.8μs/m，密度普遍小于 2.8g/cm³，中子孔隙度为 5%~10%，深侧向电阻率小于 4000Ω·m；且地层内部地震响应为强波峰、均方根振幅属性能量较强，储层中值孔喉半径较大、裂缝和溶蚀孔洞发育带的有效孔隙度和有效渗透率较大、溶蚀孔洞发育程度较高，表现为优质储层发育程度高，气井测试获高产工业气流。

在优质储层发育主控因素和各级储层地球物理响应特征基础上，结合气井开发产量对比分析，最终建立了一套深层海相碳酸盐岩储层分级评价标准及分级储层综合预测方法，见表6。

表6 磨溪龙王庙组气藏储层分级评价标准及预测综合表

储层级别	分级评价标准		主控因素			地球物理响应特征		动态响应特征		综合评价
	储层类型	物性参数 孔喉参数 溶蚀孔洞发育程度	构造位置	沉积环境	成岩作用	测井响应	地震响应	测试特征 产能特征	试采特征	
Ⅰ级缝洞型储层	以裂缝—孔洞型储层为主，少量裂缝—孔隙型储层	孔隙度>7%，渗透率5mD，中值孔喉半径大于等于0.7μm，面孔率大于6%	龙王庙组界构造高部位	颗粒滩主体为主	受同生—准同生期溶蚀作用，埋藏溶蚀作用和表生期溶蚀作用影响，表生期溶蚀作用对龙王庙组储层影响表现最为明显	声波时差为138.0~156.2μs/m，密度普遍小于2.8g/cm³，中子孔隙度为5%~10%，深侧向电阻率小于4000Ω·m，FMI成像特征为斑状模式	强波峰型	平均测试产量大于100×10⁴m³/d 平均无阻流量大于400×10⁴m³/d	油压较稳定；平均日产气量大于100×10⁴m³	高产型
Ⅱ级缝孔型储层	以裂缝—粒间孔型储层为主，少量裂缝—孔洞型储层	孔隙度4%~7%，渗透率0.5~5.0mD，中值孔喉半径0.2~0.7μm，面孔率3%~6%	龙王庙组顶界构造高部位或构造斜坡部位	颗粒滩边缘及混积潮坪		声波时差为135.1~150.1μs/m，密度为2.7~2.85g/cm³，中子孔隙度为4%~8%，深侧向电阻率小于5000Ω·m，FMI成像特征为块状模式	弱波峰型	平均测试产量（30~100）×10⁴m³/d 平均无阻流量（50~400）×10⁴m³/d	油压较稳定；平均日产气量（30~100）×10⁴m³	中产型
Ⅲ级晶间孔型储层	以晶间孔型储层为主，少量裂缝—粒间孔型储层	孔隙度2%~4%，渗透率0.05~0.50mD，中值孔喉半径0.02~0.20μm，面孔率3%~5%	龙王庙组顶界构造低部位	潟湖及滩间海		声波时差为132.1~144.1μs/m，密度为2.75~2.85g/cm³，中子孔隙度为3%~6%，深侧向电阻率小于5000Ω·m，FMI成像特征为基本为同一色彩的低导异常	波谷型	平均测试产量小于30×10⁴m³/d 平均无阻流量小于50×10⁴m³/d		低产型

6 储层分级标准的应用

6.1 各级储层空间展布规律预测

利用上述储层分级评价标准及预测方法，对研究区各级储层发育位置进行预测，在前期勘探开发中初步认识储层展布趋势的基础上[21]，较准确地预测了局部区域各级储层空间展布规律，并编制了龙王庙组上、下亚段Ⅰ级和Ⅱ级储层平面展布图（图5）。

图5中Ⅰ级储层呈厚层块状，在MX9井区龙一段连片发育，在MX8井区龙二段圈闭范围内呈条带状或块状局限分布，在MX11井区龙二段呈片状发育，厚度相对较薄、物性较差，在龙一段基本不发育。Ⅱ级储层以中厚层块状为主，在MX9井区龙一段大面积连片分布、龙二段西端局限分布，MX8井区总体上呈条带状，主要分布在东侧和南侧，但二

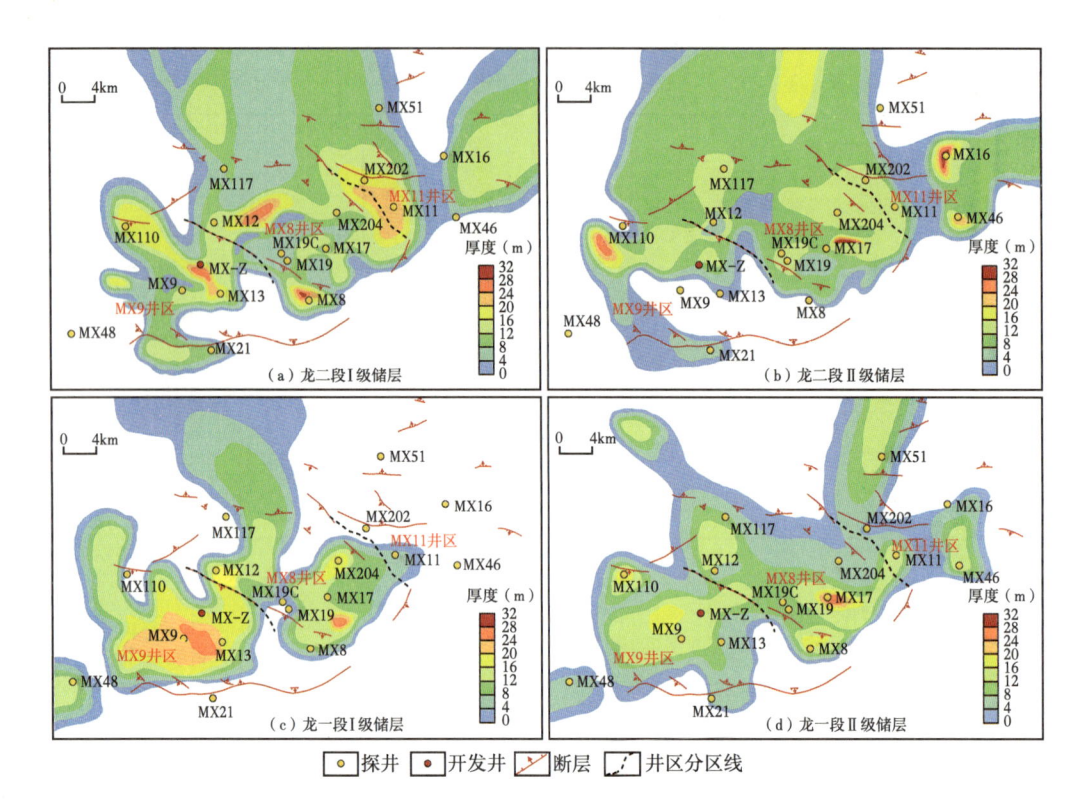

图 5 磨溪龙王庙组气藏Ⅰ、Ⅱ级储层厚度分布图

期厚度较一期大，MX11井区上下亚段均仅在西侧局限分布，厚度较小，仅12~16m，物性相对较差。Ⅲ级储层多呈薄层条带状，在MX9井区和MX8井区大面积分布，MX11井区仅在龙一段局限发育，龙二段基本不发育，相比Ⅰ级储层和Ⅱ级储层厚度薄、物性差、产量低。综上所述，综合考虑构造、沉积、成岩、物性、缝洞发育、生产动态等对深层海相低孔、中高渗透碳酸盐岩储层评价的影响，明确了磨溪龙王庙组气藏优质储层主要分布于MX9井区高部位和MX8井区南、北两翼，二期Ⅰ、Ⅱ级储层较一期相比分布范围更广。

6.2 分级储层预测应用效果

综合运用以上储层分级及预测研究方法，有效识别出了不同级别储层的分布，指导了储层的横向对比和储层各向异性等研究，为井位部署提供了储层目标靶区，为气藏优化开发调整奠定了基础。例如，开发井MX-Z井部署目的为有效动用MX9井区储量，该井位于构造相对高部位，其地震响应模式为强波峰型，即顶部弱波峰、内部强波峰等特征，Ⅰ级缝洞型优质储层分布预测表明该井位龙一段储层垂厚为16~20m、龙二段垂厚为24~28m，溶蚀孔洞和微裂缝较发育，储层物性较好，如按照碳酸盐岩气藏开发地质特征描述[11]，基于岩块的孔隙度、渗透率和孔隙结构参数进行储集岩分级，该井仅属于Ⅲ级特低渗透储集岩。实钻证实该井储层垂厚为54m，测井解释孔隙度为4.7%，测试获中产工业气流（图6），进一步证实所建立的碳酸盐岩较强非均质储层分级评价标准和预测方法正确有效，且对同类型气藏的储层精细描述、储层分级评价和预测具有借鉴意义。

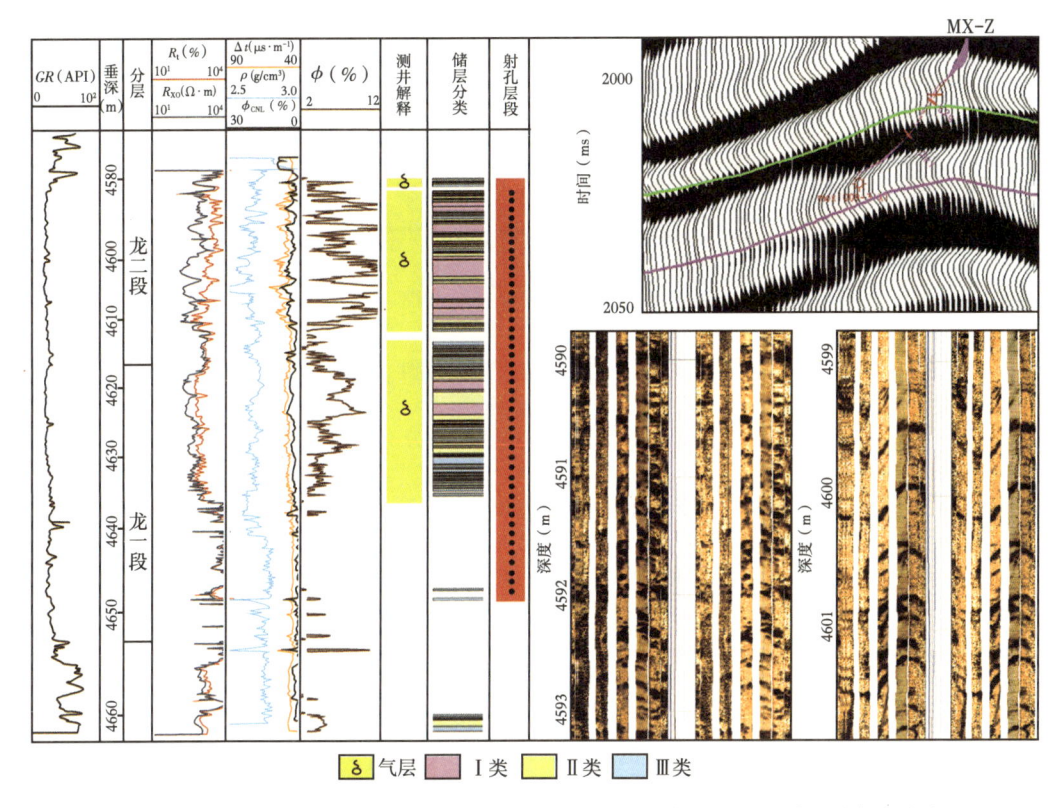

图 6 磨溪地区龙王庙组气藏实钻井 MX-Z 井储层综合柱状图及其地球物理响应

7 结论

磨溪龙王庙组气藏发育裂缝—孔洞型、裂缝—孔隙型两种储集空间组合类型，裂缝—孔洞型储层物性优于裂缝—孔隙型储层。裂缝—孔隙型储层具体包括裂缝—粒间（溶）孔型储层和晶间（溶）孔型储层，裂缝—粒间孔型储层物性优于晶间（溶）孔型储层。通过单一储层分级评价参数研究，以中值孔喉半径、有效孔隙度、有效渗透率、裂缝—溶蚀孔洞发育组合关系 4 个对储层分级敏感性较强的分级评价参数，建立了具有针对性的四级储层分级评价标准。明确了构造位置、沉积环境、成岩后生作用 3 个有利于优质储层发育的主控因素，揭示了优质储层发育条件。综合运用储层发育的主控地质因素、缝洞发育带的 FMI 成像测井缝洞识别和分级储层地震波形分类响应特征并结合试井动态资料分析，可较准确地预测磨溪龙王庙组气藏各级储层空间展布。综合运用研究区储层分级评价标准及分级储层预测方法，获得较好的钻探效果，研究区后续部署实钻井证实各级储层在各井区的分布预测准确性较高。

符号注释：

GR——自然伽马，API；K——渗透率，mD；p_{50}——中值压力，MPa；p_d——排驱压力，MPa；R——复相关系数；R_{50}——中值孔喉半径，μm；R_{max}——最大孔喉半径，μm；R_t——电阻率，Ω·m；R_{XO}——冲洗带电阻率，Ω·m；ρ——密度，g/cm³；ϕ_{CNL}——中子孔隙度，%；ϕ——孔隙度，%；Δt——声波时差，μs/m。

参 考 文 献

[1] 肖佃师,卢双舫,姜微微,等.基于粒间孔贡献量的致密砂岩储层分类:基于粒间孔贡献量的致密砂岩储层分类[J].石油学报,2017,38(10):1123-1134.

[2] 张仲宏,杨正明,刘先贵,等.低渗透油藏储层分级评价方法及应用[J].石油学报,2012,33(3):437-441.

[3] 文晓涛,贺振华,黄德济,等.综合多元信息进行碳酸盐岩储层分级[J].测井技术,2005,29(3):223-226.

[4] 柴毓,王贵文.致密砂岩储层岩石物理相分类与优质储层预测:以川中安岳地区须二段储层为例[J].岩性油气藏,2016,28(3):74-85.

[5] 孙晓霞.准噶尔盆地永进油田特低孔隙度超低渗透率储层分类评价[J].测井技术,2012,36(5):479-484.

[6] SHARAWYAm S E, GAAFARB G R. Reservoir zonation based on statistical analyses: A case study of the Nubian sandstone, Gulf of Suez, Egypt[J]. Journal of African Earth Sciences, 2016, 124: 199-210.

[7] RAEESIm, mORADZADEH A, ARDEJANI F D, et al. Classification and identification of hydrocarbon reservoir lithofacies and their heterogeneity using seismic attributes, logs data and artificial neural networks[J]. Journal of Petroleum Science and Engineering, 2012, 82/83: 151-165.

[8] 薛海涛,石涵,卢双舫,等.碳酸盐岩气源岩有机质丰度分级评价标准研究[J].天然气工业,2006,26(7):25-48.

[9] 罗平,裘怿楠,贾爱林,等.中国油气储层地质研究面临的挑战和发展方向[J].沉积学报,2003,21(1):142-147.

[10] 李熙喆,郭振华,万玉金,等.安岳气田龙王庙组气藏地质特征与开发技术政策[J].石油勘探与开发,2017,44(3):1-9.

[11] 国家经济贸易委员会.碳酸盐岩气藏开发地质特征描述:SY/T6110—2002[S].北京:中国标准出版社,2002.

[12] 杨雪飞,王兴志,杨跃明,等.川中地区下寒武统龙王庙组白云岩储层成岩作用[J].地质科技情报,2015,34(1):35-41.

[13] 金民东,谭秀成,李凌,等.四川盆地磨溪—高石梯地区下寒武统龙王庙组颗粒滩特征及分布规律[J].古地理学报,2015,17(3):347-357.

[14] 周进高,房超,季汉成,等.四川盆地下寒武统龙王庙组颗粒滩发育规律[J].天然气工业,2014,34(8):1-10.

[15] 周进高,徐春春,姚根顺,等.四川盆地下寒武统龙王庙组储层形成与演化[J].石油勘探与开发,2015,42(2):158-166.

[16] 高树生,胡志明,安为国,等.四川盆地龙王庙组气藏白云岩储层孔洞缝分布特征[J].天然气工业,2014,34(3):103-109.

[17] 赖强,谢冰,吴煜宇,等.沥青质碳酸盐岩储层岩石物理特征及测井评价:以四川盆地安岳气田寒武系龙王庙组为例[J].石油勘探与开发,2017,44(6):1-7.

[18] 高少武,赵波,贺振华,等.地震子波提取方法研究进展[J].地球物理学进展,2009,24(4):1384-1391.

[19] 张晓斌,刘晓兵,赵晓红,等.地震资料提高分辨率处理技术在乐山—龙女寺古隆起龙王庙组勘探中的应用[J].天然气工业,2014,34(3):1-6.

[20] 张光荣,廖奇,喻颐,等.四川盆地高磨地区龙王庙组气藏高效开发有利区地震预测[J].天然气工业,2017,37(1):66-75.

[21] 杜金虎,邹才能,徐春春,等.川中古隆起龙王庙组特大型气田战略发现与理论技术创新[J].石油勘探与开发,2014,41(3):268-277.

碳酸盐岩储层多尺度离散裂缝建模技术及其应用

——以四川盆地磨溪龙王庙组气藏为例

王 蓓[1,2] 刘向君[1] 司马立强[1] 徐 伟[2] 李 骞[2] 梁 瀚[2]

（1. 西南石油大学；2. 中国石油西南油气田公司）

摘 要 以大斜度井和水平井为主要开发井型的缝洞型碳酸盐岩气藏中，获取裂缝在井点不同空间位置的产状较困难，裂缝精细描述存在不准确性，影响了气藏渗流通道的刻画，制约了边水气藏的科学、均衡开发。利用岩心照片、FMI 成像测井、叠前地震各向异性裂缝预测和不连续性检测、动态监测等资料，在大斜度井、水平井裂缝定性识别基础上，定量表征裂缝产状、开度、密度、孔隙度等参数，再结合获取的裂缝参数建立多尺度非结构化网格离散裂缝模型，明确气藏高低渗透区域分布、优势水侵通道和水侵方式。结果表明：磨溪龙王庙组气藏离散裂缝模型中大尺度和中小尺度裂缝均较发育，高渗透区呈连片状分布较相对低渗透区广泛；发育气藏外围边水水侵的 4 个方向、9 条高渗透通道，表现为沿裂缝水窜型和沿溶蚀孔洞均匀推进型两种水侵方式。该方法和研究结果对同类特大型超压有水深层碳酸盐岩气藏裂缝精细描述、水侵优势通道刻画和水侵模式等理论和技术研究具有借鉴意义。

关键词 大斜度井和水平井；裂缝识别；DFM 裂缝建模；高低渗透区分布；水侵优势通道；水侵方式

1 引言

裂缝建模是一种常用的研究裂缝空间展布的手段，可分为确定性建模和随机建模。确定性建模是根据已知信息建立确定的裂缝模型，如通过地震资料解释出规模较大的裂缝，该方法一般不适用于规模较小的裂缝，且不能较好地综合利用多种资料。裂缝随机建模则是利用裂缝的先验信息，通过随机模拟方式生成可选的相同概率裂缝模型。这类方法不仅满足已知点的裂缝统计学特征，而且承认未知区域裂缝发育的随机性，较好地尊重了裂缝模拟不确定性的客观事实[1-3]。目前国内、国外主要的随机裂缝建模方法大致可分为五类：（1）基于空间剖分的裂缝建模；（2）离散裂缝网络建模；（3）基于变差函数的裂缝建模；

（4）基于多点地质统计学的裂缝建模；（5）基于分形特征迭代的裂缝建模[4-6]。然而实际应用中，这些方法所需要的裂缝产状、长度、宽度等几何特征的真实概率分布函数获取困难，所建立的裂缝模型与实际地层中裂缝的发育情况差异较大。

四川盆地磨溪龙王庙组气藏是迄今为止世界上寒武系已探明缝洞型碳酸盐岩储层储集规模最大的气藏，具有油气资源丰富、构造低缓、孔洞缝配置关系复杂、储层非均质性较强、物性低孔—中高渗透等特点。该气藏2016年初建成年产 $90×10^8m^3$ 生产能力，开发井型均为定向井，随着生产平稳推进，气藏南北两翼边水水侵情况凸显[7]，为及时掌握水体向气藏内部侵入的方向和方式，合理调整气井产量，实现气藏科学开发，亟需精细描述储层裂缝发育情况，明确气藏高、低渗透区域分布以及优势水侵方向与水侵方式，从而优化指导气藏开发方式。因此，开展裂缝建模研究是评价磨溪龙王庙组气藏水侵优势通道和水侵方式的关键。

由于Petrel软件将裂缝作为片元进行处理，难以获取裂缝在不同空间位置的产状数据，且该软件给出的片元过于理想，建立的角点网格模型可信度较低[8]，难以应用于研究区的数值模拟。相较于角点网格模型，离散裂缝网络模型能更好地描述裂缝的复杂性和非均质性，被广泛运用于气藏模拟[4-6]。因此，本文以定向井的FMI成像测井裂缝识别技术为约束，进行多尺度的DFM（discrete fracturemodel）非结构化网格离散裂缝建模，解决随机裂缝建模中裂缝参数获取较难的问题，构建更加符合地质事实的裂缝模型。结合动、静态资料，在精细表征裂缝的基础上，进一步明确研究区高、低渗透储层分布以及水侵优势通道和水侵方式，对同类特大型有水碳酸盐岩气藏掌握水侵方向及水侵方式具有重要借鉴意义。

2 研究区概况

磨溪龙王庙组气藏地理位于四川省遂宁市、资阳市及重庆市潼南县境内，构造位于四川盆地川中古隆起平缓构造区乐山—龙女寺古隆起东端。龙王庙组地层顶界构造低缓、多高点，断层发育程度较低（图1），地层厚度80~110m。储层受有利亚相颗粒滩的发育

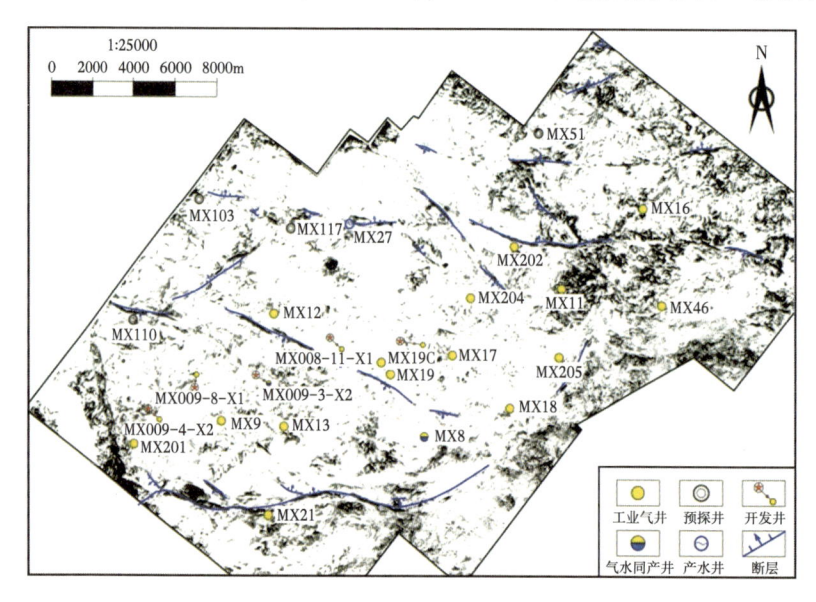

图1 磨溪龙王庙组气藏相干地层切片

程度所控制[9-10],连续性普遍较好,但局部区域物性相对较差;受地层埋深压实和多期溶蚀成岩作用改造,次生孔、洞、缝极为发育[11-12]。岩心、铸体薄片、数字岩心等表明,研究区宏观裂缝发育构造缝、压溶缝和构造溶蚀缝;构造缝以高角度缝为主,斜交缝、水平缝和网状缝发育程度相对较低;微裂缝较发育,发育频率达到40%,部分薄片中可见沥青、黄铁矿充填或半充填[13-14]。

3 大斜度井和水平井裂缝识别技术

在岩心观察和薄片鉴定中分析的裂缝仅是小尺度的、局部的、片面的存在,为了获得实钻井未取心井段的裂缝参数,约束裂缝模型的建立,提高裂缝预测的精度,需利用FMI成像测井技术对有效的裂缝进行精细地识别[15-18]。在前人的研究中,基于直井的裂缝已形成一套系统的识别和评价技术[17-20],鉴于研究区开发井均为大斜度井或水平井,本次着重对该类定向井型中FMI成像测井裂缝识别技术和评价开展研究。

3.1 大斜度井和水平井裂缝的识别

定向井受井斜、地层倾角的影响,其井眼轨迹分为下穿地层和上穿地层两类。定向井FMI成像测井图天然裂缝的识别模式与直井中存在明显差异。为精细描述裂缝发育特征,需在排除地质特征成像响应基础上,结合常规测井资料及区域构造资料,加以精细判别。

假设研究模型中地层倾角为2°~10°,按照裂缝与岩心中线垂直面的夹角分类,研究区发育高角度缝、斜交缝和低角度缝。

(1)高角度缝倾角为75°~90°,与定向井下穿地层和上穿地层时垂直切割,切割井眼很短,在成像测井图中表现为一组或两组成对称状幅度很低、倾向相差约90°的正弦线;该正弦曲线不能用其走向指示最大主应力方向;深浅双侧向测井曲线小幅度"正差异",与钻井诱导缝的成像响应特征相似。直井中高角度缝在成像测井图像上表现特征与定向井中的低角度缝特征具有相似性(表1)。

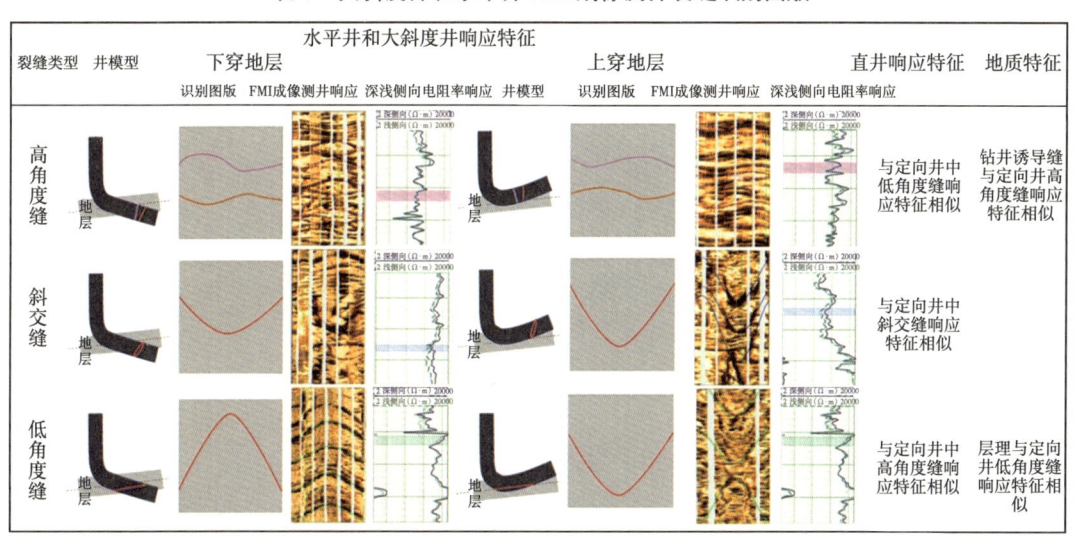

表1 大斜度井和水平井FMI成像测井裂缝识别图版

裂缝类型	井模型	水平井和大斜度井响应特征							直井响应特征	地质特征
		下穿地层				上穿地层					
		识别图版	FMI成像测井响应	深浅侧向电阻率响应	井模型	识别图版	FMI成像测井响应	深浅侧向电阻率响应		
高角度缝										钻井诱导缝与定向井中低角度缝响应特征相似
斜交缝										与定向井中斜交缝响应特征相似
低角度缝										层理与定向井中低角度缝响应特征相似

（2）斜交缝倾角为 15°~75°，其识别在定向井下穿地层和上穿地层时，随着井斜的增加，与井眼斜交的面越大，成像测井图中分别显示的波谷状高导异常也越高。随着斜交缝角度及方位的变化，其特征也随之变化。直井中斜交缝在成像测井曲线上表现为暗色正弦曲线（表1）。

（3）低角度缝倾角为 0°~15°，其识别在定向井下穿地层和上穿地层时由于层界面和井眼斜交，切割井眼较长，成像测井图表现为幅度很高的波峰状和波谷状高导异常。在井轨迹平行于层界面时表现出变形的纵向弯曲曲线。常规深浅双侧向测井曲线表现为"正差异"，与层理成像响应特征相似。直井中低角度缝在成像测井图像上表现为近直线状互相平行的高导异常，深浅双侧向测井曲线小幅度"正差异"，与定向井中的高角度缝特征具有相似性（表1）。

3.2 大斜度井和水平井裂缝的定量评价

依据建立的大斜度井和水平井 FMI 成像测井裂缝识别图版，在定性识别裂缝在单井发育位置的基础上，可定量评价裂缝发育的产状、开度、密度、孔隙度等参数，进而综合评价裂缝的发育程度，即岩石的破裂程度，以达到精细表征井点裂缝发育情况的目的，为裂缝建模奠定基础。

对电成像进行图像处理，拾取裂缝，最后计算裂缝特征参数，对裂缝建模具有重要的约束作用。裂缝的发育程度是单位体积内裂缝发育情况的综合反映，可通过电成像处理参数获取裂缝密度、张开度、孔隙度，双侧向等探测深度较深的测井信息获取裂缝长度，阵列声波斯通利波能量获取裂缝渗透性，利用有效裂缝密度、有效裂缝孔隙度、有效裂缝张开度和有效裂缝长度分别与其权重的乘积之和的方法，建立了一个研究区适用的综合裂缝指数计算模型。其中，裂缝密度下限、裂缝孔隙度下限、裂缝张开度下限和裂缝长度下限均为定值；有效裂缝密度的值对裂缝渗透性具有相对较大影响，所以经过多次权重系数迭代拟合，确定该参数所占权重数最大，为 0.5；裂缝的径向延伸度对裂缝的发育程度具有相对大的影响，但是该参数无法依据测井资料直接获取，所以在本计算模型中加入了 FMI 成像测井解释的裂缝长度，有效裂缝长度对裂缝发育程度影响相对较小，所以经验值拟合结果显示该参数所占权重数最小，为 0.1。

$$FI = (FD - FDM)/FD \cdot W_1 + (FP - FPM)/FP \cdot W_2 \\ + (FA - FAM)/FA \cdot W_3 + (FL - FLM)/FL \cdot W_4 \tag{1}$$

式中　FI——裂缝发育指数；
　　　FD——计算裂缝密度，条/m；
　　　FDM——裂缝密度下限，条/m，隐含为 1；
　　　FP——计算裂缝孔隙度，%；
　　　FPM——裂缝孔隙度下限，%，隐含为 0.01；
　　　FA——计算裂缝张开度，μm；
　　　FAM——裂缝张开度下限，μm，隐含为 1；
　　　FL——计算裂缝长度，m/m；
　　　FLM——裂缝长度下限，m/m，隐含为 0.1；
　　　W_1——裂缝密度指数权重，隐含为 0.5；

W_2——裂缝孔隙度指数,隐含为 0.2;
W_3——裂缝宽度指数权重,隐含为 0.2;
W_4——裂缝长度指数权重,隐含为 0.1;$W_1 + W_2 + W_3 + W_4 = 1$。

4 多尺度非结构化网格裂缝建模技术

碳酸盐岩缝洞型储层发育的气藏,裂缝的发育程度对气藏连通性、储集性能起到重要作用。利用基于定向井的 FMI 成像测井裂缝识别技术,对单井有效储集空间进行精细描述基础上,综合测井资料、叠前地震各向异性裂缝预测和不连续性检测等数据,结合三维地质建模和离散裂缝建模技术,可实现多尺度缝洞型储层地质建模,形成多尺度 DFM 非结构化网格离散裂缝模型,对刻画气藏高、低渗透区域分布及优势水侵通道,提出水侵方式具有重要的指导意义[21-24]。

4.1 大尺度裂缝建模

大尺度裂缝是指尺度范围在千米级的大尺度断裂[22]。为掌握更加接近真实情况的强非均质性裂缝系统,本次研究在不连续性检测体基础上,通过椭圆或者线性拟合,拟合大尺度裂缝元的方位角,然后根据裂缝密度和方位角重构大尺度离散裂缝元,再连接离散裂缝元,形成真实裂缝网络,进而通过大尺度裂缝的约束剖分非结构化网格。基于不连续性检测体的方位角拟合是根据局部区域内裂缝密度分布,利用最小二乘法拟合目标网格最有可能的方向。非结构化网格技术中的四面体网格较双重孔隙介质建模过程中常用的角点网格更灵活,可以适应复杂的断层或裂缝系统的几何约束,实现利用相对少量的网格数精细表征裂缝,不仅提高了裂缝建模的准确性,还大大缩短了数值模拟的运算时间。

对于构造裂缝或压裂裂缝等大尺度裂缝,利用离散裂缝模型进行模拟,关键在于确定其渗透率或导流系数。由于裂缝的开度远小于其长度和高度,可采用无限平板中的流体流动模型确定裂缝的渗透率。网格的传导率与渗透率类似,可认为是一个与流体性质无关的属性。因此,可将其假设为单相流动问题,且忽略重力影响。对于非结构化网格,相邻两个网格可能正交,也可能不正交,网格中心与接触面中点的连线并非一定垂直,每个网格的相邻网格数量也不定,因此需要根据邻接网格的数量,分别描述基质与基质、基质与裂缝、裂缝与裂缝之间的关系(图 2)。

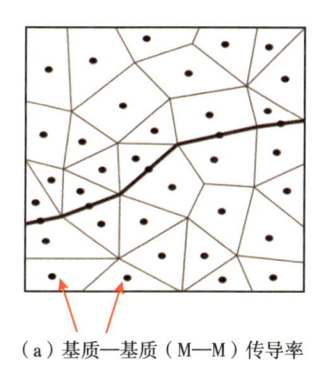

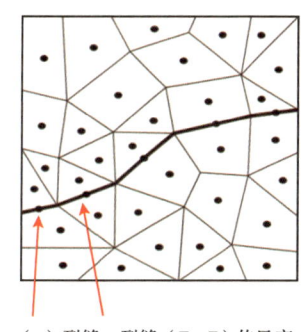

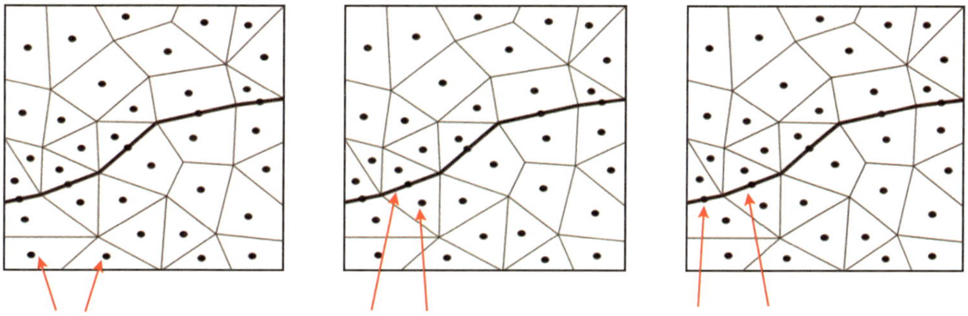

(a) 基质—基质(M—M)传导率 (b) 基质—裂缝(M—F)传导率 (c) 裂缝—裂缝(F—F)传导率

图 2 二维模型中三种传导率

4.2 中小尺度裂缝建模

中小尺度裂缝是指尺度范围在米级~十米级的裂缝[22]。中小尺度非结构化离散裂缝建模的思路与大尺度裂缝建模的思路基本一致。但仍存在两个方面的差异性：(1)建立模型基于的地震数据体不同，(2)获取裂缝走向和密度的方法不同。在地震叠前方位角各向异性裂缝预测体强度和方位角基础上，利用成像测井裂缝参数对地震预测的裂缝走向和密度进行校正，得到符合井眼数据的裂缝密度和方位角数据体。再利用裂缝重构算法，提取中小尺度裂缝元。根据局部裂缝单元的展布和密度连续性，将最有可能处于一条裂缝上的裂缝单元在横向或纵向上连接起来。裂缝横向连接受相邻裂缝元夹角和距离控制。裂缝纵向连接算法有两个准则：(1)裂缝之间的距离足够接近，(2)用于连接上下层之间的裂缝单元的倾角应尽可能与被连接的裂缝单元一致。最终，对中小尺度裂缝等效渗透率，以裂缝带形式体现中小尺度裂缝的展布。对于中小尺度的裂缝一般采用等效处理方式，将裂缝介质的渗流属性考虑到基岩介质中，其方法有实验测量法、数字岩心分析法以及数值等效方法[25-27]。研究区微小裂缝较发育，因此，主要采用数值等效方法，通过等效为基质渗透率的方法体现中小尺度的裂缝对气藏的贡献。将裂缝介质的裂缝孔隙度和裂缝渗透率等效至基质孔隙度和基质渗透率中。该方法与双孔双渗模型形式上一致，区别在于双孔双渗模型计算得到的渗透率为裂缝网格渗透率，而微小裂缝等效计算算得的渗透率为基质增强渗透率（图3）。

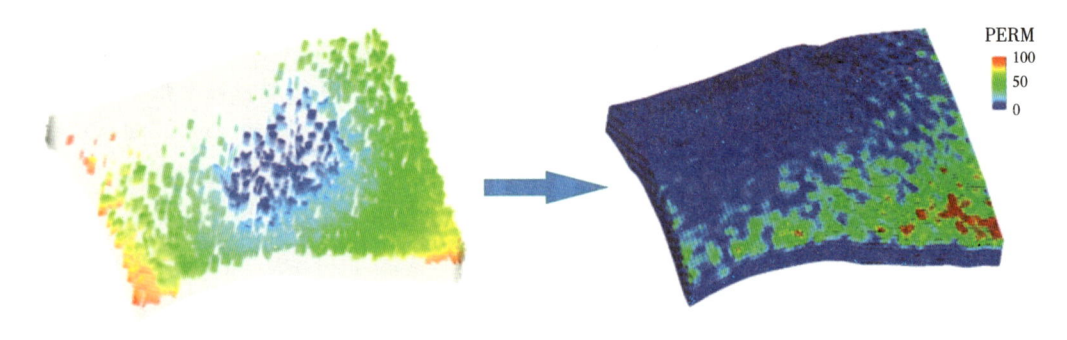

图3　微小裂缝渗透率等效计算示意图

5 应用实例

磨溪龙王庙组气藏储层非均质性较强，缝洞配置关系复杂，在FMI成像测井进行裂缝有效评价的基础上，利用多尺度非结构化网格裂缝建模技术，对研究区大尺度裂缝和中小尺度裂缝进行预测，模型预测裂缝发育的高渗透带分布，得到后续开发井的有效证实，所预测的中小尺度裂缝与单井成像测井解释吻合程度较高，为研究区高、低渗透区域分布和水侵优势通道研究奠定了基础。

5.1 裂缝模型可靠性评价

基于磨溪龙王庙组气藏叠前地震各向异性预测和基于广义S变换谱分解的不连续性检测数据基础上，以基于定向井的FMI成像测井裂缝识别技术为约束，三维重构了中小尺度裂缝和大尺度裂缝的发育情况。大尺度裂缝约束非结构化剖分，计算大尺度裂缝与基质传导率，从而建立大尺度离散裂缝模型。中小尺度裂缝通过裂缝介质渗透率等效到基质渗透率的方法，建立离散裂缝模型，图4显示研究区中小尺度裂缝总体极为发育。针对大尺度裂缝进行离散裂缝建模，剖分的网格为非结构化网格，总的网格数约217.8万个，其中基质网格数约190.5万个，裂缝网格数约27.3万个。针对中小尺度裂缝进行等效处理，将小尺度裂缝属性等效到剖分的非结构化基质网格中。

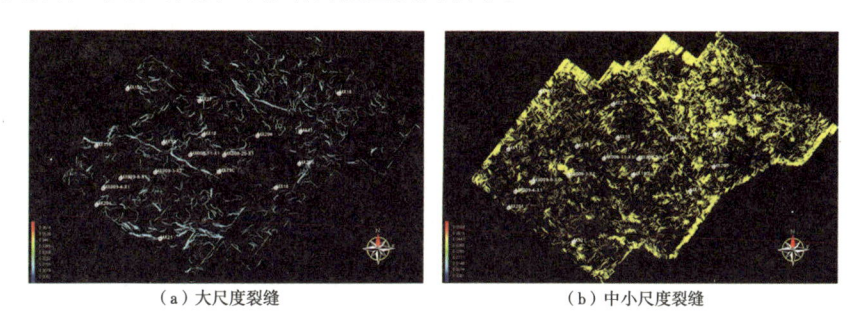

（a）大尺度裂缝　　　　　　　　　　（b）中小尺度裂缝

图4　磨溪龙王庙组气藏多尺度裂缝模型

以位于MX8井区的MX009-8-X1井为例，在裂缝模型中可见该井周红色线条表示的大尺度裂缝基本不发育，蓝色线条表示的中小尺度裂缝相对欠发育[图5（a）]。成像测井响应显示该井纵向仅发育14条裂缝且多为高角度缝，溶蚀孔洞较发育[图5（c）]。玫瑰花图展示裂缝方位为南北向和北西—南东向[图5（b）]。试井压力恢复双对数曲线显示该井具有视边界特征，储层渗透率为14.4mD，具中渗透特征[图5（d）]。酸化测试获$100×10^4m^3$以上工业气流，井产量稳定中—高产。通过将实钻井周缘裂缝模型与该井动、静态资料对比分析，能够认识到特征井裂缝展布情况与生产动态特征吻合。因此，利用定向井FMI成像测井裂缝响应、裂缝参数、试井解释等特征显示，后续实钻井进一步证实所建立的多尺度裂缝模型具有可靠性。

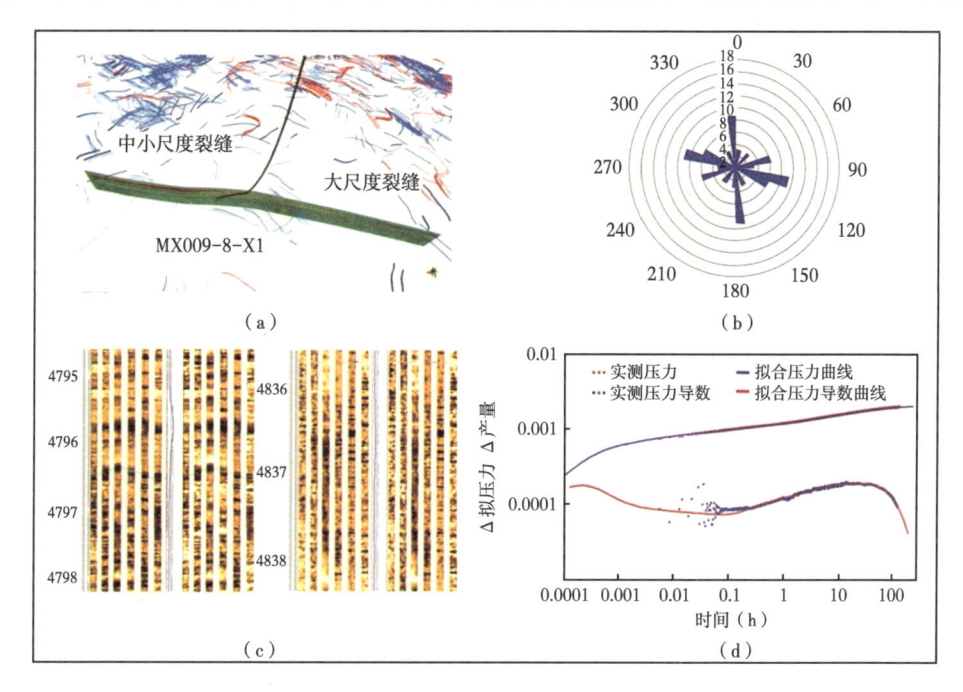

图5　验证井MX009-8-X1及周缘裂缝发育情况

5.2 高低渗透区域分布及水侵通道研究

磨溪龙王庙组气藏已完钻的35口大斜度井和水平井中34口井录取FMI成像测井资料，基于定向井的FMI成像测井裂缝识别技术和多尺度非结构化网格裂缝建模技术，上述已证实建立的磨溪龙王庙组气藏多尺度裂缝模型具有一定可靠性。

结合常规测井储层参数解释和反映储层品质差异性的均方根振幅属性图和地震剖面储层横向连续性等资料，初步编绘了研究区高、低渗透区域分布图。再利用生产动态资料，例如气井试井解释渗透率参数场等加以修正缝洞的规模、边界和连通性，最终明确了研究区高、低渗透区域分布。如图6所示，磨溪龙王庙组气藏高渗透区呈连片状广泛分布，储层连续性较好，地震响应同相轴表现为连续的强波峰"亮点"反射，试井解释渗透率高达500mD；相对低渗透区多呈条带状或片状局限分布，储层连续性较好，地震响应同相轴表现为较连续的弱波峰反射或杂乱反射，试井解释渗透率以大于0.5mD为界限，与高渗透区大面积接触；低渗透区受岩性影响呈局限的块状分布，储层连续性相对较差，地震同相轴表现为断续的杂乱反射或连续的波谷"暗点"反射。研究区生产井主要分布于气藏统一气水界-4385m构造等值线范围内的高渗透区中。

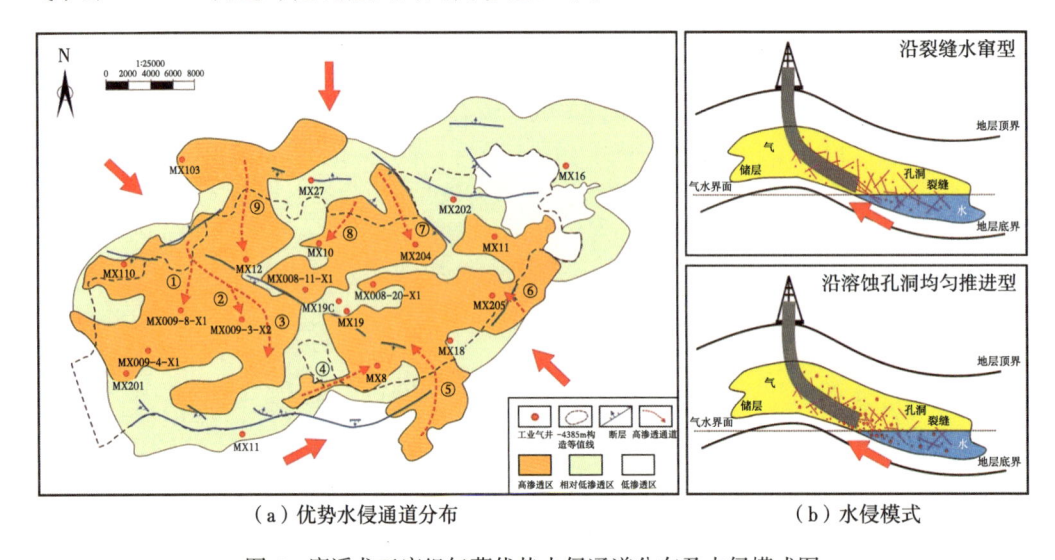

（a）优势水侵通道分布　　（b）水侵模式

图6　磨溪龙王庙组气藏优势水侵通道分布及水侵模式图

在明确研究区高、低渗透区分布基础上，综合岩心、铸体薄片、测井、地震、生产动态等资料，将研究区水侵通道具体划分为4个方向，9条通道。依据生产井水气比等产水特征，将水侵方式归纳为沿裂缝水窜型和沿溶蚀孔洞均匀推进型（图6）。沿裂缝水窜型气井下部发育强烈的裂缝发育带，以MX009-3-X2井为例，该井中小尺度裂缝重构和等效渗透率体现了井段下部具有强烈的北西、北东向裂缝带，大尺度裂缝重构体现了井下部具有强烈的北东向大裂缝带与水体沟通，大尺度裂缝通过中小尺度裂缝带与模型上层气体沟通；地震叠前偏移时间剖面显示该井储层与气藏北翼高渗透水体储层连续性好，裂缝FMI成像测井图显示裂缝非常发育，裂缝方位为北东—南西向，试井结果表现为高渗透特征（$K > 60$mD），生产动态表现为随着产量上升，水气比持续上升（表2）。

沿溶蚀孔洞均匀推进型气井下部发育强烈的溶蚀孔洞带，裂缝相对欠发育。以MX8

井为例，该井岩心、成像测井以及大尺度和中小尺度裂缝模型中均表现出裂缝欠发育的特征，并且沿裂缝发育方向南部储层发育较为局限，从静态方面确认该区域发生裂缝水窜的可能性较小，试井解释表现出高渗透的特征，表明边水沿层推进相对均匀（表2）。

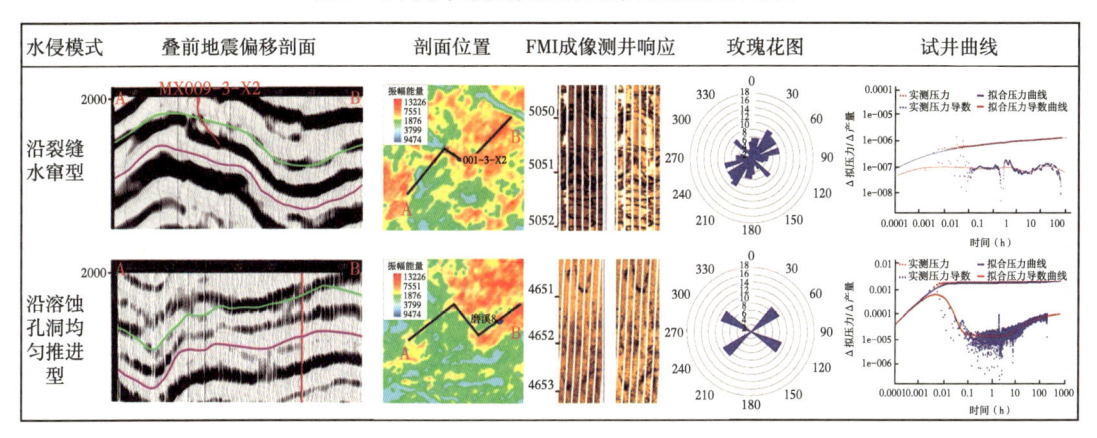

表2 不同水侵模式典型井地球物理及试井特征

水侵模式	叠前地震偏移剖面	剖面位置	FMI成像测井响应	玫瑰花图	试井曲线
沿裂缝水窜型					
沿溶蚀孔洞均匀推进型					

模型预测结果分析判断出气藏边水可能沿裂缝发育高渗透通道侵入气藏的方向和通道，后续开发生产动态证实了水侵方向和通道。

6 结论

（1）利用大斜度井和水平井裂缝识别技术，分别明确了高角度缝、斜交缝、低角度缝在FMI成像测井响应中井轨迹下穿地层和上穿地层两种情况下裂缝的识别及裂缝参数的定量评价，较直井FMI成像测井显示可获更多裂缝发育信息。

（2）利用地震叠后不连续性检测体，可依据裂缝密度和方位角重构大尺度裂缝；利用叠前方位角各向异性裂缝预测体，结合定向井FMI成像测井响应，可重构中小尺度裂缝。基于大斜度井和水平井FMI成像测井约束下的多尺度非结构化网格裂缝模型，更能反映实际地层裂缝发育情况，实钻证实所建立的离散裂缝模型具有可靠性。

（3）精细描述磨溪龙王庙组气藏高渗透、相对低渗透和低渗透区域分布范围，刻画出4个方向、9条水侵优势通道，建立了沿裂缝水窜型和沿溶蚀孔洞均匀推进型2种水侵模式。本研究不仅对该气藏产能补充井位部署、开发技术对策的优化调整具有支撑作用，为保障气藏科学开发、长期稳产奠定了坚实的技术基础，还为同类特大型有水深层碳酸盐岩缝洞型储层气藏开展裂缝精细描述、水侵优势通道刻画和水侵模式建立等研究具有借鉴意义。

参 考 文 献

[1] 董少群，曾联波，Xu Chaoshu，等. 储层裂缝随机建模方法研究进展[J]. 石油地球物理勘探，2018，53（3）：625-641.

[2] 潘欣. 构造裂缝识别与建模研究—以鄂尔多斯盆地中西部定边—华池地区延长组为例[D]. 西安：西北大学，2010.

[3] XU C, DOWD P A, mARDIA KV, et al. A connectivity index for discrete fracture networks[J].mathematical Geology, 2006, 38（5）：611-634.

[4] TRAN N H, CHEN Z, RAHMAN S S. Integrated conditional global optimization for discrete fracture networkmodeling[J]. Computers & Geosciences, 2006, 32：17-27.

[5] 郑松青, 张宏方, 刘中春, 等. 裂缝性油藏离散裂缝网络模型[J]. 大庆石油学院学报, 2011, 35（6）：49-54.

[6] 王志萍, 秦启荣, 苏培东, 等. LZ地区致密砂岩储层裂缝综合预测方法及应用[J]. 岩性油气藏, 2011, 23（3）：97-101.

[7] 李熙喆, 郭振华, 万玉金, 等. 安岳气田龙王庙组气藏地质特征与开发技术政策[J]. 石油勘探与开发, 2017, 44（3）：1-9.

[8] 黄小娟, 李治平, 周光亮, 等. 裂缝性致密砂岩储层裂缝孔隙度建模—以四川盆地平落坝构造须家河组二段储层为例[J].石油学报, 2017, 38（5）：570-577.

[9] 杨雪飞, 王兴志, 代林呈, 等. 川中地区下寒武统龙王庙组沉积相特征[J].岩性油气藏, 2015, 27（1）：95-101.

[10] 杨威, 魏国齐, 谢武仁, 等. 四川盆地下寒武统龙王庙组沉积模式新认识[J]. 天然气工业, 2018, 38（37）：8-15.

[11] 高树生, 胡志明, 安为国, 等. 四川盆地龙王庙组气藏白云岩储层孔洞缝分布特征[J]. 天然气工业, 2014, 34（3）：103-109.

[12] 闫建平, 司马立强, 谭学群, 等. 伊朗Zagros盆地西南部白垩系Sarvak组碳酸盐岩储层特征[J]. 石油与天然气地质, 2015, 36（3）：409-415.

[13] 赖强, 谢冰, 吴煜宇, 等. 沥青质碳酸盐岩储层岩石物理特征及测井评价—以四川盆地安岳气田寒武系龙王庙组为例[J]. 石油勘探与开发, 2017, 44（6）：1-7.

[14] 闫建平, 言语, 司马立强, 等. 泥页岩储层裂缝特征及其与"五性"之间的关系[J]. 岩性油气藏, 2015, 27（3）：87-93.

[15] 谢冰, 白利, 赵艾琳, 等. Sonic Scanner声波扫描测井在碳酸盐岩储层裂缝有效性评价中的应用—以四川盆地震旦系为例[J]. 岩性油气藏, 2017, 29（4）：117-123.

[16] 刘迪仁, 夏培, 万文春, 等. 水平井碳酸盐岩裂缝型储层双侧向测井响应特性[J]. 岩性油气藏, 2012, 24（3）：1-4.

[17] Yan Jianping, Fan Jie, Wangmin, et al. Rock fabric and pore structure of the Shahejie sandy conglomerates from the Dongying depression in the Bohai Bay Basin, East China[J]. Marine and Petroleum Geology, 2018, 97（11）：624-638.

[18] 黄苇, 马中远, 张黎. FMI成像测井在碳酸盐岩裂缝和断层研究中的应用[J]. 石油地质与工程, 2014, 28（3）：44-47.

[19] 刘智颖, 章成广, 唐军, 等. 裂缝对岩石电阻率的影响及其在含气饱和度计算中的应用[J]. 岩性油气藏, 2018, 30（2）：120-128.

[20] 司马立强, 陈志强, 王亮, 等. 基于滩控岩溶型白云岩储层分类的渗透率建模方法研究——以川中磨溪—高石梯地区龙王庙组为例[J]. 岩性油气藏, 2017, 29（3）：92-102.

[21] 王晖, 胡光义. 渤海C油田潜山裂缝型储层随机离散裂缝网络模型的实现与优选方法[J]. 岩性油气藏, 2012, 24（1）：74-79.

[22] 刘建军, 吴明洋, 宋睿, 等. 低渗透油藏储层多尺度裂缝的建模方法研究[J]. 西南石油大学学报（自然科学版）, 2017, 39（4）：90-102.

[23] Gong Bin, Ganesh Thakur, Guan qin, et al. Application ofmulti-Level and High-Resolution Fracturemodeling in Field-Scale Reservoir Simulation Study[J]. SPE-186068-MS, 08-10may 2017.

[24] 侯加根, 马晓强, 刘钰铭, 等. 缝洞型碳酸盐岩储层多类多尺度建模方法研究—以塔河油田四区奥陶系油藏为例[J]. 地学前缘, 2012, 19（2）：59-66.

[25] 严侠, 黄朝琴, 李阳, 等. 基于离散缝洞网络模型的缝洞型油藏混合模型[J]. 中南大学学报, 2017, 48（9）：2474-2483.

[26] 王雪梅. 裂缝性储层等效介质模型及地震波场传播特征研究 [D]. 北京：中国石油大学，2011.
[27] Li junchao, Lei Zhengdong, Tang huiying, et al. Efficient evaluation of gas recovery enhancement by hydraulic fracturing in unconventional reservoirs[J]. Journal of natural gas science and engineering 35：873-881，2016.

大型低缓构造碳酸盐岩气藏气水分布精细描述
——以四川盆地磨溪龙王庙组气藏为例

张 春 彭 先 李 骞 王 蓓 郭鸿喜

（中国石油西南油气田公司）

摘 要 针对低缓构造背景下碳酸盐岩气藏气水分布精细描述一直以来既是研究的重点也是亟待突破的难点，它直接关系着气田开发井部署的成功率，也是生产优化调整的重要地质依据，但传统的气水描述方法存在一些局限，尚不能完全满足目前精细开发的需求。为此，以四川盆地磨溪龙王庙组特大型气藏为研究对象，综合古今构造特征及成藏演化过程，在充分剖析气水分布控制因素的基础上，建立低缓构造背景下气水分布模式，揭示气藏气水分布规律，研究取得以下几点认识。（1）研究区现今构造特征总体表现为地层倾角低、闭合度小、闭合面积大及圈闭内多高点，古地貌格局表现为西高东低、三区分带，为现今气水分布研究奠定基础。（2）气水分布受控于现今构造、古构造、岩性及不整合面等多重因素，当位于古今构造高部位和溶蚀孔洞储层发育区，油气富集性最好；位于古今构造低部位的储层发育区，则易形成富水区。（3）采用建立过渡区气水分布模型研究大型低缓构造气水分布，阐明了过渡区与气水过渡带之间的关系，建立不同地层倾角条件下过渡区占比总含气面积的分析模型，研究表明当地层倾角小于5°时，过渡区所占含气面积比重较大，最大可超过50%。（4）按照水体对生产影响程度描述活跃水体和不活跃水体，剖析对生产可能造成的影响，提出需针对性制定对策以预防水体快速侵入气区影响正常生产。

关键词 大型低缓构造；碳酸盐岩气藏；气水分布；古构造；控制因素；精细描述

目前，有关碳酸盐岩有水气藏气水分布描述，已有学者开展过相关研究并取得一定成果认识，普遍认为具有统一气水界面的构造气藏气水关系易于描述，而对于低缓构造背景下气藏气水关系描述研究甚少，通常也是采用传统的统一气水界面描述方法来刻画气水分布，但由于低缓构造背景下边部气水关系明显区别于常规气藏，它广泛存在气水过渡区，因此，需要另辟蹊径，探索出一套新的气水描述方法，更好地表征这类气藏气水关系。

四川盆地磨溪龙王庙组气藏构造极为低缓（＜10°），属于典型的大型低缓构造碳酸盐岩气藏，气水关系较为复杂。因此，以磨溪龙王庙组气藏为研究对象，针对目前低缓构造碳酸盐岩气藏气水关系描述困难这一关键技术问题，通过精细描述现今构造细节特征，应用印模法恢复研究区二叠系沉积前古地貌成果，精细描述古构造特征，结合成藏演化过程，充分剖析气水分布控制因素，在此基础上，建立低缓构造背景下气水分布模式，揭示不同区块气水分布规律，分析不同类型水体对生产可能造成的影响，为类似气藏流体分布描述提供借鉴。

1 大型低缓构造细节精细描述

1.1 地震—地质层位精细标定

应用VSP测井和声波合成记录两种方式完成地震地质层位标定。利用VSP资料建立地震反射层和VSP井中地层界面之间的对比关系，进行地震反射波的地质层位标定。在VSP层位标定基础上，利用区内27口钻穿龙王庙组的钻井资料，对各反射层进行地质层位标定，从合成地震记录结果来看，合成记录与实际地震道各反射层的波形特征、波组关系及波间时差均较一致，表明可利用该时深关系对地质层位进行地震层位标定。

从标定结果来看，龙王庙组底界在地震剖面上表现为稳定的波谷反射特征，龙王庙组底岩性界面为泥晶白云岩与下伏沧浪铺组顶部泥质粉砂岩整合接触，该岩性界面对应的强反射特征可作为全区对比追踪的重要标志层，据此标定龙王庙组底界形态特征。

磨溪地区龙王庙组顶界经地震层位标定，不同区块表现出多种响应模式，大体在弱波峰或波谷上，或在相对可靠界点向上30~40ms时窗追踪顶界。从地质体结构分析，磨溪地区龙王庙组上覆高台组底部为粉砂岩或白云质粉砂岩，与龙王庙组顶部白云岩或砂质白云岩整合接触，顶界上下地层速度差异变化不大，其标定位置在弱波峰或波谷上变化。因此，建立不同井区龙王庙组顶界地震反射模式，如MX8、MX9、MX11等井区龙王庙组顶界表现为弱峰特征，而MX10、MX204井区顶界为波谷特征，实钻与地震标定是完全吻合的，故可通过建立不同井区顶界反射模式标定龙王庙组顶界，据此追踪龙王庙组顶界。

1.2 断裂描述

地震识别表明：总体上，断层欠发育，倾角高、断距小、延伸短。从区域构造变动来看，研究区虽历经多次构造运动，以升降运动为主，但因处于盆地中部，褶皱不强烈，构造极为平缓。据地震相干和曲率属性分析，研究区二叠系以下以正断层为主，发育3条大断层，走向为北东向（磨溪①断层）和北西向（磨溪②、磨溪④断层）。磨溪①断层为区内主要的大断裂，走向北东向，断裂层位从寒武系的洗象池组至震旦系下统，向北倾斜，倾角为60°~70°；磨溪②、磨溪④为深断裂，走向为近北西向。其余的断裂多为小断裂，断裂深度不大、规模小，断开层位多为洗象池组至沧浪铺组（图1）。

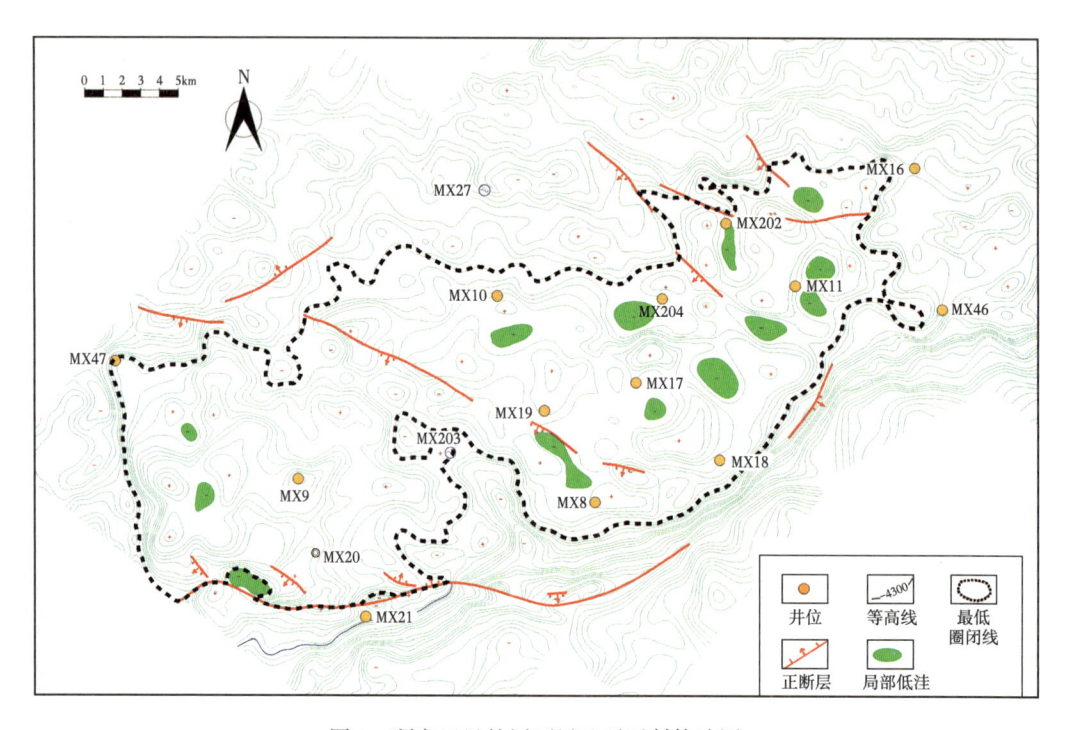

图1 研究区目的层顶界地震反射构造图

1.3 构造圈闭精细描述

区域上，磨溪龙王庙组构造总体格局表现为在乐山—龙女寺古隆起背景上的北东东向鼻状隆起，构造平缓，由西向北东倾伏，呈多高点、多排复式构造特征。根据构造解释成果，磨溪地区主要呈现南北2个构造圈闭形态，北大南小，被工区内最大的磨溪①号断层切割，形成2个断高圈闭，北部的磨溪主高点圈闭和南部的磨溪南断高圈闭（图1）。磨溪主高点潜伏构造主轴方向为北东东向，长度42.0km，构造宽度8.3~14km，高点海拔为-4200m，最低圈闭线海拔为-4360m，圈闭面积510km^2，闭合高度160m。因构造极为平缓，构造圈闭内呈现多个构造高点和小洼陷。共计13个高点和13个小洼陷。此外，位于MX8、MX9井区之间显示出构造中部存在一条横贯构造的北西向沟槽。磨溪南潜伏断高紧邻磨溪主高点潜伏构造的南面，构造圈闭规模相对较小。统计分析地震解释结果与27口实钻井目的层顶界海拔之间的误差，总体上，绝对误差<20m，相对误差<1%，其中大部分绝对误差在10m左右，相对误差<0.5%，表明构造精细解释结果满足精细描述的需求。

2 储层分布精细描述

2.1 储层岩性特征描述

根据目的层段全取心岩心描述和薄片镜下观察,揭示研究区岩性变化大,并受白云石化和重结晶作用改造,发育包括与颗粒滩沉积相关的砂屑白云岩、鲕粒白云岩、砾屑白云岩及细—中晶残余砂屑或鲕粒白云岩,与滩间海沉积相关的泥晶白云岩、泥晶灰岩,与混积潮坪沉积相关的砂质云岩和泥质云岩,储层岩性主要为砂屑白云岩、生屑白云岩和粉—中晶白云岩[1-8]。

2.2 储层物性特征描述

利用铸体薄片镜下观察,储集空间类型复杂多样,包括溶蚀孔洞、粒间溶孔、粒内溶孔、晶间孔及晶间溶孔,以粒间溶孔、晶间溶孔及小溶洞为主,同时发育构造缝和溶蚀缝,储集空间类型以裂缝—孔洞型为主。根据岩心分析物性数据统计,储层物性总体上表现为低孔、中低渗透,孔隙度通常在2%~6%,平均为4.2%,渗透率一般为0.1~10mD,平均为0.7mD。储层孔隙结构受溶蚀孔洞发育影响,可划分为粗孔中—大喉道型和细孔小—微喉道型,前者表现为"两高":最大进汞饱和度高(大于90%)、退汞效率高(大于80%),后者表现为"两低":最大进汞饱和度低、退汞效率低[9]。根据储集岩中孔、洞、缝发育规模及其组合关系,将研究区储层类型划分为三种:Ⅰ类储层为中孔中高渗透裂缝—孔洞型储层,为研究区最优质储层;Ⅱ类储层为中—低孔低渗透裂缝—孔隙型储层,储渗性能较好;Ⅲ类储层为低孔低渗透晶间孔型储层,储渗性能相对较差。

2.3 储层纵横向展布描述

在储层岩电标定的基础上,总结出实钻井储层地震响应模式[10, 11],再根据储层对比剖面(图2),可以看出,龙王庙组储层单层厚度在2~20m,累计储层厚度在20~60m,相对优质储层(孔洞型储层)在10~30m,储层总体连续性较好,横向可追踪对比。据后期投产井具先期压降特征,进一步表明龙王庙组储层总体连通。据井间干扰试井分析,若相对优质储层连续分布,短时间内即可见明显井间干扰;若相对低渗透储层连续分布为主,井间干扰不明显;表明由于储层物性及连续性差异,井间连通程度存在差异。

在岩心描述和成像测井识别缝洞储层的基础上,井震结合,建立溶蚀孔洞储层地震响应模式:层内强波峰地震反射特征对应大套孔洞型优质储层,弱波峰—空白地震反射特征对应孔洞型储层欠发育。通过井震联合储层地震响应模式,有效识别出溶蚀孔洞发育区和溶蚀孔洞欠发育区,平面上表现为四分特征:MX9—MX12—MX10井区至MX8—MX11—MX205井区之间为溶蚀孔洞最发育区,其间MX203—MX19—MX202井区一带因发生相变,储层物性明显变差,以相对低渗透储层为主,以西北区域为溶蚀孔洞次发育区,以东南区域为溶蚀孔洞欠发育区(图3)。

图 2 研究区目的层典型连井储层对比图

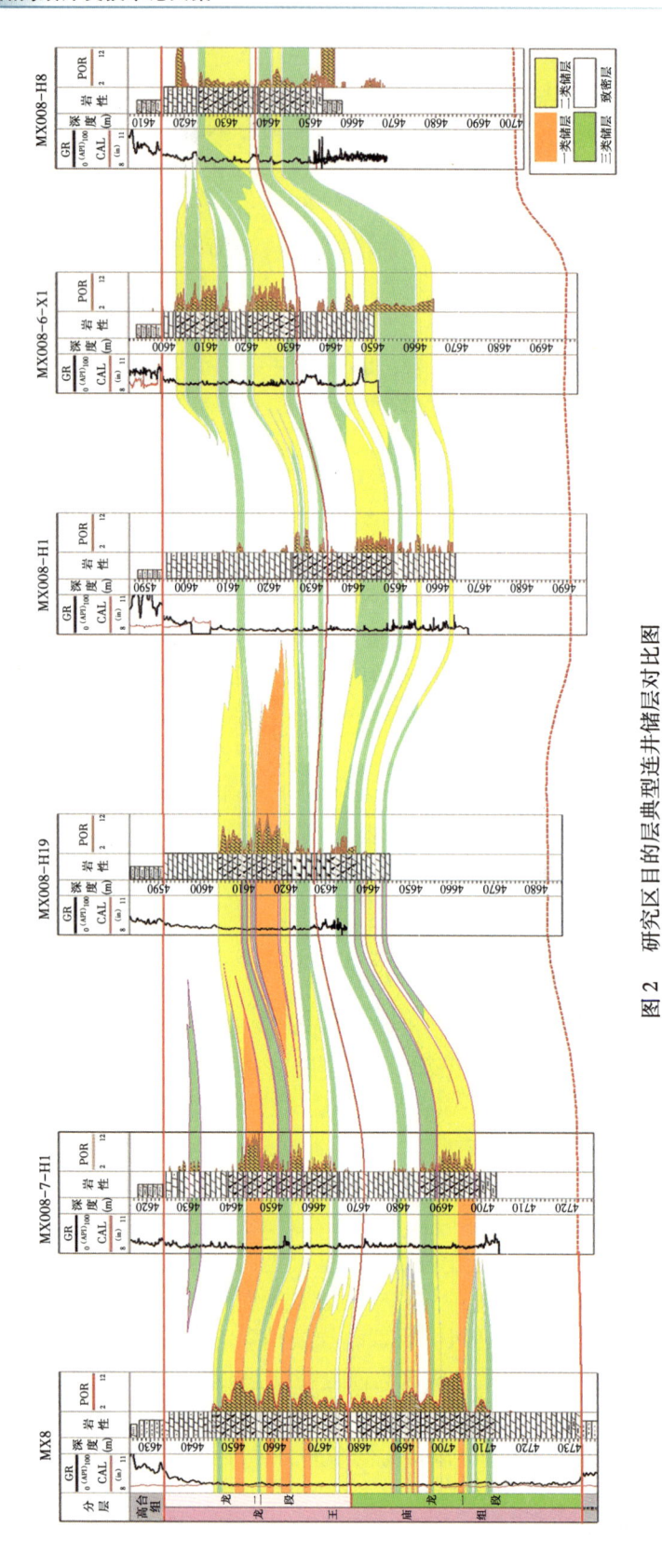

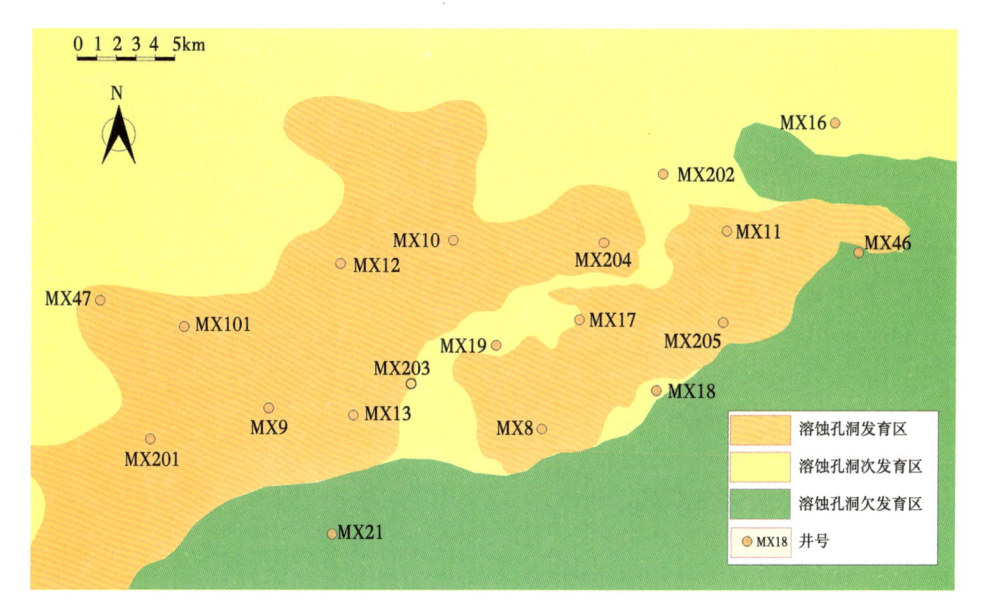

图3 研究区溶蚀孔洞发育程度分区图

3 气水分布精细描述

3.1 气水分布控制因素

3.1.1 现今构造因素

龙王庙组经历印支期、燕山期及喜马拉雅山期等多期构造运动[12, 13]，使得地层遭受多种构造作用力，形成现今构造低缓、圈闭规模较大、闭合度小、多高点的圈闭特征。

在掌握研究区储层分布的基础上，将现今构造与气水井叠合（图4），发现区域上"三

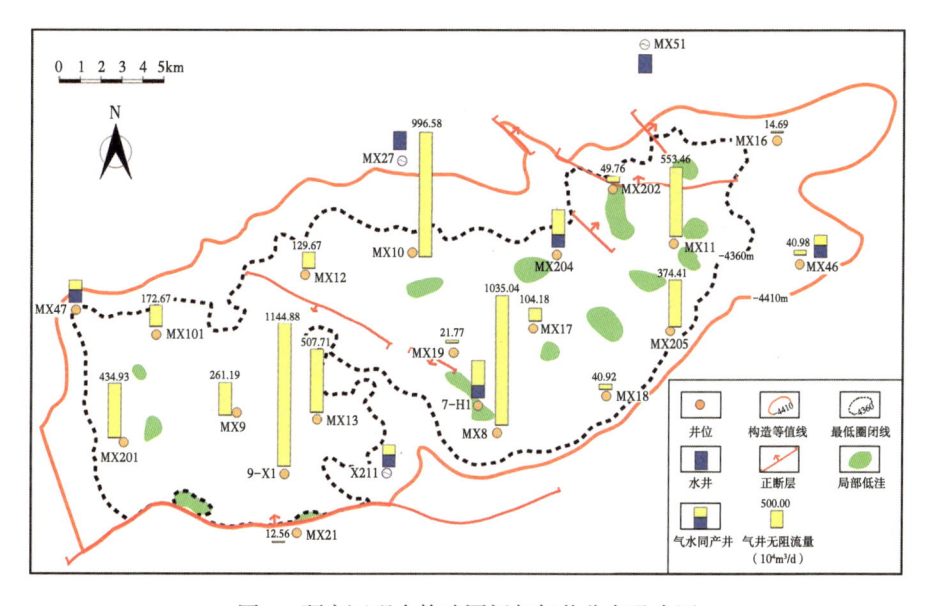

图4 研究区现今构造圈闭与气井分布叠合图

分"特征明显：在现今构造圈闭内，大多数气井分布其中，未见水井，内侧低洼带和边部分别见 1 口气水同产井；在海拔 -4410m 以外，多数为水井，局部高点见少数气水井；在现今构造圈闭与海拔 -4410m 之间，多数为气井，见少量水井和气水同产井。

据实钻井揭示的流体分布与现今构造之间的关系，可以看出：（1）天然气在研究区广泛分布，富集程度明显受控于现今构造圈闭；（2）气井主要分布于构造圈闭内，受构造低缓影响，在圈闭内大面积含气的背景下微幅构造变化控制局限水体分布，导致在局部低洼处形成局部滞留地层水，但水体位于储层下部且范围有限；（3）流体分布不完全受控于构造因素，圈闭范围之外且具有一定构造背景的优质储层发育区仍是天然气富集有利区，但储层下部往往发育与外部边水沟通的水体；（4）在位于圈闭之外的构造低部位广大区域，虽然水体广泛发育，但局部高点仍然具有较好的含气性，既存在"水包气"的分布特征，也存在高压环境下水溶气的独特现象。

3.1.2 古构造及成藏演化因素

在漫长的油气聚集成藏演化过程中，油气的生成、运移、聚集与早期古地貌高低和古构造演化存在密切联系，古地貌既影响储层发育，又控制流体早期分布。四川盆地川中平缓构造带，在早寒武世晚期至早二叠世，受加里东和海西构造运动影响，发生继承性的构造抬升、风化剥蚀及沉积充填，至二叠纪盆地大规模海侵开始填平补齐，此时，来自下寒武统优质泥页岩进入生烃阶段[14-16]，开始向上覆龙王庙组运移并聚集。

根据风化壳古地貌的充填程度与古地貌形态的负相关关系[17-19]，编制形成研究区二叠系沉积前龙王庙组古地貌[9]（图 5），古地貌总体格局表现为"一缓一陡一凹、三区分带"的特征：西以 MX105-MX103-MX47 井区为界，东以 MX205-MX18 井区为界，以北地势较为平缓，以东南方向地势下降幅度变陡，在平缓区内部，存在局部凹陷区[9]。

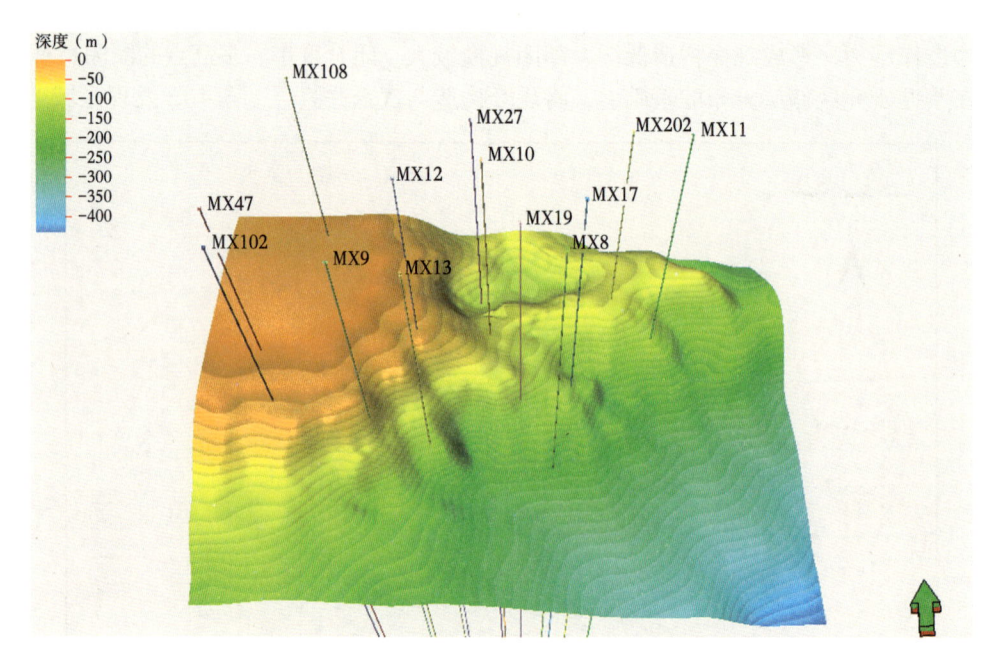

图 5　二叠系沉积前磨溪龙王庙组古地貌格局

综合古地貌格局、构造演化和气水井分布，研究表明钻获 $100\times10^4\text{m}^3/\text{d}$ 以上的高产气井全部聚集于古地貌地势相对较高部位，分析认为早期古构造高部位有利于油气聚集，后期构造调整后仍然为构造有利位置，加之该井区孔洞型优质储层发育，在古、今构造位置优和储层优质的"三优"条件下，最终形成油气富集区域。位于平缓区内部的局部凹陷区，由于地势相对较低，易形成局部滞留富水区。在古构造高部位、地势平缓区钻遇气层和水层，分析原因可能是颗粒滩欠发育、物性变差以及地层不整合面封堵造成流体排除不畅形成局部封存水，这一认识已被四川盆地诸多气藏所证实，如位于川东的五百梯、沙罐坪等石炭系气藏。

3.2 气水分布描述

3.2.1 按不同赋存状态描述水体分布

（1）局部封存水。

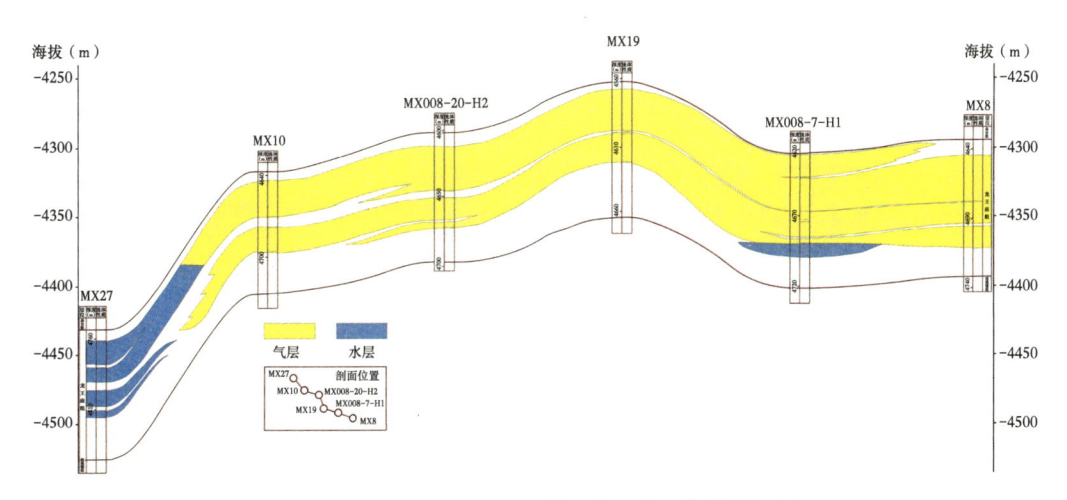

根据实钻井揭示气水层分布和古今构造对流体分布控制，认为圈闭内微幅构造控制局限水体分布，在圈闭内可能存在多个局部水体，单个面积在 $0.5\sim2\text{km}^2$ 不等，其中 2 个局部封存水已经实钻证实（图 6），局限水体在纵向上分布于龙王庙组下储层段，平面上主要分布于局部低洼带。从测试资料看，磨溪主体区范围内 MX008-7-H1 井下储层段测试产水，据录取的水样品分析，Cl^- 含量为 124.74g/L，密度为 1.12g/cm^3，总矿化度大于 100g/L，水型为 $CaCl_2$ 型，pH 值为 7.41，表明水体类型为地层水。据测井曲线响应特征，深、浅侧向电阻率曲线存在正差异，深侧向电阻率在 $14\sim160\Omega\cdot\text{m}$，平均为 $50\Omega\cdot\text{m}$，测井解释为水层，进一步表明龙王庙组下储层段存在地层水，从已钻遇地层水的气井分布来看，局部封存水在区内分布局限，仅存在于局部井区。

图 6 研究区 MX27-MX8 井区龙王庙组气藏剖面图

（2）边翼部地层水。

根据古今构造及成藏演化对气水分布的控制，综合圈闭外围实钻井揭示气水分布，综合分析认为位于圈闭外古今构造低部位控制外围边水分布，使得研究区南北两翼广泛发育边水（图7），边水与气区接触范围 $20\sim30\text{km}^2$，北翼较南翼水体分布更为广泛。

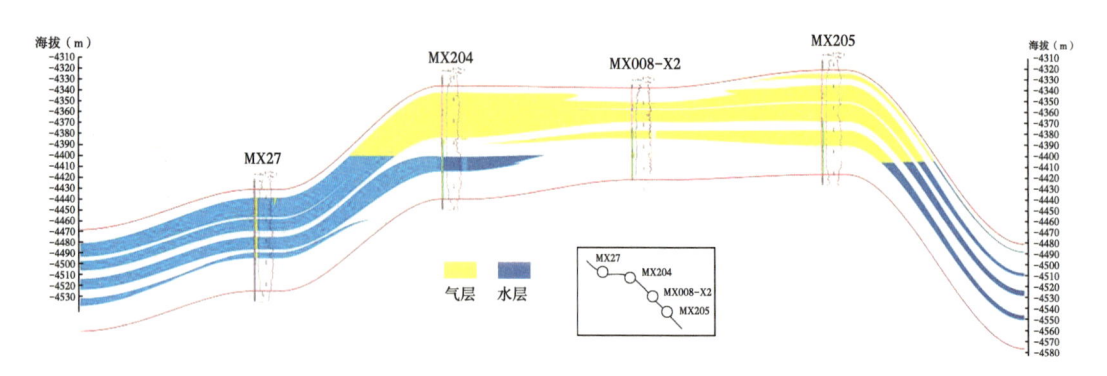

图7 研究区MX204-MX205井区龙王庙组气藏剖面图

由于研究区气藏气水分布既受控于岩性圈闭控制，又受控于构造圈闭，造成研究区气水分布既具有碳酸盐岩气藏边水分布基本模式，又具有其自身的独特性。生产实践证实，气藏不具有统一的气水界面，西区MX47井测试气水同产，测井解释上储层为气水同层，下储层为水层，气水界面-4380m；东区MX204井测试气水同产，水层顶界海拔-4385m；南区气井下部气层底界海拔-4390m。由此可见，反映研究区龙王庙组气藏气水分布不完全受控于构造因素。

（3）过渡区。

过渡区不同于因气水分异不彻底形成的气水过渡带，二者既有区别又有联系，共同点是底部是含水层，上部是含气层，横向边界基本一致，区别在于过渡区纵向上上部是气层，分布较广且含气性较好，易于开采，而气水过渡带纵向上分布较窄，含气性差，含水饱和度较高，难于开采。因此，将过渡区定义为低缓构造背景下广泛存在于气藏边部上气下水的区域（图8）。

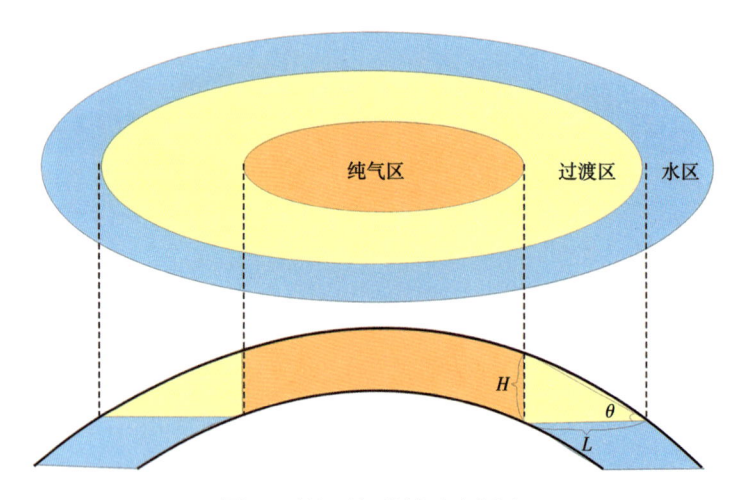

图8 过渡区气藏剖面示意图

针对研究区地势极为低缓，地层倾角为1°~6°，建立不同地层倾角条件下过渡区占比总含气面积的分析模型（图8），研究表明，当构造幅度远大于地层厚度时，过渡区所占含气面积比重小，可忽略不计；反之，当地层倾角小于5°时，过渡区所占含气面积比重较大，最大可超过50%。

根据低缓构造气水分布概念模型，建立低缓构造过渡区物理—数学描述模型：

$$\tan\theta = H/L \tag{1}$$

式中　θ——地层倾角；

　　　H——过渡区构造幅度；

　　　L——过渡区内、外边界距离。

根据建立的数学模型，精细刻画研究区过渡区的内、外边界，确定不同区块过渡区边界范围，明确南北区两翼过渡区分布面积，掌握纯气区分布范围，为井位部署提供地质依据。

3.2.2　按水体对生产影响程度描述水体活跃性

在确定气水分布的基础上，根据水体对气井生产影响程度[20]，将水体划分为活跃水体和不活跃水体。其中活跃水体区储层缝洞发育，以裂缝—孔洞型储层为主，储层连续性好，且与气区连通性好，随着气藏开发的深入，压降漏斗加大，水体快速侵入气区，对气井生产造成显著影响，使气相渗流能力快速下降，降低气井产能，产水量快速上升且水量较大，在开发过程中需预防边底水快速侵入井底造成水淹。不活跃水体区储层缝洞欠发育，以孔隙型储层为主，储层连续性较好，与气区连通性相对较差，但若存在裂缝则与气区连通性好，随着气藏开发的深入，压降漏斗逐渐加大，水体缓慢侵入气区，然而一旦侵入井底则对气井生产影响较大，造成水相渗透率增加，使得低渗透储层气相渗流能力变得更差，表现为产水量缓慢上升、产气量缓慢下降，在生产过程中需预防低渗透水体缓慢侵入气区影响气井正常生产。

4　结论

（1）综合现今构造细节刻画和古地貌特征描述，结合成藏演化过程分析，认为古地貌控制了油气早期聚集与成藏，磨溪及外围龙王庙组大面积含油气，二叠纪之后，经历原油裂解与多期构造运动调整，天然气逐渐聚集成藏，在川中地区富集于磨溪、龙女寺和高石梯等较大的构造圈闭内，奠定了现今气水分布主体格局。

（2）分析认为龙王庙组气藏气水分布除受构造因素控制以外，同时受岩性和不整合面控制。磨溪西北方向受古构造和不整合面控制，存在气水同产区；磨溪主体构造圈闭内，受现今构造和储层物性控制，为天然气富集区；圈闭内部受局部低洼和水体自身重力影响，局部存在封存水体；磨溪主体以东区块，受物性变差影响，气水分异不彻底，低渗透储层底部易广泛发育地层水；磨溪外围有利斜坡区域，局部可形成含气区。

（3）针对研究区地势极为低缓，提出运用过渡区描述方法研究大型低缓构造气水分布，建立不同地层倾角条件下过渡区占比总含气面积的分析模型，研究表明，当地层倾角小于5°时，过渡区所占含气面积比重较大，最大可超过50%，表明地层倾角较低时，不仅对气藏边部气水关系影响较大，而且易造成气藏内部存在滞留水体，因此，针对该类气藏在井位部署尤其是开发井部署时需要考虑这一点。

（4）根据水体对气井生产影响程度，将水体划分为活跃水体和不活跃水体，其中活跃水体与气区连通性好，需预防边底水快速侵入井底造成水淹；不活跃水体与气区连通性相对较差，需预防低渗透水体缓慢侵入气区影响气井生产。

参 考 文 献

[1] 金民东，曾伟，谭秀成，等.四川磨溪－高石梯地区龙王庙组滩控岩溶型储层特征及控制因素[J].石油勘探与开发，2014，41（6）：650-660.

[2] 郑平，施雨华，邹春艳，等.高石梯－磨溪地区灯影组、龙王庙组天然气气源分析[J].天然气工业，2014，34（3）：50-54.

[3] 任影，钟大康，高崇龙，等.川东及其周缘地区下寒武统龙王庙组沉积相[J].古地理学报，2015，17（3）：335-346.

[4] 高树生，胡志明，安为国，等.四川盆地龙王庙组气藏白云岩储层孔洞缝分布特征[J].天然气工业，2014，34（3）：103-109.

[5] 刘树根，宋金民，赵异华，等.四川盆地龙王庙组优质储层形成与分布的主控因素[J].成都理工大学学报（自然科学版），2014，41（6）：657-667.

[6] 周进高，徐春春，姚根顺，等.四川盆地下寒武统龙王庙组储层形成与演化[J].石油勘探与开发，2015，42（2）：158-165.

[7] 周进高，房超，季汉成，等.四川盆地下寒武统龙王庙组颗粒滩发育规律[J].天然气工业，2014，34（8）：27-34.

[8] 姚根顺，周进高，邹伟宏，等.四川盆地下寒武统龙王庙组颗粒滩特征及分布规律[J].海相油气地质，2013，18（4）：1-7.

[9] 张春，杨长城，刘义成，等.四川盆地磨溪区块龙王庙组气藏流体分布控制因素[J].地质与勘探，2017，53（3）：599-608.

[10] 吴煜宇，谢冰，赖强.四川盆地磨溪—龙女寺区块下寒武统龙王庙组测井相划分及分布规律研究[J].天然气勘探与开发，2015，38（4）：28-36.

[11] 代瑞雪，冉崎，关旭，等.多尺度裂缝地震综合预测方法＿以川中地区下寒武统龙王庙组气藏为例[J].天然气勘探与开发，2017，40（2）：38-44.

[12] 郭正吾，邓康龄，韩永辉，等.四川盆地形成与演化[M].北京：地质出版社，1996.48-70.

[13] 邓康龄.四川盆地形成演化与油气勘探领域[J].天然气工业，1992，12（5）：7-12.

[14] 徐春春，沈平，杨跃民，等.乐山＿龙女寺古隆起震旦系＿下寒武统龙王庙组天然气成藏条件与富集规律[J].天然气工业，2014，34（3）：1-6.

[15] 刘宏，罗思聪，谭秀成，等.四川盆地震旦系灯影组古岩溶地貌恢复及意义[J].石油勘探与开发，2015，42（3）：283-292.

[16] 田艳红，刘树根，赵异华，等.四川盆地中部龙王庙组储层成岩作用[J].成都理工大学学报（自然科学版），2014，41（6）：671-680.

[17] 袁玉松，孙冬胜，李双建，等.四川盆地加里东期剥蚀量恢复[J].地质科学，2013，48（3）：581-591.

[18] 周丽梅，张江江.海西早期岩溶改造作用及古地貌恢复：以塔河2区为例[J].地质科技情报，2015，34（4）：51-55.

[19] 赵重远，靳久强.含油气盆地流体流域系统及其油气聚集原理[J].石油学报，2009，30（5）：636-641.

[20] 何晓东，孔玲，安菲菲.有水气藏气水分布及水区能量[J].天然气勘探与开发，2013，36（1）：33-35.

四川盆地中部地区高石梯区块震旦系灯影组岩溶储层特征与储渗体分类评价

朱 讯[1] 谷一凡[2] 蒋裕强[2] 唐廷科[1] 徐 伟[1] 李开鸿[1] 邓 惠[1]

（1.中国石油西南油气田公司；2.西南石油大学）

摘 要 四川盆地中部地区（以下简称川中地区）震旦系灯影组四段（以下简称灯四段）气藏是以丘滩复合体沉积与表生岩溶作用为主、多因素叠加形成的大型气田，现有行业标准在表征储层特征上存在局限性。为此，借助于川中地区高石梯区块岩心观察、常规—成像测井，结合配套CT扫描、薄片鉴定，利用储渗空间搭配关系对该区内灯四段储层进行类型划分，再基于三维地震资料，以岩溶储层类型的精细刻画为约束，井震结合分析丘滩复合体展布、缝洞发育分布、优质储层分布、优质储层储量丰度，并结合实际生产效果，开展储渗体划分研究，建立灯四段岩溶储渗体分类标准，分析各类储渗体静态、动态特征，优选评价有利开发储渗体目标。研究结果表明：（1）研究区灯四段岩溶储层可划分为孔隙型、孔隙—溶洞型、裂缝—孔洞型等3种类型，其中后两者具有物性好、开采动用较容易、测试效果好的特点，为灯影组优质岩溶储层类型；（2）建立了岩溶储渗体分类标准，将研究区储渗体细分为3类，其中一、二类储渗体投产井稳产能力较强、生产效果较好，能够实现效益开发；（3）该区内可划分出一类储渗体7个，二类储渗体10个，三类储渗体15个，一、二类储渗体动态储量介于21.69×10^8~$37.08\times10^8 m^3$。结论认为，一、二类储渗体缝洞搭配关系好、优质储层厚度大、储量丰度大、生产效果好，可以作为研究区有利开发目标。

关键词 四川盆地中部；震旦系；灯影组；岩溶储层；储渗体；分类标准；生产效果；开发目标

四川盆地中部地区（以下简称川中地区）高石梯—磨溪区块作为"十三五"期间增储上产的主体，其震旦系灯影组已明确台缘带1500km²的气藏富集区，储量规模介于4000×10^8~$5000\times10^8 m^{3[1]}$，勘探开发前景非常可观[2-4]。但是，截至2018年5月，高石梯区块只有7口井测试日产气量超过$60\times10^4 m^3$，另有10口井测试日产量低于$30\times10^4 m^{3[5]}$，单井产能差异大。依据行业标准SY/T 6110—2002《碳酸盐岩气藏开发地质特征描述》[6]，区内灯影组储层孔隙度介于2.00%~9.89%，平均值为3.22%，渗透率介于0.01~10.00mD[7]，为特低孔—低孔、低渗透储层[8, 9]，单井储层中Ⅲ类储层占绝大多数[7]。以上储层分类评价方法与灯影组高产面貌严重不符，未能体现缝洞型气藏的复杂性、非均质性。笔者基于储渗空间搭配关系对高石梯区块灯影组四段（以下简称灯四段）储层进行类型划分，以储层地震反演作为约束，开展储渗体划分与分类研究，建立灯影组岩溶储渗体分类标准，明确各类储渗体动态、静态特征，为下一步勘探开发工作提供借鉴。

1 地质背景

高石梯区块位于四川盆地川中地区乐山—龙女寺继承性古隆起东部[10]，区内灯影组与下伏下震旦统陡山沱组呈整合接触，与上覆下寒武统筇竹寺组页岩呈不整合接触。按岩性、电性特征可将灯影组内部划分为四段，除灯三段为泥页岩夹石英砂岩外，灯一、灯二、灯四段均为白云岩地层，岩性主要为藻砂屑云岩、藻云岩（包括藻叠层、藻凝块云岩、藻纹层云岩）、晶粒云岩等[11, 12]（图1）。桐湾运动Ⅱ幕使得本区在灯四段沉积后被整体抬升[13]，造成灯四段顶部藻砂屑云岩和藻云岩沉积形成的丘滩复合体遭受剥蚀淋滤而发育优质风化壳岩溶储层[14]。基于岩心、常规测井和成像测井，可将区内灯影组岩溶垂向分带划分为多

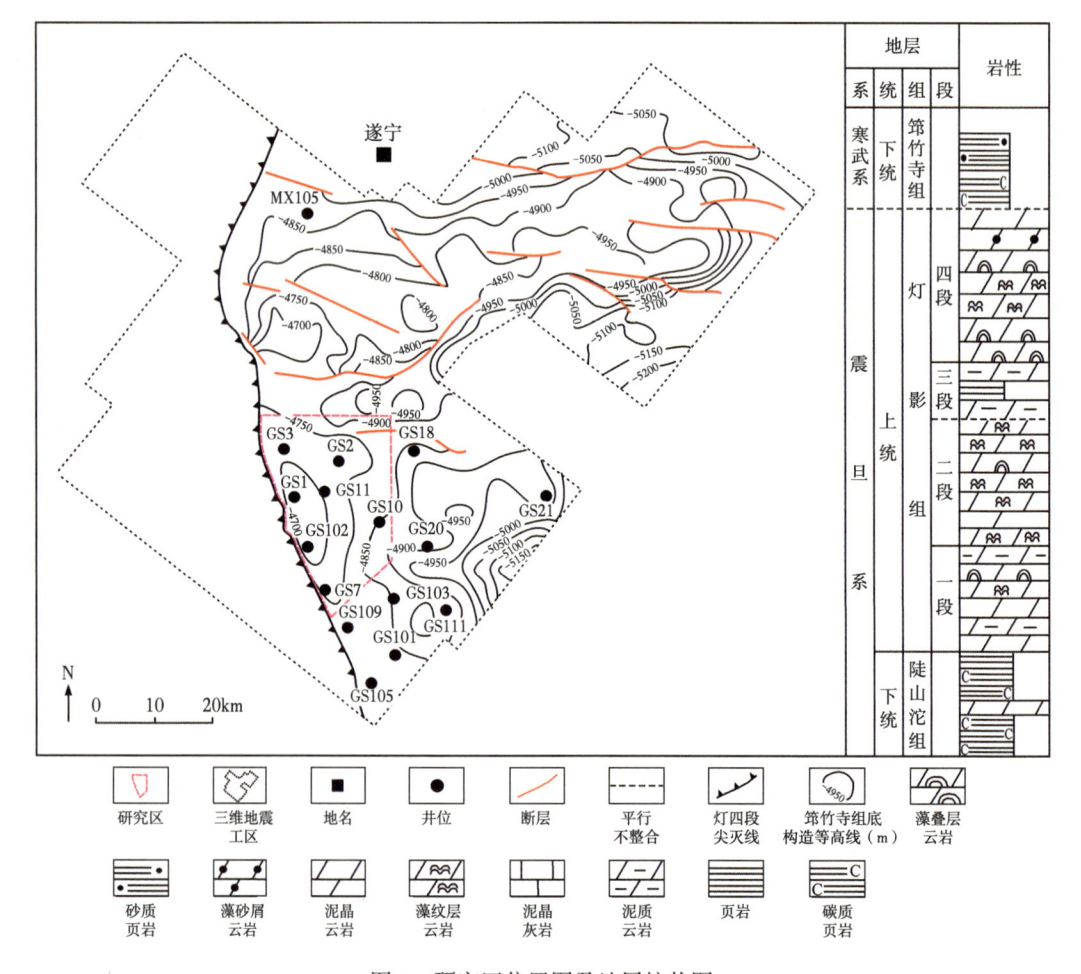

图1 研究区位置图及地层柱状图

个岩溶包括地表岩溶带、垂向渗流带、水平潜流带等，其中水平潜流带最有利于岩溶储层发育（图2），岩溶储层纵、横向均表现出强烈非均质性[15, 16]。

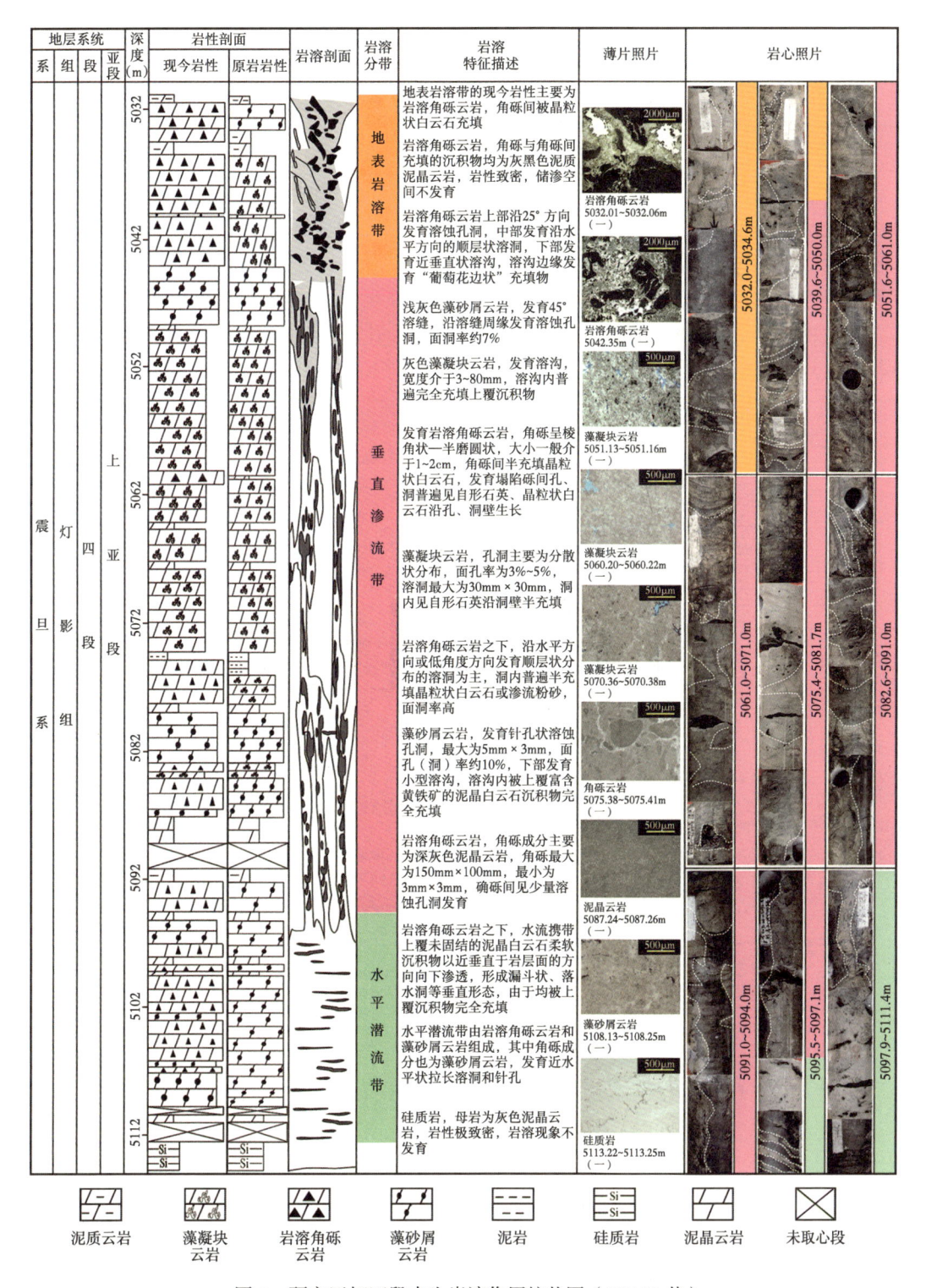

图2 研究区灯四段表生岩溶作用柱状图（GS102井）

目前，高石梯区块灯四段探明储量范围内有 7 口取心井，取心长度为 316m，并开展了地震缝洞体精细刻画[7]，同时截至 2018 年 6 月，共有 15 口井投入试采，可以支撑灯四段储渗体研究。因此，本次研究根据高石梯区块的动、静态资料情况，确定其探明储量区块为研究区（图 1）。

2 岩溶储层特征

根据碳酸盐岩气藏开发地质行业标准《碳酸盐岩气藏开发地质特征描述》（SY/T 6110—2002）[6]，区内灯四段储层以Ⅲ类储层为主。该划分方案既未体现储层非均质性，也未体现出多种储渗空间搭配关系（图 3），不能满足开发生产需求。为了指导开发过程中储量可动性研究，基于孔、缝、洞搭配关系（图 4），结合常规测井、成像测井等静态资料和无阻流量、生产效果等动态资料，将区内灯四段储层划分为孔隙型、裂缝—孔洞型和孔隙—溶洞型等 3 种类型（表 1），再结合不同储层类型岩心 CT 扫描结果（图 5）分析认为：孔隙型储

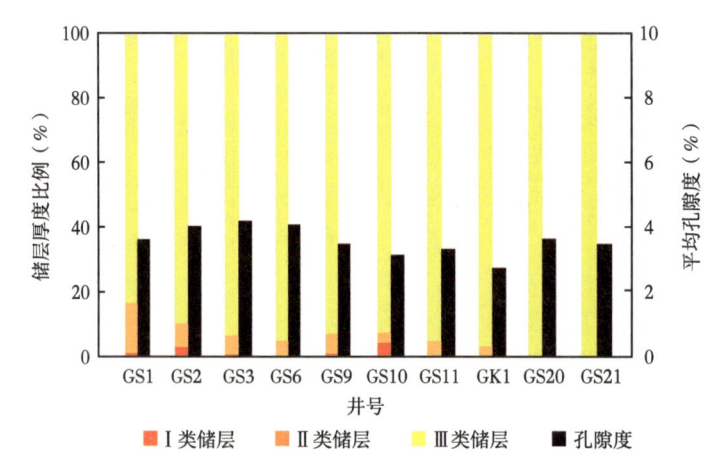

图 3 研究区单井储层厚度占比和测井解释平均孔隙度直方图

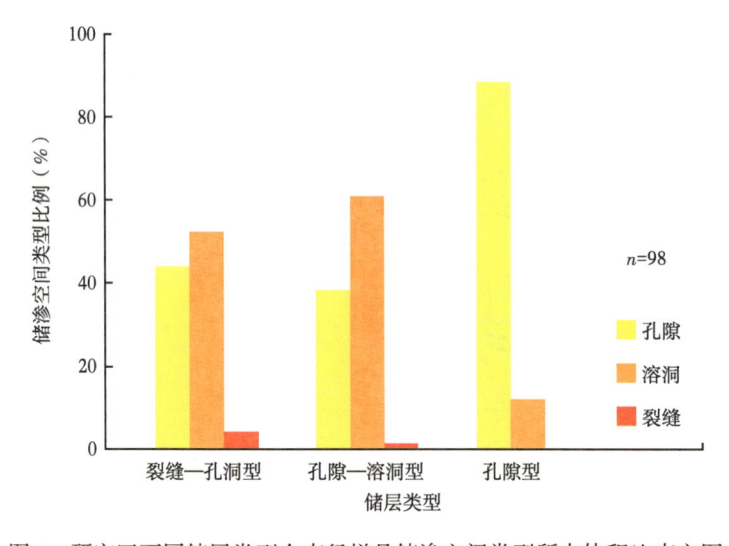

图 4 研究区不同储层类型全直径样品储渗空间类型所占体积比直方图

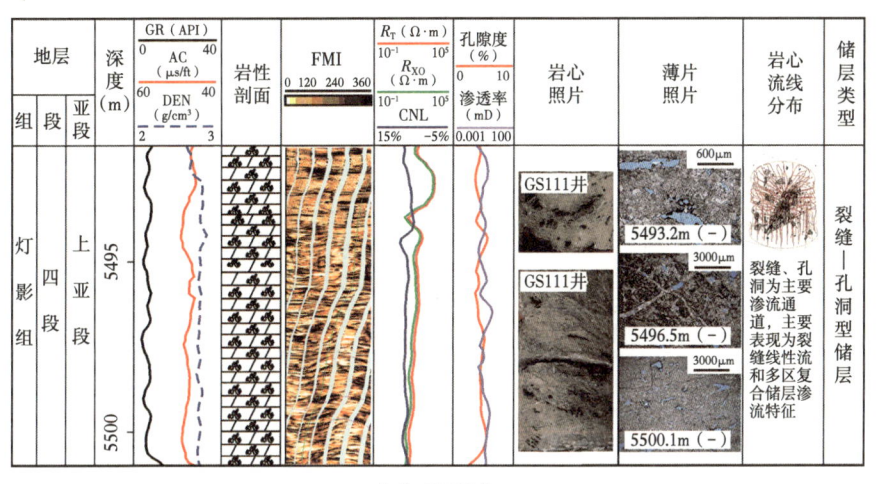

(a) GS111井

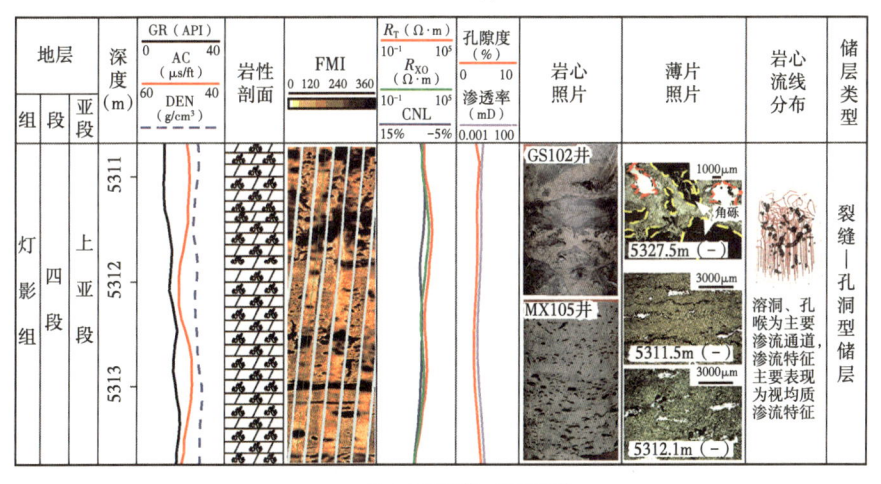

(b) GS102井、MX105井

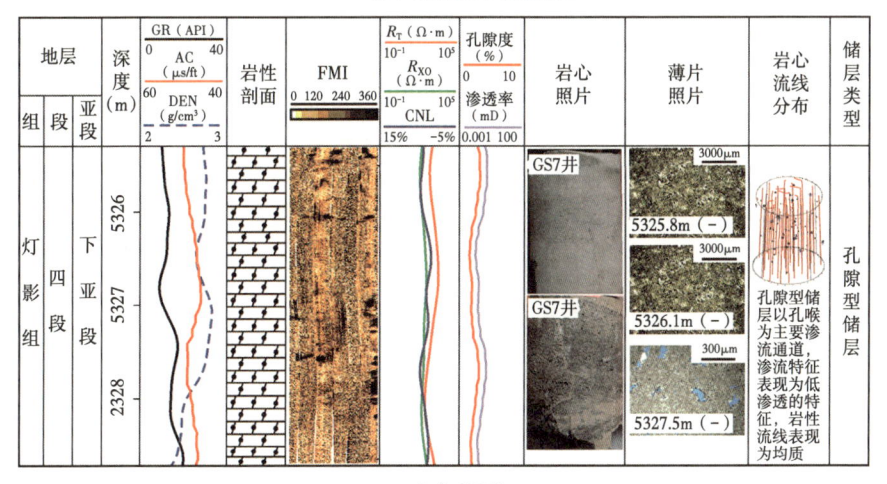

(c) GS7井

图 5 研究区不同储层类型识别模板图

注：1ft = 0.3048m。

层孔隙占比高，但连通性较差，储层孔隙度介于2%~4%，渗透率多小于0.1mD，溶洞发育少，储渗性较差；孔隙—溶洞型储层和裂缝—孔洞型储层溶蚀孔洞发育，孔洞之间连通性较好，孔隙度多大于3%，渗透率多大于0.1mD，测试效果好，储量动用较容易，是本区灯影组的优质岩溶储层类型。

表1 研究区灯四段白云岩储层分类评价表

储层类型	储集岩性	裂缝发育程度	成像测井特征	喉道特征	孔隙度（%）	渗透率（mD）	采收率	产气量（$10^4m^3/d$）	可动性
裂缝—孔洞型	藻凝块云岩、藻叠层云岩	发育	暗色正弦线与暗色斑点组合	—	≥3	≥0.10	57.47%	>30	易动用
孔隙—溶洞型	藻凝块云岩、泥晶云岩、岩溶角砾云岩	欠发育	高亮背景下暗色斑点顺层分布	孔喉分选好，缩颈喉道为主	≥3	≥0.10	46.08%	2~30	可动用
孔隙型	藻砂屑云岩、纹层状云岩	无	高亮背景下暗色斑点分散状分布	孔喉分选差，片状喉道为主	2~3	<0.01	11.00%	<2	难动用

2.1 裂缝—孔洞型储层

岩性以藻凝块云岩、藻叠层云岩为主，岩心可同时观察到溶蚀孔、洞和裂缝组合的存在，表现为岩心破碎、裂缝发育、溶蚀孔洞发育；成像测井表现为高亮背景下暗色正弦线状影像和暗色斑点分布；常规测井曲线特征表现为低电阻率、低自然伽马、高声波时差、低补偿密度、高补偿中子的特点；CT扫描结果表现为缝洞交错发育且搭配关系好[图5（a）]。

2.2 孔隙—溶洞型储层

岩性以藻凝块云岩为主，岩心见小型溶洞为主，沿近水平方向顺层状分布，裂缝发育程度低；孔隙度大于3%，渗透率一般大于0.1mD；成像测井表现为溶蚀孔洞发育，暗色斑块分散分布，大小不均匀，裂缝欠发育；常规测井曲线表现为低自然伽马背景下的低补偿密度、高声波时差、高补偿中子、低电阻率的特征[图5（b）]。

2.3 孔隙型储层

岩性以藻砂屑云岩、纹层状云岩为主，岩心见针孔状溶孔（镜下鉴定为粒间溶孔、晶间溶孔）发育，少见裂缝、溶洞；孔隙度主要介于2%~3%，渗透率小于0.01mD，孔隙间连通性极差；成像测井表现为缝洞欠发育，偶见极小的暗色斑点呈分散状分布；常规测井曲线表现为低自然伽马、中—高补偿密度、低声波时差、中—低补偿中子、中—高电阻率的特征（图5c）。

3 储渗体分类

现阶段勘探开发成果表明，灯四段上亚段岩溶储层具有纵、横向分布非均质性强、物性差异大等特点。以GS7井为例，该井优质岩溶储层（裂缝—孔洞型＋孔隙—溶洞型）厚度为35m，测试日产气量为$105.65\times10^4m^3$，但该井试采效果并不理想，2016年3月22日以日产气量$50\times10^4m^3$投产，生产7d后逐步下降至日产气量$20\times10^4m^3$，井口油压递减速率达 0.63mPa/d，生产 11 个月后日产气量稳定在 $15\times10^4m^3$，井口油压递减速率为 0.008MPa/d。因此，单一刻画岩溶储层类型及其特征，不能体现远井区的优质储层发育规模。为解决上述问题，笔者研究基于不同类型储层特征、空间分布的精细刻画成果，综合沉积相、地震反演等多方面手段和实际开发效果，提出灯四段上亚段储渗体分类方案。

3.1 储渗体分类依据

储渗体主要是指致密岩层中非均一分布的孔、洞、缝相互沟通而形成的不规则的储渗系统[17-18]，鉴于本区灯四段储层类型多样性、非均质性，为满足开发需求，应对储渗体进行进一步分类刻画。前人对于四川盆地灯影组储渗体研究目前存在以下观点：（1）王兴志等[19]基于储渗体成因及形态，将灯影组储渗体划分为残丘及风化壳型、岩溶溶洞型、透镜型、裂缝型和古残留背斜型；（2）侯方浩等[20]认为灯影组储渗体主要由重结晶白云岩晶间孔（洞）、沿 40°方向构造缝扩溶形成的溶洞、葡萄花边胶结后的残余孔洞和 70°~80° 张裂缝等 4 类储渗空间构成。这些研究方法一方面未考虑储渗空间的搭配关系，另一方面缺乏定量划分依据。笔者基于缝洞预测成果、丘滩体平面展布刻画、优质储层预测成果、优质储层储量丰度之间的叠加搭配关系，建立储渗体划分方案（表 2）。划分方案依据如下：

表 2 研究区灯四段储渗体分类评价依据表

	一类储渗体	二类储渗体	三类储渗体
有利储层类型占比	>50%（其中，裂缝—孔洞型>30%）	>50（其中，孔隙—溶洞型>30%）	20%~50%
储量丰度（$10^8m^3/km$）	>4	>3~4	>2~3
主要渗流特征	缝洞系统渗流特征或复合模型	裂缝线性流渗流特征为主	储层低渗透特征明显
过典型井缝洞反演剖面	GS3井	GS7井	GS10井
典型井试井双对数曲线			
典型井生产动态曲线			
典型井	GS3井、GS6井、GS2井、GS9井	GS1井、GS7井、GS8井、GS12井	GS10井

（1）基于取心段沉积相划分，利用多方向过井地震剖面，根据丘滩复合体的"丘状—杂乱状"反射特征[21]，明确丘滩体平面分布边界，作为储渗体横向边界；（2）以单井有利储层类型分布为约束，利用波阻抗属性反演有利储层（裂缝—孔洞型和孔隙—溶洞型）累计厚度大于30m的区域；（3）利用Petrel软件建立研究区灯四段孔隙反演模型和含气饱和度反演模型，在有利储层厚度预测成果基础上，明确有利储层储量丰度大于 $2\times10^8m^3/km^2$ 的区域；（4）基于曲率属性，建立地震缝洞发育有利区（图6）。

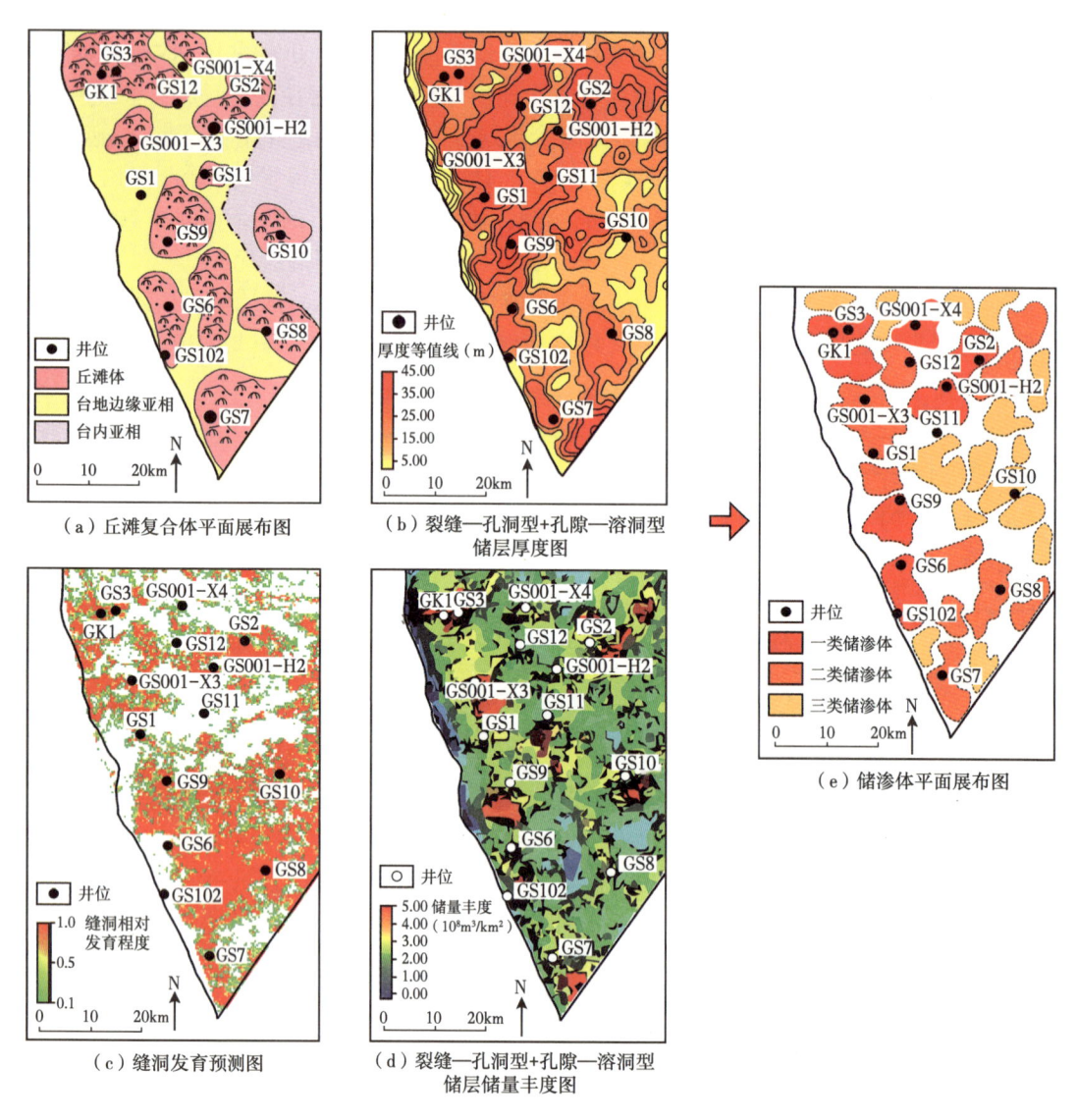

（a）丘滩复合体平面展布图

（b）裂缝—孔洞型+孔隙—溶洞型储层厚度图

（c）缝洞发育预测图

（d）裂缝—孔洞型+孔隙—溶洞型储层储量丰度图

（e）储渗体平面展布图

图6　研究区灯四段白云岩岩溶储层储渗体划分流程图

3.2　储渗体分类评价

3.2.1　一类储渗体

一类储渗体的有利储层（孔隙—溶洞型和裂缝—孔洞型）厚度占储层总厚度比例超

过 50%，同时裂缝—孔洞型储层厚度占比超过 30%；有利储层储量丰度大于 $4\times10^8\mathrm{m}^3/\mathrm{km}^2$，典型代表井有 GS2 井、GS3 井、GS6 井、GS9 井等井（图 6）。从缝洞地震反演剖面可以看出，一类储渗体规模较大，半径超过 1km；试井曲线表现出明显的缝洞典型特征，储渗体经酸化改造后，在近井区形成了明显的酸压缝裂缝线性流特征，压力导数出现明显的上下跳动，气井连接多个缝洞系统，同时远井区储层物性相对较好，渗流通道主要为缝洞、高导裂缝和微细裂缝；主要渗流特征表现为复合模型渗流特征或缝洞系统渗流特征（表 2）。气井平均测试日产气量为 $109.45\times10^4\mathrm{m}^3$，平均无阻流量（采用常规"一点法"）为 $188.01\times10^4\mathrm{m}^3/\mathrm{d}$，远井区产能系数为 $72.21\mathrm{mD}\cdot\mathrm{m}$。一类储渗体气井投入试采后，表现出较好的试采效果。比如 GS3 井于 2014 年投入生产，以平均日产气量 $30\times10^4\mathrm{m}^3$ 连续稳定生产，井口油压年递减率仅为 4.42%，截至 2017 年底累计产气量超过 $3.0\times10^8\mathrm{m}^3$，采用压降法计算该井动态储量超过 $37.0\times10^8\mathrm{m}^3$，表现出较强的稳产能力。

3.2.2 二类储渗体

二类储渗体的有利储层厚度占比超过 50%，孔隙—溶洞型储层厚度占储层总厚度比例超过 30% 以上；有利储层储量丰度分布在 3×10^8~$4\times10^8\mathrm{m}^3/\mathrm{km}^2$，典型井有 GS1 井、GS7 井、GS8 井、GS12 井等（图 6）。二类储渗体地震反演反映其缝洞体规模中等，半径介于 0.5~1.0km；试井解释结果发现，近井区物性较好，气井完井测试和二次完井测试均获得高产，后期压力导数曲线明显上翘，表现为远井区储层明显变差，优质储层发育范围有限；动态特征表现为受酸化改造后，渗流通道主要为缝洞和微细裂缝［图 5（b）］；以裂缝线性流渗流特征为主（表 2）。气井平均测试日产气量为 $60.62\times10^4\mathrm{m}^3$，平均无阻流量（采用常规"一点法"）为 $166.93\times10^4\mathrm{m}^3/\mathrm{d}$。该类储渗体气井投入试采后，表现出较好的试采效果。比如 GS7 井于 2016 年投入生产，以平均日产气量 $20\times10^4\mathrm{m}^3$ 连续生产，生产相对稳定，截至 2017 年底累计产气量已经超过 $1.0\times10^8\mathrm{m}^3$；压降法计算该井动态储量超过 $20.0\times10^8\mathrm{m}^3$。二类储渗体投产试采井生产效果较一类储渗体气井差，但也能实现效益开发。

3.2.3 三类储渗体

三类储渗体的有利储层厚度所占储层比例介于 20%~50%，有利储层储量丰度介于 2×10^8~$3\times10^8\mathrm{m}^3/\mathrm{km}^2$，典型代表井有 GS10 井等井（图 6）。从地震反演剖面可以看出，三类储渗体规模较小，一般半径小于 0.5km；三类储渗体动态特征主要表现为储渗体受酸化改造后，储层低渗透特征明显，渗流通道主要为孔隙和孔喉；但酸化改造提高储层渗流能力有限，试井解释压力曲线和压力导数曲线出现交叉，表现出井筒续流特征。该类储渗体气井投入试采后，表现为初期油压递减较快。比如 GS10 井 2016 年 8 月投入生产，生产 5d 后油压由 41.27MPa 降至 32.28MPa，截至 2017 年底该井累计产气量仅为 $0.21\times10^8\mathrm{m}^3$，生产效果明显低于一、二类储渗体气井（表 2）。

综合以上分析，在研究区内划分评价出一类储渗体 7 个、二类储渗体 10 个、三类储渗体 15 个。其中一、二类储渗体缝、洞搭配关系好、优质储层厚度大，储量丰度大，单个储渗体动态储量介于 21.69×10^8~$37.08\times10^8\mathrm{m}^3$，生产效果好，可以作为研究区有利开发目标（图 6）。

4 结论

（1）在井震结合精细刻画丘滩复合体的基础上，基于缝洞搭配关系，川中地区高石梯区块灯四段低孔低渗透白云岩岩溶储层可划分为孔隙型、孔隙—溶洞型、裂缝—孔洞型等3种类型。

（2）以单井岩溶储层类型划分成果为约束，结合储层反演成果，对储渗体划分与分类开展研究，建立灯四段白云岩岩溶储渗体分类标准，按照开展丘滩复合体展布、优质储层分布、缝洞发育分布、优质储层储量丰度将本区灯四段储渗体分为3类。初步形成的灯四段白云岩岩溶储层及储渗体分类评价方法，为今后类似气藏的勘探开发提供借鉴。

（3）高石梯区块灯四段一、二类储渗体的单个动态储量介于 21.69×10^8~$37.08\times10^8 m^3$，其生产井稳产能力较强、生产效果较好，能够实现效益开发，可优选出研究区17个一类、二类储渗体作为有利开发目标。

参 考 文 献

[1] 马新华．四川盆地天然气发展进入黄金时代［J］．天然气工业，2017，37（2）：1-9．

[2] 任洪佳，郭秋麟，周刚，等．川东地区震旦系—寒武系天然气资源潜力分析［J］．中国石油勘探，2018，23（4）：22-29．

[3] 汪泽成，赵文智，胡素云，等．克拉通盆地构造分异对大油气田形成的控制作用——以四川盆地震旦系—三叠系为例［J］．天然气工业，2017，37（1）：9-23．

[4] 魏国齐，李君，佘源琦，等．中国大型气田的分布规律及下一步勘探方向［J］．天然气工业，2018，38（4）：12-25．

[5] 金民东，谭秀成，童明胜，等．四川盆地高石梯—磨溪地区灯四段岩溶古地貌恢复及地质意义［J］．石油勘探与开发，2017，44（1）：58-68．

[6] 中华人民共和国石油天然气行业标准．SY/T 6110—2002 碳酸盐岩气藏开发地质特征描述［S］．成都：中国石油西南油气田分公司勘探开发研究院，2002．

[7] 肖富森，陈康，冉崎，等．四川盆地高石梯地区震旦系灯影组气藏高产井地震模式新认识［J］．天然气工业，2018，38（2）：8-15．

[8] 杨威，魏国齐，赵蓉蓉，等．四川盆地震旦系灯影组岩溶储层特征及展布［J］．天然气工业，2014，34（3）：55-60．

[9] 张林，万玉金，杨洪志，等．四川盆地高石梯构造灯影组四段溶蚀孔洞型储层类型及组合模式［J］．天然气地球科学，2017，28（8）：1191-1198．

[10] 蒋裕强，陶艳忠，谷一凡，等．四川盆地高石梯—磨溪地区灯影组热液白云石化作用［J］．石油勘探与开发，2016，43（1）：51-60．

[11] 姚根顺，郝毅，周进高，等．四川盆地震旦系灯影组储层储集空间的形成与演化［J］．天然气工业，2014，34（3）：31-37．

[12] 蒋裕强，谷一凡，朱讯，徐伟，肖尧，李俊良．四川盆地川中地区震旦系灯影组热液白云岩储集相［J］．天然气工业，2017，37（3）：17-24．

[13] 刘宏，罗思聪，谭秀成，等．四川盆地震旦系灯影组古岩溶地貌恢复及意义［J］．石油勘探与开发，2015，42（3）：283-293．

[14] 杨雨，黄先平，张健，等．四川盆地寒武系沉积前震旦系顶界岩溶地貌特征及其地质意义［J］．天然气工业，2014，34（3）：38-43．

[15] 宋金民, 刘树根, 李智武, 等. 四川盆地上震旦统灯影组微生物碳酸盐岩储层特征与主控因素[J]. 石油与天然气地质, 2017, 38（4）: 741-752.
[16] 文龙, 王文之, 张健, 等. 川中高石梯—磨溪地区震旦系灯影组碳酸盐岩岩石类型及分布规律[J]. 岩石学报, 2017, 33（4）: 1285-1294.
[17] 黎从军. 川北柏垭地区大安寨一亚段储渗体特征及油气分布[J]. 石油与天然气地质, 2002, 23（1）: 81-83.
[18] 孟祥豪, 张哨楠, 李连波, 等. 鄂尔多斯北部塔巴庙地区奥陶系风化壳储渗体特征及分布[J]. 成都理工大学学报（自然科学版）, 2006, 33（3）: 233-239.
[19] 王兴志, 穆曙光, 黄继祥, 等. 四川资阳地区灯影组气藏储渗体圈闭类型[J]. 中国海上油气（地质）, 1998, 12（6）: 386-389.
[20] 侯方浩, 方少仙, 王兴志, 等. 四川震旦系灯影组天然气藏储渗体的再认识[J]. 石油学报, 1999, 20（6）: 19-21.
[21] 周进高, 张建勇, 邓红婴, 等. 四川盆地震旦系灯影组岩相古地理与沉积模式[J]. 天然气工业, 2017, 37（1）: 24-31.

四川盆地高石梯—磨溪区块灯四段沉积相变对岩溶储层发育影响

朱 讯　徐 伟　李菡韵　刘义成
鲁 杰　陶夏妍　申 艳　张 旋

（中国石油西南油气田公司）

摘 要　四川盆地中部震旦系灯四段气藏为受风化壳古地貌控制的大型碳酸盐岩古岩溶气藏；结合区域沉积地质背景，以实钻井岩心地质分析为主要依据，灯四段沉积时期高石梯–磨溪区块主要位于台缘带，丘、滩相发育，地震预测储层大面积连片发育，勘探开发潜力大。但是磨溪区块台缘带几口探井相继失利，为寻找其失利原因，进一步落实台缘带有利地质目标区，在前人研究区域构造沉积演化研究基础上，井震结合、重点刻画灯四段沉积相相变，分析相变对后期风化壳岩溶及岩溶储层发育的影响。通过研究认为：（1）研究区受桐湾Ⅰ幕形成的剥蚀面"灯二陡坎"影响，台缘带内存在丘滩体与滩间海微相的相变；（2）在相对隆起区域灯四段丘滩体继承性发育；在相对低洼地势，灯四地层以填平补齐沉积为主，不利于丘滩体发育，主要为滩间海沉积微相；（3）沉积微相变化控制了研究区台缘带岩溶储层展布；在滩间海沉积微相区域，岩性致密，裂缝欠发育，不利于后期岩溶改造，岩溶储层欠发育，厚度一般小于10m；在丘滩体发育区域处于相对高的古地貌，裂缝发育，有利于后期风化壳岩溶的发育；同时岩性主要为富藻白云岩，有利于表生岩溶溶蚀孔洞保存，因此丘滩体发育区岩溶储层普遍发育，厚度分布在25~50m。

关键词　白云岩；相变；丘滩体；岩溶储层；震旦系；四川盆地中部

1 引言

四川盆地中部震旦系灯四段气藏为构造背景下的大型地层—岩性复合圈闭气藏[1-3]，已提交各级储量$8000\times10^4m^3$，具有巨大的资源基础。根据对四川盆地震旦系区域沉积地质背景以及前人研究成果综合分析[4-6]，四川盆地中部灯影组灯四段沉积时期，高石梯—磨溪区块位于克拉通台地边缘区域，丘、滩相发育程度相对较高，地震预测储层大面积连片发育，厚度分布在45~90m，测试64口井，53口井获工业气流，展现出良好的勘探和开发前景。但在磨溪台缘带经过实钻证实 MX47、102、110、116 等井相继出现失利，测试为干层或者微气。对失利井灯四段进行沉积微相分析并结合前人区域构造运动研究成果，发现由于受桐湾 I 幕的影响，研究区整体遭受抬升，灯二段和灯三段沉积期之间存在较短时期的剥蚀，之后为短暂的海进，沉积了灯三段泥页岩，灯二段与上覆灯三段呈假整合接触，最后再次海退沉积了灯四段；由于桐湾运动 II 幕使得上扬子地区整体再次抬升，灯四段广泛遭受剥蚀，其中，资阳及其以西地区缺失灯四段，局部甚至剥蚀至灯三段[4]。同时结合四川盆地震旦系区域沉积地质背景以及前人成果综合分析[5-8]，灯四段沉积时期，研究区位于克拉通台地边缘区域，丘、滩相发育程度相对较高，向台内发育程度逐渐降低。众所周知，沉积相在油气藏形成与演化过程中起着十分重要的作用，它不仅直接决定了沉积岩特征及分布，还影响着储层内原生储集空间分布；此外沉积相对储层所经历的成岩作用类型以及强度也有影响[9, 10]。由于研究区溶蚀孔、洞的形成是在大面积展布的碳酸盐岩局限台地沉积基础上，受长期风化淋滤、水流冲蚀形成，不同沉积相区域溶蚀差异大。但是目前针对研究区控制沉积相相变的因素以及相变对岩溶储层的影响还缺乏相应研究[11-13]。因此，笔者根据实钻井岩心、薄片、测井、地震等资料并结合测试情况，对研究区沉积相变的主控因素以及相变对岩溶储层发育的影响等进行研究，旨为今后研究区岩溶储层展布以及开发有利区选择提供参考。

2 灯四段沉积相特征

根据对四川盆地震旦系区域沉积地质背景分析，以钻井岩心地质分析为主要依据，结合录井、测井特别是成像测井、地震等资料，并参考盆地周缘露头及盆地邻区深层老井钻探资料，认为灯影组建造于混积台地沉积基础之上，以台内裂陷为中心，台地边缘－开阔、局限、蒸发台地－台地边缘相对称发育。灯四段沉积时期，研究区块位于克拉通台地边缘的区域，丘、滩相发育程度相对较高，向台内发育程度逐渐降低。

结合盆地区域沉积相研究成果及已建立的相模式，通过对研究区及相邻地区灯影组岩心精细描述及沉积相分析，认为四川盆地中部灯四段主要为局限台地沉积，包含藻丘、颗粒滩及台坪 3 个亚相（表1）。

表1 安岳气田灯四段沉积微相特征简表

相	亚相	微相	主要岩石类型
局限台地	藻丘	丘基、丘核、丘盖	凝块云岩、叠层状云岩、棉层状云岩等
	颗粒滩	滩核、滩翼、滩间	砂屑云岩、核形石云岩、鲕粒云岩等
	台坪	云坪、藻云坪、泥坪	层纹状云岩、鸟眼泥晶云岩等

灯四段碳酸盐岩的有利沉积相组合类型，无论是在垂向演化序列还是平面分异格局上，都突出表现为丘、滩相沉积，岩性以藻凝块云岩、藻叠层云岩、藻砂屑云岩等富藻云岩为主。

在岩心划相基础上，对研究区单井进行连井沉积相对比分析，从图1可以看出单井上灯四上亚段丘滩体集中发育，为纵向有利层段；同时平面上台缘带内丘、滩最为发育，所占地层厚度比例可达 50%~70%，台缘带以东，丘、滩相发育厚度变薄；有利沉积区域为灯四上亚段台缘带一线（图1）。虽然研究区台缘带为丘、滩相最有利的沉积分布区，但

图 1 GS001-X1-GS3-GS001-X4-GS18 沉积相连井剖面图（台缘到台内东西向）

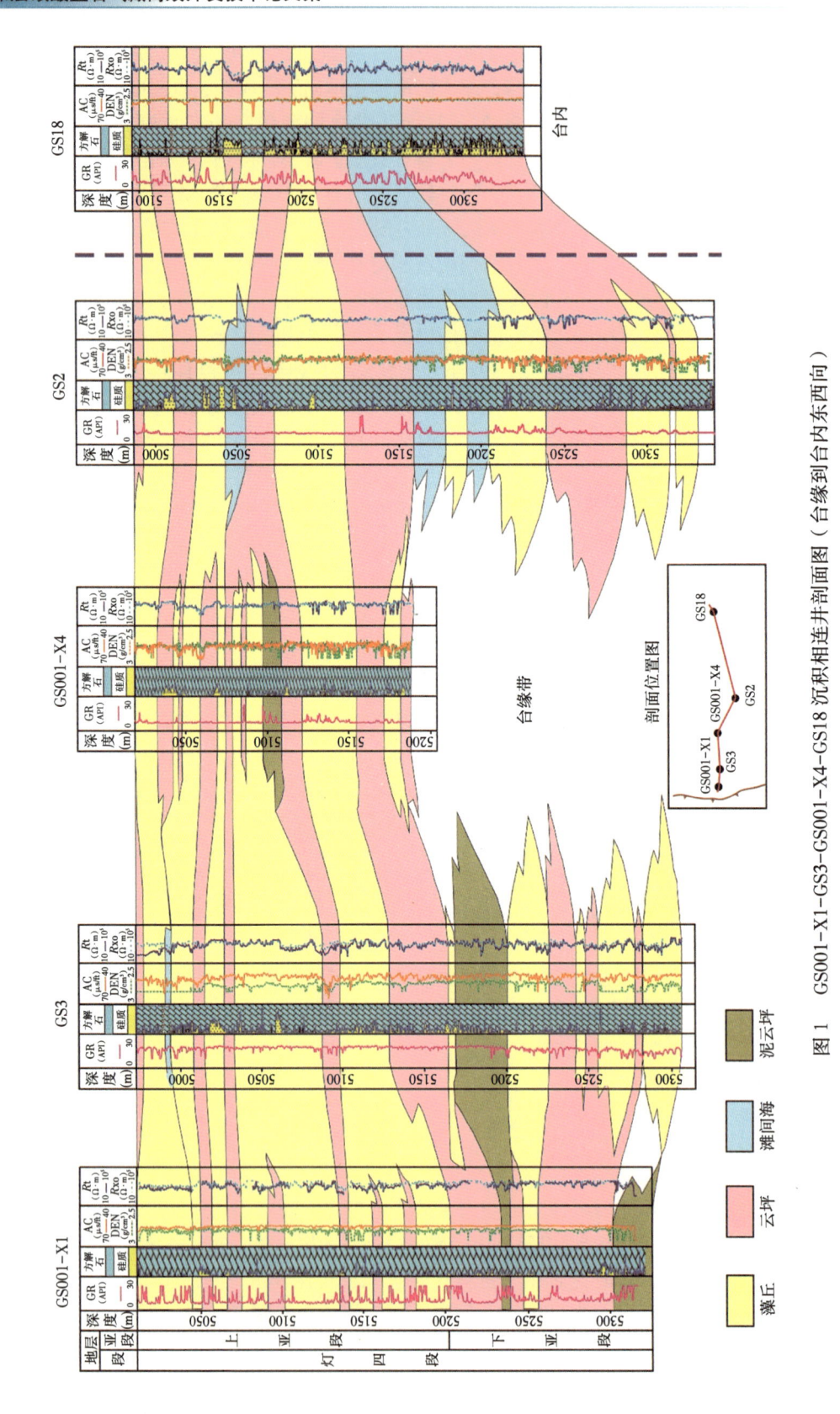

是在台缘带分布区内各井之间储层发育以及测试产能存在着较大差异,如 MX105 井测井解释灯四上亚段气层垂厚 60.1m,该井测试产气 24.46×10^{4}m^3/d;MX102 井灯四上亚段钻遇气层厚度仅为 32.6m,该井测试产气仅为 2.19×10^{4}m^3/d。经分析 MX105 井以丘滩沉积为主,MX102 井以滩间海沉积为主,虽然两口井都属于台缘带,但因为其沉积相的变化导致测试产量相差了一个数量级,因此单纯划分出台缘带不能满足研究区开发生产的需求,需进一步落实台缘带内有利地质目标区,进一步刻画台缘带有利沉积微相的分布。

3 控制相变因素分析

在台缘带分布区并非丘滩体大片连续分布,还存在着沉积微相的变化。为此笔者结合前人对研究区区域构造演化研究成果,利用实钻井岩心、测井成像、三维地震等资料,井震结合综合分析台缘带内控制沉积微相相变的因素。

由于四川盆地在晚震旦世—早寒武世发生的桐湾运动以升降运动为主,而且研究区正是一个继承性、长期性发育的古隆起[2-3],区内无大型褶皱构造影响,因此在沉积过程中处于隆起的部位更容易继续沉积发育为丘滩,而处于低洼地形的沉积主要以填平沉积为主,水动力较为安静,因此沉积的岩性更为致密。

研究区在灯四沉积之前由于桐湾Ⅰ幕的影响,整体遭受抬升,灯二段和灯三段沉积期之间存在较短时期的剥蚀,形成的古地貌高低势必会影响研究区后期灯四的沉积;在灯三、灯四沉积前的古地貌高部位就更易于丘滩的发育,所以刻画出桐湾Ⅰ幕形成的灯二风化壳剥蚀面(俗称"灯二陡坎")对于后期灯四段台缘带丘滩体的刻画至关重要。为此笔者对研究区三维地震剖面上"灯二陡坎"——进行追踪(图2、图3),从图2、图3可以看出"灯二陡坎"以西区域在灯三、灯四沉积之前属于相对低洼地势,不利于丘滩体发育,地层为填平补齐沉积,地震相上表现为同相轴清晰且似平行分布;而在"灯二陡坎"以东处于相对隆起区域,丘滩体继承发育,地震相上表现为丘状形态,内部出现杂乱发射同相轴。通过地震剖面追踪与刻画,井震结合在平面上确定了"灯二陡坎"分布以及灯四段丘滩体分布(图4)。由图4可以看出"灯二陡坎"与"灯四陡坎"共交区域灯四段沉积发生相变以滩间海沉积为主,在"灯二陡坎"未影响的台缘带区域灯四段以丘滩沉积为主。

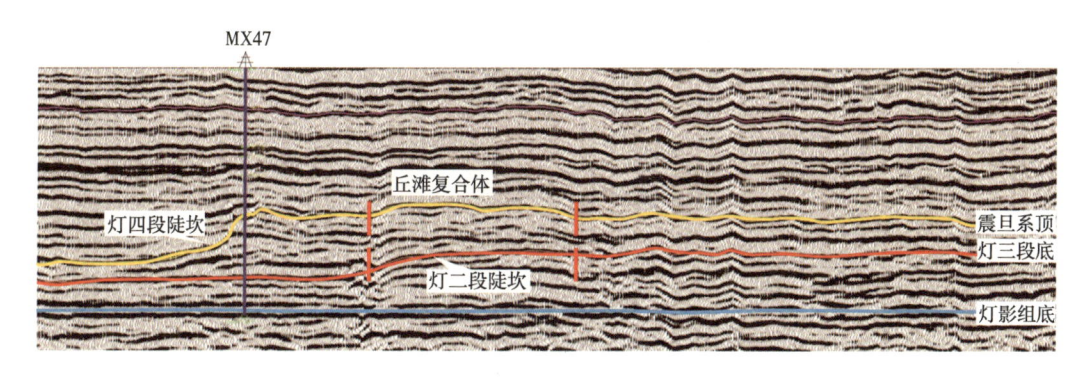

图 2 过 MX47 井地震偏移剖面图(灯底拉平)

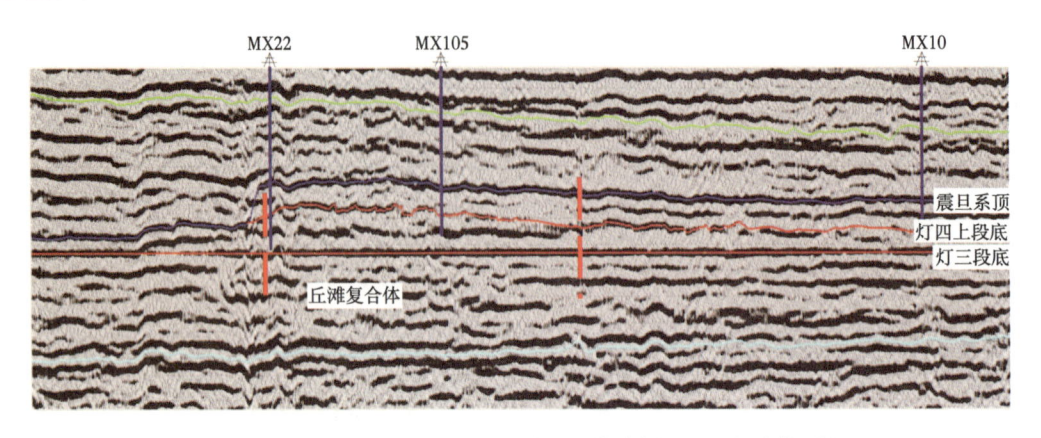

图 3　过 MX22-MX105-MX10 井地震偏移剖面图（灯底拉平）

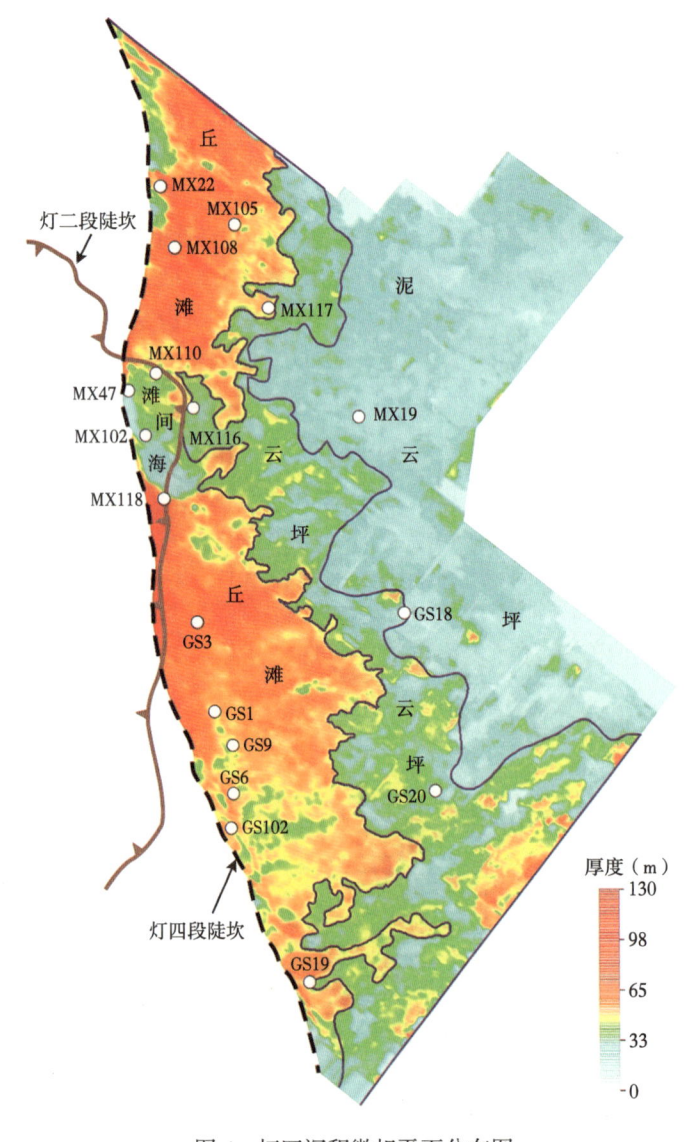

图 4　灯四沉积微相平面分布图

综上分析研究区台缘带内沉积微相的变化主要是由桐湾Ⅰ幕形成的剥蚀面"灯二陡坎"控制的。

4 相变对岩溶储层的影响

前期学者已经明确灯影组储层主要受后期风化壳岩溶的控制，风化壳岩溶的发育又受到岩性、古地貌等因素的控制[5-7]。罗冰认为现今灯影组储集空间主要由丘滩相格架孔扩溶孔洞以及岩溶新增孔洞构成，灯影组储层成因类型为"丘滩相＋岩溶"复合型储层[12]。

4.1 相变对风化壳岩溶发育的影响

前文已经明确了研究区受桐湾Ⅰ幕形成的剥蚀面"灯二陡坎"影响，台缘带内存在丘滩体与滩间海微相的相变，由于研究区丘滩体发育具有继承性（图5），因此在丘滩体发育区域灯四沉积后古地貌处于相对隆起部位，裂缝发育，有利于后期风化壳岩溶的发育；通过统计丘滩体岩性又以富藻白云岩为主（藻凝块、藻叠层等）（图6），由于藻的黏结性导致丘滩体在遭受大气降水淋滤后形成的溶蚀孔洞得以保存；如MX105井在灯四上5299.3m~5365.35m取心，心长66.05m，岩心观察孔洞发育段5段，累计厚度32.8m，孔洞单层发育平均厚度达6.56m[图7（a）]；而在滩间海沉积微相区域，统计岩性主要以泥晶白

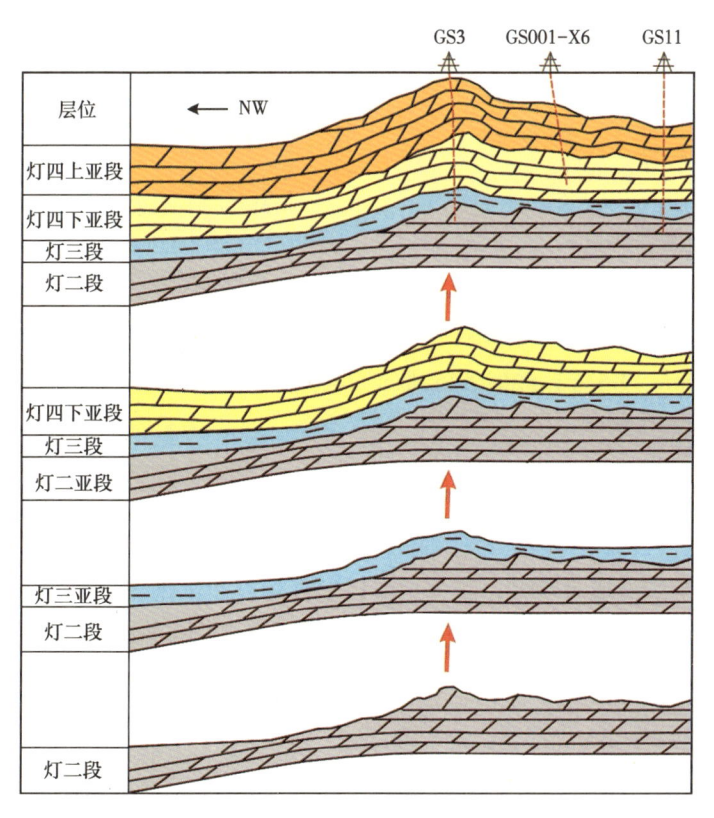

图5 四川盆地中部地区台缘带丘滩沉积模式图

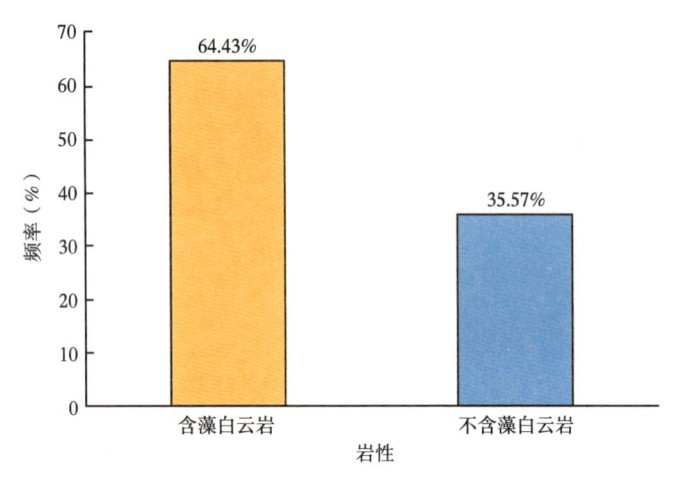

图6 四川盆地中部地区丘滩体岩性统计图（样品数194个）

（a）丘滩体发育区，MX105井藻凝块云岩，溶蚀孔洞发育

（b）滩间海发育区 MX110井，泥晶云岩，岩性致密，溶蚀孔洞欠发育

图7 不同沉积微相岩心特征图

云岩、粉—细晶白云岩为主，岩性致密，裂缝欠发育，不利于后期岩溶改造［图7（b）］，如MX102井在气层段5175~5202.54m取心，心长27.54m，岩心观察孔洞发育段4段，累计厚度10.38m，孔洞单层发育平均厚度仅2.6m。因此丘滩体是后期风化壳岩溶发育的基础。

4.2 相变对岩溶储层分布影响

根据实钻井及三维地震资料，结合丘滩体发育对后期风化壳岩溶发育的影响分析，笔者建立了四川盆地中部台缘带丘滩体剥蚀溶蚀模式，如图8所示，丘滩体沉积后处于相对隆起部位，表生期风化壳岩溶规模较大，同时丘滩体岩性以富藻白云岩为主，利于后期岩溶形成的孔洞保存，因此在丘滩体发育区岩溶储层集中发育并得以保存[14-15]，统计发现其岩溶储层发育厚度以及储层物性明显优于滩间海沉积区域。如在丘滩体发育区域的MX22、MX105、MX108井储层平均厚度达12.5m，平均孔隙度为3.3%，平均渗透率0.33mD（图9）；在滩间海发育区域的MX102、MX110井评价储层仅达6.7m，平均孔隙度为3.1%，平均渗透率为0.03mD（图9）。

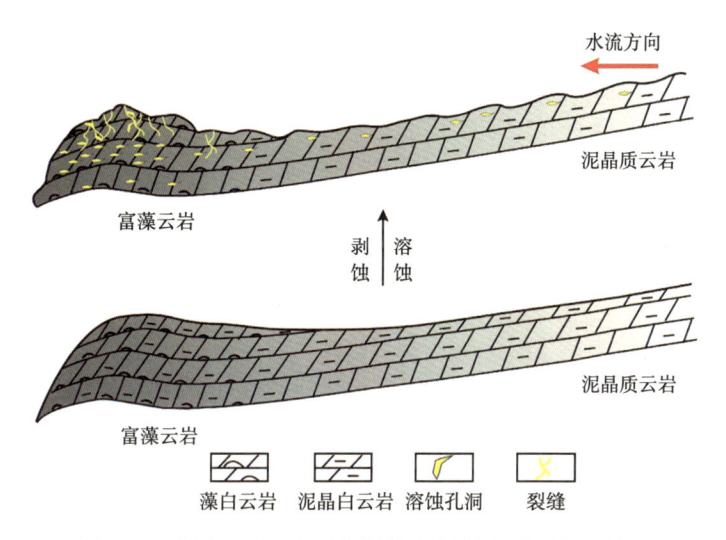

图 8 四川盆地中部地区台缘带丘滩体剥蚀溶蚀模式图

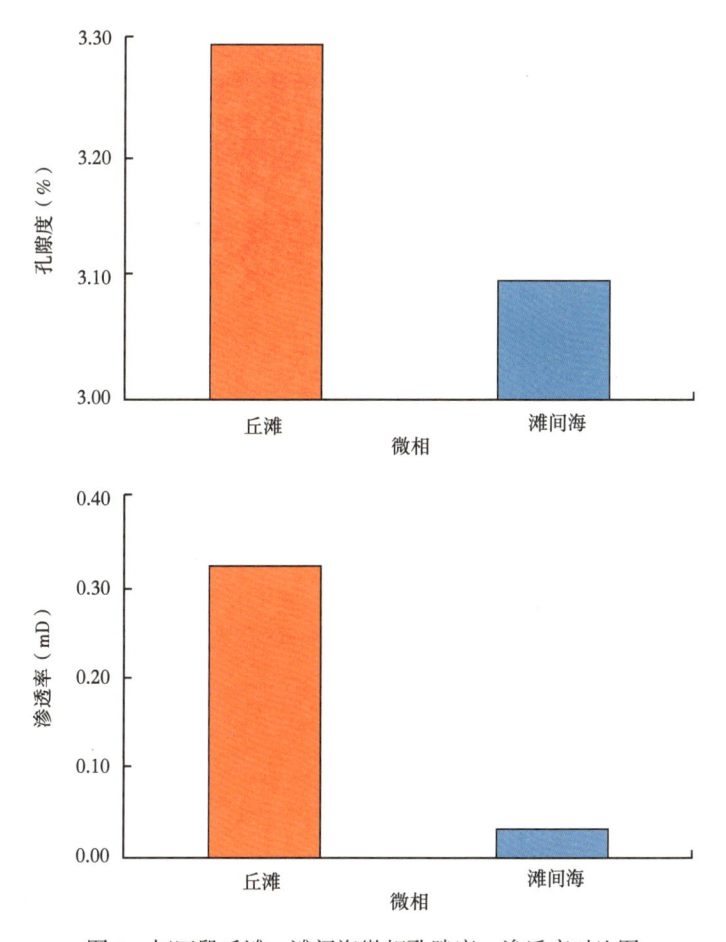

图 9 灯四段丘滩、滩间海微相孔隙度、渗透率对比图

另外根据65口实钻井储层测井解释统计，结合地震刻画灯四沉积微相平面分布特征，绘制出研究区井控范围内岩溶储层分布图，如图10所示，在滩间海沉积区岩溶储层厚度

分布一般小于10m（如MX110、MX117等），在丘滩体发育区岩溶储层发育，厚度分布在25~50m（如台缘带MX22、MX9、GS3、GS9丘滩体分布区）。因此在台缘带沉积微相的变化控制了岩溶储层展布，研究区丘滩体有利储层发育，为今后勘探开发重点沉积微相。

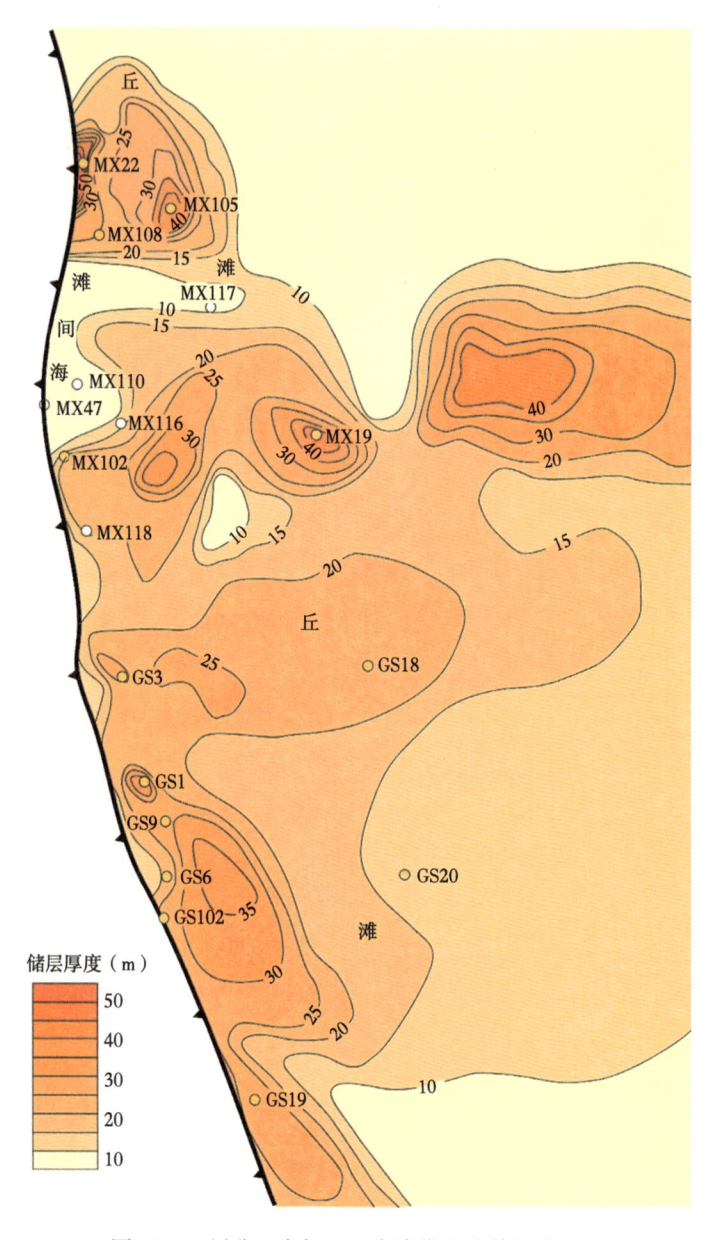

图10　四川盆地中部地区台缘带岩溶储层分布图

5　认识

（1）研究区台缘带内丘、滩最为发育，所占地层厚度比例可达50%~70%，有利沉积区域为灯四上亚段台缘带一线。

（2）灯四段台缘带受桐湾Ⅰ幕形成的剥蚀面"灯二陡坎"影响，在相对隆起区域丘滩体继承发育；在相对低洼地势，不利于丘滩体发育，地层为填平补齐沉积，以滩间海微相沉积为主。

（3）沉积微相的变化控制了研究区岩溶储层的展布；在滩间海沉积微相区域，岩性致密，裂缝欠发育，不利于后期岩溶改造，岩溶储层欠发育，厚度一般小于10m；在丘滩体发育区域处于相对隆起部位，以含藻白云岩沉积为主，裂缝发育，有利于后期风化壳岩溶的发育，同时由于藻的黏结性导致丘滩体在遭受大气降水淋滤后形成的溶蚀孔洞得以保存，在丘滩体发育区岩溶储层普遍发育，厚度分布在25~50m。因此研究区丘滩体为今后勘探开发的重点区域。

参 考 文 献

[1] 杨雨，黄先平，张健等．四川盆地寒武系沉积前震旦系顶界岩溶地貌特征及其地质意义[J]．天然气工业，2014，34（3）：38-43.
[2] 姜华，汪泽成，杜宏宇等．乐山—龙女寺古隆起构造演化与新元古界震旦系天然气成藏[J]．天然气地球科学，2014，25（2）：192-200.
[3] 杜金虎，邹才能，徐春春，等．川中古隆起龙王庙组特大型气田战略发现与理论技术创新[J]．石油勘探与开发，2014，41（3）：268-277.
[4] 李英强，何登发，文竹．四川盆地及邻区晚震旦世古地理与构造 - 沉积环境演化[J]．古地理学报，2013，15（2）：231-245.
[5] 刘宏，罗思聪，谭秀成，等．四川盆地震旦系灯影组古岩溶地貌恢复及意义[J]．石油勘探与开发，2015，42（3）：283-293.
[6] 汪泽成，姜华，王铜山，等．四川盆地桐湾期古地貌特征及成藏意义[J]．石油勘探与开发，2014，41（3）：305-312.
[7] 李启桂，李克胜，周卓铸，等．四川盆地桐湾不整合面古地貌特征与岩溶分布预测[J]．石油与天然气地质，34（4）：516-521.
[8] Unconformity in Sichuan Basin[J]. Oil&Gas Geology, 34（4）：516-521.
[9] 徐世琦，李天生．四川盆地加里东古隆起震旦系古岩溶型储层的分布特征[J]．天然气勘探与开发，1999，22（1）：14-18.
[10] 林刚．川中磨溪 - 高石梯地区震旦系灯影组白云岩成因及与储层关系[D]．成都：西南石油大学，2015.
[11] 强子同．碳酸盐岩储层地质学[M]．山东：中国石油大学出版社，2007：293-303.
[12] 刘树根，马永生，黄文明，等．四川盆地上震旦统灯影组储层致密化过程研究[J]．天然气地球科学，2007，18（4）：485-496.
[13] 罗冰，杨跃明，罗文军，等．川中古隆起灯影组储层发育控制因素及展布[J]．石油学报，2015，36（4）：416-426.
[14] 姚根顺，郝毅，周进高等．四川盆地震旦系灯影组储层储集空间的形成与演化[J]．天然气工业，中国石油大学出版社 2014，34（3）：31-37.
[15] 方少仙，侯方浩．碳酸盐岩成岩作用[M]．北京：地质出版社，2013：59-70.
[16] 侯方浩，方少仙，沈昭国，等．白云岩体表生成岩裸露期古风化壳岩溶的规模[J]．海相油气地质，2005，10（1）：19-30.

高磨地区灯四段岩溶古地貌分布特征及其对气藏开发的指导意义

闫海军[1]　彭　先[2]　夏钦禹[1]　徐　伟[2]
罗文军[2]　李新豫[1]　张　林[1]　朱秋影[1]

（1. 中国石油勘探开发研究院；2. 中国石油西南油气田公司）

摘　要　基于四川盆地高磨地区三维地震和完钻井资料，结合高分辨率法、层拉平方法、残厚法和印模法的优点，采用双界面法对高磨地区震旦系灯四段岩溶古地貌进行恢复。灯四段岩溶古地貌包括岩溶低地、岩溶斜坡和岩溶台地三种一级古地貌单元以及陡坡、缓坡、台坡、台面、洼地、沟谷和残丘七种二级古地貌单元。灯四段岩溶古地貌表现为"两沟三区、北缓南陡"的特征，同时高石梯发育台坡、台面和残丘三种古地貌单元，磨溪地区主体发育缓坡和台面，台地内部发育台面、洼地和残丘。台坡、台面和斜坡微地貌单元岩溶发育程度好，优质储层发育，完钻井效果较好，高石梯和磨溪地区差异性明显。结果表明，岩溶古地貌对高产井控制作用明显，下一步需要精细刻画沟谷分布，论证断层及古沟槽对古地貌分布的控制作用，分区建立古地貌划分标准，评价台地内部优势微地貌单元分布，支撑建产有利区筛选和目标开发井位优化，从而为高磨地区震旦系气藏快速建产和长期稳产提供保障。

关键词　古地貌；双界面；岩溶；灯四段；高磨；四川盆地

四川盆地高磨地区震旦系气藏三级储量规模已达万亿立方米，是四川盆地天然气上产的重要领域[1-3]。震旦系灯影组气藏为岩溶风化型碳酸盐岩气藏，岩溶古地貌单元的不同导致后期成岩环境中形成差异性储层单元，从而影响开发有利区筛选和井位部署。虽然在地质历史时期中四川盆地经历了频繁构造运动，但是在川中稳定基底的控制作用下，自震旦纪以来四川盆地总体仍是以下沉为主。自基底开始四川盆地先后经历了六期主要的构造旋回，扬子旋回、加里东旋回、海西旋回、印支旋回、燕山旋回和喜山旋回，震旦系顶部风化壳由加里东旋回第二幕桐湾运动造成，导致上扬子地区整体抬升，灯四段广泛遭受剥蚀，灯四段丘-滩相白云岩遭受风化剥蚀及大气淡水溶蚀淋滤，形成大量的溶蚀孔洞，成为四川盆地灯影组天然气藏的有效储层。对于四川盆地灯影组古地貌分布特征，李启桂等[4]利用全盆地地震格架大剖面解释资料和钻井资料，结合厚度印模法，恢复了桐湾不整合面古地貌，古地貌特征呈现西北高、中部斜坡、东南洼的格局；汤济广等[5]采用地震资料分析不整合类型，井震结合对乐山—龙女寺古隆起进行古地貌恢复，恢复结果显示灯影组沉积末期古岩溶地貌类型可划分为2个岩溶斜坡、3个岩溶高地和2个岩溶盆地；汪泽成等[6]通过对桐湾运动性质、期次的分析，利用地震、钻井、露头等资料，采用"残余厚度法"和"印模法"刻画盆地震旦系顶部岩溶古地貌形态；罗思聪[7]应用钻井资料以及四川盆地周缘150余条野外露头剖面资料，结合区域地震资料，采用"印模法"恢复震旦系灯影组古岩溶地貌，恢复结果显示整个盆地南北向呈现"三隆"（镇巴、川中、黔江—正安）"两坳"（阆中—通江、重庆—开县）特征，而东西向被分割为相对独立的两个古隆起体系；金民东[8]等以高磨地区三维地震和钻井资料，采用"印模法"进行灯影组四段岩溶古地貌的恢复，将灯四段岩溶古地貌进一步划分为岩溶台面、斜坡和叠合斜坡3种地貌单元，在地貌单元的划分中引入意大利马尔凯地区岩溶台面水系模式图的概念。这些古地貌恢复通常以整个盆地为恢复工区[4, 6-7]，或者以构造单元为研究工区[5]，整体上全盆地都表现为西北高、东南低的古地貌分布特征，但是盆地内部地貌单元分布存在差异或者完全相悖的结论，同时在古地貌恢复方法上多采用"印模法"或者"印模法""残厚法"两者结合，由于"印模法"和"残厚法"在古地貌恢复过程中有自己的不足[9]，制约了古地貌恢复的精度。

笔者针对四川盆地震旦系气藏高石梯—磨溪建产区块，利用近60口钻井资料和三维地震资料采用"双界面法"开展古地貌恢复，恢复结果可有效指导开发有利区筛选和井位部署，对于震旦系气藏快速上产具有实际意义。

1 气藏概况

研究区位于四川省中部资阳市、重庆市潼南县境内，区域构造上位于盆地中部川中古隆起平缓构造区威远至龙女寺构造群（图1）。乐山—龙女寺古隆起是四川盆地形成最早、规模最大、延续时间最长的巨型隆起，轴线西起乐山，东至龙女寺，其形成演化对震旦系灯影组油气藏具有重要影响和明显控制作用[10-11]。震旦纪灯影组沉积期到早寒武系沉积期，上扬子地区长期处于拉张环境，四川盆地表现为克拉通内裂陷盆地特征。震旦纪伸展作用在四川盆地的直接响应是形成德阳—安岳台内裂陷。受该裂陷形成与演化的影响，四川盆地震旦纪并非铁板一块，而是具有隆凹相间的构造格局，灯一—灯二时期表现为"一隆四凹"的古地理背景；在灯三—灯四期，由于德阳—安岳台内裂陷持续张裂并与长宁裂陷贯通，将四川盆地分割成东西2个部分，从"一隆四凹"演化为"两隆四凹"的古地理格局[12]。灯影组分为4个层段，其中灯一段和灯三段为海侵域，灯二段和灯四段为高位域，有效储层主要发育在灯二段和灯四段。受安岳—德阳裂陷槽控制，高磨地区发育开阔台地相沉积，台地边缘发育高能丘滩复合体，台地内部发育低能丘滩复合体。受古环境、古构造、古水深、古气候等特征影响，丘、滩体发育在纵向上表现为自上而下由孤立状向侧向叠置再向垂直叠置型发育，台地边缘向台地内部丘、滩体发育程度降低，丘、滩体连续性连通性变差。构造演化研究表明[13]，乐山—龙女寺古隆起是张应力背景下形成的受基地和断裂共同控制的继承性隆起，在震旦纪灯影组沉积期，形成同沉积隆起兼剥蚀隆起雏形，为低隆起时期，灯影组沉积末期，桐湾Ⅱ幕差异抬升作用导致古隆起发生较大幅度的相对隆升，灯四段遭受不同程度的淋滤和剥蚀，形成优质储层。

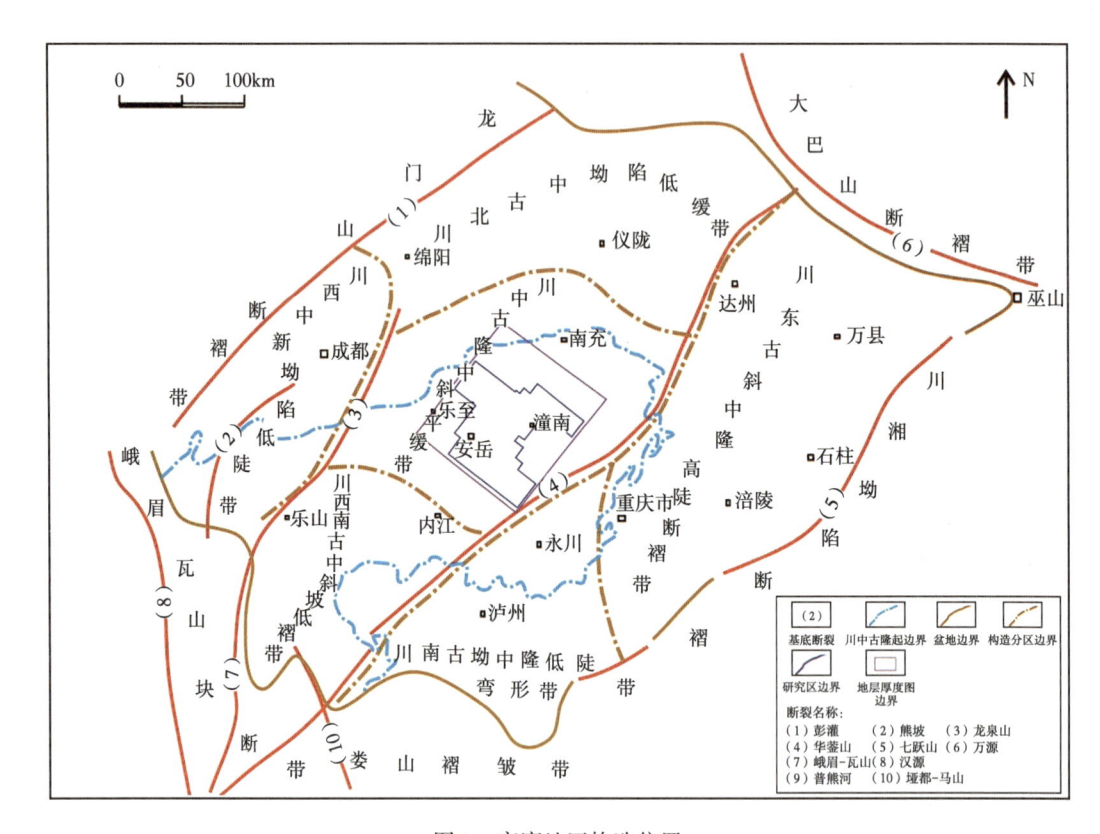

图 1　高磨地区构造位置

高磨地区灯四段与下伏混积潮坪相灯三段整合接触，其上与下寒武统筇竹寺组呈平行不整合接触。研究区内岩性较为复杂，以藻凝块云岩、藻叠层云岩、藻砂屑云岩为主，灯四段地层厚度介于 158~380m，总体呈西厚东薄、南北厚度分布相对稳定的特征。灯四段沉积时期经历两期快速海侵缓慢海退的旋回，在中部发育一套具有高 GR 低能相碳酸盐岩，依据该旋回可将灯四段分为灯四$_1$（第一旋回）和灯四$_2$（第二旋回），有效储层主要发育在灯四$_2$中上部的藻云岩和砂屑云岩中。储层以次生粒间溶孔、晶间溶孔、中小溶洞为主。数字岩心重构分析表明，溶洞形状多为扁圆形、条带状顺层分布。储层柱塞样孔隙度平均为 3.87%，渗透率平均为 0.51mD，全直径孔隙度平均为 3.97%，水平渗透率平均为 2.89mD，表现为低孔低渗透特征。

高磨地区震旦系气藏储量规模大，目前气藏开发正处于快速上产阶段，完钻井试气特征和开发井试采特征研究表明有效储层发育受沉积 + 岩溶控制，特别是岩溶古地貌对于缝洞型储层的发育程度及发育规模控制作用明显，导致优势古地貌单元高产井比例大，因此岩溶古地貌特征在一定程度上制约气藏快速建产和高效开发。目前对于四川盆地和高磨地区震旦系顶部岩溶风化壳古地貌的恢复结果存在极大的差异[4-7]。因此，基于前人研究成果结合高磨地区特征，论证高磨震旦系岩溶古地貌恢复方法，开展古地貌恢复对于震旦系气藏产能建设发挥重要支撑作用。

2 古地貌恢复方法筛选

2.1 古地貌恢复方法综述

目前常用的古地貌恢复方法[14]主要包括盆地分析回剥法[15]、层拉平方法、地震古地貌学方法[16]、层序地层恢复方法[17]、沉积学分析法[18]、残厚法[19-20]、印模法[21]等。但这些方法均需要借助钻井、录井、岩心、地震资料等，实现在某一构造级别、某一精度范围内的古地貌恢复。每一种方法在进行古地貌恢复的过程中有自己的优势，但也存在一些不足（表1）。

表1 不同古地貌恢复方法对比[14-20]

方法	技术要点	应用资料	优缺点
沉积学方法	关键是古地形、古环境、古构造三者的有机统一，其基本内容是：①利用沉积前古地质图、地层等厚图、砂岩等厚图、岩相古地理图分析古地形；②结合岩相、成因相、古流向分析古环境；③依据构造演化史分析古构造	钻井、岩心、薄片、录井	优点：综合性强，定性-半定量化。缺点：影响因素复杂，基础图件多，工作量大
印模法	关键是选取上覆标志层，其基本要求是：①全区范围内分布的等时界面，能够代表当时的海平面；②该沉积界面离风化壳越近越好；③地层厚度要有地震解释成果图作为依据	钻井、录井	优点：易操作，半定量化，地层厚薄的变化能够迅速反映出古地势背景信息。缺点：上覆标志层不易确定，地层去压实矫正难度较大；没有地震资料约束，误差较大
残厚法	关键是选取下伏地层基准面，其基本要求是：①所选基准面必须为一等时界面，不能发生穿层现象；②基准面距离风化壳越近越好；③地层厚度要有地震解释成果图作为依据	钻井、录井	优点：直观真实，易操作，半定量化。缺点：未考虑沉积前地形及剥蚀差异的影响，误差大
层拉平方法	关键是盆地大量研究基础之上的界面选取，其基本流程：①对盆地的古地质背景和古构造特点进行分析；②选定对比层序的参照顶底面，利用多井合成记录对参照面标准层进行精细解释；③利用相关的物探软件进行顶面层序拉平操作，此时得到的底面形态就是该层序的沉积前的相对古地貌	地震、钻井	优点：可以对较大工区范围内（盆地级或者是断陷级）进行古地貌恢复。缺点：恢复精度不够、误差较大
高分辨率方法	关键是高分辨率层序等时地层格架的建立以及上覆对比参照面的地取择，其基本流程：①建立高分辨率层序地层格架，正确划分基准面旋回级次；②进行井间对比，同时为了提高恢复精度，应用压实系数进行厚度矫正；③选取上覆等时界面（最大洪泛面或者是层序边界），求取参照面到不整合面的厚度，进而分析古地貌分布特征	测井、录井、岩心、薄片、钻井、地震	优点：选择的上覆基准面相对等时性强，理论上更接近原始古地貌，精度更高。缺点：工区范围广，恢复误差大；没有地震资料约束，平面上恢复精度较低
双界面法	综合高分辨率方法、层拉平方法和印模法筛选上覆标志面和下伏基准面开展古地貌恢复：①建立高分辨率层序地层格架，多因素筛选上覆标志面；②上覆标志面拉平，得到震旦系顶部岩溶古地貌；③依据工区范围筛选下伏标志面，将高度值转变为厚度值，为定量刻画奠定基础	测井、录井、岩性、薄片、地震、钻井	优点：选择的上覆基准面相对等时性强，理论上更接近原始古地貌，精度更高；以下伏基准面为基准，实现古地貌值定量化，为定量刻画微地貌奠定基础。缺点：恢复结果受地震资料精度限制

2.2 "双界面"岩溶古地貌恢复方法及其步骤

经典的古地貌恢复方法包括残厚法和印模法，印模法地层厚度的变化趋势能够迅速反馈出研究区古地势背景信息，但上覆标志层的选取容易存在穿时性，造成恢复精度不够；残厚法中残留厚度的厚薄反应古地貌相对位置的高低，但是不能反应古构造背景。因此高磨地区震旦系岩溶古地貌恢复采用"双界面"法[14]，该方法恢复岩溶古地貌原理本质上仍旧等同于印模法，依靠上覆地层对风化壳界面的填平补齐实现对古地貌高低的刻画和表征。"双界面"法综合高分辨率层序地层学方法、印模法、残厚法以及层拉平方法各自的优点，采用上覆标志面来表征风化壳古地貌起伏，采用下伏基准面作为表征风化壳古地貌的基准，实现恢复范围古地貌恢复结果的横向可对比性，为微地貌单元的定量刻画奠定了基础。

"双界面"岩溶古地貌恢复法操作步骤包括以下3个方面：（1）该方法吸收高分辨率层序地层恢复方法优点，划分上覆地层高分辨率层序地层，依据工区构造级别及工区规模、范围大小，筛选可对比追踪上覆等时地层界面，多因素分析优选上覆标志面，理论上认为在上覆标志面沉积期全区范围内实现对风化壳界面的填平补齐；（2）钻井和地震资料相互结合，采用层拉平手段，风化壳上覆地层界面高度大小即代表风化壳古地貌高低，该过程同印模法原理相同，但在这一过程中采用地震和钻井资料相互结合，采用上覆标志面拉平的手段，更加准确刻画古地貌差异；（3）在工区范围内选择下伏基准面，将古地貌高度值转换为厚度（相对）值，以厚度大小来描述古地貌差异，为微地貌单元的定量刻画奠定了基础。需要说明的是，下伏基准面不是一个几何面，具有其物理意义，该界面平行于本工区范围内矫正原始构造高低幅度、灯三段差异沉积厚度和灯二段顶部原始古地貌高低之后上一期构造填平补齐界面。由此可以看出，"双界面"法综合现有古地貌恢复方法的优点，规避了现有方法的各种不足，能够更加精确实现对原始古地貌的恢复（表1），也为微地貌单元的定量刻画尝试奠定了基础。

3 上覆标志面选取

上覆标志面的选取是"双界面"法岩溶古地貌恢复的核心，其选取结果关系到古地貌恢复的精度。

3.1 上覆地层标志面选取原则

上覆标志面的选取主要有以下原则：（1）实现填平补齐：必须在恢复区范围内实现对下伏灯影组顶面风化壳的填平补齐；（2）具备等时属性：该界面必须是等时界面，大致平行于当时的海平面；（3）拥有最近距离：该标志面距离风化壳面越近越好，越接近风化壳受后期构造活动影响越小，该标志面与风化壳面间的地层厚度越能反映古地貌形态；④容易识别追踪：该界面地震反射波特征明显，在地震剖面上容易识别和对比。

3.2 上覆地层层序特征

震旦系上覆地层为寒武系，四川盆地寒武系以台地相沉积为特点[21]，地层层序完整。高磨地区寒武系下统自下而上发育麦地坪组、筇竹寺组、沧浪铺组和龙王庙组。高分辨率层序地层分析表明，寒武系下统划分为1个长期基准面旋回，4个中期基准面旋回，4个中期基准面旋回分别对应麦地坪、筇竹寺、沧浪铺和龙王庙组（图2）。高磨地区大部分完钻井不发育麦地坪组，仅发育3个中期基准面旋回。4个中期基准面旋回转换面和海泛面具有明显的岩性、电性识别标志，完钻井之间可以对比追踪。

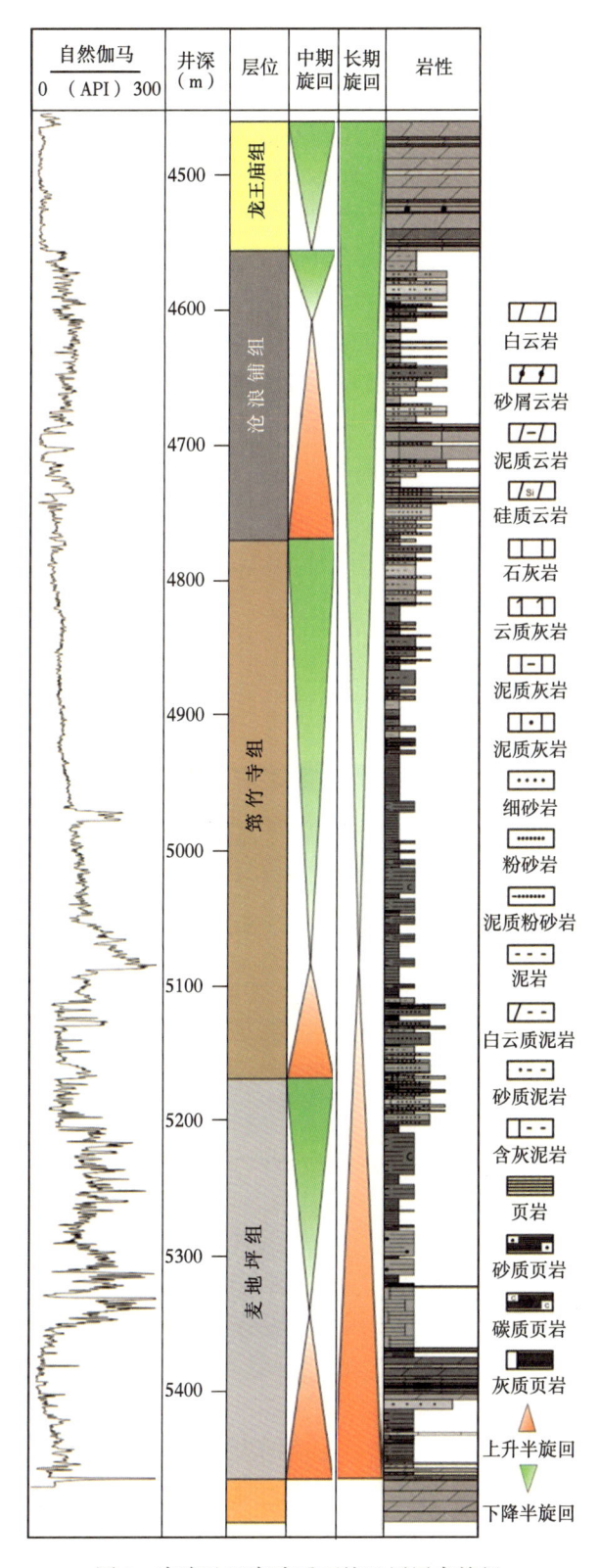

图 2 高磨地区寒武系下统地层层序特征

3.3 上覆地层发育特征

通过对寒武系下统地层（麦地坪组至龙王庙组）层序特征进行分析，以中期基准面旋回转换面、海泛面为界，灯影组上覆地层存在5个等时界面（图3）：筇竹寺内部最大海泛面、筇竹寺与沧浪铺组岩性转换面、沧浪铺组内部次级海泛面、沧浪铺组与龙王庙组岩性突变面以及龙王庙组顶界面，该5个界面在全区基本可以对比追踪，为上覆标志面的选取奠定了基础。

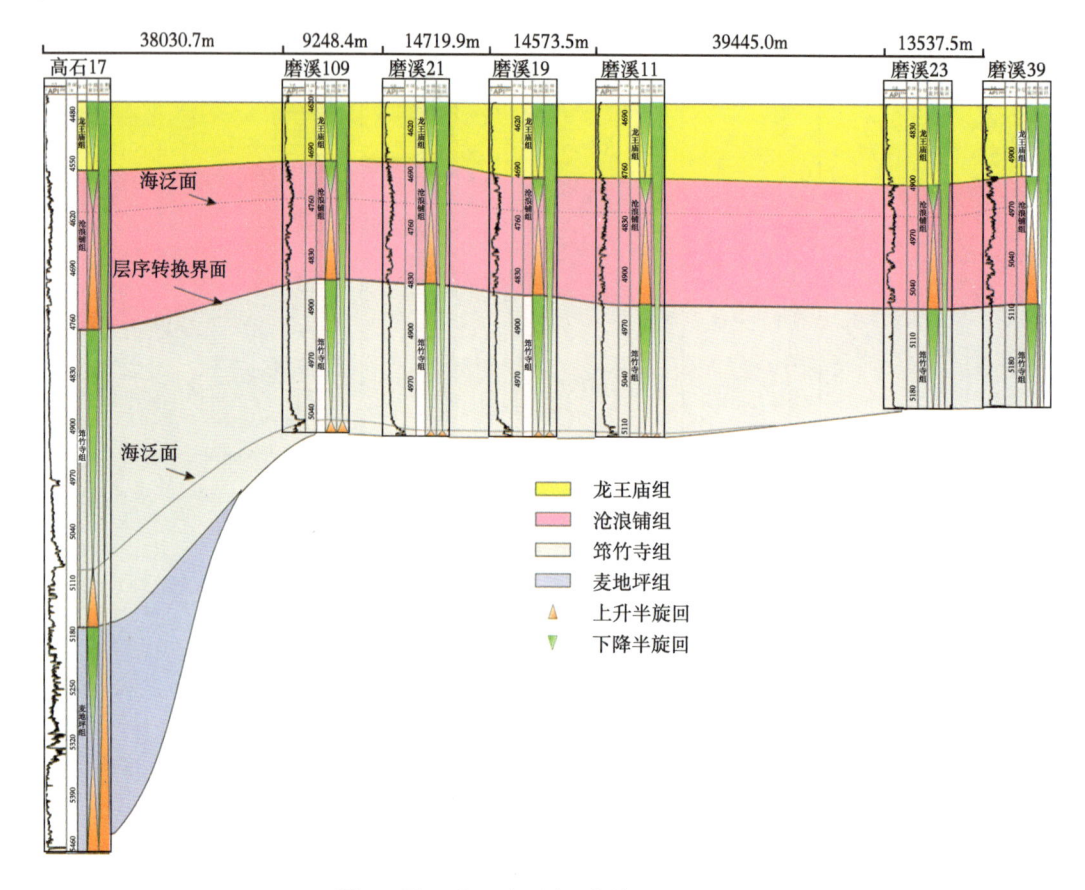

图3 震旦系上覆地层层序旋回划分对比

3.3.1 界面发育特征

（1）筇竹寺组内部最大海泛面。筇竹寺组内部最大海泛面在测井曲线上表现为异常高GR特征，特征明显，井间易于对比。但由于磨溪区块较高石梯区块和台内区块整体地势低，磨溪区块在筇竹寺组沉积早期接受沉积，发育上升半旋回，而高石梯—磨溪区块和台内区域未能接受沉积，不发育基准面上升半旋回。由于距灯影组顶部风化壳较近，未能实现填平补齐，因此不能作为标志层。

（2）筇竹寺与沧浪铺组岩性转换面、沧浪铺组内部次级海泛面。筇竹寺组与沧浪铺组为一砂泥岩转换面，筇竹寺组以泥岩为主，沧浪铺组以三角洲和碎屑滨岸相砂岩为主，因此在GR曲线上有较好的响应特征。沧浪铺组内部次级海泛面表现为GR值由低到高再变低，GR高值对应次级海泛细粒沉积，这两个界面完钻井特征明显，发育较为稳定，可以作为标志面选取。

（3）沧浪铺组与龙王庙组岩性突变面、龙王庙组顶界面。沧浪铺组与龙王庙组为碎屑岩与碳酸盐岩岩性突变界面，GR 曲线表现为龙王庙组低 GR 和沧浪铺组高 GR 呈突变式接触，特征十分明显。龙王庙组与上覆高台组为平行不整合接触，岩性、岩相及测井曲线突变接触，容易识别划分与对比。这两个界面在工区内发育稳定，特征明显易于识别，可作为标志面选取。

3.3.2 上覆地层厚度分析

地层厚度差异可以反映出在该地层沉积前原始古地貌的高低差异，如果厚度差异越大表明沉积前古地貌高低幅度差异越大，如果厚度差异越小代表沉积前古地貌高低幅度差异越小。麦地坪组仅在海槽区发育，筇竹寺组沉积时期地层厚度介于 60~400m，由海槽向台地地层厚度差异较大，地层西厚东薄，地层正处于填平补齐阶段；沧浪铺组沉积时期地层厚度介于 120~230m，龙王庙组沉积时期地层厚度介于 52~129m，平面上龙王庙组地层厚度分析差异较小，表明该沧浪铺组时期海槽与台地沉积基本实现了填平补齐（图 4）。

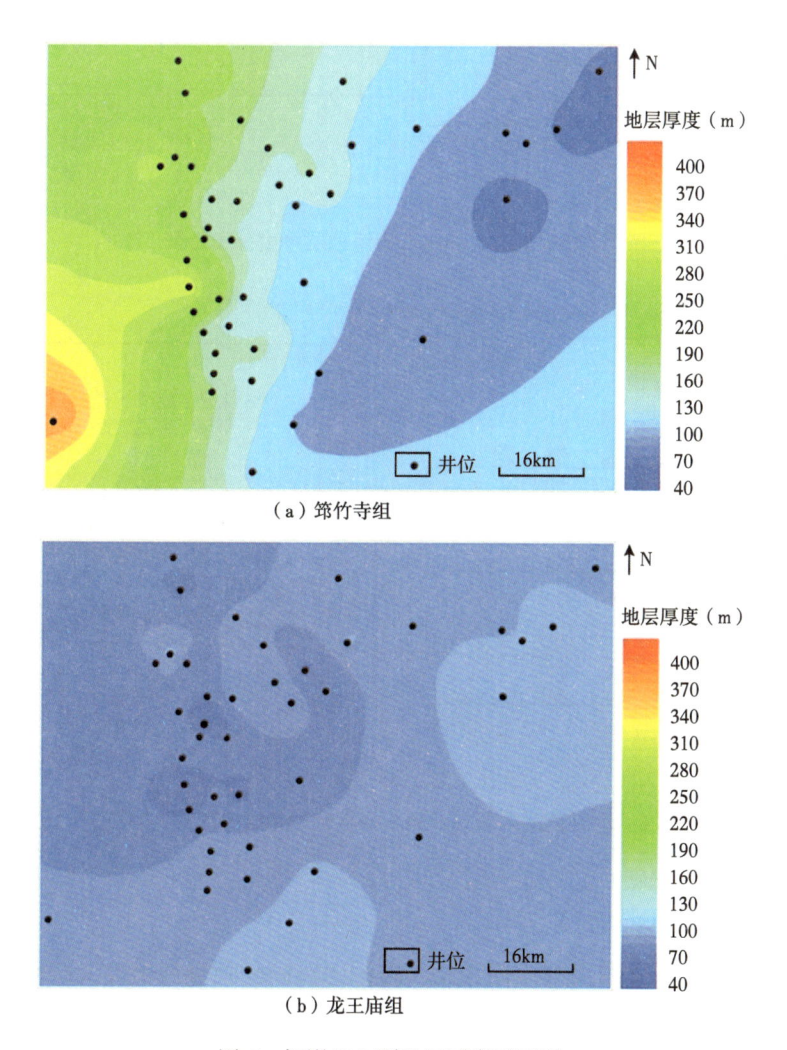

（a）筇竹寺组

（b）龙王庙组

图 4　灯影组上覆地层厚度平面图

龙王庙组和沧浪铺组地层厚度统计结果表明，相比沧浪铺组，龙王庙组地层厚度分布更为集中。完钻井沧浪铺组地层厚度标准差为20.7，龙王庙组地层厚度标准差为14.1，因此沧浪铺组顶面比筇竹寺组顶面更接近填平补齐（图5）。沧浪铺组内部上升与下降旋回地层厚度统计结果表明（图6），上升半旋回地层厚度标准差为19，厚度分布分散，下降半旋回地层厚度标准差为8.8，厚度分布较为集中。下降半旋回厚度分布的均一化表明，与其他界面相比，沧浪铺组内部海泛面最接近填平补齐。

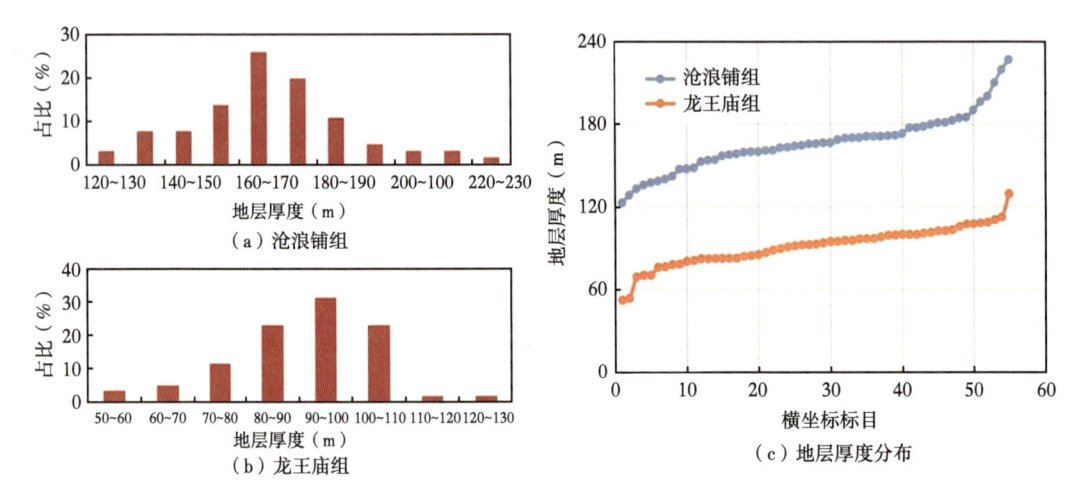

图5 沧浪铺组和龙王庙组地层厚度分布特征

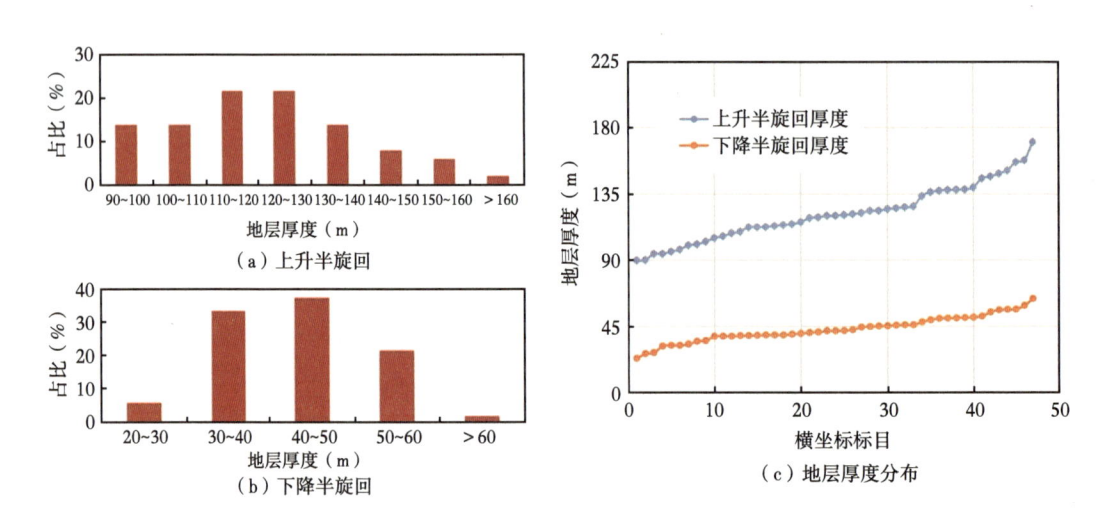

图6 沧浪铺组内部上升和下降半旋回地层厚度分布特征

3.4 地震特征分析

通过井震结合，标定层面对应同相轴，在侧向对同相轴进行追踪。研究发现，灯影组顶面和龙王庙组顶面呈强波峰反射特征；沧浪铺组顶面呈中强反射波谷；沧浪铺组内部海泛面为沧浪铺组顶面波谷与下部强反射波峰之间转换面（图7）。

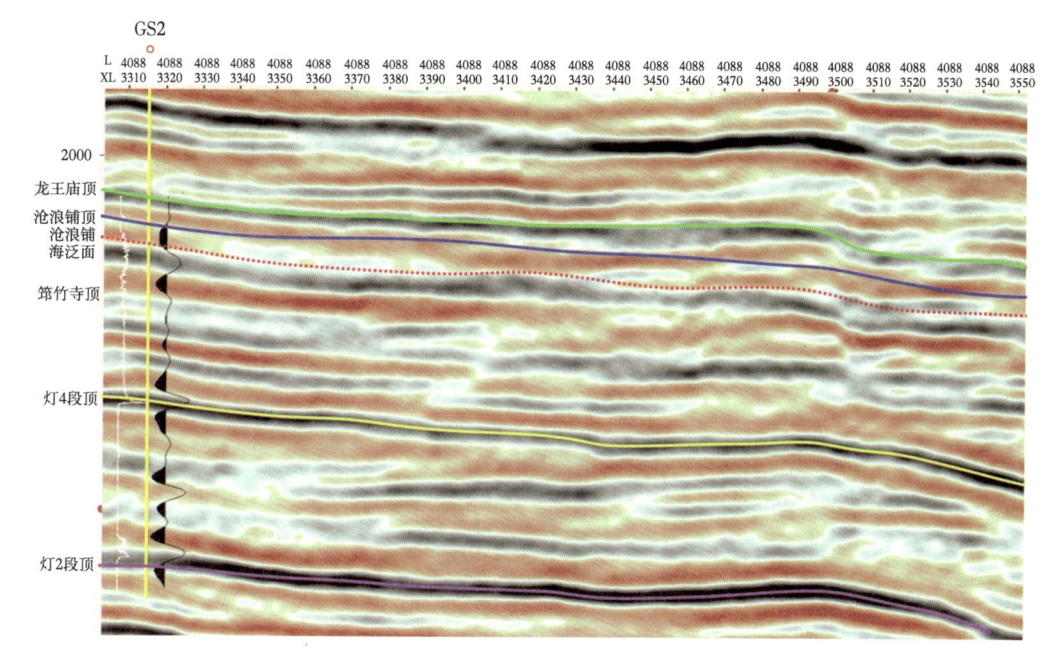

图 7　高石 2 井合成地震记录层位标定及各界面侧向追踪结果

筇竹寺组顶面呈弱波峰反射，部分地区特征较为明显，但侧向连续性较差，难以大范围对比追踪。沧浪铺组内部海泛面位于沧浪铺组顶面红轴之下，介于红轴与下部强反射黑轴之间，区域可追踪性较好。沧浪铺组顶面及龙王庙组顶面能在研究区内稳定追踪，可靠程度较高。

综合考虑上覆标志面选取的各项指标，结合上覆标志面选取的原则选取沧浪铺组内部海泛面为上覆标志面（表 2）。沧浪铺内部海泛面在高磨地区尚未对其进行追踪解释，在古地貌恢复过程中前人也没有对其进行有效利用。一方面选取沧浪铺内海泛面作为上覆标志面进行古地貌恢复更加科学合理，对解释结果更加精细，另一方面也是对古地貌恢复的

表 2　上覆标志面综合选取评价

备选界面	区域稳定性	单井特征	填平补齐	距风化壳距离	地震可追踪性	地震追踪工作现状	标志面选取
龙王庙组顶面	好	明显	是	远	好	部分追踪	否
沧浪铺组顶面	好	明显	是	较远	好	部分追踪	否
沧浪铺组内部海泛面	好	明显	是	较近	好	没有	是
沧浪铺组泥岩顶面	较差	不明显	基本	近	较好	部分追踪	否
筇竹寺组顶面	好	明显	基本	近	差	部分追踪	否
筇竹寺组内部海泛面	差	明显	否	近	差	没有	否

另一种尝试，本次古地貌恢复结果与其他标志面所做结果的对比能够验证"双界面"岩溶古地貌恢复方法的适用性，也可以通过分析差异，增加对该地区岩溶古地貌恢复方法的深层次理解及对高磨岩溶古地貌特征的认识。在具体的实施过程中，沧浪铺内部海泛面为三级海泛面，其地震、测井识别标志比较明显，测井上为沧浪铺内部高 GR 值处，地震上位于沧浪铺组顶面红轴之下，介于红轴与下部强反射黑轴之间，区域可追踪性较好（图 3、图 7），能够进行全区域的有效对比追踪和精细解释。

4 古地貌恢复及分布特征

4.1 古地貌恢复

4.1.1 上覆标志层对比追踪

确定上覆地层标志面之后，完成工区范围内 58 口完钻井的合成记录，建立骨架井剖面，完成骨架剖面层位追踪。由于工区范围内完钻井较少，井覆盖区域以井点约束为主，无完钻井区域以沉积模式为指导，结合同相轴反射特征开展层位解释。通过多地震剖面对比和地质分析，沧浪铺海泛面之上发育三角洲和滨岸相砂体前积，通过该特征可准确确定海泛面位置，从而完成对上覆标志面的全区层位解释。

4.1.2 下伏基准面选取刻画岩溶古地貌

上覆标志面追踪之后，通过时深转换，将上覆标志面时间域转化成深度域，转换后深度与井点深度误差相比，平均误差小于 0.1m，97% 的井误差小于 1m，准确度较高。根据镜像原理，对沧浪铺组海泛面进行层拉平，灯影组顶面即为寒武系沉积前古地貌，此时灯影组顶面高低起伏是通过以上覆标志面为 0 值的深度表征，对于在具体的微地貌表征过程中采用深度值不方便，有必要将深度值转化成厚度值，通过厚度值来反映岩溶古地貌的高低起伏。通过工区范围大小，优选灯影组顶面下部通过最低古地貌位置且平行于拉平后的上覆标志面的界面为下伏基准面（图 8），实现了古地貌值（厚度值）来刻画古地貌的高低，实现古地貌定量刻画。

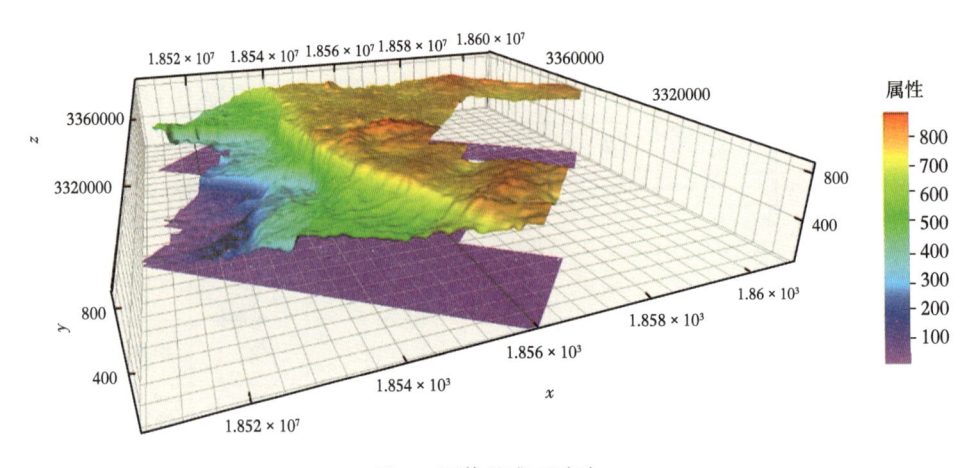

图 8 下伏基准面选取

4.2 古地貌分布

4.2.1 古地貌分级评价

碳酸盐岩岩溶古地貌平面上分区特征明显，一般来说，岩溶古地貌在平面上存在岩溶高地、岩溶斜坡和岩溶盆地 3 个单元。古地貌单元的分级涉及古地貌的范围，如果以盆地级别为古地貌恢复范围，综合前人研究成果[22]，结合古地貌学词典对于各单元的定义[23]，笔者认为与盆地级别对应的古地貌单元应该划分为岩溶高地、岩溶斜坡、岩溶低地、岩溶洼地和岩溶盆地 5 个一级古地貌单元。岩溶高地整体处于岩溶地貌的高部位，长期处于风化剥蚀及大气淡水淋滤状态，以地表岩溶作用为主，伴生风化残积物。地表水以径流为主，岩溶形态以漏斗、溶沟等为主，多被后期沉积的泥砾和角砾等混合充填，储层质量差，不利于油气的聚集。岩溶斜坡是岩溶高地与岩溶洼地之间的过渡带，呈环状发育于岩溶高地周缘，是大气淡水垂直渗流和水平潜流溶蚀最强烈的部位，发育厚层的垂直渗流带和水平潜流带，岩溶斜坡一般会依据坡度大小分为缓坡和陡坡 2 个二级古地貌单元。岩溶高地由坡度较陡的台坡和坡度较缓的台面组成，台面水平投影面积大于台坡投影面积，是由构造运动上升而明显比周围地区地面高并主要遭受剥蚀的"正地貌"单元，一般包括残丘、台坡、台面和洼地 4 个二级古地貌单元。岩溶低地往往与地质构造有关，是构造运动下降而明显比周围地区地面低的"负地貌"单元，岩溶低地一般被岩溶斜坡包围。岩溶盆地是地下水的汇聚泄流区，水流以地表径流和停滞水为主，并与广海相连。

高磨地区古地貌单元仅仅存在岩溶高地、岩溶斜坡和岩溶低地 3 个一级地貌单元，同时依据一级地貌单元内地貌高低、坡度等差异将岩溶台地和岩溶斜坡划分为台坡、台面、洼地、残丘、沟谷、陡坡和缓坡等二级古地貌单元（图 9）。

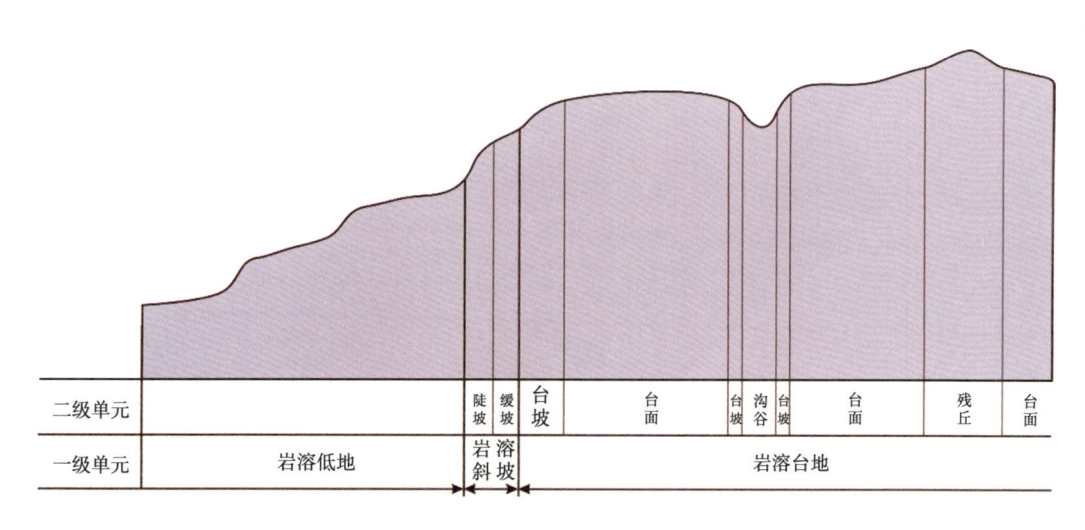

图 9　高磨地区震旦系古地貌分级评价

4.2.2 古地貌分布特征

对于整个四川盆地震旦系顶部岩溶古地貌恢复结果，岩溶高地主要分布在四川盆地西侧，岩溶盆地主要分布于四川盆地东部及东北部，四川盆地大部分处于岩溶斜坡位置，局部发育南北向岩溶低地和岩溶台地。针对高磨地区，受裂陷槽影响，自东向西发育岩溶高地—岩溶斜坡和岩溶低地，这与本次高磨地区恢复古地貌认识相符（图10）。高石梯磨溪古地貌分布存在较大差异，高石梯地区以陡斜坡为主，磨溪地区以缓斜坡为主。同时高石梯古地貌差异较大，残丘、台面普遍发育，而磨溪古地貌差异较小，以台面和缓斜坡为主。本次恢复结果表明，高磨基本格局为西低东高，与前人的研究成果基本一致。但本次古地貌的恢复结果更加精细：（1）经过综合地质分析表明，高石梯和磨溪之间的沟谷受断层发育影响，该断层较为古老，同时控制高磨震旦系原始沉积和震旦系顶部岩溶风化壳格局；（2）高石梯和磨溪古地貌格局存在差异，高石梯整体地貌更高，磨溪整体地貌更低，究其原因受原始沉积格局及后期差异升降作用影响，高石梯构造幅度差异大，斜坡以陡坡为主，磨溪地区构造幅度差异较小，斜坡以缓坡为主；（3）磨溪台地内部和台缘带古地貌差异明显，台缘带古地貌更多受控于差异沉降作用，台内古地貌更多受控于沉积特别是岩性的差异性；（4）古地貌恢复结果更加精细，体现不同区域、不同井区微地貌分布特征的差异，下一步可尝试定量刻画岩溶微地貌，探索微地貌单元同高产井的定量、半定量关系。

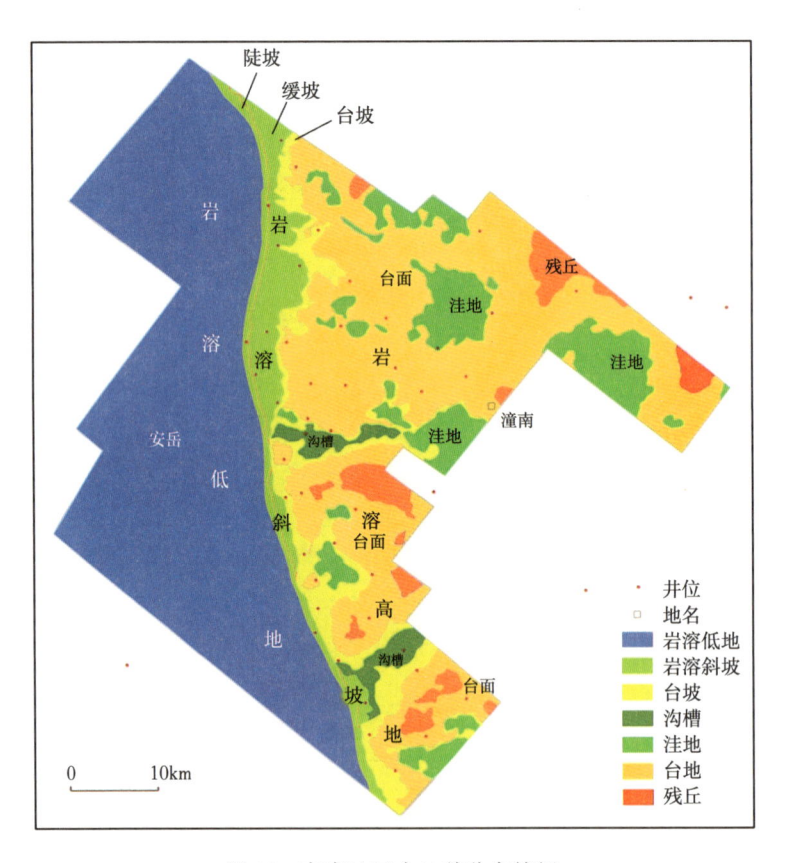

图10 高磨地区古地貌分布特征

4.3 古地貌分布模式

受多期构造运动影响，四川盆地震旦系顶部风化壳古地貌同鄂尔多斯下古生界风化壳模式不同，鄂尔多斯下古生界风化壳为典型的岩溶高地、岩溶斜坡和岩溶坡地模式[24-28]，优质储层主要发育在岩溶斜坡上,可以说是教科书式的古地貌模式。但是四川盆地震旦系基地发育受多期次拉张运动影响,发育多期次裂陷槽,后期受桐湾运动影响,虽然整体上仍然表现为西部岩溶高地,中部岩溶斜坡和东部岩溶盆地的特征,但是局部地区发育岩溶低地和岩溶台地,这就造成四川盆地整个盆地的岩溶模式同局部地区的岩溶模式不同或者相反的现象,以高磨地区为例,古地貌表现为东高西低的特征。

对于高磨地区,自西向东为岩溶低地、岩溶斜坡和岩溶高地的分布特征,同时整体格局表现为"两沟三区、北缓南陡"的特征。南北两个沟谷将高磨地区古地貌划分为高石梯南区、高石梯区和磨溪区块3个单元(图11)。在分区上,高石梯南和高石梯分布特征相似,均表现为较陡的斜坡,同时古地貌幅度差异较大,发育残丘和洼地微地貌。而磨溪台缘表现为较大部分的缓坡和台面,内部发育台面、残丘和洼地微地貌单元。

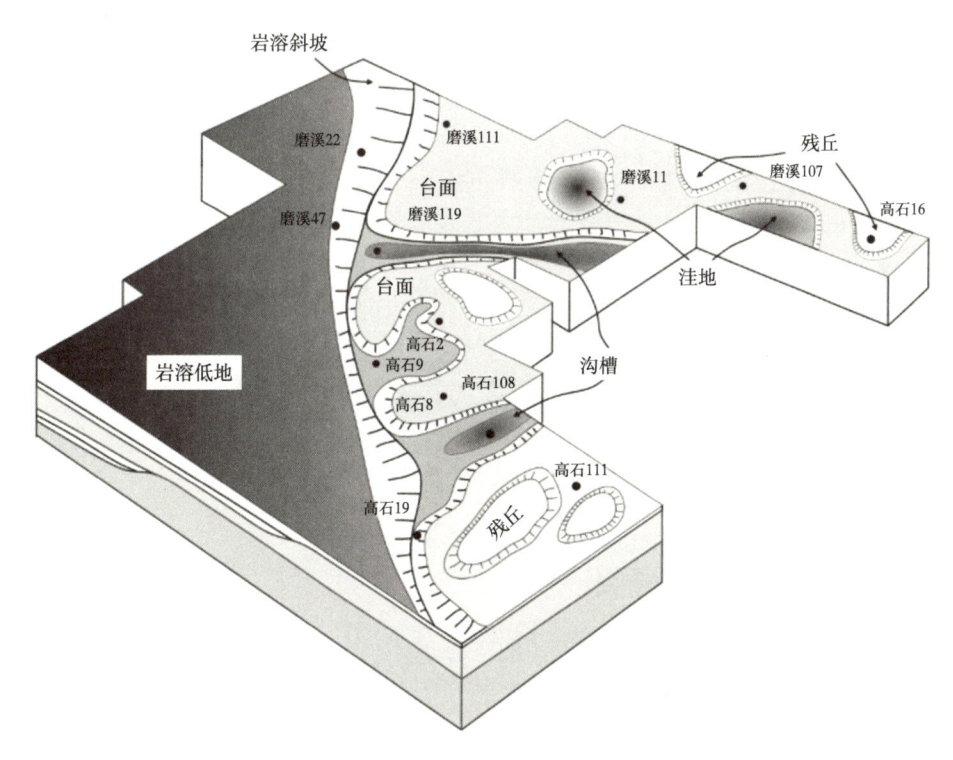

图11 高磨地区震旦系岩溶古地貌模式

5 古地貌对高产井的控制作用

按照无阻流量大于 $100 \times 10^4 m^3$ 定为高产井的标准。平面上,高产井主要分布在台地边缘。整体上高磨地区除陡坡、残丘、洼地和沟谷之外,缓坡、台坡和台面3个微地貌单元溶蚀作用强烈,有效储层发育,测试井无阻流量高。对于各微地貌单元,岩溶台坡溶蚀作用最强,形成储层质量最好,古地貌单元平均无阻流量为 $98 \times 10^4 m^3$,高产井占比为27%,受原始沉积体规模、物性和早期成岩作用影响,台坡内部完钻井测试产量差异较大(图12)[29-35]。岩溶缓坡溶蚀作用较强,形成的储层质量相对较好,完钻井平均无

阻流量达 $72\times10^4m^3$，高产井占比 44%。岩溶台面溶蚀作用也较强，但高石梯和磨溪差异较大，该单元平均无阻流量为 $79\times10^4m^3$，高产井占比为 43%。在分区块上，高石梯好于磨溪，高石梯完钻井集中分布在缓坡、台坡和台面，磨溪地区完钻井仅仅分布在缓坡，台坡完钻井数少不具有代表性，台面完钻井数多，效果较差。以台面微地貌单元为例，高石梯台面古地貌位置相对较高，淋滤风化条件优越，岩溶储层发育程度和发育规模较大，完钻井测试平均无阻流量达 $128\times10^4m^3$，而磨溪台面古地貌位置相对较低，风化条件较差，岩溶储层发育不充分，完钻井测试平均无阻流量仅仅 $10\times10^4m^3$。

依据古地貌划分结果，结合优势沉积发育相带、高产井地震影响模式对高磨地区部署试采井及开发建产井位 9 口，4 口井无阻流量大于 $120\times10^4m^3/d$，只有 2 口井无阻流量低于 $60\times10^4m^3/d$，9 口完钻井平均无阻流量达到 $105\times10^4m^3/d$，比前期提高 78%，开发效果较好。

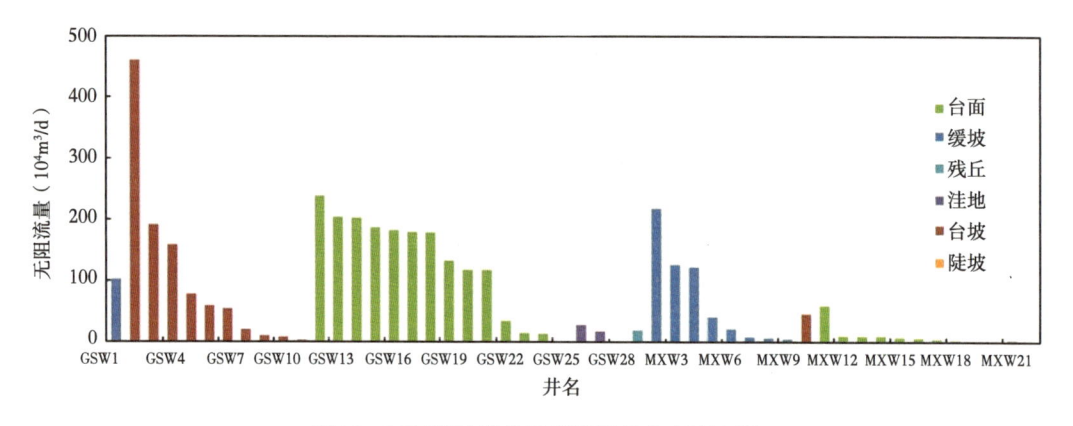

图 12　不同微地貌单元无阻流量分布直方图

6　对气藏开发的指导意义

（1）古地貌对高产井控制作用研究表明，除去沟谷、洼地之外，高磨地区台地边缘的缓坡、台坡和台面古地貌单元有效储层较发育，完钻井无阻流量较高，是高磨地区建产主体，也是高磨外围滚动增储的潜力区。但是需要精细刻画沉积期的水道和剥蚀期的沟谷分布，避免开发井落空。

（2）高石梯和磨溪区块古地貌控制作用差异明显，高石梯地区高产井主要分布在台面、台坡和缓坡，其中台面差异较小，台坡无阻流量较高，但差异较大，缓坡仅仅完钻 1 口井，不具有代表性。磨溪地区高产井主要分布在缓坡，占更大面积的台面有效储层发育较差，完钻井效果较差。高石梯的古地貌划分标准是否适合磨溪地区值得探讨。构造、沉积、岩溶等的差异性特征，要求分区建立相对的古地貌划分标准，从而指导不同区块开发有利区筛选和井位部署。

（3）高磨地区除去台地边缘之外，大面积的台地内部勘探程度低，整体完钻井效果较差。综合沉积、古地貌和微裂缝研究，在广大的台内地区寻找有利建产区块对于高磨地区震旦系的规模建产和长期稳产具有重要的意义。

7 结论

（1）综合残厚法、印模法、高分辨率法和层拉平法，采用"双界面"法对高磨地区开展古地貌恢复，综合筛选沧浪铺内部海泛面作为上覆标志面对高磨地区进行古地貌恢复，同时确定下伏基准面，将古地貌高度值转化为厚度值，为定量刻画奠定基础。

（2）高磨地区古地貌自西向东分为岩溶低地、岩溶斜坡和岩溶台地3个一级地貌单元，同时将岩溶斜坡划分为缓坡和陡坡2个二级古地貌单元，将岩溶台地划分为台坡、台面、洼地和沟谷4个二级古地貌单元。高磨地区古地貌分布呈现"两沟三区、北缓南陡"的特征，高石梯地区大面积分布台坡、台面和残丘，磨溪地区仅发育斜坡和台面，台内发育台面、残丘和洼地。高产井主要分布在台坡、台面和缓坡上，高石梯和磨溪之间存在较大差异。

（3）古地貌分布特征及对高产井控制作用分析表明，高磨地区台地边缘完钻井数多、勘探开发程度深，是目前建产的最可靠地区。高石梯和磨溪地区的差异性特征，要求分区建立古地貌划分标准，同时随着动静态资料的逐渐丰富，综合沉积、裂缝发育特征可以优选台地内部建产有利区，从而支撑四川盆地高磨地区震旦系气藏快速建产和长期稳产。

参 考 文 献

[1] 邹才能，杜金虎，徐春春，等. 四川盆地震旦系—寒武系特大型气田形成分布、资源潜力及勘探发现[J]. 石油勘探与开发，2014，41（3）：278-293.
[2] 魏国齐，王志宏，李剑，等. 四川盆地震旦系、寒武系烃源岩特征、资源潜力与勘探方向[J]. 天然气地球科学，2017，28（1）：1-13.
[3] 魏国齐，杨威，杜金虎，等. 四川盆地高石梯—磨溪古隆起构造特征及对特大型气田形成的控制作用[J]. 石油勘探与开发，2015，42（3）：257-265.
[4] 李启桂，李克胜，周卓铸，等. 四川盆地桐湾不整合面古地貌特征与岩溶分布预测[J]. 石油与天然气地质，2013，34（4）：516-521.
[5] 汤济广，胡望水，李伟，等. 古地貌与不整合动态结合预测风化壳岩溶储层分布——以四川盆地乐山—龙女寺古隆起灯影组为例[J]. 石油勘探与开发，2013，40（6）：674-681.
[6] 汪泽成，姜华，王铜山，等. 四川盆地桐湾期古地貌特征及成藏意义[J]. 石油勘探与开发，2014，41（3）：305-312.
[7] 罗思聪. 四川盆地灯影组岩溶古地貌恢复及意义[D]. 成都：西南石油大学，2015.
[8] 金民东，谭秀成，童明胜，等. 四川盆地高石梯—磨溪地区灯四段岩溶古地貌恢复及地质意义[J]. 石油勘探与开发，2017，44（1）：58-68.
[9] 闫海军，何东博，许文壮，等. 古地貌恢复及对流体分布的控制作用——以鄂尔多斯盆地高桥区气藏评价阶段为例[J]. 石油学报，2016，37（12）：1483-1494.
[10] 杨跃明，文龙，罗冰，等. 四川盆地乐山—龙女寺古隆起震旦系天然气成藏特征[J]. 石油勘探与开发，2016，43（2）：179-188.
[11] 杜金虎，邹才能，徐春春，等. 川中古隆起龙王庙组特大型气田战略发现与理论技术创新[J]. 石油勘探与开发，2014，41（3）：268-277.
[12] 金民东. 高磨地区震旦系灯四段岩溶型储层发育规律及预测[D]. 成都：西南石油大学，2017：10-11.
[13] 许海龙，魏国齐，贾承造，等. 乐山—龙女寺古隆起构造演化及对震旦成藏的控制[J]. 石油勘探与开发，2012，39（4）：406-416.

[14] 黄捍东, 罗群, 王春英, 等. 柴北缘西部中生界剥蚀厚度恢复及其地质意义 [J]. 石油勘探与开发, 2006, 33（1）: 44-48.

[15] 加东辉, 徐长贵, 杨波, 等. 辽东湾辽东带中南部古近纪古地貌恢复和演化及其对沉积体系的控制 [J]. 古地理学报, 2007, 9（2）: 155-166.

[16] 赵俊兴, 陈洪德, 向芳. 高分辨率层序地层学方法在沉积前古地貌恢复中的应用 [J]. 成都理工大学学报: 自然科学版, 2003, 30（1）: 76-81.

[17] 赵俊兴, 陈洪德, 时志强. 古地貌恢复技术方法及其研究意义——以鄂尔多斯盆地侏罗纪沉积前古地貌研究为例 [J]. 成都理工学院学报, 2001, 28（3）: 260-266.

[18] 王敏芳, 焦养泉, 任建业, 等. 沉积盆地中古地貌恢复的方法与思路——以准噶尔盆地西山窑组沉积期为例 [J]. 新疆地质, 2006, 24（3）: 326-330.

[19] 何自新, 郑聪斌, 陈安宁, 等. 长庆气田奥陶系古沟槽展布及其对气藏的控制 [J]. 石油学报, 2001, 22（4）: 35-38.

[20] 庞艳君, 代宗仰, 刘善华, 等. 川中乐山-龙女寺古隆起奥陶系风化壳古地貌恢复方法及其特征 [J]. 石油地质与工程, 2007, 21（5）: 8-10.

[21] 杜金虎. 古老碳酸盐岩大气田地质理论与勘探实践 [M]. 北京: 石油工业出版社, 2015: 18.

[22] 刘宏, 罗思聪, 谭秀成, 等. 四川盆地震旦系灯影组古岩溶地貌恢复及意义 [J]. 石油勘探与开发, 2015, 42（3）: 283-293.

[23] 周成虎. 地貌学词典 [M]. 北京: 中国水利水电出版社, 2006.

[24] 马振芳, 付锁堂, 陈安宁. 鄂尔多斯盆地奥陶系古风化壳气藏分布规律 [J]. 海相油气地质, 2000, 5（1/2）: 98-102.

[25] 王雪莲, 王长陆, 陈振林, 等. 鄂尔多斯盆地奥陶系风化壳岩溶储层研究 [J]. 特种油气藏, 2005, 12（3）: 32-35.

[26] 兰才俊, 徐哲航, 马肖琳, 等. 四川盆地震旦系灯影组丘滩体发育分布及对储层的控制 [J]. 石油学报, 2019, 40（9）: 1069-1084.

[27] 杨跃明, 杨雨, 杨光, 等. 安岳气田震旦系、寒武系气藏成藏条件及勘探开发关键技术 [J]. 石油学报, 2019, 40（4）: 493-508.

[28] 魏国齐, 杨威, 谢武仁, 等. 四川盆地震旦系—寒武系天然气成藏模式与勘探领域 [J]. 石油学报, 2018, 39（12）: 1317-1327.

[29] 李熙喆, 郭振华, 胡勇, 等. 中国超深层大气田高质量开发的挑战、对策与建议 [J]. 天然气工业, 2020, 40（2）: 75-82.

[30] 李熙喆, 郭振华, 胡勇, 等. 中国超深层构造型大气田高效开发策略 [J]. 石油勘探与开发, 2018, 45（1）: 111-118.

[31] 李熙喆, 郭振华, 万玉金, 等. 安岳气田龙王庙组气藏地质特征与开发技术政策 [J]. 石油勘探与开发, 2017, 44（3）: 398-406.

[32] 闫海军, 贾爱林, 冀光, 等. 岩溶风化壳型含水气藏气水分布特征及开发技术对策——以鄂尔多斯盆地高桥区下古气藏为例 [J]. 天然气地球科学, 2017, 28（5）: 801-811.

[33] 贾爱林, 闫海军. 不同类型典型碳酸盐岩气藏开发面临问题与对策 [J]. 石油学报, 2014,

[34] 贾爱林, 闫海军, 郭建林, 等. 不同类型碳酸盐岩气藏开发特征 [J]. 石油学报, 2013, 34（5）: 914-923.

[35] 贾爱林, 闫海军, 郭建林, 等. 全球不同类型大型气藏的开发特征及经验 [J]. 天然气工业, 2014, 34（10）: 33-46.

川中震旦系岩溶缝洞型气藏效益开发有利区块优选及评价方法

刘义成　陶夏妍　徐　伟　邓　惠　罗文军　刘曦翔　申　艳

（中国石油西南油气田公司）

摘　要　四川盆地深层碳酸盐岩油气资源丰富，X 区块震旦系灯四气藏正处于建产阶段，为实现气藏效益开发，亟需解决开发有利区块的优选与评价问题。研究表明，储层展布受沉积、岩溶及裂缝发育控制，有效气井集中分布在缝洞较发育的台缘带有利沉积相带与古地貌残丘、坡折带叠合位置，且灯四上优质储层厚度大于 15m 区域。气藏易于动用的储量主要集中在裂缝—孔洞型、孔洞型储层中，孔隙度一般大于 3%，且孔隙度大于 3% 的储层可间接代表气藏含气性，灯四上亚段含气性较好的区域主要沿台缘带分布。综合构造、沉积、岩溶、储层厚度、缝洞发育程度、天然气富集程度、储量分布等因素，并且考虑到城区储量暂不可动用，在 M 区块开发区范围内优选出 Y1、Y2、Y3 三个开发有利区，总面积 360km²，可动用储量为 $750 \times 10^8 m^3$，结合储层发育情况及开发动态特征综合分析认为，Y1 有利区开发潜力最大，其次是 Y3 有利区。

关键词　四川盆地；震旦系；灯影组；储层控制因素；可动用储量；效益开发；有利区优选

四川盆地为我国主要的陆上海相含油气盆地，深层碳酸盐岩油气资源丰富[1-6]。20 世纪 70 年代初，基于钻井、地震普查以及区域地震资料发现的川中古隆起是一个发育于震旦纪的继承性隆起，其形成演化对震旦系灯影组油气成藏具有明显的控制作用[7-10]。目前，已在威远、资阳、高石梯、磨溪、龙女寺以及荷包场等地区发现震旦系灯影组气藏，展示了四川盆地深层古老碳酸盐岩油气的巨大资源潜力。X 区块震旦系灯四气藏具有较大勘探开发潜力[11-12]，是四川盆地深层碳酸盐岩气藏重要的上产领域，目前该气藏正处于建产阶段，开发有利目标区块的优选是气藏开发的重点。鉴于此，本文以川中古隆起最古老的沉积盖层震旦系碳酸盐岩为研究对象，对 X 区块灯四气藏开发有利区进行优选和评价，为气藏效益开发和开发目标优选提供依据。

1 地质概况

安岳气田 X 区块构造总体受力较弱，构造较平缓，圈闭面积大、多高点，断层以 $60°\sim80°$ 正断层为主。根据目前的地层划分方案，灯影组可划分为 4 段，自下而上分别为：灯一段、灯二段、灯三段、灯四段[13-17]，灯四段分为灯四上、下亚段两个四级层序，并且在灯四上亚段内部识别出一套等时的硅质沉积物，将灯四上亚段自下而上划分为灯四上一小层、灯四上二小层两个小层。X 区块台缘带以藻凝块云岩、藻叠层云岩、粒屑云岩为主的丘翼与丘核微相为有利沉积微相，其在灯四上亚段灯二陡坎以西欠发育。桐湾期表生岩溶作用是最有利于储层发育的建设性成岩作用[18-20]，岩溶作用主要发育在古地貌残丘、坡折带与丘—滩发育叠合区域；纵向上，距震顶 100m 内的岩溶作用最发育。灯四段储集空间以中小溶洞为主，次为粒间（溶）孔，孔洞间连通性差，属低孔低渗透储层，台缘带物性明显优于台内、灯四上优于灯四下。

2 储层控制因素及展布

碳酸盐岩储层的形成、发展及演化主要受沉积、成岩、构造三大地质因素的联合控制。受川中刚性基底的影响，川中古隆起长期继承性稳定发展，构造变形弱，发育微裂缝，储层的形成主要受沉积、岩溶作用及裂缝发育的控制[21-24]。

2.1 沉积对储层发育的控制

沉积作用对储层分布的影响，是通过沉积微相来实现的，沉积相为储集空间的形成提供了岩性基础，在很大程度上影响了溶蚀孔隙的发育，不同的沉积微相形成有效储集岩的潜力不同。灯四段沉积时期，有利沉积相组合类型，无论是在垂向演化序列还是平面分异格局上，都突出表现为丘滩复合体，其中以丘翼、丘核微相中的藻凝块云岩、藻叠层云岩、藻砂屑云岩粒间孔隙发育，沉积后处于相对隆起部位，裂缝发育，有利于后期风化壳岩溶的发育，为表生期溶蚀提供了良好的通道和空间基础。此外，由于藻的黏结性导致丘滩体在遭受大气降水淋滤后形成的溶蚀孔洞得以保存。台缘带地层以藻叠层云岩、藻凝块云岩、粒屑云岩沉积为主，地震反射特征为宽波谷、低频率，丘型外部结构呈叠瓦糯虫状、断续弱反射；台内地层以纹层状云岩沉积为主，地震反射特征为窄波谷、高频率、波形连续强反射。利用地震波数及振幅属性融合，刻画出台缘带面积约 820km² （图 1）。

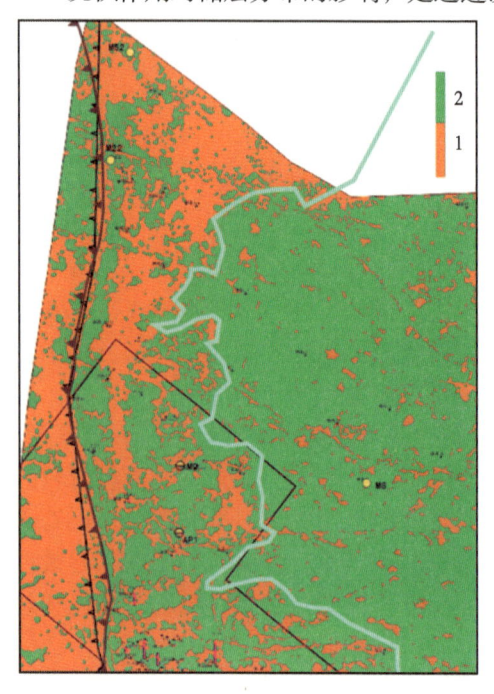

图 1 地震波数及振幅属性融合刻画台缘带图

2.2 岩溶对储层发育的控制

风化壳岩溶作用是高磨灯四段最主要的建设性成岩作用，岩溶分带及岩溶古地貌对溶蚀程度及储层发育有一定的控制作用。从岩溶纵向分带特征来看，灯四段由上至下可划分为地表岩溶带、垂向渗流带、水平潜流带及深部缓流带等四个岩溶带，水平潜流带纵向上发育多期，每个水平潜流带根据溶蚀程度的差异又可分为潜流上带和潜流下带，其中以第一水平潜流亚带中潜流上带溶蚀孔洞最为发育，储层物性最好。

岩溶储层发育与古岩溶地貌的关系密切，已被勘探实践所证实。古地貌中的斜坡是岩溶作用强烈的地貌，但在二级古地貌上，依然存在着高低起伏，高处成为残丘，低洼处成为洼地。残丘中表层岩溶带往往缺失或发育不良，其原因是残丘顶面积较小，两侧具一定坡度，除顶部可保留一些岩溶残积物和覆盖物外，残余物质均被崩落或随顺坡下泄的大气降水搬运至坡脚或残丘间谷地或洼地内堆积。残丘中岩溶管道水流向两翼流动，因此残丘两翼溶蚀强度最高。洼地水流向中心汇聚相对残丘而言易被充填。高磨灯四气藏古地貌恢复的结果表明，古地貌斜坡部位靠近德阳—安岳裂陷槽，距泄水区近，岩溶坡折带、残丘微地貌第一水平潜流带中潜流上带厚度大于45m区域，溶蚀作用强，形成的溶蚀缝洞相对较多且保存条件较好，优质储层发育厚度大。

2.3 断裂对储层发育的控制

X区块储层发育与构造海拔没有明显关系，构造对储层的控制主要体现在，岩溶期构造运动形成的断裂、埋藏期构造运动形成的构造缝。岩溶水流沿岩溶期构造运动形成的断裂进行扩溶，形成大量溶蚀缝洞，增大储集空间，改善储集性能。埋藏期构造运动在断层附近或者构造高点及转折端附近形成构造缝，改善储层渗流能力。

2.4 优质储层发育及展布特征

沉积有利相带展布控制储层分布，构造形成的有效裂缝及岩溶作用形成的溶蚀孔洞改善了储层品质，丘滩有利相带与残丘、坡折带古地貌单元叠合区域优质储层厚度大，缝洞较发育，物性好。基于孔洞缝搭配关系及其成因，将储层划分为裂缝—孔洞型、孔洞型、孔隙型三种类型，其中裂缝—孔洞型、孔洞型储层为优质储层。X区块灯四上亚段优质储层集中发育在硅质层之下100m范围内，主要分布于灯四上一小层，局部区域灯四上二小层优质储层发育，灯四下优质储层欠发育，因此，储层有利层位主要为灯四上亚段。平面上灯四上亚段优质储层主要集中在M52-M108井区、M9-M13井区（图2）。

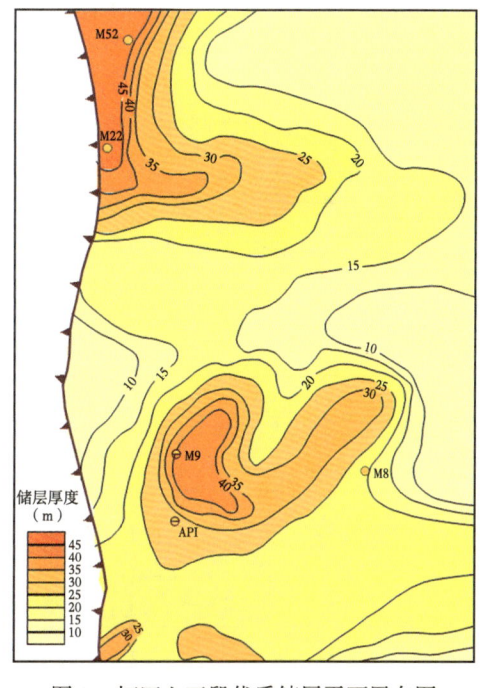

图2 灯四上亚段优质储层平面展布图

3 气藏含气性及储量动用程度评价

在开发建产有利区的选择上，一定厚度的储层连片展布是前提，但仅仅有储层的分布并不能满足效益开发的需求，还需要同时要求储层发育区内天然气大面积富集，在现有经济技术条件下，气井具有较高的产气能力。

3.1 气井分类及产能控制因素

在气井试油、试井资料解释的基础上，利用产能试井等相关资料建立的产能评价方法，分别计算出了灯四段气井产能。从产能分布特征来看，台缘带灯四上亚段气井平均无阻流量为 $85\times10^4m^3/d$，而台内灯四上亚段平均无阻流量为 $14\times10^4m^3/d$，X 区块震旦系气藏灯四段台缘带气井产能明显高于台内气井。并且，目前已完钻斜井（水平井）均获得了较好的测试效果。采用经济极限法，结合气井计算无阻流量、单井动态储量，在当前经济技术条件下，将气井分为三类，结合经济效益分析认为一类井和二类井为有效气井（表1）。

表1 气井分类统计表

井分类	稳产5年配产（$10^4m^3/d$）	20年累计产气量（10^8m^3）	无阻流量（$10^4m^3/d$）	动态储量（10^8m^3）
一类井	≥11	≥4	≥50	≥5
二类井	≥6.5	≥2.3	≥25	≥3
三类井	<6.5	<2.3	<25	<3

综合有利沉积相带、岩溶古地貌、优质储层厚度、缝洞发育程度等因素，对研究区产能控制因素进行分析。灯四上亚段一、二类气井主要分布在有利沉积微相比例大于65%的丘滩发育有利区，同时处于古地貌斜坡坡折带、残丘有利岩溶地貌上，溶蚀孔洞发育好，其中灯四上优质储层厚度大于15m，钻遇孔洞型储层厚度大于40m，岩心裂缝密度多大于2条/m以及地震预测缝洞发育。因此，有利丘滩相沉积加上岩溶发育是优质储层发育的基础，同时缝洞搭配好是获得有效气井的的必要条件，一、二类井集中分布在缝洞较发育的台缘带有利沉积相带与古地貌岩溶坡折带叠合位置，灯四上优质储层厚度大于15m区域（表2）。

表2 各类气井特征简表

分类	一、二类井	三类井
沉积相	丘地比大于65%的丘滩发育有利区	丘地比小于65%丘滩欠发育带
古地貌	坡折带	洼地
优质储层垂厚	厚度大于15m	小于15m
孔洞型储层	钻遇大于40m	钻遇小于40m
岩心裂缝密度	大于2条/m（地震预测缝洞发育）	小于2条/m（地震预测缝洞欠发育）

3.2 天然气富集特征分析及评价

钻探、测试成果证实，研究区灯四段大面积含气，含气面积超出构造圈闭。但是，各区块间含气性存在一定差异，采用地质—地震相结合的手段，对研究区含气性进行了预测。理论上认为，当地层中有天然气富集时，地震数据会呈现"高频强衰减、低频强能量"的响应特征[25-26]。对典型井井旁地震道开展时频分析（图3），可见有效井G6、低产井G20产能段时频谱均表征为"高频强衰减、低频强能量"的含气有利特征；此外，同样开发效果较好的G2井、G3井不符合含气有利特征。因此，基于频率信息的叠后流体识别技术会存在明显多解性，在研究区不具备可行性。

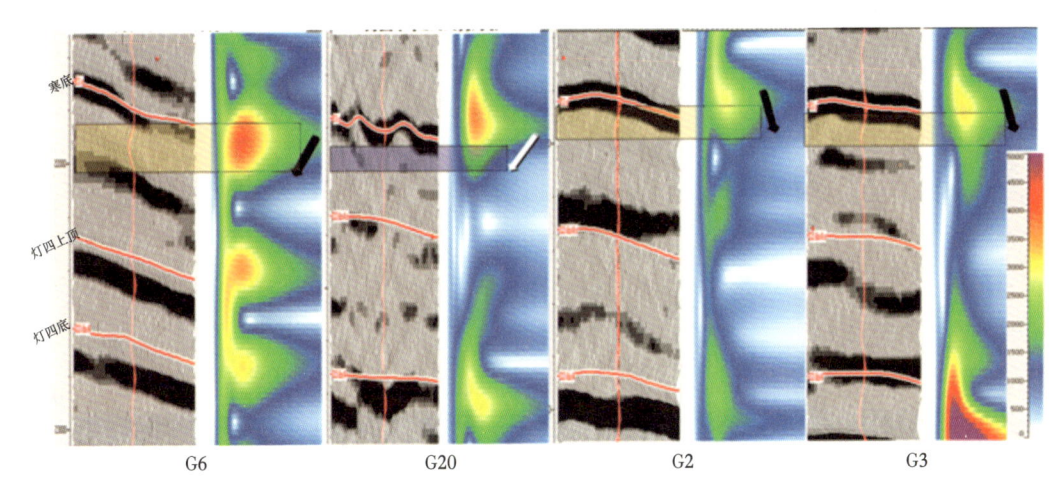

图3 典型井井旁地震道时频分析

对储层含气性的岩石物理特征表明纵横波速度比等含气性敏感弹性参数对该区的气层响应不明显，与差气层和干层等区分困难。但通过对区内成像测井面孔率和含气性关系分析，以及测井孔隙度与含气性关系的分析认为，高孔储层含气性普遍较好，可以利用孔隙度的高低以及高孔储层的厚薄间接反映含气性的好坏。在储层孔隙度反演结果的基础上，提取孔隙度大于3%的储层间接代表气藏含气性。由图4可知，X区块灯四上亚段含气性较好的区域主要沿台缘带分布，较为零散或呈细条带状。

3.3 储量可动用下限

针对X区块震旦系灯四气藏非均质性强的特点，通过开发物理模拟实验研究，分析影响不同类型储层衰竭式开发采出程度的主要

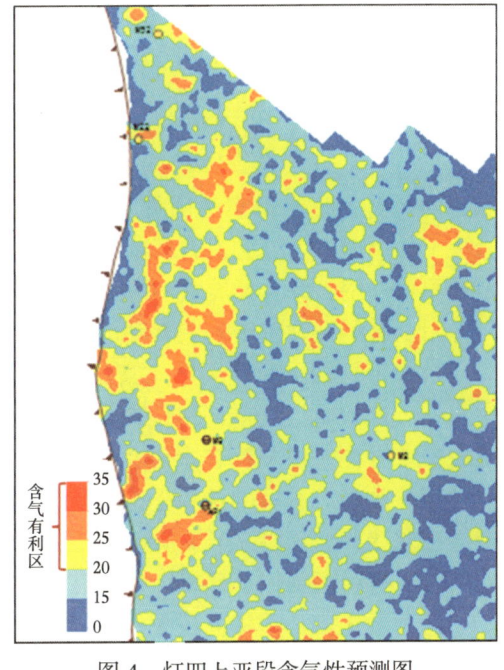

图4 灯四上亚段含气性预测图

因素及其变化规律，衰竭式开发物模实验表明，裂缝—孔洞型储层采出程度最高，可达到65%~75%左右，孔洞型次之，孔隙型储层贡献最低，储量动用程度较低。并且分层测试表明射孔段以孔隙型储层为主的井测试效果差，储量动用程度较差，如M9井灯四下射孔段、M116井灯四上射孔段。M102井生产测井证实，孔隙度在2%~3%，储层累计厚度35m，流压30MPa左右仅产气$3 \times 10^4 m^3/d$，储量动用程度较差。建立机理模型模拟分析表明，气藏可动用储量主要为裂缝—孔洞型、孔洞型储层，采出气量占总产量的95%以上。综合开发物理模拟实验、生产测井、试油成果、数值机理模型模拟分析结果，结合储层分类评价情况可知，气藏易于动用的储量主要集中在裂缝—孔洞型、孔洞型储层两种类型储层中，而孔隙型储层中储量动用程度较差。裂缝—孔洞型和孔洞型储层物性主要集中于孔隙度3%以上，渗透率在0.1mD以上，而孔隙型储层物性主要集中在孔隙度3%以下，渗透率甚至主要在0.01mD以下。因此，灯四气藏可动储量主要为孔隙度3%以上储层（表3）。

表3 储层分类评价表

储层类型	岩性	渗流通道	裂缝发育程度	成像缝洞特征	孔隙度（%）	渗透率（mD）	喉道特征	最大进汞饱和度（%）	采出程度（%）	测试效果（$10^4 m^3/d$）	可动性
裂缝—孔洞型	藻凝块云岩、泥晶云岩	裂缝	发育	溶洞发育且发育裂缝	≥3	≥0.1	—	57.47		>30	易动用
孔洞型	藻凝块云岩、藻砂屑云岩、泥晶云岩	溶洞缩颈喉道	欠发育	溶洞发育呈蜂窝状	≥3	≥0.1	孔喉分选好，缩颈喉道为主	≥50	46.08	2~30	易动用
孔隙型	硅质白岩、纹层状云岩	片状喉道	无	无	2~3	<0.01	孔喉分选差，片状喉道为主	<50	11	<2	动用差

4 开发有利区优选及评价

4.1 有利区优选标准

为提高X区块储量动用程度及气井单井产量，实现气藏效益开发，综合构造、沉积、岩溶、储层厚度、缝洞发育程度、天然气富集程度、储量分布等因素，并且考虑到城区储量暂不可动用，综合开展X区块开发有利区划分。

（1）有利区须位于构造有利部位。

台缘带灯四上亚段天然气富集，仅在北端构造圈闭外M22井、M52井测井解释存在边水，气水界面-5260m；M102井区存在局部封存水，气水界面-4960m；灯四下亚段，M22、52井测井解释存在水层、M-X2井测试产水。为避免气藏开发早期水侵影响气藏开发效果，故在有利区的选择上应确保灯四顶向下100m范围内优质储层为气层，从而确定台缘带北端有利区须位于震顶海拔-5160m以上区域，M102井区有利区须位于-4860m以上。

（2）有利区须位于丘翼、丘核有利微相发育区域。

有利的丘翼、丘核沉积微相是储层发育的物质基础，且灯四段沉积时期丘滩沉积在沉积后处于相对隆起部位，裂缝相对发育，有利于后期风化壳岩溶的发育，为岩溶大于提供了良好的溶蚀通道。因此，丘翼、丘核微相分布很大程度上控制了储层的分布，故在有利区的选择上应在丘翼、丘核有利微相发育区域，即地震波形分类属性图（图1）中橘色宽波谷台缘带区域。

（3）有利区须位于岩溶古地貌残丘、坡折带。

古地貌作为影响岩溶作用的主控因素，与气井产能关系密切。古地貌恢复的结果表明，古地貌斜坡部位由于靠近德阳—安岳裂陷槽，距泄水区近，岩溶坡折带、残丘、岩溶缓坡微地貌第一水平潜流带中潜流上带厚度大于45m区域，溶蚀作用强，形成的溶蚀缝洞相对较多且保存条件较好，优质储层发育厚度大。统计表明，一、二类井中位于台缘带古地貌残丘的4口，岩溶缓坡7口，坡折带16口，其中处于坡折带和残丘的井产能较高。因此，有利区须位于岩溶古地貌残丘、坡折带区域。

（4）有利区须位于缝洞发育区。

X区块灯四段储层以溶蚀作用形成的孔洞为主要的储集空间，洞、缝是优质储层主要渗流通道，具有较强的储层非均质性的特点，其发育程度决定了油气产能的高低。由于单个的孔、洞、缝对油气的聚集所起的作用是微乎其微的，真正具有勘探、开发价值的实际上就是具有一定规模的孔、洞、缝发育带，而地震预测由于分辨率的限制，无法识别出单个的孔、洞、缝，但能识别规模达到一定程度的孔、洞、缝发育带，因此，可为有利区划分提供参考。

（5）有利区须位于优质储层发育且天然气富集区域。

统计表明，一、二、三类井产能与裂缝—孔洞型、孔洞型储层厚度关系表明，一类井分布在裂缝—孔洞型储层垂厚大于15m（斜厚30m）或孔洞型储层垂厚大于25m（斜厚100m）区域；二类井主要集中分布在裂缝—孔洞型储层垂厚小于10m（斜厚20m）或孔洞型储层垂厚大于30m（斜厚40m）区域。为使有利区获得较多的一、二类井，有利区须选择优质储层厚度大于15m区域，考虑储量的可动用性及天然气富集程度，有利区须位于$\phi>3\%$储层厚度$>15m$、储量丰度大于1.5区域。

4.2 有利区优选及评价

根据上述原则，建立了一、二类有利区划分标准。一类有利区须同时满足位于古地貌残丘、坡折带，第一潜流带内潜流上带厚度$>45m$，地震预测缝洞发育区，$\phi>3\%$，储层厚度$>20m$，灯四上优质储层厚度$>20m$区域。二类有利区主要位于古地貌坡折带、缓坡，第一潜流带内潜流上带厚度$<45m$，地震预测缝洞发育区，$\phi>3\%$，储层厚度$>15m$，灯四上优质储层厚度$>15m$区域（表4）。

表4　灯四上亚段有利区分级划分标准表

分级指标	一类有利区	二类有利区
沉积相	丘滩发育、次发育区（丘滩比例$>65\%$）	丘滩发育、次发育、欠发育区（丘滩比例$>50\%$）
古地貌	主要位于残丘、坡折带	主要位于坡折带、缓坡
第一潜流带潜流上带厚度	大于45m区域	小于45m区域
地震预测缝洞发育	缝洞发育区	缝洞较发育区
储层厚度	$\phi>3\%$储层厚度$>20m$	$\phi>3\%$储层厚度$>15m$
	灯四上优质储层厚度$>20m$	灯四上优质储层厚度$>15m$
$\phi>3\%$储量丰度（$10^8m^3/km^2$）	大于2	大于1.5

根据有利区优选原则，最终在 X 区块开发区范围内优选出三个开发有利区：Y1 有利区、Y2 有利区、Y3 有利区，总面积 360km²，其中一类区面积 170km²，计算出有利区地质储量 $1400 \times 10^8 m^3$，其中可动用储量为 $750 \times 10^8 m^3$。结合储层发育情况及开发动态特征综合分析认为，Y1 有利区开发潜力较大，其次是 Y3 有利区（图5、表5）。

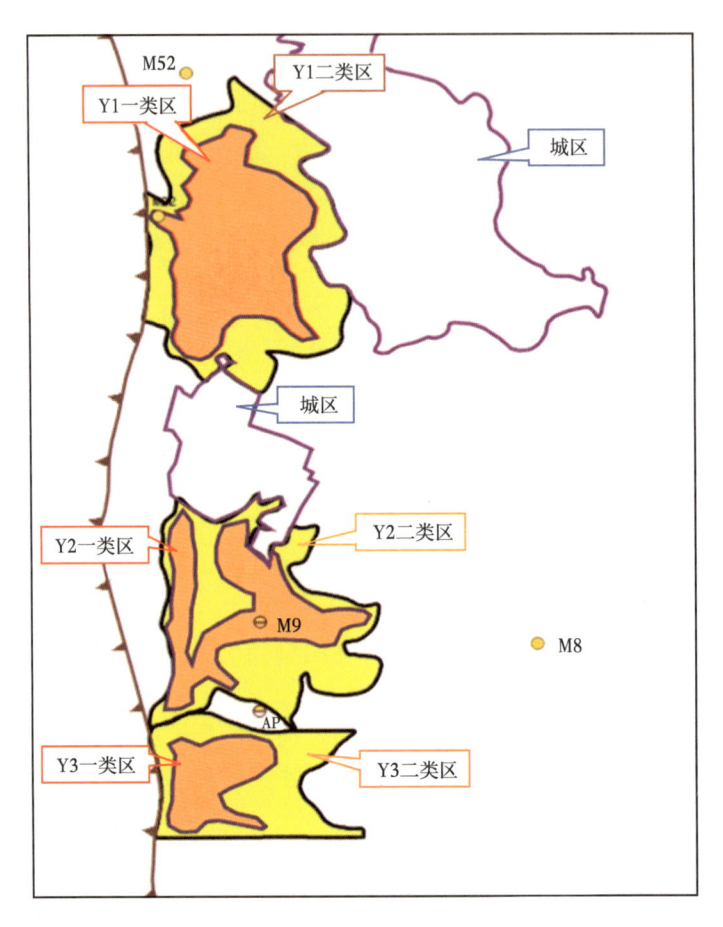

图5　X 区块开发有利区划分图

表5　X 区块开发有利区划分结果

有利区指标	Y1 有利区	Y2 有利区	Y3 有利区
面积	157km²	126km²	77km²
构造	-5160m 以上	-4790m 以上	-4860m 以上
有利沉积相带	台缘带丘滩发育区（丘滩比例大于70%）	台缘带丘滩发育、次发育区（丘滩比例大于65%）	台缘带丘滩次发育区（丘滩比例大于65%）
古地貌	残丘、坡折带、缓坡	残丘、坡折带、缓坡	残丘、坡折带、缓坡
地震预测缝洞发育	缝洞较发育区	缝洞较发育区	缝洞较发育区
波形分类	宽波谷区	宽波谷区	宽波谷区
储层	地震预测 $\phi > 3\%$ 储层厚度 $> 20m$	地震预测 $\phi > 3\%$ 储层厚度 $> 20m$	地震预测 $\phi > 3\%$ 储层厚度 $> 20m$
	灯四上优质储层厚度 $> 20m$	灯四上优质储层厚度 $> 15m$	灯四上优质储层厚度 $> 20m$
一、二类井比例	100%	33%	100%

5 结论

（1）储层展布受沉积、岩溶及裂缝控制，沉积有利相带控制储层分布，构造形成的有效裂缝及岩溶作用形成的溶蚀孔洞改善了储层品质，丘滩有利相带与残丘、坡折带古地貌单元叠合区域优质储层厚度大，缝洞较发育，物性好。

（2）一、二类井集中分布在缝洞较发育的台缘带有利沉积相带与古地貌岩溶坡折带叠合位置，且灯四上优质储层厚度大于15m区域。孔隙度大于3%的储层可间接代表气藏含气性，灯四上亚段含气性较好的区域在主要沿台缘带分布。气藏易于动用的储量主要集中在裂缝—孔洞型、孔洞型储层中，这两类储层孔隙度一般大于3%。

（3）根据有利区优选原则，在X区块灯四气藏范围内优选出三个开发有利区，总面积360km^2，可动用储量为750×10^{8}m^3，结合储层发育情况及开发动态特征综合分析认为，Y1有利区开发潜力较大，其次是Y3有利区。

参 考 文 献

[1] 韩克猷，孙玮.四川盆地海相大气田和气田群成藏条件[J].石油与天然气地质，2014，35（1）：10-18.
[2] 何治亮，金晓辉，沃玉进，等.中国海相超深层碳酸盐岩油气成藏特点及勘探领域[J].中国石油勘探，2016，21（1）：3-14.
[3] 贾承造，李本亮，张兴阳，等.中国海相盆地的形成与演化[J].科学通报，2007（S1）：1-8.
[4] 池英柳，赵文智，门相勇.中国大陆构造强烈活动性对海相盆地油气成藏和勘探的影响[J].海相油气地质，2001（3）：39-47.
[5] 张功成，金莉，兰蕾，等."源热共控"中国油气田有序分布[J].天然气工业，2014，34（5）：1-28.
[6] 赵文智，何登发，宋岩，等.中国陆上主要含油气盆地石油地质基本特征[J].地质论评，1999（3）：232-240.
[7] 徐春春，沈平，杨跃明，等.乐山—龙女寺古隆起震旦系—下寒武统龙王庙组天然气成藏条件与富集规律[J].天然气工业，2014，34（3）：1-7.
[8] 杨跃明，文龙，罗冰，等.四川盆地乐山—龙女寺古隆起震旦系天然气成藏特征[J].石油勘探与开发，2016，43（2）：179-188.
[9] 姜华，汪泽成，杜宏宇，等.乐山—龙女寺古隆起构造演化与新元古界震旦系天然气成藏[J].天然气地球科学，2014，25（2）：192-200.
[10] 魏国齐，沈平，杨威，等.四川盆地震旦系大气田形成条件与勘探远景区[J].石油勘探与开发，2013，40（02）：129-138.
[11] 文龙，杨跃明，游传强，等.川中—川西地区灯影组沉积层序特征及其对天然气成藏的控制作用[J].天然气工业，2016，36（07）：8-17.
[12] 洪海涛，谢继容，吴国平，等.四川盆地震旦系天然气勘探潜力分析[J].天然气工业，2011，31（11）：37-41.
[13] 谷志东，殷积峰，姜华，等.四川盆地宣汉—开江古隆起的发现及意义[J].石油勘探与开发，2016，43（06）：893-904.
[14] 武赛军，魏国齐，杨威，等.四川盆地桐湾运动及其油气地质意义[J].天然气地球科学，2016，27（01）：60-70.
[15] 刘静江，李伟，张宝民，等.上扬子地区震旦纪沉积古地理[J].古地理学报，2015，17（06）：735-753.

[16] 谷志东，殷积峰，姜华，等.四川盆地西北部晚震旦世—早古生代构造演化与天然气勘探[J].石油勘探与开发，2016，43（1）：1-11.
[17] 魏国齐，杨威，杜金虎，等.四川盆地震旦纪—早寒武世克拉通内裂陷地质特征[J].天然气工业，2015，35（1）：24-35.
[18] 何登发，李德生，童晓光，等.多期叠加盆地古隆起控油规律[J].石油学报，2008，29（4）：475-488.
[19] 刘战庆，裴先治，丁仨平，等.南大巴山西北段镇巴—下高川地区地质构造解析[J].地球科学与环境学报，2011，33（1）：54-63.
[20] 周康，王强，乔永亮.龙门山造山带与川西前陆盆地的盆山耦合关系对油气成藏的控制作用[J].地球科学与环境学报，2011，33（4）：378-383.
[21] 张声瑜，唐创基.四川盆地灯影组区域地质条件及含气远景[J].天然气工业，1986，6（1）：3-9.
[22] 王兴志，侯方浩，黄继祥，等.四川资阳地区灯影组储层的形成与演化[J].岩石矿物，1997，17(2)：55-60.
[23] 黄思静，王春梅，黄培培.碳酸盐成岩作用的研究前沿和值得思考的问题[J].成都理工大学学报：自然科学，2008，35（1）：1-10.
[24] 李启桂，李克胜，周卓铸，等.四川盆地桐湾不整合面古地貌特征与岩溶分布预测[J].石油与天然气地质，2013，34（4）：516-521.
[25] 赵玉华，李坤白，张杰，等.鄂尔多斯盆地中部下古生界白云岩含气性地震检测[J].地质科技情报，2015，34（3）：191-197.
[26] 李勇，刘芷彤，朱颜.缝洞型储层含气性检测方法及应用研究[J].矿物岩石，2014，34（2）：106-112.

磨溪灯四段强非均质性碳酸盐岩气藏气井产能分布特征及其对开发的指导意义

闫海军[1]　邓　惠[2]　位云生[1]　俞霁晨[1]

夏钦禹[1]　徐　伟[2]　罗瑞兰[1]　程敏华[1]

（1.中国石油勘探开发研究院；2.中国石油西南油气田公司）

摘　要　四川盆地磨溪区块灯四段气藏储集空间多样，储层非均质性强，流体渗流规律复杂。气藏开发过程表现为以下特征：(1) 气井产能差异大，以中高产井为主；(2) 气井稳产能力差异大，大多数井稳产能力较强；(3) 分段酸压工艺和特殊工艺井可大幅度提高气井产能。为弄清气井产能分布特征，采用气藏工程研究与综合地质研究相结合，分析气井产能在平面上的分布特征。研究结果表明：气井产能在平面上具有明显的分区分带特征。气井产能在平面上主要分布在4个区域：Ⅰ区，上覆石灰岩厚度为0m区域；Ⅱ区，上覆石灰岩厚度介于0~5m区域；Ⅲ区，上覆石灰岩厚度介于5~20m区域；Ⅳ区，上覆石灰岩厚度介于20~40m区域，同时建立了不同区域内气井产能与上覆石灰岩厚度的拟合公式。气井产能在平面上主要分布在台缘带、台内带和坡折带三个带，气井产能由台缘带、台内带到坡折带依次减小。研究成果可有效支撑气藏开发建产区筛选、井位部署和气井产能评价。

关键词　磨溪区块；强非均质性；灯影组；气井产能；分布特征

1 引言

碳酸盐岩气藏储集空间由不同尺度溶洞、溶孔和裂缝组成，由于受不同期次构造运动和多期成岩改造作用综合影响，储层非均质性强，流体渗流规律复杂，气井产能差异较大。气井产能是描述气藏开发效果最关键而又最直接的指标，而产能评价是描述气藏开发动态与效果的最有效手段[1-2]。目前，对于不同类型气藏形成了系列的气井产能评价方法，明确了气井产能控制因素[3-17]。前期研究成果指导了不同类型气藏产能评价和气藏开发指标论证，奠定了我国天然气藏高效开发的基础。但是这些研究主要从"井"这个点上开展气藏产能评价方法研究和气井产能影响因素分析，很难将结果由井点外推到全区（面），气藏工程研究成果与地质研究成果结合不够。事实上，由"点"到"面"的分析气井产能的分布特征对于气藏开发评价乃至高效开发更具有实际意义。四川盆地震旦系灯影组气藏从威远、资阳到川中高磨地区均表现为储集空间复杂、储层非均质性强的特征。高磨地区灯影组气藏多层含气、含气范围广、储量规模大，本文以磨溪灯四段岩溶风化壳型碳酸盐岩气藏为例，地质与气藏工程相结合，分析气藏开发特征，围绕震旦系气藏发育两期溶蚀、不同区域发育差异溶蚀型储层这一核心，研究发现受两期岩溶风化不整合作用影响，完钻气井产能在平面上表现出明显分区分带特征，同时建立了不同区域内气井产能的拟合公式，可实现气井产能早期预测，气井产能预测结果与实钻试油结果有较高的符合程度，可有效支撑气藏开发建产区筛选和井位部署，有效提高气田开发水平，确保气藏开发获得较高的经济效益。

2　气藏概况

磨溪灯四段气藏位于四川省遂宁市、资阳市和重庆市潼南县境内（图1），构造上隶属于四川盆地川中古隆起平缓构造区的威远—龙女寺构造群，位于乐山—龙女寺古隆起的东端，是古隆起背景上的一个大型潜伏构造[18]。

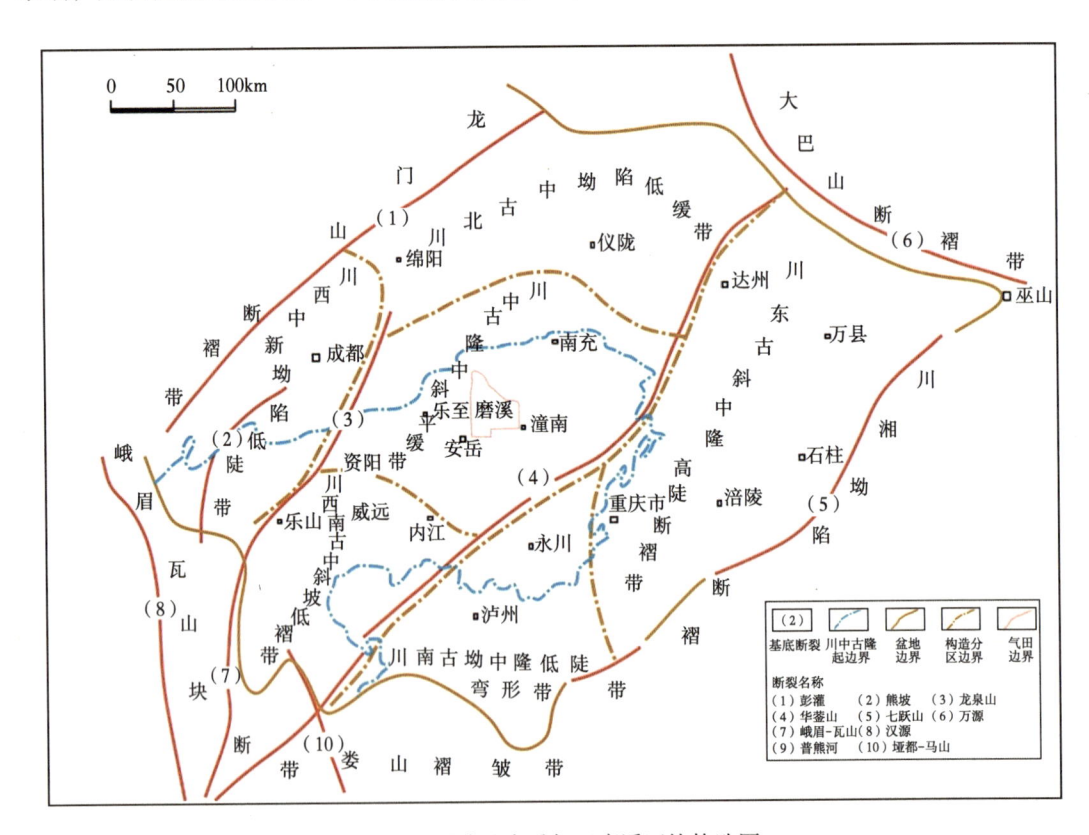

图1　四川盆地安岳气田磨溪区块构造图

研究区经历多次构造运动，以升降运动为主，构造相对平缓，灯四段为在台地背景上的一套碳酸盐岩建造，地层岩性以白云岩为主，与下伏灯三段为连续沉积，呈整合接触，与上覆石灰岩、泥岩为主的麦地坪、筇竹寺组不整合接触。受桐湾运动抬升影响，地层遭受不同程度剥蚀，研究区以西为德阳—安岳裂陷槽，灯四段快速尖灭，大部分地层残余厚度一般为280~380m，自北向南、自西向东有减薄趋势。灯影组受桐湾运动影响，发育三期幕式风化壳，桐湾运动Ⅰ幕发生在灯影组灯二段沉积末期，表现为灯三段区域性碎屑岩假整合于灯二段白云岩之上，桐湾运动Ⅱ幕发生在灯影组沉积期末，表现为灯影组与下寒武统麦地坪组假整合接触，桐湾运动Ⅲ幕发生在早寒武世麦地坪组沉积末期，表现为下寒武统麦地坪组与筇竹寺组假整合接触，麦地坪组在磨溪区块局部残存，整个灯四段表现为桐湾Ⅱ幕和桐湾Ⅲ幕两期风化壳的叠合（图2），储层表现为叠合岩溶的特征。

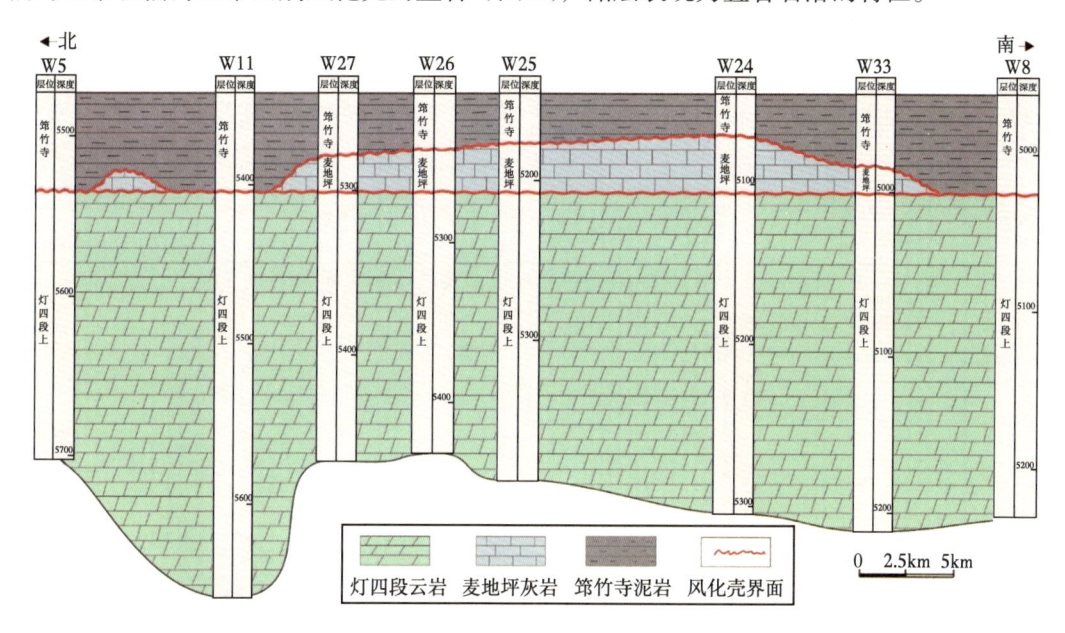

图2 磨溪区块南北向地层对比剖面图

灯四段气藏最有利储层岩性为富含菌藻类的藻凝块云岩、藻叠层云岩和藻砂屑云岩。366个岩心小柱塞样品孔隙度主要集中分布在2%~5%，平均孔隙度为4.45%，柱塞样渗透率平均值为0.627mD。岩心、薄片、铸体薄片、扫描电镜资料显示灯四段储层储集空间以溶洞、次生的粒间溶孔、晶间溶孔为主；岩心及成像资料显示，裂缝在灯四段中普遍发育，主要为构造缝、压溶缝和扩溶缝。裂缝与各种有效孔隙相互搭配，构成气藏开发的优质储层类型。依据储集空间发育类型及其孔缝洞的搭配关系，灯四段储层可以划分为裂缝—孔洞型、孔洞型和孔隙型三类储层，裂缝—孔洞型和孔洞型储层是目前可以效益开发的储层类型，孔隙型储层不能够效益动用。

3 气藏开发特征

磨溪区块灯四段为强非均质碳酸盐岩气藏，储层受微生物岩沉积和叠合岩溶双重控制，高渗透通道受成岩缝和构造缝双重控制，是构造背景上的岩性-地层复合圈闭气藏，由于发育不同尺度孔、缝、洞储渗介质，导致气藏开发特征异常复杂[19-21]。

（1）气井产能差异大，以中高产井为主。

震旦系气藏孔、缝、洞均较发育，部分气井表现出三重介质特征。震旦系气藏有效储层发育受沉积相、岩溶及微裂缝等多种因素控制，微生物岩发育程度、岩溶储层发育强度及微裂缝发育程度的差异使得气藏储渗性能差异大，最终导致气藏气井产能特征差异大。在气藏前期评价阶段，磨溪各类评价井共计 27 口，最高产能与最低产能相差 240 倍，气井产能差异大。产能大于 $50×10^4m^3/d$ 井 8 口，最高 $217.6×10^4m^3/d$，占比 29.6%，产能小于 $25×10^4m^3/d$ 气井 15 口，最低仅 $0.9×10^4m^3/d$，占比 55.6%（图 3）。通过持续评价，灯四段台缘带提交探明储量 $1528×10^8m^3$，认识到古环境、古断陷、沉积古地貌、旋回层序控制沉积地层样式及丘滩体物性、叠置模式和规模，高能丘滩体控制有效储层发育厚度，岩溶结构控制有效储层侧向连续性，而储层构型控制有效储层内部的非均质性。基于这认识[22-28]，筛选开发建产区 3 块，建产区内评价井 15 口，最高产能与最低产能仍然相差 31 倍。建产区内气井以中高产气井为主，产能大于 $25×10^4m^3/d$ 中高产气井 12 口，占比 80%，小于 $25×10^4m^3/d$ 低产气井 3 口，最小 $6.5×10^4m^3/d$（图 4）。

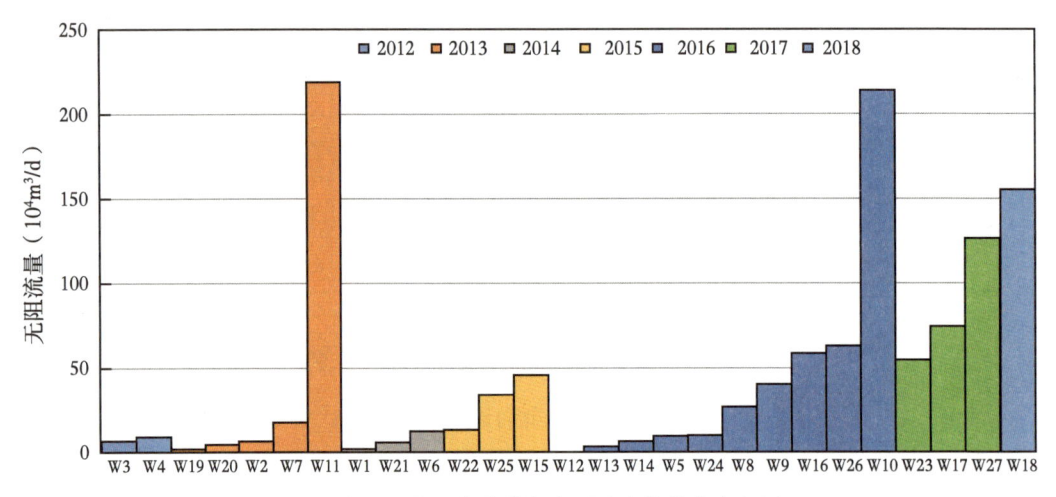

图 3　全区探井评价井分年度测试产能分布直方图

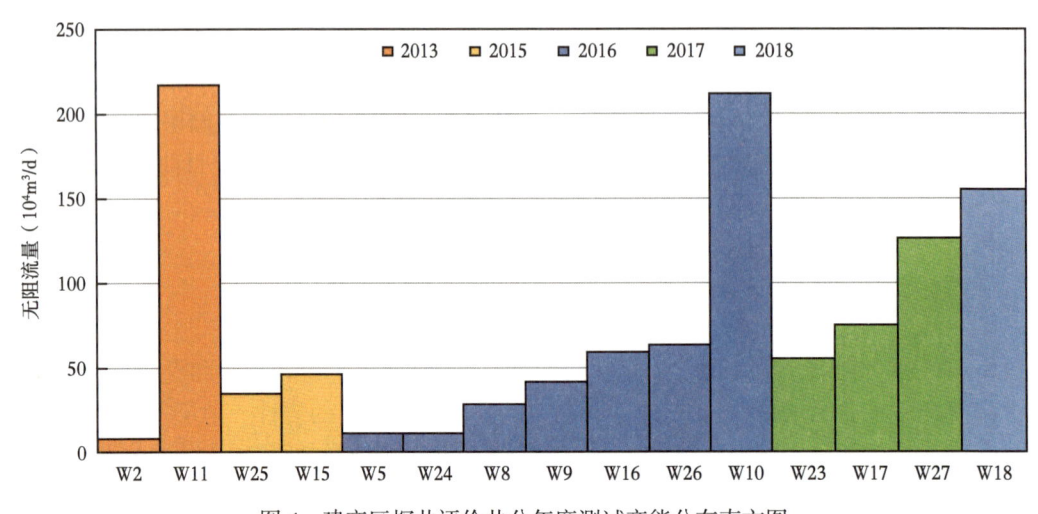

图 4　建产区探井评价井分年度测试产能分布直方图

（2）气井稳产能力差异大，大多数井稳产能力较强。

目前，磨溪区块灯四段气藏投产气井9口（图5），气井稳产能力差异大，其中5口投产井测试产量大于$50×10^4m^3/d$，平均$143.7×10^4m^3/d$，6口投产气井计算动态储量大于$10×10^8m^3$，该部分气井测试产量高，动态储量大，生产特征分析研究表明单位压降采气量大于$2000×10^4m^3/MPa$，气井稳产能力较高。另一方面，磨溪灯四段投产气井无阻流量与动态储量并没有体现很好的一致性，气井测试产量高并不一定动态储量高，进一步不一定稳产能力强。以投产井中测试产量最低四口生产井为例（图5），四口井无阻流量为$42×10^4m^3/d$左右，综合多种方法计算动态储量介于$2.1×10^8$~$37.5×10^8m^3$，井间动态储量差异较大，最大动态储量是最小动态储量的17.9倍，初期产气能力相差不大，但是投产后稳产能力差异较大。再如投产井中测试产量较高2口生产井（图5），气井测试无阻流量均大于$210×10^4m^3/d$，两口投产井动态储量为$15.1×10^8m^3$和$65.9×10^8m^3$，动态储量也相差3倍多。

图5 投产气井测试产量与动态储量分布图

（3）分段酸压工艺和特殊工艺井可大幅度提高气井产能。

磨溪灯四段气藏储层溶蚀孔、缝、洞发育，储集空间类型复杂，具有埋藏深、温度高、含硫、含CO_2、低孔低渗透、非均质性强、储层类型多等特点，这些特征对储层改造工艺技术提出了挑战。前期针对不同类型储层具有的不同特征，围绕直井形成了三套主体工艺：缓速酸酸压工艺、深度酸压工艺和复杂网缝酸压工艺。后期针对大斜度井/水平井储层跨度大、纵向上多层、层间物性差异大的特征，研发应用分层分段酸压工艺技术。该方法综合地震解释、油气显示、钻完井液漏失状况、测井解释等资料，参照优质储层优先改造、物性相近储层合层改造、漏失井段重点改造的原则[29]，结合完井方式制定分层分段方案，最终针对不同层段储层类型和不同工程目标，采用针对性的工艺、液体和施工参数，从而有效提高气井产量。另一方面，灯四段气藏储层多层含气，通过开发井型和井轨迹优化设计，增大井筒与有效储层接触面积，可大幅度提高气井产能。以W2井为例，该井钻遇孔洞型储层厚度33.97m，孔隙型储层厚度5.87m，测试无阻流量$6.49×10^4m^3/d$，为提高单井产量，开展特殊工艺井和大液量分段酸压工艺试验，在对同一套优质储层完钻一口特殊工艺井WX-2井（图6），井斜角66°，钻遇缝洞型储层1.58m，孔洞型储层248.65m，孔隙型储层474.65m，测试无阻流量$45.8×10^4m^3/d$，是W2井的7.1倍，提产效果明显。

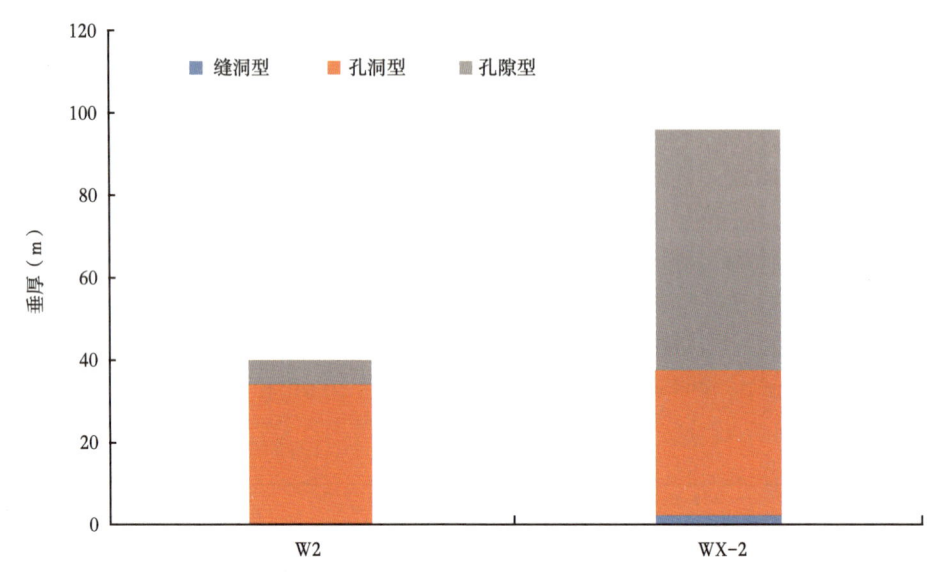

图6　W2及WX-2井完钻不同类型储层垂厚直方图

4　气井产能分区分带特征

受沉积期优质沉积微相发育程度及岩溶期叠合岩溶发育强度双重影响，磨溪区块灯影组气藏气井产能在平面上表现出分区分带的特征。研究发现，受桐湾Ⅱ期和桐湾Ⅲ期两期岩溶叠合影响，两期岩溶之间沉积麦地坪组石灰岩段在磨溪地区局部残存，麦地坪组石灰岩段厚度可以间接反映了两期岩溶溶蚀强弱。研究发现完钻气井无阻流量与麦地坪组石灰岩段厚度具有非常好的分区分带特征（图7、图8）。

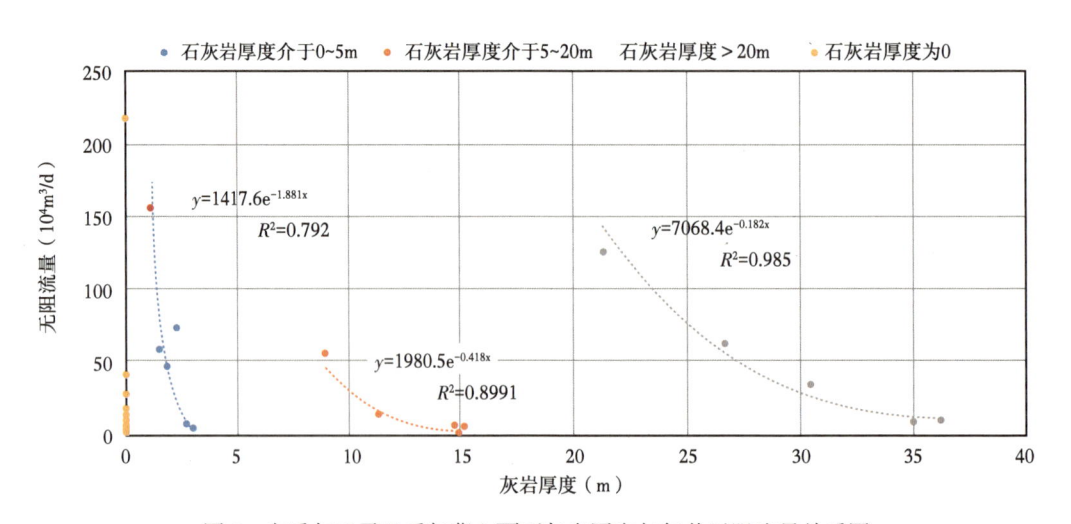

图7　安岳气田震旦系气藏上覆石灰岩厚度与气井无阻流量关系图

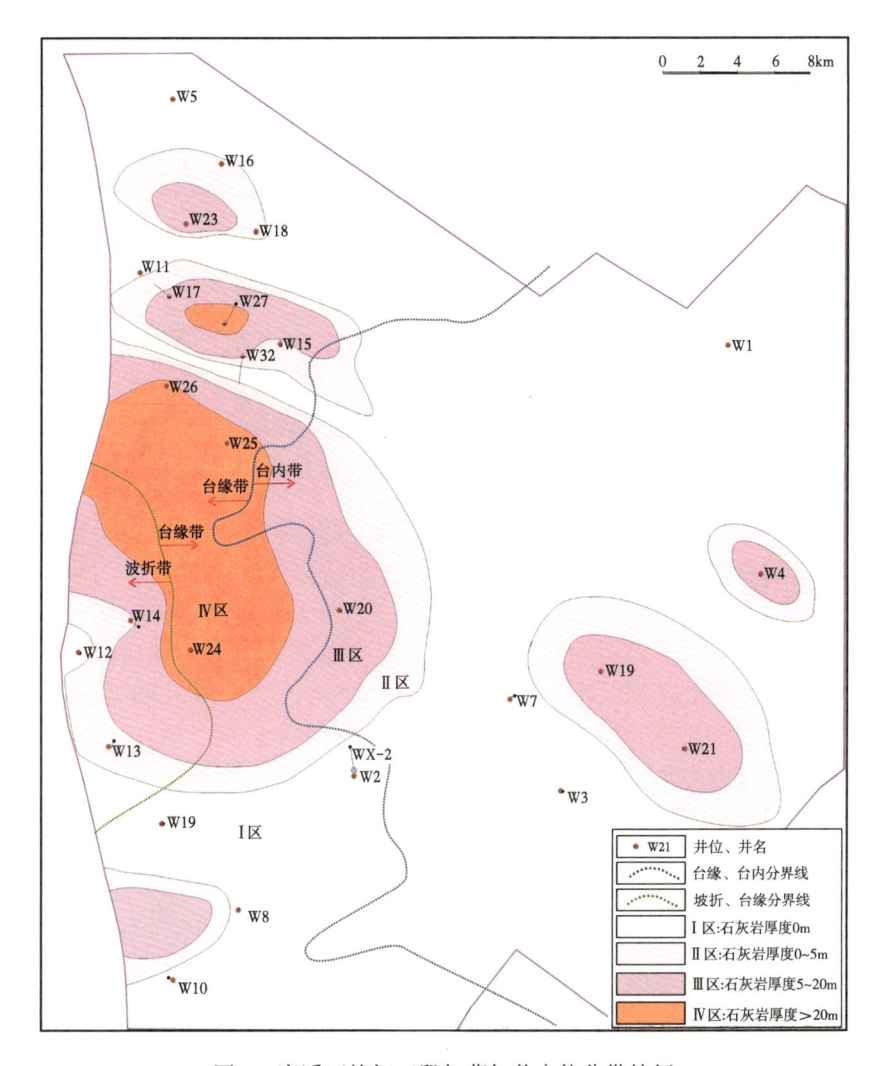

图 8　磨溪区块灯四段气藏气井产能分带特征

首先，完钻井上覆石灰岩厚度与测试无阻流量呈现出明显的负相关性（图 7），震旦系上覆石灰岩厚度与完钻气井无阻流量关系呈现出明显的四区特征：

Ⅰ区：0m 石灰岩段；

Ⅱ区：0~5m 石灰岩段，$y=1747.5e^{-1.965x}$　$R^2=0.7001$；

Ⅲ区：5~20m 石灰岩段，$y=1980.5e^{-0.418x}$　$R^2=0.8991$；

Ⅳ区：>20m 石灰岩段，$y=7068.4e^{-0.182x}$　$R^2=0.985$。

式中，y 为完钻井无阻流量，$10^4 m^3/d$，x 为石灰岩厚度，m。

除去第Ⅰ区外，石灰岩厚度与完钻气井无阻流量呈幂函数关系，相关系数分别为 0.84、0.95、0.99，叠合岩溶发育程度对完钻气井是否能测试高产具有非常强的控制作用。

另一方面，磨溪气井产能也具有明显分带特征，台缘带气井产能高、台内气井产能低、坡折带内气井产能最低，这种分布规律在全区具有普遍意义（图 8、图 9）。

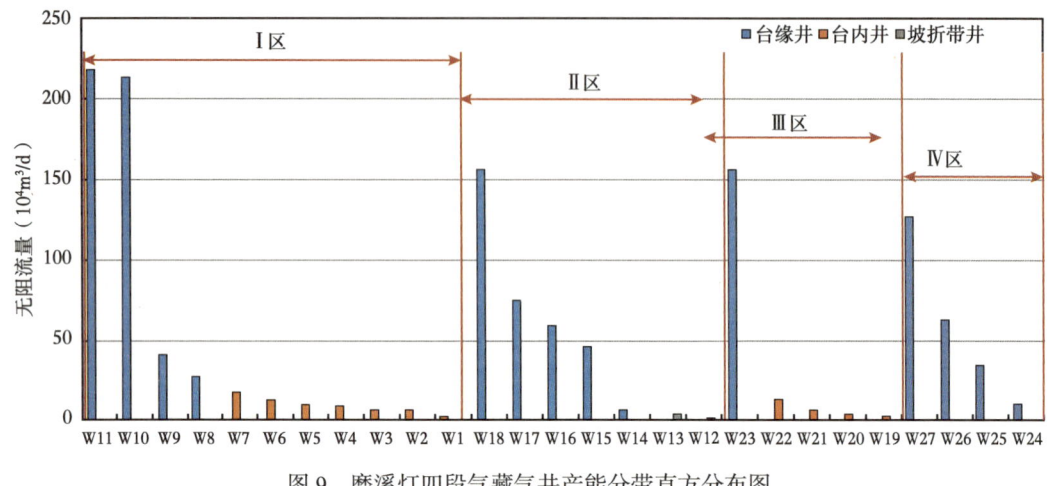

图 9　磨溪灯四段气藏气井产能分带直方分布图

5　对开发的指导意义

磨溪区块灯四段气井产能的分区分带特征是气藏地质特征在气井动态特征上的反映，灯四段优质储层的发育受沉积微相和微地貌单元双重控制，沉积微相和微地貌分异导致优质储层的分区分带特征是气井无阻流量分区分带特征的根本原因。测井—地震—地质—气藏工程一体化研究可以精细刻画坡折带、台缘带和台内带的分布范围，同时地质—气藏工程一体化研究可以弄清上覆石灰岩厚度在平面上的分布范围，沉积相带和上覆石灰岩分布范围的刻画结合气井无阻流量分区分带特征的认识可以有效指导开发建产区的筛选和井位部署，同时也可以对气井无阻流量进行定量预测。

（1）指导开发建产区的筛选和井位部署。

磨溪区块台缘带气井无阻流量高，南北两区上覆石灰岩厚度相对较薄，叠合岩溶发育程度高，优质储层发育程度好，中间 W24-W26 井区因上覆石灰岩厚度大，叠合岩溶发育程度低，有效储层品质差，目前开发建产区主要分布在台缘带北区和南区两个区块，中间 W24-W26 井区仅作为产能建设接替区。同时气井的分区分带特征也可以优化井位部署。

（2）预测开发建产井效果。

以 W18 井为例，该井钻遇上覆石灰岩厚度为 1.12m，依据拟合关系可以算出无阻流量为 193×10⁴m³/d，经分段酸压改造后测试产量为 90.17×10⁴m³/d，计算无阻流量为 155×10⁴m³/d，计算值比真实值高 38×10⁴m³/d，误差为 24.5%。将 W18 井石灰岩厚度与计算无阻流量带入该区重新拟合得该区关系式为：$y = 1417.6e^{-1.881x}$，$R^2 = 0.786$，相关系数为 0.89，重新带入上覆石灰岩厚度 1.12m，计算可得到该井无阻流量为 172.43×10⁴m³/d，比真实值高 17.4×10⁴m³/d，误差为 11.2%，该值相对可靠。

6　结论

（1）磨溪灯四段气藏储层储集空间多样，表现出强烈非均质性特征，开发过程中，气井产能和稳产能力差异大，以中高产井为主，大多数井稳产能力较强，对于低渗透区储层分段酸压工艺和特殊工艺井可大幅度提高气井产能。

（2）完钻井上覆灰岩厚度与测试无阻流量呈现出明显的负相关性，气井产能在平面上表现为四个区域分布特征：Ⅰ为0m石灰岩段，Ⅱ区为0~5m石灰岩段，Ⅲ区为5~20m石灰岩段，Ⅳ区为大于20m石灰岩段，并建立了不同区域内上覆石灰岩厚度与无阻流量之间的关系公式。

（3）气井产能在平面上分为三个带：台缘带、台内带以及坡折带，由台缘带、台内带到坡折带内，气井产能逐渐减小。

（4）气井产能分区分带的特征可有效指导开发建产区筛选和井位部署优化，也可评价尚未完钻气井产能，提高气藏开发效益，优化气井开发指标。

参 考 文 献

[1] 郭春秋，李方明，刘合年，等.气藏采气速度与稳产期定量关系研究[J].石油学报，2009，30（6）：908-911.
[2] 孙贺东.油气井现代产量递减分析方法及应用[M].北京：石油工业出版社，2013：21-74.
[3] 石强，赵宁.岩性气藏产能影响因素及新的产能测井预测方法[J].天然气工业，2009，29（9）：42-45.
[4] 冉宏，刘中林，张琼芳.气井产能早期定量预测方法[J].天然气工业，2000，20（1）：94-95.
[5] 胡俊坤，李晓平，肖强，等.利用生产动态资料确定气井产能方程新方法[J].天然气地球科学，2013，24（5）：1027-1031.
[6] 廖代勇，边芳霞，林平.气井产能分析的发展研究[J].天然气工业，2006，26（2）：100-101.
[7] 黄全华，曹文江，杨凯雷，等.气井产能确定新方法[J].天然气工业，2000，20（4）：58-60.
[8] 李晓平，李允.气井产能分析新方法[J].天然气工业，2004，24（2）：76-78.
[9] 何自新，郝玉鸿.渗透率对气井产能方程及无阻流量的影响分析[J].石油勘探与开发，2001，28(5)：46-48.
[10] 刘玉奎，郭肖，唐林，等.天然裂缝对气井产能影响研究[J].油气藏评价与开发，2014，4（6）：25-28.
[11] 李晓平，刘启国，赵必荣.水平气井产能影响因素分析[J].天然气工业，1998，18（2）：53-56.
[12] 周学民，唐亚会.徐深气田火山岩气藏产能特点及影响因素分析[J].天然气工业，2007，27（1）：90-92.
[13] 李志良，陈立平，董敏淑.影响川东石炭系气藏气井产能的地质因素[J].天然气工业，2000，20(2)：27-31.
[14] 郑超，魏林芳，王贤成，等.川东石炭系气藏气井产能影响因素分析及产能预测[J].天然气工业，2002，22（4）：106-107.
[15] 谢润成，周文，高雅琴，等.塔巴庙地区上古生界气藏产能控制因素分析[J].天然气工业，2006，26（11）：113-115.
[16] 张俊成，欧成华，李强.大牛地气田下石盒子组盒2、3段砂体微相与产能关系[J].西部探矿工程，2010，22（2）：38-40.
[17] 周家雄，刘巍.乐东气田断层分布特征及其对产能的影响[J].天然气工业，2013，33（11）：56-61.
[18] 李熙喆，郭振华，万玉金，等.安岳气田龙王庙组气藏地质特征与开发技术政策[J].石油勘探与开发，2017，44（3）：398-406.
[19] 贾爱林，闫海军，郭建林，等.不同类型碳酸盐岩气藏开发特征[J].石油学报，2013，34（5）：914-923.

[20] 贾爱林, 闫海军. 不同类型典型碳酸盐岩气藏开发面临问题与对策[J]. 石油学报, 2014, 35（3）: 519-527.

[21] 李阳, 康志江, 薛兆龙, 等. 中国碳酸盐岩油气藏开发理论与实践[J]. 石油勘探与开发, 2018, 45（4）: 669-678.

[22] 闫海军, 贾爱林, 郭建林, 等. 龙岗礁滩型碳酸盐岩气藏气水控制因素及分布模式[J]. 天然气工业, 2012, 32（1）: 67-70.

[23] 闫海军, 贾爱林, 何东博, 等. 礁滩型碳酸盐岩气藏开发面临的问题及开发技术对策[J]. 天然气地球科学, 2014, 25（3）: 414-422

[24] 闫海军, 何东博, 许文壮, 等. 古地貌恢复及对流体分布的控制作用－以鄂尔多斯盆地高桥区块气藏评价阶段为例[J]. 石油学报, 2016, 37（12）: 1483-1494.

[25] 李熙喆, 刘晓华, 苏云河, 等. 中国大型气田井均动态储量与初始无阻流量定量关系的建立与应用[J]. 石油勘探与开发, 2018, 45（6）: 1020-1025.

[26] 李熙喆, 卢德唐, 罗瑞兰, 等. 复杂多孔介质主流通道定量判识标准[J]. 石油勘探与开发, 2019, 46（5）: 943-949.

[27] 闫海军, 贾爱林, 郭建林, 等. 全球不同类型气藏的开发特征及经验[J]. 天然气工业, 2014, 34（10）: 33-46.

[28] 李熙喆, 郭振华, 胡勇, 等. 中国超深层构造型大气田高效开发策略[J]. 石油勘探与开发, 2018, 45（1）: 111-118.

[29] 李松, 马辉运, 张华, 等. 四川盆地震旦系气藏大斜度井水平井酸压技术[J]. 西南石油大学学报（自然科学版）, 2018, 40（3）: 146-155.

磨溪地区灯影组顶部泥晶灰岩归属探讨及其地质意义

罗文军[1]　刘曦翔[1]　徐　伟[1]　罗　冰[1]　王丽英[1]　舒　婷[1]　张　淼[2]

（1 中国石油西南油气田公司；2.中国石油川庆钻探工程公司）

摘　要　钻井显示在磨溪地区上震旦统灯影组顶部的局部区域发育了一套最厚达 30m 的泥晶灰岩地层，该套泥晶灰岩地层的时代划分存在争议。但对于磨溪地区灯四段而言，其顶部地层界线的准确识别是对其内部岩溶发育带预测的基础。通过对磨溪地区灯影组顶部泥晶灰岩的薄片及岩心观察分析，发现：(1) 薄片上可见大量具有寒武系代表性的"小壳类"化石；(2) 此套泥晶灰岩与下伏的白云岩地层间存在风化面。由此认为：(1) 此套泥晶灰岩属于寒武系底部的麦地坪组；(2) 在此套泥晶灰岩残留厚度较大的区域，地震上曾认为是筇竹寺组与灯影组界线的波阻抗界面，实际上是筇竹寺组与残留的麦地坪组所形成的反射界面，在进行储层预测时应对震旦系顶界深度进行相应校正；(3) 磨溪地区灯四段尤其是无麦地坪泥晶灰岩残留的区域可能受到了桐湾运动 II 幕与 III 幕 2 次抬升剥蚀。

关键词　四川盆地；磨溪地区；晚震旦世；灯影组；泥晶灰岩；麦地坪组；小壳化石

1　引言

上震旦统灯影组纵向上可分为 4 段，四川盆地 20 世纪 60 年代在威远地区发现了灯二段气藏，到 90 年代发现了资阳灯二段气藏，之后灯影组的勘探进入沉寂期。自 2011 年以来四川盆地高石梯—磨溪地区灯四段天然气勘探持续获得重大突破，目前提交天然气探明储量 $4083.96 \times 10^8 m^3$，是四川盆地增储上产的关键区域。而灯影组是四川盆地第一套海相碳酸盐岩沉积，以富含藻类的白云岩为主，由于经历了复杂的成岩作用，灯四段储层具有非均质性强的特点，开发难度大，而明确灯影组及其上覆地层分布也是灯四段气藏高效开发的基础。

大量的钻探发现在磨溪地区上震旦统灯影组顶部局部残留一套厚度不一的泥晶灰岩，南北方向上从磨溪 121 井至安平 1 井均有分布；东西方向上则分布在磨溪 12 至磨溪 022-X2 一线，其中在磨溪 022-X2 井区此泥晶灰岩厚度超过 30m，并以此为中心向四周减薄，在高石 3 井区及磨溪 18 井区此泥晶灰岩则呈零星分布状（图 1）。由于此套泥晶灰岩分布范围有限，且之前钻井资料不够丰富，因此其归属并未引起前人足够的重视。在之前的研究过程中既有学者将其划入震旦系灯影组[1-2]，亦有学者将其划入寒武系麦地坪组[3-5]。但随着磨溪—高石梯地区灯影组气藏勘探开发的不断深入，逐步意识到这套泥晶灰岩的归属影响着寒武—震旦系地震界限的划分，从而影响着气藏开发过程中对优质储层发育深度的判断。因此笔者主要从此套泥晶灰岩的岩石学特征、古生物特征以及其与相邻地层的接触关系入手，结合该地区的区域地质背景，对这套泥晶灰岩的归属进行讨论，并分析其对生产的影响，以期为磨溪地区的开发建产提供一定的理论依据。

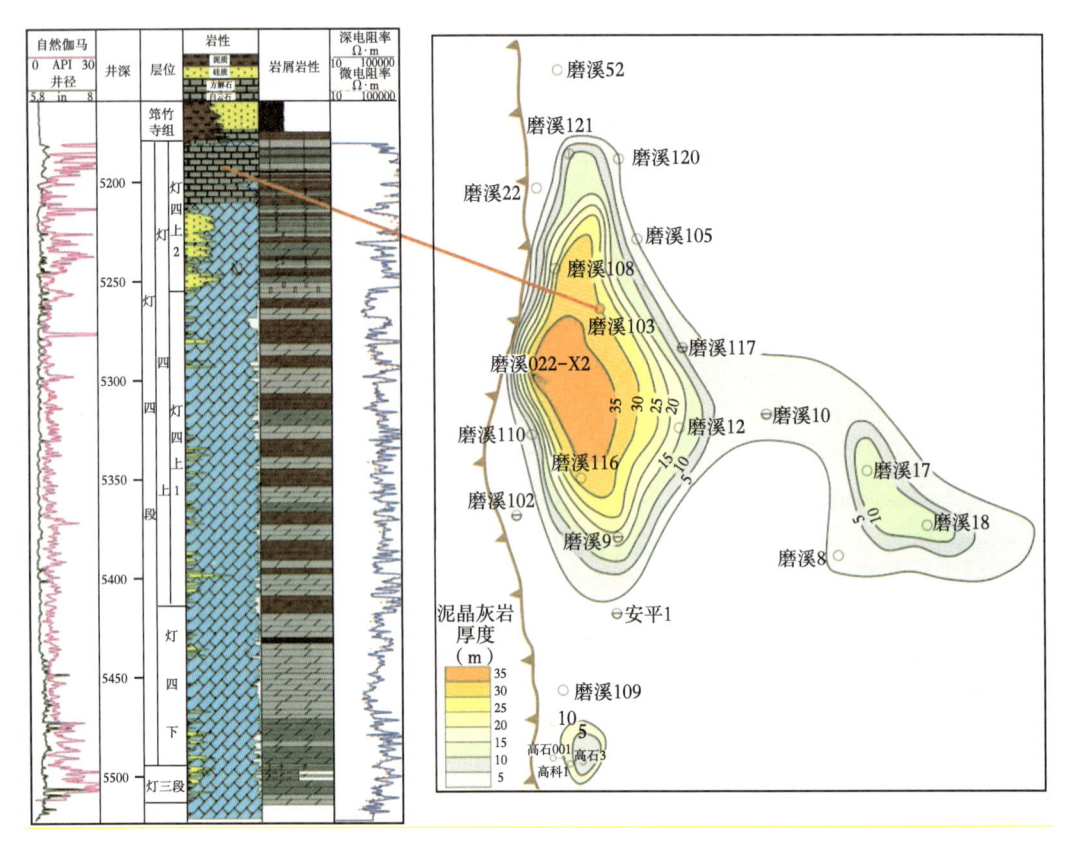

图 1　磨溪地区灯影组上覆泥晶灰岩厚度分布图

2　泥晶灰岩归属时代分析

大量的钻探资料与前人的研究显示，这套泥晶灰岩分布厚度较大的区域为台缘带，是有利的丘滩发育区[6-7]。该区域中的磨溪 116、磨溪 9 等井的岩心显示，该泥晶灰岩下伏的白云岩中可见大量的藻类碎屑发育（图 2），相应区域的丘地比均在 65% 以上。但在顶部的泥晶灰岩之中则不见任何藻类碎屑的存在，而是在相应的岩屑之中见到大量的壳类生物碎屑（图 3），这种古生物群落上的差异反映出二者沉积时的水体环境上产生了巨大变化，因此其形成时期也应当具有一定的间隔性。

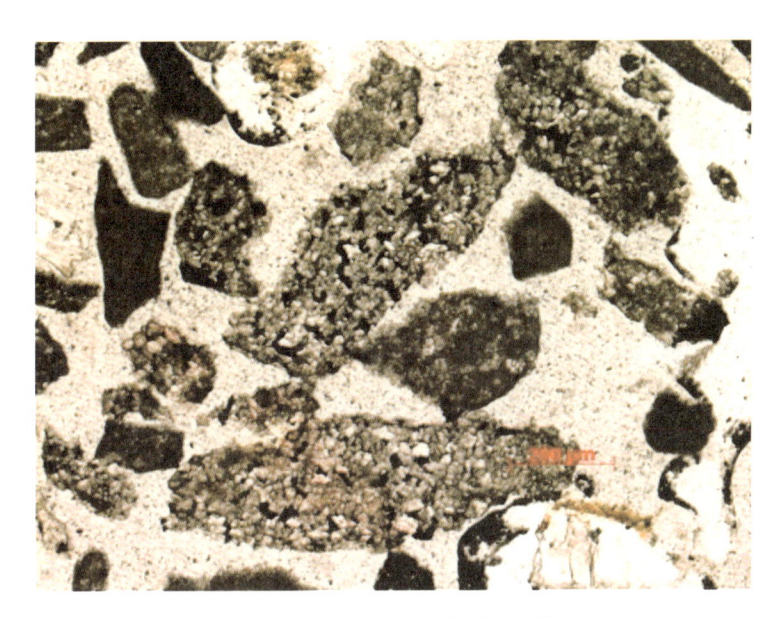

图 2　灯影组内部藻白云岩，磨溪 117 井，5370m

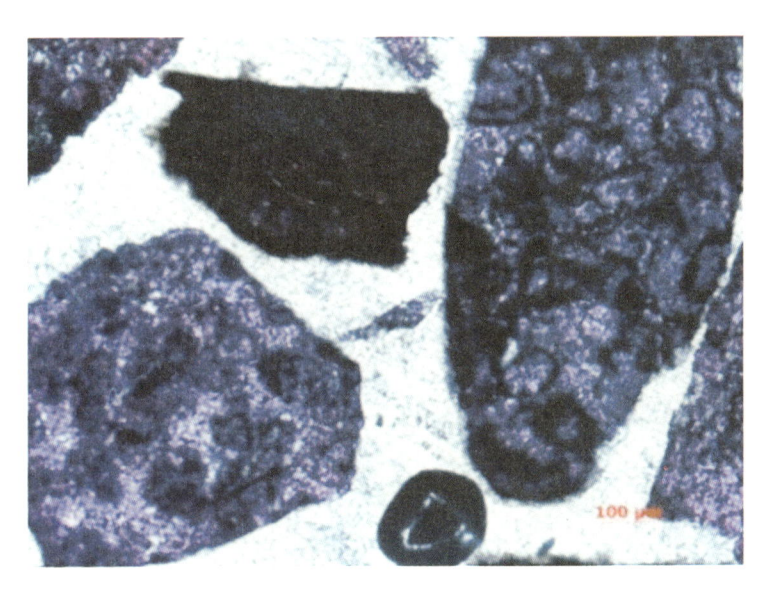

图 3　灯影组顶部泥晶灰岩，磨溪 116 井，5105m

进一步对泥晶灰岩中生物碎屑的形态特征进行分析。从薄片上可以看出，这些生物碎屑一般呈圆—半圆形，其中呈椭圆状生物化石的长短轴之比介于 1.1~1.3。壳壁内部主要由垂直于壁发育的柱状或马牙状方解石组成，这些结晶状的方解石外还可见一圈黑色的壳壁，使得生物碎屑与周围的泥晶云岩界限清楚，而壳内充填物质中的一部分与围岩一致（图 4）。这些生物碎屑的形态与前人在峨眉山麦地坪剖面中所观察到的软舌螺和似软舌螺类（Circotheca bella Chen）等"小壳类化石动物群"的特征相一致（图 5）[8-10]，而"小壳类动物化石群"正是寒武系底界的标志[11-12]。

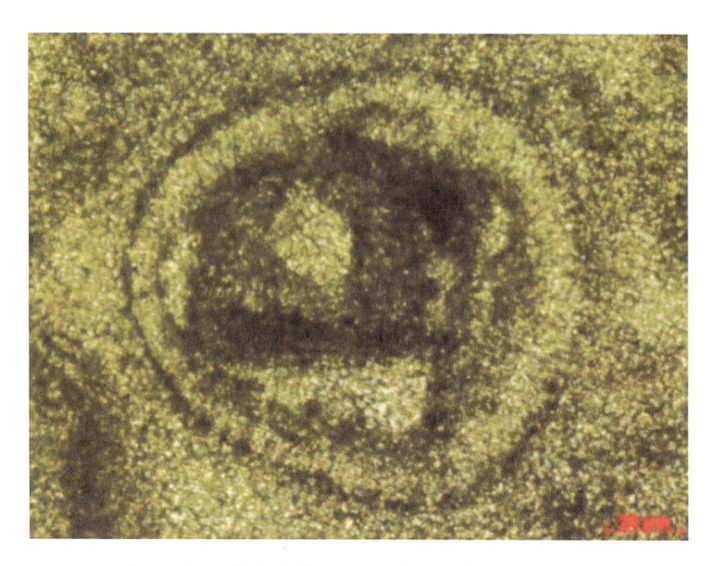

图 4 小壳类生物化石，磨溪 103 井，5194.56m

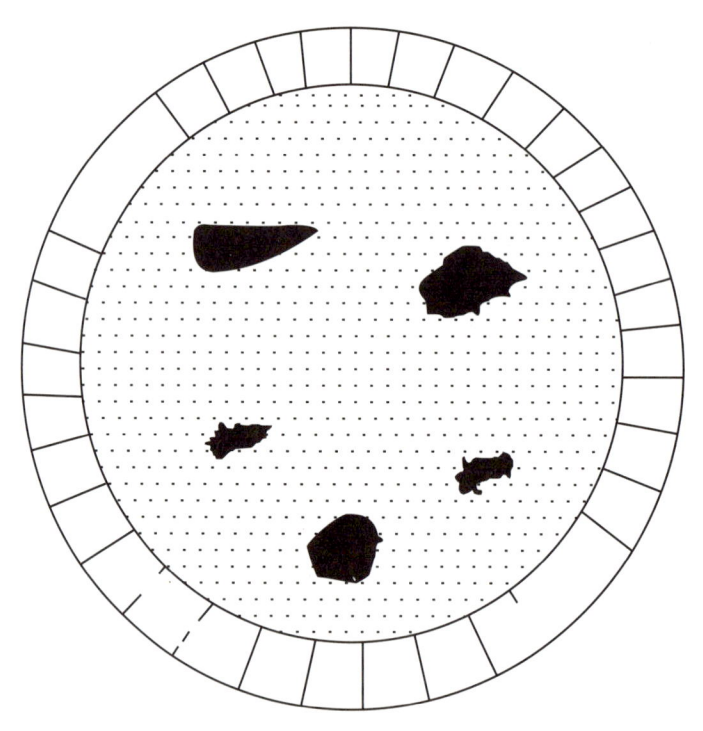

图 5 小壳类化石示意图（据朱茂炎等，1996）[8]

此外，部分井对泥晶灰岩到白云岩地层进行了连续取心，可以在岩心上看到泥晶灰岩与白云岩的界面，发育了一些与表生岩溶作用相关的渗滤黏土带（图 6），说明这套泥晶灰岩与下伏白云岩间存在着沉积间断，为清晰的风化剥蚀面，进一步明确了二者在形成年代上的不同。综合以上分析，认为研究区的这套局部小规模残存泥晶灰岩应归属于寒武系麦地坪组。

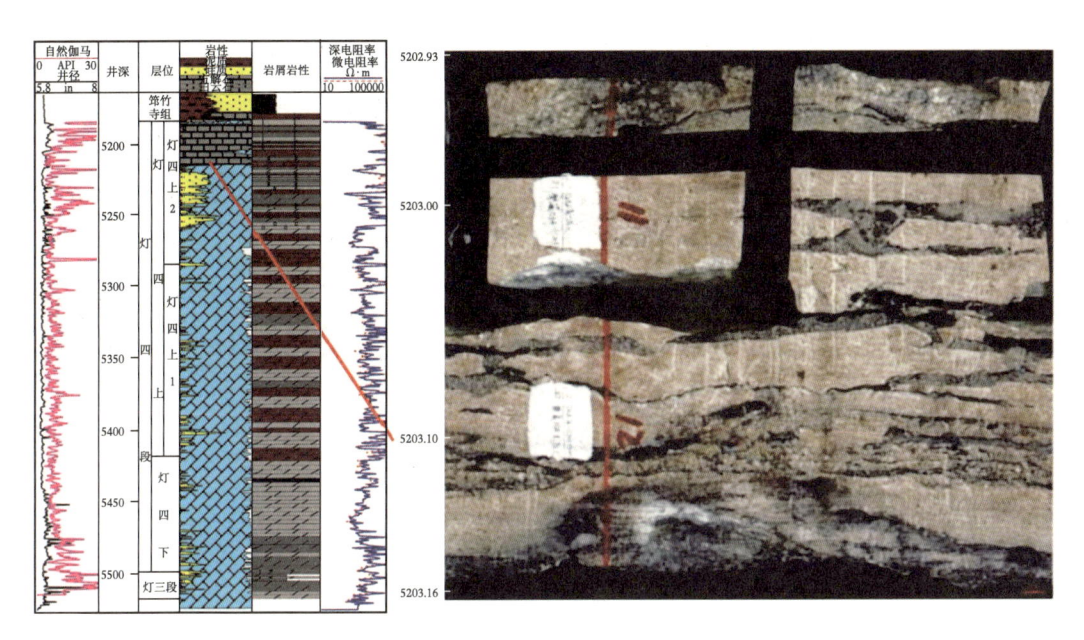

图 6　磨溪 103 井灯影组顶部泥晶灰岩与白云岩界面附近风化壳展示图

3　重新划分后的地质意义

在明确了此套泥晶灰岩的归属之后，至少要更新对该地区两个方面的地质认识。

3.1　泥晶灰岩归属对地层对比与储层预测的影响

麦地坪组多见于川东及峨眉等野外剖面上，在川中地区不发育或局部发育薄层[13-14]。因此在以往的地层对比工作之中多将此套泥晶灰岩划归灯影组。与之相应，在地震剖面上灯影组顶部的反射界面则被默认为由筇竹寺底部的泥岩与灯影组顶部的碳酸盐岩间的波阻抗界面产生。但在确定这套泥晶灰岩属于麦地坪组后，对于那些泥晶灰岩残留厚度较大的区域（如磨溪 116 井区附近），地震所反映的界面就不能代表震旦系顶界，需要重新修编寒武系底界构造图。

就储层预测而言，磨溪地区的有利岩溶缝洞储层主要是沿着 2 条潜流带顺层分布。通过井震结合，明确了该岩溶发育带在地震剖面上的响应特征为反射波同相轴呈弱振幅弱连续杂乱地震反射结构。将潜流带标定在地震偏移剖面上，可见台缘带第一潜流带底部在磨溪区块表现为波峰反射（图 7）。基于此，预测岩溶发育带主要分布在古地貌高部位且第一期潜流带分布稳定在距离震顶 100m 左右的地方。

在这样的认识之下进行有利岩溶带储层发育带预测。在麦地坪组泥晶灰岩不发育或厚度较小的区域，预测结果无影响；但在厚度较大的区域，预测结果会有一定误差。因此在此泥晶灰岩厚度较大的区域进行顺层岩溶带储层预测的过程中需对震旦系顶部深度进行校正。

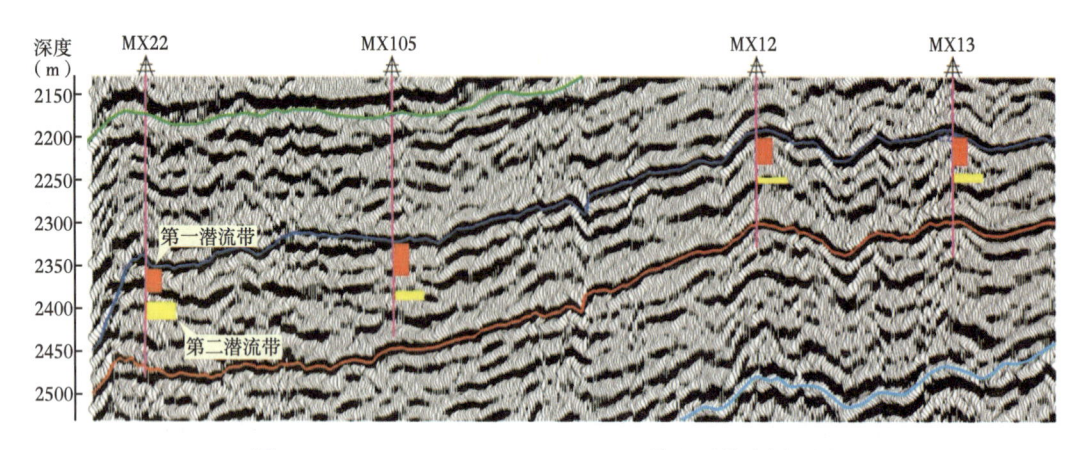

图 7　MX22—MX105—MX12—MX13 井地震偏移剖面图

3.2 泥晶灰岩归属对构造运动期次的启示

在构造上磨溪地区属于乐山—龙女寺古隆起。在对该地区桐湾期构造抬升的研究中，有学者通过对盆地周边野外露头的观察，在该地区发现了 3 个岩溶风化壳面，并以此判断桐湾运动应当有灯影组二段与灯影组三段之间的Ⅰ幕、灯四段与麦地坪组间的Ⅱ幕以及麦地坪与筇竹寺组间的Ⅲ幕共 3 次构造抬升[15-16]。

但由于前人在进行地层划分时，将灯影组顶部的这套泥晶灰岩划入了灯影组，因此在该地区的钻井过程中均误以为未钻遇麦地坪组。故亦有学者认为磨溪地区桐湾期运动可能只存在 2 幕[17-19]。

而泥晶灰岩与灯影组白云岩间风化壳面的发现及对泥晶灰岩年代的重新划定，支持该地区在桐湾运动中经历了 3 次构造抬升的观点。现今这套泥晶灰岩仅在磨溪 121—安平 1 井及磨溪 17—磨溪 18 井等井区残留，反映了这些区域在桐湾运动Ⅲ幕抬升后受到的表生岩溶作用的影响较小，而其他无泥晶灰岩残留区可能在桐湾运动Ⅱ幕及Ⅲ幕中受到了较强表生岩溶影响。

4　结论

（1）磨溪地区灯影组顶部在局部区域残留的含小壳类泥晶灰岩应属于寒武系麦地坪组沉积。

（2）在磨溪地区这套泥晶灰岩残留厚度较大的区域，地震上原本认为是筇竹寺组与灯影组界线的波阻抗界面，实际上是筇竹寺组与残留的麦地坪组所形成的反射界面，在该地区利用此界面对下部岩溶发育带进行预测时应结合邻井泥晶灰岩灰度进行深度校正。

（3）磨溪地区灯四段，尤其是无麦地坪泥晶灰岩残留的区域可能受到了桐湾运动Ⅱ幕与Ⅲ幕 2 次抬升剥蚀。

参 考 文 献

[1] 王国芝, 刘树根, 李娜, 等. 四川盆地北缘灯影组深埋白云岩优质储层形成与保存机制 [J]. 岩石学报, 2014, 30（3）: 667-678.

[2] 江娜．川中高石梯—磨溪地区震旦系灯影组热液作用及其对储层的影响［D］．成都：西南石油大学，2015.
[3] 杨雨，黄先平，张健，等．四川盆地寒武系沉积前震旦系顶界岩溶地貌特征及其地质意义［J］．天然气工业，2014，34（3）：38-43.
[4] 王爱，钟大康，党录瑞，等．川东地区震旦系灯影组储层特征及其控制因素［J］．现代地质，2015（6）：1398-1408.
[5] 单秀琴，张静，张宝民，等．四川盆地震旦系灯影组白云岩岩溶储层特征及溶蚀作用证据［J］．石油学报，2016，37（1）：17-29.
[6] 施开兰．高石梯—磨溪地区震旦系灯四段地层及沉积相研究［D］．成都：西南石油大学，2016.
[7] 周进高，张建勇，邓红婴，等．四川盆地震旦系灯影组岩相古地理与沉积模式［J］．天然气工业，2017，37（1）：24-31.
[8] 朱茂炎，钱逸，蒋志文，等．小壳化石保存，壳壁成分和显微构造初探［J］．微体古生物学报，1996（3）：241-254.
[9] 陈孟莪．四川峨眉麦地坪剖面震旦系—寒武系界线的新认识及有关化石群的记述［J］．地质科学，1982（3）：253-263.
[10] 钱逸．中国小壳化石分类与生物地层学［M］．科学出版社，1999.
[11] 梅冥相，马永生，张海，等．上扬子区寒武系的层序地层格架——寒武纪生物多样性事件形成背景的思考［J］．地层学杂志，2007，31（1）：70-80.
[12] 赵自强，邢裕盛，丁启秀．湖北震旦系［M］．武汉：中国地质大学出版社，1988.
[13] 冯增昭，彭勇民，金振奎，等．中国南方寒武纪岩相古地理［J］．古地理学报，2001，3（1）：1-14.
[14] 刘满仓，杨威，李其荣，等．四川盆地蜀南地区寒武系地层划分及对比研究［J］．天然气地球科学．2008，19（1）：101-106.
[15] 汪泽成，姜华，王铜山，等．四川盆地桐湾期古地貌特征及成藏意义［J］．石油勘探与开发，2014，41（3）：305-312.
[16] 李宗银，姜华，汪泽成，等．构造运动对四川盆地震旦系油气成藏的控制作用［J］．天然气工业，2014，34（3）：23-30.
[17] 侯方浩，方少仙，王兴志，等．四川震旦系灯影组天然气藏储渗体再认识［J］．石油学报，1999，20（6）：16-21.
[18] 金民东，谭秀成，童明胜，等．四川盆地高石梯—磨溪地区灯四段岩溶古地貌恢复及地质意义［J］．石油勘探与开发，2017，44（1）：58-68.
[19] 刘宏，罗思聪，谭秀成，等．四川盆地震旦系灯影组古岩溶地貌恢复及意义［J］．石油勘探与开发，2015，42（3）：283-293.

四川盆地高石梯地区灯影组四段顶岩溶古地貌、古水系特征与刻画

刘曦翔[1]　淡　永[2,3]　罗文军[1]　梁　彬[2]
徐　亮[1]　聂国权[2]　季少聪[2]

（1.中国石油西南油气田公司；2.中国地质科学院岩溶地质研究所；
3.自然资源部/广西岩溶动力学重点实验室）

摘　要　四川盆地灯影组白云岩岩溶孔洞储层发育，在四川盆地威远、资阳及高石梯—磨溪地区发现了大型气田。但是该套储层非均质性强，储层预测困难，需要进一步从岩溶地质理论出发，恢复古岩溶地貌、古水系，从而掌握该套储层发育分布规律，指导进一步勘探开发。本文选用印模法恢复了高石梯地区岩溶古地貌，并结合现代岩溶学和岩溶动力学理论，划分了岩溶台地、岩溶缓坡地和岩溶盆地3类二级地貌单元。应用现代岩溶分类方法，根据微地貌组合形态，对二级地貌作精细刻画，划分了6种三级地貌单元，最后根据岩溶动力学、岩溶水文地质学在高石梯地区刻画出北部、西部和东南部三大水系。认为岩溶缓坡，位于径流区，水动力条件最强，孔洞最发育，是储层勘探方向。精细的古地貌、古水系的刻画对促进高石梯地区灯影组油气勘探开发具有重要实际意义。

关键词　灯影组；白云岩储层；岩溶；印模法；碳酸盐岩

1　引言

近年来，四川盆地高石梯地区灯影组取得较大勘探成果。从2011年高石梯地区风险探井高石1井在震旦系灯影组白云岩孔、洞储层获得高产气流，取得重大突破以来，到2018年，高石梯地区已获工业气井近20口[1-5]。前期研究认为灯影组末期发生的暴露岩溶作用，对优质储层孔洞的形成具有决定作用。但是近年来随着开发的进行，发现该套岩溶储层分布极不均一，井与井间岩溶储层差别较大，产量变化也较大，给勘探开发工作带来困难。急需进一步开展岩溶基础地质研究工作，掌握储层分布规律，从而指导勘探开发。

岩溶是水对可溶性岩石（碳酸盐岩、石膏、岩盐等）进行以化学溶蚀作用为主，流水的冲蚀、潜蚀和崩塌等机械作用为辅的地质作用，以及由这些作用所产生的现象的总称。

由岩溶作用所造成的地貌称岩溶地貌[6-7]。地貌形态对岩溶地下水运动及其形成的岩溶孔、缝、洞发育起着控制作用[8-12]。所以,恢复岩溶古地貌实际是恢复古岩溶水动力条件,它们是认识岩溶缝洞成因的一把钥匙。研究古地貌和古水系区域分布规律对岩溶储层形成机理、形成模式研究及其对储层预测评价具有重要意义。

前人已对四川盆地川中、高石梯、磨溪地区灯影组古地貌开展了一定的研究工作[13-16],但整体研究精度不够,仅划分了该地区二级地貌单元,古水系也没进行刻画,恢复的古地貌不能很好指导勘探。本次工作在前人的基础上,结合现代岩溶理论和分类方法,充分利用最新地质成果和地震解释资料,恢复前寒武纪灯四顶岩溶古地貌,并对微地貌、古水系进行了精细刻画和划分,为下一步该区储层成因分析、储层预测评价提供基础,以此更好指导该地区勘探开发。

2 地质背景

高石梯地区位于四川盆地中部,处于川中古隆中斜平缓带的中部、乐山—龙女寺加里东古隆起的东段上斜坡部位(图1)[17]。高石梯地区灯影组主要发育大套的藻白云岩、晶粒白云岩、砂(鲕)粒屑白云岩夹薄层砂、泥岩及硅质岩,主要表现为台地边缘礁滩相以及局限台地潮坪—潟湖相沉积[4]。储集空间以次生溶蚀孔洞缝为主,储层具有低孔低渗、非均质性强的特征。储层一般分布在震旦系顶部侵蚀面以下数十米范围内[4],主要受桐湾

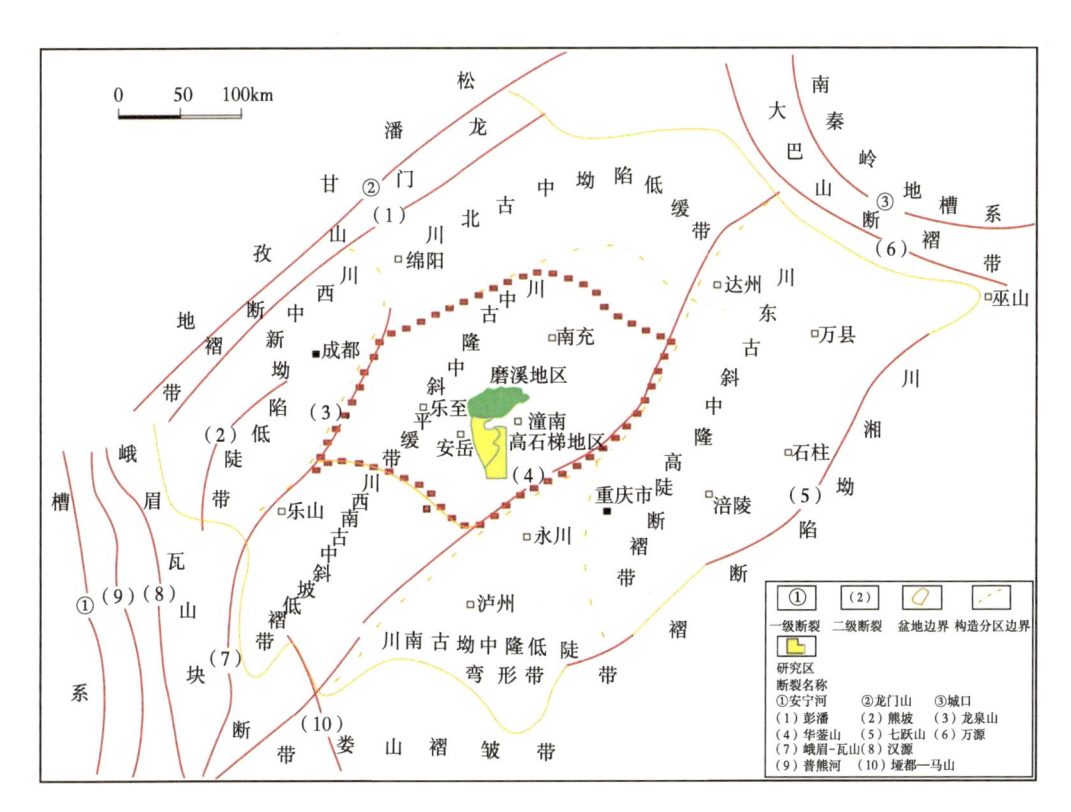

图1 四川盆地高石梯地区构造位置图

运动Ⅱ幕导致的暴露古岩溶作用控制（图2）[18]。据岩性和结构特征将灯影组从下至上划分为四段[4]：灯一段主要以泥粉晶白云岩为主，厚20~500m；灯二段以葡萄花边状藻云岩为主，厚20~950m；灯三段为蓝灰色泥岩为主，厚0~60m；灯四段以泥、微晶云岩、藻云岩、硅质云岩为主，厚0~350m。整体上，灯四段受古岩溶影响强烈，岩溶储层发育，是现今开采的主要目的层，灯四顶岩溶也是本文研究的目标（图2）。

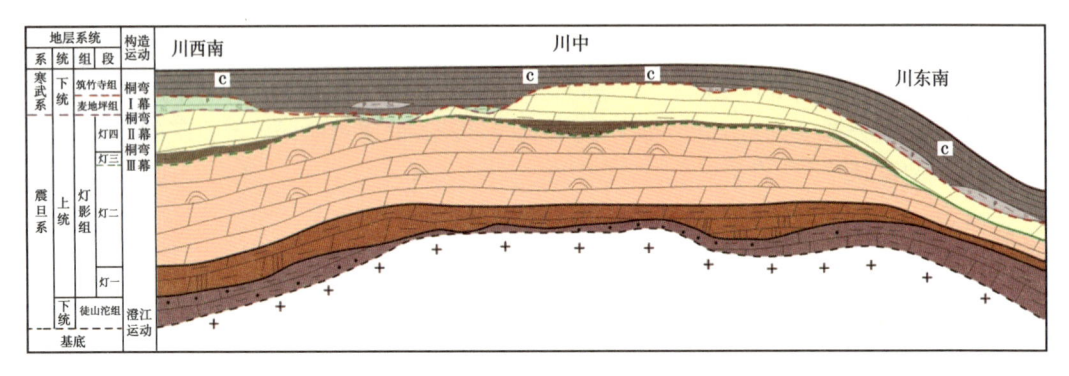

图2 四川盆地震旦系充填格架模式示意图[16]

3 岩溶古地貌恢复

3.1 古地貌恢复方法

  岩溶古地貌的恢复方法主要为印模法和残厚法[11]，即寻找到恢复面上下标志层，通过标志层与恢复面的差值来反应古地貌起伏。一般可以通过大量钻井的层位数据或地震层位数据来计算。高石梯地区灯四段，由于其勘探时间较短，资料有限，对该区灯四段古地貌恢复的限制较大，且研究区内钻井分布极为不均，因而基于钻井资料的常规地层厚度方法难以满足微地貌精细刻画的需要。但是高石梯地区三维地震满覆盖，因此本文主要利用地震层位数据来恢复古地貌。

  主要有残厚法和印模法可以选择。（1）残厚法：残厚法的关键是选择下伏标志层，前人曾选择灯三段蓝灰色泥岩顶面作为下伏标志层。但是分析发现灯三段沉积末期，高石梯地区处于裂陷活动期，构造变动较大，特别是研究区西部，断陷较为发育，使差异剥蚀增强，致使残厚法恢复古地貌存在较大问题。同时，地震剖面上灯三段和灯四段底界地震同相轴变化较大，难以准确追踪。灯三段底部也存在由东向西的超覆现象，这表明灯三段和灯四段底界均难作为与古海平面平行的"基准面"来恢复灯四段岩溶古地貌。加之桐湾Ⅱ幕对灯四段的差异剥蚀，灯四段厚度变化较大，故利用灯三段和灯四段残余厚度恢复古地貌在本区并不适用。（2）印模法：印模法的关键是选择上覆标志层，灯影组上覆最直接的标志层应为筇竹寺组海侵泥岩，但是这套层与上覆沧浪铺组碎屑岩界线很难在地震上追踪，导致无法作为上覆标志层。但是分析发现在四川盆地，灯影组上覆的寒武系筇竹寺组—沧浪铺组沉积期为一个完整的海侵—海退旋回，为补偿沉积，对灯影组的剥蚀古地貌基本填平补齐，寒武系底—沧浪铺组顶印模厚度能真实反映寒武系沉积前的灯四段古地貌特征。同时，由于筇竹寺组—沧浪铺组沉积晚期四川盆地乐山—龙女寺古隆起区构造运动相对稳定，加之区内高品质地震资料三维连片面覆盖，同一构造单元内龙王庙组厚度相对稳定（80~110m），属"泛海沉积"，因而选沧浪铺组顶作为古地貌恢复的"基准面"，利用沧浪铺组顶到灯影组顶的印模地震厚度变化趋势来表征灯四段的岩溶古地貌是可行的。故选择寒武系底—沧浪铺组顶地震厚度变化趋势来恢复灯四段岩溶古地貌，从而进行古地貌识别。

3.2 古地貌识别标准

古地貌识别主要依据如下：

（1）当震旦系灯四段残余厚度较大而上覆寒武系筇竹寺组和沧浪铺组充填沉积厚度较薄时，为相对岩溶正地形；

（2）当震旦系灯四段残余厚度较小而上覆寒武系筇竹寺组和沧浪铺组充填沉积厚度较大时，说明古地表侵蚀作用较强，为相对岩溶负地形；

（3）当震旦系灯四段保存较全，残余厚度较大，而上覆寒武系筇竹寺组和沧浪铺组充填沉积厚度比周围有明显增厚时，表明该区处于古构造低部位；

（4）当震旦系灯四段不全，残余厚度较小，而上覆寒武系沧筇竹寺组和浪铺组充填沉积厚度亦较小时，表明该区处于古构造高部位。

4 不同级别岩溶古地貌类型划分与刻画

4.1 二级地貌类型划分指标体系与刻画

根据高石梯地区震旦系灯四段顶面岩溶古地貌的古地势、地形展布特征，结合震旦系灯四段顶面至寒武系沧浪铺组顶面的厚度，建立古岩溶地貌类型划分指标体系（表1）。

Ⅰ.岩溶台地，震旦系灯四段顶面至寒武系沧浪铺组顶面厚度300~330m；Ⅱ.岩溶缓坡地，震旦系灯四段顶面至寒武系沧浪铺组顶面厚度330~390m；Ⅲ.岩溶盆地，震旦系灯四段顶面至寒武系沧浪铺组顶面厚度390~410m。

表1 高石梯地区灯四顶岩溶古地貌类型划分指标（二级地貌单元）

类别	主要指标
岩溶台地（Ⅰ）	300m ≤ Hc < 330m
岩溶缓坡地（Ⅱ）	330m ≤ Hc < 390m
岩溶盆地（Ⅲ）	390m ≤ Hc < 410m

注：Hc为上覆寒武系沧浪铺组标志层至震旦系灯四段顶面厚度。

根据震旦系灯四段顶面至寒武系沧浪铺组顶面厚度这一定量指标，结合古地理环境、古水动力分析，将研究区划分为3类二级地貌类型：岩溶台地、岩溶缓坡地、岩溶盆地（表1），具体刻画结果如图3所示。

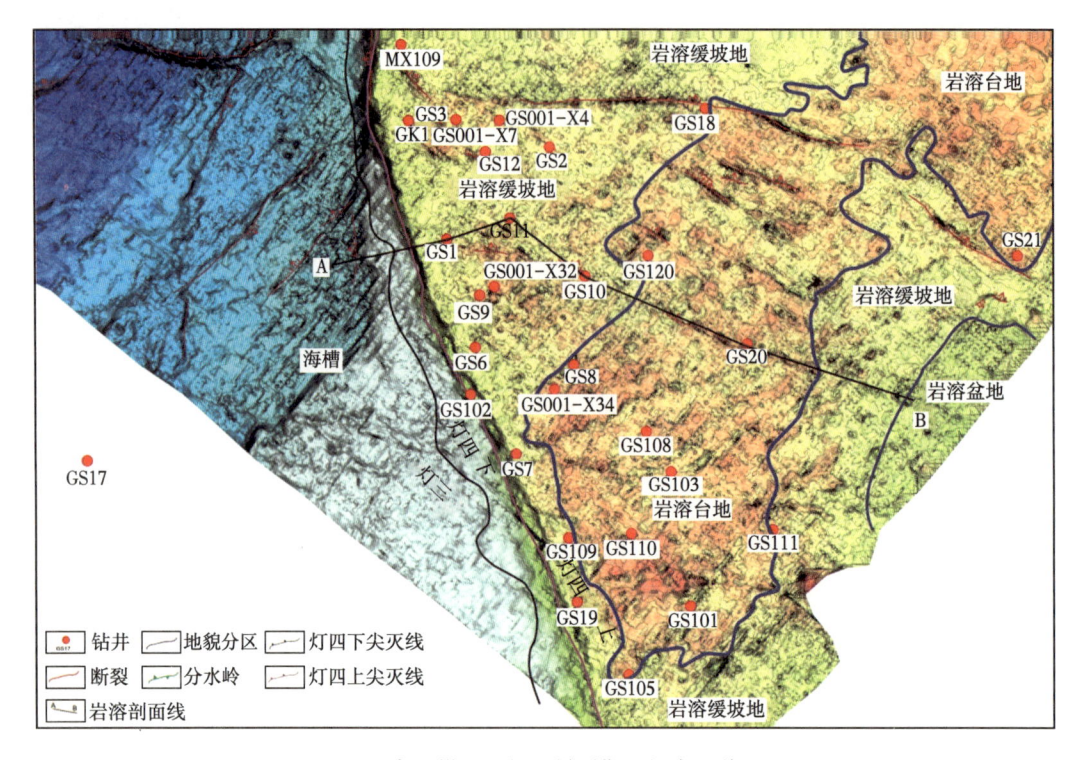

图 3　高石梯地区灯四暴露期二级古地貌图

4.2　三级地貌单元划分指标体系与刻画

4.2.1　岩溶正地形

（1）溶丘：山体高＜25m（山体高差 5~10m 为微丘），高 / 基座直径＜0.5，山体一般呈浑圆状（山体边坡一般＜30°）。

（2）溶峰：山体高＞25m（山体高差 25~35m 为微峰），高 / 基座直径＞0.5，山体多呈圆锥状，山体边坡相对较陡（一般＞30°）。

4.2.2　岩溶负地形

（1）岩溶槽谷（溶峰峡谷、岩溶谷地）：岩溶槽谷属长条形溶蚀谷地，底部地势相对平坦，并向一端倾斜（谷底坡度一般＜15°），其宽度一般＞5m，长一般＞50m，断面多呈"U"字形，两岸地形坡度相对平缓，上部较开阔；若两岸地形坡度较陡（一般＞60°），且两岸地形变坡处高度与谷底宽比＞2 倍，则称为溶峰峡谷；若岩溶槽谷长度＞100m、宽＞10m，则称为岩溶谷地。参照南方现代岩溶谷地特征，此类岩溶地貌特点主要是：①一般在有流水作用参与下而形成的长条形溶蚀谷地，谷底较为平坦，并向一端倾斜，其规模较大，长达数千米，宽达数百米；②岩溶槽谷内具有长年性地表溪流或季节性溪流时伏时出，最终都消于落水洞中；③部分岩溶槽谷为干河槽，岩溶槽谷内洼地、漏斗比较发育；④上部一般有覆盖层；⑤分布明显受构造控制。

（2）岩溶沟谷：属长条形溶蚀沟谷，底部地势相对平坦，并向一端倾斜（坡度一般＞15°），宽度一般＜5m，长一般＞50m，沟谷两岸斜坡坡度一般＞30°，断面多呈"V"字形，沟谷上一般无覆盖层。

（3）洼地：属负地形，形状不规则，一般为近圆形、椭圆形，平面上多属"倒圆锥"形，洼地底部多分布有落水洞，其个体形态底部直径一般＜200m。如溶峰与洼地底部相对高差＜25m，一般称为浅洼地（或"碟状"洼地）；如相对高差＞25m，一般称为深洼地（或称"漏斗状"洼地），洼地底部一般具有覆盖层。

4.2.3 微岩溶地貌组合形态及刻画

三级地貌主要以微地貌组合形态（正地形 + 负地形）来表征，代表着一定范围内主要地貌特征，经识别可以有6类组合形态，其划分依据为：

（1）丘丛洼地：由溶丘、洼地组成，溶丘顶至洼地底相对高差一般＜15m，此类地貌的洼地多为浅洼地；

（2）丘丛谷地：由溶丘、谷地组成，谷地两侧为溶丘，溶丘顶至谷地底相对高差一般＜15m；

（3）丘丛沟谷：由溶丘、沟谷组成，槽谷两侧为溶丘，溶丘顶至沟谷底相对高差一般＜15m；

（4）丘丛槽谷：由溶丘、槽谷组成，槽谷两侧为溶丘，溶丘顶至槽谷底相对高差一般＜15m；

（5）丘丛垄脊：溶丘、溶峰山体基座相连，由三个溶峰或溶丘以上组成，并按一定方向排列，垄脊走向波状平缓、丘峦起伏不大或向一端倾斜降低，延伸长度一般＞250m。

（6）溶丘平原、残丘平原：由溶丘、岩溶盆地组成，溶丘多以个体出现（溶丘山体基座相连相对较少），盆地地形起伏较小，地势平坦，溶丘顶至盆地相对高差一般＜25m，此类地貌，洼地分布较多，多为浅洼地。根据南方现代岩溶特征，溶丘个数一般＞3个/km^2；如溶峰个数一般＜3个/km^2，则称残丘平原。

在二级地貌单元刻画基础上，结合高石梯地区震旦系灯四段顶面岩溶古地貌的微地貌组合形态，又可分为5类形态组合类型（即三级地貌单元）（表2），具体刻画如图4所示。

表2　高石梯地区震旦系灯四段顶面岩溶古地貌类型划分表

岩溶古地貌类型				分布位置
一级	二级	三级	主要微地貌形态	
乐山—龙女寺古隆起区	岩溶台地	丘丛洼地	溶丘、洼地、岩溶沟谷	GS110、GS111、GS20—GS120、GS21 井区
		丘丛槽谷	洼地、溶丘、槽谷、沟谷	GS103—GS108、GS20、GS21、GS10 井区及 GS120 东侧、研究区东北角
	岩溶缓坡地	丘丛洼地	溶丘、洼地、槽谷、沟谷	GS001-X32—GS8、GS3—GS001-X7、GS18 西侧井区
		丘丛谷地	溶丘、洼地、谷地、垄脊	GS18—GS2—GS001-H2—GS1—GS6 井区、GS001-H11—GS18 北侧、GS111—GS21 之间区域、GS105 东侧
		丘丛沟谷	溶丘、洼地、沟谷、垄脊	GS7—GS109—GS19 井区
	岩溶盆地	残丘平原	溶丘、洼地、平原	研究区东侧（GS111—GS21 东侧）

5　灯影组暴露期古水系（古水动力条件）刻画

根据震旦系灯四段顶面与寒武系沧浪铺组顶面地震构造数据，利用印模法恢复的前寒武纪古岩溶地貌，整体表现为中部地势相对较高，地势自中部分别向南东、北西方向倾斜，缓慢降坡。根据古地形、地势特征及鼻状山梁、岩溶沟谷（槽）、岩溶谷地、岩溶洼地在平面上的分布和相互之间的配置关系，构建高石梯地区前寒武纪古岩溶面地表水系（图4、图5），自北向东南方向可刻画出3条主要地表水系。

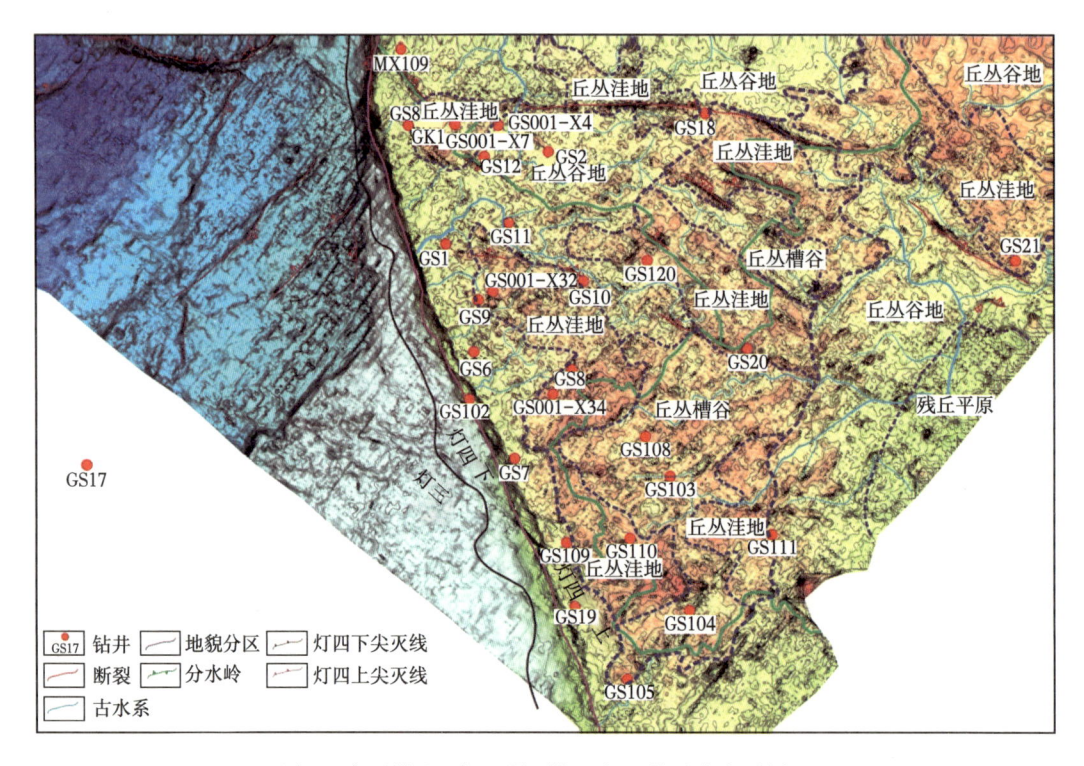

图4　高石梯地区灯四暴露期三级地貌及古水系刻画

（1）北部水系（即沿 GS18—GS2—GS001-X4 一带发育的地表水系）。在 GS18—GS2—GS001-X4 一带，地表径流具有自东向西径流的特点；在 GS001-X4 井北侧，地表径流具有自南向北方向径流特点，河谷宽畅、河谷延展缓慢降坡，河床坡度小于 2%。

（2）西部水系（即沿 GS120—GS11—GS1 一带发育的地表水系）。在 GS120—GS11 一带，地表径流具有自南东向北西径流的特点；在 GS11—GS1 井一带，地表径流具有自北东向南西方向径流特点，河谷宽畅、河谷延展缓慢降坡，河床坡度小于 1%。

（3）东南侧水系（位于研究区东南侧，发育3条支流）。一是沿 GS20—GS21 井之间地带发育的地表水系，地表径流具有自北向南径流特点，次级支流发育；二是沿 GS108—GS20 井之间地带发育的地表水系，地表径流具有自西向东径流特点；三是沿 GS103—GS111 井之间地带发育的地表水系，地表径流具有自南南西向北东东径流特点。各水系河谷宽畅、河谷延展缓慢降坡，河床坡度小于 3%。

（4）其他水系（即沿 GS1—GS6—GS7 一带发育的地表水系），属分散流地表水系，地表水系延伸相对较短，地表径流具有自北东向南西径流特点，河床坡度较其他水系相对较大些。

6 灯四顶岩溶古地貌特征与岩溶发育条件

灯四顶岩溶古地貌特征如下：地形、地势具有自研究区中部向北西、南东缓慢降低，具有明显地势坡降，坡降一般为1.5%~2%，山体峰顶多不处于同一高程，局部地表水系发育。丘洼相对高差一般为5~20m，局部达20~30m，整体属微地貌形态。根据微地貌组合形态，岩溶地貌主要为丘丛洼地、丘丛谷地、丘丛槽谷、丘丛沟谷、残丘平原等5种类型。可见，就岩溶地貌特点，整体属岩溶地貌形成演化过程中初期岩溶地貌或白云岩岩溶地貌特征（山体顶与洼地相对高差较小，地形起伏相对较小、切割深度小）（图4、图6）。不同岩溶地貌特征与岩溶发育条件分析如下。

6.1 岩溶台地

岩溶台地位于灯四段尖灭线北东侧中部（即GS105—GS103—GS20—GS21井一带），呈北东向展布，地形、地势平坦，地势展布平缓，山体的夷平面高程相近，相对高差一般小于20m，区域地势相对较高，属高石梯地区高部位地区。震旦系灯四段顶面与寒武系沧浪铺组顶面的厚度为300~340m，属微地貌形态。地表水系不发育，负地形以岩溶槽谷、洼地、岩溶沟谷为主。岩溶地貌个体形态以溶丘、洼地、岩溶槽谷为主，根据地貌组合形态可划分为丘丛洼地、丘丛槽谷等2类微地貌单元（图4、图5）。此区域主要经历灯四段顶面岩溶作用期，岩溶区（岩溶台地）的岩溶作用方式如下。

此时期岩溶面地势平坦、地形起伏较小，属高石梯地区高部位地区，属研究区地下水补给区。大气降水以垂向入渗为主，岩溶作用主要沿溶蚀裂缝或白云岩晶间面进行，受北西侧、南东侧地形降坡影响，岩溶地下水分别向北西侧、南东侧径流排泄。由于岩溶台地相对高差约为20~30m，同时受下部硅质碳酸盐岩相对隔水影响，因而此时期岩溶作用主要位于浅部30~50m（即岩溶作用主要作用于地下水面附近），从而造成岩溶台地区浅部岩溶溶蚀孔洞发育，但受白云岩岩性的控制溶蚀缝洞规模相对较小。

6.2 岩溶缓坡地

岩溶缓坡地位于灯四段尖灭线北东部的北西侧、南东侧（即GS1—GS2—GS18井一线北西侧与GS105—GS101—GS111—GS21井一线南东侧），地形、地势有一定起伏，地形坡度较小，地势整体分别向北西或南东方向倾斜，坡度小于5°，山体的夷平面高程相近，相对高差一般小于20m，属高石梯地区斜坡地区。震旦系灯四段顶面与寒武系沧浪铺组顶面的厚度为330~400m，属微地貌形态。地表水系发育，负地形以岩溶槽谷、洼地、岩溶谷地为主。岩溶地貌个体形态以溶丘、洼地、岩溶槽谷、岩溶谷地、岩溶沟谷为主，根据地貌组合形态可划分为丘丛洼地、丘丛沟谷、岩溶沟谷等3类微地貌单元（图4、图5）。此区域也主要经历灯四段顶面岩溶作用期，岩溶区（岩溶缓坡地）的岩溶作用方式如下。

此时期岩溶面地势平坦、地形起伏较小，属高石梯地区高部位地区，属研究区地下水补给、径流区。地下水补给除接受大气降水垂向入渗外，还接受岩溶台地的侧向径流补给，因而整体岩溶作用强度比岩溶台地相对较强、岩溶作用周期比岩溶台地相对较长，从而岩溶缝洞发育较好于岩溶台地。岩溶作用主要沿溶蚀裂缝或白云岩晶间面进行，受北西侧、南东侧地形降坡影响，岩溶地下水分别向北西侧、南东侧径流排泄。由于地形相对高差约为50~80m，同时受下部硅质碳酸盐岩相对隔水影响，因而岩溶作用主要位于浅部50~60m范围（即岩溶作用主要作用于地下水面附近），从而造成岩溶缓坡地浅部岩溶溶蚀孔洞发育，岩溶缝洞分布具有顺层特征，但也受白云岩岩性的控制，溶蚀缝洞规模相对较小。

6.3 岩溶盆地

岩溶盆地位于研究区东南侧（即 GS111—GS21 井一线南东侧），地形、地势平坦，山体较少，相对高差较较小，区域地势较低，属高石梯地区低部位地区。震旦系灯四段顶面与寒武系沧浪铺组顶面的厚度为 390~410m，属微地貌形态。地表水系发育，负地形以洼地、岩溶谷地为主。岩溶地貌个体形态以溶丘、洼地、岩溶谷地为主，根据地貌组合形态可划分为残丘平原微地貌单元（图4、图5）。此区域也主要经历灯四段顶面岩溶作用期，岩溶区（岩溶盆地）的岩溶作用方式如下。

此时期岩溶面地势平坦、地形起伏较小，属高石梯地区低部位地区，属研究区地下水径流、排泄区。地下水主要接受岩溶缓坡地的侧向径流排泄，因而整体水岩作用周期相对较长。岩溶作用主要沿溶蚀裂缝或白云岩晶间面进行，受排泄基准控制，岩溶作用主要位于浅部 30~50m 范围。

从岩溶发育程度及实际勘探情况来看，岩溶缓坡地优于岩溶台地和岩溶盆地，是高石梯地区下一步勘探方向。

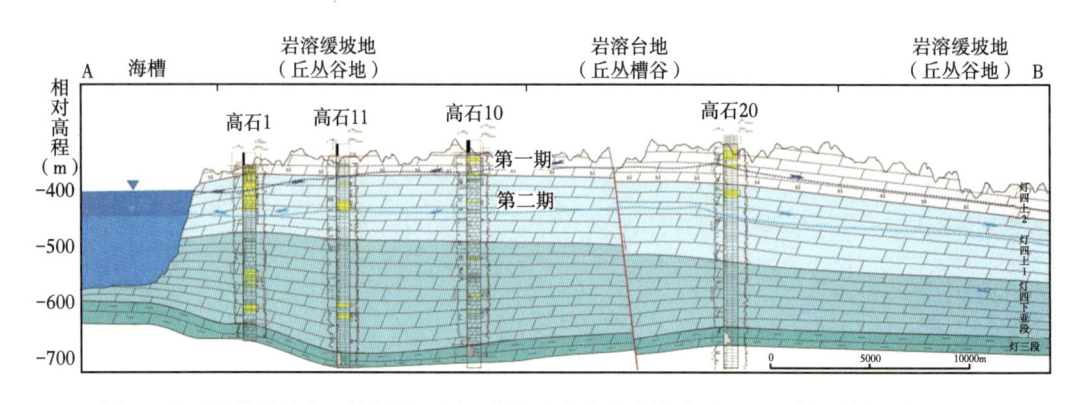

图 5 受两期排泄基准面控制的不同地貌单元岩溶发育模式图（A-B 剖面线如图 3 所示）

7 结论

（1）采用震旦系灯四段顶面与寒武系沧浪铺组顶面印模厚度恢复灯四顶岩溶古地貌优于其他方法。

（2）根据古地貌识别和划分，可将灯四顶岩溶地貌划分为 3 个二级地貌单元：分别为岩溶台地、岩溶缓坡地、岩溶盆地；5个三级地貌单元：分别为丘丛洼地、丘丛谷地、丘丛槽谷、丘丛沟谷、残丘平原；整体上高石梯地区地貌起伏不大，属于岩溶初期地貌形态。古水系刻画表明高石梯地区可分为北部水系、西部水系和东南部水系。

（3）对不同岩溶地貌特征、古水动力条件分析，认为岩溶缓坡地岩溶发育条件较好，可形成顺层孔洞，是储层勘探方向。

参 考 文 献

[1] 张林，魏国齐，汪泽成，等.四川盆地高石梯-磨溪构造带震旦系灯影组的成藏模式[J].天然气地球科学，2004，15（6）：584-589.

[2] 罗冰，杨跃明，罗文军，等.川中古隆起灯影组储层发育控制因素及展布[J].石油学报，2015，36（4）：416-426.

[3] 林刚.川中磨溪—高石梯地区震旦系灯影组白云岩成因及与储层的关系[D].成都：西南石油大学，2015.

[4] 邓月锐.四川盆地高石梯构造灯影组储层特征研究[D].成都：西南石油大学，2013.

[5] 刘树根，马永生，黄文明，等.四川盆地上震旦统灯影组储层致密化过程研究[J].天然气地球科学，2007，18（4）：485-496.

[6] 袁道先主编.中国岩溶学[M].1994，北京：地质出版社.

[7] 袁道先.中国岩溶动力系统[M]，2002，北京：地质出版社.

[8] 淡永，邹灏，梁彬，等.塔北哈拉哈塘加里东期多期岩溶古地貌恢复与洞穴储层分布预测[J].石油与天然气地质，2016，37（3）：303-311.

[9] 夏日元，唐健生，关碧珠，等.鄂尔多斯盆地奥陶系古岩溶地貌及天然气富集特征[J].石油与天然气，1999，20（2）：133-136.

[10] 张庆玉，陈利新，梁彬，等.轮古西地区前石炭纪古岩溶微地貌特征及刻画[J].海相油气地质，2012，17（4）：23-26.

[11] 赵俊兴，陈洪德，时志强.古地貌恢复技术方法及其研究意义——以鄂尔多斯盆地侏罗纪沉积前古地貌研究为例[J].成都理工学院学报，2001，28（3）：260-266.

[12] 拜文华，吕锡敏，李小军，等.古岩溶盆地岩溶作用模式及古地貌精细刻画—以鄂尔多斯盆地东部奥陶系风化壳为例[J].现代地质，2002，16（3）：292-298.

[13] 金民东，谭秀成，童明胜，等.四川盆地高石梯—磨溪地区灯四段岩溶古地貌恢复及地质意义[J].石油勘探与开发，2017，44（1）：58-68.

[14] 杨雨，黄先平，张健，等.四川盆地寒武系沉积前震旦系顶界岩溶地貌特征及其地质意义[J].天然气工业，2014，34（3）：38-43.

[15] 罗思聪.四川盆地灯影组岩溶古地貌恢复及意义[D].成都：西南石油大学，2015.

[16] 李生涛.高磨区块灯四段岩溶微地貌精细刻画及有利储集相带[D].成都：西南石油大学，2015.

[17] 宋文海.对四川盆地加里东期古隆起的新认识[J].天然气工业，1987（3）：14-19.

[18] 郭正吾，邓康龄，韩永辉，等.四川盆地形成与演化[M].北京：地质出版社，1996.

四川盆地高石梯地区震旦系灯影组四段硅质岩成因及地质意义

罗文军 徐 伟 刘曦翔 王 强 申 艳 杨 柳 朱 讯

（中国石油西南油气田公司）

摘 要 大量钻井证实，四川盆地中部高石梯地区震旦系灯影组四段储层与风化壳岩溶相关，主要发育在灯影组顶界之下100m以内，储层非均质性强，对比难度大。灯四上亚段普遍发育硅质岩，位于灯影组顶界之下20~50m，由于硅质岩普遍致密，对储层发育及分布的影响尚不明确，有必要对其成因开展研究。通过岩心、薄片观察及元素分析，结果表明：（1）该套硅质岩以藻纹层硅质岩、含云硅质岩和纯硅质岩为主，薄到中厚层状，普遍具条纹、条带状构造；（2）具有高电阻、低中子、低声波时差的测井响应特征，易识别，平面可对比，高石梯地区厚度介于5~25m，自西向东逐渐增厚；（3）SiO_2含量多在90%以上，其他氧化物含量低，Fe、Mn相对富集，Mg、Al、Ti相对贫乏，微量元素含量变化大，富含Ba、Sb等元素。结论认为该套硅质岩为热水沉积成因，其底界为灯四上亚段内部等时沉积界面。此认识对后续工作非常重要，可将硅质岩底界作为地层对比标准界面，据此可恢复岩溶古地貌，可建立等时地层格架进行储层精细对比、明确储层空间展布，可结合断裂及丘滩体研究成果明确岩溶模式。

关键词 四川盆地；川中地区；晚震旦世；硅质岩；成因；热水沉积；储层分布

1 引言

川中地区震旦系灯影组四段气藏为受风化壳影响的大型古岩溶气藏[1-3]，已提交探明储量约$4000 \times 10^8 m^3$，其中高石梯地区提交探明储量约$2000 \times 10^8 m^3$，具有巨大的资源基础和良好的开发前景。前期研究认为上震旦统灯影组储层主要分布于灯影组顶界之下100m以内，具有非均质性强、横向变化大等特征，但是灯四段厚度大，岩性垂向变化小，储层发育分布却具有一定的成层性，应该与灯四段内部层序有一定的相关性；而灯四上亚段上部发育一套分布较为稳定的硅质岩，且普遍致密坚硬，渗透性差，尚不明确该套硅质岩与储层展布有何关系。前期研究工作主要针对灯四上亚段白云岩溶蚀孔洞中充填的硅质矿物进行分析，对"基岩"中的硅质成因、分布及对储层的影响未进行深入探讨。故笔者通过对研究区实钻井硅质岩的岩心、薄片、主要元素、微量元素资料的分析，探讨研究区硅质岩成因，寻求其与储层展布的关系，总结储层空间展布规律，以指导气藏高效开发。

2 地质背景

高石梯地区位于四川盆地川中古隆起平缓构造区，东接广安构造，西邻威远构造，北邻磨溪构造，西南邻荷包场、界石场潜伏构造（图1）。该区灯影组主要为碳酸盐岩台地沉积，以藻白云岩、晶粒白云岩、砂（粒）屑白云岩为主，夹少量薄层砂岩、泥岩、硅质岩及膏岩，自下至上可分为4段。灯四段岩性主要由浅灰—深灰色层状粉晶云岩、含砂屑云岩、溶孔粉晶云岩、藻云岩、硅质岩组成。由于桐湾运动影响，该区灯四段遭受长时期的表生岩溶作用，岩溶储层发育。

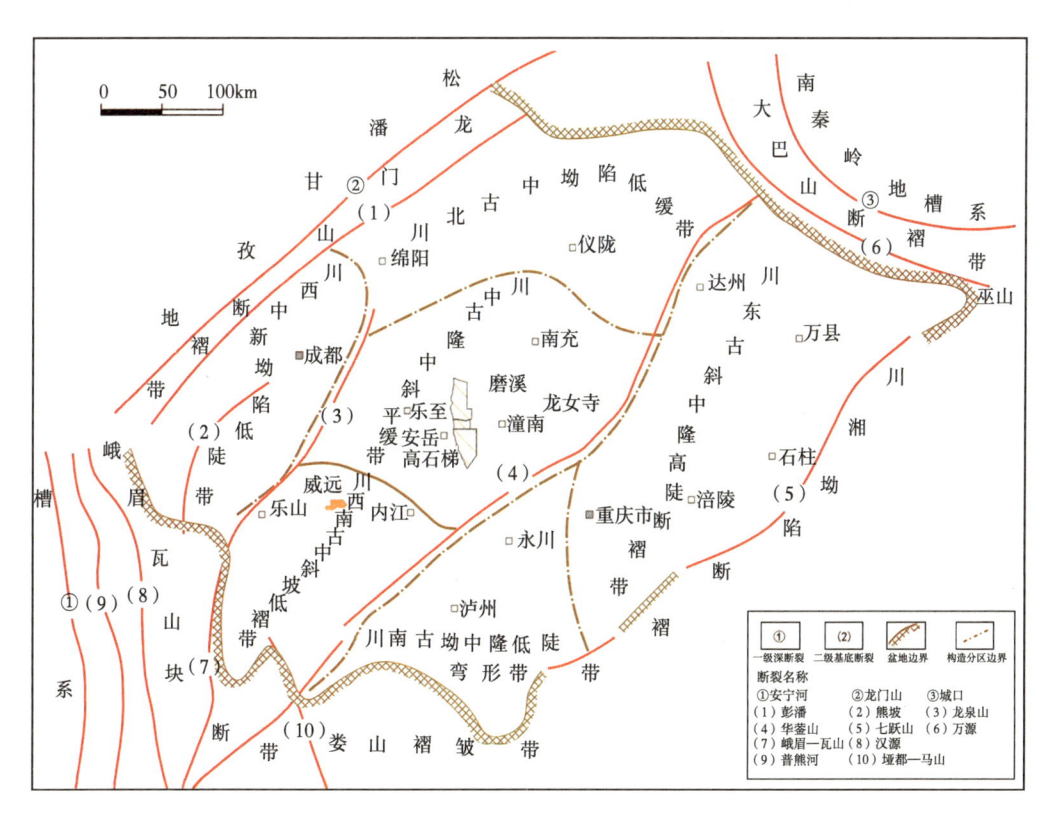

图1 高石梯地区构造位置图

3 硅质岩特征及成因分析

3.1 硅质岩特征

高石梯地区灯影组四段自下而上均含硅质，产出状态主要有2类，即次生充填的硅质矿物和沉积形成的硅质岩，二者微观特征有明显区别，镜下易区分。热液充填的硅质矿物晶粒粗大，由白云石基岩垂直洞壁或裂缝生长（图2a、图2b），孔洞及裂缝半充填或全充填；沉积形成的硅质岩镜下多表现为细晶或微晶、放射状玉髓以及隐晶质硅质（图2c、图2d），SiO_2含量大于70%。笔者主要讨论沉积成因的硅质岩分布及储层分布的控制因素。

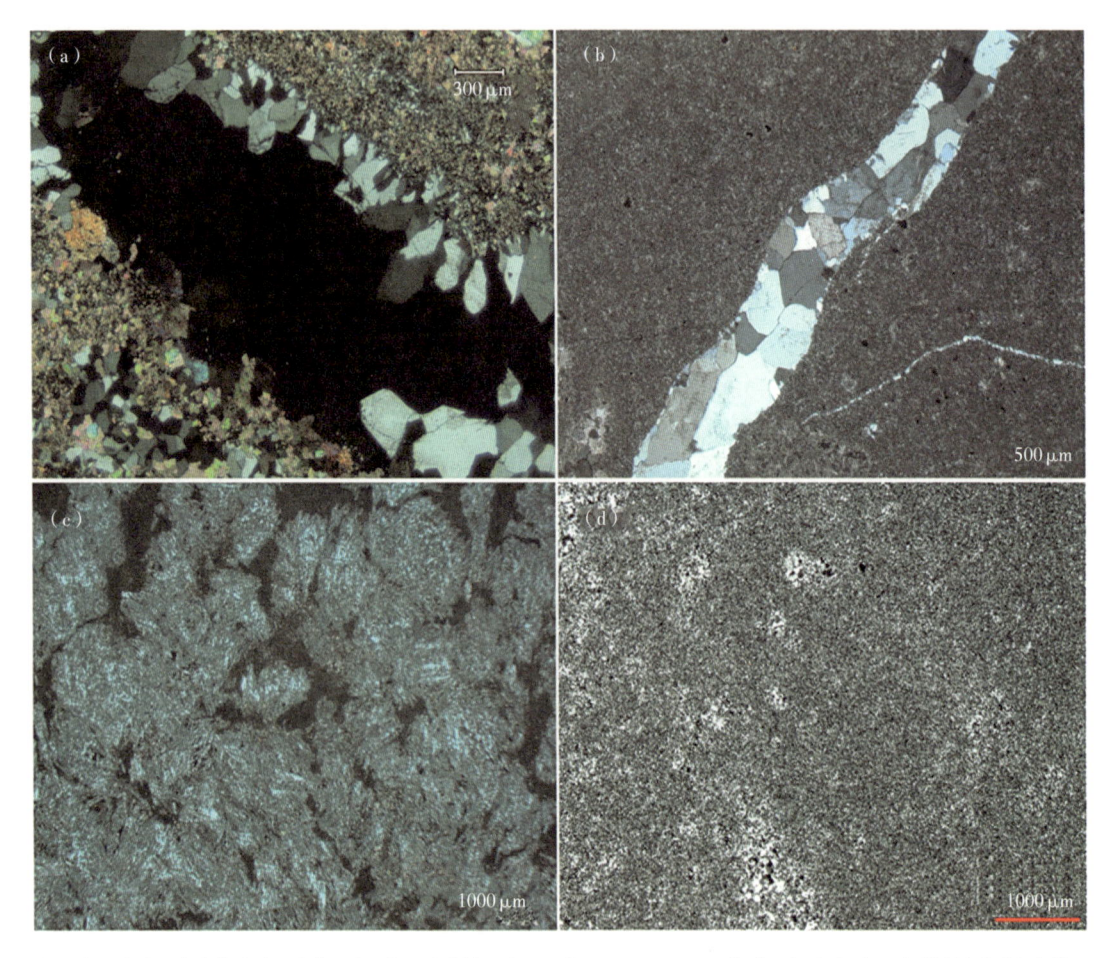

（a）白云岩溶洞内充填硅质，垂直洞壁生长，半充填，高石1井，4 962.23m，40倍（+）；（b）白云岩裂缝被硅质全充填，高石102井，5 141.81m，40倍（+）；（c）硅质岩，泥晶—微晶，放射状，高石18井，5 161.00m，含云硅质岩，20倍；（d）硅质岩，泥晶，高石2井，5 110.17m，20倍（+）

图2　高石梯地区灯四段硅质产出状态特征对比图

3.1.1　产状及结构

根据研究区岩心及薄片分析，硅质岩主要为藻纹层硅质岩、含云硅质岩和纯硅质岩（图3），呈薄层—中厚层状，单层厚度介于2~10cm，具有条纹、条带结构，与藻纹层云岩和泥晶云岩伴生。岩心致密坚硬，受后期成岩作用改造程度低。

薄片分析显示硅质岩的结构主要有隐晶结构、显晶质粒状结构、放射状玉髓以及花瓣结核状等，其中纹层状硅质岩的纹层间分布大量的隐晶硅质，且藻纹层亦以硅质为主，纹层构造保存完整（图3）。

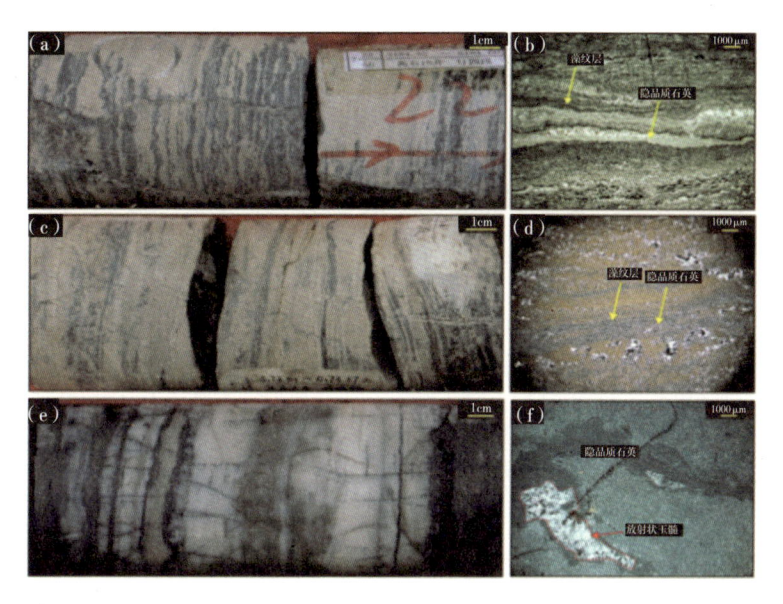

（a）藻纹层硅质岩，高石18井，5184.13~5184.72m；（b）高石18井，5184.30~5184.52m，藻纹层硅质岩，层间隐晶硅质（+）；（c）高石18井，5173.33~5173.57m，含云硅质岩；（d）高石18井，5173.33~5173.57m，含云硅质岩，可见少量藻纹层结构（+）；（e）高石103井，5308.76~5309.27m，纯硅质岩，呈乳白色，其中见少量延伸较短的裂缝；（f）高石18井，5208.34m，纯硅质岩，隐晶质石英和放射状玉髓（+）

图3 高石梯地区灯四段硅质岩特征展示图

3.1.2 分布特征

测井数据中蕴含着大量地质信息，具有较高的分辨率，能较好地记录地质事件中有周期性变化的沉积构造运动，是普遍性和连续性最好的地质数据之一[4-6]。硅质岩在测井响应上表现为高电阻、低中子、低声波时差特征，测井较易识别，笔者利用ECS元素俘获测井对岩性解释成果进行标定，测井岩性解释成果中硅质含量可靠，但该成果仅能较为准确地识别岩石中SiO_2成分含量，并不能明确硅质成因。通过沉积层序分析可以进一步区分硅质成因，由沉积作用形成的硅质层分布于同一层序界面附近，所以可以利用测井曲线划分单井沉积层序，并开展连井对比，明确硅质纵向分布规律。

在大量测井数据中，各种测井曲线所蕴含的地质信息不同，对地层旋回信息识别和划分的敏感程度也不同。利用测井曲线能够反映出不同地层的旋回以及沉积特征，不同测井曲线的组合形态以及测井曲线频率的大小是界面识别与层序划分的最主要依据。常用的测井曲线有声波时差（AC）、自然伽马（GR）、自然电位（SP）、电阻率（R），其中GR对泥质含量的变化比较敏感，在常规地层划分中通常用GR曲线来进行地层旋回的划分与对比。

对于稳定环境沉积的海相碳酸盐岩地层，自然伽马（GR）和电阻率（R）的变化特征能准确反映海平面升降变化及沉积旋回。笔者综合分析测井曲线开展横向对比，根据变化规律将灯四上亚段划分为4个沉积旋回（图4）。

对比结果表明高石梯地区硅质岩分布具有以下特征：垂向上硅质岩均分布在由下到上第4旋回底部（图4），大约在灯影组顶界之下10~40m处；平面上厚度主要介于5~15m；向自西东厚度逐渐增大，其余硅质横向不可对比。

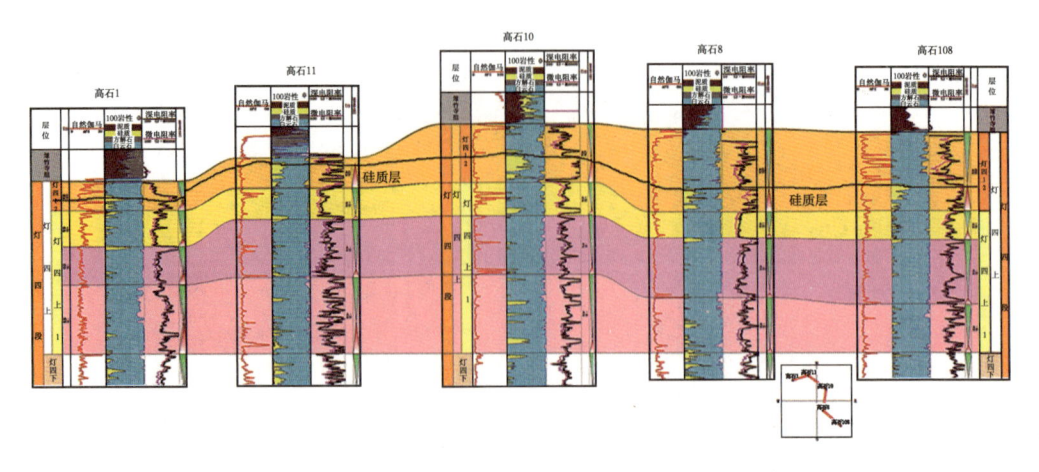

图 4　高石梯地区灯四上亚段沉积旋回对比图

3.2　成因分析

3.2.1　地质特征分析

通过对硅质岩结构、沉积构造、平面分布等特征分析，可初步判断硅质岩为沉积成因。

（1）前人研究[7-10]表明，热水沉积成因硅质岩普遍表现为薄层到中厚层状，致密坚硬、具条纹、条带状构造，且多与生物有关，镜下表现为隐晶质硅质、显晶质粒状硅质充填物、放射状玉髓以及花瓣状硅质结核等特征，岩心及薄片分析表明，该层硅质岩的内部结构、沉积构造等均与典型的沉积成因硅质岩相同，为沉积成因硅质岩。

（2）后期充填硅质垂向发育位置变化较大，横向不能可追踪对比，而研究区硅质岩测井响应特征明确，横向可对比，且沉积旋回对比上看，硅质岩的发育位置均处在灯四上第四旋回底部，等时可对比。

3.2.2　常量元素分析

（1）前人对现代温泉和海底热泉的研究[7-10]表明，只有与深部地热相关的热水沉积硅质岩才会具有 SiO_2 含量高，同时 Al_2O_3、TiO_2、MgO 含量低的特征。分析高石梯地区灯影组四上亚段上部硅质岩的主要化学成分，硅质岩 SiO_2 含量均较高，介于 94%~96%，普遍大于 90%，且 Al_2O_3、TiO_2、MgO 含量低，表明该层硅质岩为与深部地热相关热水沉积成因（表1）。

表 1　高石梯地区灯四段硅质岩样品主要元素含量表

主要元素	高石 18 井藻纹层硅质岩（5184.3m）	高石 18 井纯硅质岩（5206.87m）	高石 20 井纯硅质岩（5229.65m）	高石 20 井纯硅质岩（5229.93m）
SiO_2	94.11%	96.67%	96.83%	95.83%
TiO_2	0.04%	0.03%	0.04%	0.03%
Al_2O_3	0.09%	0.18%	0.20%	0.21%
MgO	1.33%	0.16%	0.08%	0.56%
Fe_2O_3	0.29%	0.54%	0.53%	0.32%
MnO	0.03%	0.05%	0.05%	0.03%
CaO	2.02%	0.23%	0.13%	0.86%
Na_2O	0.06%	0.12%	0.07%	0.06%
K_2O	0.02%	0.03%	0.03%	0.02%

（2）前人研究[7-10]认为，热液参与的沉积普遍具有Fe、Mn富集的特征，而陆源物质会使Al、Ti元素富集。将样品分析结果投在Al-Fe-Mn三角图中，数据均落在热液沉积区（图5），表明研究区硅质岩为热水沉积成因。

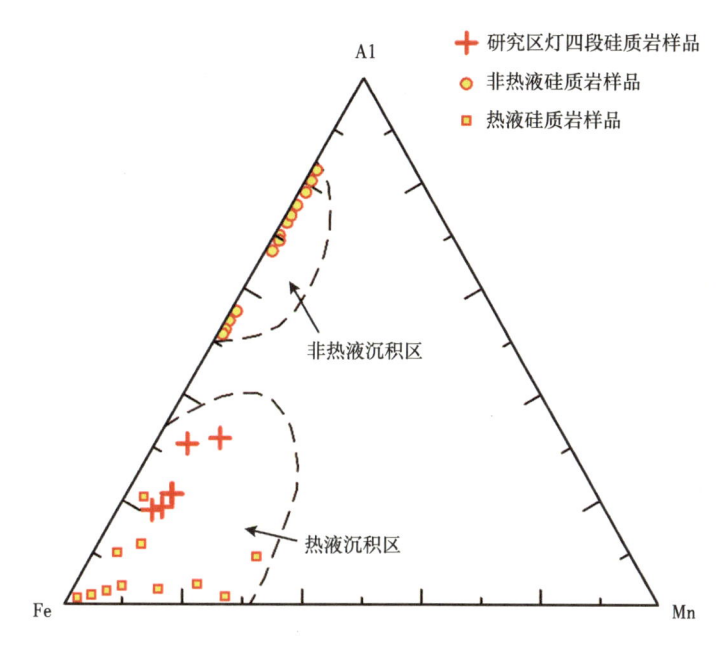

图5 高石梯地区灯四段硅质岩样品Al-Fe-Mn三角图

3.2.3 微量元素分析

根据前人研究[7-15]，微量元素中高含量的Ba、Sb可以作为热水沉积物的指示剂。通过与上地壳微量元素的对比，硅质岩样品的微量元素含量明显低于上地壳，但Ba，Sb相对富集，具有热水沉积成因特征。

Cr为地幔元素，岩石中Cr的相对富集说明具有地幔物质混入[11]。数据中Cr相对富集（表2），最高达17.88mg/L，表明硅质岩形成与深部热液有关。

表2 高石梯地区灯四段硅质岩样品微量元素含量表　　　单位：mg/L

微量元素	高石18井 （5184.3m）	高石18 （5206.87m）	高石20井 （5229.65m）	高石20井 （5229.93m）	上地壳
Li	4.32	2.09	3.15	2.94	20
Be	0.21	0.01	0.04	0.07	3
Sc	0.02	0.00	0.02	0.03	11
V	3.86	3.12	4.02	3.65	60
Cr	15.10	17.88	17.48	15.27	35
Co	0.77	1.00	0.96	0.78	10
Ni	2.46	3.17	2.65	2.83	20
Cu	3.26	3.49	3.92	2.95	25
Zn	9.00	9.13	9.37	9.77	71
Ga	0.68	0.91	0.77	0.78	17

续表

微量元素	高石18井 （5184.3m）	高石18 （5206.87m）	高石20井 （5229.65m）	高石20井 （5229.93m）	上地壳
Ge	0.12	0.34	0.22	0.23	1.6
Rb	0.87	1.05	0.70	0.62	112
Sr	7.16	5.97	6.76	16.39	350
Zr	15.01	14.89	15.56	15.56	190
Nb	1.01	0.97	0.99	1.09	12
Mo	0.35	0.34	0.39	0.32	1.5
Sn	0.60	0.48	0.52	0.47	5.5
Cs	0.78	0.82	0.77	0.84	3.7
Ba	13.25	62.72	360.71	503.88	550
Hf	0.49	0.49	0.50	0.48	5.8
Ta	0.03	0.02	0.02	0.02	2.2
Pb	3.47	2.51	2.71	2.87	20
Th	0.94	1.06	1.06	0.91	10.7
U	1.71	2.09	10.25	17.12	2.8
Sb	0.61	0.63	0.67	0.64	0.2
U/Th	1.82	1.96	9.70	18.80	—

通常热水沉积中U含量普遍高于Th含量，故热水沉积岩中具有U/Th大于1的特征，而正常海水沉积中U/Th小于1。该区硅质岩样品的U/Th均大于1，表明灯四段硅质岩为热水沉积成因。

杨子板块东南大陆边缘上震旦统上部荼留坡组（或老堡组）为一套硅质岩建造，其分布范围广、分布层位稳定，厚度介于20~150m，与高石梯地区灯四段上部硅质岩发育时期相同。前人研究[15-18]认为，中上杨子之间震旦纪末有频繁的火山喷发，荼留坡组硅质岩主要为该期火山喷发物中的硅质在海水中沉淀形成的热水沉积成因硅质岩。

该区灯四上亚段上部硅质岩具有以下特征：(1)呈薄层到中厚层状，致密坚硬，普遍具条纹、条带状构造，且多与生物有关，镜下一般表现为隐晶质硅质、显晶质粒状硅质、放射状玉髓，其分布横向可对比；(2)主要元素SiO_2含量高，Al_2O_3、TiO_2、MgO含量较低，Fe、Mn相对富集；(3)微量元素Ba、Sb含量高，Cr相对富集，U/Th大于1。结合区域上前人研究，认为该硅质岩为与海底火山喷发相关的热水沉积成因硅质岩。

4 地质意义分析与讨论

明确了研究区灯四上亚段上部硅质岩为沉积成因具有重要的地质意义，海底火山喷发是区域性地质事件，硅质岩的沉积物来源与此相关，故区域上硅质岩大范围沉积应为同时期的，且从沉积旋回对比上看，硅质岩的发育位置均处在灯四上第四旋回底部，具有等时性。故可将硅质岩底界作为等时地层对比界面，据此恢复岩溶古地貌、建立等时地层格架、明确岩溶模式。

4.1 分析岩溶古地貌

灯四段储层与表生岩溶作用有关，岩溶储层发育带与岩溶古地貌的关系密切已被勘探实践证实。一般认为，岩溶残丘和岩溶斜坡是岩溶储层最发育的地区，而岩溶高地和谷地岩溶储层发育程度较差。因此，准确地恢复岩溶古地貌是岩溶储层发育带分布预测的关键。但恢复深埋地下的岩溶古地貌通常是困难的，当前常用的古地貌恢复方法主要为印模法和残余厚度法。由于岩溶地貌表征的是岩溶发生后的地貌形态，采用"残余厚度法"进行古地貌恢复时，古侵蚀面以下的标志层选取是关键，最好是一个基本与古海平面平行的水平面或近似的水平面，且是全区范围内分布的等时界面，能够代表当时的海平面。在之前的研究中通常采用灯三底界作为残厚法古地貌恢复基准面，但由于灯二段遭受了大范围的风化剥蚀，部分地区剥蚀厚度较大，故而灯三底界并不能代表古海平面，由灯三底恢复的古地貌恢复结果也不能代表灯四沉积前的古地貌。

笔者认为灯四上亚段上部硅质岩底界等时可对比，且其与上、下地层均为连续沉积，能够代表古海平面，故其上地层残厚能客观反映寒武系沉积前灯四顶部古地貌。硅质岩之上的地层厚度主要介于10~45m（图6），工区西侧主要介于10~30m，并在高石3及高石8井区存

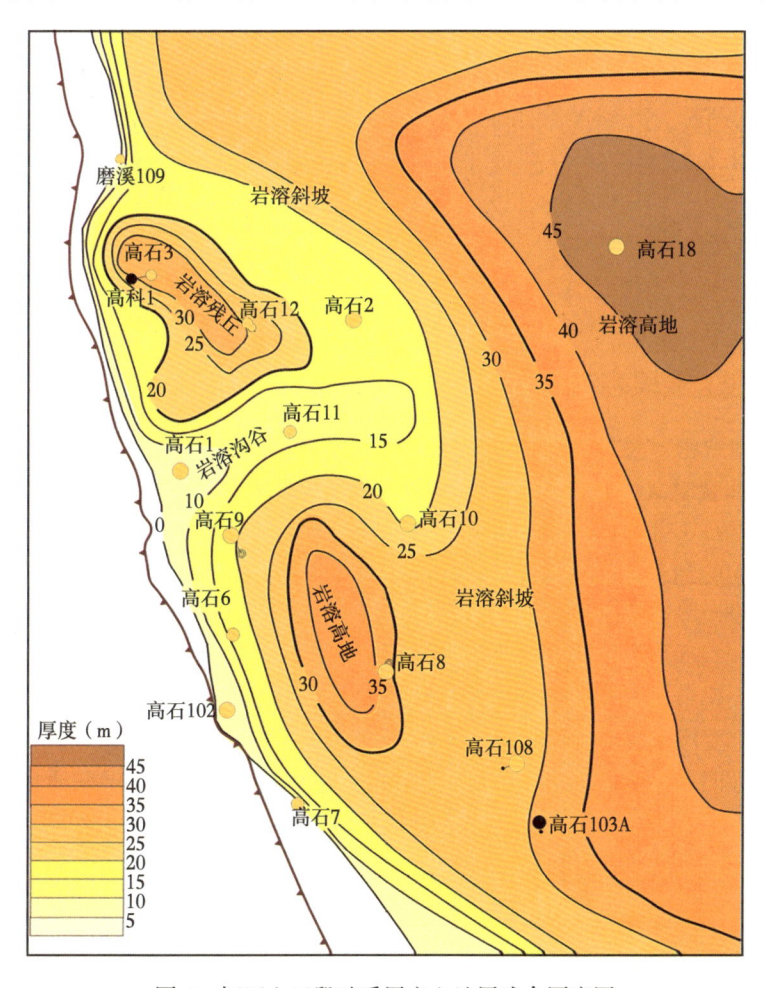

图6　灯四上亚段硅质层之上地层残余厚度图

在两个残余地层厚度较大的区域，残余厚度大于30m，之间地层显著减薄，主要在15m之下，向东地层增厚明显，厚度大于40m。根据顶部地层残余厚度特征划分灯四段岩溶古地貌，平面上划分出岩溶残丘、岩溶斜坡、岩溶谷地及岩溶高地等4个古地貌单元（图6），其中高石3、高石8井区分别为2个岩溶残丘，之间为岩溶沟谷，其东部为岩溶斜坡及高地。

4.2 建立等时地层格架

以往灯四段的储层对比，主要按照储层的相对位置进行对比，指出储层主要分布于灯影组顶界之下100m以内，但不同区域储层分布规律不明确，制约了气藏开发。

硅质岩底界为地层等时界面，故可将灯四上亚段自下而上细分为灯四上1小层、灯四上2小层2个小层；结合灯四上、下亚段研究成果，建立了灯四段等时地层格架，在此格架内进行储层精细对比（图7），明确了灯四段不同区域储层发育特征及分布规律：（1）高石3井区灯四上2小层储层发育，1小层储层不发育；（2）高石2井区灯四上2小层储层不发育，1小层储层发育；（3）高石9井区灯四上1、2小层储层均发育；（4）磨溪109井区灯四上2小层剥缺，1小层储层发育。

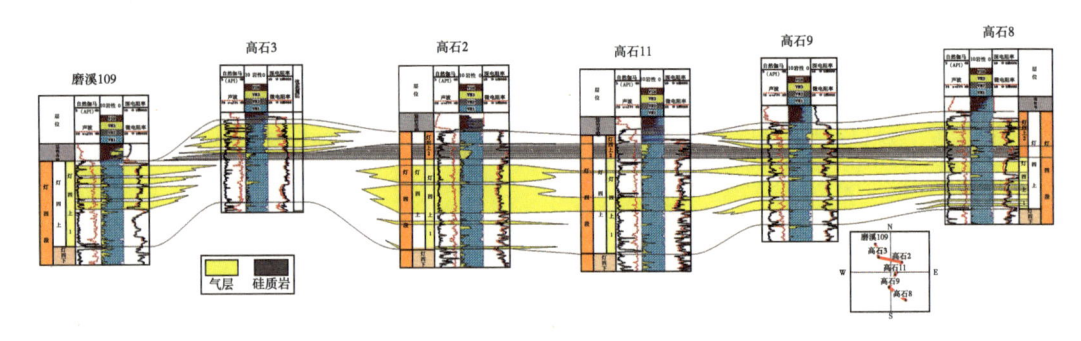

图7 高石梯地区灯四上亚段等时地层格架下储层对比图

4.3 建立灯四上亚段岩溶模式

硅质岩普遍致密，是岩溶流体的天然隔层，在此隔层之上，岩溶流体的向下渗流受到阻挡，在断裂和裂缝欠发育区[19-20]，岩溶流体难以进入灯四上1小层，岩溶储层集中发育在2小层（高石3井）；当岩溶期及之前的断裂断穿硅质层时，断裂和裂缝为岩溶流体提供了向下流动的通道，岩溶储层在1、2小层均有发育（高石8、9井）；部分区域灯四上2小层地层残余厚度较小，且断裂及裂缝较发育，该区仅灯四上1小层储层发育（高石2井）；当灯四上亚段2小层遭受剥缺时，灯四上1小层岩溶储层发育（磨溪109井）。根据硅质层及之上残余地层分布，并结合断裂、裂缝及丘滩体发育分布研究成果，建立了高石梯地区灯四上亚段岩溶模式（图8），为岩溶储层预测提供了重要依据。

笔者认为灯四上亚段上部硅质岩为热水沉积成因，明确提出该层硅质岩底界可作为灯四上亚段内部等时地层对比界面，以此认识指导了灯四段等时地层格架的建立，同时指导了灯四段岩溶古地貌恢复，并建立了灯四上亚段岩溶模式，明确不同区域岩溶储层的分布特征，明确储层纵横向展布规律。形成成果支撑了高石梯地区有利区优选及开发井部署，划分了有利开发区3个，并部署开发井55口，完钻35口井，靶体储层钻遇率较之前工艺井提高1倍以上，百万立方米气井比例由不足30%提高到67%以上，应用成效显著。

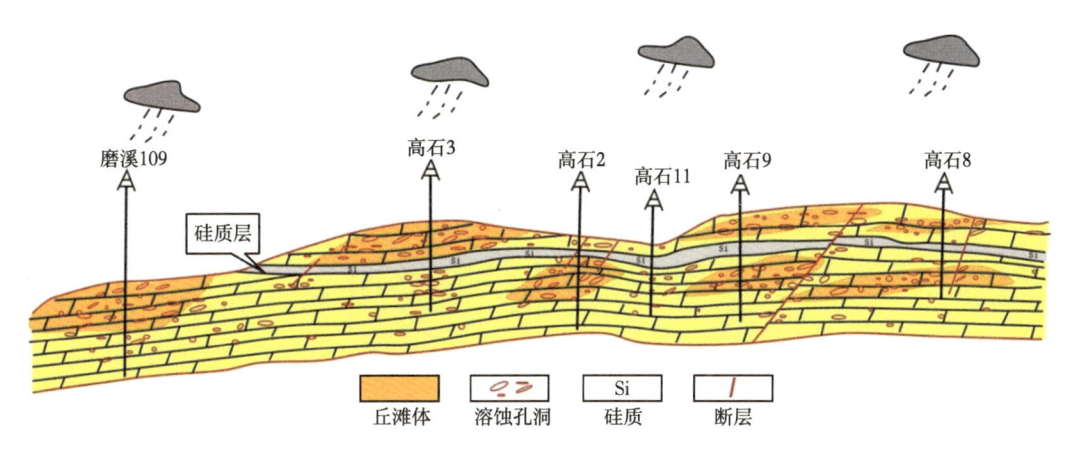

图 8　研究区灯四上亚段岩溶储层发育模式图

5　结论

（1）川中高石梯地区灯四上亚段上部硅质岩岩心表现为薄层到中厚层状，单层厚度 2~10cm，致密坚硬，普遍具条纹、条带状构造，镜下一般表现为隐晶质硅质、显晶粒状硅质、放射状玉髓以及花瓣状硅质结核，且横向可对比，具有明显的热水沉积成因硅质特征。

（2）常量元素具有 SiO_2 含量高，Al_2O_3、TiO_2、MgO 含量较低，Fe、Mn 相对富集的特征；微量元素 Ba、Sb 含量高，Cr 相对富集，U/Th 普遍大于 1，结合区域资料分析，明确了高石梯地区该套硅质岩为与海底火山喷发相关的热水沉积成因。

（3）灯四段上部硅质岩可作为灯四上亚段内部等时沉积界面，以硅质岩底界作为地层对比标准界面，将灯四上亚段细分为 2 个小层，据此构建了灯四段等时地层格架，进而恢复了寒武系沉积前灯影组岩溶古地貌，明确了灯四段岩溶模式。

参 考 文 献

[1] 杨雨，黄先平，张健，等. 四川盆地寒武系沉积前震旦系顶界岩溶地貌特征及其地质意义[J]. 天然气工业，2014，34（3）：38-43.

[2] 罗冰，杨跃明，罗文军，等. 川中古隆起灯影组储层发育控制因素及展布[J]. 石油学报，2015，36（4）：416-426.

[3] 斯春松，郝毅，周进高，等. 四川盆地灯影组储层特征及主控因素[J]. 成都理工大学学报（自然科学版），2014（3）：266-273.

[4] 邓宏文，王红亮，祝永军. 高分辨率层序地层学：原理及应用[M]. 北京：地质出版社，2002：79-83.

[5] 江宁，全志臻，张向涛，等. 珠江口盆地番禺 4 洼古近系层序地层及储层分布预测[J]. 天然气勘探与开发，2015，38（4）：23-27.

[6] 罗文军，刘曦翔，徐伟，等. 磨溪地区灯影组顶部石灰岩归属探讨及其地质意义[J]. 天然气勘探与开发，2018，41（2）.

[7] 彭军，夏文杰，伊海生. 湘西晚前寒武纪层状硅质岩的热水沉积地球化学标志及其环境意义[J]. 岩相古地理，1999，19（2）：29-37.

[8] Adachim, Yamamoto K, Sugisaki R. Hydrothermal chert and associated siliceous rocks from the northern Pacific: Their geological significance as indication of ocean ridge activity[J]. Sedimentary Geology, 1986, 47（1-2）: 125-148.

[9] 周永章. 丹池盆地热水成因硅岩的沉积地球化学特征[J]. 沉积学报, 1990, 8（3）: 75-83.

[10] Yamamoto K. Geochemical characteristics and depositional environments of cherts and associated rocks in the Franciscan and Shimanto Terranes[J]. Sedimentary Geology, 1987, 52（1-2）: 65-108.

[11] 夏邦栋, 钟立荣, 方中, 等. 下扬子区早二叠世孤峰组层状硅质岩成因[J]. 地质学报, 1995, 69（2）: 125-137.

[12] 马文辛, 刘树根, 黄文明, 等. 渝东地区震旦系灯影组硅质岩结构特征与成因机理[J]. 地质学报, 2014, 88（2）: 239-253.

[13] 伊海生, 曾允孚, 夏文杰. 湘黔桂地区上震旦统沉积相及硅质岩成因研究[J]. 矿物岩石, 1989, 9(4): 54-58.

[14] 史冀忠, 卢进才, 魏建设, 等. 内蒙古阿拉善右旗雅干地区二叠系埋汗哈达组硅质岩成因及其沉积环境[J]. 吉林大学学报（地球科学版）, 2018, 48（6）: 1711-1724.

[15] 肖凡, 班宜忠, 周延, 等. 武夷山成矿带龙岩地区晚石炭世热水成因硅质岩的发现及其地质意义[J]. 华东地质, 2018.12: 290-298

[16] 李晓彪, 罗远良, 罗泰义, 等. 重庆城口地区早前寒武系黑色岩系研究:（2）早寒武世硅质岩的沉积环境研究[J]. 矿物学报, 2007, 27（3）: 302-314.

[17] 夏文杰, 伊海生, 杜森官. 中国南方震旦纪火山岩特征及喷发构造背景[J]. 成都地质学院学报, 1993, 20（3）: 1-9.

[18] 彭军, 尹海生, 夏文杰. 扬子板块东南大陆边缘上震旦统热水成因硅质岩的地球化学标志[J]. 成都理工学院学报, 2000, 27（1）: 8-14.

[19] 张得彦, 向芳, 陈康, 等. 贵州金沙岩孔地区上震旦统灯影组四段白云岩储层特征[J]. 天然气勘探与开发, 2015, 38（1）: 12-15.

[20] 邓韦克, 刘翔, 李翼杉. 川中震旦系灯影组储层形成及演化研究[J]. 天然气勘探与开发, 2015, 38（3）: 12-16.

四川盆地高石梯—磨溪地区震旦系灯影组白云岩溶蚀差异实验研究

罗文军[1]　季少聪[2,3]　刘曦翔[1]　刘义成[1]
淡　永[2,3]　梁　彬[2,3]　聂国权[2,3]

（1.中国石油西南油气田公司；2.中国地质科学院岩溶地质研究所；
3.自然资源部/广西岩溶动力学重点实验室）

摘　要　近年来，高石梯—磨溪地区灯影组天然气勘探取得重要发现，其含气储层主要位于灯四段，储层岩石类型以藻凝块白云岩、藻砂屑白云岩、藻叠层白云岩为主。为了研究该地区灯影组白云岩的溶蚀差异，本文采用岩石切片和薄片同时进行溶蚀实验的方法，实验过程中定时记录实验数据，对灯影组白云岩的溶蚀速率、表面形貌和微观特征进行研究。实验结果既有溶蚀量化指标——溶蚀速率，又能直观掌握溶蚀特征及溶蚀后的孔隙结构变化。溶蚀实验结果表明：（1）所有样品的溶蚀启动速率均较高，随溶蚀时间增加，溶蚀速率呈现大幅度衰减并趋于稳定；（2）不同样品的溶蚀速率有明显差异，藻叠层白云岩、藻砂屑白云岩溶蚀速率最高，藻凝块白云岩次之，藻叠层硅质白云岩溶蚀速率最低；（3）通过观察比较不同反应时间内样品的微观溶蚀特征，发现沿粒间、晶间孔隙以及微裂隙溶蚀程度较高；（4）灯影组藻白云岩储层发育可能与藻间白云石的溶蚀作用有关。通过溶蚀实验，掌握了研究区不同白云岩的溶蚀差异，进而对预测优质储层分布、指导油气勘探具有重要意义。

关键词　白云岩；溶蚀机理；溶蚀实验；灯影组；高石梯—磨溪地区；四川盆地

1　引言

碳酸盐岩储层是一种重要的油气储层类型，据统计，全球碳酸盐岩油气藏储量约占油气资源总量的50%，产量占60%以上[1]。碳酸盐岩的溶蚀作用是指流动的可溶性流体与碳酸盐岩之间相互作用的过程及产生的结果，从地表到深埋藏地层中均可发生[2]。碳酸盐岩溶蚀形成的溶孔、溶洞和溶缝是重要的油气储集空间，我国海相碳酸盐岩油气勘探实践也证明了这一认识[3-5]。

碳酸盐岩溶蚀实验是研究碳酸盐岩溶蚀有利条件和分布规律的重要方法[6]。20世纪70年代以来，国内外学者陆续开展了碳酸盐岩溶蚀模拟实验，探讨成分、结构、温度、压力、流体等因素对溶蚀作用的影响[7-10]。早期的溶蚀实验主要模拟地表环境进行实验，实验温度小于100℃。20世纪80年代，国内外学者主要研究深埋藏环境下碳酸盐岩溶蚀机理，实验方法采用流体与岩石颗粒或块体之间的表面反应方式。近年来，随着实验技术的进步，已有学者陆续开展碳酸盐岩内部溶蚀实验[8]。

前人对四川盆地高石梯—磨溪地区灯影组白云岩开展了较多的储层研究，但主要集中在储层特征、古地貌刻画、气藏产能等方面，缺乏白云岩溶蚀的模拟实验研究。本文以高石梯—磨溪地区灯影组藻白云岩为研究对象，采用岩石切片和薄片同时进行溶蚀实验的方法，通过对比样品在溶蚀实验前后的溶蚀速率、表面形貌和微观特征，分析岩性、结构、反应时间对白云岩溶蚀程度的影响。在此基础上，重点分析藻对白云岩溶蚀的作用机理，为研究区藻白云岩溶蚀孔隙成因及发育特征研究提供实验依据。

2 地质概况

高石梯—磨溪地区位于四川省中部遂宁市、资阳市、重庆市潼南县境内（图1）。构造上位于四川盆地中部，处于川中古隆中斜平缓带的中部、乐山—龙女寺加里东古隆起东段的上斜坡部位[11]。

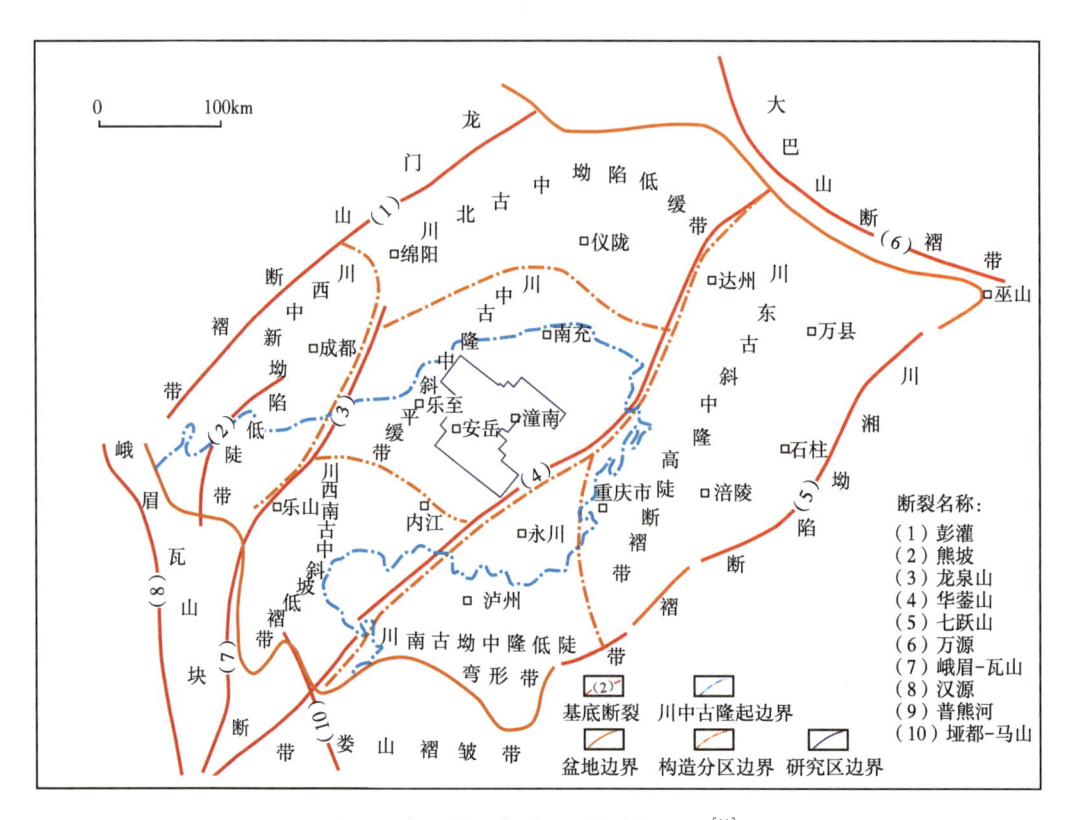

图1 高石梯—磨溪地区构造位置图[11]

高石梯—磨溪地区灯影组发育厚层的藻白云岩、晶粒白云岩、砂屑和鲕粒白云岩夹薄层砂岩、泥岩和硅质岩，主要为台地边缘礁滩相和局限台地潮坪—潟湖相沉积[12]。根据岩性和岩石结构特征的不同，灯影组从下至上可分为灯一段、灯二段、灯三段和灯四段[12]：灯一段以泥粉晶白云岩、蓝藻细菌白云岩为主，局部发育少量膏盐和纹层状构造；灯二段以藻白云岩为主，夹粉晶白云岩、泥晶白云岩和粒屑白云岩，具斑马状、叠层状、雪花状、团块状及葡萄状结构，局部夹膏盐岩及膏质、硅质白云岩；灯三段以泥页岩、泥质白云岩及硅质岩为主；灯四段主要由泥晶白云岩、粉晶白云岩、含砂屑白云岩、藻白云岩（包括藻叠层白云岩、藻凝块白云岩及藻砂屑白云岩等）组成，局部夹薄层灰黑色硅质条带。

整体上，灯四段岩溶储层发育，是目前灯影组勘探开发的主要目的层。灯四段藻凝块白云岩、泥粉晶白云岩在地层中发育程度最高，藻砂屑白云岩、藻叠层白云岩次之，而藻凝块白云岩储集性能最好，藻砂屑白云岩、藻叠层白云岩次之，泥粉晶白云岩储集性能最差。通过对高石梯—磨溪地区灯影组不同岩石类型的物性统计可以看出，藻含量最高的藻叠层白云岩平均孔隙度达4.88%，明显高于其他类型的白云岩，同时藻含量相对较高的藻砂屑白云岩、藻凝块白云岩、藻纹层白云岩的孔隙度整体高于泥晶白云岩、泥质白云岩和白云质泥岩（图2）。

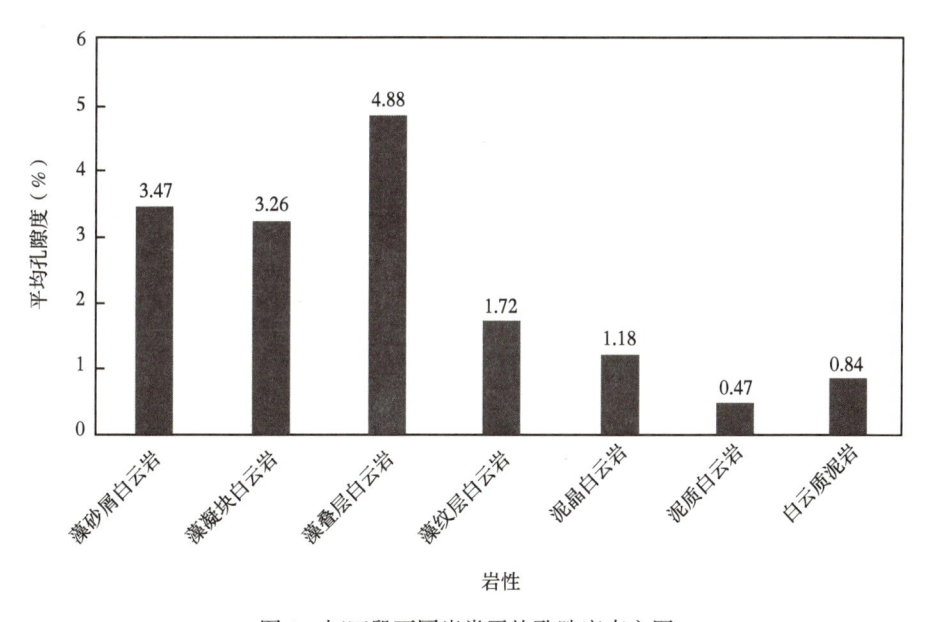

图2 灯四段不同岩类平均孔隙度直方图

3 样品采集与实验方法

为了研究高石梯—磨溪地区灯影组白云岩溶蚀差异，本次实验样品除采自高石梯—磨溪地区灯影组藻白云岩外，还采集了该区龙王庙组白云岩和广西环江上纳村石炭系白云岩样品以作为对比分析。白云岩的薄片鉴定岩性分别为藻砂屑白云岩、藻叠层硅质白云岩、藻叠层白云岩、含藻白云岩、藻凝块白云岩、细中晶白云岩和细晶白云岩，溶蚀实验样品典型岩心照片如图3所示。

（a）GS1，藻砂屑白云岩；（b）GS2，藻叠层硅质白云岩；（c）GS3，藻叠层白云岩；（d）MX4，细中晶白云岩；（e）MX1，含藻白云岩，藻含量在10%左右；（f）MX2，藻凝块白云岩，藻含量大于50%；（g）MX3，藻凝块白云岩，藻含量大于70%

图 3 实验样品典型岩心照片

根据前人研究认为，研究区灯影组白云岩主要受暴露岩溶影响[13]，所以本次室内溶蚀实验条件设定为常压条件，为了加快实验进度，采用pH=4的盐酸水溶液为反应溶液，实验温度为50℃，在电热恒温振荡水槽中进行。实验主要比较不同岩性及结构对溶蚀作用的影响，因此各组实验均采用相同的温度、压力和流体条件。具体实验内容和步骤如下：

（1）首先将每个样品分别加工成圆柱体切片和岩石薄片两种类型；

（2）用游标卡尺分别测量每个圆柱体切片不同位置的直径、厚度，并求取平均值，进而计算每个圆柱体切片的表面积，溶蚀实验样品直径、厚度及表面积计算结果见表1；

表 1 实验样品直径、厚度及表面积计算结果

编号	岩性	地层	直径（cm）	厚度（cm）	表面积（cm^2）
GS1	藻砂屑白云岩	灯影组	2.81	0.38	15.77
GS2	藻叠层硅质白云岩	灯影组	2.81	0.39	15.84
GS3	藻叠层白云岩	灯影组	2.82	0.42	16.17
MX1	含藻白云岩	灯影组	2.51	0.52	13.98
MX2	藻凝块白云岩	灯影组	2.42	0.47	12.81
MX3	藻凝块白云岩	灯影组	2.42	0.64	14.04
MX4	细中晶白云岩	龙王庙组	2.82	0.42	16.15
HD1	细晶白云岩	石炭系	2.80	0.40	15.89

（3）用超纯水清洗圆柱体切片，在恒温干燥箱中烘干 2h，设定温度为 105℃。干燥完毕后，将样品在干燥皿中进行冷却，再用分析天平称量每个圆柱体切片的重量；

（4）用相机分别对每个圆柱体切片进行拍照；用偏光显微镜观察每个薄片的微观特征，包括成分、结构、孔隙及裂隙发育情况等；

（5）配置 pH=4 的盐酸水溶液，将每个样品的圆柱体切片和薄片放置在相同烧杯中，倒入配置好的盐酸水溶液，再将烧杯放置在恒温振荡水槽中，设置温度为 50℃，进行溶蚀实验；

（6）溶蚀实验分别进行 1h、2h、3h、6h、12h、15h、21h、27h、37h、165h 和 235h 后，取出样品，重复步骤（3）、（4）、（5），记录不同时间样品溶蚀后的重量、表面形貌及微观特征，计算不同反应时间圆柱体切片单位面积的溶蚀速率，溶蚀速率计算结果见表 2。

表 2 实验样品地层、岩性及溶蚀速率计算结果

编号	岩性	地层	溶蚀速率 [10^{-4} g/(cm^2·d)]										
			1h	2h	3h	6h	12h	15h	21h	27h	37h	165h	235h
GS1	藻砂屑白云岩	灯影组	126.17	17.05	19.02	5.63	2.82	7.81	2.26	3.15	1.16	0.42	0.02
GS2	藻叠层硅质白云岩	灯影组	47.13	7.27	8.18	3.03	1.54	—	4.07	2.07	0.82	0.29	0.16
GS3	藻叠层白云岩	灯影组	166.18	21.96	27.89	3.71	1.85	11.62	—	4.92	—	0.4	0.01
MX1	含藻白云岩	灯影组	165.64	31.33	38.19	0.86	3.29	—		0.66	—	—	—
MX2	藻凝块白云岩	灯影组	73.98	7.96	19.2	7.65	3.43			1.34			
MX3	藻凝块白云岩	灯影组	66.23	34.18	21.36	2.85	0	—		0.54			
MX4	细中晶白云岩	龙王庙组	175.8	50.38	—	8.22	2.3	10.25	0.79	5.1	0.21	0.41	0.63
HD1	细晶白云岩	石炭系	72.35	39.27	—	3.22	2.87	3.63	2.37	1.23	2.31	0.22	0.24

4 实验结果

4.1 溶蚀速率

根据溶蚀速率的计算结果（表 2，图 4），对比分析不同样品、不同反应时间的溶蚀速率，结果表明：

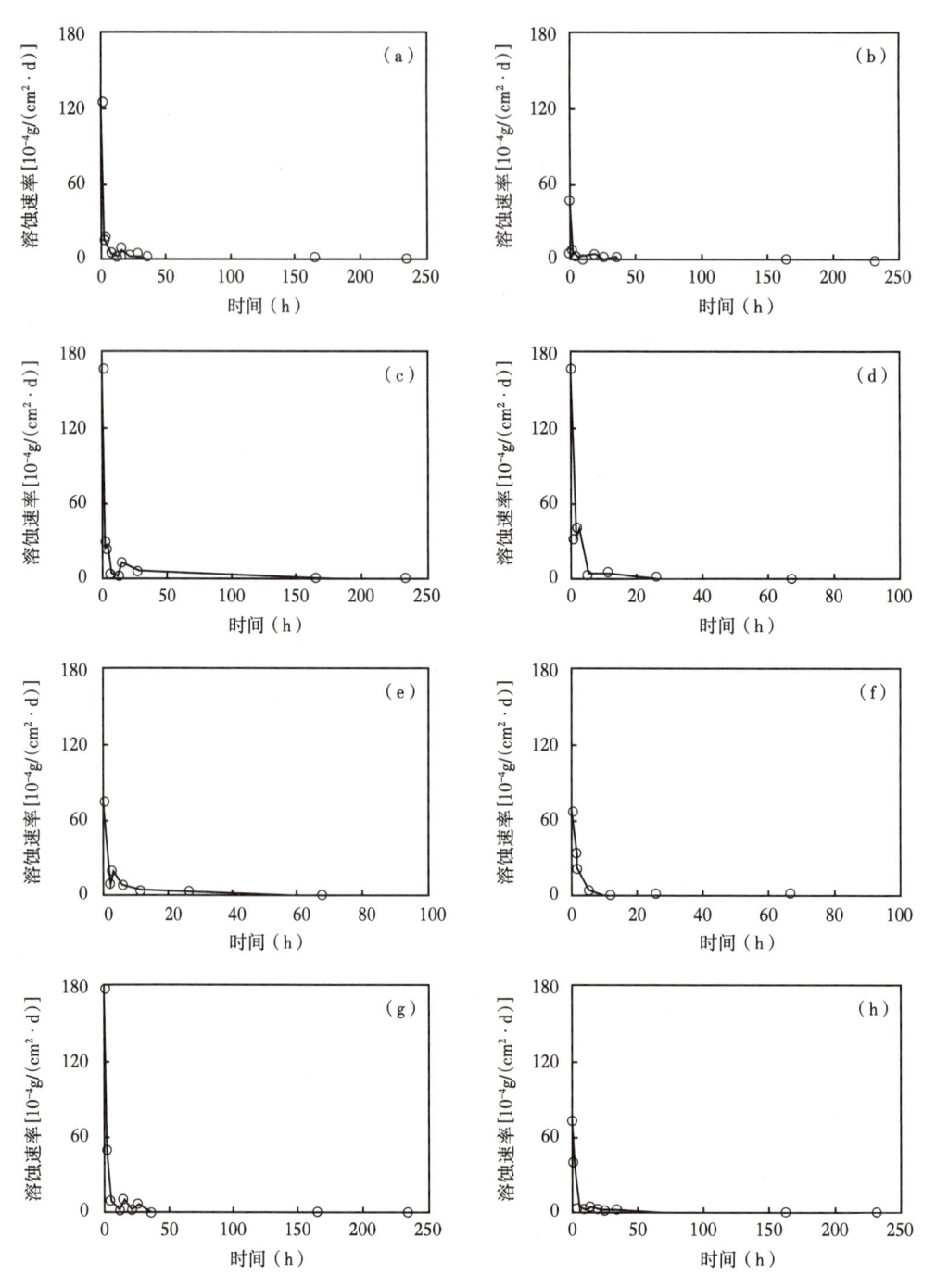

（a）GS1，藻砂屑白云岩；（b）GS2，藻叠层硅质白云岩；（c）GS3，藻叠层白云岩；（d）MX1，含藻白云岩，藻含量在10%左右；（e）MX2，藻凝块白云岩，藻含量大于50%；（f）MX3，藻凝块白云岩，藻含量大于70%；（g）MX4，细中晶白云岩；（h）HD1，细晶白云岩

图 4　样品溶蚀速率随时间变化曲线

（1）在实验条件下，所有样品的溶蚀速率较小，量级为 $10^{-4}g/(cm^2 \cdot d)$，溶蚀过程较缓慢；

（2）所有样品在实验初期均有较高的溶蚀启动速率，达（45~175）×10^{-4}g/（cm^2·d）；随溶蚀时间增加，所有样品的溶蚀速率均呈现大幅度衰减，在12h左右逐渐稳定于（1.5~3.5）×10^{-4}g/（cm^2·d），多数样品在27h后几乎不发生溶蚀；

（3）不同样品的溶蚀启动速率有明显差异，具体表现为MX4（细中晶白云岩）、GS3（藻叠层白云岩）、MX1（含藻白云岩）溶蚀速率最高，介于（165~175）×10^{-4}g/（cm^2·d）；GS1（藻砂屑白云岩）溶蚀速率较高，达126.17×10^{-4}g/（cm^2·d）；MX2（藻凝块白云岩）、HD1（细晶白云岩）、MX3（藻凝块白云岩）溶蚀速率较低，介于（66~74）×10^{-4}g/（cm^2·d）；GS2（藻叠层硅质白云岩）溶蚀速率最低，达47.13×10^{-4}g/（cm^2·d）。

4.2 微观变化特征

通过观察溶蚀实验前后圆柱体切片样品的表面形貌特征和薄片样品的微观特征，对比分析不同样品、不同反应时间的溶蚀特征，结果表明以下几点。

（1）所有样品在弱酸环境下均发生一定程度的溶蚀，而不同岩性及结构的样品溶蚀程度有明显差异。如图5所示，GS1（藻砂屑白云岩）、MX4（细中晶白云岩）圆柱体切片样品在溶蚀后孔径明显增大，孔隙之间可见短距离相互连通；GS3（藻叠层白云岩）圆柱体切片样品在溶蚀后样品表面变模糊。

（2）如图5所示，通过比较溶蚀实验前后圆柱体切片样品的溶蚀程度，可知GS1（藻砂屑白云岩）、MX4（细中晶白云岩）溶蚀程度较高；GS3（藻叠层白云岩）次之，GS2（藻叠层硅质白云岩）溶蚀程度最低，这与溶蚀速率的计算结果基本吻合。

(a) 实验前，GS1，藻砂屑白云岩；(b) 实验后，GS1，藻砂屑白云岩，孔径明显增大，孔隙之间可见短距离相互连通；(c) 实验前，GS2，藻叠层硅质白云岩；(d) 实验后，GS2，藻叠层硅质白云岩，无明显变化；(e) 实验前，GS3，藻叠层白云岩；(f) 实验后，GS3，藻叠层白云岩，样品表面变模糊；(g) 实验前，MX4，细中晶白云岩；(h) 实验后，MX4，细中晶白云岩，孔隙增多，孔径增大，孔隙之间可见短距离相互连通

图5 圆柱体切片样品溶蚀前后照片

5 讨论

5.1 孔隙、裂隙对白云岩溶蚀的影响

粒间孔隙、晶间孔隙发育的样品，沿粒间、晶间孔隙溶蚀程度较高。溶蚀实验前，GS1（藻砂屑白云岩）样品圆柱体切片下孔隙主要呈孤立分布，孔径较少且发育稀少［图5（a）］；溶蚀实验后，孔径增大，孔隙之间可见短距离相互连通，连接通道以晶间裂隙为主，但范围小，且不稳定［图5（b）］。另外，溶蚀实验后，MX4（细中晶白云岩）样品圆柱体切片表面也可见明显的溶蚀扩大现象［图5（g）、图5（h）］。

微裂隙发育的样品，沿微裂隙溶蚀程度较高。溶蚀实验前，镜下观察可知GS2（藻叠层硅质白云岩）样品局部发育微裂隙，但微裂隙延伸短，储集空间小［图6（a）］；溶蚀实验后，微裂隙明显扩宽、延长，储集空间明显增大［图6（d）］。

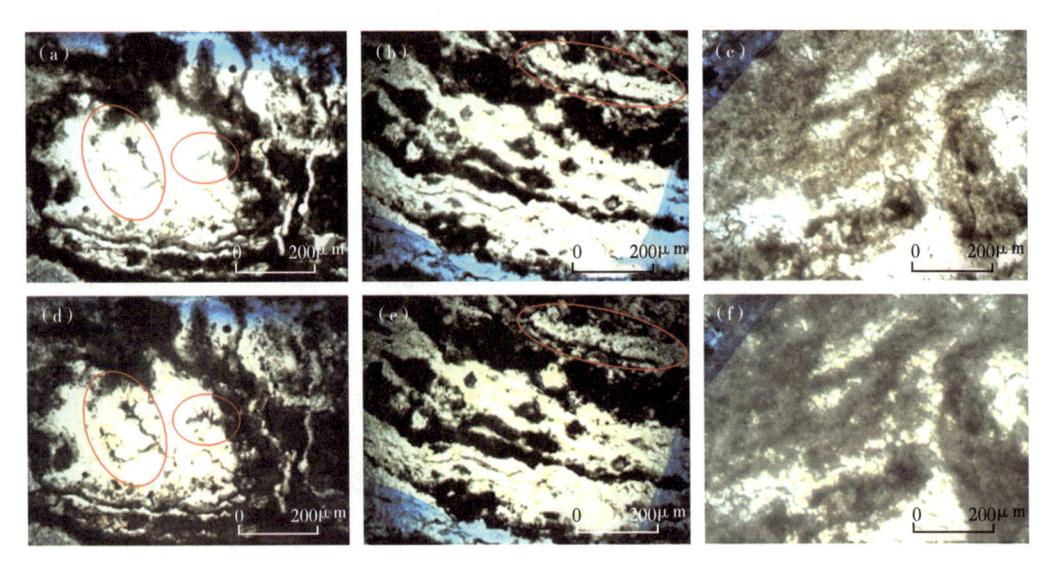

（a）实验前，GS2，藻叠层硅质白云岩，单偏光，红圈为微裂隙；（b）实验前，GS2，藻叠层硅质白云岩，单偏光，红圈为白云石晶粒；（c）实验前，GS3，藻叠层白云岩，单偏光；（d）实验后，GS2，藻叠层硅质白云岩，单偏光，红圈为微裂隙发生扩溶；（e）实验后，GS2，藻叠层硅质白云岩，单偏光，红圈为白云石晶粒发生溶蚀，晶粒体积减小；（f）实验后，GS3，藻叠层白云岩，单偏光，样品表面变模糊

图6 样品溶蚀前后微观特征

5.2 藻对白云岩溶蚀的影响

溶蚀实验后，GS2（藻叠层硅质白云岩）样品藻叠层间白云石晶粒发生明显溶蚀，晶粒体积明显减少［图6（b）、图6（e）］。GS3（藻叠层白云岩）样品表面变模糊［图5（e）、图5（f）、图6（c）、图6（f）］，推测流体难以进入样品内部进行较大规模溶蚀，而仅在样品表面发生溶蚀。MX3（藻凝块白云岩）样品的溶蚀程度随着溶蚀时间的增加而增大，白云石晶粒逐渐发生溶蚀。溶蚀实验前，MX3（藻凝块白云岩）样品的白云岩晶粒团块完

整，发育小型晶间孔［图7（a）］；在溶蚀时间达到5h之后，前期晶间孔明显增大，底部位置可见溶蚀孔发育［图7（b）］；在溶蚀时间达到12h之后，底部溶蚀孔已明显扩大，约占整个白云石晶粒团块的三分之一［图7（c）］；在溶蚀时间达到18h之后，白云石晶粒团块发生破碎、变形，溶蚀孔扩大、连通，与溶蚀实验前相比有着显著差别［图7（d）］。

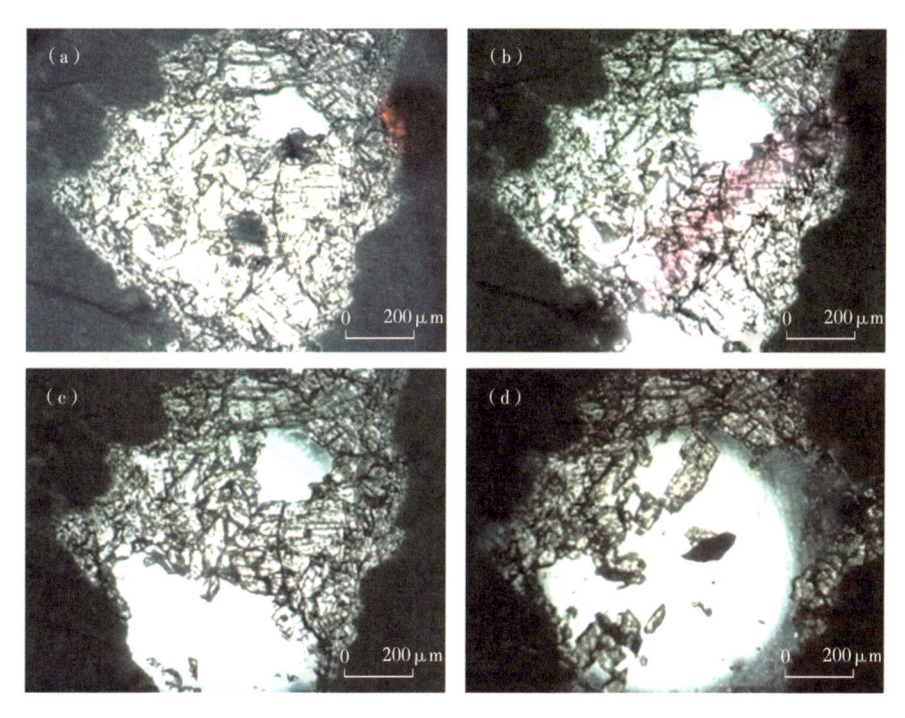

（a）实验前，MX3，藻凝块白云岩，单偏光；（b）实验5h后，MX3，藻凝块白云岩，单偏光；（c）实验12h后，MX3，藻凝块白云岩，单偏光；（d）实验18h后，MX3，藻凝块白云岩，单偏光

图7　不同溶蚀时间藻凝块白云岩变化特征

通过镜下观察可以看出，在成分上藻白云岩中主要发生溶蚀的成分是藻间的白云石，可见白云石晶粒发生溶蚀，晶粒体积减小，微孔隙、微裂隙等发生扩溶；而藻类的溶蚀程度整体较低，未见明显的溶蚀孔隙、裂隙等现象（图6、图7）。综上分析认为，高石梯—磨溪地区灯影组藻白云岩储层发育可能与藻间白云石的溶蚀作用有关，藻间白云石溶蚀形成了大量的溶蚀孔隙，最终形成了现今灯影组岩溶储层多发育于藻含量较高的藻白云岩的面貌。

6　结论及意义

（1）所有样品均有较高的溶蚀启动速率，随溶蚀时间增加，呈现大幅度衰减并趋于稳定。不同样品的溶蚀速率有明显差异，藻叠层白云岩、藻砂屑白云岩溶蚀速率最高，藻凝块白云岩次之，藻叠层硅质白云岩溶蚀速率最低。

（2）通过观察比较不同反应时间样品微观溶蚀特征，发现沿粒间、晶间孔隙以及微裂隙溶蚀程度较高，灯影组藻白云岩储层发育可能与藻间白云石的溶蚀作用有关。

（3）实验过程中定时记录实验数据，可以准确认识溶蚀孔隙、裂隙形成及演变过程。采用岩石切片和薄片同时进行溶蚀实验的方法，实验结果既有溶蚀量化指标——溶蚀速率，又可掌握溶蚀结构变化，可以更全面地理解溶蚀规律。

参 考 文 献

[1] Gledhill D K, morse J W. Calcite dissolution kinetics in Na–Ca–Mg–Cl brines[J]. Geochimica Et Cosmochimica Acta, 2006, 70（23）: 5802-5813.
[2] Sanders D. Syndepositional dissolution of calcium carbonate in neritic carbonate environments : geological recognition, processes, potential significance[J]. Journal of African earth science, 2003, 36（3）: 99-134.
[3] 马永生, 何登发, 蔡勋育, 等. 中国海相碳酸盐岩的分布及油气地质基础问题[J]. 岩石学报, 2017, 33（4）: 1007-1020.
[4] 何治亮, 张军涛, 丁茜, 等. 深层-超深层优质碳酸盐岩储层形成控制因素[J]. 石油与天然气地质, 2017, 38（4）: 633-644.
[5] 赵文智, 沈安江, 胡素云, 等. 中国碳酸盐岩储层大型化发育的地质条件与分布特征[J]. 石油勘探与开发, 2012, 39（1）: 1-12.
[6] 佘敏, 蒋义敏, 胡安平, 等. 碳酸盐岩溶蚀模拟实验技术进展及应用[J]. 海相油气地质, 2020, 25（1）: 12-21.
[7] 佘敏, 朱吟, 沈安江, 等. 塔中北斜坡鹰山组碳酸盐岩溶蚀的模拟实验研究[J]. 中国岩溶, 2012, 31（3）: 234-239.
[8] 佘敏, 寿建峰, 沈安江, 等. 碳酸盐岩溶蚀规律与孔隙演化实验研究[J]. 石油勘探与开发, 2016, 43（4）: 564-572.
[9] 蒋小琼. 普光与建南气田碳酸盐岩礁滩相储层埋藏溶蚀作用对比研究[D]. 2014.
[10] 彭军, 王雪龙, 韩浩东, 等. 塔里木盆地寒武系碳酸盐岩溶蚀作用机理模拟实验[J]. 石油勘探与开发, 2018, 45（3）: 415-425.
[11] 闫海军, 彭先, 夏钦禹, 等. 高石梯—磨溪地区灯影组四段岩溶古地貌分布特征及其对气藏开发的指导意义[J]. 石油学报, 2020, 41（6）: 658-670.
[12] 邓月锐. 四川盆地高石梯构造灯影组储层特征研究[D]. 成都：西南石油大学, 2013.
[13] 刘曦翔, 淡永, 罗文军, 等. 四川盆地高石梯地区灯影组四段顶岩溶古地貌、古水系特征与刻画[J]. 中国岩溶, 2020, 39（2）: 206-214.

高石梯—磨溪地区灯四气藏产能主控因素分析

陶夏妍 徐 伟 杨泽恩 姚宏宇
孙 波 申 艳 杨 柳 朱 讯

（中国石油西南油气田公司）

摘 要 安岳气田高石梯—磨溪区块灯四气藏地质条件复杂，气井测试产能差异大，从地质因素的角度出发，分析了高石梯—磨溪地区气井产能的主控因素，认为高石梯—磨溪地区气井产能差异较大，高石梯区块好于磨溪区块，台缘带好于台内，灯四上好于灯四下，已完钻斜井均获得了较好的测试效果。受沉积、岩溶、缝洞发育综合控制，纵向上中高产井主产层段主要位于震顶以下100m 内的第一潜流带中，平面上集中分布在缝洞较发育的台缘带丘滩相、古地貌斜坡残丘与微幅构造高部位叠合区域。

关键词 震旦系；灯影组；风化壳岩溶；产能；主控因素；潜流带

安岳气田位于川中加里东古隆起核部，该古隆起一直以来都被地质学家认为是震旦系—下古生界油气富集的有利区域。其中，高石梯—磨溪区块震旦系灯四气藏位于四川省遂宁、资阳市、重庆市潼南县境内，区域构造位于四川盆地中部川中古隆起平缓构造区威远至龙女寺构造群。安岳气田高石梯—磨溪区块震旦系灯四气藏储量规模大、开发潜力大，前人针对四川盆地震旦系气藏在构造演化与油气聚集、岩溶古地貌特征、储集空间形成及演化、储层特征及展布、生产动态特征分析、储层改造等方面都进行了大量的研究[1-6]，取得了一定的成果和认识可供借鉴，但高石梯—磨溪震旦系灯四气藏地质条件复杂、动态资料有限，储层非均质性强，气井测试产能差异大，气田规模有效开发还面临巨大挑战。笔者基于钻录井、岩心、薄片、测井、地震、试油测试等资料的综合分析与运用，从地质因素的角度出发，在对风化壳岩溶储层特征有一定认识的基础上，分析了高石梯—磨溪地区灯四气藏产能特征，并初步探讨了气井产能的主控因素，以期对高石梯—磨溪地区灯四气藏的有效开发起到一定的指导作用。

1 储层特征及气藏类型

安岳气田高石梯—磨溪区块为大型平缓潜伏背斜构造，断层走向主要为近北西向和近南北向，全为正断层。灯四段地层厚度分布在260~350m，纵向上分为上、下亚段。高石梯—磨溪区块处于古地貌岩溶坡地，灯四段沉积时期为碳酸盐岩局限台地环境，包含藻丘、颗粒滩及台坪3个亚相，有利沉积相类型为台缘丘滩相沉积。印模法恢复的岩溶古地貌显示出东高西低的特征，由高到低古地貌单元依次为高地—斜坡—洼地，其中岩溶斜坡又可细分为Ⅰ、Ⅱ、Ⅲ级岩溶斜坡带。岩溶剖面垂向上可划分为表层岩溶带、垂向渗流带、水平潜流带、深部缓流带等四个岩溶带，其中水平潜流带发育多期。灯四段储层岩性主要为藻凝块云岩、藻叠层云岩以及藻砂屑云岩，储集空间以溶洞、次生的粒间溶孔、晶间溶孔为主。震旦系灯四段柱塞样孔隙度主要在2%~6%，总平均孔隙度为3.78%；单井平均渗透率在0.01~1mD，总平均渗透率为0.57mD，属低孔—低渗透储层，并且台缘带物性明显优于台内、灯四上优于灯四下（图1）。储层类型分为四类，包括孔隙型、角砾溶洞型、孔隙溶洞型以及裂缝—孔洞型。裂缝—孔洞型和孔隙溶洞型储层溶洞发育，孔隙度多大于3%，渗透率多大于0.1mD，是相对优质储层；角砾溶洞型、基质型储层孔隙度多在2%~3%，溶洞间连通性极差，渗透率低于0.1mD，测试产量低于$2\times10^4m^3/d$，目前难以动用（图2）。

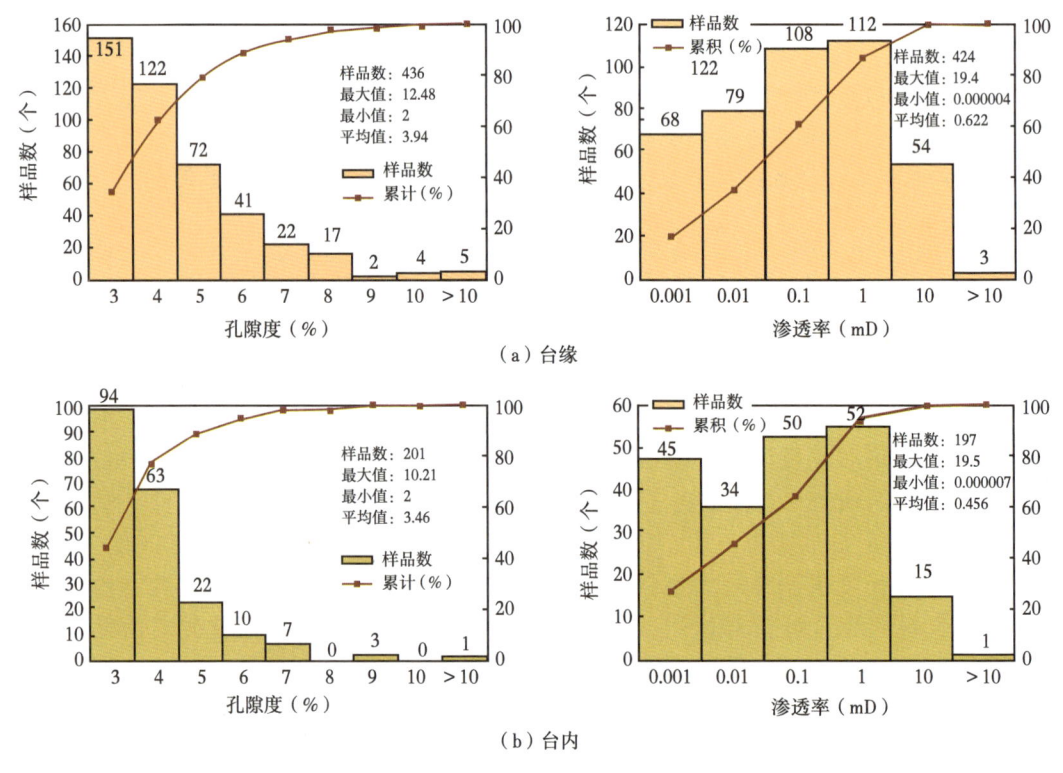

（a）台缘

（b）台内

图1 震旦系灯四段储层柱塞样物性直方图

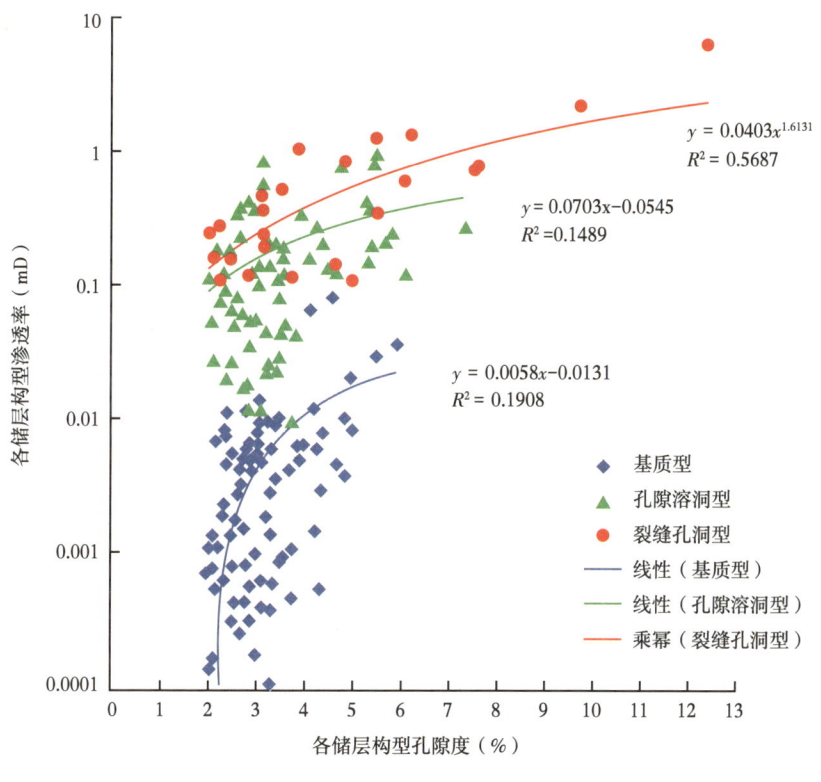

图2 各储层类型孔渗关系图

储层平面上大面积分布，但受沉积与岩溶作用控制非均质性较强。纵向上，以灯四上亚段表生岩溶第一水平潜流亚带中储层最为发育，物性最好，平面上储层主要分布于丘滩相与古地貌斜坡残丘叠合的缝洞发育区（图3、图4）。

靠近台缘带气井测试产量较高，天然气较为富集，而远离远台缘带储层发育变差，天然气富集程度降低。基于现有资料认为，高石梯区块灯四气藏为构造背景下的高温、常压、中含硫、中含CO_2的大型岩性—地层复合圈闭气藏。

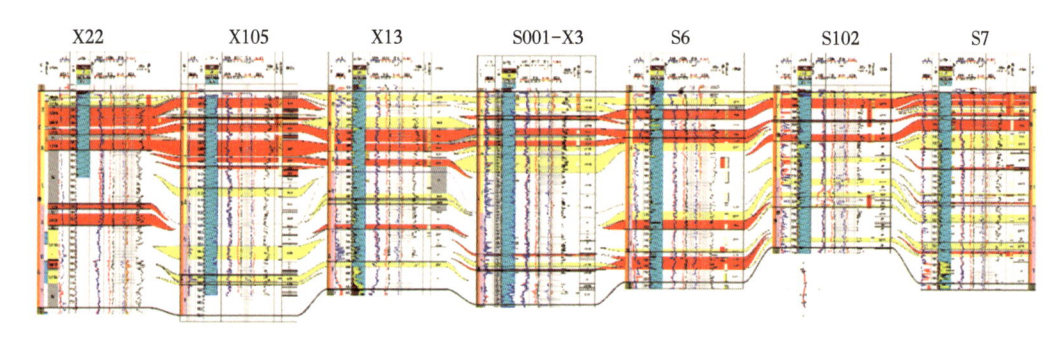

图3 X22-X105-X13-S001-X3-S6-S102-S7 井储层类型对比图

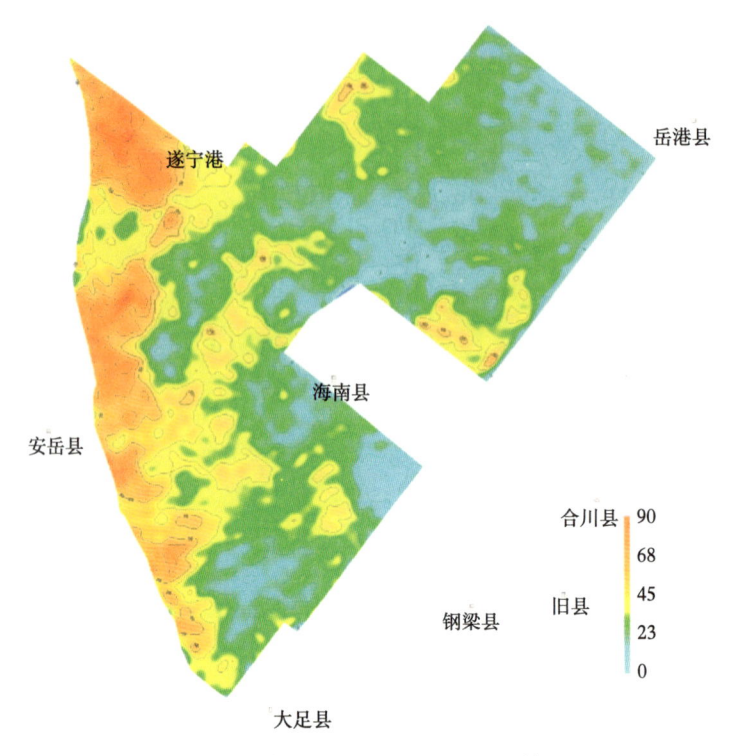

图4　高石梯－磨溪地区灯四上亚段地震储层预测图

2　产能特征

2.1　产能计算

目前研究区仅两口井在试油期间开展产能试井且顺利建立了二项式产能方程，由于开展产能试井较少，无法使用产能方程来评价高石梯—磨溪区块气井的产能，因此采用陈元千教授传统"一点法"产能公式，通过单点稳定测试资料来计算气井无阻流量。

常用的"一点法"产能计算方法如下：

$$q_{AOF} = \frac{6q_g}{\sqrt{1+48\left(\dfrac{p_R^2 - p_{wf}^2}{p_R^2}\right)} - 1} \quad (1)$$

式中　q_g——测试产量，$10^4 m^3/d$；

p_R——原始地层压力，MPa；

p_{wf}——测试产量对应的井底流动压力，MPa；

q_{AOF}——气井无阻流量，$10^4 m^3/d$。

2.2　产能分布特征

（1）气井产能差异大，高石梯区块好于磨溪区块，台缘带好于台内，灯四上好于灯四下。

根据 20 余口井的无阻流量计算结果，高石梯区块灯四上亚段平均无阻流量为 $95.27×10^4m^3/d$，高石梯区块灯四下亚段平均无阻流量为 $71.14×10^4m^3/d$，磨溪区块灯四上亚段平均无阻流量为 $38.22×10^4m^3/d$，高石梯明显好于磨溪区块。高石梯—磨溪区块台缘带灯四上亚段平均无阻流量为 $111.66×10^4m^3/d$，灯四下亚段平均无阻流量为 $62.71×10^4m^3/d$，而台内灯四上亚段平均无阻流量仅为 $16.11×10^4m^3/d$。由此，可以得出高石梯—磨溪区块震旦系灯四气藏气井产能高石梯区块好于磨溪区块，台缘带明显高于台内气井（图 5）。

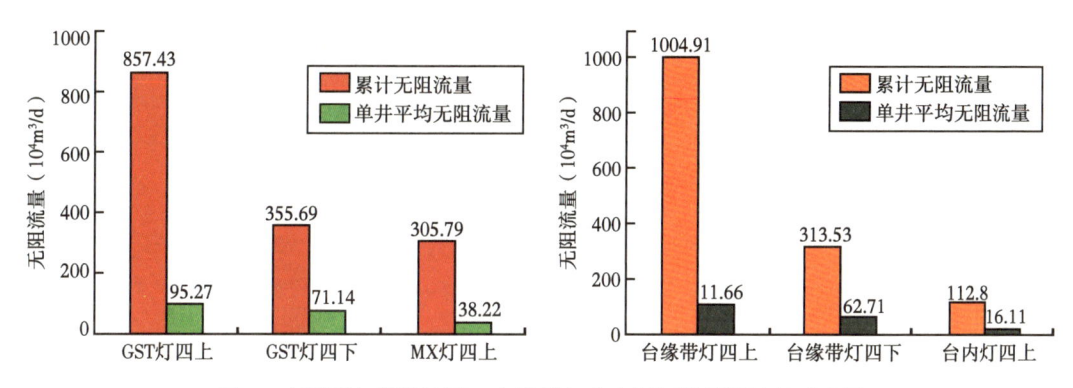

图 5　高石梯与磨溪地区、台缘带与台内灯四段无阻流量对比图

（2）已完钻斜井均获得了较好的测试效果。

目前已经完成试油测试的斜井均获得了工业气流，累计测试产量 $523.72×10^4m^3/d$，累计无阻流量 $842.65×10^4m^3/d$，单井平均无阻流量 $120.38×10^4m^3/d$，并且无阻流量超过 $100×10^4m^3/d$ 井所占比例较大（图 6）。

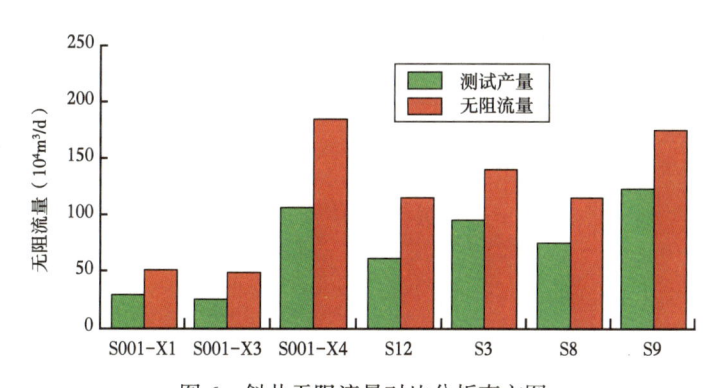

图 6　斜井无阻流量对比分析直方图

（3）高石梯—磨溪区块中高产井所占比例达 50% 以上。

将气井分为三类，单井无阻流量 $≥100×10^4m^3/d$，试井模型预测单井稳产 5 年配产 $≥20×10^4m^3/d$ 属于高产井；单井无阻流量在 $(30~100)×10^4m^3/d$，试井模型预测单井稳产 5 年配产 $(8~20)×10^4m^3/d$ 属于中产井；单井无阻流量 $<30×10^4m^3/d$，试井模型预测单井稳产 5 年配产 $<8×10^4m^3/d$ 属于低产井（表 1）。

表 1　气井分类统计表

井分类	稳产 5 年配产 （10^{4}m^3/d）	无阻流量 （10^{4}m^3/d）
高产井	≥ 20	≥ 100
中产井	8~20	30~100
低产井	< 8	< 30

根据气井分类结果，中高产井主要分布在高石梯区块，磨溪区块以低产井为主（图 7）。高石梯—磨溪区块的中高产井占 51.43%（图 8）。

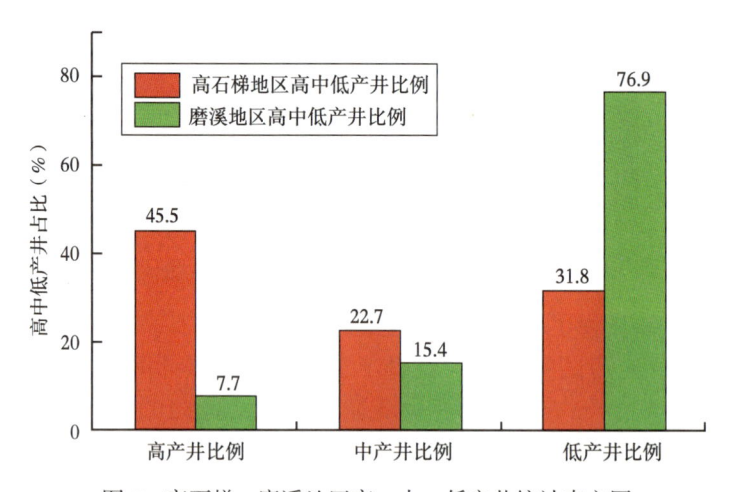

图 7　高石梯—磨溪地区高、中、低产井统计直方图

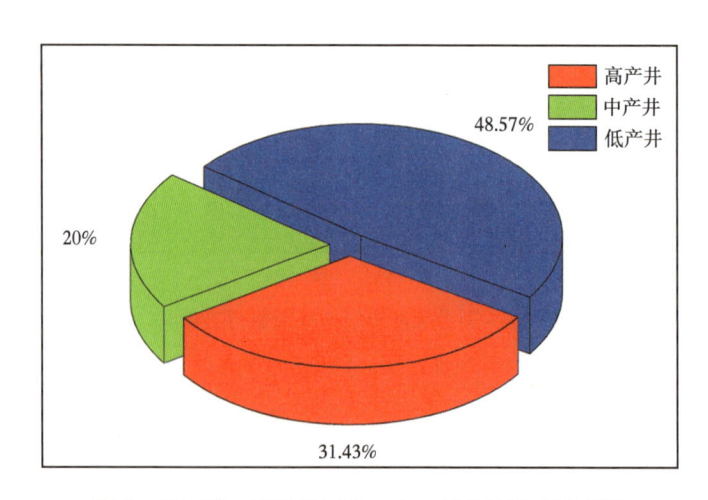

图 8　高石梯—磨溪地区高、中、低产井统计饼状图

3 产能主控因素

（1）中高产井在Ⅱ、Ⅲ级古地貌斜坡中所占比例最大。

由于古地貌斜坡溶蚀充分，且溶蚀规模大，优质储层发育，因此中高产井集中分布。通过统计发现，研究区高产井中64%位于Ⅱ级古地貌斜坡中，18%位于Ⅲ级古地貌斜坡中，18%位于Ⅰ级古地貌斜坡；中产井中57%位于Ⅲ级古地貌斜坡中，28.7%位于Ⅰ级古地貌斜坡中，14.3%位于岩溶高地。可以看出，中高产井在Ⅱ、Ⅲ级古地貌斜坡中所占比例最大。

（2）中高产井主产层段发育在震顶以下100m内。

根据岩溶纵向分带模式可知第一水平潜流亚带流体活跃，溶蚀充分，易形成顺层分布的溶蚀孔洞，且溶缝发育，裂缝—孔洞型及孔隙溶洞型优质储层集中发育，地震标定第一水平潜流带在纵向上分布在距离震顶以下100m内；同时通过统计发现，研究区68%的中高产井在距离震顶以下100m内产层单独测试获得了中高产（图9）。

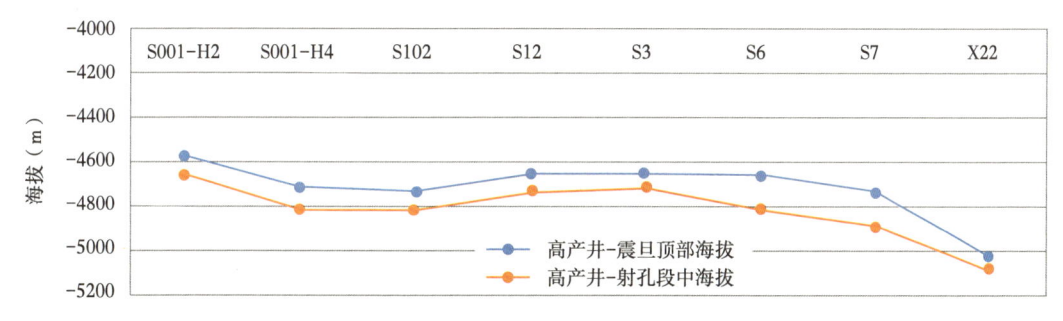

图9 高产井产层中部海拔与震顶关系图

（3）台缘带灯四下亚段气井产能主要受裂缝控制，灯四上亚段中、高产井与孔隙度大于3%储层发育程度相关性强。

根据高石梯—磨溪区块高、中、低产井孔隙度大于3%储层累计厚度与储层最大单层厚度交会图分析发现，研究区灯四下亚段中、高产井与低产井储层发育差异不明显，产能受裂缝发育影响大；灯四上亚段中、高产井与低产井储层发育有一定差异，中高产井孔隙度大于3%储层累计厚度和最大单层厚度相对较厚；特别是在台缘带区域规律更明显，中、高产井孔隙度大于3%储层发育程度明显好于低产井，孔隙度大于3%储层累计厚度多大于20m，最大单层厚度多大于5m（图10）。

（4）受沉积、岩溶、缝洞发育控制，中高产井集中分布在缝洞较发育的台缘带丘滩相、古地貌斜坡残丘与微幅构造高部位叠合区域。

中高产井中有利沉积微相丘滩相比例一般大于50%以上，而且处于古地貌斜坡有利岩溶地貌上，溶蚀孔洞发育好，储层累计厚度一般大于60m，同时优质储层发育，其厚度大于20m。另外中高产井中裂缝发育，平均裂缝密度大于0.5条/m，与优质储层搭配好。因此综合分析可知，有利丘滩相沉积加上岩溶发育是优质储层发育的基础，同时裂缝搭配储层是获得中高产的必要条件，且微幅构造高部位更有利于储层发育和油气的聚集。因此，中高产井集中分布在缝洞较发育的台缘带丘滩相、古地貌斜坡残丘与微幅构造高部位叠合区域（表2）。

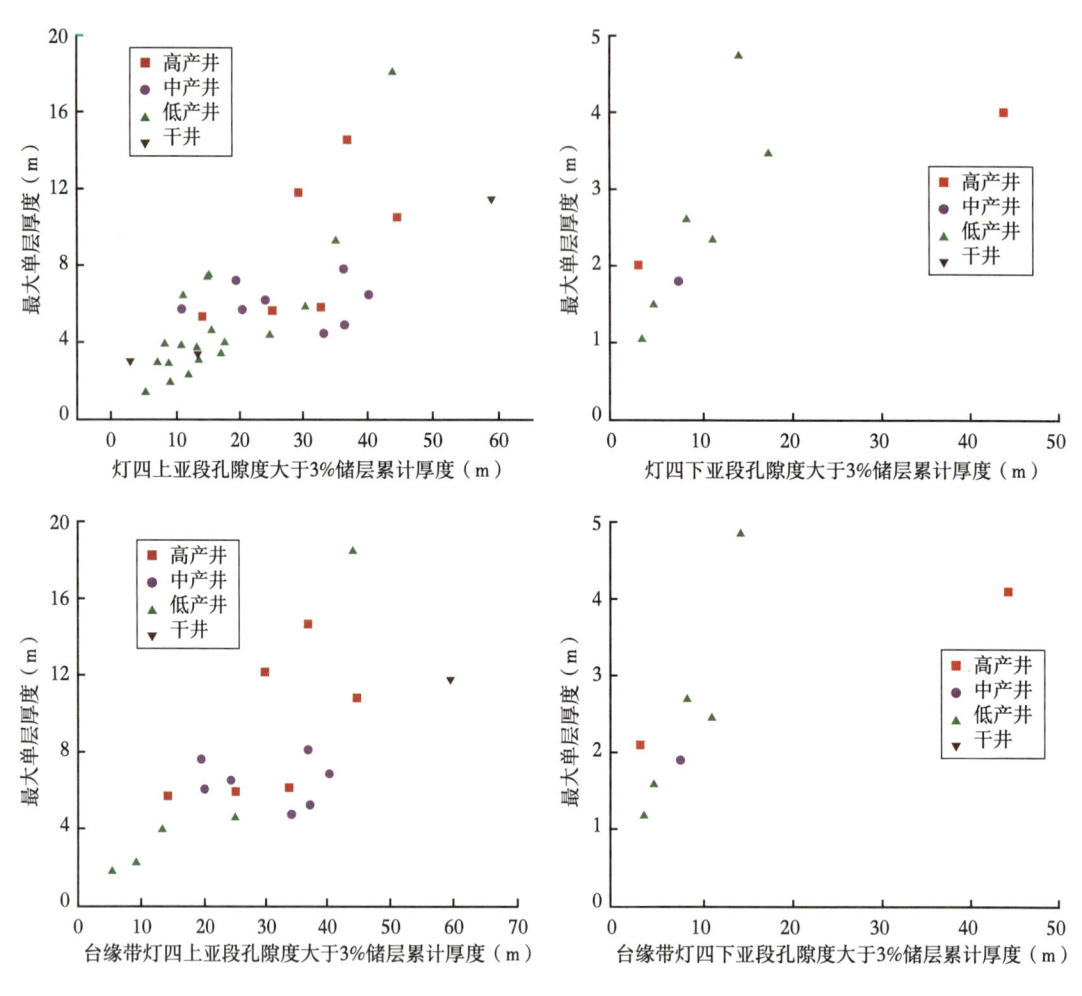

图 10　高、中、低产井与孔隙度大于 3% 储层关系图

表 2　高、中、低产井地质特征简表

类型	中、高产井	低产井
沉积相	丘滩比例大于 50%	丘滩比例低于 50%
古地貌	斜坡带残丘	斜坡带沟谷
微幅构造	高部位	低部位
溶蚀孔洞发育	好	差
裂缝密度（条/m）	大于 0.5	小于 0.2
储层累计厚度（m）	大于 60m	小于 50m
孔隙度大于 3% 储层厚度（m）	≥20	<20
缝洞搭配	好	差

4 结论

（1）储层受沉积与岩溶作用控制非均质性较强，纵向上主要位于第一潜流带内，平面上集中在台缘带丘滩相与古斜坡叠合区域。靠近台缘带气井测试产量较高，天然气较为富集，而远离远台缘带储层发育变差，天然气富集程度降低。基于现有资料认为，高石梯区块灯四气藏为构造背景下的高温、常压、中含硫、中含 CO_2 的大型岩性—地层复合圈闭气藏。

（2）高石梯—磨溪地区气井产能差异较大，高石梯区块好于磨溪区块，台缘带好于台内，灯四上好于灯四下，已完钻斜井均获得了较好的测试效果，高石梯—磨溪区块中高产井所占比例达 50% 以上。

（3）受沉积、岩溶、缝洞发育综合控制，纵向上中高产井主产层段主要位于震顶以下 100m 内的第一潜流带中，平面上集中分布在缝洞较发育的台缘带丘滩相、古地貌斜坡残丘与微幅构造高部位叠合区域。

参 考 文 献

[1] 周进高，姚根顺，杨光，等. 四川盆地安岳大气田震旦系—寒武系储层的发育机制 [J]. 天然气工业，2015，35（1）：36-44.
[2] 杨雨，黄先平，张健，等. 四川盆地寒武系沉积前震旦系顶界岩溶地貌特征及其地质意义 [J]. 天然气工业，2014，34（3）：38-43.
[3] 姚根顺，郝毅，周进高，等. 四川盆地震旦系灯影组储层储集空间的形成与演化 [J]. 天然气工业，2014，34（3）：31-37.
[4] 杨威，魏国齐，赵蓉蓉，等. 四川盆地震旦系灯影组岩溶储层特征及展布 [J]. 天然气工业，2014，34（3）：55-60.
[5] 张健，谢武仁，谢增业，等. 四川盆地震旦系岩相古地理及有利储集相带特征 [J]. 天然气工业，2014，34（3）：16-22.
[6] 韩慧芬，桑宇，杨建. 四川盆地震旦系灯影组储层改造实验与应用 [J]. 天然气工业，2016，36（1）：81-88.

双鱼石栖霞组白云岩储层储集空间表征及评价

王俊杰　刘义成　何溥为　兰雪梅

（中国石油西南油气田公司）

摘　要　对于具有强非均质性的多尺度储集空间的碳酸盐岩储层，单一的测试手段难以完全识别出所有的储集空间。为此，以四川盆地北部（以下简称川西北）双鱼石构造中二叠统栖霞组白云岩储层为研究对象，针对其发育多个尺度的孔洞缝，采用岩心图像采集仪和双能 CT 对不同尺度岩心的孔洞缝进行刻画，借助三维可视化软件对重构孔隙空间进行定量化分析，实现不同尺度下孔洞缝的搭配关系表征以及储集类型划分，并建立一套基于几何学参数识别裂缝、溶洞的方法。研究结果表明：(1) 双鱼石构造栖霞组储层发育多个尺度的孔洞缝储集空间，可划分为 3 大类 6 种类型，孔隙以晶间溶孔、晶间孔为主，溶洞以小洞为主，裂缝以斜交缝为主；(2) 建立的一套基于几何学参数识别裂缝、溶洞的方法，球形度小于 0.43、球半径比小于 0.41 为裂缝识别标准，等效球半径大于 2mm 为溶洞识别表征；(3) 栖霞组储层的孔隙以直径 0.02~2.00mm 的大孔隙为主，洞以 2.00~10.00mm 的小洞为主，发育多个级别的裂缝；(4) 栖霞组储集类型以裂缝—孔洞型、裂缝—孔隙型为主，缝洞发育程度是影响栖霞组储层物性的关键因素，栖霞组储层裂缝发育储集类型占比超过 50%。

关键词　碳酸盐岩；多尺度表征；几何学参数；孔洞缝搭配；四川盆地；中二叠世；栖霞组

1　引言

碳酸盐岩油气藏在全球油气资源中占有极为重要的地位。据美国信息处理服务有限公司（IHS）统计，碳酸盐岩油气资源量约占全球油气资源量的 70%，可采储量约占 50%，产量约占 60%[1-2]，并且储量大、产量高的油气藏通常为碳酸盐岩油气藏[3]。然而碳酸盐岩储层形成过程中受到沉积、成岩以及构造等多种因素的影响，在不同时期、不同尺度上形成溶孔、溶洞和裂缝，普遍具有孔洞缝发育、强非均质、基质低孔低渗透等特点，孔洞是油气主要的储集空间，裂缝是主要的渗流通道[4]。因此，碳酸盐岩油气藏开发效果一定程度受制于储层孔洞缝的搭配关系。研究碳酸盐岩储层孔缝洞发育特征及其搭配关系，对碳酸盐岩气藏的高效开发具有十分重要的意义。

由于碳酸盐岩储集空间的多样性和非均匀性以及各种研究方法的局限性，准确刻画碳酸盐岩多尺度孔洞缝结构非常困难。目前对于储集空间的研究主要分为两大类：一是直接观测法，主要观测手段有光学显微镜、扫描电镜等，观测结果为二维图像且半定量[5]；二是间接观测法，主要观测手段有压汞、核磁共振等，测试结果主要为孔径的分布曲线，无法刻画孔隙三维的展布以及相互连通关系[6]。

随着CT扫描精度的不断提高以及计算机运行能力的提升，数字岩心在油气储层岩心孔隙结构分析运用逐渐普及，经过多年的发展，CT扫描已经能够比较准确地分析常规油气储层中孔隙的发育规模与分布特征。在孔洞缝识别方面，目前主要的方法是基于单张二维图像二值化，取其中具有狭长特征的目标，并视其为裂缝[7-8]。夏晨木等[9]在裂缝识别过程中，主要依据孔隙形状因子，认为裂缝的形状因子小于0.008。鄢友军等[10]在碳酸盐岩孔洞缝识别过程，依据行业标准划分孔洞缝的尺度大小，并结合孔隙形状因子、外接球半径等参数划分孔洞缝，而裂缝的形状因子小于0.05。在利用形状因子识别裂缝的界限上，目前存在较大差别。高树生等[11]利用CT扫描、核磁共振对四川盆地下寒武统龙王庙组白云岩储层岩心的分析结果表明，储集空间存在不同级别大小的基质孔隙、溶洞、微裂缝等，CT扫描识别全直径岩心储集空间以2~8mm的溶洞为主，而核磁共振识别出储集空间以孔隙为主。WEI等[12]对比全直径岩心样和柱塞岩心样的CT扫描结果发现，全直径岩心样非均质性更强，渗透率也体现出明显的各向异性特征，而小岩心样表现出相对均质特征。对于跨越多个测量尺度储集空间的碳酸盐岩储层，单一的测试手段难以完全识别出全部的储集空间。

笔者以四川盆地西北部（以下简称川西北）双鱼石构造中二叠统栖霞组白云岩储层为研究对象，运用岩心图像采集仪和双能CT对不同尺度的碳酸盐岩样品进行孔洞缝扫描，并借助三维可视化软件对重构孔隙空间进行定量化分析，实现对不同尺度观测范围内孔洞缝搭配关系的表征以及对储集类型的划分，为碳酸盐岩油气藏精细刻画以及高效开发提供技术支撑。

2 研究方法及样品

2.1 研究区储层特征

川西北双鱼石构造位于四川盆地西北部，处于上扬子克拉通北缘龙门山山前褶皱带。2014年，针对川西北二叠系台缘带白云岩储层部署的ST1井发现了栖霞组白云岩气藏。目前，已在双鱼石构造栖霞组钻获多口高产工业气井。其中主力产气层栖霞组埋藏深度大于7000m，地层温度为158℃，压力系数为1.33，原始地层压力为96MPa，为超深高温高压气藏[13]。

根据双鱼石构造栖霞组取心井资料统计结果分析，栖霞组主要储层岩石类型以白云岩为主，白云岩呈褐灰色、浅灰色，白云岩晶粒以中—粗晶为主，呈半自形，部分为他形或自形。笔者研究统计了栖霞组49块柱塞岩心样和75块全直径岩心样的氦气法孔隙度和渗透率（图1）。岩心物性分析结果表明，49块柱塞岩心样孔隙度介于1.20%~7.59%，平均值为3.08%；渗透率介于0.002~56.000mD，平均值为7.780mD。75块全直径岩心样孔隙度介于0.90%~6.88%，平均值为3.77%；渗透率介于0.013~27.200mD，平均值为2.150mD。基质孔隙度普遍较低，部分岩心裂缝发育具有高渗透特征，这也是超深碳酸盐岩储层的普遍特征[14-15]。依据国家标准《天然气藏分类》（GB/T 26979-2011），栖霞组储层属于特低孔—低孔、低渗—特低渗黏储层。

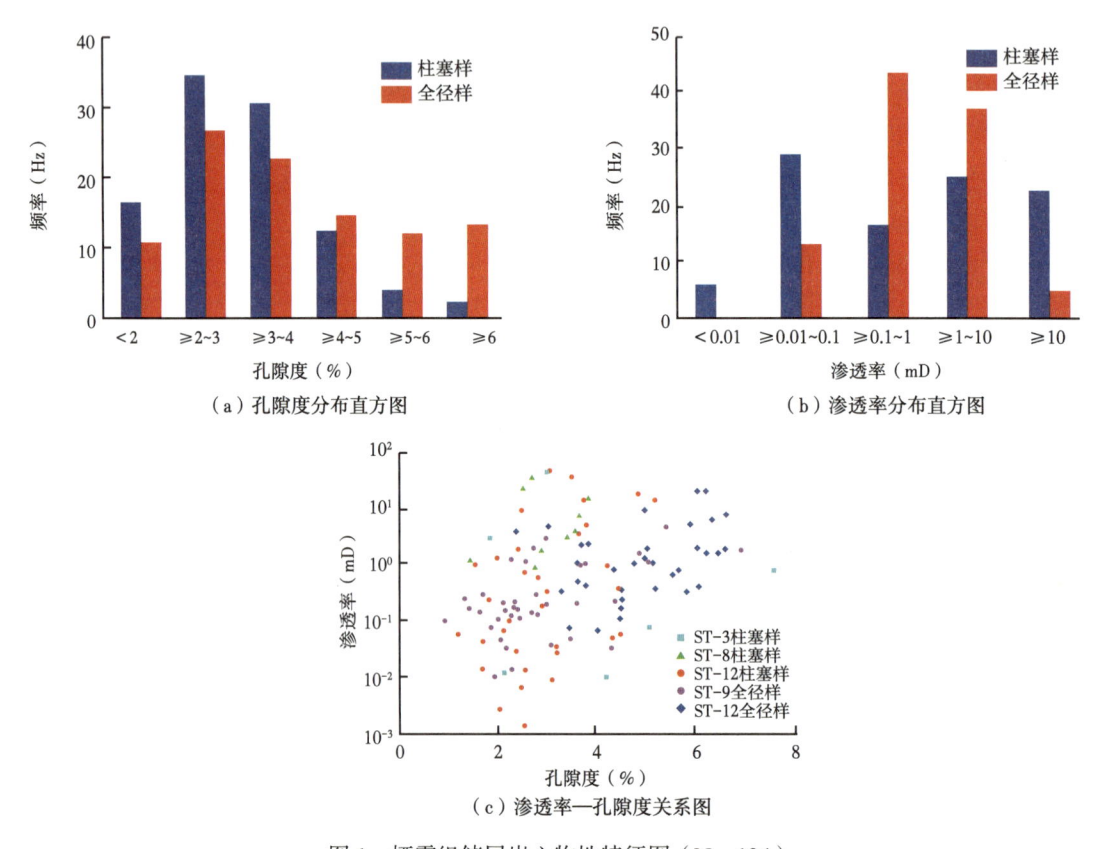

（a）孔隙度分布直方图

（b）渗透率分布直方图

（c）渗透率—孔隙度关系图

图1　栖霞组储层岩心物性特征图（N = 124）

对研究区栖霞组的岩心、铸体薄片和成像测井等进行观察分析，结果表明栖霞组的储集空间类型多样。依据储集空间的大小、形态以及与岩石结构的关系，可以将栖霞组的储集空间划分为孔（直径小于2mm）、洞（直径大于或等于2mm）和缝3大类型，再依据栖霞组主要储集空间形成主控因素，将储集空间类型进一步细分为3大类6种（表1）。

由于碳酸盐岩储层次生改造作用的千差万别，使得储层的孔隙结构相当复杂。就其大小而言，小的孔只能用电子显微镜才能观察到，用微米计量；大的洞可达到直径百米级，造成钻井过程中钻具放空。上述分析结果表明，栖霞组白云岩储层发育多个尺度的孔洞缝。而不同研究手段仅能够对特定尺度范围内的单一类型进行表征。因此，要认识与评价碳酸盐岩储集类型及孔洞缝搭配关系，有必要对多个尺度内的孔洞缝特征及搭配关系进行研究。

表 1　双鱼石构造栖霞组储集空间类型划分表

储集空间类型		成因与特征	主控因素
孔 （＜2mm）	晶间孔	碳酸盐岩晶体白云石化、重结晶过程中，新生成的白云石晶体的体积缩小，使碳酸盐岩产生晶间孔隙，而形成多孔。孔壁平直，孔隙呈棱角状，部分孔隙含有沥青残留，大小介于0.01~0.10mm	白云化 重结晶
	晶间溶孔	在晶间孔基础上经过溶蚀扩大的孔。孔壁弯曲，呈港湾状，大小介于0.05~1.00mm，多为椭圆状和不规则状	溶蚀
洞 （≥2mm）	孔隙型溶洞	在孔隙基础上进一步溶蚀扩大的洞。主要分布在晶粒较粗的白云岩中，直径一般小于1.0cm，为不规则的椭圆状，局部成蜂窝状、斑点状，连通性较好，少数洞内充填粗粒亮晶白云石，含有少量的沥青	溶蚀
	裂缝型溶洞	沿裂缝局部溶蚀扩大而成的洞。裂缝两侧围岩区域溶蚀扩大，局部形成与裂缝产状近一致的拉长状或串珠状溶洞，宽度介于0.2~1.0cm，呈定向分布，连通性极好	构造 溶蚀
缝	构造缝	构造作用形成的裂缝。裂缝面平直，部分呈带状分布，以中—高角度裂缝为主	构造 应力
	溶蚀缝	大气淡水、混合水和腐蚀性流体沿易溶部位溶蚀而成的缝。裂缝内溶蚀扩大，裂缝宽度增大，裂缝内残留一定量机械杂基和化学沉淀物	构造 溶蚀

2.2　测试方法

为了研究碳酸盐岩的孔洞缝发育特征，笔者采用了岩心图像高分辨率采集仪和Phoenix v |tome| xm 型 3D 计算机断层扫描系统。Phoenix v |tome| xm 型 3D 计算机断层扫描系统是由通用电气 GE 旗下德国 Phoenix 公司生产，该设备配备高功率 CT 和高分辨率 nanoCT 两种探头。高功率探头穿透能力强，用于扫描全直径岩心，主要识别全直径岩心内的裂缝、溶洞以及大孔隙，而高分辨率探头用于扫描柱塞岩心样或小圆柱岩心样，主要识别样品内的基质孔隙和微裂缝。设备扫描灯管电压 300kV，最大功率 500 w。仪器体素分辨率最高为 0.3μm。

笔者首先利用岩心图像高分辨率采集仪对全直径岩心的柱面进行图像采集，根据岩心观测的孔洞缝发育程度，优选具有代表性的岩心进行取样；再利用 Phoenix v |tome| xm 型 3D 计算机断层扫描系统对岩心内部的孔洞缝发育程度进行扫描；最后采用三维可视化软件重构孔隙空间并计算相关几何学参数，实现对储集空间定量化分析。

2.3　实验样品

为了降低缝洞发育非均质性对认识的偏差，研究利用岩心图像采集观测，优选出代表性的储层岩心，再进行制样和 CT 扫描测试。对不同尺度岩心的表征，研究共对 6 块的全直径岩心样品、13 块柱塞岩心样品以及 4 块的小圆柱岩心样品进行 CT 扫描。所选的样品的孔隙度介于 1.07%~6.74%，渗透率介于 0.002~25.900mD，所选样品与栖霞组储层物性特征和储集特征基本一致。

笔者选取 3 块不同尺度的样品，所选样品覆盖了栖霞组裂缝—孔洞型、裂缝—孔隙型和孔隙型等3种储层类型（图2、表2），裂缝—孔洞型岩心以发育毫米级的裂缝、溶洞和大孔隙为主，适宜采用高功率CT探头，裂缝—孔隙型和孔隙型岩心发育微米级的微裂缝和孔隙，宜钻取较小直径的样品，采用高分辨CT探头进行孔隙识别。从图像采集结果看，全直径岩心样（裂缝—孔洞型储层样品，下同）缝、洞较发育，柱塞岩心样（裂缝—孔隙型储层样品，下同）发育裂缝，小圆柱岩心样（孔隙型储层样品，下同）宏观缝洞不发育。3块岩心取样尺度由大到小，对应CT测试分辨率逐渐增大。全直径岩心样可识别洞、缝和大孔隙的搭配关系，柱塞岩心样可识别裂缝和孔隙的搭配关系，小圆柱岩心样可识别微裂缝和中—小孔隙的搭配关系。

全直径岩心样柱面粗糙，溶蚀孔洞较发育，以小洞为主，洞径介于2~5mm的小洞有15个，洞径介于5~10mm的中洞有4个，面孔率为4%，见未充填小缝1条（图2a）。全直径岩心样测试孔隙度为5.49%，渗透率为1.47mD。CT测试分辨率为39.61μm，主要识别洞、缝和大孔隙的搭配关系。

柱塞岩心样选自裂缝较发育的全直径岩心，中洞1个，小洞2个，面孔率为2%，发育斜缝3条、平缝2条。取出的柱塞岩心样表面可见1条平行柱面的裂缝，孔隙发育（图2b）。柱塞岩心样测试孔隙度为2.24%，渗透率为1.19mD。CT测试分辨率为7.83μm，主要识别裂缝和孔隙的搭配关系。

小圆柱岩心样选自裂缝、溶洞不发育的全直径岩心，全直径岩心裂缝、溶洞不发育，局部可见孔隙发育。取出小圆柱岩心样柱面结晶颗粒较粗，可见晶间孔、晶间溶孔发育（图2c）。小圆柱岩心样测试孔隙度为2.76%。CT测试分辨率为2.52μm，主要识别微裂缝和中—小孔隙的搭配关系。

（a）ST12井，井深7082.45m，裂缝—孔洞型储层，全直径岩心柱面　　（b）ST12井，井深7087.91m，裂缝—孔隙型储层，柱塞岩心柱面　　（c）ST3井，井深7457.88m，孔隙型储层，小圆柱岩心柱面

图2　栖霞组储层岩心缝洞发育特征照片

表2　栖霞组储层岩心样品测试基础参数表

样品类型	井号	井深（m）	直径（mm）	长度（mm）	孔隙度（%）	渗透率（mD）	测试分辨率（μm）
全直径岩心样	ST12	7 082.45	65.15	56.25	5.49	1.47	39.61
柱塞岩心样	ST12	7 087.91	25.15	54.12	2.24	1.19	7.83
小圆柱岩心样	ST3	7 457.88	4.96	5.01	2.96	0.02	2.52

3 基于三维信息的缝洞识别

CT扫描技术可以在岩石不被破坏的状态下进行岩石物理参数的测量与描述，可以有效分析储层内部的微观结构，研究孔洞缝的发育情况和连通性，对于认识储层内部特征十分有效。但CT扫描所获取的原始图像仅展示样品不同断层面的灰度图像，需要进行一系列图像处理才能进行孔隙结构分析[16-19]。笔者对孔洞缝的表征与分析主要涉及孔隙三维重构及分割、几何学参数计算以及缝洞识别3项内容（图3），形成适合碳酸盐岩孔洞缝的精细重构识别技术。其中，孔隙三维重构及分割主要对CT采集原始数据进行图像滤波增强、图像二值化、三维重构以及基于分水岭算法的孔隙分割（图3a）。笔者重点论述几何学参数计算和缝洞识别。

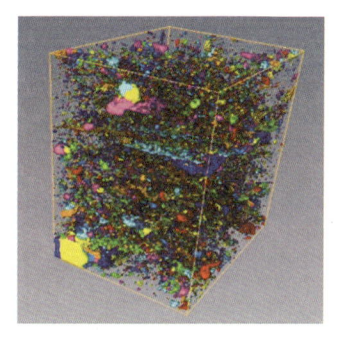

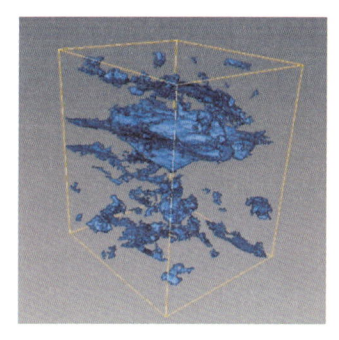

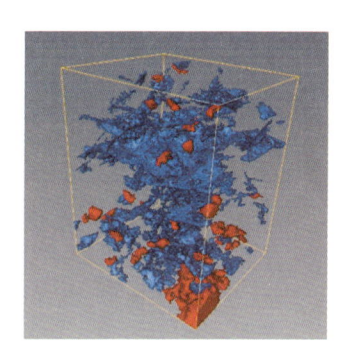

（a）孔隙三维重构及分割　　　（b）裂缝识别　　　（c）缝洞识别

图3　CT数据处理结果图

3.1 几何学参数计算

三维重构模型经过分割后，每个分割体都代表了1个孔隙，每个孔隙的几何特征由数字信号存储在三维孔隙模型中。因此，对每个孔隙的数字信号进行运算，可以获取孔隙的几何学参数，包括孔隙体积、比表面积、迂曲度、球形度等静态岩石物理参数，并基于孔隙的三维空间展布、孔隙体积等特征获取孔隙的体积等效球半径、外接球半径、外接长方体尺寸、费雷特直径和费雷特形状因子等几何形状参数。根据获取的几何形态参数分析不同尺寸孔隙在三维空间内的大小、延展性等特征，为孔洞缝的划分奠定基础。

3.2 缝洞划分原则

依据石油行业标准《油气储层评价方法》（SY/T 6285—2011），沉积岩储层储集空间孔洞缝划分界限，裂缝的形态特征为孔隙长宽比大于或等于10，孔洞的孔隙长宽比小于10；直径小于2mm为孔，直径大于或者等于2mm为洞。对于三维重构模型中的孔洞缝的区分，笔者利用求取的几何学参数进行划分，主要选取球形度、外接球半径以及体积等效球半径。

球形度指的是孔隙的形状与球体相似的程度，是与孔隙体积相等的圆球的外表面面积与孔隙的外表面积之比。球形度是孔隙三维空间的形状，取值范围介于0~1，标准球体的球形度为1，孔隙越狭长，球形度越小，表现为裂缝特征[20]。球形度计算公式如下：

$$\psi = \frac{A_s}{A_p} = \frac{\sqrt[3]{36\pi V_p^2}}{A_p} \tag{1}$$

式中　ψ——球形度；

　　　A_s——与孔隙体积相等的圆球的外表面面积，μm^2；

　　　A_p——孔隙的外表面面积，μm^2；

　　　V_p——表示孔隙的体积，μm^3。

外接球是指若一个多面体的各顶点都在一个球的球面上，则这个球是这个多面体的外接球。体积等效球是指与多面体具有相同体积的球。对于标准的球体，外接球半径与体积等效球半径的比值为1；对于多面体，等效球体积小于外接球体积，两者半径比值小于1；孔隙越狭长，半径比值越大，该孔隙表现为裂缝的特征。

为了进一步验证裂缝几何参数的合理取值范围，假设裂缝为平板状的长方体，由于实际裂缝的缝长、缝宽远大于裂缝的开度，则可将裂缝缝长、缝宽与开度的关系简化为：

$$L_f = aW_f \tag{2}$$

$$H_f = bW_f \tag{3}$$

式中　L_f——裂缝长度，μm；

　　　H_f——裂缝宽度，μm；

　　　W_f——裂缝开度，μm；

　　　a——裂缝长度与开度比值；

　　　b——裂缝宽度与开度比值。

裂缝的球形度求取表达式可写为：

$$\psi = \frac{\sqrt[3]{36\pi V_p^2}}{A_p} = \sqrt[3]{\frac{9\pi}{2}} \cdot \frac{\sqrt[3]{a^2 b^2}}{ab+a+b} \tag{4}$$

等效球半径与外接球半径比值的表达式可写为：

$$\frac{R_{eq}}{R_o} = \frac{\sqrt[3]{\frac{6ab}{\pi}}}{\sqrt{a^2+b^2+1}} \tag{5}$$

式中　R_{eq}——与裂缝体积相等的圆球的半径，μm；

　　　R_o——与裂缝空间外接球的半径，μm。

通过对裂缝的缝长、缝宽与开度的比值进行赋值，得到裂缝的球形度、球半径比值分布特征。由图4可知，孔隙的球形度、球半径比值受缝长/开度、缝宽/开度共同的影响，且随着缝长、缝宽与开度的比值增大，球形度、球半径比值均减小。结合裂缝形态的定义，即孔隙长宽比大于10，那么裂缝的条件是：缝长/开度大于10。图4为缝长、缝宽与开度比值均大于10的情况下，球形度和球半径比值的分布曲面。由图4可知，孔隙几何参数满足裂缝的充分条件是：球形度小于0.43、半径比小于0.41。为了简便运算，笔者以球形度作为主要划分裂缝的原则，其次使用球半径比。图3b为利用球形度参数抽提出岩心内的裂缝。裂缝被抽提后，根据行业标准划分孔洞，直径大于或等于 2mm 为洞。因此，笔者将等效球半径 $R_{eq} \geqslant 2mm$ 作为洞的划分标准。图 3c 中红色部分为利用等效半径抽提出的溶洞。

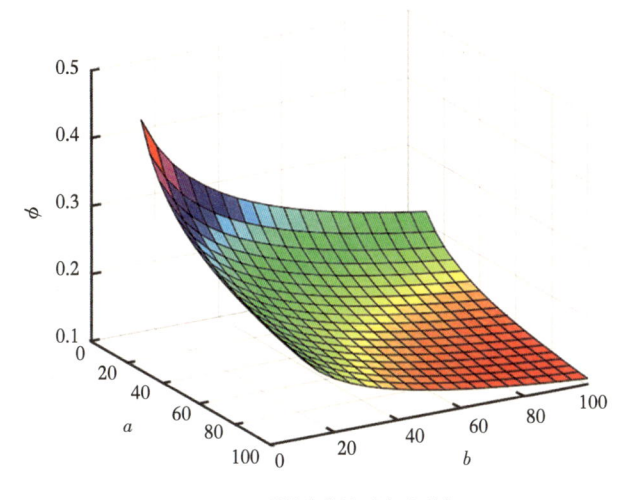

（a）不同裂缝参数比对应球形度

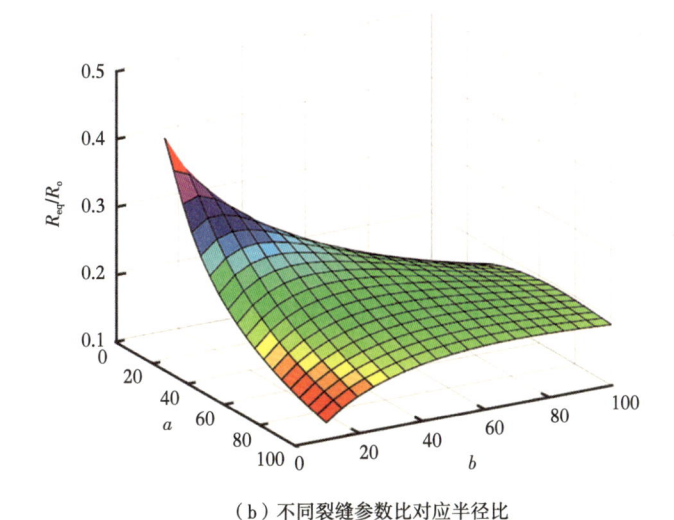

（b）不同裂缝参数比对应半径比

图 4　不同裂缝参数几何参数特征图

4　多尺度孔洞缝定量评价

4.1　孔洞缝分布规律

　　碳酸盐岩油气藏非均质性主要体现在孔洞缝的分布，而孔洞缝是碳酸盐岩油气藏重要的储集空间和渗流通道，表征和认识碳酸盐岩储层储渗特征是油气藏开发首要任务[21]。目前，已经发展了多种技术手段表征和认识碳酸盐岩储层储渗特征，但在表征尺度上，往往只能刻画一定尺度范围内的分布特征，忽略了其他尺度范围内的孔洞缝特征。笔者对不同尺度岩心孔洞缝发育的非均质性进行了表征（图 5）。

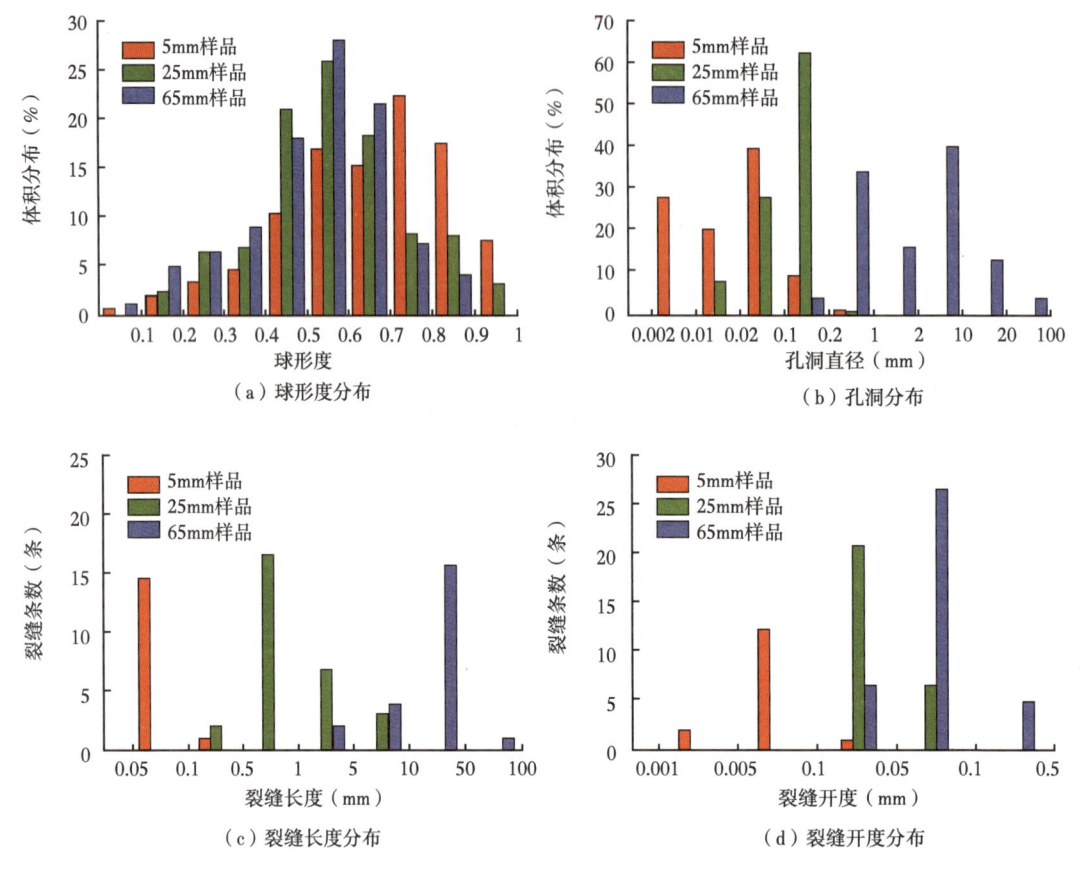

图 5 不同尺度岩心样品孔洞缝分布特征图

注：蓝色为全直径岩心样品，绿色为柱塞岩心样品，红色为小圆柱岩心样品。

不同尺度岩心的球形度分析结果表明，球形度主要介于0.4~0.7，孔隙形状呈扁平状—条带状，且随观测岩心尺度增大，裂缝体积占比增大［图5（a）］。将不同尺度样品测试的孔洞分布、裂缝长度分布等进行联合表征，栖霞组碳酸盐岩储层以直径为0.02~10.00mm的孔洞为主。其中，洞以直径介于2.00~10.00mm的小洞为主，孔隙以直径介于0.02~2.00mm的大孔隙为主［图5（b）］；裂缝长度介于0.05~100.00mm，裂缝发育具有多尺度性，随观测岩心尺度增大，裂缝的长度和开度增大［图5（c）、（d）］。

4.2 孔洞缝搭配关系

碳酸盐岩储层发育不同程度的孔、洞和裂缝，可归类于广义的三重介质，但因孔、洞、缝尺度和搭配关系不同而产生千差万别的储渗特征[22]，定量化、可视化不同尺度内孔洞缝搭配关系具有较强的实用价值。

图6为不同尺度岩心的缝洞搭配关系图。全直径岩心样的孔洞缝均较发育，溶洞分布相对分散，裂缝呈网络状分布于孔隙、溶洞之间，孔隙、溶洞为主要的储集空间，裂缝是主要渗流通道［图6（a）］。柱塞岩心样发育裂缝和孔隙，裂缝呈片状且贯通岩心，孔隙间连通性较差，裂缝是主要的渗流通道［图6（b）］。小圆柱岩心样以基质孔隙为主，部

分孔隙间具有一定连通性［图6（c）］。随着观测尺度的缩小，CT测试分辨率提高，部分微孔隙被识别出来，微孔隙间具有一定连通性。

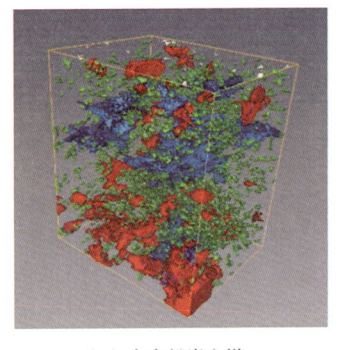

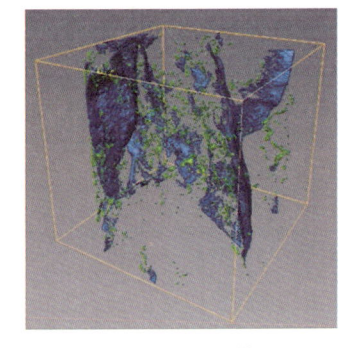

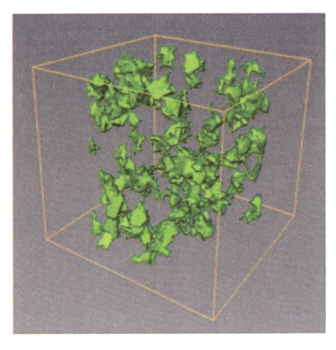

（a）全直径岩心样　　　　　　（b）柱塞岩心样　　　　　　（c）小圆柱岩心样

图6　不同尺度岩心缝洞空间展布图（蓝色表示裂缝、红色表示洞、绿色表示孔隙）

分析3块不同尺度岩心孔洞缝体积占比（图7）。随观测岩心尺度增大，裂缝体积占比增大，孔隙体积占比减小，仅全直径岩心样品可见溶洞。对3块样品按照孔洞缝的体积占比划分储集类型，全直径岩心样为裂缝—孔洞型储层，柱塞岩心样为裂缝—孔隙型储层，小圆柱岩心样为孔隙型储层。全直径岩心样以溶洞、孔隙为主，柱塞岩心样和小圆柱岩心样以孔隙为主，裂缝体积占比相对较小。观测尺度不同，导致储层的孔洞缝搭配差异巨大，对储层储集类型的认识也千差万别。

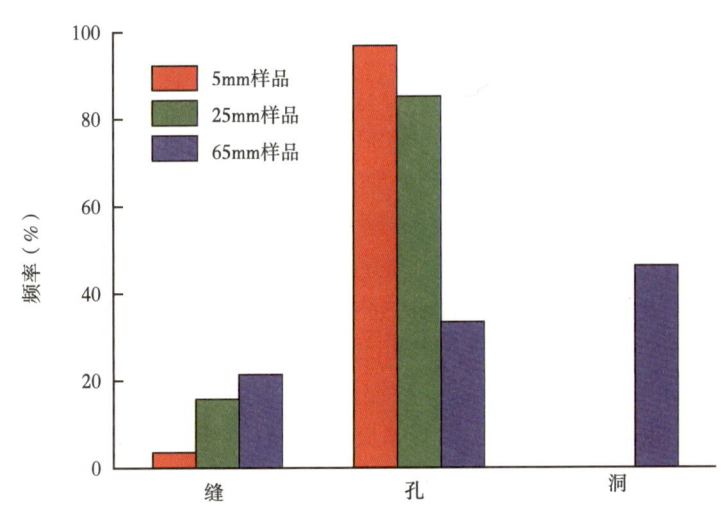

图7　多尺度岩心孔洞缝体积分布图

4.3　连通性

碳酸盐岩储层储渗能力不仅与孔洞缝储集空间的占比相关，还与孔隙连通率、孔喉半径、缝洞尺度及分布密度等因素相关，需要多因素分析才能得到完整认识。

对不同尺度岩心的连通性分析结果（表3）表明，岩心尺度从大到小，孔隙体积连通率分别为 66.87%、47.62% 和 35.76%。全直径岩心样缝洞发育程度、岩心孔隙度、渗透率相对较高，因此全直径岩心样对应的连通体积占比最大。而对比小圆柱岩心样，小圆柱岩心样溶洞、裂缝基本不发育。可见，缝洞发育程度是影响栖霞组储层岩心物性的关键因素。

表 3 岩心孔隙连通性分析表

尺度	孔隙度（%）	渗透率（mD）	孔洞缝数量（个）	裂缝数量（条）	洞数量（个）	裂缝平均长度（mm）	溶洞平均直径（mm）	孔隙平均直径（mm）	连通体积比（%）
全直径岩心样	5.49	1.47	137 785	40	59	16.57	3.27	0.59	66.87
柱塞岩心样	2.24	1.19	40 753	29	0	1.52	—	0.05	47.62
小圆柱岩心样	2.76	0.07	13 236	16	0	0.49	—	0.03	35.76

将 CT 识别出的缝洞发育数量与岩心描述结果进行对比。其中，全直径岩心样 CT 识别出裂缝 40 条，洞 59 个，岩心描述识别洞 16 个、裂缝 2 条。CT 识别出的缝、洞数量多于常规描述手段。但是，受 CT 测试分辨率下限的影响，岩心样品中还应存在部分未被识别的微裂缝和细喉道，栖霞组储层实际连通性好于常规分析结果。

4.4 储集类型划分

常规储集类型划分主要依据常规测井、成像测井以及试采曲线等资料[23]。然而，这些手段主要利用测试曲线间接反映储层的缝洞发育情况，未能定量化刻画储层岩心孔洞缝发育程度以及多种储渗空间体积搭配关系，划分结果存在一定的主观性。

笔者利用缝洞识别技术对碳酸盐岩气藏的储集类型进行划分，通过对研究区块内栖霞组 23 块样品进行岩心的柱面扫描、物性测试以及 CT 扫描分析，将岩心描述和缝洞 CT 识别作为储层岩心缝洞发育情况的依据。参考国家标准《天然气藏分类》(GB/T 26979—2011)[24]，将双鱼石构造栖霞组储层划分为裂缝—孔洞型、裂缝—孔隙型、孔洞型和孔隙型等 4 种类型（图 8）。4 种储集类型的物性界限为：储层的孔隙度介于 2.0%~3.5%，渗透率小于 0.1mD 为孔隙型储层，渗透率大于 0.1mD 为裂缝—孔隙型储层；储层的孔隙度大于 3.5%，渗透率小于 1.0mD 为孔洞型储层，渗透率则大于 1.0mD 位裂缝—孔洞型储层。

按照 4 种储集类型划分标准，对栖霞组获取的 49 块柱塞岩心样和 75 块全直径岩心样的物性参数进行统计。结果（表 4）表明，以柱塞岩心样的物性资料，栖霞组储层以裂缝—孔隙型、孔隙型和裂缝—孔洞型为主，3 类储集类型总占比为 69.38%；以全直径岩心样的物性资料，栖霞组储层以裂缝—孔洞型、裂缝—孔隙型和孔洞型为主，3 类储集类型总占比为 81.33%，其中裂缝发育的储集类型占比基本超过 50%，说明栖霞组储层总体渗流能力较好。

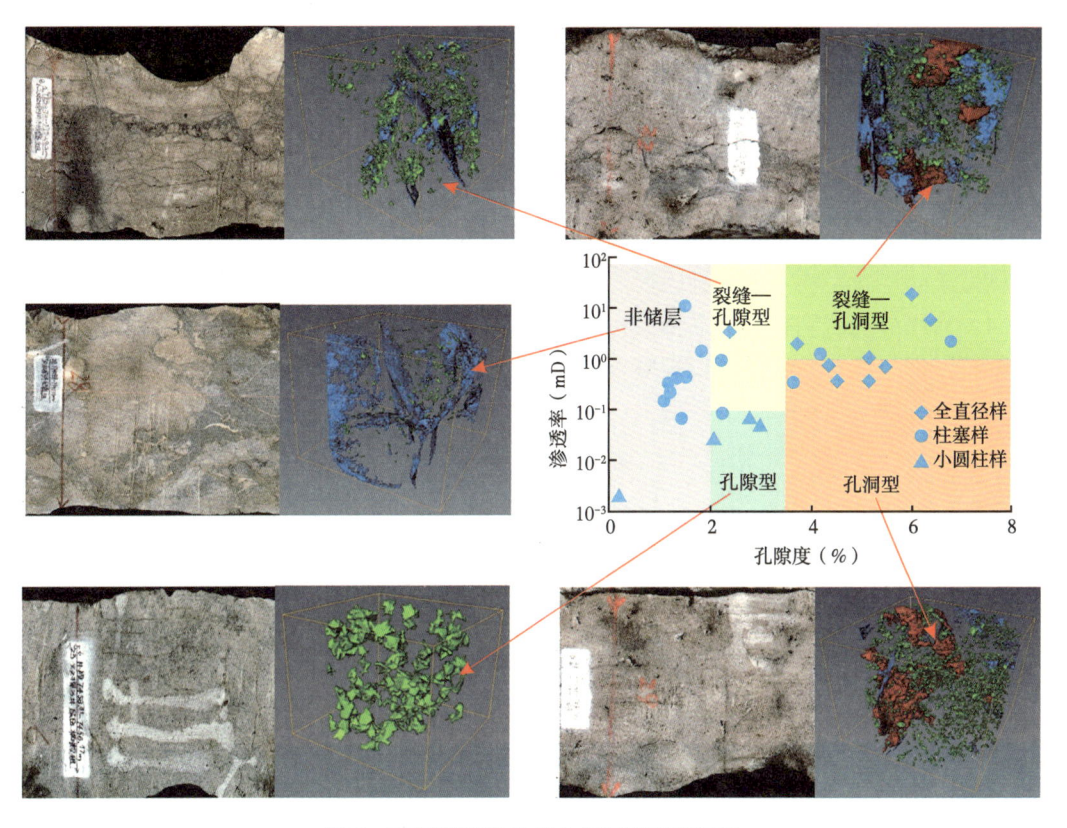

图 8 不同储集类型岩心缝洞发育特征图

表 4 双鱼石构造栖霞组储集类型划分表

类型	储集空间	渗流通道	溶洞体积比（%）	裂缝体积比（%）	孔隙度（%）	渗透率（mD）	柱塞岩心样占比（%）	全直径岩心样占比（%）
裂缝—孔洞型	以孔洞为主	裂缝、喉道	≥20	≥10	≥3.5	≥1.0	18.37	32.00
裂缝—孔隙型	以孔隙为主	裂缝、喉道	<20	≥10	≥2.0~3.5	≥0.1	30.61	29.33
孔洞型	孔洞	喉道	≥20	<10	≥3.5	<1.0	14.29	20.00
孔隙型	孔隙	喉道	<20	<10	≥2.0~3.5	<0.1	20.41	8.00
非储层	—	—			<2.0	—	16.33	10.67

5 结论

（1）川西北双鱼石构造栖霞组储层发育多个尺度的孔洞缝，主要储集空间类型可划分为 3 大类 6 种类型，主要孔隙类型以晶间溶孔、晶间孔为主，溶洞以小洞为主，裂缝以斜交缝为主。

（2）采用岩心图像采集仪和双能CT对不同尺度岩心内孔洞缝进行刻画，建立一套基于几何学参数识别缝、洞的方法：球形度小于0.43、球半径比小于0.41为裂缝识别标准；等效球半径大于2mm为溶洞识别表征。

（3）双鱼石构造栖霞组储层的孔洞直径主要介于0.02~10.00mm，其中洞以直径介于2.00~10.00mm的小洞为主，孔隙以直径介于0.02~2.00mm的大孔隙为主，发育多个级别的裂缝。全直径岩心样（裂缝—孔洞型储层）溶洞、孔隙发育，柱塞岩心样（裂缝—孔隙型）和小圆柱岩心样（孔隙型储层）孔隙发育，裂缝体积占比相对较小。缝洞发育程度是影响栖霞组储层岩心物性的关键因素。

（4）利用缝洞识别技术建立栖霞组储集类型划分标准，结合物性资料，将双鱼石构造栖霞组储层划分为4类，其中以裂缝—孔洞型、裂缝—孔隙型为主，裂缝发育的储集类型占比超过50%，总体渗流能力较好。

参 考 文 献

[1] 李阳，康志江，薛兆杰，等.中国碳酸盐岩油气藏开发理论与实践[J].石油勘探与开发，2018，45（4）：669-678.

[2] 柳广弟，喻顺，孙明亮.海相碳酸盐岩层系油气资源类比评价方法与参数体系——以塔里木盆地奥陶系为例[J].石油学报，2012，33（增刊2）：125-134.

[3] 张光亚，马锋，梁英波，等.全球深层油气勘探领域及理论技术进展[J].石油学报，2015，36（9）：1156-1166.

[4] 秦瑞宝，李雄炎，刘春成，等.碳酸盐岩储层孔隙结构的影响因素与储层参数的定量评价[J].地学前缘，2015，22（1）：251-259.

[5] CAPM W K. Pore-throat sizes in sandstones, tight sandstones, and shales：Discussion[J]. AAPG Bulletin, 2011, 95（8）：1443-1447.

[6] 邹才能，朱如凯，吴松涛，等.常规与非常规油气聚集类型，特征，机理及展望——以中国致密油和致密气为例[J].石油学报，2012，33（2）：173-187.

[7] mIYAMOTO A, KONNOm A, BRUHWILER E. Automatic crack recognition system for concrete structures using image processing approach[J]. Asian Journal of Information Technology, 2007, 6（5）：553-561.

[8] VALENCA J, DIAS-DA-COSTA D, JULIO E, et al. Automatic crackmonitoring using photogrammetry and image processing[J].measurement, 2013, 46（1）：433-441.

[9] 夏晨木，滕奇志，卿粼波，等.岩石三维图像裂缝提取方法[J].计算机工程与应用，2018，54（17）：186-191.

[10] 鄢友军，李隆新，徐伟，等.三维数字岩心流动模拟技术在四川盆地缝洞型储层渗流研究中的应用[J].天然气地球科学，2017，28（9）：1425-1432.

[11] 高树生，胡志明，安为国，等.四川盆地龙王庙组气藏白云岩储层孔洞缝分布特征[J].天然气工业，2014，34（3）：103-109.

[12] WEI C, TIAN C, LI B, et al. Heterogeneity Characteristics of Carbonate Reservoirs：A Case Study using Whole Core Data[C]. Society Petroleum Engineering, SPE 175670. 2015.

[13] 张健，周刚，张光荣，等.四川盆地中二叠统天然气地质特征与勘探方向[J].天然气工业，2018，38（1）：10-20.

[14] 王珂，张惠良，张荣虎，等.超深层致密砂岩储层构造裂缝特征及影响因素——以塔里木盆地克深2气田为例[J].石油学报，2016，37（6）：715-727.

[15] ZENG Lianbo, YANG Yongli, JIANG Jianwei. Fractures in the low porosity and ultra-low permeability glutenite reservoirs：A case study of the late Eocene Hetaoyuan Formation in the Anpeng Oilfield,

Nanxiang Basin, China[J].marine and Petroleum Geology, 2010, 27（7）: 1642-1650.
[16] 王晨晨, 姚军, 杨永飞, 等.基于CT扫描法构建数字岩心的分辨率选取研究[J].科学技术与工程, 2013, 13（4）: 1049-1052.
[17] 姚军, 赵秀才, 衣艳静, 等.储层岩石微观结构性质的分析方法[J].中国石油大学学报（自然科学版）, 2007, 31（1）: 80-86.
[18] 熊健, 唐勇, 刘向君, 等.应用微CT技术研究砂砾岩孔隙结构特征——以玛湖凹陷百口泉组储层为例[J].新疆石油地质, 2018, 39（2）: 236-243.
[19] 朱志强.利用数字岩心技术研究变质岩潜山裂缝油藏剩余油特征[J].特种油气藏, 2019, 26（3）: 148-152.
[20] 邓知秋, 滕奇志.三维岩心图像裂缝自动识别[J].计算机与数字工程, 2013, 41（1）: 98-100.
[21] 闫海军, 贾爱林, 何东博, 等.礁滩型碳酸盐岩气藏开发面临的问题及开发技术对策[J].天然气地球科学, 2014, 25（3）: 414-422.
[22] 冯曦, 彭先, 李隆新, 等.碳酸盐岩气藏储层非均质性对水侵差异化的影响[J].天然气工业, 2018, 38（6）: 67-75.
[23] 程飞.缝洞型碳酸盐岩油藏储层类型动静态识别方法——以塔里木盆地奥陶系为例[J].岩性油气藏, 2017, 29（3）: 76-82.
[24] 中华人民共和国国家质量监督检验检疫总局, 中国国家标准化管理委员会.GB/T 26979—2011 天然气藏分类[S].北京: 中国标准出版社, 2011.

超深断块碳酸盐岩气藏储层裂缝发育特征与主控因素
——以双鱼石栖霞组气藏为例

兰雪梅　张连进　王天琪　杨　山　王俊杰　蒲柏宇　何溥为

（中国石油西南油气田公司）

摘要　双鱼石地区位于龙门山前逆冲推覆构造带，栖霞组超深层碳酸盐岩气藏是四川盆地油气勘探开发重要领域。为了指导该区的油气勘探开发部署，根据野外、岩心、薄片以及成像测井等资料，详细分析了双鱼石栖霞组裂缝发育特征，结合岩性、构造、岩石力学等参数分析裂缝的分布规律，并结合测试资料，探讨了天然裂缝发育的非均质性对气井产能的影响。研究结果表明：（1）双鱼石地区超深栖霞组碳酸盐岩储层发育构造裂缝、成岩裂缝，其中构造裂缝是该区天然裂缝的主要类型，走向多为平行于构造走向的北西—南东向，以中、低角度裂缝为主，多被方解石或白云石充填，开度小于0.2mm，裂缝线密度介于0.95~10.1条/m，根据裂缝切割关系及填充特征，可分为3期；（2）天然裂缝的分布主要受构造、岩性和物性3个因素综合影响——越靠近断层裂缝越发育，白云岩中裂缝密度显著高于石灰岩，裂缝密度随孔隙度增加有一定程度增加；（3）高角度裂缝越发育气井产能越高，其次为裂缝发育段厚度。该研究成果为该区超深层栖霞组碳酸盐岩储层的油气开发提供了有力的地质依据。

关键词　双鱼石；栖霞组；超深层；储层；天然裂缝；发育特征；分布规律

1　引言

随着钻井工艺不断提升以及中浅层油气勘探开发程度的不断提高，深层、超深层油气逐渐成为油气资源发展的重要接替领域。我国深层、超深层天然气资源量占我国天然气资源量的49%，在超深层碳酸盐岩地层中寻找油气是中国未来油气勘探的趋势之一[1-2]。2014年位于双鱼石地区的ST1井在埋深超7000m的超深层栖霞组测试获$87.61×10^4m^3$高产工业气流[3]，标志了四川盆地川西北超深层油气勘探的突破，之后该区多口井相继获工业气流，展示了极大的勘探开发潜力。

前人研究认为天然裂缝是控制碳酸盐岩储层中岩溶作用的关键因素，有利于储层中次生孔隙的发育，产生孔、洞、缝相连的有效储层[4-6]，尤其在超深埋藏的碳酸盐岩储层中，其孔隙度随埋藏深度增加而越小[7-8]，裂缝的发育情况直接影响储层性质、气藏开发效果。因此阐明双鱼石地区栖霞组天然裂缝发育特征，明确裂缝分布的规律，对后期开展地震裂缝预测以及开发有利区优选、井位部署有着重要意义。笔者利用该地区的露头、岩心、薄片、成像测井等资料，剖析了川西北部超深层栖霞组储层天然裂缝的发育特征，从岩性、层厚和构造等多方面讨论了天然裂缝发育的控制因素，并结合生产数据以及储层勘探开发成果，讨论了天然裂缝发育的非均质性对油气产量的影响，以期为双鱼石超深层下二叠统碳酸盐岩储层天然气的勘探开发提供地质依据。

2 区域地质背景

双鱼石地区位于四川盆地西北缘，处在川北低缓断褶带、龙门山断褶带与米仓山隆起带的过渡区（图1）。受加里东、燕山和喜马拉雅等多期构造运动叠加影响，研究区构造较复杂，区内发育大量以北东—南西走向为主逆断层。虽然研究区构造复杂但沉积相较简单，前期大量研究表明，双鱼石栖霞组为一套由石灰岩和白云岩构成的碳酸盐岩台地沉积物，厚度约110~120m，沉积亚相包括台缘滩、滩间海以及台内滩[9]。该区优势储层主要发育在台缘滩亚相中，岩性主要包括细—中晶白云岩、含云灰岩等，储层厚度为20~30m，储集空间类型包括晶间孔、晶间溶孔、溶洞及裂缝，储层类型主要有裂缝—孔隙型、溶洞型和裂缝—溶洞型，岩心样品测试孔隙度峰值介于2%~5%，渗透率峰值介于0.1~10mD。该套储层目前埋深在7200~7500m，局部地区埋深达7800m，为一套超深层碳酸盐岩储层。

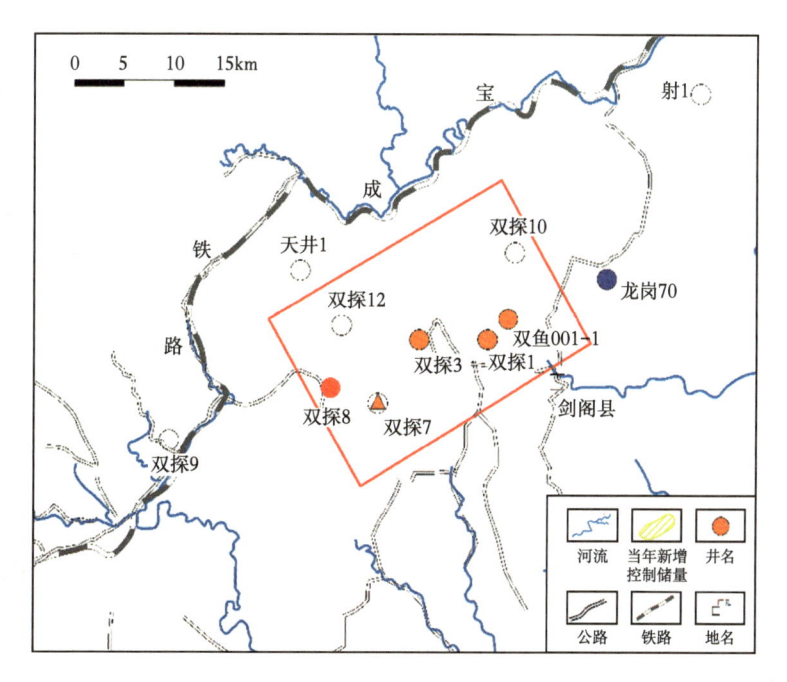

图1 双鱼石栖霞组气藏地理位置图

3 天然裂缝发育特征

3.1 裂缝类型

根据猫儿塘剖面、长江沟野外露头观测点、6口井目的层共158.9m岩心宏观描述、300余张薄片镜下微观观察表明,双鱼石栖霞组天然裂缝类型具有多样性,按照成因可分为构造缝和成岩裂缝,构造缝按照力学性质又可以细分为剪切缝和张性缝,成岩裂缝也可细分为溶蚀缝、压溶缝以及热碎裂缝。此外按照倾角又被分为低角度缝(裂缝倾角小于等于30°)、斜交缝(裂缝倾角介于30°~60°)、高角度缝(裂缝倾角大于60°),以及根据裂缝的充填程度还可以分为全充填、未充填、半充填裂缝等[10](图2、图3)。

根据岩心及薄片观察结果,研究区裂缝以构造缝为主,其中又以剪切裂缝发育最广泛。构造剪切缝形态较规则,裂缝面平直光滑,可切穿生物碎屑,缝宽较稳定,延伸范围相对较远,常两组呈共轭剪切分布。同剪切缝相比,张性裂缝形态呈不规则状,裂缝面粗糙,裂缝开度不均,延伸范围相对较短。

成岩缝中又以缝合线最为常见。缝合线为岩石受上覆地层压力和温度作用溶蚀形成,岩心剖面上一般呈锯齿状,幅度较小,平面上通常呈参差不平、凹凸不平的面,一般平行或近平行于层面,通常贯穿整个岩心。溶蚀缝是指固结岩石受可溶性流体在节理或者前期裂缝基础上进一步改造形成的不规则裂缝,研究区溶蚀缝多为微裂缝,岩心上观察数量较少,主要见于薄片中。溶蚀缝形态不规则,裂缝壁粗糙不平整,常呈港湾状,裂缝开度变化大。除了这两类常见的成岩缝外,岩心上还见少量的热碎裂缝。其是热流体在压力降低的情况下体积迅速膨胀或发生沸腾导致的[11],裂缝呈组发育,裂缝壁不规则,裂缝间开度差异大,此外热碎裂缝附近可见围岩的颜色由深变浅甚至变白的热褪色现象。

(a)ST9井,白云岩,一组低角度缝  (b)ST12井,白云岩,见两组裂缝,一组为平行缝,一组为高角度斜交缝  (c)ST12井,白云岩,见高角度裂缝,未充填

(d)ST8井,白云岩,网状缝发育,裂缝未充填  (e)ST8井,白云岩,据齿状缝合线发育,裂缝被方解石全充填  (f)ST3井,白云岩,热碎裂缝

图2 岩心观察栖霞组储层天然裂缝照片

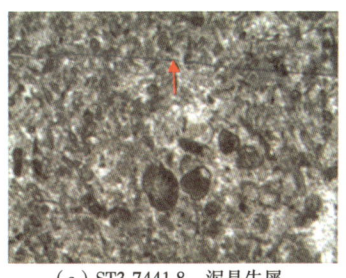

(a) ST3 7441.8，泥晶生屑灰岩，剪切缝

(b) ST3 7449.01，细—中晶白云石，张性缝，见沥青-充填物

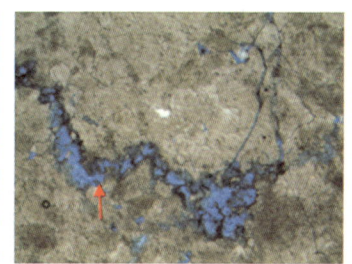

(c) ST3 7447.67，白云岩，溶蚀缝

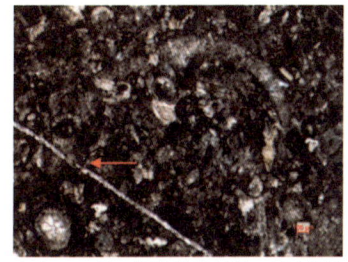

(d) ST3 第一期构造剪切缝，切穿颗粒后期被方解石全充填，缝宽0.01mm

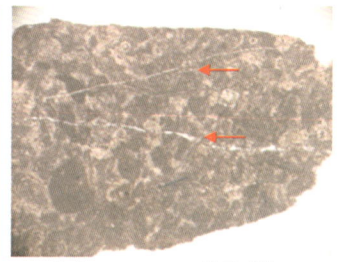

(e) ST1 7182m，构造裂缝，亮晶生物灰岩

(f) ST3 灰泥石灰岩，早期一组近平行的被方解石充填的构造缝被后期未充填构造缝切割

图 3　薄片观察栖霞组储层天然裂缝照片

3.2 裂缝发育特征

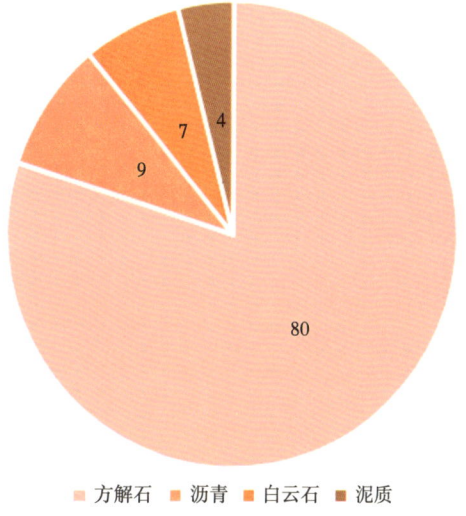

根据多口井成像测井裂缝参数解释结果可知，栖霞组储层中的构造裂缝产状以北西—南东向为主，与区域构造断层走向一致，发育少量北东—南西向裂缝。不同构造部位，发育的裂缝走向明显不同。例如，研究区北部的双鱼石构造的sy001-1井，成像测井解释结果中北东—南西向裂缝占绝对优势，在研究区南部的田坝里构造st7井，成像测井解释结果中北西—南东向裂缝占绝对优势。岩心和成像测井分析超深层栖霞组碳酸盐岩储层主要为低角度和斜交锋，倾角主要介于10°~40°，占比达70%以上，但井间存在一定非均质性，如sy001-1井，高角度缝占54%，

图 4　栖霞组裂缝充填物比例图（方解石 沥青 白云石 泥质）

而st7井不发育高角度缝。低角度缝多成组发育，线密度大，将岩心切割成千层饼状，次为斜交缝，线密度一般不超过 5 条/m，高角度缝线密度最小，一般不超过 3 条/m；当3种产状的裂缝同时发育，便构成了网状裂缝［图 2（e）］，网状裂缝发育段岩心较为破碎。不同井区裂缝发育程度差别较大，单井裂缝密度从 0.95 条/m 到 10.1 条/m 不等。

岩心观察显示构造裂缝开度一般小于 0.2mm（占 71%），而低角度缝开度普遍略大于斜交缝和高角度缝，这可能与低角度缝在地表产生较强的重力应力卸载作用有关[12]；薄片描述构造裂缝开度主要分布在 10~100μm。裂缝充填物主要包括方解石、白云石、泥质和沥青，其中最常见的为方解石，占 80%（图 4）。

3.3 构造裂缝期次及有效性

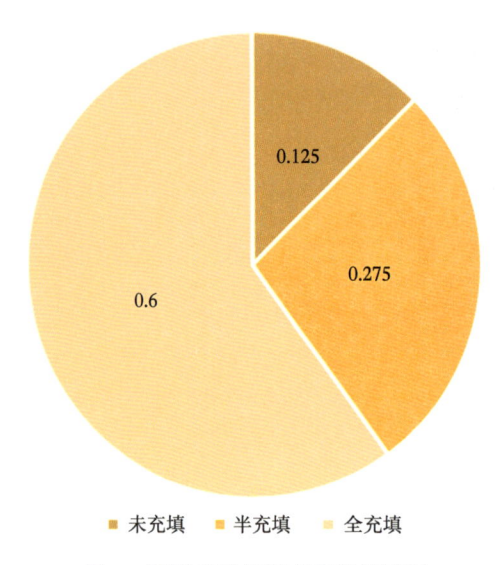

裂缝的有效性是决定储层质量的重要因素，其充填程度是判断裂缝有效性的主要参数[13-15]，裂缝的充填程度可以分为未充填、半充填和全充填，反映了裂缝的有效性依次变差，据统计，双鱼石裂缝主要为充填缝，占 60%，未充填缝仅占 13%（图 5）。双鱼石栖霞组经受多期构造运动作用，其构造缝也具有多期性，根据薄片及岩心观察中裂缝相互切割关系、充填物差异性等特征，确定研究区裂缝主要发育三期次。

图 5　栖霞组裂缝填充程度统计图

第一期为构造剪切缝，该期裂缝表现为缝壁平直，常切穿生物颗粒，被晚期无充填裂缝切割，甚至造成裂缝的错动，缝宽约 0.01~0.03mm，基本被方解石全充填，多为无效缝，该期裂缝常见于石灰岩中；第二期裂缝被沥青半充填，表明形成早于油气运移，为油气运移通道，该期裂缝可见剪切缝和张性缝，缝宽不定，具有一定有效性；第三期裂缝未充填，表明形成晚于油气运移时期，其切割第一期裂缝，缝宽 0.02~0.05mm，为有效缝。

4　裂缝发育控制因素及分布规律

通常表征裂缝发育程度的参数有裂缝密度和裂缝强度，裂缝密度是指单位长度岩石中发育的裂缝条数，裂缝强度为裂缝发育段的厚度与岩性总厚度的比值。本文采用裂缝密度参数来表征裂缝发育程度。

4.1　构造位置

构造对天然裂缝发育程度的影响主要是不同构造位置如褶皱不同部位、与断层距离等决定了裂缝发育程度。双鱼石地区古构造应力场以挤压为主，逆断层发育，是控制该区裂缝形成与分布的重要构造因素之一。基于成像测井解释裂缝发育数量分析，得到随着单井与断面距离逐渐增减，天然裂缝发育条数呈线性降低，两种之间相关度可达 0.86（图 6）。

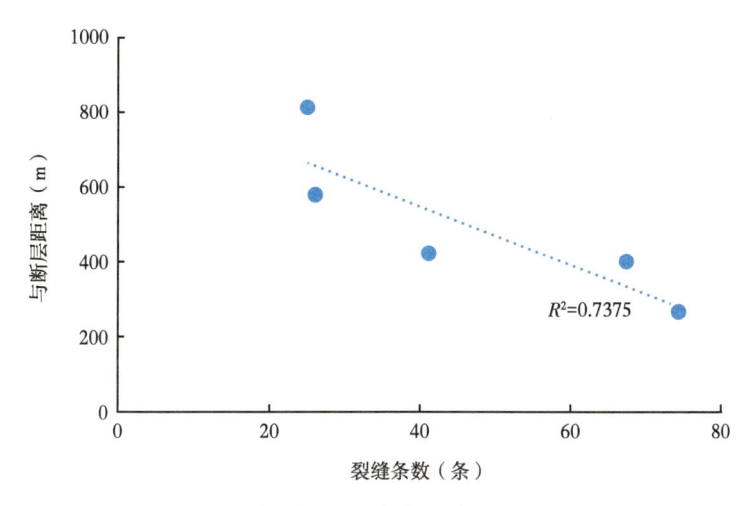

图 6 栖霞组裂缝与断层关系散点图

此外不同褶皱部位裂缝发育同样存在非均质性，褶皱的轴部和转折端等曲率较大、应力集中部位裂缝较发育，而翼部裂缝发育程度相对较差，其中陡翼的裂缝相对于缓翼更发育。相较于褶皱不同部位对裂缝发育程度的影响，与断层的距离更加决定裂缝发育程度。这是因为地应力在地层中为非均匀分布，不同构造位置应力强弱存在较大差异，断层附近具有明显的应力集中，较不同褶皱部位应力分布差异更大，导致裂缝发育程度。

从单井裂缝发育倾角和走向统计图上可以看出（图7、图8），研究区裂缝发育以垂直构造走向和近平行于构造走向两个方向。其中平行构造走向的裂缝主要为中、低角度，图 st7、st10 井，二一垂直构造为主的裂缝则以高角度为主，如 sy132 和 sy001-1 井。

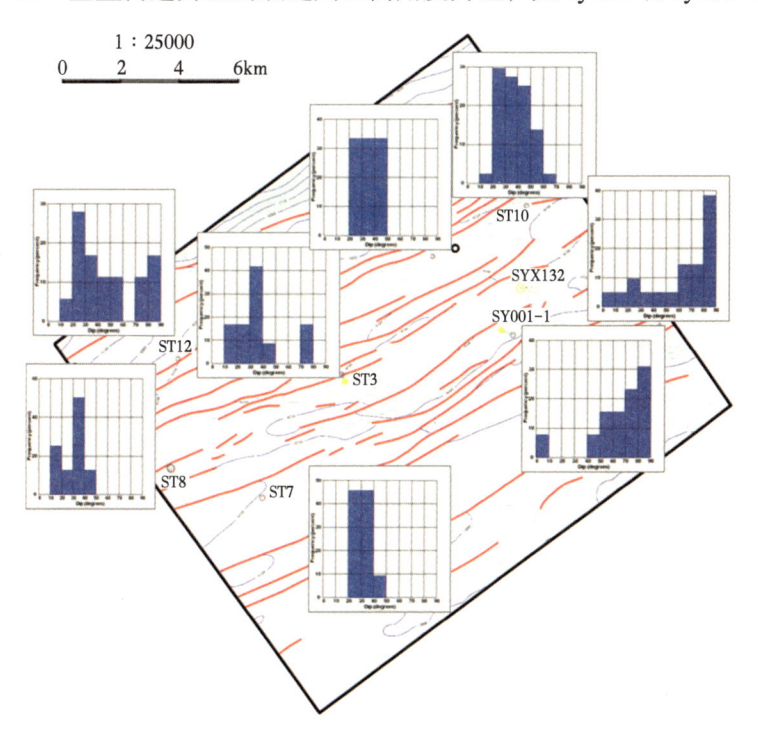

图 7 双鱼石地区栖霞组裂缝倾角分布图

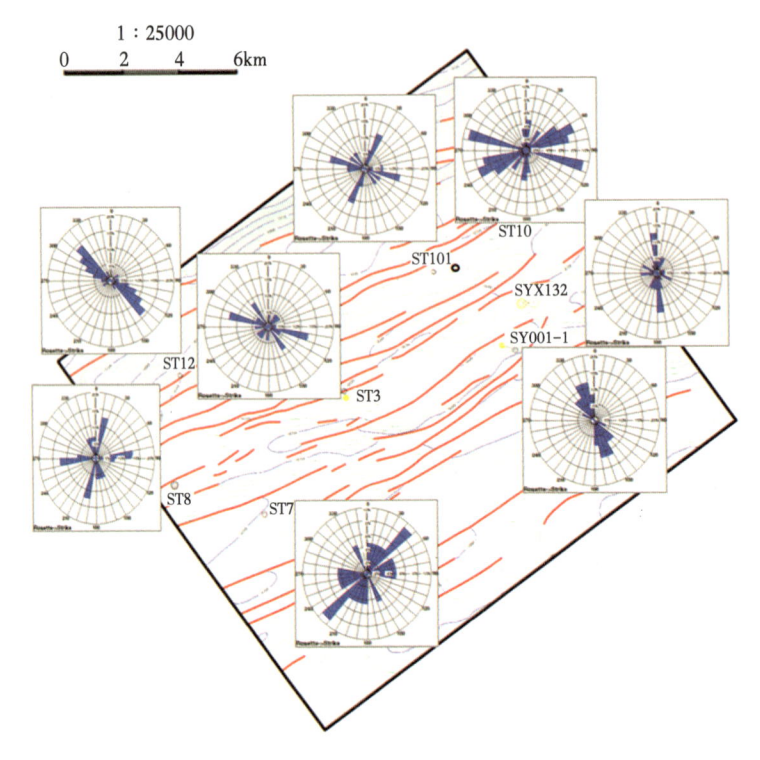

图 8 双鱼石地区栖霞组裂缝走向分布图

4.2 岩石类型

大量岩石力学实验表明，岩性为影响裂缝发育程度的重要因素之一，主要是由于不同岩性，其矿物成分不同，进而其岩石脆性、密度、结构等物理性质存在差异，从而导致岩石的力学性质、破裂方式以及破裂程度有很大差异。根据岩心、薄片以及测井解释的统计，双鱼石地区栖霞组储层岩石类型主要为白云岩和石灰岩。

为确保去掉构造因素导致岩性分析时的误差，本次岩性裂缝发育密度采用同一口井的井内对比，根据多口井岩心描述结果显示（表1），研究区构造缝发育程度明显受控于岩

表 1 双鱼石地区栖霞组气藏裂缝发育程度与岩性关系

井名	灰岩裂缝密度（条/m）	白云岩裂缝密度（条/m）
st3	0.71	2.15
st12	0.34	1.50
st8	0.17	7.33
st10	0.25	5.95
sy132	1.49	12.72

性，同一口井不同的岩性裂缝发育程度差异大，白云岩为裂缝发育的有利岩性。如 st8 井，石灰岩裂缝密度仅 0.17 条/m，白云岩中裂缝密度为 7.33 条/m，为石灰岩裂缝密度的 40 倍。整体来看白云岩裂缝密度均大于 1 条/m，而石灰岩中裂缝密度普遍小于 0.5 条/m。这是因为白云岩中的脆性矿物（主要是白云石）含量较高，在相同的应力条件下，白云岩中天然裂缝的发育强度比脆性矿物含量低的石灰岩和泥岩更高。

4.3 岩石物性

同一岩石类型其物性差异也会导致裂缝发育程度不一致，因为岩石孔隙度会影响整体的抗张强度和抗压强度，而孔隙度高低对裂缝发育影响存在两个观点，一个认为低孔隙度岩石，岩石密度大，则抗压强度大，即岩石越致密，越不易破碎；另一个认为储层孔隙发育，岩层变得疏松，脆性指数降低，在构造应力场作用下不易发生破裂[16-17]。为消除岩性和构造差异导致的统计学误差，分别统计同一口井白云岩和石灰岩储层岩心样品实测孔隙度与取样岩心段裂缝线密度相关性，统计结果表明，随着孔隙度的增高，白云岩和石灰岩储层中裂缝发育密度均有一定提升（图 9）。

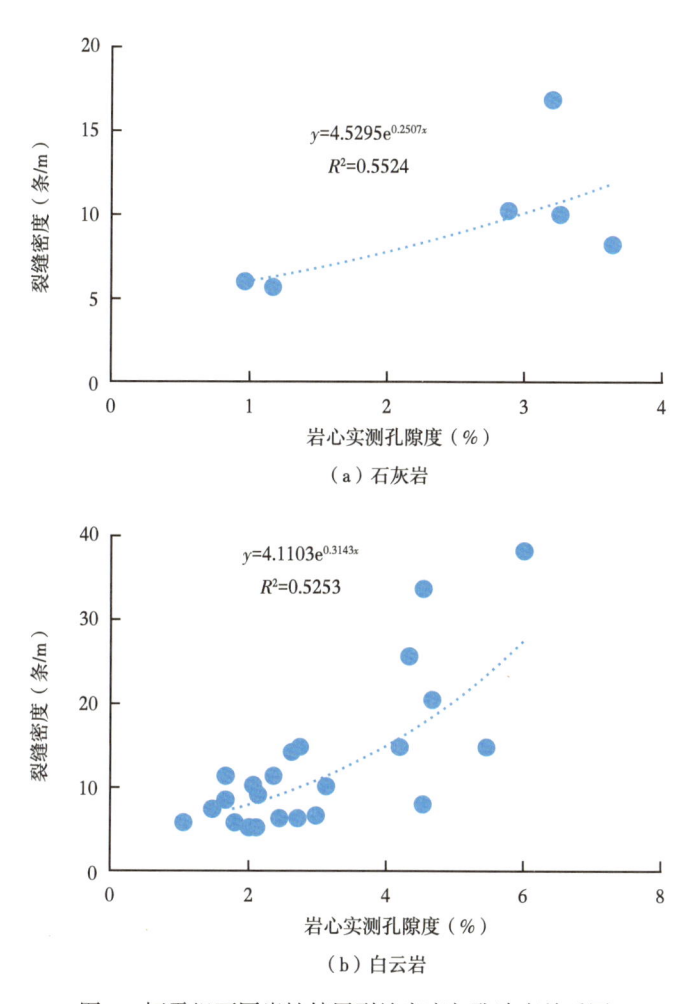

图 9 栖霞组不同岩性储层裂缝密度与孔隙度关系图

5 裂缝与产能相关性

研究区单井测试产量差异大,无阻流量在 $41.43×10^4$~$143.23×10^4 m^3/d$,平均为 $83.82×10^4 m^3/d$。通过单井裂缝发育段厚度、裂缝条数以及高角度裂缝条数与无阻流量相关性分析,得出研究区产能高低与高角度发育多少关系最为密切,其次为裂缝发育段厚度(图10)。

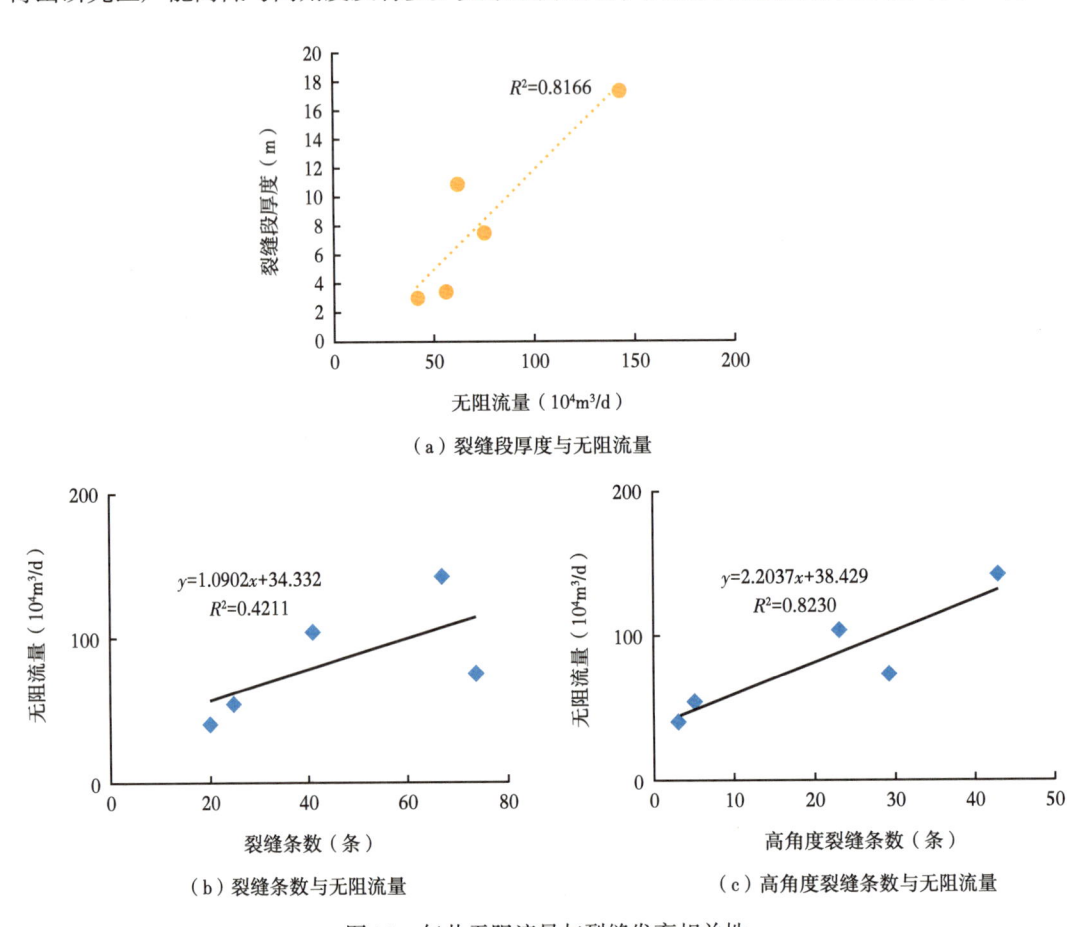

(a)裂缝段厚度与无阻流量

(b)裂缝条数与无阻流量

(c)高角度裂缝条数与无阻流量

图 10 气井无阻流量与裂缝发育相关性

6 结论

(1)双鱼石栖霞组超深碳酸盐岩储层中裂缝较发育,主要发育构造裂缝和成岩裂缝两大类,包括剪切缝、缝合线等5小类。裂缝走向主要为平行于断层的北西—南东向,主要发育低角度缝和斜交缝,裂缝开度较小,普遍小于 0.2mm。

(2)根据裂缝切割关系及充填情况识别出3期构造缝,第1、2期裂缝多为无效缝,第3期裂缝为有效缝。

(3)天然裂缝与分布受构造、岩性和物性综合影响。其中构造和岩性是控制超深层碳酸盐岩裂缝发育的主要因素,越靠近断层裂缝越发育,白云岩中裂缝密度显著高于石灰岩。物性对裂缝密度影响相对较弱，裂缝密度随孔隙度增加有一定程度增加。

（4）垂直裂缝发育多少是影响气井产量高低的重要因素，高角度裂缝越发育气井产能越高。

参 考 文 献

[1] 戴金星，倪云燕，秦胜飞，等.四川盆地超深层天然气地球化学特征[J].石油勘探与开发，2018，45（4）：588-597.

[2] 马永生，蔡勋育，赵培荣.深层、超深层碳酸盐岩油气储层形成机理研究综述[J].地学前缘，2011，18（4）：181-192.

[3] 沈平，张健，宋家荣，等.四川盆地中二叠统天然气勘探新突破的意义及有利勘探方向[J].天然气工业，2015，35（7）：1-9.

[4] 高先志，吴伟涛，卢学军，等.冀中坳陷潜山内幕油气藏的多样性与成藏控制因素[J].中国石油大学学报（自然科学版），2011，35（3）：31-35.

[5] 赵国祥，王清斌，杨波，等.渤中凹陷奥陶系深埋环境下碳酸盐岩溶蚀成因分析[J].天然气地球科学，2016，27（1）：111-120.

[6] 吴小洲，牛嘉玉，吴丰成，等.渤海湾盆地奥陶系潜山内幕油气成藏主控因素研究[J].海相油气地质，2013，18（1）：1-12.

[7] Hally R B, Schm oker J W .High-porosity Cenozoic carbonate rocks of s outh Flo rida : Prog ressi ve loss of po rosi ty with dept h[J] .A APG Bulleti n , 1983 , 67（2）：191-200

[8] E hrenberg S N , Nadeau P H .Sandstone vs carbonate petroleum reservoirs : A gl obal perspecti ve on porosit y-dept h and porosity-permeability relationships［J］. A A PG Bull et in , 2005 , 89（4）：435-445 .

[9] 郑超，王宇峰，汤兴宇，等.双鱼石地区栖霞组层序地层划分及沉积相分析[J].特种油气藏，25(4)：39-45.

[10] 陈烨菲，蔡冬梅，范子菲，等.哈萨克斯坦盐下油藏双重介质三维地质建模[J].石油勘探与开发，2008，35（4）：492-497.

[11] 金强，毛晶晶，杜玉山，等.渤海湾盆地富台油田碳酸盐岩潜山裂缝充填机制[J].石油勘探与开发，2015，42（4）：454-462.

[12] 胡向阳，赵向原，宿亚仙，等.四川盆地龙门山前构造带中三叠统雷口坡组四段碳酸盐岩储层裂缝形成机理[J].天然气工业，2018，38（11）15-25.

[13] 曾联波，巩磊，祖克威，等.柴达木盆地西部古近系储层裂缝有效性的影响因素[J].地质学报，2012，86（11）：1809-1814.

[14] Peter C & John C. Prediction of fracture-induced permeability and fluid flow in the crust using experimental stress data[J]. AAPG Bulletin, 1999, 83（5）：757-777.

[15] Zeng LB & Li XY. Fractures in sandstone reservoirs with ultra-low permeability : A case study of the Upper Triassic Yanchang Formation in the Ordos Basin, China[J]. AAPG Bulletin, 2009, 93（4）：461-477.

[16] 赵伦，李建新，李孔绸，等.复杂碳酸盐岩储层裂缝发育特征及形成机制——以哈萨克斯坦让纳若尔油田为例[J].石油勘探与开发，2010，37（3）：304-309.

[17] 赵向原，曾联波，祖克威，等.致密储层脆性特征及对天然裂缝的控制作用——以鄂尔多斯盆地陇东地区长 7 致密层为例[J].石油与天然气地质，2016，37（1）：62-71.

川西北双鱼石地区栖霞组沉积微相特征

蒲柏宇　张连进　刘曦翔　兰雪梅　王俊杰　文　雯　徐昌海

（中国石油西南油气田公司）

摘　要　近年来，以双鱼X131、双鱼X133井为代表，川西北双鱼石地区部署的多口井在栖霞组钻遇厚层的孔隙型白云岩，并获得超过百万立方米的高产工业气流，展示了该地区栖霞组良好的勘探前景。研究区栖霞组储层的发育情况受相控明显，为明确川西北双鱼石地区下二叠统栖霞组沉积微相类型及有利相带分布，提高油气勘探效益，本次研究主要利用了野外剖面测量、岩心描述、铸体薄片鉴定、成像测井分析等方法对栖霞组沉积相特征进行了研究并得出了以下结论：（1）建立了微相识别模板，将栖霞组划分出4种亚相、5种微相并分析了对应特征；（2）结合9口单井的微相划分及连井相剖面分析，认为滩核、滩缘微相为最有利相带，纵向上主要位于栖二段，横向分布稳定；（3）结合相对海平面变化，应用趋势面法恢复了双鱼石地区栖霞组古地貌，并进一步得出沉积微相平面展布特征。以上研究为该区栖霞组后续的优质储层研究及井位部署提供了地质依据。

关键词　双鱼石区块；栖霞组；沉积微相；台地边缘

近年来，以双探1井为代表，川西双鱼石地区部署的多口探井在栖霞组钻遇厚层的孔隙型白云岩，并获高产工业气流，展示了该地区栖霞组良好的勘探前景。据目前研究可知，栖霞组储层的发育情况受相控明显，即滩相的有利沉积环境是形成该套储层的必要条件，因此对栖霞组沉积相特征的研究显得尤为重要，前人对其做了大量研究。魏国齐认为川西地区为碳酸盐岩镶边台地沉积体系，并对亚相类型进行了总结[1]；宋章强等分析川西北地区中二叠统多个露头和钻井剖面，提出栖霞组兼具碳酸盐岩台地和碳酸盐岩缓坡沉积特征[2]；胡明毅等根据层序岩相古地理编图认为，四川盆地栖霞组主要发育浅水型碳酸盐岩台地沉积[3]；黄涵宇将整个四川盆地梁山组、栖霞组作为研究对象，并将其划为3个三级层序，川西北地区发育碳酸盐岩开阔台地以及台地边缘相[4]。虽然今年的研究成果对川西地区整体沉积相认识趋于统一，但由于前人研究区域较大，致使对双鱼石地区的滩体刻画不够精细，不能满足现阶段勘探开发的需要。特别是双鱼X131、双鱼X133井测试高产之后，对于双鱼石地区栖霞组沉积体系的系统研究更加迫切。

1 区域地质背景

四川盆地下二叠统整体上是一套被动大陆边缘稳定的碳酸盐岩台地沉积。在早二叠世，四川盆地经历了一次大范围的暴露剥蚀过程，下二叠统底部的梁山组直接假整合于石炭系之上[5-8]。区域上梁山组为在石炭系古风化壳上沉积的碳质泥岩、铝土质泥岩、夹石英砂岩透镜体，含黄铁矿、菱铁矿及动植物化石，为早二叠世海侵初期的滨岸潮坪沼泽沉积产物[9]。在研究区，梁山组下部地层为含黏土岩的黏土页岩，局部富铝土矿；上部地层为碳质页岩夹煤线或薄煤层。

其后，四川盆地及邻区接受了栖霞组清水碳酸盐台地沉积。栖霞组主要由生屑灰岩、泥晶灰岩组成，底部和顶部分别夹有碳质页岩和燧石结核，地层厚度由数十米至数百米，东部薄、西部厚，与下伏梁山组整合接触[10-12]。习惯上，栖霞组被分为"白栖霞"和"黑栖霞"两种相型，前者厚200m左右，为浅色的灰岩夹白云质灰岩及白云岩，分布于米仓山及龙门山北段；后者的厚度为42~255m，由深色厚层生物碎屑灰岩组成[13-15]。在研究区内，栖霞组主要为"白栖霞"，下部灰、深灰色中—厚层状含生物碎屑粉、泥晶石灰岩夹黑色薄层沥青质石灰岩、泥质泥晶石灰岩、石灰质泥岩；上部浅灰、灰白色厚层—块状粉晶、亮晶生物（屑）石灰岩，中上部不同程度发育豹斑状云质灰岩、灰质云岩或晶粒白云岩。

2 沉积微相类型划分

本次研究以野外剖面及岩心观察描述、薄片和古生物鉴定为依据，结合测井相特征和区域构造—沉积背景，对双鱼石地区下二叠统栖霞组沉积相特征进行研究，确定该地层单元属于碳酸盐岩台地沉积体系。综合岩石颜色、沉积结构、层理构造、岩石类型、古生物、测井等典型相标志的组合关系，划分出开阔台地、台地边缘沉积相和台缘滩、台内滩亚相及滩核、滩缘等众多微相类型，其中双鱼石地区主要发育台地边缘相（表1）。

表1 双鱼石地区下二叠统栖霞组沉积体系划分简表

相	亚相	微相
台地边缘	台缘滩	滩核
		滩缘
	滩间海	滩间海
开阔台地	台内滩	藻屑滩
	滩间海	滩间海

2.1 台地边缘相

位于开阔台地与前缘缓斜坡之间的转换带，也是浅水沉积和深水沉积之间的变换带，位于正常浪基面和平均海平面之间,水动力作用改造强烈,是一种水体能量较高的沉积环境[16-18]。沉积物经过充分筛选,以沉积颗粒石灰岩为主,发育台地边缘滩核、滩缘、滩间海微相。

台地边缘水深从20m到高出水面,海水循环良好,氧气充足,盐度正常,但由于底质处于移动状态,故不适于底栖固着型海洋生物栖息繁殖,因而仅发育台地边缘浅滩。该环境由于受到波浪和潮汐作用的共同控制,水动力条件极强,主要堆积的是以颗粒占绝对优势的滩相沉积体。在研究区的台地边缘相中滩核岩性主要为分选好和具有亮晶胶结结构的有孔虫灰岩、豹斑灰岩、复合颗粒灰岩、白云岩等,在浅滩之间的低能带沉积少量的微晶灰岩和含颗粒微晶灰岩;GR曲线形态以箱形为主,包含漏斗形、钟形;成像测井中电阻中–高,可见溶洞和低角度缝;地震剖面中呈现宽缓波谷特征,反应高能沉积环境(图1)。

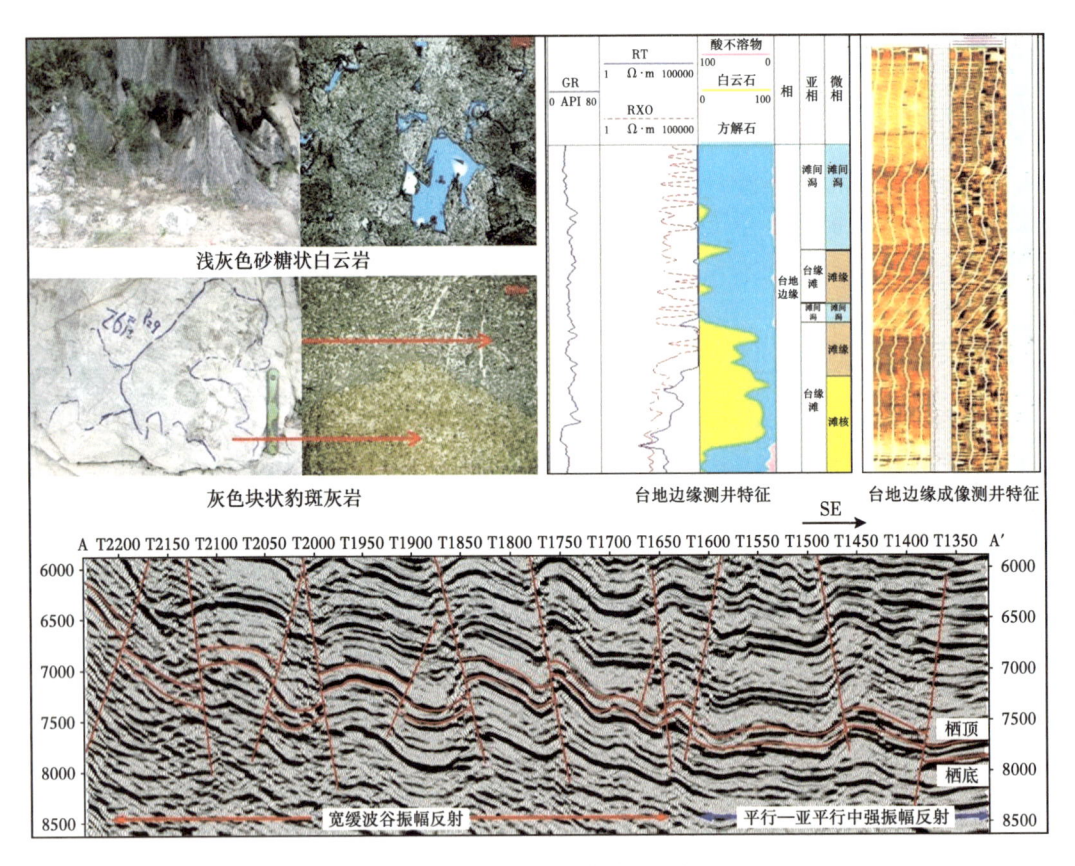

图1 台地边缘相综合特征图版

2.1.1 滩核微相

滩核微相为浅滩的主体,灰泥组分含量少,主要为分选好和具有亮晶胶结结构的有孔虫灰岩、复合颗粒灰岩、白云岩等。生物碎屑主要为有孔虫,其次为藻类。岩性主要为晶粒云岩,同时亮晶颗粒灰岩发育,水动力作用强。台地边缘滩核相的岩性、测井响应特征、物性特征等详细参数见表2、如图2所示。

表2 台地边缘滩核综合参数表

微相	岩相	测井响应特征				成像组合模式	平均孔隙度（%）	平均渗透率（mD）	单井平均厚度	该微相中储层占比
^	^	曲线幅值		主要形态	平滑程度	^	^	^	^	^
^	^	自然伽马	电阻率	^	^	^	^	^	^	^
滩核	晶粒云岩为主，孔隙发育，柱面少见白云石斑块，含有孔虫灰岩，偶见水平缝	<35	中	箱型—平滑齿型	平滑—微齿状	中阻斑状+杂乱（缝洞发育）	4.3	2.1	24.86	68.22%

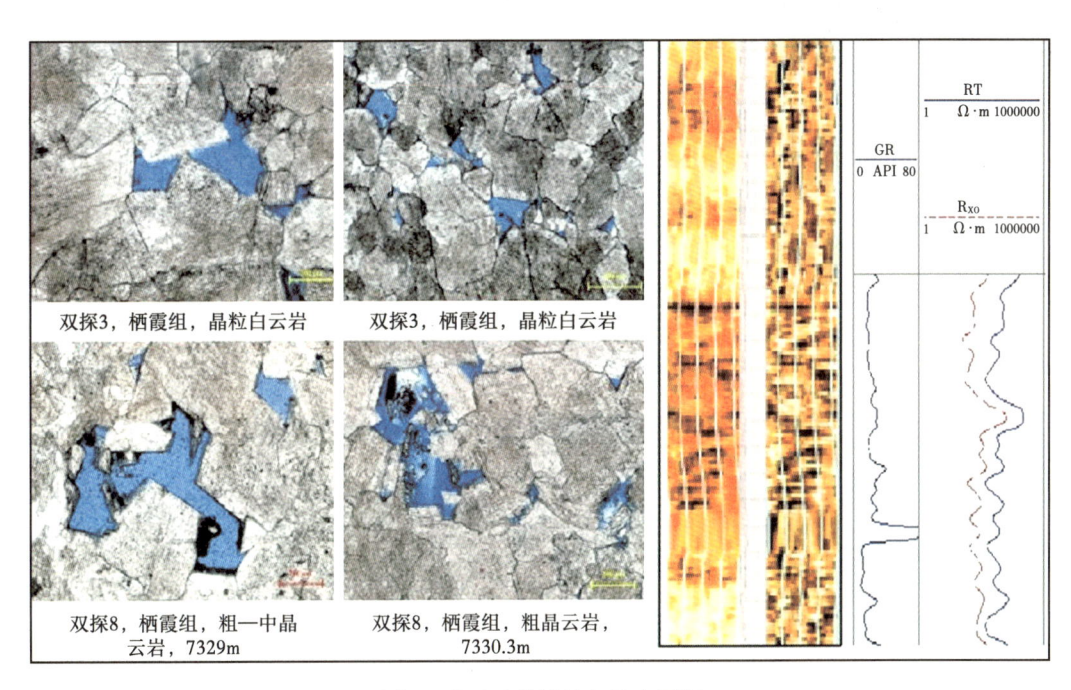

图2 台地边缘滩核相综合图版

2.1.2 滩缘微相

为浅滩的边缘部位，水体能量较滩核弱，含有灰泥组分，岩性主要为亮晶生屑灰岩、复合颗粒灰岩、有孔虫灰岩和细—中晶云岩，生物碎屑有䗴类、有孔虫、双壳、腹足、藻类、棘屑等，其中藻类以绿藻为主，少量红藻。根据滩体颗粒差异又可以分出滩缘和藻屑滩。台地边缘滩缘相的岩性、测井响应特征、物性特征等详细参数见表3、如图3所示。

表3 台地边缘滩缘综合参数表

微相	岩相	测井响应特征				成像组合模式	平均孔隙度（%）	平均渗透率（mD）	单井平均厚度	该微相中储层占比
^	^	曲线幅值		主要形态	平滑程度	^	^	^	^	^
^	^	自然伽马	电阻率	^	^	^	^	^	^	^
滩核	亮晶生屑灰岩、细—中晶云岩、颗粒灰岩	25~45	中	箱型—钟型	齿状—锯齿状	高阻块状+线状低阻斑状+块状	3.8	1.47	19.36	39.05%

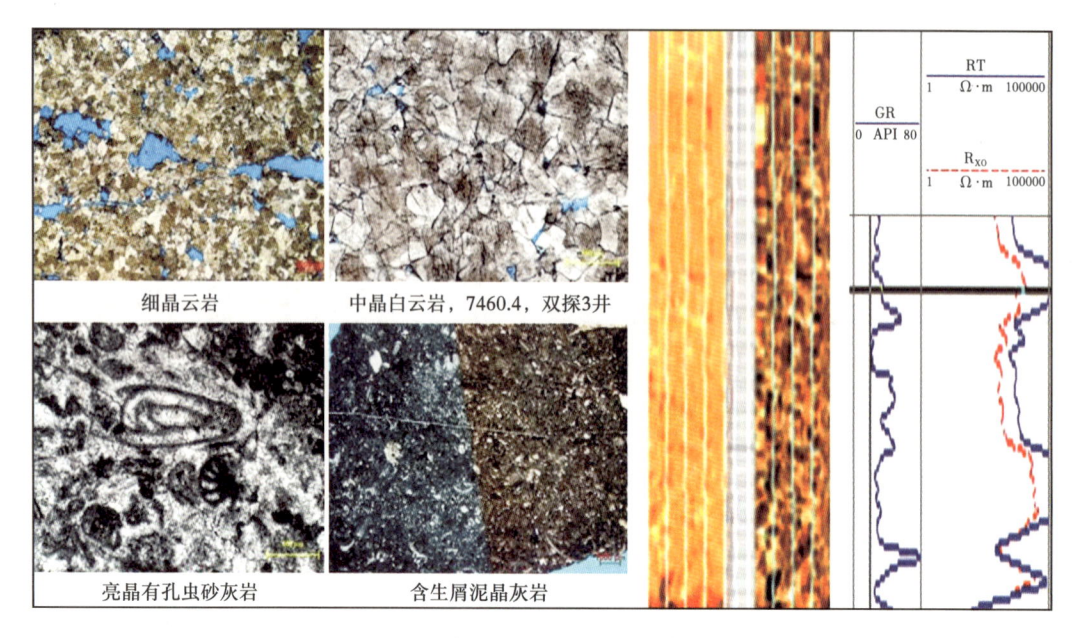

图 3　台地边缘滩缘相综合图版

2.1.3　滩间海微相

水体能量较低，沉积物粒度细，岩性以灰、深灰色微晶灰岩、含颗粒微晶灰岩为主，含少量有孔虫、双壳类、腕足类、藻类等化石，局部含泥质、有机质较重。成像测井上水平层理特征明显，以深灰色泥质灰岩为主，GR 具有典型的高值特征。

2.2　开阔台地相

开阔台地指位于台地边缘礁、滩与局限台地之间的广阔海域。常位于浪基面之上，海底地形平坦，水深数米—数十米，海水循环良好，水动力中等偏高，氧气充足，含盐度正常，适于生物生长[19-20]。研究区开阔台地相以沉积微晶灰岩、含生屑微晶灰岩、微晶藻灰岩和亮晶有孔虫灰岩为主，局部夹少量泥岩。生物碎屑包括有孔虫、蜓类、海绵、腕足类、珊瑚、藻类等；测井曲线形态包含锯齿形、漏斗形、钟形，泥质含量高；成像测井中清晰、致密、有规律的层理以及地震数据中的平行—亚平行中强振幅反射均反应了其低能静水环境（图 4）。根据开阔台地沉积水体能量大小及颗粒类型可进一步划分为藻屑滩以及滩间海 2 个微相。

2.2.1　藻屑滩微相

该环境相对于生屑滩，水体略深，受到波浪和潮汐作用的影响偏弱，水动力条件也偏弱，故沉积物中灰泥组分含量增多，主要是以微晶方解石胶结为主。岩性主要为微晶有孔虫灰岩、微晶藻灰岩等。

2.2.2　滩间海微相

水动力较弱，颗粒含量较少，颜色较深，岩石类型主要由深灰、灰黑、灰褐色泥晶灰岩、生屑泥晶灰岩和泥岩组成，泥晶灰岩中泥质和有机质含量较高，局部含有燧石结核。生物主要有藻类、有孔虫、海百合、介形虫等。

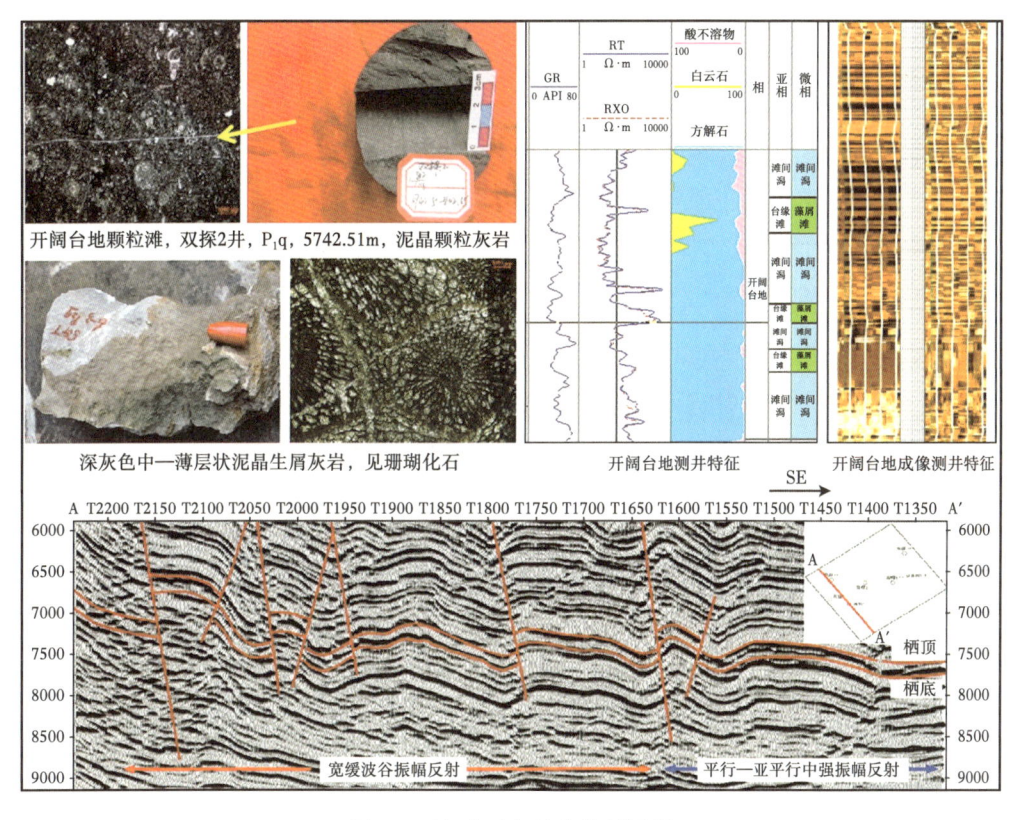

图 4 开阔台地相综合特征图版

2.3 微相识别及特征

通过以上分析,建立了测井相、岩相微相识别模板,将栖霞组划分出 4 种亚相、5 种微相(图 5)。

相区	相	亚相	微相	岩相	测井响应特征						岩心照片	测井相模式	描述
					曲线幅值		主要形态	平滑程度	成像图像	成像组合模式			
					自然伽马	电阻率							
碳酸盐岩台地		台缘滩	滩核	中—粗晶白云岩、含云质灰岩	低	中	箱型—平滑齿型	平滑—微齿状		高阻斑状+杂乱			晶粒云岩为主,孔隙发育,柱面少见白云石斑块,偶见水平缝
	台地边缘		滩缘	亮晶生屑灰岩、细—中晶云岩、有孔虫灰岩	低	中—高	箱型—钟型	齿状—锯齿状		高阻块状+线状低阻斑状+块状			岩性多样,生屑灰岩为主,色不均,局部色深
		滩间海	滩间海	生屑泥质灰岩、微晶灰岩	低—中	中	钟型—指型	齿状		高阻斑状+层状低阻层层状			深灰色生屑泥质灰岩为主,分布广泛
	开阔台地	台内滩	藻屑滩	藻灰岩、泥晶藻灰岩	低—中	中—高	箱型—指型	齿状		低阻斑状+层状高阻斑状+层状			藻灰岩为主,双侧向电阻率高,栖一下部含泥质,部分发育藻溶孔,分布范围小
		开阔台地	滩间海	深灰色泥质灰岩	低—中	中—高	指型—箱型钟型	齿状—锯齿状		低阻块状+线状低阻斑状			深灰色泥质灰岩,含少量生屑

图 5 栖霞组沉积微相识别模板

根据上述沉积微相识别特征，开展9口井沉积微相分析，编制单井沉积相剖面图，在单井相分析基础上，对单井各微相的储层厚度进行统计并分析，沉积微相中的储层厚度：滩核＞滩缘＞藻屑滩＞滩间海（图6、图7）；对单井微相的物性进行统计，发现沉积微相物性：滩核＞滩缘＞藻屑滩＞滩间海。得出台缘滩核和滩缘微相为有利沉积微相类型，平均孔隙度大于2.5%，其中滩核为最优势微相，平均孔隙度达到了4.3%（图8）。

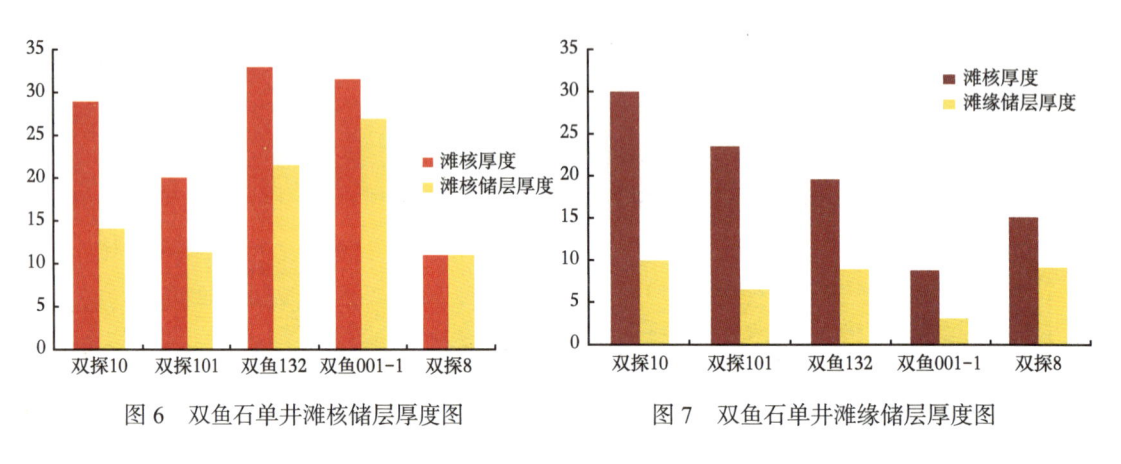

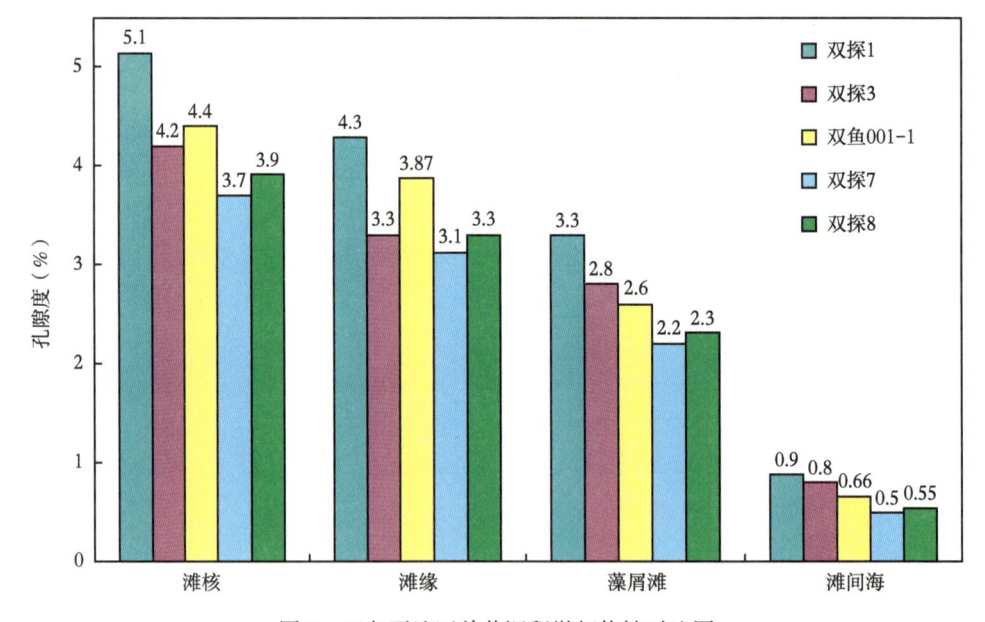

图6 双鱼石单井滩核储层厚度图

图7 双鱼石单井滩缘储层厚度图

图8 双鱼石地区单井沉积微相物性对比图

3 沉积微相纵横向展布

3.1 单井及连井相剖面分析

根据以上微相划分标准，对每口井的亚相及微相进行划分，结果表明：研究区栖霞组为台地边缘沉积环境，滩核、滩缘、藻屑滩和滩间微相交替发育，主要以滩核和滩缘为主。栖一段主要发育滩间海夹藻屑滩微相，岩性主要为局部泥质含量较高泥晶生屑灰岩和泥晶藻灰岩组合，局部夹薄层泥岩，生屑主要为有孔虫、蜓类、腹足、珊瑚、腕足、藻类等；栖二段主要为滩核与滩间纵向演化序列，岩性主要为泥晶、亮晶有孔虫灰岩、白云岩和含生屑微晶灰岩，生屑包括有孔虫、藻类、腕足、腹足、棘屑等（图9）。

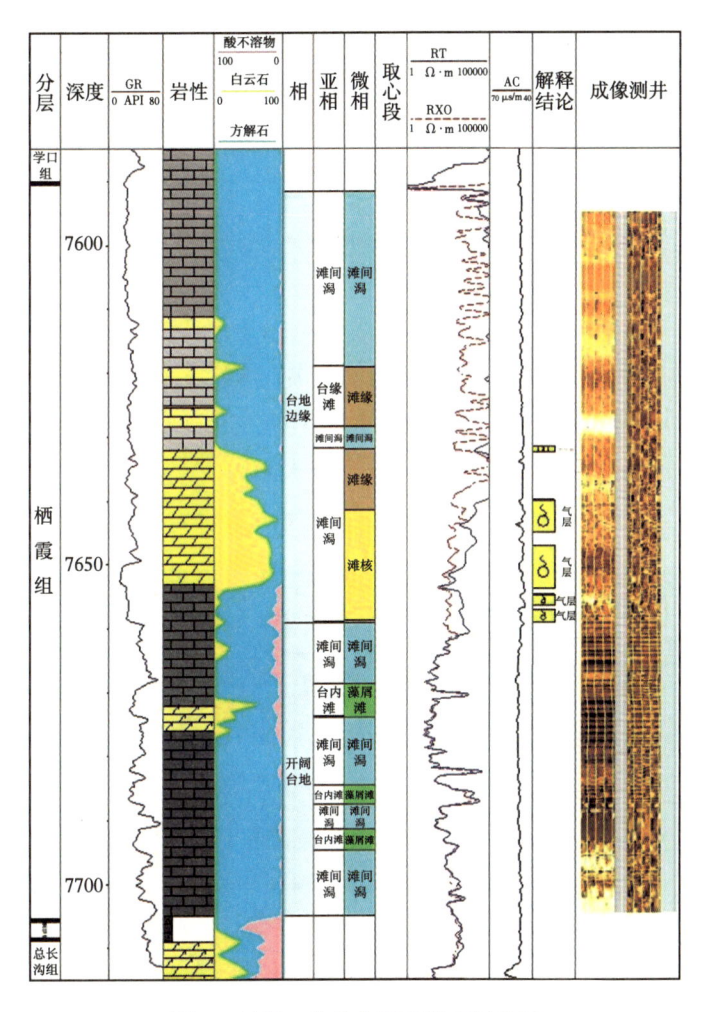

图9 双探7井单井沉积微相划分图

双探10—双探101—双鱼132—双鱼001-1—双探8井剖面呈东北—南西向展布，其沉积相横向分布有如下特征：在栖一时，该对比剖面主要沉积了一套厚层泥晶生屑灰岩、泥晶灰岩以及少部分的含泥泥晶灰岩和颗粒灰岩，整体上表现为水动力较弱的滩间海为主，局部发育厚度10m左右的滩间海微相；在栖二时，海退逐渐加剧，水体变浅，台地边缘范围扩大，在岩性上，该对比剖面主要沉积了一套浅灰色生屑灰岩、灰白色白云岩以及少量的豹斑灰岩，纵向上沉积微相表现为以滩相为主，主要为滩核及滩缘，滩体厚度约34~60m，横向连续性好，滩核与滩缘的叠置出现，反映了高能的沉积环境，均为台地边缘环境的产物，滩体主要发育在栖二^{1}中，栖二^{2}以滩间海为主（图10）。

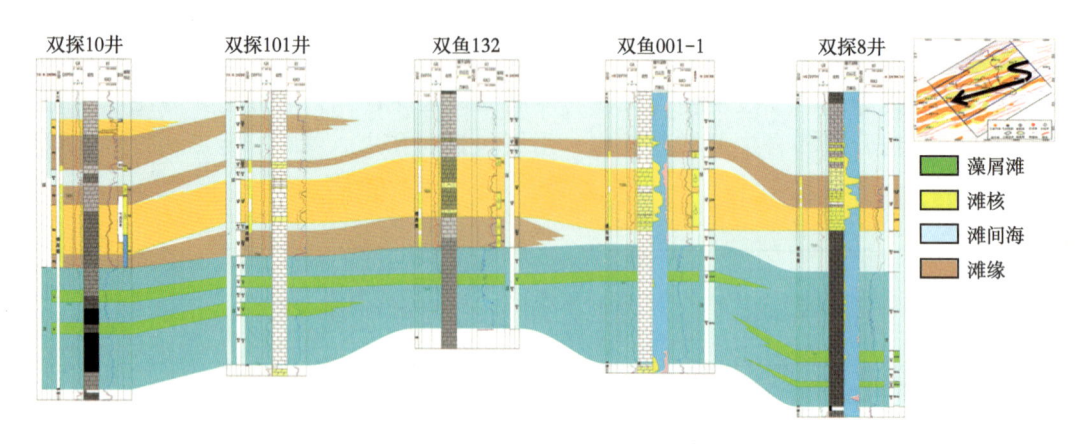

图 10　沉积微相连井剖面图

3.2　沉积模式

根据双鱼石栖霞组单井及连井相剖面分析可知，栖一段与栖二段沉积环境差异较大，栖一段水体较深，以滩间海沉积为主（图 11a），有利微相滩核、滩缘纵向上主要分布在栖二^{1}层序中，横向分布稳定，厚度在 15~30m（图 11b）。

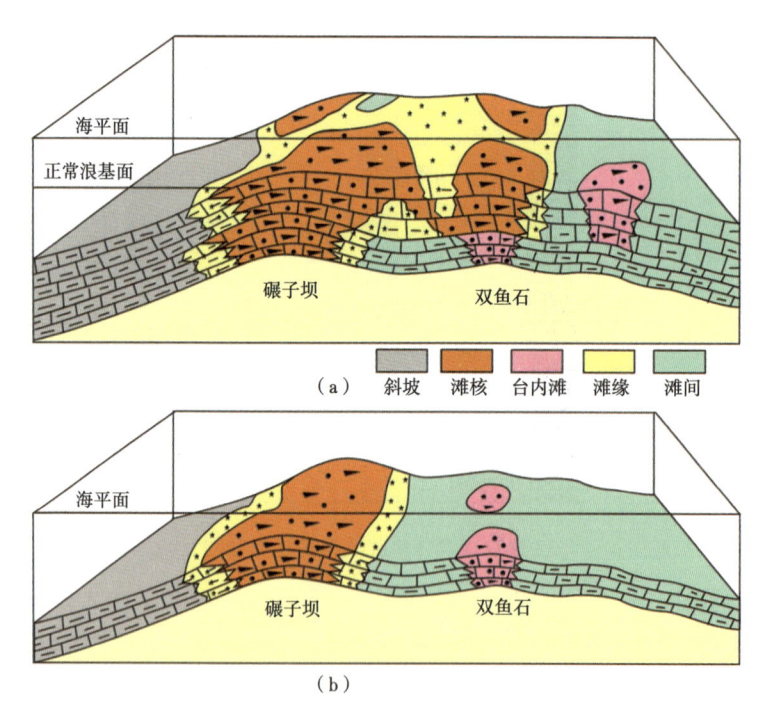

图 11　双鱼石栖霞组沉积相演化模式图

3.3　古地貌及微相平面分布

由于研究区栖霞组地层厚度较薄，古地貌横向变化特征不明显，且在稀井网条件下常规沉积相研究方法的准确性受到限制，为了更好地指导后续微相平面展布研究，本次研究提出了趋势面法恢复栖霞组古微地貌（图12），从栖霞期残余厚度中剔除地层的趋势厚度，能够有效地突出古微隆起。具体做法如下。

（1）印模法。求取栖霞组的厚度。

（2）趋势面。对印模法得到的栖霞组进行大尺度平滑。

（3）趋势面调整。在地震剖面上反复查看印模法层位和趋势面层位，与肉眼观察的古地貌正地形进行逐条剖面比较，据此不断调整平滑参数。当观察到趋势面基本趋于平滑曲面，并能够反映印模法层位的大致趋势，则停止调整平滑参数。

（4）古地貌恢复。趋势面与印模法相减，即可得到二叠系栖霞组沉积古微地貌图。

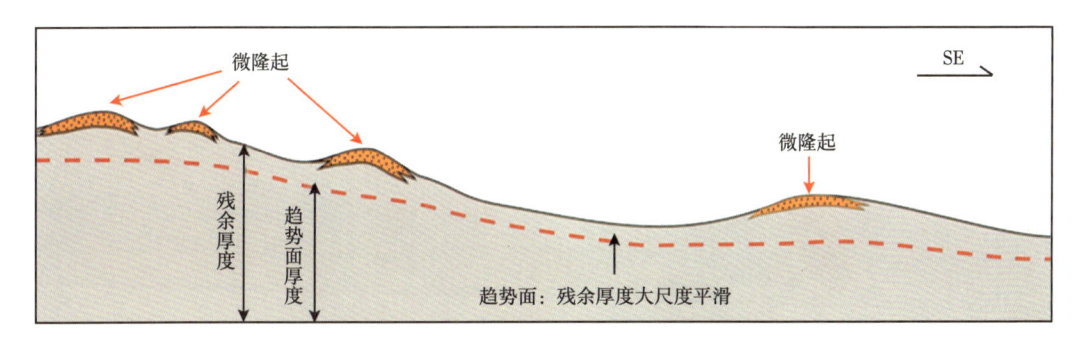

图12 基于镶边台地沉积模式的趋势面法

采用趋势面法得到了双鱼石地区二叠系栖霞组沉积期古地貌图（图13）。研究区栖霞组主要发育两种地貌类型：（1）丘体，对应于图中的红色部分，推测是滩体发育的有利位置；（2）洼地，对应于图中的蓝色部分，推测是滩间洼地。整体上，研究区中部及东南部，丘体和洼地间隔发育，地貌高差较大。

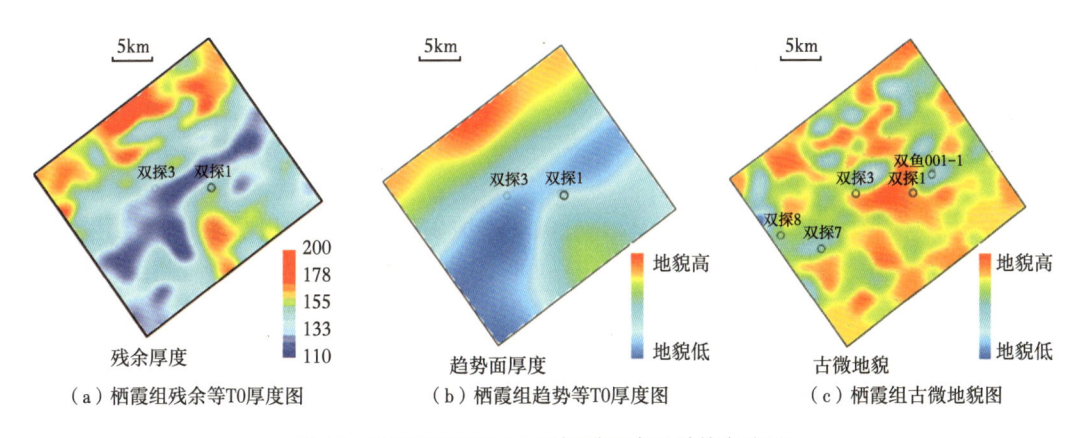

图13 双鱼石工区二叠系栖霞组古地貌恢复方法

在单井相、连井相、古微地貌、单因素厚度等值线图等资料的有机结合下，采用特殊相法绘制双鱼石栖霞组沉积微相平面图（图14）。明确双鱼石栖霞组沉积微相以滩核、滩缘微相为主，面积523km^2，滩间微相呈零星团状分布在滩缘中。从最新井双鱼X131井、双鱼X133井的测试情况来看，两口井均为高产，日总产量分别为123.97及142.51×10^{4}m^3。从平面图上来看，双鱼X131、双鱼X133井都处于滩核区，储层发育最好，符合预测情况，说明本次研究的微相展布特征具有准确性和可信度。

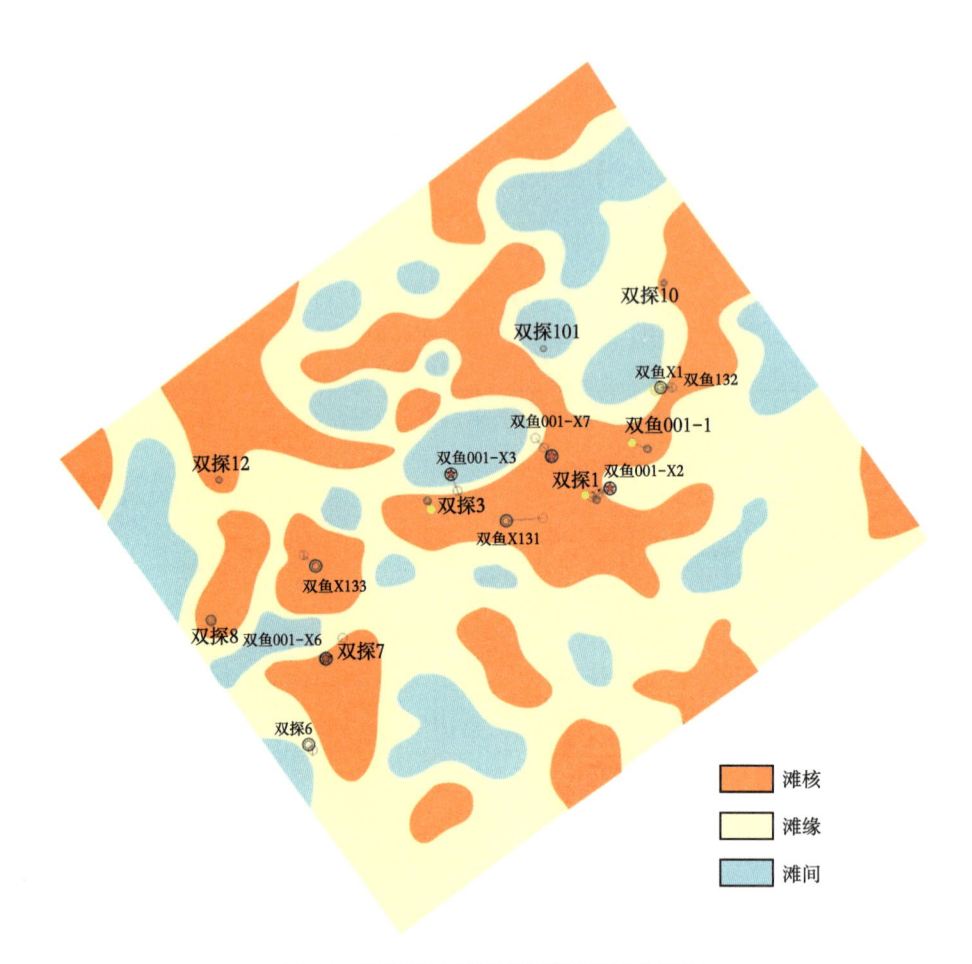

图 14　双鱼石地区栖霞组微相展布平面图

4　结论

根据大规模带状展布的丘滩体和较高的沉积古地貌特征，认为川西地区栖霞组为镶边碳酸盐岩台地沉积，双鱼石地区栖霞组自东向西依次发育开阔台地相、台地边缘相，其中台地边缘滩核相、滩缘相储层最发育，储集物性好，为最有利沉积相带，该相带分布范围较广，纵横向发育连续，具有良好的勘探前景。

参 考 文 献

[1] 魏国齐，杨威，朱永刚，等．川西地区中二叠统栖霞组沉积体系［J］．石油与天然气地质，2010，31（4）：442-448．

[2] 宋章强，王兴志，曾德铭．川西北二叠纪栖霞期沉积相及其与油气的关系［J］．西南石油学院学报，2005，27（6）：20-23．

[3] 胡明毅，魏国齐，胡忠贵，等．四川盆地中二叠统栖霞组层序－岩相古地理［J］．古地理学报，2010，12（5）：515-526．

[4] 黄涵宇, 何登发, 李英强, 等. 四川盆地及邻区二叠纪梁山-栖霞组沉积盆地原型及其演化[J]. 岩石学报, 2017, 33（4）: 1317-1337.

[5] 刘治成, 杨巍, 王炜, 等. 四川盆地中二叠世栖霞期微生物丘及其对沉积环境的启示[J]. 中国地质, 2015, 42（4）: 1009-1023.

[6] 王鼐, 魏国齐, 杨威, 等. 川西北构造样式特征及其油气地质意义[J]. 中国石油勘探, 2016, 21（6）: 26-33.

[7] 苏旺, 陈志勇, 汪泽成, 等. 川西地区中二叠统栖霞组沉积特征[J]. 东北石油大学学报, 2016, 40（3）: 41-50.

[8] 陈宗清. 论四川盆地中二叠统栖霞组天然气勘探[J]. 天然气地球科学, 2009, 20（3）: 325-334.

[9] 赵宗举, 周慧, 陈轩, 等. 四川盆地及邻区二叠纪层序岩相古地理及有利勘探区带[J]. 石油学报, 2012, 33（增刊2）: 35-51.

[10] 赵俊兴, 李凤杰, 刘琪, 等. 四川盆地东北部二叠系沉积相及其演化分析[J]. 天然气地球科学, 2008, 19（4）: 444-451.

[11] 田景春, 林小兵, 张翔, 等. 四川盆地中二叠统栖霞组滩相白云岩多重成因机理及叠加效应[J]. 岩石学报, 2014, 30（3）: 679-686.

[12] 蒋志斌, 王兴志, 曾德铭, 等. 川西北下二叠统栖霞组有利成岩作用与孔隙演化[J]. 中国地质, 2009, 36（1）: 101-109.

[13] 关新, 陈世加, 苏旺, 等. 四川盆地西北部栖霞组碳酸盐岩储层特征及主控因素[J]. 岩性油气藏, 2018, 30（2）: 67-76.

[14] 冯明友, 张帆, 李跃纲, 等. 川西地区中二叠统栖霞组优质白云岩储层特征及形成机理[J]. 中国科技论文, 2015, 10（3）: 280-286.

[15] 黄思静, 吕杰, 兰叶芳, 等. 四川盆地西部中二叠统白云岩/石的主要结构类型——兼论其与川东北上二叠统—三叠系白云岩/石的差异[J]. 岩石学报, 2011, 27（8）: 2253-2262.

[16] 马永生, 梅冥相, 陈小兵, 等. 碳酸盐岩储层沉积学[M]. 北京: 地质出版社, 1999: 77-84.

[17] 张运波. 四川盆地中二叠统层序地层及沉积模式[D]. 北京: 中国地质大学（北京）, 2011.

[18] 沈平, 张健, 宋家荣, 等. 四川盆地中二叠统天然气勘探新突破的意义及有利勘探方向[J]. 天然气工业, 2015, 35（7）: 1-9.

[19] 梁宁, 郑荣才, 邓吉刚, 等. 川西北地区中二叠统栖霞组沉积相与缓斜坡模式. 岩性油气藏, 2016, 28（6）: 58-67.

[20] 江青春, 胡素云, 汪泽成, 等. 四川盆地中二叠统中-粗晶白云岩成因[J]. 石油与天然气地质, 2014, 35（4）: 503-510.

第二部分 气藏工程

Influence of Pore Structure and Solid Bitumen on the Development of Deep Carbonate Gas Reservoirs: A Case Study of the Longwangmiao Reservoir in Gaoshiti–Longnusi Area, Sichuan Basin, SW China

Jianxun Chen[1]　Shenglai Yang[1]　Dongfan Yang[2]　Hui Deng[2]　Jiajun Li[1,2]

（1. China University of Petroleum（Beijing）；
2. Southwest Oil & Gas Field Company, PetroChina）

Abstract：A variable sedimentary environment and accumulation process leads to a complex pore structure in deep carbonate gas reservoirs, and the physical properties are quite different between layers. Moreover, some pores and throats are filled with solid bitumen（SB）, which not only interferes with reservoir analysis, but also affects efficient development. However, previous studies on SB mainly focused on the accumulation process and reservoir analysis, and there are few reports about the influence on development. In this paper, through scanning electron microscope analysis, SB extraction, gas flow experiments and depletion experiments, and a similar transformation between experimental results and reservoir production, the production characteristics of carbonate gas reservoirs with different pore structures were studied, and the influence of SB on pore structure, reservoir analysis and development were systematically analyzed. The results show that permeability is one of the key factors affecting gas production rate and recovery, and the production is mainly contributed by high-permeability layers. Although the reserves are abundant, the gas production rate and recovery of layers with a low permeability are relatively low. The SB reduces the pore and throat radius, resulting in porosity and permeability being decreased by 4.73%–6.28% and 36.02%–3.70%, respectively. With the increase in original permeability, the permeability loss rate decreases. During development, the loss rate of gas production rate is much higher than that of permeability. Increasing the production pressure difference is conducive to reducing the influence. SB also reduces the recovery, which leads to the loss rate of gas production being much higher than that of porosity. For reservoirs with a high permeability, the loss rates of gas production rate and the amount produced are close to those of permeability and porosity. Therefore, in the reservoir analysis and development of carbonate gas reservoirs bearing SB, it is necessary and significant to analyze the influence of reservoir types.

Keywords: carbonate gas reservoir; pore structure; solid bitumen; gas production rate; recovery; gas production

1 Introduction

Based on geological statistics, carbonate reservoirs account for about 35.7% of global oil and gas resources, and deep and ultra-deep carbonate gas reservoirs (depth > 4500 m) have become one of the popular resources for exploration and development[1, 2]. Abundant marine origin carbonate gas reservoirs have been found in Sichuan Basin, SW China[3, 4]; the reserves of Sinian and Cambrian gas reservoirs exceed 1×10^{12} m^3, and have become one of the important gas producing areas[5-8]. The variable sedimentary environment and accumulation process lead to a complex pore structure of deep carbonate gas reservoirs, including pores, cavities and fractures, and the physical properties are quite different between layers[9-12]. Moreover, some pores and fractures in the Sinian and Cambrian reservoirs are filled with solid bitumen (SB)[13, 14]. Although SB can provide information about geological changes[15-18], it creates greater challenges for reservoir analysis and development.

To study the influence of SB on a gas reservoir, the first step is to research the distribution characteristics in the pore structure. Wood et al.[19] found that the reservoir quality of the Triassic tight gas siltstone area in the Western Canadian Sedimentary Basin was strongly affected by SB through organic petrological observation and scanning electron microscopy (SEM). Furthermore, Shi et al.[20] used geochemical and trace element analysis methods to classify the SB of the Longwangmiao and Dengying gas reservoirs into two types: high-maturity and low-maturity SB. Taheri-Shakib et al.[21] studied the physicochemical properties of SB in the adsorbed and non-adsorbed components of sandstone, dolomite, and calcite rock powders by spectroscopy, elemental analysis, and SEM. Meanwhile, Gao et al.[22] and Mastalerz et al.[23] analyzed the characteristics of SB in dissolved pores, intergranular pores, and sutures with optical microscopy and SEM. A large number of studies have shown that it is feasible to analyze the pore structure and SB distribution characteristics by SEM and thin-section casting. However, there is no systematic understanding of the distribution characteristics of SB in the pore structure.

As one of the components in bitumen, asphaltene is the most polar component with an uncertain molecular weight or structure[24, 25]. In the oil reservoir, the deposition mechanism of asphaltene and its damage to the reservoir have been widely recognized[26-31]. In addition, SB can produce certain nuclear magnetic resonance (NMR) signals, which are confused with oil and gas signals, resulting in logging interpretation errors[32, 33]. The most direct way to research the influence is to compare the changes in porosity and permeability after the removal of SB. As is known, bitumen is a heavy component in crude oil, which is soluble in aromatic solvents such as benzene and toluene, SB can be removed from cores by extraction[32, 34, 35]. However, there are few studies on gas reservoirs, and the related studies were mainly concentrated in the Longwangmiao Formation in Moxi Area, SW China. Lai et al.[13] found that the porosity and permeability increased by 1.01% and 0.04 mD after SB extraction. Moreover, regarding the use of pores with a lateral relaxation time (T2 spectrum) longer than 3 ms as effective pores, they found that the SB content is between 0.1% and 3.0% by NMR logging and conventional logging. However, Ji et al.[36] found that the T2 spectrum of SB has a peak within 3 ms and a peak outside 3 ms, and the NMR porosity of SB was about 1.01%. It can be seen that there were some differences in the methods and results of NMR testing. Considering the strong heterogeneity and the difference in SB content between layers, it is more pertinent and significant to study the influence according to the pore structure characteristics of the reservoir.

Pore structure is one of the key factors that restrict the gas production rate and the amount produced; the dominant pore structures are quite different between layers. Gas flow experiments and numerical simulation analyses showed that there was a starting pressure gradient in low-permeability reservoirs, and fracture was the main gas flow channel[13, 37, 38]. Meng et al.[12] found that high permeability can improve productivity in a short period, which can also lead to a sharp decline. Yue et al.[39] found that gas production was closely related to porosity. Meanwhile, some scholars have studied the influence of heterogeneity on the gas production rate and amount produced[40, 41]. Wang et al.[42] found that, in the early stage of development, production was mainly contributed to by high-permeability layers, and permeability also affected the recovery. The filling of SB leads to a decrease in porosity and permeability, which will affect the gas production rate and overall recovery. When only referring to the changes in porosity and permeability, it is difficult to fully reflect the damage to reservoirs. However, there is no report about the influence of SB on gas production rate, recovery and production. Researching the influence on development, so as to improve the accuracy of productivity analysis, especially for reservoirs without porosity and permeability corrections, is of great significance.

The purpose of this study is to research the productivity characteristics of carbonate gas reservoirs, and systematically analyze the distribution characteristics of SB in the pore structure, and to further understand its influence on the porosity, permeability and productivity of reservoirs with different pore structures. On the one hand, the Cambrian carbonate gas reservoirs in Sichuan Basin are rich in reserves, with obvious pore structures and SB distribution characteristics[3, 5, 9]. On the other hand, the porosity and permeability of the reservoirs in the Gaoshiti–Longnusi area are relatively low, and SB has great influence on reservoir identification and development[13, 14]. Based on this, we take the Cambrian Longwangmiao carbonate gas reservoir in the Gaoshiti–Longnusi area as our target. Firstly, the pore structure and distribution characteristics of SB were analyzed and classified by SEM and thin-section casting, thereby providing a theoretical basis for analyzing the influence. Then, cores with different pore types were extracted to quantitatively analyze the influence on porosity and permeability, and organic elements such as carbon, hydrogen, oxygen and nitrogen were tested. Finally, the cores with a similar porosity and permeability were used for gas flow experiments and depletion experiments under reservoir conditions, to analyze the gas production characteristics of different types of reservoirs. Based on the core experimental results and the changes in porosity and permeability caused by SB, the influence of SB on gas production rate and amount produced was predicted and analyzed.

2 Geological Setting

The Cambrian Longwangmiao formation carbonate gas reservoir in Sichuan Basin is one of the largest integrated reservoirs in China (Figure 1). In the early stage, marine transgression occurred rapidly, forming a gently sloped sedimentary environment dominated by carbonate deposition. The Moxi, Longnusi, and Gaoshiti areas, located in the high part of the structure, are rich in gas (Figures 1 and 2)[43]. Based on both paleogeomorphology and provenance, the paleouplift in the Moxi area was found to be the highest in the sedimentary strata. The paleouplift around the Moxi area gradually decreased. The Gaoshiti–Longnusi area is located on the edge of the Moxi area (Figure 1), and the reservoir heterogeneity is high[44]. In the longitudinal direction, the Cambrian is between Sinian and Ordovician, and the Longwangmiao Formation is located in the upper part of the Lower Cambrian. The buried depth of the Longwangmiao Formation in the Gaoshiti–Longnusi area exceeds 4500 m, reaching a deep gas reservoir.

(a) Sichuan Basin

(b) Longwangmiao carbonate gas reservoir [17, 45]

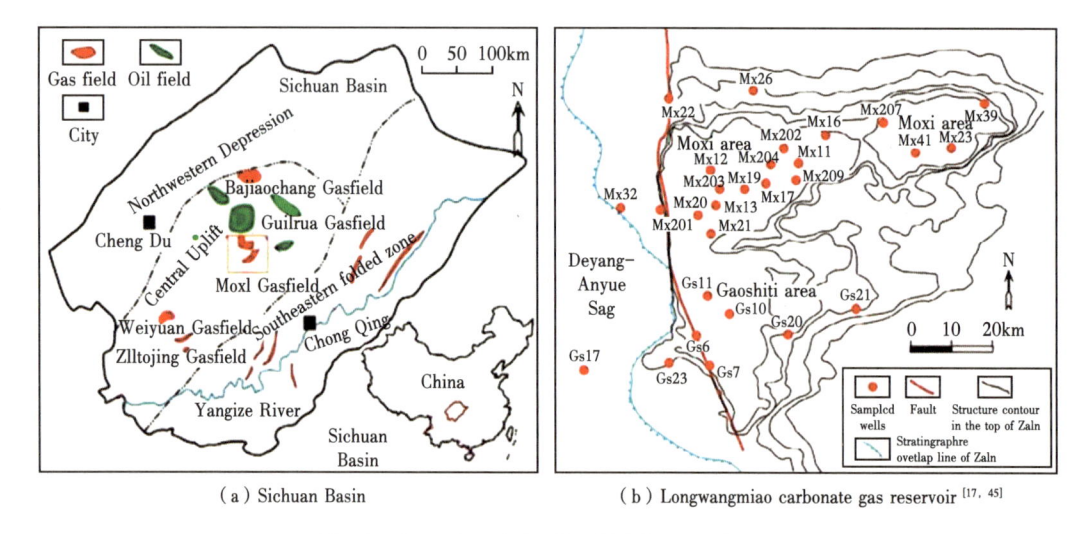

Fig. 1. Location of the Gaoshiti–Longnusi area

The reservoir rocks mainly comprise grain dolomite and calcite, and some pores are filled with SB[46]. According to the logging data, including Moxi-23, Moxi-207, Gaoshi-7 and Gaoshi-10 and other wells, the porosity is mostly between 2% and 8%, with an average between 2.6% and 5.4%. The permeability is between 0.036 mD and 1.36 mD, and some layers reach 8.70 mD. Therefore, the differences in porosity and permeability between layers are great. After the initial calibration of SB by conventional logging and NMR logging, the porosity and permeability decreased by 0.1%–1.5% and 0.01~0.20 mD, respectively. As the water saturation of most reservoirs is below 36%, the proportion of water-producing wells is relatively low. The gas production rate of some reservoirs is more than 20 × 10^4 m^3/day, while that of reservoirs with a low permeability is lower than 1.0 × 10^4 m^3/day, which is quite different between reservoirs. At present, the pore pressure, overburden pressure and temperature of reservoirs are approximately 70~80 MPa, 126 MPa and 120~140 °C, respectively.

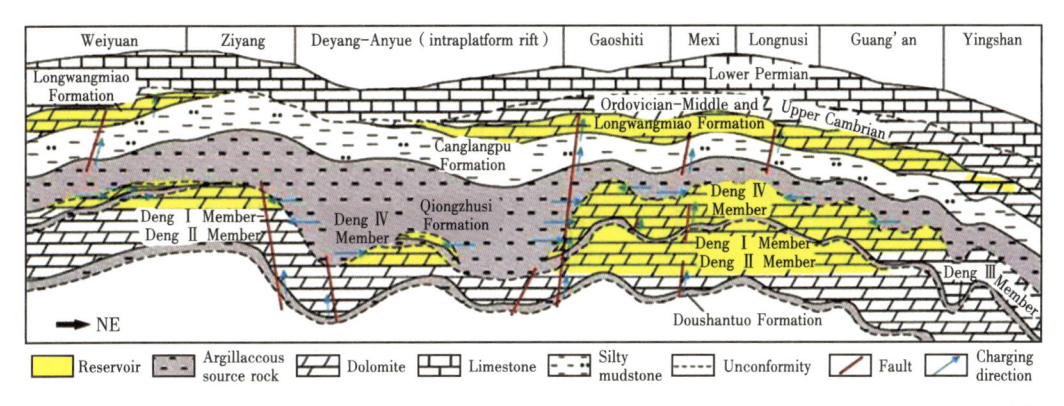

Fig. 2. Schematic representation of the distribution of carbonate gas reservoirs in central Sichuan Basin[45].

3 Samples and Experimental Methods

3.1 Samples Preparation

The depths of 109 cores acquired from the Longwangmiao carbonate gas reservoir in the Gaoshiti–Longnusi area were between 4547 m and 4967 m. From core surfaces, the development of cavities and fractures were quite different. According to Chinese National Standard GB/T 29172-2012, the helium porosity and permeability were measured by an OPP-1 (Temco, Tulsa, OK, USA) high-pressure porosimeter under standard conditions (Figure 3). The porosity and permeability of each sample were measured three times, and the errors of porosity and permeability were within 0.05% and 0.02 mD, respectively. Except for some cores with a low permeability (< 0.01 mD), the porosity and permeability of cores were well matched with the logging data, which can truly reflect the reservoir characteristics. Considering the porosity, permeability and surface characteristics, these cores can be divided into four types, as pore (32 samples), cavity (26 samples), fracture-pore (27 samples) and fracture-cavity (24 samples) type cores, which can reflect the dominant pore structure of four types of reservoirs. According to the permeability, a reservoir with a permeability below 0.1 mD is called a low-permeability reservoir in this study, while a reservoir with a permeability above 1.0 mD is called a high-permeability reservoir, and the permeability of medium permeability reservoirs is between 0.1 and 1.0 mD.

3.2 SEM Testing

The electronic signals of the SEM analysis include secondary electrons, backscattered electrons, and Auger electrons[47]. Compared with secondary electronic signals, backscattered electronic signals can observe mineral properties more clearly; hence, they were selected to analyze the SB distribution characteristics. According to the Chinese National Standard GB/T 17361—2013, the samples were scanned by Helios NanoLab 650 double-beam SEM (Pixel size 0.8~800 nm), and the surface morphology and composition were qualitatively analyzed. The pixel size of the SEM analysis was 0.8~800 nm, the sample diameter was less than 25mm, the thickness was 1~5mm, and the surface was coated with 10~20 nm carbon conductive film. In order to improve the analysis results, thin-section casting was used for the auxiliary analysis. A Leica polarizing microscope was used to scan the thin-section cast samples to obtain their pore structure characteristics, and the diameters of the samples were less than 25mm, with thicknesses of less than 5mm. These tests were carried out under laboratory standard conditions.

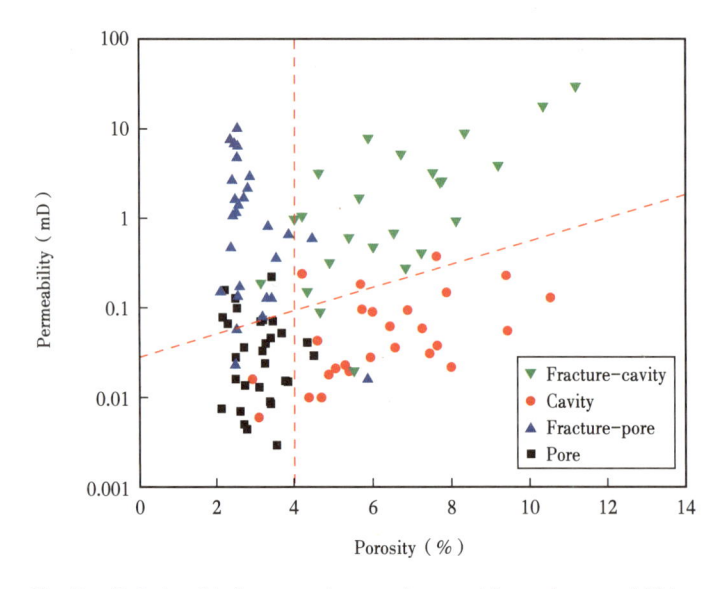

Fig. 3. Relationship between the sample porosities and permeabilities.

3.3 SB Extraction

Based on the Chinese National Standard GB/T 29172—2012, the method of Dean-Stark was used to extract SB. Chloroform, toluene, ethanol and other solvents with different proportions were used as extraction solvents. Four cores of each type, 16 cores in total, were selected as Series 1 (Table 1). In Series 1, the average porosity of pore, cavity, fracture-pore and fracture-cavity types of cores was 3.17%, 5.51%, 3.19% and 6.12%, while the average permeability was 0.038 mD, 0.055 mD, 0.662 mD and 1.157 mD, respectively. All cores were dried in a constant-temperature drying oven (China, normal temperature ~300 °C) at 116 °C for 6 h, and the porosity and permeability were then measured. Then we, put the cores into the extraction sample chamber, and connected the condensing tube, long neck bottle and other devices. At the bottom of the long neck bottle, we set the constant temperature to heat the solvent to boiling, and the upper part for circulating cooled air. After 15~20 days of distillation, we took out and dried these cores, and their porosity and permeability were measured again. After extraction, Series 1 was named Series 3.

Table 1. Core parameters of Series 1 and 2

Category	Cores ID Series 1	Cores ID Series 2	Porosity (%) Series 1	Porosity (%) Series 2	Permeability (mD) Series 1	Permeability (mD) Series 2
Pore	P11	P21	2.74	2.59	0.014	0.014
Pore	P12	P22	3.06	3.26	0.023	0.024
Pore	P13	P23	3.42	3.70	0.046	0.052
Pore	P14	P24	3.47	3.16	0.071	0.070
Cavity	C11	C21	5.53	5.40	0.020	0.020
Cavity	C12	C22	4.34	4.60	0.041	0.043
Cavity	C13	C23	6.45	7.27	0.062	0.059
Cavity	C14	C24	5.74	6.01	0.096	0.090
Fracture-pore	FP11	FP11	2.12	2.22	0.150	0.158
Fracture-pore	FP12	FP22	3.44	3.18	0.223	0.190
Fracture-pore	FP13	FP23	4.47	3.88	0.594	0.657
Fracture-pore	FP14	FP24	2.73	2.50	1.680	1.620
Fracture-cavity	FC11	FC21	7.26	7.63	0.413	0.377
Fracture-cavity	FC12	FC22	5.40	6.55	0.612	0.689
Fracture-cavity	FC13	FC23	4.03	4.22	0.983	1.060
Fracture-cavity	FC14	FC24	7.78	7.73	2.620	2.530
Average			4.50	4.62	0.478	0.478

3.4. Core Experiments

3.4.1. Gas Flow Experiments

Experiments are one of the most direct and accurate methods to study the influence of pore structure on gas flow and production. Because of the different scales between cores and reservoirs, a similarity transformation is the key step in experiment design and analysis. According to the similarity of the pressure gradient and gas velocity, the transformation between experimental pressure difference and production pressure difference (Equation (1)), gas velocity and production rate (Equation (2)) can be realized, respectively[48]. Based on logging data, including a pore pressure of 75 MPa, a well control radius of 800 m, a reservoir thickness of 40 m, a wellbore radius of 0.06 m, a core diameter of 25mm and a length of 45mm, a similar transformation relationship between core experiments and reservoir production is shown in Figure 4. Therefore, the gas production rate of vertical wells can be deduced by testing the gas velocity under different pressure differences by changing the porosity, permeability and pore structure of cores to analyze the gas production characteristics of different reservoirs.

(a) experimental pressure difference vs. production pressure difference

(b) gas velocity vs. gas production rate

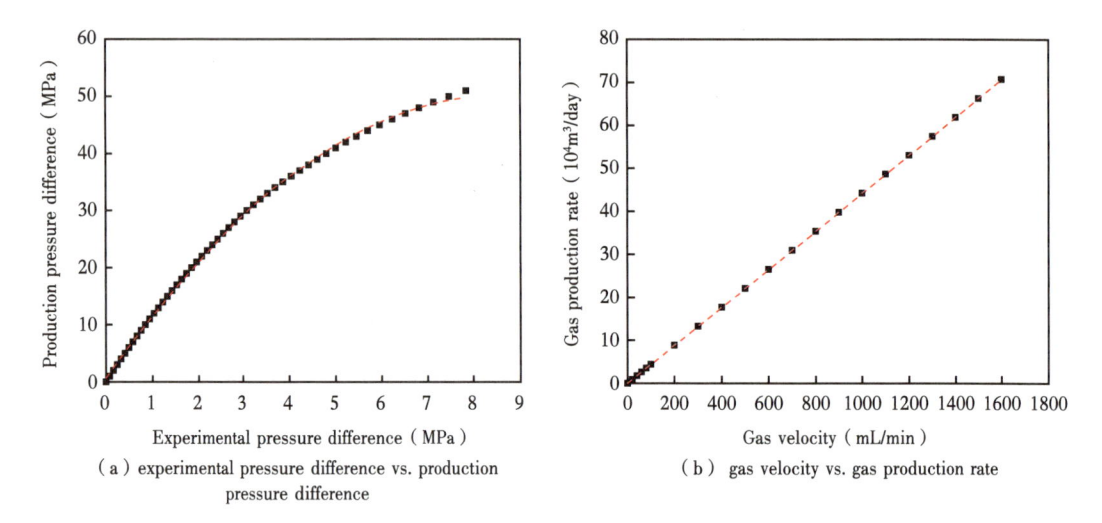

Fig. 4.　Similarity transformation results

$$p_{w2}^2 = p_e^2 - (p_e^2 - p_{w1}^2)\frac{p_2 L}{p_1 r \ln\frac{r_e}{r_w}} \quad (1)$$

$$Q = 69.12 Q_r r_w h / d^2 \quad (2)$$

Nomenclature:

　　L——Core length, m;

　　H——Reservoir thickness, m;

　　d——Core diameter, m;

　　Q——Vertical well production, 10^4 m^3/day;

　　Q_r——Gas flow velocity, mL/s;

　　p_e——Original reservoir pressure, MPa;

　　p_{w1}——Bottom hole flow pressure, MPa;

　　p_{w2}——Outlet pressure of experiments, MPa;

　　r_e——Well control radius, m;

　　r_w——Wellbore radius, m.

The experiments were completed in a high-precision, high-temperature and high-pressure system (Figure 5), including an injection system (TC-260, China, 0–180 MPa, ±0.3%), temperature control system (TC-260, China, normal temperature~200 °C, ±5 °C), pressure acquisition system (Senex, China, >0.01 MPa, ±0.25%) and flow acquisition system (Qixing, China, >0.01 mL/min, ±0.25%). While ensuring the accuracy of the system, the thickened sleeves and high-performance sealing rings had improved the stability and safety. The specific experimental steps were as follows. First, vacuum the cores for 12 h and saturate the formation water. Then, connect the experimental devices, increase the pore pressure by water injection, and simultaneously increase the temperature and overburden pressure to the reservoir conditions, then stabilize it for 4 h. After that, reduce the outlet pressure and establish irreducible water saturation by gas flooding, then raise the outlet pressure to 75 MPa. When the pore pressure is balanced, reduce the outlet pressure with a pressure difference of 0.1~1.0 MPa, record the stable gas velocity under different pressure differences, and encrypt the records at the beginning. Finally, finish the experiment when the pressure difference reaches about 8 MPa.

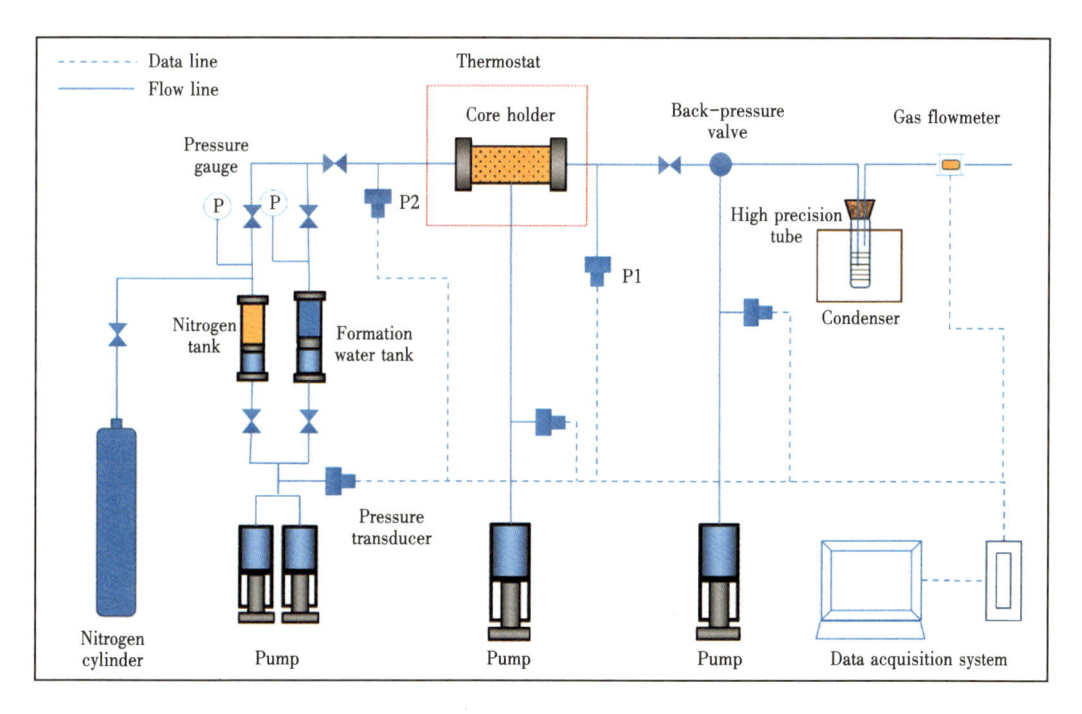

Fig. 5. The high-temperature and high-pressure experimental system schematic diagram

Based on permeability and porosity, 16 cores, named Series 2, were used for gas flow and depletion experiments (Table 1). In Series 2, the average porosity of four types of cores was 3.18%, 5.82%, 2.94% and 6.53%, and the average permeability was 0.040 mD, 0.053 mD, 0.656 mD and 1.164 mD, respectively. The average porosity of Series 1 and 2 was 4.62% and 4.50%, respectively, and the average permeability was 0.478 mD for both. Moreover, the cores were matched one by one between Series 1 and 2, and it can be considered that Series 1 and 2 were the same. According to the experimental results of Series 2 and the change in porosity and permeability of Series 1, it is relatively accurate to study the influence of SB on gas production rate, recovery and production. On one hand, the porosity and permeability of the two series were very close; on the other hand, the influence of the pore cementation strength changes caused by extraction on core experiments was avoided.

3.4.2. Depletion Development Experiments

Gas flow experiments focus on the gas production rate and dynamic analysis, while depletion experiments are more suitable to analyze gas recovery and production, so as to analyze the quasi-static production characteristics. After the flow experiments, the depletion experiments were carried out as follows. First, increase the outlet pressure and stabilize the pore pressure at 75 MPa for 4 h. Second, close the inlet valve, reduce the outlet pressure by 1.0 MPa every 5~10 min, and record the upstream pressure (P2), downstream pressure (P1) and gas production in each stage. Finally, stop the experiments when the pore pressure is depleted to 45 MPa. In order to improve the accuracy of the experiment, the dead volume is controlled so that it remains 4 times that of the pore volume. In data processing, when fully considering temperature, pressure, the gas compression coefficient and dead volume, we did not include dead volume in the calculation of original reserves, production and recovery.

4. Results and Discussion

4.1. Pore Structure and SB Distribution Characteristics

There are no obvious fractures on the surface of the pore type cores; the pores are very dense and unevenly distributed [Figure 6 (a)]. The pores on the surface of the cavity type cores are more developed, mainly with a diameter of 2~5mm, and the connectivity between the cavities is weak [Figure 6 (b)]. Fractures can be observed on the surface of fracture-pore and fracture-cavity type cores, and the development of fractures is quite different; the latter contains some cavities, which leads to a higher porosity [Figure 6 (c)(d)]. The development and distribution characteristics of cavities and fractures lead to a weak correlation between porosity and permeability[14]. Fracture-pore type reservoirs show the characteristics of "low-porosity and high-permeability", while pore-type reservoirs show "high-porosity and low-permeability" characteristics.

(a) pore type, Gaoshi-7 well, 4834.41m

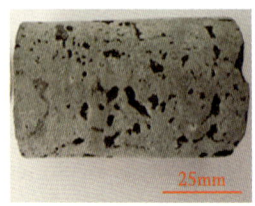

(b) cavity type, Moxi-56 well, 4965.83m

(c) fracture-pore type, Moxi-107 well, 4828.86m

(d) fracture-cavity type, Moxi-56 well, 4964.46m

Fig. 6. Cores with different pore structures

As shown in Figure 7, the pore structure is mainly intercrystalline pores, intercrystalline solution pores and fractures[13], and the pore radius is quite different. Intercrystalline solution pores are the main reservoir space; and the connectivity between the pores is weak, so the permeability is relatively low [Figure 7 (b)(e)]. The diagenetic minerals are quartz and dolomite with a content of 98%; and the clay minerals are illite and kaolinite [Figure 7(a)(c)]. There is secondary biomass in pores, and some pores are completely filled with SB [Figure 7 (d) ~ (f)]. SB has two surface properties caused by different maturities; one is carbon–SB (CSB), with a high maturity, the other is oil–SB(OSB), with a low maturity [Figure 7 (f)], which indicates that SB in reservoirs is formed in different geological periods[20]. Due to the large molecular size, SB entered or remained in larger pores more easily, so the SB content in the cavities and fractures is relatively high.

(a) Moxi-23 well, 4805.71m, cavity development

(b) Gaoshi-7 well, 4834.90 m, fractures

(c) Gaoshi-7 well, 4834.90m, pore

(d) Moxi-23 well, 4802.60 m, SB-filled cavities

(e) Gaoshi-7 well, 4834.90 m, SB-filled pores;

(f) Moxi-41 well, 4805.67 m, carbon - SB and oil - SB

Fig. 7. Pore structure characteristics of carbonate gas reservoirs

Based on more than 100 SEM images, the distribution characteristics of SB can be summarized into four forms. The first are SB-filled fractures [Figure 8 (a)]. The shape of the SB varies with the shape of the fractures. The second are pores completely filled with SB, with circular, square, and irregular shape distributions [Figure 8 (b)]. The third are SB distributions along the inner pore walls, without completely filling the pores and with an uneven thickness [Figure 8 (c)]. The fourth is SB covering the outer surface of debris in the pores [Figure 8 (d)]. Furthermore, SB reduced the pore and throat radius, which easily caused a blockage in the gas flow channels and reduced well production. Combined with the complex pore structure characteristics, different distribution forms will weaken the correlation between porosity and permeability.

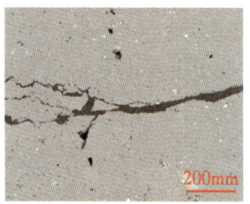

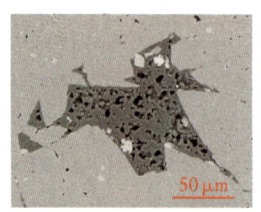

(a) Gaoshi-7 well, 4834.90m, SB-filled fracture (b) Moxi-56 well, 4954.54m, SB-filled pore (c) Moxi-56 well, 4959.91m, SB-filled edge (d) Moxi-56 well, 4959.91m, SB-filled surface

Fig. 8. Microscopic distribution characteristics of solid bitumen (SB)

4.2. Influence of SB on Porosity and Permeability

The contents of carbon, hydrogen, oxygen and nitrogen are 80.11%, 2.75%, 1.77% and 1.00%, respectively. The hydrogen to carbon ratio is 0.41 and the oxygen to carbon ratio is 0.02, indicating that the SB maturity is relatively high. After extraction, the porosity of Series 3 increased by 0.10% to 0.44%, with an average of 0.26%; the porosity increase rate was between 2.48% and 14.62%, with an average of 5.67% [Figure 9 (a)]. In the pore, cavity, fracture-pore and fracture-cavity types of cores, the average porosity increased by 0.15%, 0.29%, 0.20% and 0.38%, with increase rates of 4.78%, 5.17%, 6.27% and 6.28% (Table 2), respectively. These results were close to the logging interpretation, and the SB content in the edge of the Moxi area is slightly lower[12]. Consistent with the SEM test, the cavities were more easily filled with SB, and the SB content in pore type reservoirs was relatively low. Affected by fractures and cavities, the correlation between SB content and original porosity is not strong enough, but the porosity loss caused by SB is very obvious. If the SB is ignored, the geological reserves will be overestimated.

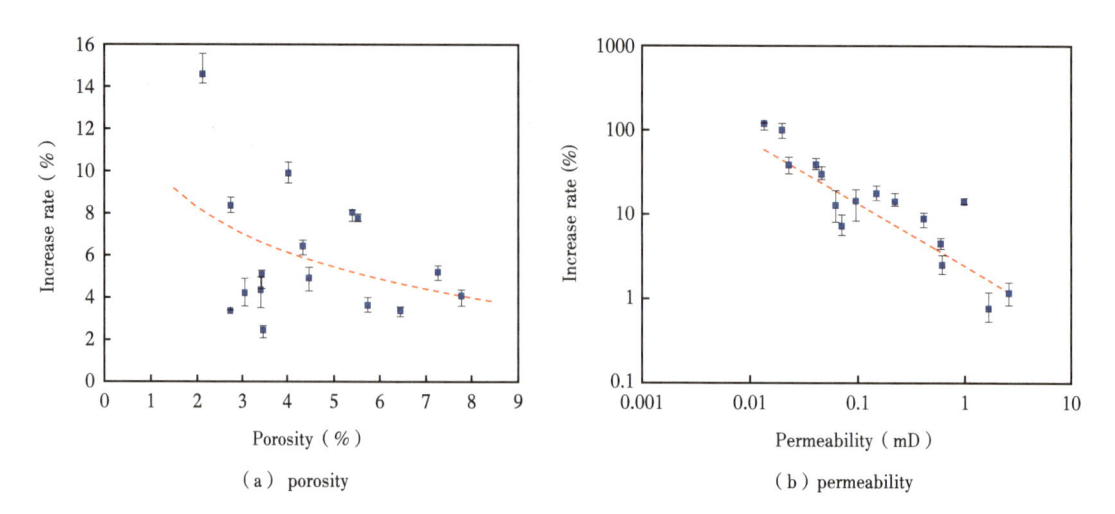

(a) porosity (b) permeability

Fig. 9. Influence of SB on reservoir parameters

After extraction, the permeability of Series 3 increased by 0.005~0.139 mD, with an average of 0.027 mD; the increase rate was between 0.77% and 120.59%, with an average of

6.33% [Figure 9 (b)]. The average increment of four types of cores was 0.011 mD, 0.015 mD, 0.025 mD and 0.056 mD, with an increase rate of 29.07%, 26.60%, 3.74% and 4.81%, respectively (Table 2). If we ignore the influence of FP34 and FC34 cores, the average increase rate is higher than 11.50%, and that of fracture-pore and fracture-cavity types of cores is 8.89% and 9.54%. Although the increments of layers without fractures were less than 0.020 mD, the increase rate was mostly higher than 30%. For layers with a permeability between 0.1 mD and 1.0 mD, the permeability increase rate was 18.00%~4.55%. With the increase in original permeability, the influence of SB decreased. Considering that the reservoir permeability is mostly below 1.36 mD, the permeability loss rate is relatively high.

Table 2. Influence of SB on porosity and permeability.

Sample ID	After Extraction Porosity(%)	After Extraction Permeability(mD)	Increment Porosity(%)	Increment Permeability(mD)
P31	2.97	0.030	0.23	0.016
P32	3.19	0.032	0.13	0.009
P33	3.57	0.060	0.15	0.014
P34	3.57	0.076	0.10	0.005
C31	5.96	0.040	0.43	0.020
C32	4.62	0.057	0.28	0.016
C33	6.67	0.070	0.22	0.008
C34	5.95	0.110	0.21	0.014
FP31	2.43	0.177	0.31	0.027
FP32	3.62	0.255	0.18	0.032
FP33	4.69	0.621	0.22	0.027
FP34	2.82	1.693	0.21	0.013
FC31	7.64	0.450	0.38	0.037
FC32	5.84	0.642	0.44	0.016
FC33	4.43	1.122	0.40	0.139
FC34	8.10	2.651	0.32	0.031
Average	4.76	0.504	0.26	0.027

Because of the strong heterogeneity between layers in Longwangmiao gas reservoir[11], analyzing the influence based on pore structures is of great significance, as this will effectively reduce the errors between layers. For pore and cavity type reservoirs, the permeability loss rate is relatively high, while the porosity loss rate is about 5%. Compared to pore and cavity types, the permeability loss rate of fracture-pore and fracture-cavity type reservoirs decreased obviously, but the porosity loss rate increased slightly. Therefore, it is better to pay attention to the changes in permeability for reservoirs with a low permeability, especially for cavity type reservoirs, while, for reservoirs with fractures, it is necessary to analyze the influence on porosity.

4.3. Gas Production Characteristics of Different Types of Reservoirs

4.3.1. Gas Production Rate

The average irreducible water saturation of Series 1 was 25.69%, and that of four types of cores was 17.25%, 19.70%, 30.83% and 35.00%, respectively, which was close to the reservoir water saturation. The irreducible water saturation of cavity and fracture-cavity type reservoirs was relatively highly affected by the residual water masses in the cavities[49]. In cores without fractures, the connected pores and throats are the main gas flow channels. Moreover, the starting pressure of gas flow was about 0.40~2.40 MPa, and the corresponding pressure gradient was about 8.89~53.30 MPa/m [Figure 10 (a)]. And the starting pressure gradient was negatively correlated with permeability. With the increase in pressure difference, the influence of capillary resistance decreased, and the gas flow tended to be linear. In cores with fractures, these fractures easily became high-permeability channels, which reduced the efficiency of gas flooding, increased the reservoir heterogeneity, and resulted in relatively high irreducible water saturation[50]. Due to the strong connectivity between pores, there was no obvious starting pressure gradient, and the gas velocity was greatly increased [Figure 10 (a)(b)]. Therefore, the permeability and pressure differences are the key factors affecting gas flow. The gas flow in cores without fractures is more susceptible to the pore and throat radius, this is consistent with the significant increase in permeability after SB extraction.

According to the results of the production capacity conversion, under a production pressure difference of 20 MPa, the maximum gas production rate of low-permeability reservoirs was $0.32 \times 10^4 m^3$/day, while that of medium permeability reservoirs was $(0.82~6.13) \times 10^4 m^3$/day [Figure 10 (d)]. Meanwhile, porosity has a positive influence on production rate. The gas production rate of high-porosity reservoirs increased slightly, such as cores C11, FC11 and FC12, and that of low-porosity reservoirs decreased significantly, such as cores P12 and FC13. In gas reservoir development, when the gas production rate reaches the lower limit, it provides economic benefits. Generally, the lower limit of a deep carbonate gas reservoir is $(1.0~5.0) \times 10^4 m^3$/day. Increasing the production pressure difference or permeability will make more layers provide economic benefits.

Theoretically, there is a linear correlation between permeability and gas velocity or production rate. However, under irreducible water saturation, according to gas-water two-phase relative permeability characteristics, the relative gas permeability of a high-permeability reservoir with fractures is relatively high, while that of low-permeability reservoirs is relatively low[49]. Meanwhile, affected by the starting pressure gradient, the relationship between gas production rate and permeability is not linear, but is closer to the power function. In multi-layer co-production modes, the gas production is mainly contributed by high-permeability layers

[Figure 10 (c)(d)][51]. Although the low-permeability reservoirs, especially cavity type reservoirs, are rich in reserves, increasing the production pressure difference cannot effectively improve the gas production rate. On the contrary, it will aggravate the interference between layers. Therefore, only by increasing the permeability can the gas production rate of reservoirs with a low permeability be improved and the influence of interlayer heterogeneity be reduced.

(a) gas velocity

(b) average velocity

(c) average production rate

(d) production rate under different pressure differences

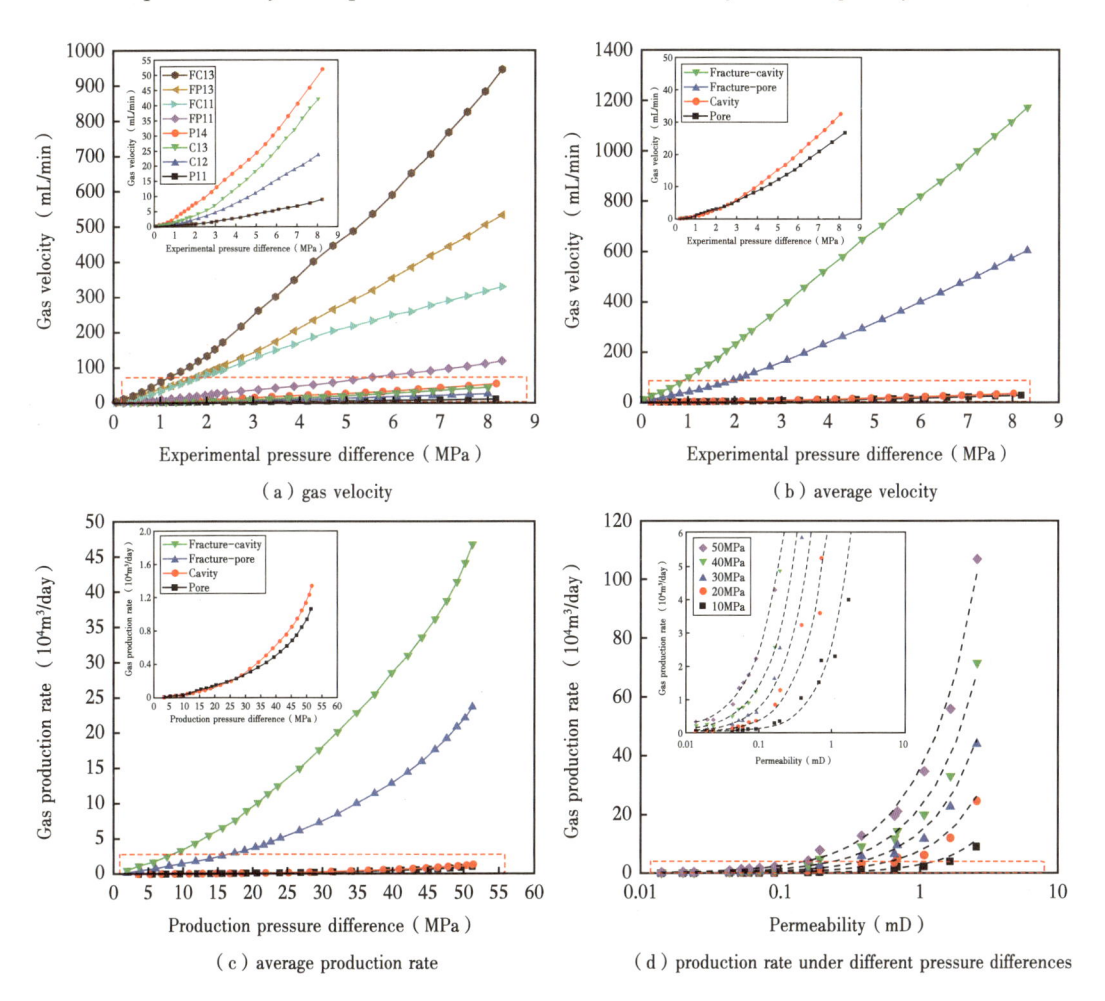

Fig. 10. Gas flow and production rate characteristics of different types of reservoirs

4.3.2. Gas Recovery and Production

Gas recovery and production are the key indicators for evaluating development. As shown in Figure 11, due to the low permeability, the depletion rate of pore and cavity type reservoirs was slow. Moreover, affected by the capillary resistance, the pressure difference between upstream (P2) and downstream (P1) was above 1.5 MPa Affected by the starting pressure, it is difficult to utilize part of the reserves in the far well area, which are called the unrecoverable reserves. In particular, at a pore pressure above 65 MPa, the pressure difference between P2 and P1 increased rapidly, which indicated that it is useful to improve the pressure difference to increase the depletion rate. However, it is difficult to reduce the unrecoverable reserves.

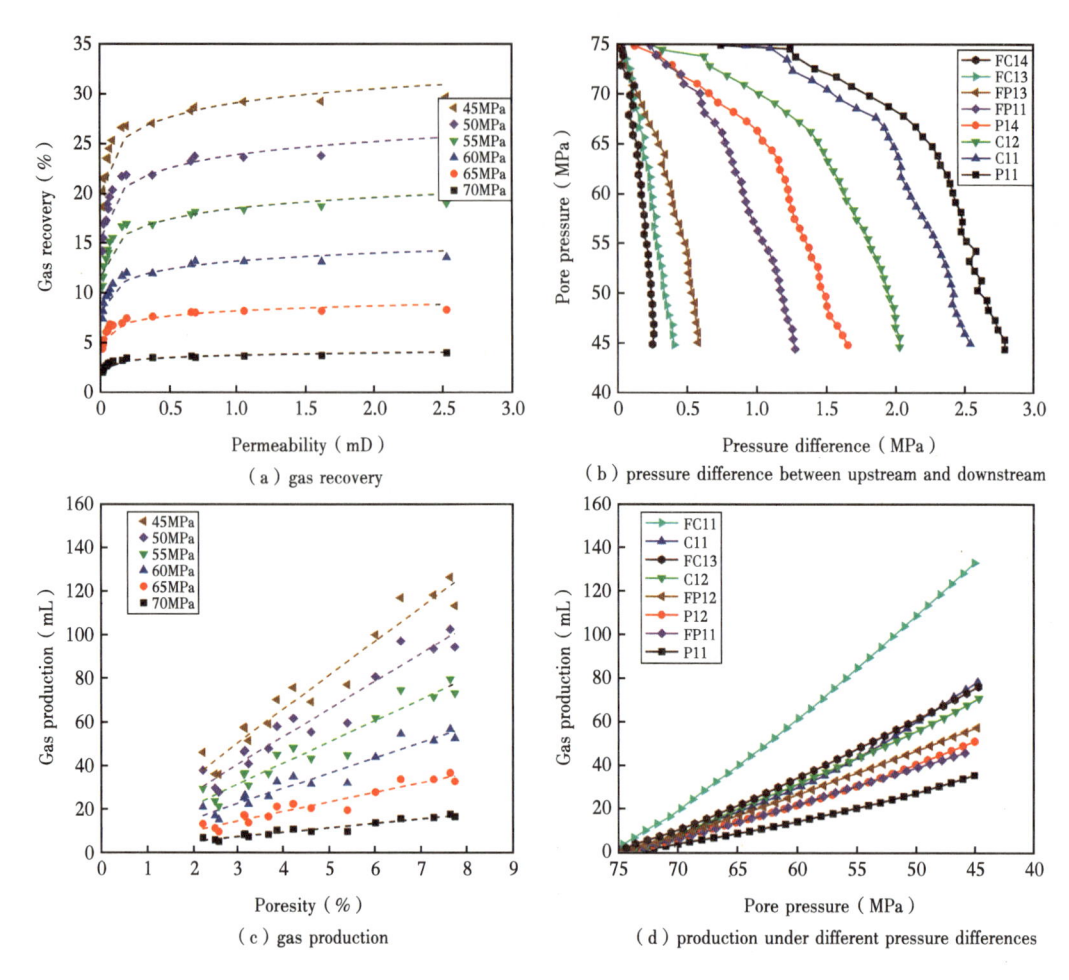

Fig. 11. Gas recovery and production characteristics of different types of reservoirs

When the permeability increased, the gas velocity and depletion rate accelerated, and the upstream reserves were effectively utilized. The pressure difference between P2 and P1 was obviously reduced, the gas reserves were nearly completely depleted [Figure 11 (a) (b)]. Therefore, with the increase in permeability, the recovery gradually increased and then tended to be stable[39]. When the outlet pressure was 45 MPa, the average recovery of pore, cavity, fracture-pore and fracture-cavity type reservoirs was 21.99%, 22.61%, 27.65% and 28.57%, respectively [Figure 11 (a)]. Because the permeability was relatively close, the recovery of cavity type reservoirs with higher reserves was lower than that of pore type reservoirs. Considering the influence of the gas production rate, if the depletion cycle is shortened, more reservoirs will be difficult to completely deplete, and the recovery difference between layers will be significantly increased.

The comprehensive influence of recovery and original reserves determines the gas production [Figure 11 (a) (c)]. Theoretically, the gas production is directly related to the original reserves[39]. For reservoirs with similar porosity, permeability has a positive effect on production. For example, the porosity of core P1 and FP1 was 2.59% and 2.22%, and the production of core P1 was less than that of core FP1, due to the low recovery. Similarly, the production of core C2 was less than that of core FC3 [Figure 11 (d)]. This indicated that low permeability limited the effective development. For reservoirs with similar permeability, the stable production time of reservoirs with a high porosity is longer. For fracture-pore type reservoirs, the geological reserves are low, while the gas production rate and pore pressure drop are high. This easily leads to insufficient gas supply and interlayer interferences.

It is proven that fractures and permeability are the key factor affecting the gas production rate and recovery, while production is mainly affected by porosity[39]. The gas production rate and produced amount of fracture-cavity type reservoirs are relatively high because of well-matched fractures and cavities. For fracture-pore type reservoirs, the production pressure should be controlled to avoid insufficient gas supply and interlayer interference with low-permeability layers. For reservoirs with a low permeability, especially cavity type reservoirs, the permeability should be improved to increase the production rate and recovery.

4.4. Influence of SB on Gas Reservoir Development

4.4.1. Influence of SB on Gas Production Rate

According to the core experimental results of Series 2, the power function fitting of permeability and the gas production rate under different pressure differences was carried out. Based on the average permeability of four types of cores in Series 1 and 3, the gas production rate was obtained to analyze the influence of SB on gas production rate. As shown in Figure 12, after extracting the SB, the gas production rate of Series 3 was obviously increased. Within a production pressure difference of 10~50 MPa, the gas production rate of pore and cavity type reservoirs increased by 0.29×10^4 m^3/d and 0.39×10^4 m^3/d, and the increase rates were 33.92%~45.68% and 30.99%~41.58%, respectively [Figure 12 (a)]. The gas production rate of fracture-pore and fracture-cavity type reservoirs increased by $0.09–0.93 \times 10^4$ m^3/d, $(0.26~2.30) \times 10^4$ m^3/d, with an increase rate of 4.25%~5.50%, 5.52%~7.17% [Figure 12 (b)].

(a) reservoirs without fractures

(b) reservoirs with fractures

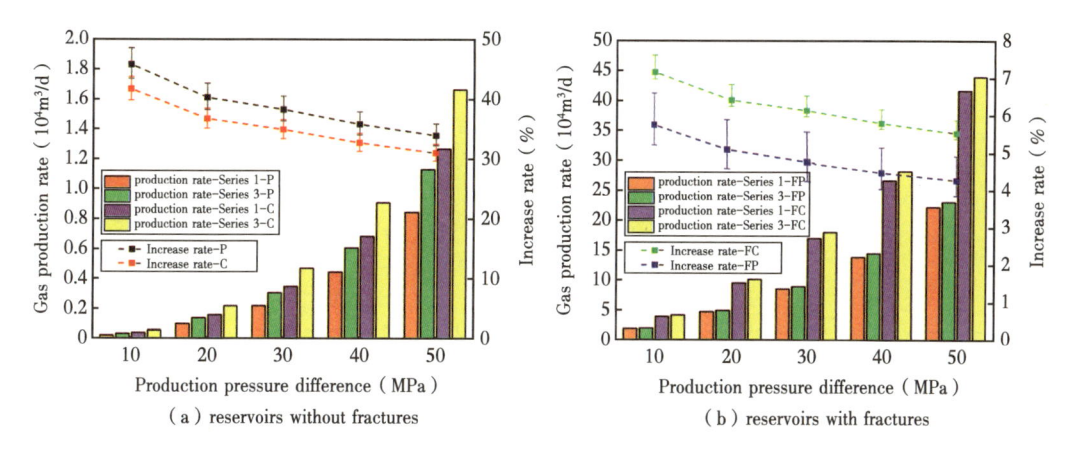

Fig. 12. Influence of SB on gas production rate

Considering that the production pressure difference in a gas reservoir is generally below 20MPa, the loss rate of gas production caused by sb is 2%~11% higher than that of permeability. With the increase in production pressure difference or permeability, the loss rate gradually decreased and approached that of permeability.

Under reservoir conditions, gas flow is affected by pore structure and water saturation. The connected pores and throats are the main gas flow channels in pore and cavity type reservoirs. After being filled with SB, the capillary resistance increases, and the loss rate of gas production is significantly higher than that of permeability. For reservoirs with fractures, fractures are the main flow channels, the capillary resistance has little effect on gas flow, and the loss rate of gas production is slightly higher than that of permeability[38]. In addition, the increase in porosity has a positive effect on gas production ; the synergistic effect of capillary resistance and porosity results in a higher gas production loss rate than that of permeability. Affected by the complex pore structure and SB, the overall gas production rate of the Longwangmiao carbonate gas reservoir in the Gaoshiti–Longnusi area is relatively low.

4.4.2. Influence of SB on Gas Recovery and Production

According to the logarithm function relationship between permeability and recovery, the recoveries of Series 1 and 3 were fitted, and the gas production was deduced based on the change in porosity. For the pore and cavity type reservoirs with low depletion rates and high flow resistance, the permeability increased significantly after SB extraction, and the recovery increased by 0.01%~0.52% and 0.01%~0.48%, respectively, with an increase rate of 2.35% ~ 3.26% and 2.10%~2.88% [Figure 13（a）（b）]. The increase rate of gas production was 7.23%~8.19% and 7.38%~8.20%, which was much higher than the porosity increase rate of 4.78% and 5.17%. Moreover, the recovery increase rate of fracture-pore and fracture-cavity type reservoirs was only 0.26%~0.34% and 0.33%~0.42%, respectively. The gas production increase rate was 6.60% and 6.70%, which was very close to the porosity increase rate of 6.27% and 6.28% [Figure 13（a）（b）]. On the whole, the increase rate of recovery and the gas production

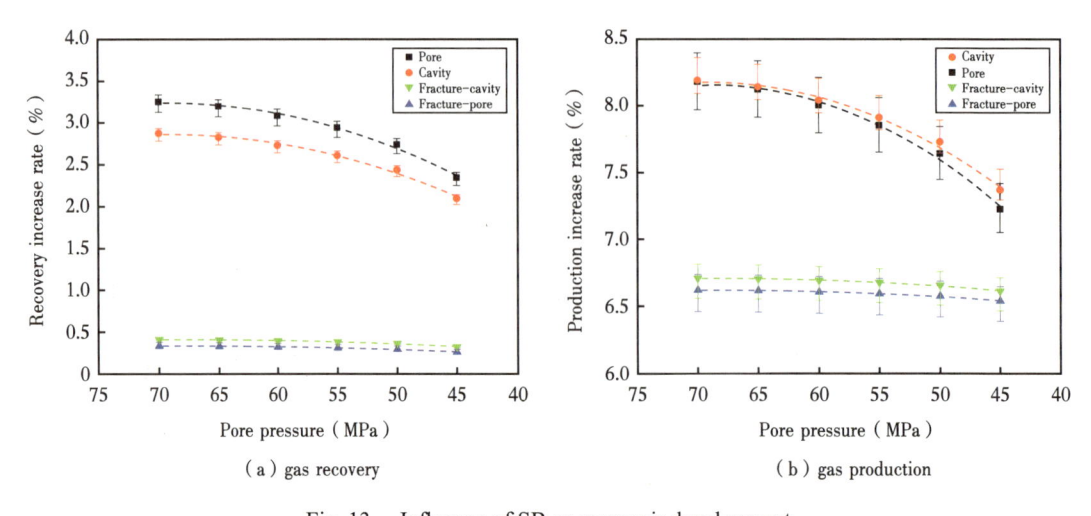

（a）gas recovery

（b）gas production

Fig. 13. Influence of SB on reservoir development

rate were 0.49% and 6.20%, respectively. With the decrease in pore pressure, the loss rate of gas production is close to that of porosity. If the depletion cycle is shortened, the influence of permeability will be more obvious, and the loss rate of gas production will be higher.

The results show that the loss rate of gas production is significantly higher than that of porosity. When the pores and throats are filled with SB, the capillary resistance and starting pressure increase, resulting in an increase in unrecoverable reserves in the far well area[52]. Therefore, the SB not only reduces the geological reserves, but also increases the unrecoverable reserves. It is not accurate to analyze the influence on gas production by porosity changes, especially for reservoirs with a low permeability. In addition, the influence on production decreases with the increase in permeability. Therefore, for reservoirs with a high permeability, the loss rate of gas production is close to that of porosity. For reservoirs with similar permeability, the recovery and gas production increase rates of reservoirs with a high porosity are relatively higher.

Our experiments showed that SB was harmful to the effective development of deep carbonate gas reservoirs, especially for reservoirs with a low permeability. The filling of SB not only reduces permeability and porosity, but also reduces the gas production rate, recovery and production. For low-permeability reservoirs, the permeability loss rate is relatively high, which leads to a significant reduction in gas production rate and recovery, so the gas production loss rate is higher than the porosity loss rate. With the increase in permeability, the influence of SB decreases. For reservoirs with a high permeability, the loss rate of permeability and the gas production rate are relatively low, and the loss rate of gas production is very close to that of porosity. Therefore, for different types of reservoirs, the damage caused by SB is quite different. In reservoir analysis and production prediction, it is necessary and significant to correct and analyze the influence of SB based on reservoir types.

5 Conclusions

Through SEM analysis, SB extraction and core experiments under reservoir conditions, the development characteristics of different types of reservoirs were analyzed, and the influences of SB on pore structure, reservoir porosity and permeability, gas production rate and gas production were also systematically analyzed. Permeability is one of the key factors affecting gas production rate and recovery. The production of deep carbonate gas reservoirs is mainly contributed by reservoirs with a high permeability. Improving permeability is one of the best ways to increase the gas production rate and recovery of low-permeability reservoirs. In the pore structure, there are four forms of SB distribution. The filling of SB reduces the pore throat radius, which reduces the porosity and permeability, while the loss rates of gas production rate, recovery and the amount produced are relatively higher, especially for cavity type reservoirs. With the increase in original permeability, the influence of SB decreases gradually. In reservoir identification and production analysis of carbonate gas reservoirs bearing SB, it is necessary and significant to analyze and correct its influence based on reservoirs characteristics.

References

[1] Bera, B., Gunda, N.S.K., Mitra, S.K., Vick, D. Characterization of nanometer-scale porosity in reservoir carbonate rock by focused ion beam-scanning electron microscopy. Microsc. Microanal. 2012, 18, 171–178.

[2] Jin, X.J., Dou, Q.F., Hou, J.G., Huang, Q.F., Sun, Y.F., Jiang, Y.W., Li, T., Sun, P.K., Sullivan, C., Adersokan, H., et al. Rock-physics-model-based pore type characterization and its implication for porosity and permeability qualification in a deeply-buried carbonate reservoir, Changxing formation, Lower Permian, Sichuan Bain, China. J. Pet. Sci. Eng. 2017, 153, 223–233.

[3] Wei, X.S., Chen, H.D., Zhang, D.F., Dai, R., Guo, Y.R., Chen, J.P., Ren, J.F., Liu, N., Luo, S.S., Zhao, J.X. Gas exploration potential of tight carbonate reservoirs: A case study of Ordovician Majiagou Formation in the eastern Yi-Shan slope, Ordos Basin, NW China. Pet. Explor. Dev. 2017, 44, 347–357.

[4] Liu, W., Qiu, N.S., Xu, Q.C., Liu, Y.F., Shen, A.J., Zhang, G.W. The evolution of pore-fluid pressure and its causes in the Sinian-Cambrian deep carbonate gas reservoirs in central Sichuan Basin, southwestern China. J. Pet. Sci. Eng. 2018, 169, 96–109.

[5] Ma, Y.S., Cai, X.Y., Zhao, P.R. Distribution and further exploration of the largemedium sized gas fields in Sichuan Basin. Acta Pet. Sin. 2012, 31, 347–354.

[6] Zou, C.N., Du, J.H., Xu, C.C., Wang, Z.C., Zhang, B.M., Wei. G.Q., Wang, T.S., Yao, G.S., Deng, S.H., Liu, J.J., Zhou, H., et al. Formation, distribution, resource potential, and discovery of Sinian-Cambrian giant gas field, Sichuan Basin, SW China. Pet. Explor. Dev. 2014, 41, 306–325.

[7] Wei, G.Q., Yang, W., Du, J.H. Tectonic features of GST-MX paleo-uplift and its controls on the formation of a giant gas field, Sichuan Basin, SW China. Pet. Explor. Dev. 2015, 42, 283–292.

[8] Wang, Z.X., Wang, Y.L., Wu, B.X., Wang, G., Sun, Z.P., Xu, L., Zhu, S.Z., Sun, L.N., Wei, Z.F. Hydrocarbon gas generation from pyrolysis of extracts and residues of low maturity solid bitumens from the Sichuan Basin, China. Org. Geochem. 2017, 103, 51–62.

[9] Abbaszadeh, M., Koide, N., Murahashi, Y. Integrated characterization and flow modeling of a heterogeneous carbonate reservoir in Daleel Field, Oman. SPE Reserv. Eval. Eng. 2000, 3, 150–159.

[10] He, J.H., Ding, W.L., Li, A., Sun, Y.X., Dai, P., Yin, S., Chen, E., Gu, Y. Quantitative microporosity evaluation using mercury injection and digital image analysis in tight carbonate rocks: A case study from the Ordovician in the Tazhong Palaeouplift, Tarim Basin, NW China. J. Nat. Gas Sci. Eng. 2016, 34, 627–644.

[11] Smith, L.B., Eberli, G.P., Masaferro, J.L., Al-Dhahab, S. Discrimination of effective from ineffective porosity in heterogeneous Cretaceous carbonates, Al Ghubar field, Oman. AAPG Bull. 2003, 87, 1509–1529.

[12] Meng, F.K., Lei, Q., He, D.B., Yan, H.J., Jia, A.L., Deng, H., Xu, W. Production performance analysis for deviated wells in composite carbonate gas reservoirs. J. Nat. Gas Sci. Eng. 2018, 56, 333–343.

[13] Lai, Q., Xie, B., Wu, Y.Y., Huang, K., Liu, X.G., Jin, Y., Luo, W.J., Liang, T. Petrophysical characteristics and logging evaluation of bitumen carbonate reservoirs: A case study of the Cambrian Longwangmiao Formation in Anyue gas field, Sichuan Basin, SW China. Pet. Explor. Dev. 2017, 44, 941–947.

[14] Wang, L., He, Y.M., Peng, X., Deng, H., Liu, Y.C., Xu, W. Pore structure characteristics of an ultradeep carbonate gas reservoir and their effects on gas storage and percolation capacities in the Deng IV member, Gaoshiti-Moxi Area, Sichuan Basin, SW China. Mar. Pet. Geol. 2020, 111, 44–65.

[15] Jin, X.D., Pan, C.C., Yu, S., Li, E.T., Wang, J., Fu, X.D., Qin, J.Z., Xie, Z.Y., Zheng, P., Wang, L.S., et al. Organic geochemistry of marine source rocks and pyrobitumen-containing reservoir rocks of the Sichuan Basin and neighbouring areas, SW China. Mar. Pet. Geol. 2014, 56, 147–165.

[16] Hao, B., Zhao, W.Z., Hu, S.Y., Shi, S.Y., Gao, P., Wang, T.S., Huang, S.P., Jiang, H. Bitumen formation of Cambrian Longwangmiao Formation in the central Sichuan and its implication for hydrocarbon accumulation. Pet. Res. 2018, 3, 44–56.

[17] Chen, Z.H., Simoneit, B.R., Wang, T.G., Ni, Z.Y., Yuan, G.H., Chang, X.C. Molecular markers, carbon isotopes, and rare earth elements of highly mature reservoir pyrobitumens from Sichuan Basin, southwestern China: Implications for PreCambrian-Lower Cambrian petroleum systems. Precambrian Res. 2018, 317, 33–56.

[18] Zheng, T.Y., Ma, X.H., Pang, X.Q., Wang, W.Y., Zheng, D.Y., Huang, Y.Z., Wang, X.R., Kang, K. Organic geochemistry of the Upper Triassic T3x5 source rocks and the hydrocarbon generation and expulsion characteristics in Sichuan Basin, central China. J. Pet. Sci. Eng. 2019, 173, 1340–1354.

[19] Wood, J.M., Sanei, H., Curtis, M.E., Clarkson, C.R. Solid bitumen as a determinant of reservoir quality in an unconventional tight gas siltstone play. Int. J. Coal Geol. 2015, 150, 287–295.

[20] Shi, C.H., Cao, J., Tan, X.C., Luo, B., Zeng, W., Hu, W.X. Discovery of oil bitumen co-existing with solid bitumen in the Lower Cambrian Longwangmiao giant gas reservoir, Sichuan Basin, southwestern China: Implications for hydrocarbon accumulation process. Org. Geochem. 2017, 108, 61–81.

[21] Taheri-Shakib, J., Rajabi-Kochi, M., Kazemzadeh, E., Naderi, H., Salimidelshad, Y., Esfahani, M.R. A comprehensive study of asphaltene fractionation based on adsorption onto calcite, dolomite and sandstone. J. Pet. Sci. Eng. 2018, 171, 863–878.

[22] Gao, P., Liu, G.D., Lash, G.G., Li, B.Y., Yan, D.T., Chen, C. Occurrences and origin of reservoir solid bitumen in Sinian Dengying Formation dolomites of the Sichuan Basin, SW China. Int. J. Coal Geol. 2018, 200, 135–152.

[23] Mastalerz, M., Drobniak, A., Stankiewicz, A.B. Origin, properties, and implications of solid bitumen in source-rock reservoirs: A review. Int. J. Coal Geol. 2018, 195, 14–36.

[24] Strausz, O.P., Mojelsky, T.W., Lown, E.M. The molecular structure of bitumen: An unfolding story. Fuel 1992, 71, 1355–1363.

[25] Groenzin, H., Mullins, O.C., Eser, S., Mathews, J., Yang, M.G., Jones, D. Molecular size of bitumen solubility fractions. Energy Fuels 2003, 17, 498–503.

[26] Hassanpouryouzband, A., Joonaki, E., Taghikhani, V., Boozarjomehry, R.B., Chapoy, A., Tohidi, B. New two-dimensional particle-scale model to simulate asphaltene deposition in wellbores and pipelines. Energy Fuels 2018, 32, 2661–2672.

[27] Marczewski, A.W., Szymula, M. Adsorption of bitumens from toluene on mineral surface. Colloids Surf. A Physicochem. Eng. Asp. 2002, 208, 259–266.

[28] Szymula, M., Marczewski, A.W. Adsorption of bitumens from toluene on typical soils of Lublin region. Appl. Surf. Sci. 2002, 196, 301–311.

[29] Doryani, H., Malayeri, M.R., Riazi, M. Precipitation and deposition of bitumen in porous media: Impact of various connate water types. J. Mol. Liq. 2018, 258, 124–132.

[30] Qi, Z., Abedini, A., Sharbatian, A., Pang, Y., Guerrero, A., Sinton, D. Bitumen deposition during bitumen extraction with natural gas condensate and naphtha. Energy Fuels 2018, 32, 1433–1439.

[31] Tirjoo, A., Bayati, B., Rezaei, H., Rahmati, M. Molecular dynamics simulations of bitumen aggregation under different conditions. J. Pet. Sci. Eng. 2019, 177, 392–402.

[32] Orangi, H.S., Modarress, H., Fazlali, A., Namazi, M.H. Phase behavior of binary mixture of bitumen solvent and ternary mixture of bitumen solvent precipitant. Fluid Phase Equilibria 2006, 245, 117–124.

[33] Li, Y., Chen, S.J., Lu, J.G., Wang, G., Zou, X.L., Xiao, Z.L., Su, K.M., He, Q.B., Luo, X.P. The logging recognition of solid bitumen and its effect on physical properties, AC, resistivity and NMR parameters. Mar. Pet. Geol. 2020, 112, 104070.

[34] Speight, J.G., Long, R.B., Trowbridge, T.D. Factors influencing the separation of bitumens from heavy petroleum feedstocks. Fuel 1984, 63, 616–620.

[35] Mehana, M., Abraham, J., Fahes, M. The impact of bitumen deposition on fluid flow in sandstone. J. Pet. Sci. Eng. 2019, 174, 676–681.

[36] Ji, K., Guo, S.B., Mao, W.J., Hou, X.L., Xing, J., Hou, B.C. The influence of bitumen on the interpretation of NMR measurement. Mar. Pet. Geol. 2018, 89, 752–760.

[37] Feng, G.Q., Liu, Q.G., Shi, G.Z., Lin, Z.H. An unsteady seepage flow model considering kickoff pressure gradient for low-permeability gas reservoirs. Pet. Explor. Dev. 2008, 35, 457–461.

[38] Xie, X.H., Lu, H.J., Deng, H.C., Yang, H.Z., Teng, B.L., Li, H.A. Characterization of unique natural gas flow in fracture-vuggy carbonate reservoir: A case study on Dengying carbonate reservoir in China. J. Pet. Sci. Eng. 2019, 182, 106243.

[39] Yue, D.L., Wu, S.H., Xu, Z.Y., Xiong, L., Chen, D.X., Ji, Y.L., Zhou, Y. Reservoir quality, natural fractures, and gas productivity of upper Triassic Xujiahe tight gas sandstones in western Sichuan Basin, China. Mar. Pet. Geol. 2018, 370-386.

[40] Wu, Y.T., Pan, Z.J., Zhang, D.Y., Lu, Z.H., Connell, L.D. Evaluation of gas production from multiple coal seams: A simulation study and economics. Int. J. Min. Sci. Technol. 2018, 28, 359–371.

[41] Liu, G.F., Meng, Z., Luo, D.Y., Wang, J.M., Gu, D.H., Yang, D.Y. Experimental evaluation of interlayer interference during commingled production in a tight sandstone gas reservoir with multi-pressure systems. Fuel 2020, 262, 116557.

[42] Wang, L., Yang, S.L., Liu, Y.C., Xu, W., Deng, H., Meng, Z., Han, W., Qian, K. Experimental investigation on gas supply capability of commingled production in a fracture-cavity carbonate gas reservoir. Pet. Explor. Dev. 2017, 44, 824–833.

[43] Fang, H., Ji, H.C., Zhou, J.G., Zhang, J.Y., Jia, H.B., Liu, Z.Y. The influences of sea-level changes on the quality of bank reservoirs of the Lower Cambrian Longwangmiao Formation, in the Gaoshiti-Moxi area, Sichuan Province, China. J. Nat. Gas Sci. Eng. 2016, 32, 292–303.

[44] Zeng, H.L., Zhao, W.Z., Xu, Z.H., Fu, Q.L., Hu, S.Y., Wang, Z.C., Li, B.H. Carbonate seismic sedimentology: A case study of Cambrian Longwangmiao Formation, Gaoshiti-Moxi area, Sichuan Basin, China. Pet. Explor. Dev. 2018, 45, 830–839.

[45] Yang, Y., M., Wen, L., Luo, B., Wang, W.Z., Shan, S.J. Hydrocarbon accumulation of Sinian natural gas reservoirs, Leshan-Longnüsi paleohigh, Sichuan Basin, SW China. Pet. Explor. Dev. 2016, 43, 197–207.

[46] Li, X.Z., Guo, Z.H., Wan, Y.J., Liu, X.H., Zhang, M.L., Xie, W.R., Su, Y.H., Hu, Y., Feng, J.W., Yang, B.X., et al. Geological characteristics and development strategies for Cambrian Longwangmiao Formation gas reservoir in Anyue gas field, Sichuan Basin, SW China. Pet. Explor. Dev. 2017, 44, 428–436.

[47] Morawski, I., Nowicki, M. Directional Auger and elastic peak electron spectroscopies: Versatile methods to reveal near-surface crystal structure. Surf. Sci. Rep. 2019, 74, 178–212.

[48] Wang, L., Yang, S.L., Xu, W., Meng, Z., Han, W., Qian, K. Application of Improved Productivity Simulation Method in Determination of the Lower Limits of Reservoir Physical Properties in Moxi District of An'yue Gas Field. Xinjiang Pet. Geol. 2017, 38, 358–362.(In Chinese)

[49] Wang, L., Yang, S.L., Peng, X., Deng, H., Liao, Y., Liu, Y.C., Xu, W., Yan, Y.J. Visual Investigation of the Occurrence Characteristics of Multi-Type Formation Water in a Fracture–Cavity Carbonate Gas Reservoir. Energies 2018, 11, 661.

[50] Li, C.H., Li, X.Z., Gao, S.S., Liu, H.X., You, S.Q., Fang, F.F., Shen, W.J. Experiment on gas-water two-phase seepage and inflow performance curves of gas wells in carbonate reservoirs: A case study of Longwangmiao Formation and Dengying Formation in Gaoshiti-Moxi block, Sichuan Basin, SW China. Pet. Explor. Dev. 2017, 44, 983–992.

[51] Chen, Y., Ma, G.W., Jin, Y., Wang, H.D., Wang, Y. Productivity evaluation of unconventional reservoir development with three-dimensional fracture networks. Fuel 2019, 244, 304–313.

[52] Tian, W.B., Li, A.F., Ren, X.X., Josephine, Y. The threshold pressure gradient effect in the tight sandstone gas reservoirs with high water saturation. Fuel 2018, 226, 221–229.

A Study on the Influence of Pore Structure on Gas Flow and Recovery in Ultradeep Carbonate Gas Reservoirs at Multiple Scales

Jianxun Chen[1]　Shenglai Yang[1]，Qingyan Mei[2]
Jingyuan Chen[2]　Hao Chen[1]　Jiajun Li[1,2]

（1. China University of Petroleum（Beijing）；
2.Southwest Oil & Gas Field Company，PetroChina）

Abstract：ZUltradeep carbonate gas reservoirs are a major resource of interest in clean energy development, and complex pore structures and reservoir conditions with high temperatures and pressures are great challenges to efficient development and experimental research. It is becoming increasingly imperative to study the influence of pore structure on gas flow and productivity under reservoir conditions. Taking an ultradeep carbonate gas reservoir in the eastern Sichuan Basin, SW China, as the target reservoir, the pore structure was accurately analyzed and classified by X-ray computed tomography scanning. On this basis, three representative pore network models were established to simulate and visually analyze the gas flow characteristics at the pore scale, which effectively supplemented and perfected previous core experiments and 2D visualization research. A high-temperature and high-pressure experimental platform was built, and the influence of pore structure, heterogeneity and irreducible water saturation （SWI） on gas flow and recovery was studied quantitatively and qualitatively for the first time through improved core experiments. The results showed that fracture characteristics, pore connectivity and water saturation are key factors affecting gas flow and depletion strategies, and cavities constitute the main reservoir space. Under no-water conditions, the final recovery nears 72.24%, and the influence of pore structure is not obvious. Under SWI conditions, the gas flow resistance increases, and the loss of the production rate is higher than 27% based on the similarity transformation; the lower the permeability or production pressure difference is, the higher the production rate loss will be. At the same time, irreducible water leads to significant recovery losses; the final recovery is between 57.95% and 71.10%, and the recovery loss of the pore-type reservoir is much higher than that of the fracture-type reservoir. In gas reservoir development, increasing permeability is conducive to improving the production rate and recovery, especially for "high-porosity and low-permeability" reservoirs. If the permeability is high enough, the production pressure difference should be controlled to avoid insufficient gas supply from far-well areas and reduce interlayer interference. Therefore, it is of great significance to promote coordinated development between multiple layers in the vertical direction and between near-well area and far-well areas in the horizontal direction.

Keywords: Carbonate gas reservoir; Pore structure; Pore network models; Flow characteristics; Recovery; Depletion strategy

1 Introduction

Based on geological statistics, the reserves of carbonate reservoirs account for approximately 35.7% of global oil and gas resources, and ultradeep carbonate gas reservoirs (depth > 4,500 m) have become of major of exploration and development interest[1-3]. However, research on gas flow mechanisms and depletion characteristics under reservoir conditions is still lacking, which limits the productivity analysis and production plan adjustment of high-temperature and high-pressure gas reservoirs[4]. Due to the influence of physical, chemical and diagenetic processes during reservoir formation, the pore structure, including individual pores, cavities (radius > 2mm) and fractures, is very complex[5-7]. Moreover, high temperature and high pressure reservoir conditions have introduced great challenges to experimental equipment, safety and stability[8-10]. In addition, some core samples are unique, and it is difficult for the core surface characteristics to fully reflect the internal pore structure characteristics, so the results may be incomplete or under representative. Therefore, it is necessary and imperative to study gas flow and production characteristics in different pore structures at multiple scales to effectively develop ultradeep carbonate gas reservoirs.

Pore structure analysis is the basis for studying reservoir heterogeneity and gas flow characteristics and productivity. Using conventional core analysis methods, such as scanning electron microscopy (SEM), high-pressure mercury injection, and nuclear magnetic resonance, data including 2D images or pore and throat parameters can be obtained; however, it is difficult to analyze 3D pore structure characteristics[11-16]. Due to the unique advantages of fast and accurate 3D pore structure reconstruction, X-ray computed tomography (CT) scanning is widely implemented in pore structure analysis[17-19]. Zhang et al. found though CT scanning, SEM and other methods that pore structure characteristics were the key factors affecting productivity[20]. Wang et al. analyzed the pore structure characteristics of a Sinian ultradeep carbonate gas reservoir at two CT scanning resolutions[21]. Due to the different reservoir conditions and varied geographic locations of such reservoirs, the development of pores and fractures between ultradeep carbonate gas reservoirs varies greatly, and their pore structures are not entirely consistent. Therefore, it is more reasonable to analyze the pore structure of target gas reservoirs individually.

Studying gas flow in pore structures is beneficial to describing reservoir production characteristics[22-25]. 2D visualization models are widely used to observe fluid flow in porous media, but the 2D structure cannot fully reflect the complex pore structure of carbonate reservoirs, and it is not suitable for analyzing single-phase gas flow and pressure distributions[26, 27]. Under certain conditions, core surface characteristics cannot effectively represent internal pore structures, which makes it difficult to fully reveal the influence of core experimental results. Developing 3D digital cores is one of the most direct and accurate methods to reflect internal pore characteristics[28-31]. The 3D pore network models (PNMs) based on CT scanning can not only match the real pore structure but also extract and establish the representative elementary volume (REV) of rare samples to simulate and analyze the flow characteristics to compensate for the deficiency of experiments, theoretical modeling and other methods[32, 33]. However, there are few studies on the influence of complex pore structures on gas flow in ultradeep carbonate gas reservoirs by 3D PNM. In addition, 3D PNM can also be used to simulate gas-water two-phase (G-W) flow. G-W relative permeability characteristics contain a large amount of important information, which constitutes key data for reservoir development[34-36]. Some scholars have established a number of high-precision G-W relative permeability models, but they have mainly focused on sandstone, shale and other reservoirs[32, 37]. The G-W relative permeability of carbonate gas reservoirs is obtained by core experiments and mainly focuses on pore- and fracture-pore type reservoirs [34, 36, 38]. When considering the deficiencies of core experiments, it is meaningful to simulate the flow characteristics of the gas phase and G-W characteristics in REV models to comprehensively and thoroughly analyze the influence of pore structures.

For the gas flow and productivity characteristics of carbonate gas reservoirs, scholars have performed a large amount of research through experiments and numerical simulations[39-41]. The vertical distribution of multiple layers is a significant feature; some scholars have studied the influence of heterogeneity through depletion experiments[42]. Liu et al. studied the development characteristics of low-pressure sandstone gas reservoirs under water-free conditions through depletion experiments under a constant gas velocity with three cores in parallel and analyzed the influence of factors such as pore structure[43]. Wang et al. studied the depletion characteristics of ultradeep carbonate gas reservoirs at the initial stage (pressure difference below 5 MPa) through core parallel experiments and analyzed the impact of water invasion[44]. In addition to the vertical heterogeneity among multiple layers, the horizontal heterogeneity is also strong[45-48]. The heterogeneity of the near well area (NWA) and far well area (FWA) affects the gas flow and productivity. Meng et al. found that a high permeability can improve productivity within a short period, leading to a sharp decline thereafter[49]. Yue et al. found that a high-density fracture distribution improved the permeability and productivity of reservoirs[50]. Compared with conventional conditions, studying the characteristics of gas flow and depletion under reservoir conditions will come closer to mirroring reality. However, affected by high-temperature and high-pressure conditions, some injection pumps, flow meters and other equipment are no longer applicable, and some conventional experimental methods need to be improved. As a result, there are few studies on the gas flow and recovery characteristics of ultradeep carbonate gas reservoirs under reservoir conditions. In addition, most studies focus on the interference of vertical heterogeneity while ignoring the influence of horizontal heterogeneity in a single layer. These factors have restricted the productivity analysis and production adjustment for the development of deep carbonate gas reservoirs. It is very consequential to study the influence of pore structure, heterogeneity and formation water on gas flow and recovery at different development stages under reservoir conditions.

In this paper, the pore structure of an ultradeep carbonate gas reservoir was analyzed, and its influence on gas flow and production was systematically studied at multiple scales. Taking a Carboniferous carbonate gas reservoir of Wubaiti gas field in the eastern Sichuan Basin in Southwest China as the target block, the pore structure characteristics were analyzed accurately at two CT scanning resolutions. Based on CT scanning, three types of REV models that matched the reservoir characteristics, including different combinations of pores, cavities and fractures, were constructed to directly simulate the gas-phase and G-W flow characteristics. Additionally, the influence mechanisms of the micropore structure on gas phase flow was analyzed, which is an important improvement and supplement to previous core experiments and 2D visualization research. A high-temperature and high-pressure experimental platform meeting the requirements of 180 MPa and 200 ℃ was built, and the influence of pore structure and irreducible water on gas flow and gas production in different types of reservoirs was quantitatively and qualitatively analyzed through flow experiments and improved depletion experiments under reservoir conditions. Combined with similarity transformations, the experimental pressure differences and gas flow velocities are converted into production pressure differences and gas production rates in gas reservoirs, and the relationship between the gas production rates and production pressure differences of various types of reservoirs is obtained. The interaction between NWA and FWA was studied by performing depletion experiments on two cores in series, and the influence of horizontal heterogeneity on production was analyzed. The research results are of great significance to reservoir analysis, productivity prediction and production adjustment of ultradeep carbonate gas reservoir characteristics.

2 Geological background

Since the Proterozoic, the Sichuan Basin in Southwest China has undergone several major tectonic events, including the Caledonian Movement (320 Ma), Indo-China Movement (205-195 Ma), Yanshan Movement (140 Ma) and Himalayan Movement (80-3 Ma) [48, 51]. Belonging to a local structure at the end of the northern part of the Datianchi high and a steep structural belt, the eastern Sichuan, Wubaiti gas field is a short axis anticline approximately 24km long and 6.5km wide, and its stratigraphic sequence is normal (Figs. 1a, b) [48]. The burial depth of the Carboniferous unit is between 4,000 and 5,600 m and is located at the base of the upper Paleozoic [Fig. 1 (c)]. The upper part is Permian in age, and the lower part is Silurian (Lower Paleozoic) in age. The Carboniferous carbonate gas reservoirs consist of a set of dolomite and limestone sedimentary combinations in a restricted sea platform environment with an abnormal seawater salinity. The main rock types are granular dolomite, fine, silty dolomite and breccia dolomite. Pores, cavities, throats and fractures are the four types of reservoir space included in

(a) Sichuan Basin

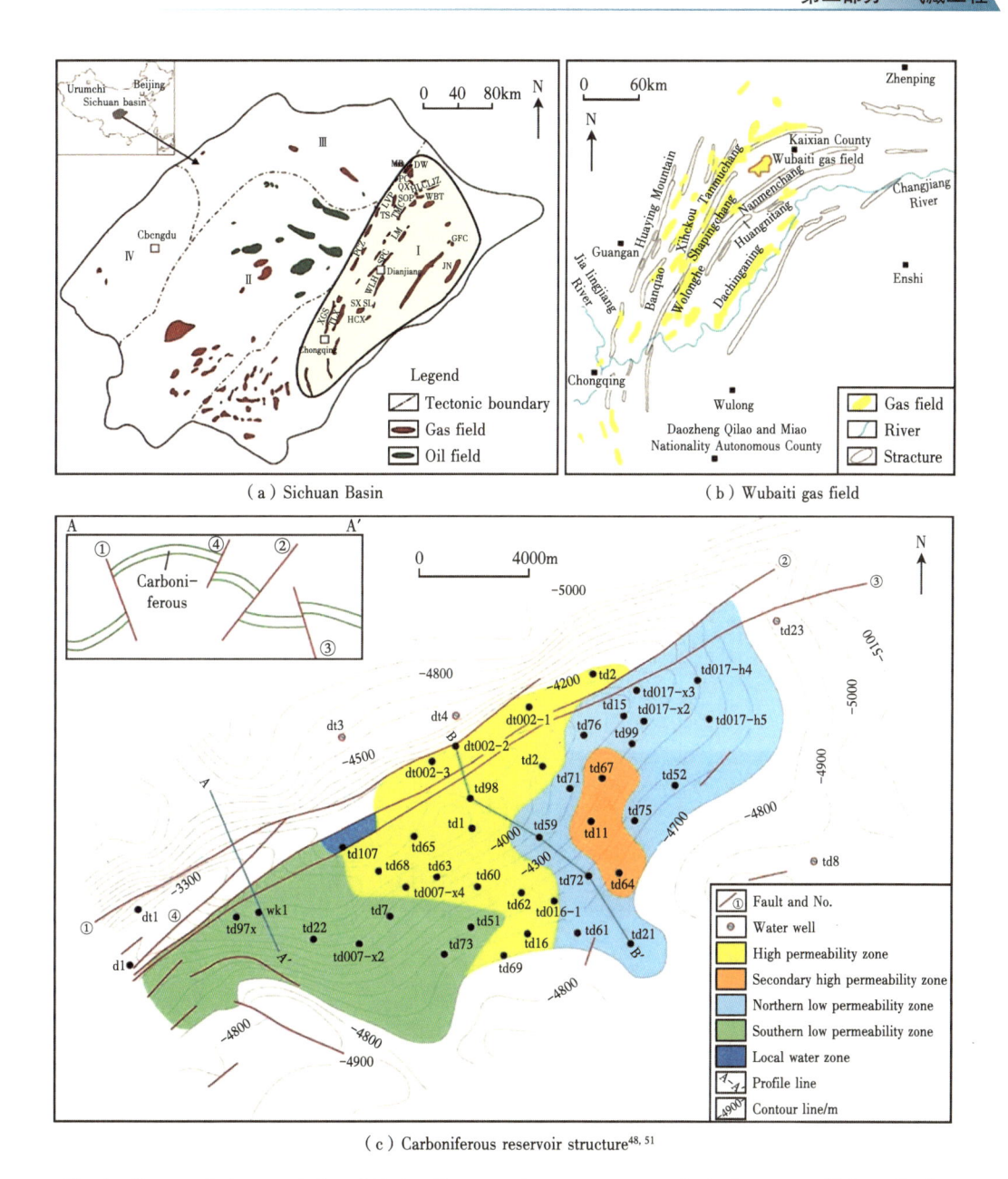

(b) Wubaiti gas field

(c) Carboniferous reservoir structure[48, 51]

Fig. 1　Structural characteristics of Carboniferous carbonate gas reservoirs in the eastern Sichuan Basin

the formation[48]. Among them, intragranular dissolved pores, intergranular dissolved pores and intergranular dissolved pores are the main reservoir spaces. The relatively developed fractures greatly improve the reservoir permeability, but the fracture porosity is small (0.07%~0.61%), which is the secondary reservoir space. Porosity and permeability testing of 1538 core samples from Carboniferous reservoirs show that the average porosity is approximately 5.44%. The proportion of cores with porosities less than 4% and 6% is approximately 40% and 67.87%, respectively, while the proportion of cores with porosities greater than 10% is less than 9% [Fig. 2 (a)]. As shown in Fig. 2 (b), the permeability values of the cores are lower than 100 mD; cores with permeabilities between 0.1 mD and 10 mD account for 64.40%, while the proportion of cores with permeabilities higher than 10 mD is only 8.58% [Fig. 2（b）]. Therefore, the Carboniferous reservoir has the characteristics of a medium-low porosity and a medium-low permeability.

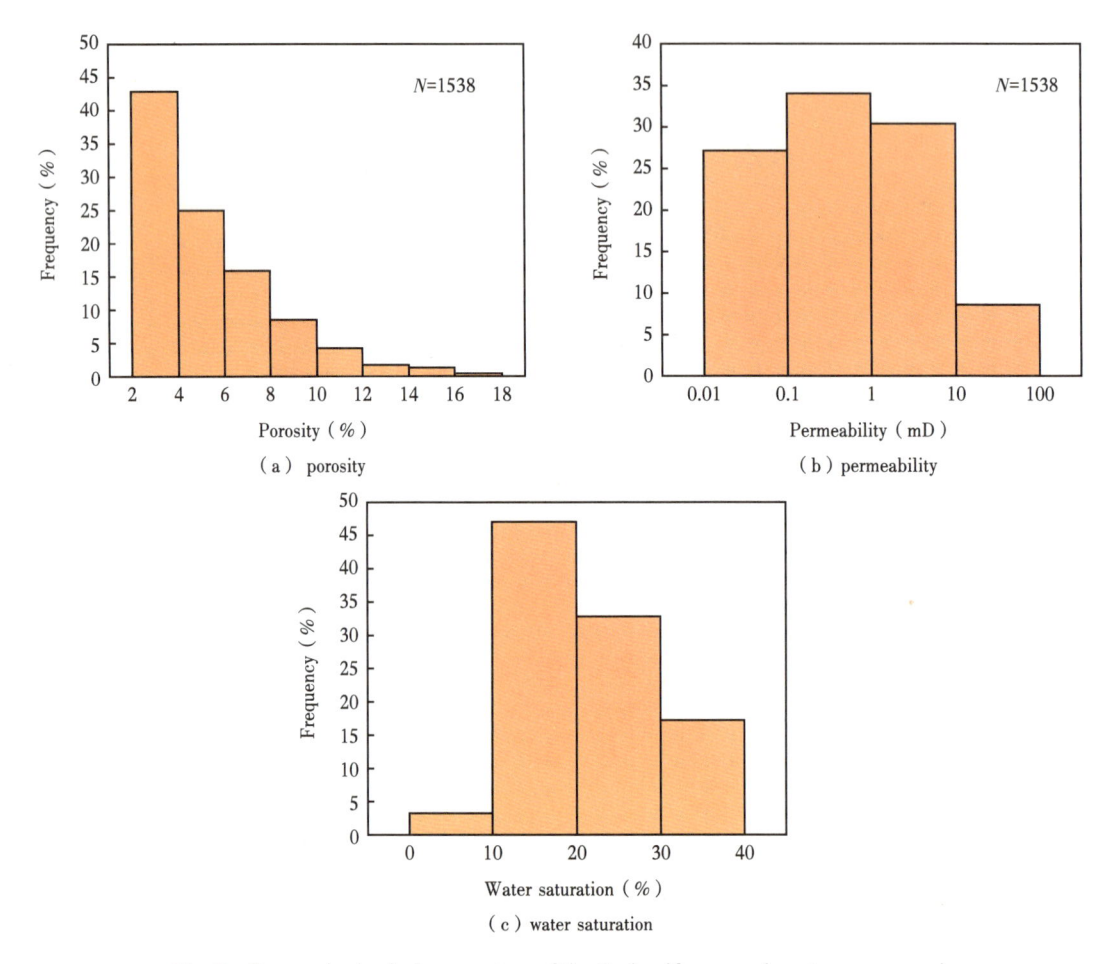

Fig. 2　Reservoir physical parameters of the Carboniferous carbonate gas reservoir

The thickness of the Carboniferous reservoirs is generally between 30-40 m, and the porosity and permeability change greatly in the vertical and horizontal directions; thus, the reservoir heterogeneity is strong[48]. Vertically, the development of macropores and throats, fractures, dissolved pores and cavities is relatively concentrated; however, the fractures and pores in some layers are undeveloped. Horizontally, the high porosity area is mainly distributed within the middle part of the structure, and the medium porosity area is distributed in the southern, middle and northern parts; the low porosity area is distributed in the tip and wings [Fig. 1（c）]. This result is consistent with the porosity distribution, and the permeability has the characteristics of "two high and two low" in the horizontal direction.

Affected by this heterogeneity, the overall development of the reservoir is unbalanced, and gas production mainly comes from the high permeability area in the higher portion. Due to the lagged development and low development efficiency, the peripheral low permeability area is the main remaining reserve enrichment area and a key point of resource tapping. The reservoir is in the stage of low water saturation, the average water saturation is 22.16%, and the proportion of water producing gas wells is low. The water saturation is mainly between 10%~30%, accounting for 79.89% of the total reservoir volume, followed by 30%~40%, accounting for 16.96% of the total reservoir volume [Fig. 2 (c)]. Although there is edge water in the reservoir, there has been no large-scale advance of this edge water. In addition, the overburden pressure, pore pressure and temperature are 70 MPa, 50 MPa and 90 °C, respectively.

3 Experimental section

3.1 Materials

The depths of the 42 samples acquired from the Tiandong 67, 69 and 61 wells ranged between 4,600 and 5,000 m, and the length and diameter of the cores were 5.00cm and 2.51cm, respectively. Based on the Chinese national standard GB/T 29172—2012, the helium porosity and permeability were measured using an OPP-1 high-pressure porosimeter (America). The observed linear correlation between porosity and permeability was weak, and some cores were characterized by either "high porosity and low permeability" or "low porosity and high permeability" conditions (Fig. 3). According to the reservoir characteristics, surface characteristics, and porosity and permeability estimates, the samples were divided into three types: pore-type cores (15 samples), fracture-type cores (8 samples), and fracture-pore-type cores (19 samples). The wettability test showed that the wettability angle of these cores was less than 80 degrees, and the Carboniferous carbonate gas reservoir is hydrophilic, which is consistent with the hydrophilic characteristics of the mineral composition.

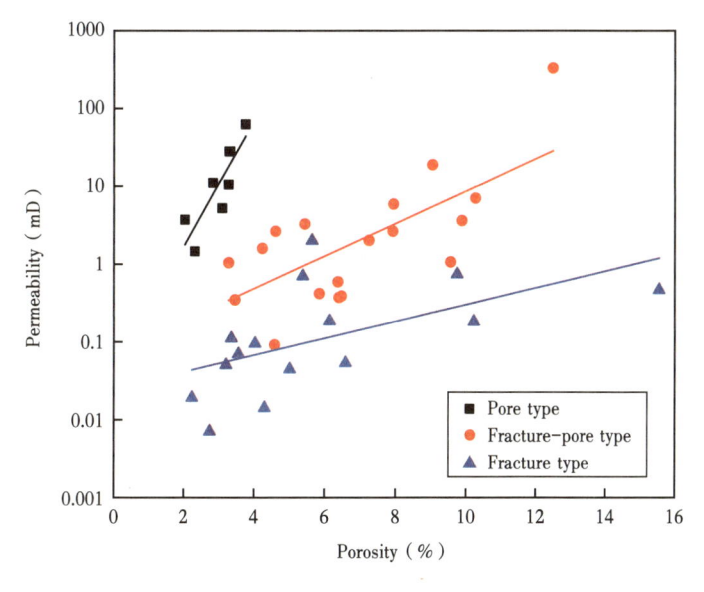

Fig. 3 Relationship between the porosities and permeabilities of the cores.

3.2 Experimental procedures

3.2.1 CT scanning analysis

First, three representative cores with different pore structures were selected (Table 1). Next, these cores were scanned by a Xradia micro xct-200 micro CT scanner (Germany) at resolutions of 0.58μm and 2.55μm under normal temperature and pressure conditions, which improved the accuracy of the analysis.[20] Based on the CT images, the distribution characteristics of the pores and fractures were analyzed. Finally, 3D digital core models were established by superimposing the CT images, and a PNM was extracted according to the maximum ball method to analyze the 3D distribution characteristics of pores, cavities and fractures, as well as the parameters of number and volume.

Table 1 Porosity and permeability of the cores derived by CT scanning.

Samples ID	Core types	Porosity(%)	Permeability(mD)
C1	Pore	3.55	0.07
C2	Fracture-pore	2.96	5.21
C3	Fracture-pore	5.43	3.20

3.2.2 Simulation analysis of gas flow characteristics

Considering that the errors between the CT porosity and the original porosity will affect the accuracy of the numerical simulations, three REV models with 400 × 400 × 400 pixels were established by using Pergeos software (trial version 2019.1). The porosities of the three REV models were 4.55%, 2.96%, and 5.43%, and the permeabilities were 0.07 mD, 5.21 mD and 3.20 mD, which were nearly consistent with the original porosities and permeabilities (Table 1). The ball-stick models of the REV are shown in Fig. 4, and the sizes of the balls and sticks reflect the radii of the pores and throats. Model C1 was dominated by small pores with weak connectivity, which represented a pore type reservoir with a low permeability [Fig. 4(a)]. Model C2 represented a fracture-type reservoir with a low porosity and a high permeability, and the pore structure was dominated by flaky fractures [Fig. 4(b)]. There were fractures and cavities in model C3, and some pores and throats had larger radii. The proportion of connected pores was high, which represented a fracture-pore type reservoir with developed fractures and pores [Fig. 4(c)]. These three REV models, which included pore, fracture and fracture-pore types, could effectively reveal the different combinations of fractures, cavities and pores. Therefore, it was reasonable and feasible to use the three models to represent the main pore structure of ultradeep carbonate gas reservoirs[29, 31]. Compared with 2D visualization models and digital cores established by algorithms, these REV models based on CT scanning were more accurate and closely mirrored reality.

Based on the Darcy formula and the steady Stokes equation, single-phase gas flow in the three REV models was visually simulated by using the absolute permeability experiment simulation module in Pergeos[31-33, 52]. The gas flow characteristics and pressure distributions in the REV models were obtained to analyze the influence of pores and fractures. It was assumed that the density and viscosity of the fluid were constant and that there was no turbulence or slip. The simulation analysis conditions were as follows : a temperature of 20 °C, an inlet pressure of 0.13 MPa, and an outlet pressure of 0.10 MPa. Based on the quasi-static network models, the process by which gas drives water in the three types of REV models was simulated. Unsteady G-W relative permeability curves were obtained according to the flow velocity, Darcy permeability and results of the relative permeability equation[31, 53]. It was assumed that the pore wall was smooth, turbulent and capillary driven (capillary force dominates the pore), and the fluid was immiscible. The simulation conditions were as follows : a temperature of 20 °C and an outlet pressure of 0.10 MPa. The purpose was to study the influence of pore structure on gas flow, and the influence of high temperatures and high pressures was ignored. Although the simulation conditions were different from reservoir conditions, the influence of pore structure was consistent, especially on gas phase single-phase flow[36].

(a) pore type (b) fracture type; (c) fracture-pore type

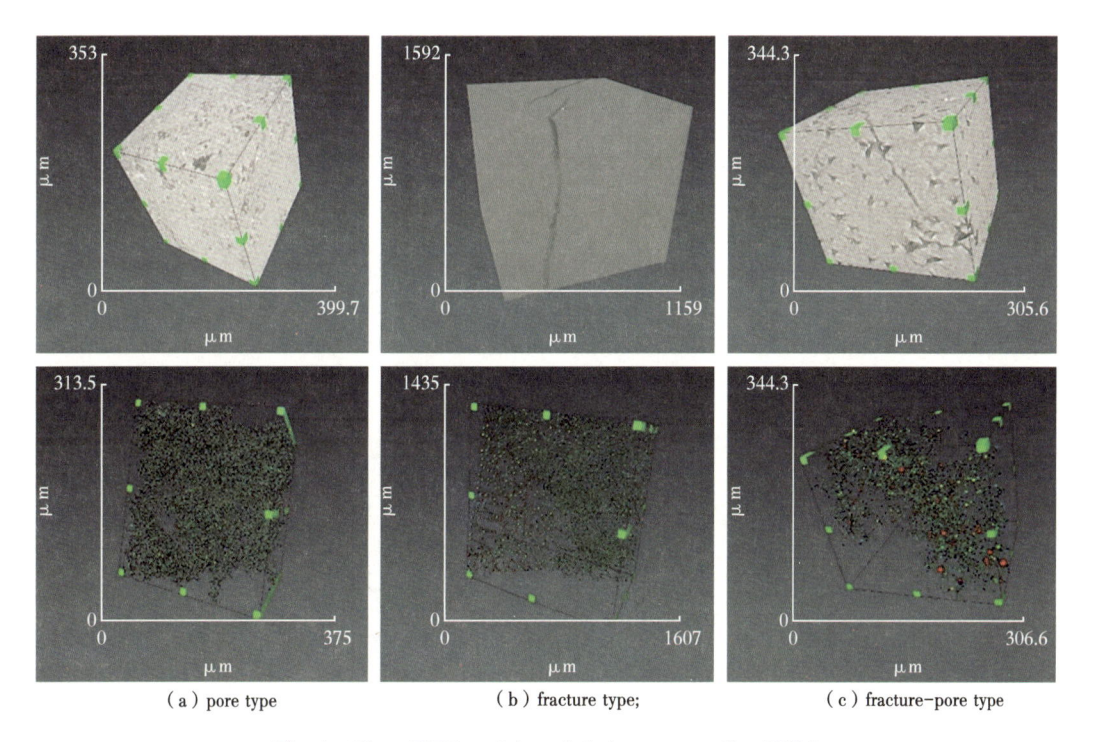

Fig. 4   Three REV models and their corresponding PNMs

3.2.3   G-W flow experiments

According to the Chinese national standard GB/T 28912—2012, the G-W flow characteristics under reservoir conditions were studied through core experiments of gas driving water, which were complementary and verified with the simulation results. The parameters of three typical cores were shown in the Table 2, the porosity, permeability and pore structure characteristics of cores P1, FP2 and FP3 correspond to cores C1, C2 and C3, respectively. In addition, on the surface of core FP2, fractures were well developed, and pores with smaller radius were distributed. The specific steps of the experiments were as follows : (1) The fully saturated water core was loaded into core holder, and the experimental devices were connected (Fig. 5); (2) the water was injected into cores, and the temperature, pore pressure and confining pressure were synchronously increased to reservoir conditions; (3) the basic value of gas-water relative permeability was the permeability of water phase whose error was less than 3% for three consecutive times; (4) the appropriate pressure difference for gas water drive was controlled, and the pressure difference, gas production and water production were recorded at each time point by camera; (6) the experiment was terminated until no water was produced; (7) the experimental data were processed according to the "L. B. N" equation.

Table 2　Porosity and permeability of the cores derived by CT scanning.

Samples ID	Core types	Porosity(%)	Permeability(mD)
P1	Pore	3.35	0.11
FP2	Fracture	2.03	3.72
FP3	Fracture-pore	7.24	1.97

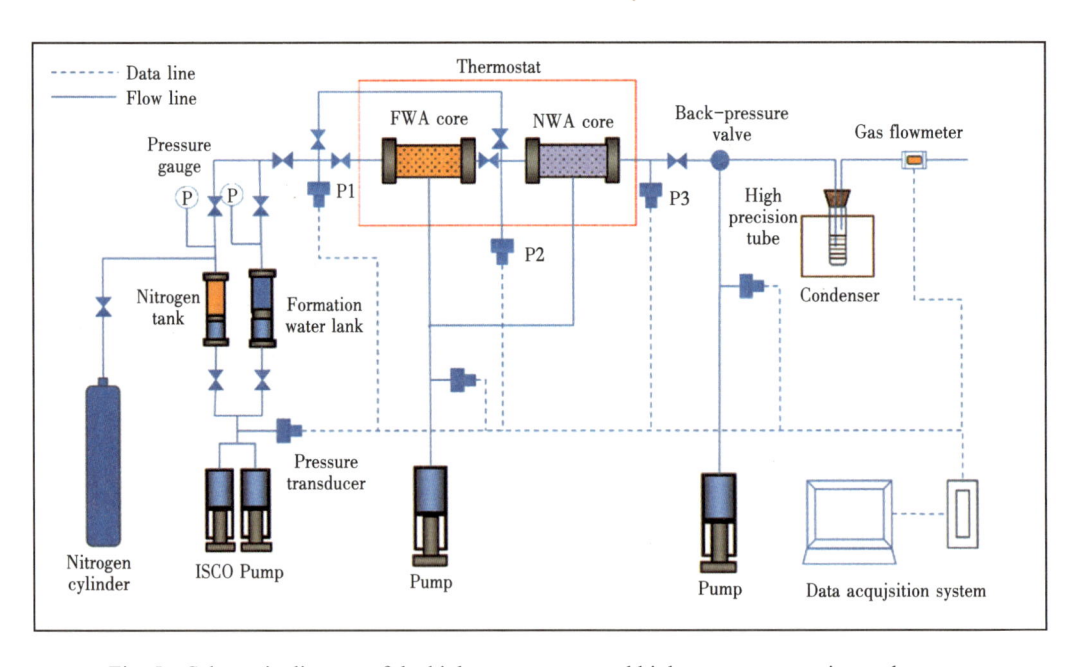

Fig. 5　Schematic diagram of the high-temperature and high-pressure experimental system.

The experimental platform used is a high-precision, high-temperature and high-pressure system (TC-180, China) designed by the China University of Petroleum (Beijing), which included an injection system (0–180 MPa, ± 0.3%), a temperature control system (normal temperature–200 ℃, ± 5 ℃), a pressure acquisition system (> 0.01 MPa, ± 0.25%) and a flow acquisition system (> 0.01 mL/min, ± 0.25%)(Fig. 5). The cavities on some of the core surfaces were relatively developed, coupled with the reservoir conditions of high temperatures and high pressures, leading to great challenges to the stability of the core experiments. In view of this, the thickened sleeves and high-performance sealing rings improved the experimental safety and stability. The results were closer to the real conditions present in the reservoir. The gas and water used in the experiments were high purity nitrogen and simulated formation water, respectively.

3.2.4 Gas flow experiments

Core experiments are one of the most important methods to study flow characteristics, and gas flow experiments were carried out under reservoir conditions to analyze the influence of pore structure and irreducible water saturation (SWI). Four representative cores with varying porosity and permeability characteristics were selected (Table 3). Core FP12 was characterized by a high porosity and a low permeability, while the fracture type of core F13 was characterized by a low porosity and a high permeability. The specific steps were as follows: (1) the cores were saturated with formation water; (2) the experimental devices were connected, the temperature, pore pressure and confining pressure were synchronously increased to reservoir conditions (Fig. 5); (3) the outlet pressure was reduced to 40 MPa and gas flooding was performed to achieve an irreducible water state; (4) the outlet pressure was increased to 50 MPa to establish reservoir conditions with SWI; (5) a constant confining pressure and injection pressure was maintained, the outlet pressure was gradually reduced, and the stable gas velocity under different pressure differences was recorded; (6) the experiments were concluded when the outlet pressure decreased to 30 MPa; (7) the cores were dried, and steps (5) and (6) were repeated to analyze the influence of SWI on gas flow. During the experiment, the steady flow velocity under a fixed pressure difference was recorded, so the experimental error was relatively small and was mainly caused by equipment system error.

Table 3 Porosity and permeability of the cores used in the gas flow experiments.

Samples ID	Cores types	Porosity(%)	Permeability(mD)	SWI(%)
P11	Pore	3.55	0.07	22.64
FP12	Fracture-pore	6.39	0.37	34.20
F13	Fracture	2.32	1.46	41.20
FP14	Fracture-pore	4.60	2.58	41.35

According to the transformation between core experiments and gas reservoir production, the experimental pressure differences and gas velocities were transformed into production pressure differences and gas production rates (Equations 1, 2)[41]. Based on the reservoir geological data, L, d, h, r_e, r_w, p_e were set to 0.05 m, 0.025 m, 15.5 m, 850 m, 0.06 m and 50 MPa, respectively.

$$p_{w2}^2 = p_e^2 - \left(p_e^2 - p_{w1}^2\right) \cdot \frac{p_{w2} \cdot L}{p_{w1} \cdot r \cdot ln\frac{r_e}{r_w}} \quad (1)$$

$$Q = 69.12 Q_r r_w h / d^2 \quad (2)$$

3.2.5 Single core depletion experiments

Usually, gas reservoirs are developed by controlling the gas production rate or production pressure difference. Some scholars have analyzed pressure changes across different periods by controlling the gas production rate[43]. However, ultradeep carbonate gas reservoirs with high temperature and high pressure are usually developed by controlling the production pressure difference after acidizing. In addition, it is difficult for flowmeters to meet the pressure requirement of 50 MPa. Therefore, an improved depletion simulation method was implemented by reducing the outlet pressure to the waste pressure step-by-step[41]. A gas flow experiment was performed to study flow characteristics under different conditions, focusing on gas supply capacities and production rates, which is a dynamic process. The improved depletion simulation experiment was used to study changes in the pore pressure and gas production rate during the process of depletion, focusing on recovery and other characteristic parameters in different developmental stages, which is a quasi-static process.

Table 4 The porosity and permeability of the cores used for the depletion experiments.

Samples ID	Cores types	Porosity (%)	Permeability (mD)	SWI (%)
P21-1	Pore	4.02	0.09	0
P21-2	Pore	3.35	0.11	22.39
FP22-1	Fracture-pore	6.46	0.38	0
FP22-2	Fracture-pore	5.84	0.41	32.22
F23-1	Fracture	3.27	1.02	0
F23-2	Fracture	2.15	1.07	36.46
FP24-1	Fracture-pore	5.64	1.97	0
FP24-2	Fracture-pore	4.60	2.58	41.45

Four cores with different pore types were selected for depletion experiments under SWI conditions to study the influence of pore structure on development. The other four cores were selected for comparative experiments under nonwater conditions to study the influence of SWI. The specific experimental steps were as follows: (1) reservoir conditions with irreducible water or without water were established; (2) the confining pressure was kept constant, the gas injection valve was closed, and the downstream pressure was controlled to reduce by 2.0 MPa every 20 min; (3) the upstream pressure (P1), downstream pressure (P3) and accumulated gas production were recorded; (4) the experiments were terminated when the downstream pressure decreased to a waste pressure of 8.0 MPa; and (5) the recovery based on the original reserves, gas production and pressure was calculated. During the experiment, changes in the porosity and water saturation may have introduced a small error in the recovery estimates, while the pressure difference error depended on systematic equipment errors. The core parameters and water saturation are shown in Table 4.

3.2.6　Two cores depletion experiments

Heterogeneity is an important factor that restricts the gas production rate and recovery of carbonate gas reservoirs. There are few reports regarding the influence of horizontal heterogeneity on development. Therefore, 4 experimental schemes with differing permeability combinations (Table 5) were designed to study the interaction between FWA and NWA through depletion experiments in series with two cores. The NWA core was collected near the well, and the FWA core was collected far from the well (Fig. 5). Considering the reservoir transformation, the permeability of the NWA was relatively high. The experimental procedure was the same as that in the depletion experiments of a single core, but the upstream pressure (P1), intermediate pressure (P2) and downstream pressure (P3) were different.

Table 5　Core parameters and depletion experimental schemes.

Schemes	Cores ID	Cores location	Cores types	Porosity (%)	Permeability (mD)	Permeability ratio
Scheme 1	P31-1	FWA	Pore	5.01	0.05	1∶7
	P31-2	NWA	Pore	3.45	0.34	
Scheme 2	P32-1	FWA	Pore	6.58	0.05	1∶14
	P32-2	NWA	Pore	5.38	0.69	
Scheme 3	P33-1	FWA	Pore	3.20	0.05	1∶20
	FP33-2	NWA	Fracture-pore	4.19	1.02	
Scheme 4	P34-1	FWA	Pore	6.13	0.18	4∶12
	FP34-2	NWA	Fracture-pore	6.36	0.58	

4　Results and discussions

4.1　Pore structure characteristics

4.1.1　Core surface characteristics

Three pore structure cores with varied pore types, fracture types and fracture-pore types are shown in Fig. 6. On the surface of pore-type cores, pores and cavities are relatively scattered and are characterized by the "low porosity and low permeability" scheme [Fig. 6 (a)]. Some cores with developed cavities are characterized by the "high porosity and low permeability" scheme. There are obvious fractures on the surface of the fracture type cores, and the proportion of pores is relatively low, showing the characteristics of the "low porosity and high permeability" scheme [Fig. 6 (b)]. Fractures and pores can be observed in fracture-pore type cores, and the development of fractures and pores varies greatly [Fig. 6 (c)]. When fractures are developed, the porosity and permeability characteristics of the fracture-pore type core are closer to those of the fracture-type core. These three types reflect the typical pore structure characteristics of ultradeep carbonate gas reservoirs.

(a) pore type (b) fracture type (c) fracture-pore type

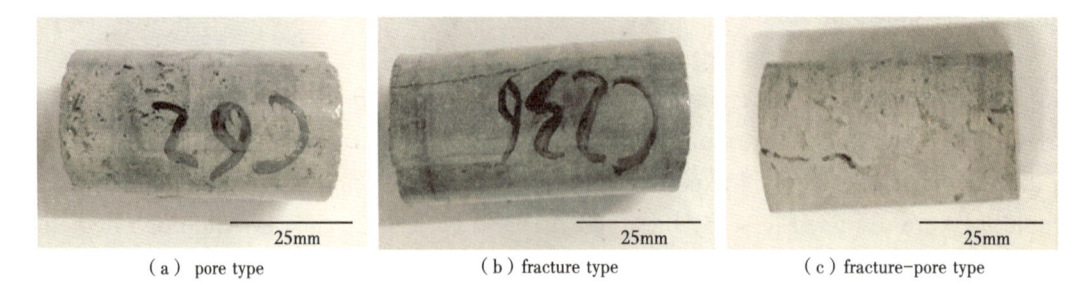

Fig. 6　Cores with different pore structures

4.1.2　Pore distribution characteristics

The top view, left section and 3D PNM obtained by CT scanning are shown in Figs. 7 and 8. At a resolution of 2.55μm, the pore distribution is consistent with the core surface characteristics.

(a) pore-type core C1　　(b) fracture-type core C2　　(c) fracture-pore-type core C3

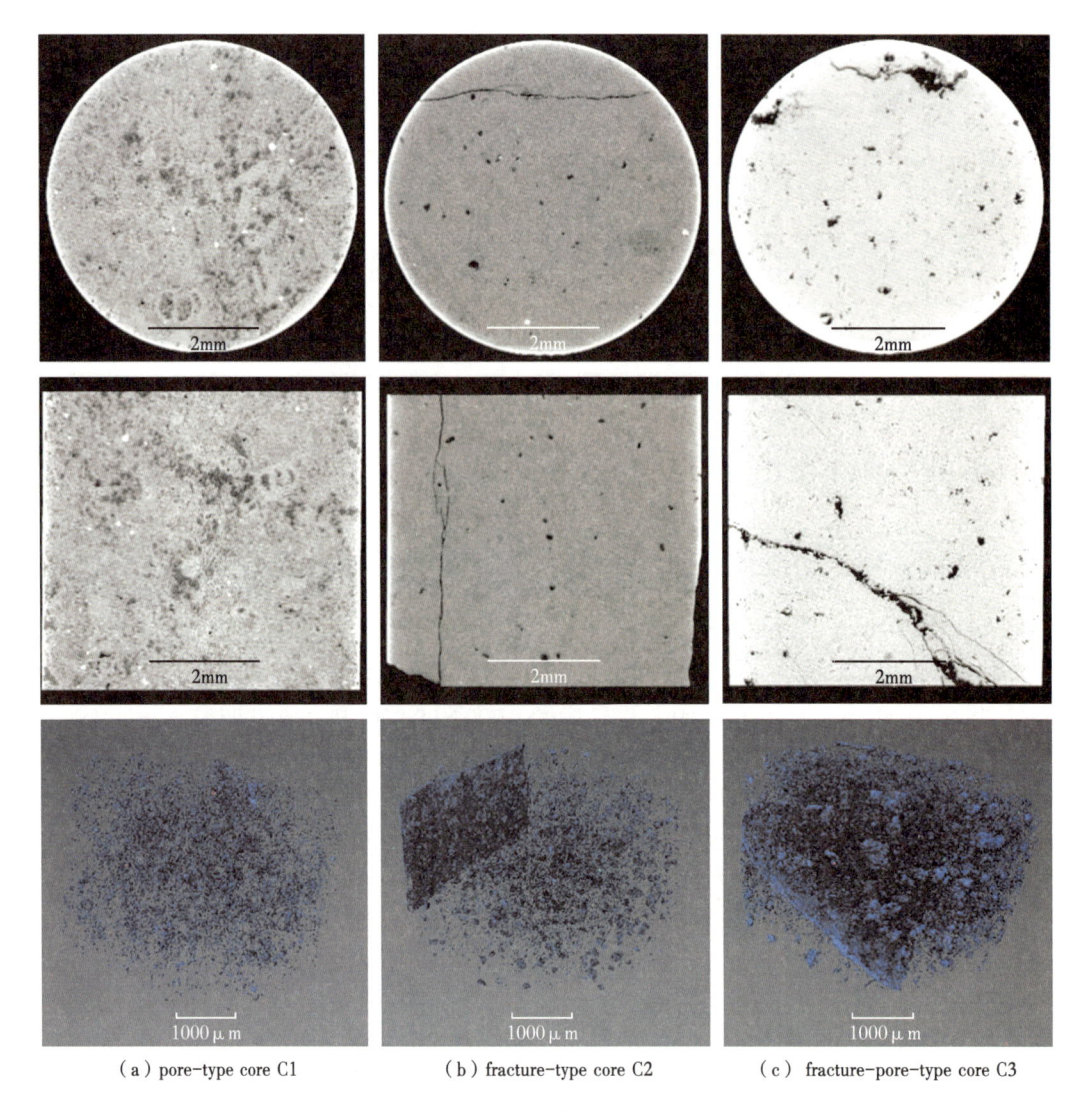

Fig. 7　Top view, front view, left view and PNM of the cores at a resolution of 2.55μm

In pore type core C1, the pore radii are extremely small, and its distribution is dispersed. Moreover, the proportion of connected pores is less than 12.32%, and the permeability is only 0.07 mD [Fig. 7 (a)]. In fracture type core C2, the pores are almost disconnected, but the fractures connect both ends of the cores, so the permeability reaches 5.21 mD [Fig. 7 (b)]. In fracture-pore type core C3, some pore radii are relatively large, and fractures are developed [Fig. 7 (c)].

At a resolution of 0.58μm, no fractures are found in the three cores, which differs from the core surface characteristics. The pore density of core C1 increases obviously, and the proportion of connected pores is approximately 17.9% [Fig. 8 (a)]. The porosity in core C2 is low, and the proportion of connected pores is only 9.6%; the permeability of core C2 mainly consists of fractures [Fig. 8 (b)]. There are some cavities present in core C3, and the proportion of connected pores is approximately 33% [Fig. 8 (c)].

(a) pore-type core C1; (b) fracture-type core C2 (c) fracture-pore-type core C3

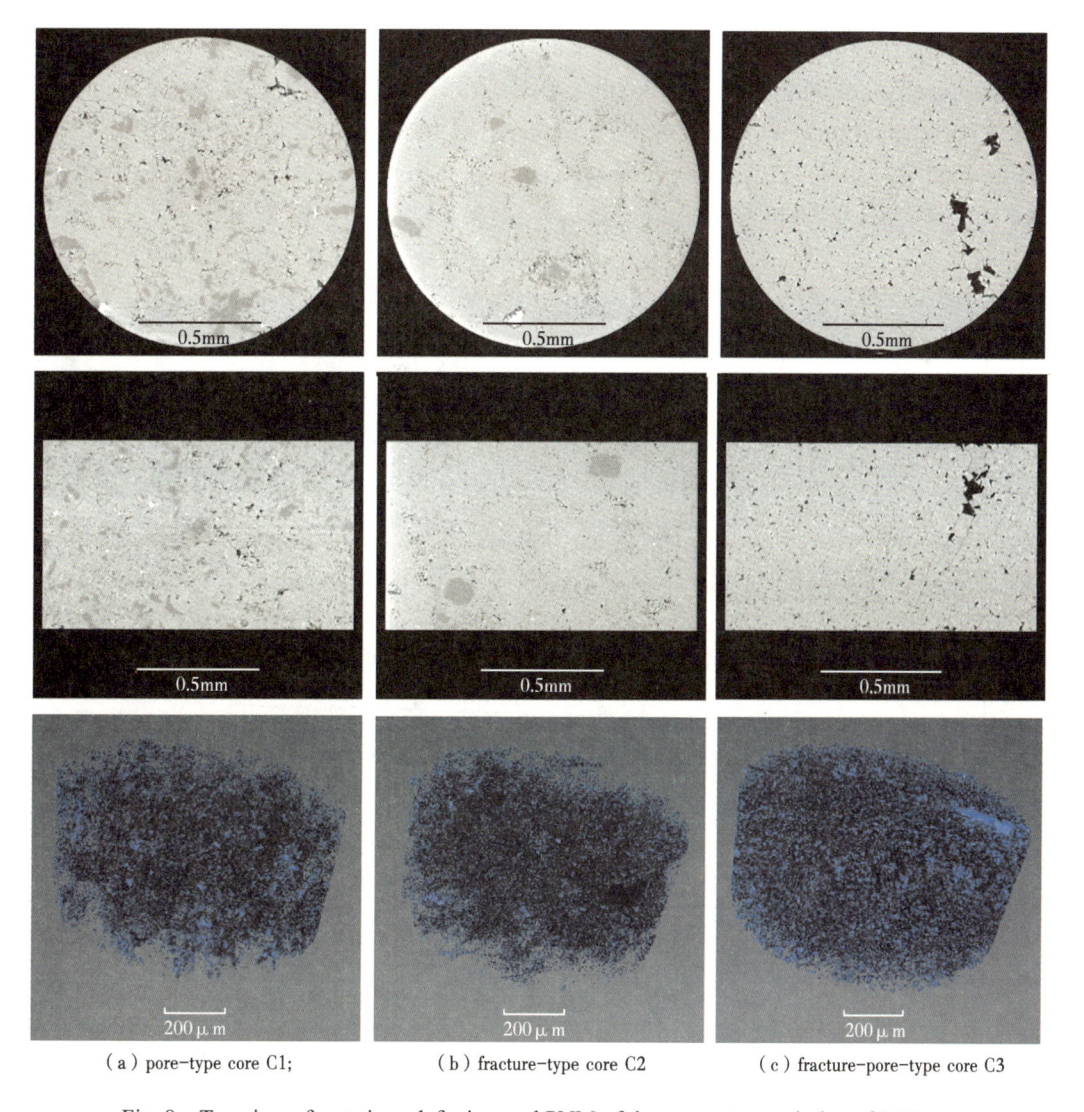

Fig. 8 Top view, front view, left view and PNM of the cores at a resolution of 0.58μm

Fractures and connected pores are the main flow spaces. Because the fractures connect the two ends, the permeability of core C2 is the highest of the samples, even though the fractures in core C3 are highly developed, and the permeability of core C1 is much lower than that of cores C2 and C3.

4.1.3　Distribution characteristics of pores and throat radii

At a resolution of 2.55μm, the pore and throat radii of the pore- and fracture-type cores are very close; approximately 99% are below 10μm, and the radius of core C2 is slightly larger [Figs. 9（a）（c）]. Since there are few macropores and cavities, the number and volume distribution of pores and throats are better matched. In the fracture-pore type core, the radii of the pores and throats are significantly larger. The proportions of pores and throats with a radius greater than 20μm are only 3.4% and 2.8%, respectively, but their volumes are approximately 40% and 20% [Figs. 9（a）（c）]. This shows that the number of pores with larger radii is relatively small, but their contribution to the core's porosity is much higher [Figs. 9（a）（c）]. At a resolution of 0.58μm, the pore and throat radii are significantly reduced [Figs. 9（b）（d）]. The pore and throat characteristics of the pore-and fracture-type core are still very similar, but the pore-type core has pores and throats with larger radii than that of the fracture-type core [Figs. 9（b）（d）]. The pores and throats of the fracture-pore type core are larger than those of the other two cores, which indicates that pores in the fracture-pore type core are developed.

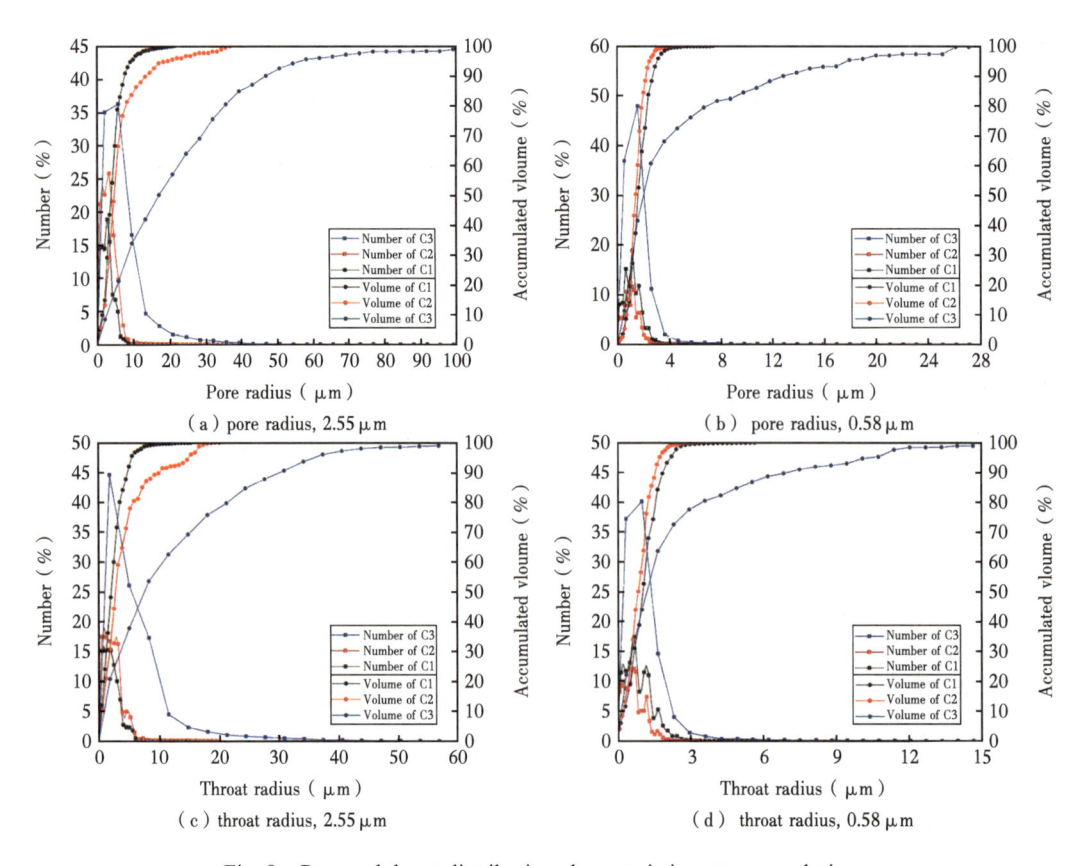

Fig. 9　Pore and throat distribution characteristics at two resolutions

Fractures are the key factor affecting permeability, and the connectivity between pores, cavities and fractures is the main cause of heterogeneity[19, 21]. The influence of fracture development and distribution on permeability is more impactful than that of pore and throat radii, and the number of pores and cavities with a larger radius is smaller; however, it has a greater influence on the porosity. Reservoirs with well-developed macropores and cavities but weak pore connectivity tend to have the characteristics of the "high porosity and low permeability" scheme; due to the strong pore connectivity and low development of the pores and cavities, the fracture type reservoir is characterized by the "low porosity and high permeability" scheme.[4, 26] For reservoirs with an uneven distribution of fractures and cavities, the error of CT scanning results under high resolution is obvious. In contrast, for reservoirs with small radii of pores and throats, it is more suitable to select a high resolution.

4.2　Simulation of gas-phase and G-W flow in 3D PNMs

4.2.1　Gas flow characteristics in 3D PNMs

The gas flow characteristics in the three REV models were obviously different. In model C1, the volume proportion of connected pores was approximately 26%, the tortuosity was 2.26, and the radii of pores and throats were small. As a result, the gas flow continuity was very weak in the pore structure, and the gas velocity was low [Fig. 10 (a)]. Even though the pore and throat radii in model C2 were also small, the flaky distribution fractures produced a strong connectivity and reduced the tortuosity, and the gas flowed continuously at a high velocity in the fractures [Fig. 10 (b)].

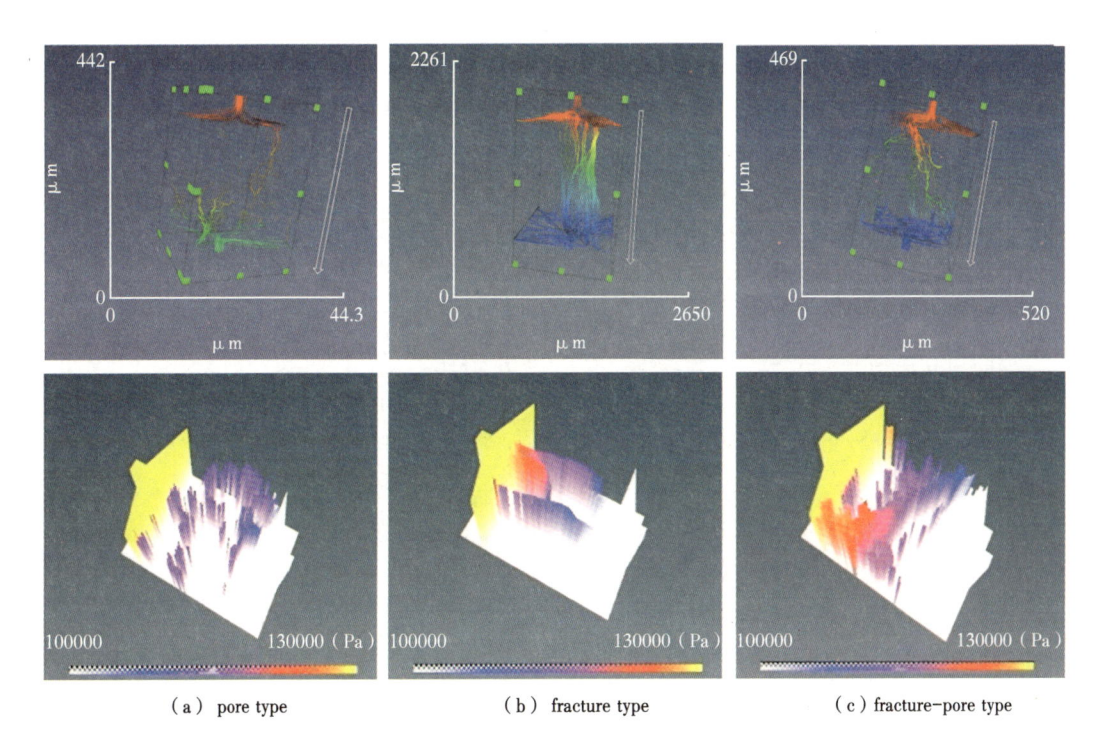

(a) pore type　　　　　　　(b) fracture type　　　　　　(c) fracture-pore type

Fig. 10　Gas flow characteristics in the 3D PNMs

The fracture-pore type model C3 had a high proportion of porosity and connected pores, and there were many flow channels. Because the fracture did not connect both ends, the gas flow was weakened in the area outside the fracture [Fig. 10（c）], and the permeability was lower than that of model C2[43]. The gas flow capacity in the pore type model was weak, and gas was concentrated in the FWA based on the pore pressure distribution characteristics. The pressure difference required for gas flow was higher, which made the pore pressure in the NWA lower. In the fracture- and fracture-pore type structures, the pore pressure was higher in areas with strong connectivity. As pore connectivity in the downstream area became weaker, the pore pressure and gas velocity decreased.

The simulation results completely reflect the 3D flow characteristics of different pore structures in carbonate gas reservoirs. However, it is difficult to obtain the characteristics of gas velocity and pressure distribution through the visualization of 2D glass etching models.[20] The development and distribution characteristics of fractures and pore connectivity are the key factors affecting gas flow.[4] Low porosity and weak pore connectivity reduce the gas flow continuity and supply capacity Moreover, gas flow is also affected by pore and throat radii, and the effect of cavities is relatively small.

4.2.2 G-W relative permeability characteristics

The G-W co-flow interval (water saturation range of gas-water two-phase flow) of the three models was 33.89%~69.72%, 28.83%~84.78%, 56.55%~77.12%, and the gas-phase relative permeability (K_{rg}) at SWI was 0.357, 0.539 and 0.452 [Fig. 11（a）][33]. Combined with the simulation results of single-phase gas flow, in fracture structure C2, due to the low resistance and high efficiency of gas driving water, the SWI was at its lowest value, and the Krg was as its highest. In fracture-pore structure C3, the fractures easily became high permeability channels, which reduces the efficiency of gas driving water and makes it difficult for the water in the pores to be completely displaced, especially the cavities.[27] In pore structure C1, the gas flow ability was weak, and the gas was evenly advanced, which improved the efficiency of gas driving water. However, the capillary resistance in some small throats was high, and some water in the pores could not be displaced. Although the SWI of model C1 was lower than that of model C3, its Krg values were the lowest.

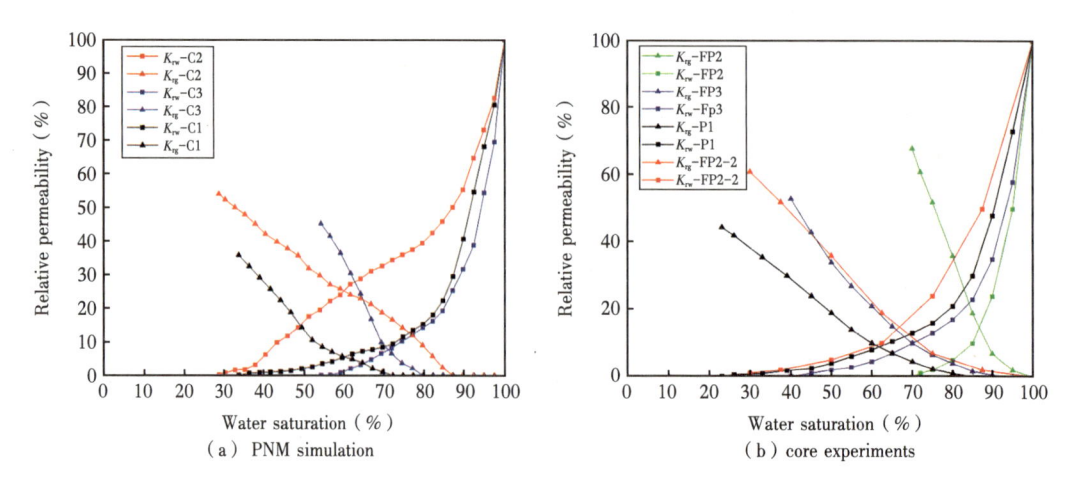

（a）PNM simulation

（b）core experiments

Fig. 11 G-W relative permeability characteristics

The experimental results of G-W relative permeability of cores P1 and FP3 were close to models C1 and C3 [Fig. 11 (b)]. Due to the changes of interfacial tension and viscosity between gas and water, the SWI decreased, and the corresponding Krg increased under reservoir conditions. However, the relative permeability of core FP2 was quite different from that of model C2. Similar to model C3, but the pore structure of core FP2 was more extreme, and the effect of fractures as high permeability channels were more obvious, which made Krg and SWI relatively high. If ignoring the pore section (mainly affecting water saturation) of the fracture-pore type structure when processing the data, the result of core FP2 was converted to core FP2-2, which was very close to model C2 [Fig. 11 (b)]. Therefore, although the relative permeability and water saturation were different, the influence of pore structure on G-W flow obtained by simulation and core experiments was complementary and consistent.

The simulation and experiments show that the changes in the water-phase relative permeability (K_{rw}) in the pore- and fracture-pore type models are similar, and the differences in K_{rg} and water saturation are mainly affected by the fracture characteristics and reservoir conditions. In the reservoir with strong pore connectivity and high permeability, the Krg is higher. If the degree of fracture development is high, it is easy to form high permeability channel, thus enhancing the heterogeneity of reservoir, and reducing the efficiency of gas drive water. Therefore, the difference in the G-W relative permeability between the fracture- and fracture-pore type structures is quite different. Due to the scarcity of fracture type samples, it is very difficult to obtain the G-W relative permeability characteristics through core experiments, however the simulation results compensate for this deficiency[32, 38]. These relative permeability curves reflect most of the G-W flow characteristics in ultradeep carbonate gas reservoirs. In reservoir development, the residual gas saturation in pore-type reservoirs is higher and that in reservoirs with fractures is relatively lower. Although fractures can improve the gas flow ability, the G-W co-flow interval in a fracture is long, which may increase the water production rate.

4.3 Gas flow characteristics under reservoir conditions

The gas flow characteristics under different conditions are shown in Fig. 12. Agreeing with the simulated results, the gas flow was linear in the dry cores under reservoir conditions, which was positively correlated with permeability [Fig. 12 (c)]. When the pressure difference exceeded 15 MPa, gas flow gradually showed high-speed non-Darcy flow characteristics in cores FP14 and F13 [Fig. 12 (a)]. Compared with other cores, core F13 had a lower porosity and developed fractures, which were more susceptible to stress sensitivities, resulting in a lower gas velocity [Fig. 12 (c)].

The degree of SWI between the cores varied greatly and was affected by the volume proportion of fractures and pores; the SWI of cores FP14 and F13 was higher (Table 1). In the pore structure, there were many forms of water distribution. Due to the influence of wettability, residual water easily forms on the inner surfaces and along small throats. The water film reduces the flow radius, and the water column can directly block the flow channels. Compared with the dry core, the gas flow resistance in cores with irreducible water was significantly increased [Figs.

12（c）（d）][27]. In the pore type of core P11, as the main flow channel, the connected pores were more susceptible to water saturation [Fig. 12（a）], and the critical start-up pressure of gas flow was approximately 0.4~0.8 MPa. In cores with fractures, the critical start-up pressure was greatly reduced. As the pressure difference increased, the influence of capillary resistance gradually decreased, and gas flow approached linear flow characteristics.

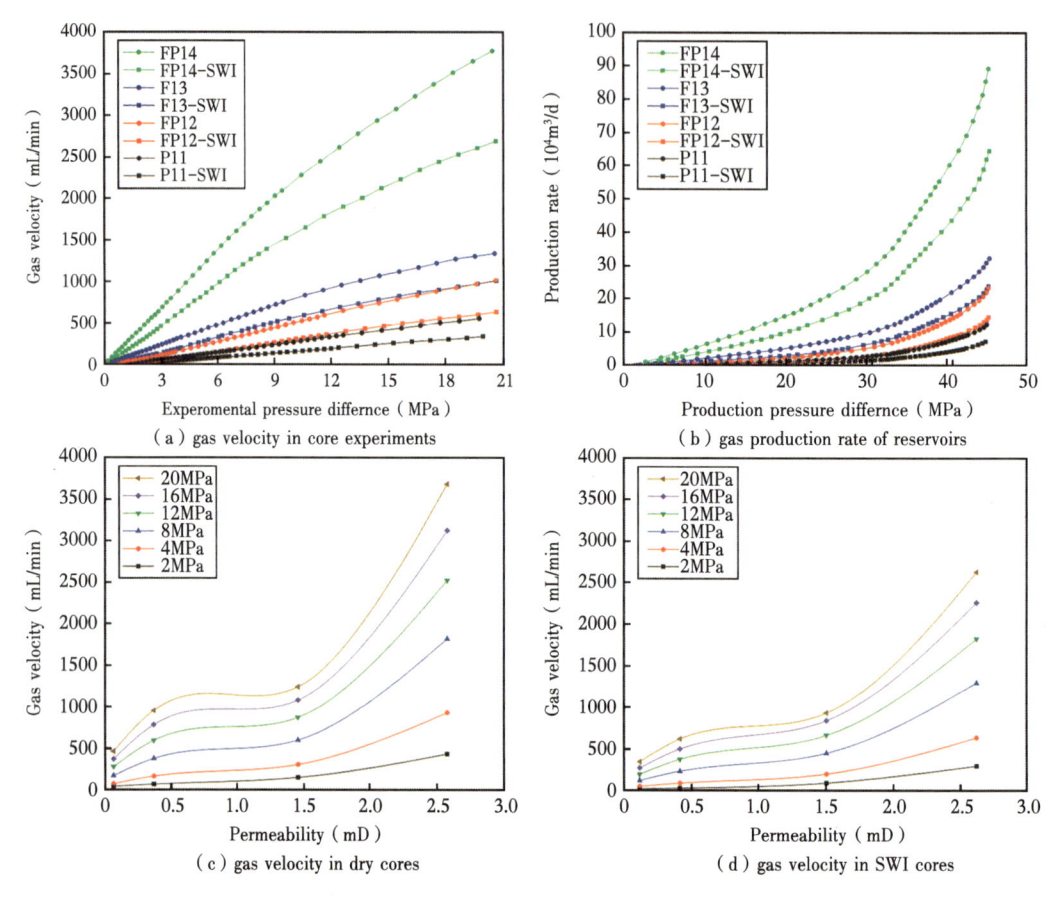

Fig. 12 Gas flow characteristics under different conditions

Table 6 Gas production rate under different production pressure differences.

Core ID	Water saturation	Gas production rate ($10^4 m^3/d$)				
		5 MPa	15 MPa	25 MPa	35 MPa	45 MPa
P11	0	0.23	0.95	2.05	4.77	12.63
	22.64%	0.018	0.39	1.15	2.79	7.7
	Loss rate（%）	92.17	58.95	43.90	41.51	39.03
FP12	0	0.4	1.63	3.9	9	23.4
	34.20%	0.1	0.63	1.88	5.3	14.6
	Loss rate（%）	75.00	61.35	51.79	41.11	37.61

Continued Table

Core ID	Water saturation	Gas production rate ($10^4 m^3$/day)				
		5 MPa	15 MPa	25 MPa	35 MPa	45 MPa
F13	0	1.18	3.8	7.5	15	32.4
	41.20%	0.63	2.1	4.6	10.6	23.9
	Loss rate(%)	46.61	44.74	38.67	29.33	26.23
FP14	0	3	10.8	21.5	43.8	89.36
	47.33%	1.8	7.19	15.1	31.4	64.4
	Loss rate(%)	40.00	33.43	29.77	28.31	27.93

The results of similar transformations provide an effective basis for selecting suitable production pressure differences in reservoirs with varying permeabilities[41]. Combined with the development status of the Carboniferous carbonate gas reservoir, the gas flow characteristics under SWI conditions were closer to the actual characteristics. This is consistent with the relative permeability of the G-W flow, and the gas production rate loss caused by irreducible water was as high as 27% [Fig. 12（b）, Table 6]. With decreasing permeability, the loss rate increased gradually. When the production pressure difference was less than 15 MPa, the corresponding experimental pressure difference was 0.52 Mpa; the gas production rate loss of the pore type reservoir was higher than 58.95%, while that of the fracture type reservoir was less than 45%. As the production pressure difference increased, the production rate loss decreased gradually. When the production pressure difference was 45 MPa, the gas production rate loss of the reservoir samples with a low permeability was 35%~40% and that of the fracture type reservoir samples was 25%~30% [Fig. 12（b）, Table 6].

Experiments show that increasing the permeability or production pressure difference can effectively improve the gas production rate and reduce the influence of irreducible water. However, an increase in the production pressure difference will increase the stress sensitivity and water invasion degree, especially for fracture-type reservoirs. Therefore, based on the pore structure and economic gas production rate, controlling the production pressure difference is more conducive to long-term development.

4.4　Depletion characteristics of reservoirs with different pore types

First, we take the changes in upstream pressure and production in the first stage as an example to analyze the influence of pore structure and irreducible water on the depletion strategy [Figs. 13（a）（b）]. In the dry cores, fracture type cores F23-1 and FP24-1 were completely depleted within 200 s, the recovery was close to 2.6%, and there was no residual pressure difference（RPD）. The gas production rate of pore type core P21-1 was the lowest, which neared complete depletion within 800 s, and the RPD was less than 0.3 MPa; the recovery was approximately 2.40%. However, in the irreducible water cores, cores F23-2 and FP24-2 neared complete depletion within 300 s, and the RPD was approximately 0.3 MPa, and the corresponding recovery was approximately 2.40%. Core P21-2 still produced gas after 1000 s, and the RPD reached 0.8 MPa; the recovery was only 1.55% [Fig. 13（a）][44].

Combined with gas flow characteristics, pore structure is a key factor affecting the depletion rate. Under dry conditions, the pore structure mainly affects the gas production rate but has no obvious influence on the final recovery. Under SWI conditions, the gas flow must overcome the critical start-up pressure, which will increase the RPD, resulting in a decrease in the depletion rate and recovery. For reservoirs with a low permeability, especially that of pore type reservoirs, the depletion rate and production loss caused by irreducible water are relatively high. In fracture type cores, the loss is gradually reduced.

（a）upstream pressure　　　　（b）gas production

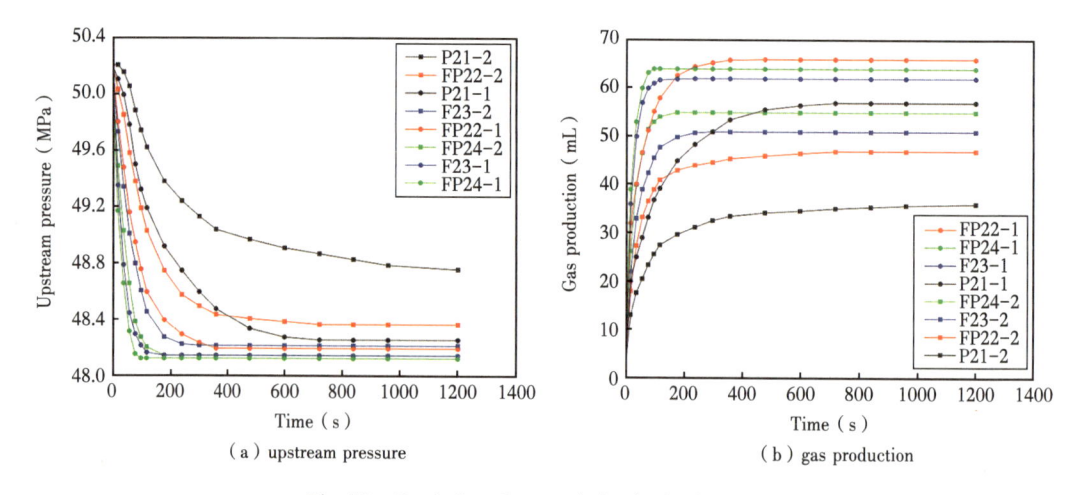

Fig. 13　Depletion characteristics in the first stage

Through the improved depletion experiments, the recovery of reservoirs with different pore structures was obtained, which provided a reference for productivity analysis, as shown in Fig. 14. Under no-water conditions, the recoveries of the four cores were relatively close. When the pore pressure was depleted to 40 MPa and 20 MPa and the waste pressure was 8 MPa, the average recovery was approximately 11.61%, 44.35%, and 72.24%, respectively [Fig. 14（a）]. The final recovery of the pore type core was the lowest at approximately 70.15%, while that of core FP24-1 was the highest, approximately 73.57%. Correspondingly, the upstream pressure changes were similarly close, and the cores neared complete depletion. Under SWI conditions, as the pore pressure continued to decrease, the capillary resistance and pressure difference between the two ends of the cores gradually increased [Fig. 13（c）]. The pressure difference of core P21-2 reached 5.36 MPa, and the final recovery was the lowest at approximately 57.95%. The pressure difference of core FP24-1 was only 1.15 MPa, and the final recovery was the highest at approximately 71.10% [Figs. 14（b）（c）]. As a result, the recovery difference between the cores increased significantly; as a result of the permeability increase, the recovery was gradually improved [Fig. 15（a）].

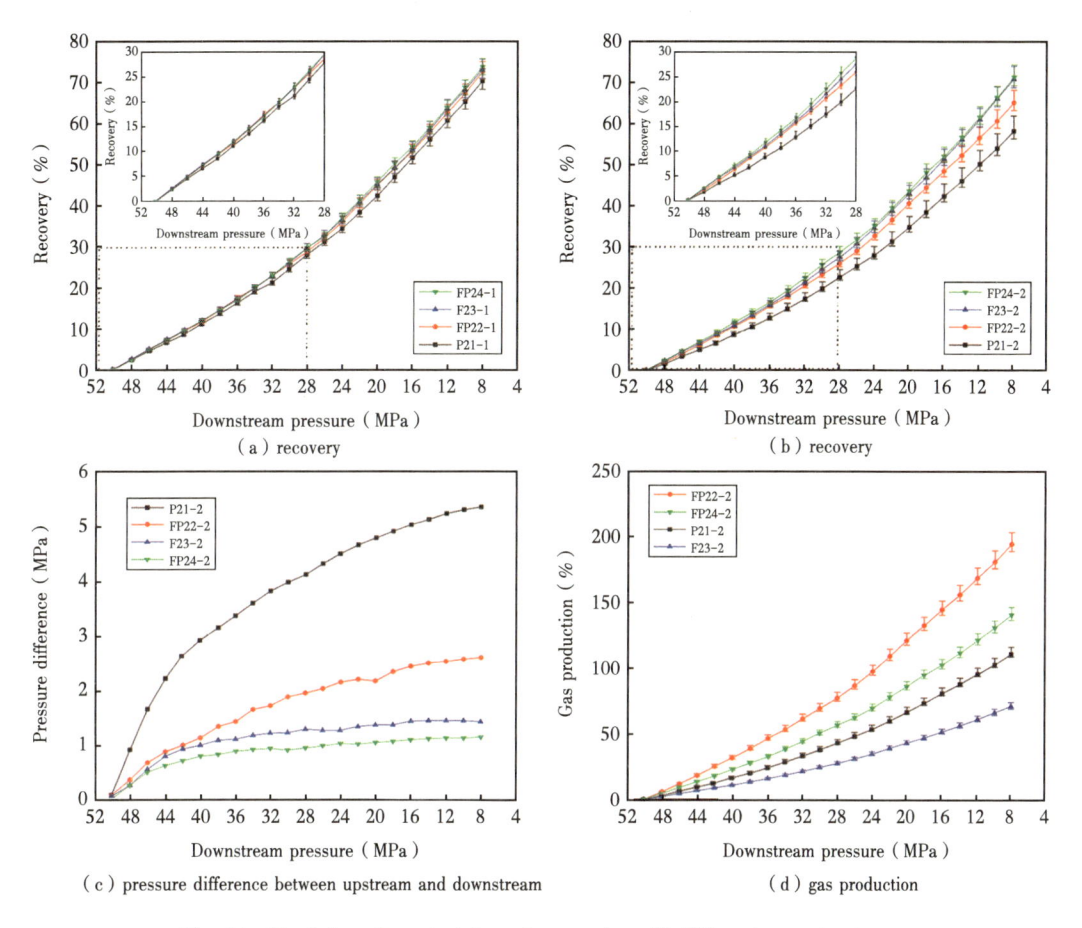

Fig. 14 Depletion characteristics of reservoirs with different pore structures

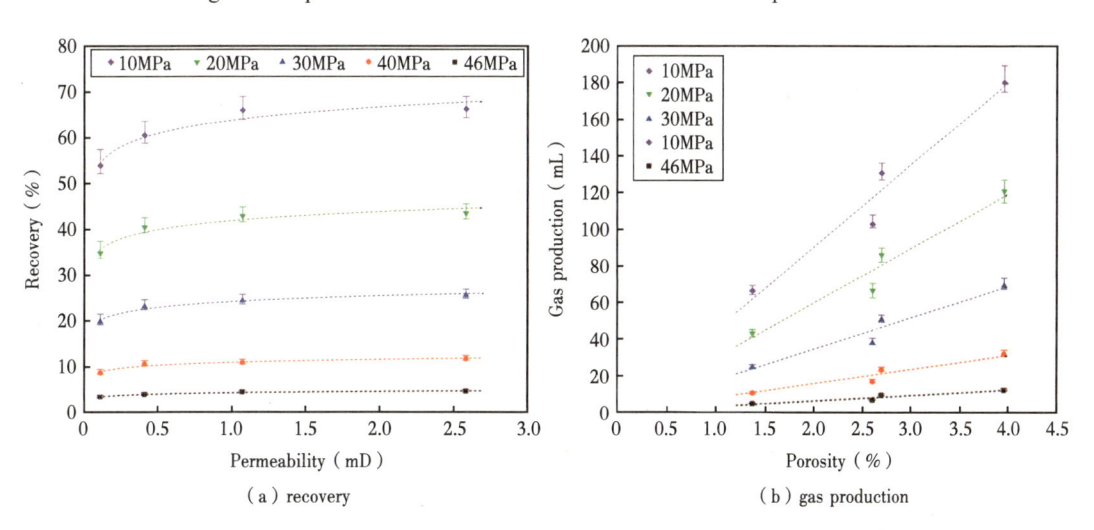

Fig. 15 Depletion characteristics under different reservoir pressures

According to the recovery values under different water saturations [Fig. 14（a）（b）], the final recovery loss of core P21-2 was the highest at approximately 12.2%, and that of core FP24-2 was the smallest at approximately 2.47%. From the pore pressure changes in the reservoirs with SWI, the existence of critical start-up pressure makes it difficult for parts of the reservoir to produce, which are referred to as unrecoverable reserves. The higher the critical threshold pressure is, the higher the amount of unrecoverable reserves will be. As the net overburden pressure increases, the critical threshold pressure and unrecoverable reserves gradually increase [Fig. 14 (c)]. Similar to the loss of gas velocity caused by irreducible water, the unrecoverable reserves of pore type reservoirs or high water-bearing reservoirs are relatively high, while those of reservoirs with fractures are relatively low. Improving the gas flow capacity through reservoir modification can effectively reduce unrecoverable reserves.

In addition to recovery, gas production is also a key indicator for evaluating gas reservoir development. Recovery was positively correlated with permeability [Fig. 15 (a)], while gas production had a stronger correlation with porosity [Fig. 15 (b)]. After the SWI was reduced, the effective porosities of these four cores were 2.60%, 3.96%, 1.37% and 2.69%, respectively. Although core FP24-2 had a high depletion rate and recovery amount, the gas production was the lowest, while core FP22-2 had the highest gas production [Fig. 15(b)]. Therefore, the "low porosity and high permeability" reservoirs had a high gas production rate and recovery, but the geological reserves were small, and the stable production period was short. In contrast, the "high porosity and low permeability" reservoirs had large geological reserves and great development potential, and it is necessary to further increase the gas production rate.

Generally, ultradeep carbonate gas reservoirs are developed by multilayer combined production (Fig. 16). In the early stage, production is mainly contributed to by high-permeability layers; in the middle and late stages, low permeability layers become the main source of production [Fig. 14(a)]. If the depletion time of each stage is shortened, the recovery difference between layers with different pore structures will be more obvious[43, 44]. Improving the gas production rate of low-permeability reservoirs through reservoir transformation is an effective way to reduce interlayer heterogeneity or to increase the gas production of low-permeability reservoirs by controlling the production pressure difference and prolonging the production cycle; in contrast, the former is more suitable for increasing the production and benefitting ultradeep carbonate gas reservoirs.

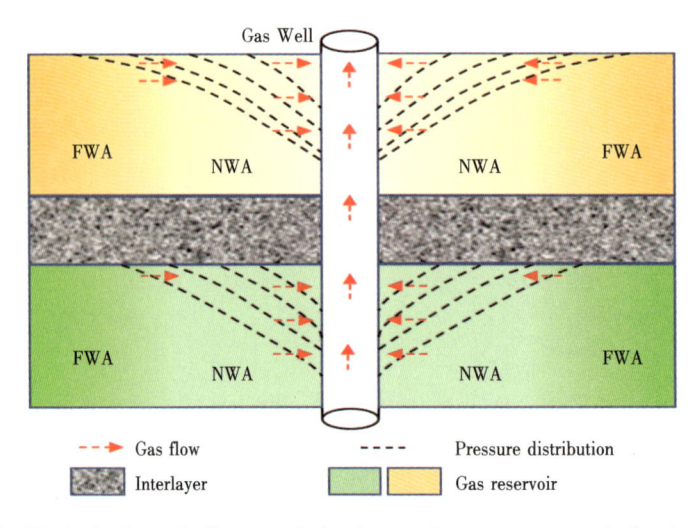

Fig. 16 Vertical schematic diagram of ultradeep carbonate gas reservoir development.

4.5 Influence of horizontal heterogeneity on depletion

As shown in Fig. 17, in the development of ultradeep carbonate gas reservoirs, not only will the vertical heterogeneity between layers cause interference but the horizontal heterogeneity will also affect the efficiency development. In the four schemes, the average SWI of cores without fractures was 25% and that of cores with fractures was 37%. When the downstream pressure decreased to a waste pressure of 8.0 MPa, the recoveries were approximately 46.72%, 56.52%, 58.48% and 62.84%, respectively [Fig. 17（a）]. In scheme 4, the depletion rates of core FP34-2 and core P34-1 were relatively fast, the intermediate and upstream pressures were 9.59 MPa and 15.97 MPa, respectively, and the overall recovery reached 62.84%. Moreover, the average porosity of the two cores was approximately 6.20%, which was significantly higher than that of the other three schemes, so the gas production under the same pressure was the highest [Fig. 17（a）（c）]. The NWA depletion rates of scheme 3 and scheme 2 were close, and the depletion rate of core P33-1 was slightly higher than that of core P32-1, so the recovery of scheme 3 was slightly higher. However, the porosity of core P32-1 was approximately twice that of core P33-1, which led to a much higher production than that of scheme 3 [Fig. 17（b）].

(a) recovery

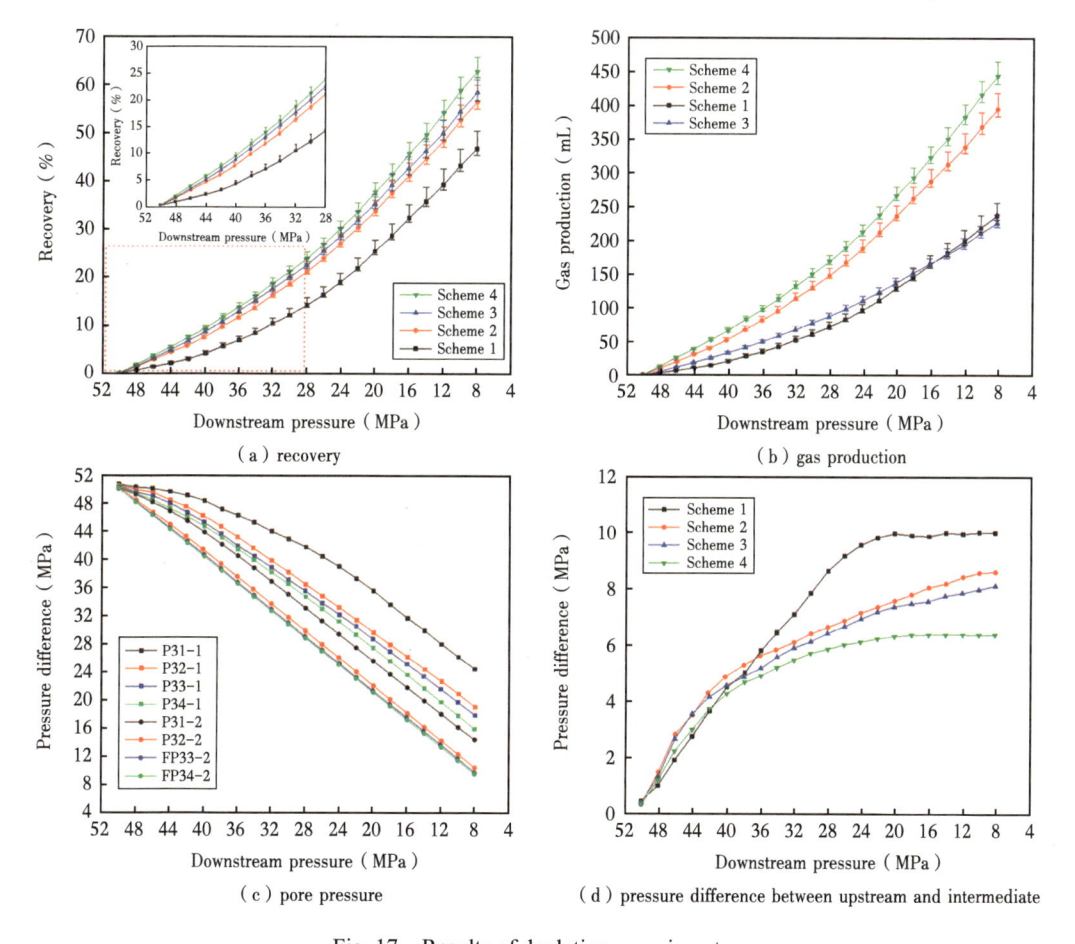

(b) gas production

(c) pore pressure

(d) pressure difference between upstream and intermediate

Fig. 17　Results of depletion experiments

It can be speculated that there may be an insufficient gas supply to the FWA in scheme 3. In scheme 1, due to the low permeability of the NWA, the overall depletion rate was slow, and some reserves were not produced. The intermediate pressure and upstream pressure reached 14.46 MPa and 24.46 MPa, and the total recovery was only 46.72% [Figs. 17 (a) (c)].

The recoveries of the NWA and FWA were obtained by the conversion of the total recovery and pore pressure. In the NWA, the depletion rate of core P31-2 was the slowest, the final intermediate pressure was approximately 14.46 MPa, and the final recovery was below 60% [Fig. 17 (c); Table 7]. In the other three schemes, the final intermediate pressure was approximately 10 MPa, and the recovery was over 60%. In addition, core FP34-2, with a relatively higher permeability, had a slightly higher recovery. In the FWA, the recovery of core P31-1 was only 39.75% as it was affected by core P31-2. The depletion rates of core P32-1 and core P33-1 were near 52%, and that of core P34-2 reached 58.29%. In the four schemes, the pressure difference between the NWA and FWA was 10 MPa, 8.6 MPa, 8.1 MPa and 6.4 Mpa, respectively; the recovery differences were 17.77%, 11.90%, 10.78% and 9.42%, respectively [Fig. 17 (d); Table 7]. Therefore, the depletion rate of the NWA was mainly affected by permeability, while that of the FWA was controlled by permeability, porosity and NWA.

Table 7 Recovery of NWA and FWA under different outlet pressures.

Recovery	Schemes	Downstream pressure (MPa)					
		48	40	32	24	16	8
Recovery of NWA (%)	Scheme 1	1.79	8.28	16.81	27.63	42.24	57.52
	Scheme 2	2.33	10.00	19.95	31.66	46.73	62.93
	Scheme 3	2.19	10.78	20.54	32.44	47.11	63.55
	Scheme 4	2.56	11.61	21.87	33.98	50.15	67.71
Recovery of FWA (%)	Scheme 1	0.02	1.47	6.20	13.30	26.01	39.75
	Scheme 2	0.80	5.27	13.10	22.92	36.33	51.03
	Scheme 3	0.98	6.38	14.26	24.42	37.68	52.77
	Scheme 4	1.35	7.38	15.80	26.47	41.59	58.29

Take the depletion process in the first two stages of Scheme 4 as an example (Fig. 18). When the downstream pressure was reduced, the gas production and recovery increased rapidly, the intermediate pressure decreased rapidly, and the upstream pressure decreased in a relatively lagged manner. This part of production was mainly contributed to by the NWA. In the middle and late stages, the intermediate pressure tended to stabilize, the upstream pressure slowly decreased, and the gas production and recovery increased, which was mainly contributed to by the FWA (Fig. 18). If the permeability or porosity of FWA was too low, such as in scheme 3, the gas supply capacity would be insufficient.

The experiments showed that the gas production of low permeability gas reservoirs is mainly contributed to by the NWA, the reserves of the FWA are difficult to develop, and the total depletion rate and recovery are low (Table 7). When the depletion rate of the NWA was high enough, the total recovery and production depended on the FWA. If the permeability or porosity of the FWA is too low, the gas supply capacity will be insufficient and even cause damage to the NWA due to the excessive net overburden pressure. Improving FWA permeability and reducing the influence of horizontal heterogeneity can significantly improve the overall recovery.

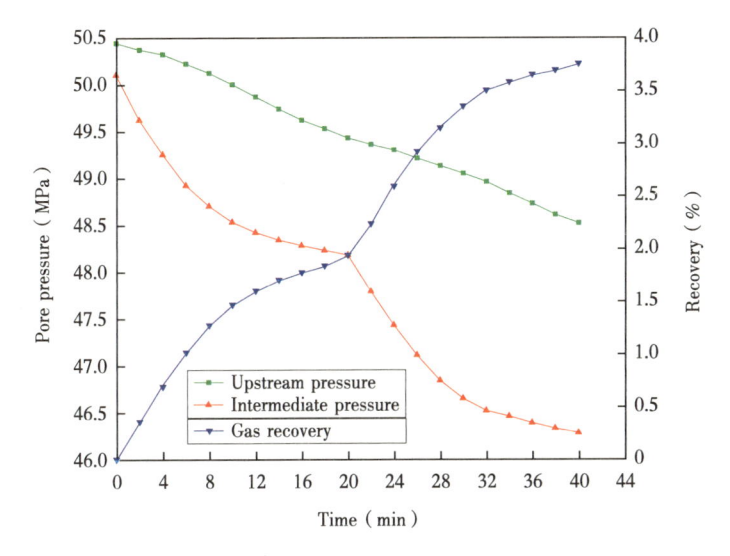

Fig. 18 The first stage depletion characteristics of scheme 4.

5. Conclusion

Through CT scanning, simulation and core experimentation, pore structures and their influences on gas flow and production in ultradeep carbonate gas reservoirs were studied. The main conclusions are as follows:

(1) The pore structure of the Carboniferous carbonate gas reservoir can be divided into pore, fracture and fracture pore types. The development and distribution of cavities and fractures are the main drivers of the "high porosity and low permeability" and "low porosity and high permeability" characteristics.

(2) The flow characteristics of the gas phase and G-W in different pore structures were simulated using three REV models that were highly matched with reservoir characteristics. It is directly revealed that fractures and connected pores are the main controlling factors of flow. In the reservoir with SWI, the gas production rate loss caused by irreducible water is higher than 27%, and the lower the permeability is, the higher the gas production rate loss will be. Increasing the production pressure difference can effectively improve the production rate and reduce the influence of water saturation.

(3) Permeability is the key factor affecting gas flow and recovery, and pores, especially cavities, as the main reservoir space, play an important role in improving gas supply capacity

and production. Under dry conditions, the final recovery of the reservoirs is close to 72.24%, and the influence of pore structure on recovery is not obvious. Under SWI conditions, the irreducible water makes part of the reserves become unrecoverable reserves, which greatly reduces the flow capacity and recovery, and the final recovery factor is between 57.95% and 71.10%; the recovery loss of pore type reservoirs is close to 12.20%, which is much higher than that of reservoirs with fractures.

(4) For "low porosity and high permeability" reservoirs, the gas production rate should be controlled to reduce the influence of interlayer interference. For low permeability reservoirs, reservoir transformation should be used to improve the permeability, especially for "high porosity and low permeability" reservoirs, which have a high development potential. The low permeability of NWAs will lead to the concentration of gas in FWAs, thus reducing the recovery. When the NWA permeability is high enough, the production pressure difference should be controlled to avoid insufficient gas supply from the FWA and reduce interlayer interference.

Appendix A Similar transformation from gas flow velocity to gas production

Pressure at any point in the reservoir:

$$p(r) = p_e - \frac{p_e - p_w}{\ln \frac{r_e}{r_w}} \cdot \ln \frac{r_e}{r_w}$$

Derive the pressure gradient of radial flow in the oil reservoir:

$$\frac{dp}{dr} = \frac{p_e - p_w}{\ln \frac{r_e}{r_w}} \cdot \frac{1}{r}$$

Derive the pressure gradient of radial flow in the gas reservoir:

$$\frac{dp}{dr} = \frac{p_e^2 - p_w^2}{\ln \frac{r_e}{r_w}} \cdot \frac{1}{2p_1 r}$$

Pressure gradient of gas well with single phase flow:

$$\frac{dp}{dx} = \frac{p_e^2 - p_w^2}{L} \cdot \frac{1}{2p_2}$$

Similar transformation according to pressure gradient:

$$\frac{dp}{dr} = \frac{dp}{dx} \rightarrow \frac{p_e^2 - p_w^2}{\ln \frac{r_e}{r_w}} \cdot \frac{1}{2p_1 r} = \frac{p_e^2 - p_w^2}{L} \cdot \frac{1}{2p_2}$$

Derivation and calculation:

$$p_{w2}^2 = p_e^2 - \left(p_e^2 - p_{w1}^2\right) \cdot \frac{p_2 L}{p_1 r \ln \frac{r_e}{r_w}}$$

Similar transformation results are obtained by substituting the data (Fig. 1). Considering the similar transformation of the near-well area, the values of r, p_1 and p_2 are approximately equal to r_w, p_{w1} and p_{w2}.

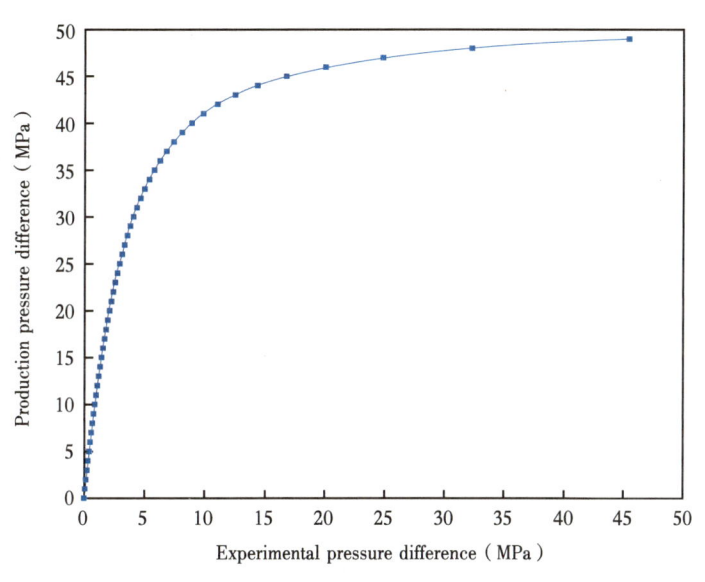

Fig. 1 Similarity transformation from the experimental pressure difference to the production pressure difference.

Appendix B Similar transformation from the experimental pressure difference to the production pressure difference

Gas flow velocity of vertical well:

$$v_s = \frac{Q}{2\pi r_w h}$$

Gas flow velocity of experiments:

$$v_s' = \frac{Q_r}{\pi \left(\frac{d}{2}\right)^2}$$

Similar transformation according to flow velocity:

$$\frac{Q}{2\pi r_w h} = \frac{Q_r}{\pi \left(\frac{d}{2}\right)^2}$$

Derivation and calculation：

$$Q = 69.12 Q_r r_w h / d^2$$

Similar transformation results are obtained by substituting the data（Fig. 2）.

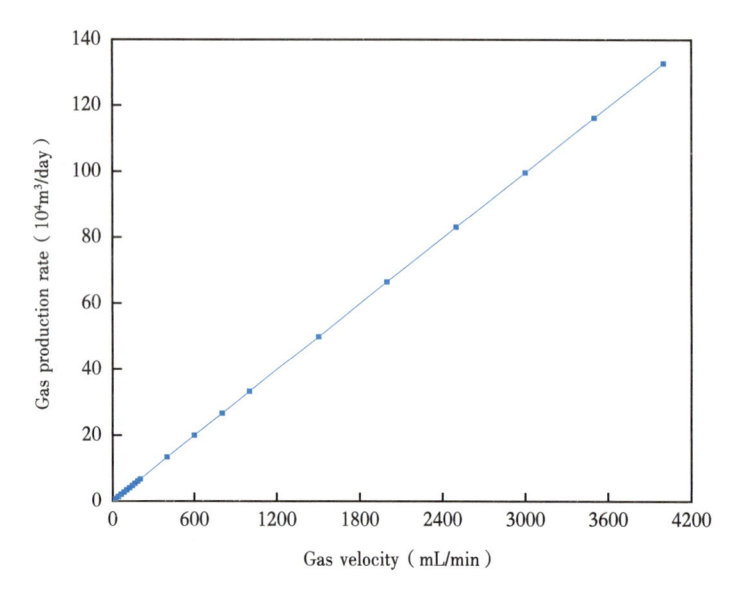

Fig. 2 Similarity transformation from gas velocity to gas production rate.

Nomenclature

L	Core length, m	h	Reservoir thickness, m
d	Core diameter, m	Q	Vertical well production, $10^4 m^3/d$
Q_r	Gas flow velocity, mL/s	p_e	Original reservoir pressure, MPa
p_{w1}	Bottom hole flow pressure, MPa	p_{w2}	Outlet pressure of experiments, MPa
r_e	Well control radius, m	r_w	Wellbore radius, m

References

[1] Montaron, B. Carbonate evolution. Oil & Gas Middle East. 2008, 26–31.

[2] Bera, B., Gunda, N.S.K., et al. Characterization of nanometer-scale porosity in reservoir carbonate rock by focused ion beam–scanning electron microscopy. Microsc. Microanal. 2012, 18（1）, 171–178.

[3] Jin, M. D., Tan, X. C., Tong, M. S., et al. Karst paleogeomorphology of the fourth member of sinian Dengying formation in GST-MX area, Sichuan Basin, SW China：restoration and geological significance. Petroleum Exploration and Development. 2017, 44（1）, 58–68.

[4] Ma, Y. S., Cai, X. Y., Zhao, P. R. Distribution and further exploration of the largemedium sized gas fields in Sichuan Basin. Acta Petrolei Sinica. 2012, 31（3）, 347–354.

[5] Abbaszadeh, M., Koide, N., Murahashi, Y. Integrated characterization and flow modeling of a heterogeneous carbonate reservoir in Daleel Field, Oman. SPE Reservoir Eval. Eng. 2000, 3（02）, 150–159.

[6] Smith, L. B., Eberli, G. P., Masaferro, J. L., et al. Discrimination of effective from ineffective porosity in heterogeneous Cretaceous carbonates, Al Ghubar field, Oman. AAPG Bull. 2003, 87（9）, 1509–1529.

［7］He, J. H., Ding, W. L., Li, A., et al. Quantitative microporosity evaluation using mercury injection and digital image analysis in tight carbonate rocks: a case study from the Ordovician in the Tazhong Palaeouplift, Tarim Basin, NW China. Journal of Natural Gas Science and Engineering. 2016, 34, 627–644.

［8］Zou, C. N., Du, J. H., Xu, C. C., et al. Formation, distribution, resource potential, and discovery of Sinian–Cambrian giant gas field, Sichuan Basin, SW China. Petroleum Exploration and Development. 2014, 41（3）, 306–325.

［9］Li, Y., Kang, Z. J., Xue, Z. J., et al. Theories and practices of carbonate reservoirs development in China. Petroleum Exploration and Development, 2018, 45（4）, 669-678.

［10］Ma, X.H., Yang, Y., Wen, L., et al. Distribution and exploration direction of medium-and large-sized marine carbonate gas fields in Sichuan Basin, SW China. Petroleum Exploration and Development, 2019, 46（1）, 1-15.

［11］Tan, Q. G., Kang, Y. L., You, L. J., et al. A comprehensive insight into the multiscale pore structure characterization of saline-lacustrine tight carbonate reservoir. Journal of Petroleum Science and Engineering, 2019, 106744.

［12］Nazari, M. H., Tavakoli, V., Rahimpour-Bonab, H., et al. Investigation of factors influencing geological heterogeneity in tight gas carbonates, Permian reservoir of the Persian Gulf. Journal of Petroleum Science and Engineering, 2019, 183, 106341.

［13］Wu, Y. Q., Tahmasebi, P., Lin, C. Y., et al. A comprehensive study on geometric, topological and fractal characterizations of pore systems in low-permeability reservoirs based on SEM, MICP, NMR, and X-ray CT experiments. Marine and Petroleum Geology, 2019, 103, 12-28.

［14］Zhang, F., Jiang, Z., Sun, W., et al. Effect of Microscopic Pore-Throat Heterogeneity on Gas-Phase Percolation Capacity of Tight Sandstone Reservoirs. Energy & Fuels, 2020, 34（10）, 12399-12416.

［15］Li, S. Y., Wang, Q., Zhang, K. Q., et al. Monitoring of CO_2 and CO_2 oil-based foam flooding processes in fractured low-permeability cores using nuclear magnetic resonance（NMR）. Fuel, 2020, 263, 116648.

［16］Li, S. Y., Yang, K., Li, Z. M., et al. Properties of CO2 Foam Stabilized by Hydrophilic Nanoparticles and Nonionic Surfactants. Energy & fuels, 2019, 33, 5043-5054.（17）Cnudde, V.; Boone, M.; Dewanckele, J.; Dierick, M.; Van Hoorebeke, L.; Jacobs, P. 3D characterization of sandstone by means of X-ray computed tomography. Geosphere 2011, 7(1), 54–61.

［17］Freire-Gormaly, M., Ellis, J. S., et al. Pore structure characterization of Indiana limestone and pink dolomite from pore network reconstructions. Oil & Gas Science and Technology-Revue d'IFP Energies nouvelles, 2016, 71（3）, 33.

［18］Gou, Q. Y., Xu, S., Hao, F., et al. Full-scale pores and micro-fractures characterization using FE-SEM, gas adsorption, nano-CT and micro-CT: A case study of the Silurian Longmaxi Formation shale in the Fuling area, Sichuan Basin, China. Fuel, 2019, 253, 167-179.

［19］Zhang, K., Pang, X. Q., Zhao, Z. F., et al. Pore structure and fractal analysis of Lower Carboniferous carbonate reservoirs in the Marsel area, Chu–Sarysu basin. Marine and Petroleum Geology, 2018, 93, 451-467.

［20］Wang, L., He, Y. M., Peng, X., et al. Pore structure characteristics of an ultra-deep carbonate gas reservoir and their effects on gas storage and percolation capacities in the Deng IV member, Gaoshiti-Moxi Area, Sichuan Basin, SW China. Marine and Petroleum Geology, 2020, 111, 44-65.

［21］Zhang, K. Q., Jia, N., Li, S. Y., et al. Thermodynamic Phase Behaviour and Miscibility of Confined Fluids in Nanopores. The Chemical Engineering Journal, 2018, 351, 1115-1128.

［22］Li, S. Y., Wang Y. F., Zhang, K. Q., et al. Diffusion Behavior of Supercritical CO_2 in Mirco- to Nanoconfined Pores. Industrial & Engineering Chemistry Research, 2019, 58, 21772-21784.

［23］Zhang, K. Q., Liu, L. R., Huang, G. H. Nanoconfined Water Effect on CO2 Utilization and Geological Storage. Geophysical Research Letters. 2020.

［24］Zhang, K. Q., Jia, N., Liu, L. R. Generalized critical shifts of confined fluids in nanopores with adsorptions. Chemical Engineering Journal, 2019, 372, 809-814.

[25] Wu, F., Fan, Q. C, Huang, D., et al. Predicting gas-water relative permeability using nuclear magnetic resonance and mercury injection capillary pressure measurements. Journal of Natural Gas Science and Engineering, 2016, 32, 35-47.

[26] Wang, L., Yang, S. L., Peng, X., et al. An improved visual investigation on gas-water flow characteristics and trapped gas formation mechanism of fracture-cavity carbonate gas reservoir. Journal of Natural Gas Science and Engineering, 2018, 49, 213-226.

[27] Dong, H., Blunt, M. J. Pore-network extraction from micro-computerized tomography images. Phys. Rev. E. 2009, 80(3), 036307.

[28] DeBoever, E., Varloteaux, C., Nader, F. H., et al. Quantification and prediction of the 3D pore network evolution in carbonate reservoir rocks. Oil & Gas Science and Technology-Revue d'IFP Energies nouvelles, 2012, 67 (1), 161-178.

[29] Silin, D. Digital rock studies of tight porous media. 2014.

[30] Wang, L., Wang, S. H., Zhang, R. L, et al. Review of multi-scale and multi-physical simulation technologies for shale and tight gas reservoirs. Journal of Natural Gas Science and Engineering, 2017, 37, 560-578.

[31] Zhang, T., Li, X., Sun, Z., et al. An analytical model for relative permeability in water-wet nanoporous media. Chemical Engineering Science, 2017, 174, 1-12.

[32] Lv, W. F., Chen, S. Y., Gao, Y., et al. Evaluating seepage radius of tight oil reservoir using digital core modeling approach. Journal of Petroleum Science and Engineering, 2019, 178, 609-615.

[33] Li, C. H., Li, X. Z., Gao, S. S., et al. Experiment on gas-water two-phase seepage and inflow performance curves of gas wells in carbonate reservoirs: A case study of Longwangmiao Formation and Dengying Formation in Gaoshiti-Moxi block, Sichuan Basin, SW China. Petroleum Exploration and Development, 2017, 44 (6), 983-992.

[34] Wang, L., He, Y. M., Chen, H., et al. Experimental investigation of the live oil-water relative permeability and displacement efficiency on Kingfisher waxy oil reservoir. Journal of Petroleum Science and Engineering, 2019, 178, 1029-1043.

[35] Wan, T., Yang, S. L., Wang, L., et al. Experimental investigation of two-phase relative permeability of gas and water for tight gas carbonate under different test conditions. Oil & Gas Science and Technology-Revue d'IFP Energies nouvelles, 2019, 74, 23.

[36] Wang, X. K., Sheng, J. J. Pore network modeling of the non-Darcy flows in shale and tight formations. Journal of Petroleum Science and Engineering, 2018, 163, 511-518.

[37] Fang, J. L., Guo, P., Xiao, X. J., et al. Gas-water relative permeability measurement of high temperature and high pressure tight gas reservoirs. Petroleum Exploration and Development, 2015, 42 (1), 92-96.

[38] An, S.Y., Yao, J., Yang, Y. F., et al. Influence of pore structure parameters on flow characteristics based on a digital rock and the pore network model. Journal of Natural Gas Science and Engineering, 2016, 31, 156-163.

[39] Sun, H., Yao, J., Cao, Y. C., et al. Characterization of gas transport behaviors in shale gas and tight gas reservoirs by digital rock analysis. International Journal of Heat and Mass Transfer, 23017, 104, 227-239.

[40] Chen J. X., Yang, S. L., Yang, D. F., et al. Influence of Pore Structure and Solid Bitumen on the Development of Deep Carbonate Gas Reservoirs: A Case Study of the Longwangmiao Reservoir in Gaoshiti-Longnusi Area, Sichuan Basin, SW China. Energies, 2020, 13 (15), 3825.

[41] Wu, Y. T., Pan, Z. J., Zhang, D. Y., et al. Evaluation of gas production from multiple coal seams: a simulation study and economics. International Journal of Mining Science and Technology, 2018, 28 (3), 359-371.

[42] Liu, G. F., Meng, Z., Luo, D. Y., et al. Experimental evaluation of interlayer interference during commingled production in a tight sandstone gas reservoir with multi-pressure systems. Fuel, 2020, 262,

116557.
- [43] Wang, L., Yang, S. L., Liu, Y. C., et al. Experimental investigation on gas supply capability of commingled production in a fracture-cavity carbonate gas reservoir. Petroleum Exploration and Development, 2017, 44(5), 824-833.
- [44] Gong, L., Su, X. C., Gao, S., et al. Characteristics and formation mechanism of natural fractures in the tight gas sandstones of Jiulongshan gas field, China. Journal of Petroleum Science and Engineering. 2019, 175, 1112-1121.
- [45] Zhang, Z., Qin, Y., Bai, J. P., et al. Hydrogeochemistry characteristics of produced waters from CBM wells in Southern Qinshui Basin and implications for CBM commingled development. Journal of Natural Gas Science and Engineering. 2018, 56, 428-443.
- [46] Li, G. Z., Qin, Y., Shen, J., et al. Geochemical characteristics of tight sandstone gas and hydrocarbon charging history of Linxing area in Ordos Basin, China. Journal of Petroleum Science and Engineering. 2019, 177, 198-207.
- [47] Jia, A., Meng, D. W., He, D. B., et al. Technical measures of deliverability enhancement for mature gas fields: A case study of Carboniferous reservoirs in Wubaiti gas field, eastern Sichuan Basin, SW China. Petroleum Exploration and Development, 2017, 44(4), 580-589.
- [48] Meng, F. K., Lei, Q., He, D.B., et al. Production performance analysis for deviated wells in composite carbonate gas reservoirs. Journal of Natural Gas Science and Engineering. 2018, 56, 333-343.
- [49] Yue, D. L., Wu, S. H., Xu, Z. Y., et al. Reservoir quality, natural fractures, and gas productivity of upper Triassic Xujiahe tight gas sandstones in western Sichuan Basin, China. Marine and Petroleum Geology, 2018, 89, 370-386.
- [50] Liu, Q. Y., Worden, R. H., Jin, Z. J., et al. TSR versus non-TSR processes and their impact on gas geochemistry and carbon stable isotopes in Carboniferous, Permian and Lower Triassic marine carbonate gas reservoirs in the Eastern Sichuan Basin, China. Geochimica Et Cosmochimica Acta, 2013, 100, 96-115.
- [51] Xie, X. H., Lu, H. J., Deng, H. C., et al. Characterization of unique natural gas flow in fracture-vuggy carbonate reservoir: A case study on Dengying carbonate reservoir in China. Journal of Petroleum Science and Engineering, 2019, 182, 106243.
- [52] Islam, A., Chevalier, S., Sassi, M. Structural characterization and numerical simulations of flow properties of standard and reservoir carbonate rocks using micro-tomography. Computers & geosciences, 2018, 113, 14-22.

高石梯—磨溪碳酸盐岩气藏斜井产能评价

孟凡坤[1]　雷　群[1]　闫海军[1]　何东博[1]　邓　惠[2]

（1.中国石油勘探开发研究院；2.中国石油西南油气田公司）

摘　要　针对高石梯—磨溪碳酸盐岩气藏应力敏感性强、斜井产能评价困难的问题，在储层类型描述的基础上，运用物理模拟实验方法，分析裂缝—孔洞型、孔隙—溶洞型及基质孔隙型储层的应力敏感特性和非达西渗流特征，采用曲线回归方法求取储层应力敏感和高速非达西渗流系数方程，在稳态渗流的条件下，建立考虑井斜、储层应力敏感和高速非达西的产能评价数学模型。根据储层岩石、流体特性与生产动态，应用现代产量递减分析方法，确定地层渗透率与单井控制半径，对模型进行求解计算。研究结果表明，与矿场测试无阻流量相比，计算结果平均误差小于6%，表明计算方法准确度较高，为应力敏感性碳酸盐岩气藏斜井产能评价提供了新的技术方法。

关键词　碳酸盐岩气藏；产能评价；应力敏感；高速非达西；井斜

1　引言

安岳气田高石梯—磨溪区块震旦系灯影组气藏位于四川盆地中部，构造上属于川中古隆起平缓构造区威远—龙女寺构造群。储集岩类主要为藻凝块、藻叠层及藻砂屑云岩，储集空间以中小溶洞、粒间及晶间溶孔为主，裂缝发育，储层的非均质性及应力敏感性较强[1-3]。为提高气藏单井产能，多采用斜井开发。矿场实践表明，相比于直井，斜井取得了较好的开发效果，但存在产能评价不准确，单井配产不确定性大的问题。

深层碳酸盐岩气藏斜井的产能评价，其难点主要在于储层应力敏感性的分析及井型对产能影响的考虑。对于储层的应力敏感性，由于大多研究目标区块埋深较浅并采用直井开发，因而忽略了上覆岩层压力与井斜的影响[4-7]。而对于斜井的产能分析，多没有考虑储层的应力敏感特性，其渗流数学模型复杂，现场可应用性较差[8-12]。虽已有研究考虑碳酸盐岩等应力敏感储层的渗流特征与应力敏感特性，建立起适用于该类气藏的产能评价数学模型，但其没有考虑井斜的影响，且缺乏对单井控制半径及储层有效渗透率的合理阐述，因而难以实现对单井产能的准确预测[13-15]。

基于以上研究中存在的不足及结合现场实际需求，在明确不同类型储层应力敏感特性与非达西渗流特征的基础上，建立考虑储层应力敏感、非达西及井斜影响的产能评价数学模型，对比分析模型计算无阻流量与矿场测试无阻流量的差异，探究井斜、应力敏感等因素对产能的影响。

2 储层类型描述与渗流规律分析

2.1 储层类型描述

灯影组气藏储层的储集空间以溶洞、次生粒间溶孔及晶间溶孔为主，而裂缝为主要的渗流通道。裂缝的发育，有效沟通了各类储集空间，改善了储层的整体渗流能力[16]。根据岩心的精细描述，同时结合铸体薄片、成像测井、压汞曲线、CT扫描等资料[17]，依据孔、缝及洞的发育程度及配置关系，可将储层划分为三种主要类型：裂缝—孔洞型、孔隙—溶洞型与基质孔隙型，每种类型储层表现出不同的岩性、储集空间及生产能力。

裂缝—孔洞型储层岩性以藻白云岩、泥—粉晶白云岩为主，岩心上裂缝及溶蚀孔洞发育，且组合配置关系较好，基质及溶蚀孔洞为主要的储集空间，而裂缝则为主要的渗流通道；孔隙—溶洞型储层岩性主要为藻凝块、藻砂屑及泥晶白云岩，岩心观察毫米—厘米级溶蚀孔洞较发育，分布密集，但裂缝普遍欠发育，孔喉及相互沟通的溶洞为主要的渗流通道；基质孔隙型储层岩石致密，岩性以硅质与纹层状白云岩为主，溶蚀孔洞、裂缝不发育，孔隙既为主要的储集空间，同时也是气体渗流的主要通道。

在以上三种类型储层中，裂缝—孔洞型与孔隙—溶洞型储层是该区的主力产层，两者孔隙度均高于3%，渗透率大于0.1mD，可动用性较好；而基质孔隙型储层孔隙度为2%~3%，但渗透率低于0.01mD，流体渗流能力差，动用较为困难。

2.2 储层应力敏感特性

根据储层描述所确定的3种储层类型，分别选取相应类型岩心，利用异常高压岩心驱替装置，在室温条件下开展储层岩心的应力敏感性实验，模拟气藏降压开采过程。测定时保持围压恒定，以5MPa为间隔逐渐降低内压，测试不同有效应力（净压力）岩石的渗透率。定义无量纲渗透率（各测试点渗透率与初始测定渗透率的比值），绘制不同类型储层岩心无量纲渗透率与有效应力的变化关系曲线（图1），并进行曲线的回归。

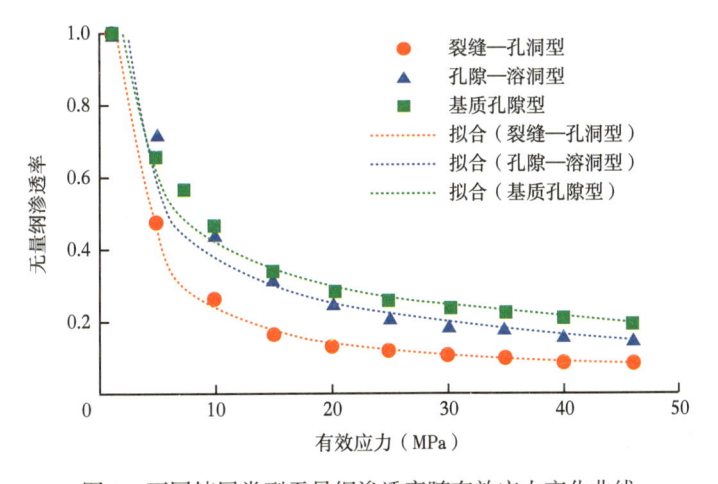

图1 不同储层类型无量纲渗透率随有效应力变化曲线

由图 1 可清楚地看到，不同类型储层应力敏感特性差异较大。对于裂缝—孔洞型储层，裂缝为主要的渗流通道，随生产的进行，孔隙压力降低，储层有效应力增大，裂缝自然闭合，渗流通道封闭，使得渗透率快速降低，应力敏感性最强；而对于孔隙—溶洞型与基质孔隙型储层，孔喉均作为主要的渗流通道，相比与裂缝，随有效应力的增加，孔喉结构变化相对较小，因此，在宏观上表现为两者渗透率降低幅度接近，应力敏感程度弱于裂缝—孔洞型储层。

根据回归公式及量纲一致性原则，裂缝—孔洞型、孔隙—溶洞型及基质孔隙型储层的无量纲渗透率与有效应力间曲线拟合关系式分别为：

$$\frac{K}{K_i} = \left(\frac{p_e - p}{p_e - p_i}\right)^{-0.738} \tag{1}$$

$$\frac{K}{K_i} = \left(\frac{p_e - p}{p_e - p_i}\right)^{-0.591} \tag{2}$$

$$\frac{K}{K_i} = \left(\frac{p_e - p}{p_e - p_i}\right)^{-0.493} \tag{3}$$

式中　K——岩石渗透率，mD；

　　　K_i——初始流压下测定的岩石渗透率，mD；

　　　p_e——实验围压，MPa；

　　　p_i——初始实验流压，MPa；

　　　p——实验流压，MPa。

以实验围压、流压分别表征气藏实际上覆岩层压力及气藏地层压力，由于 3 种类型的储层在各开发井中均有钻遇，叠置分布，难以清晰区分，故幂指数取 3 类储层的平均值 0.607，根据式（1）至式（3），可以得到灯影组气藏储层应力敏感模型：

$$\frac{K}{K_i} = \left(\frac{\sigma_s - p}{\sigma_s - p_i}\right)^{-0.607} \tag{4}$$

式中　σ_s——上覆岩层压力，MPa。

龙王庙组碳酸盐岩气藏的平均应力敏感系数为 0.58，与本文获得的应力敏感系数进行对比，可发现灯影组气藏应力敏感性更强，但差距较小。

2.3　非达西渗流规律

根据 Forchheimer 研究，气体在高速渗流时，存在明显的非达西现象，这种变化规律可用 Forchheimer 方程进行描述[18]，如式（5）所示：

$$-\frac{dp}{dl} = \frac{\mu v}{K} + \beta \rho v^2 \tag{5}$$

式中　l——地层长度，cm；

　　　μ——流体黏度，mPa·s；

　　　v——渗流速度，cm/s；

ρ——流体密度，g/cm^3；

β——非达西渗流系数，m^{-1}。

实验选取不同渗透率级别的岩心，通过测定岩心渗流流量与压力平方差间的关系曲线，结合式（5），拟合获取非达西渗流系数，并绘制非达西渗流系数随渗透率变化的曲线，如图2所示。

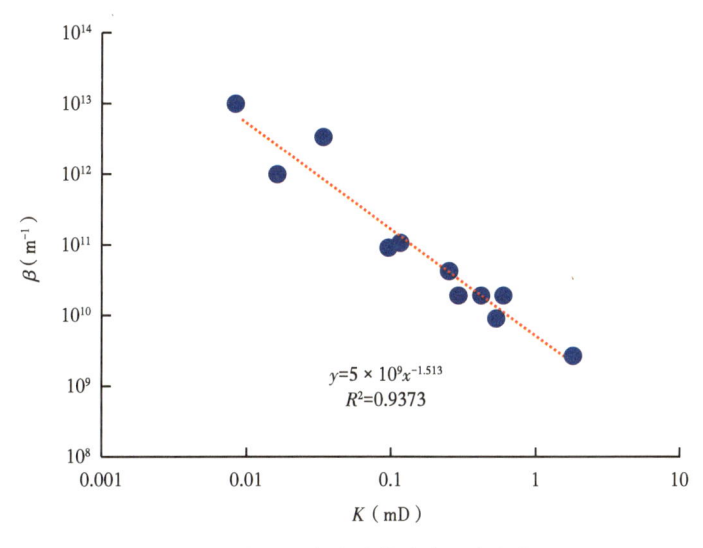

图 2　非达西渗流系数随渗透率变化

根据非达西渗流系数与渗透率之间的变化关系，进行曲线拟合，可得到灯影组碳酸盐岩气藏非达西渗流系数表达式：

$$\beta = \frac{5 \times 10^9}{K^{1.513}} \tag{6}$$

3　产能评价数学模型的建立

3.1　井斜的修正

碳酸盐岩气藏非均质性强，地层水平与垂直方向各向异性显著，井斜能够产生负表皮，其拟表皮因子可以用 Cinco-Lee 或 Besson 公式计算[19-21]，对比研究发现当井斜角小于75°时，Cinco-Lee 公式有较高计算精度，Besson 公式适用于 0~90° 井斜角的情形，但其计算较为复杂，所需参数较多，增加了计算结果的不确定性。由于研究区块斜井井斜角均小于75°，因此，选用 Cinco-Lee 公式计算井斜产生的拟表皮因子：

$$S_\theta = -\left(\frac{\theta_w'}{41}\right)^{2.06} - \left(\frac{\theta_w'}{56}\right)^{1.865} \lg\left(\frac{h_D}{100}\right) \tag{7}$$

其中

$$\theta_w' = \tan^{-1}\left[\sqrt{\frac{K_v}{K_h}} \tan(\theta_w)\right], \quad h_D = \frac{h}{r_w}\sqrt{\frac{K_h}{K_v}}$$

式中　$S_θ$——拟表皮因子；

　　　$θ_w$——井斜角（$0° ≤ θ_w ≤ 75°$）；

　　　$θ_w'$——等效井斜角；

　　　K_h，K_v——地层水平和垂向渗透率，mD；

　　　H——地层有效厚度，m；

　　　h_D——无量纲地层厚度；

　　　r_w——井径，m。

3.2　二项式渗流数学模型

基于实验测定的灯影组碳酸盐岩气藏应力敏感与单相气体渗流规律，同时将一维渗流 Forchheimer 方程转换为径向形式，进而得到符合灯影组碳酸盐岩气藏渗流特征的数学模型：

$$\frac{dp}{dr} = \frac{\mu v}{K_i\left(\dfrac{\sigma_s - p}{\sigma_s - p_i}\right)^{-\alpha}} + \beta\rho v^2 \tag{8}$$

式中　α——应力敏感系数。

根据 1.2 节中的储层应力敏感性分析结果，对应灯影组气藏取值为 0.607，β 可应用式（6）进行计算求取。对式（8）进行整理，可得：

$$\frac{2p}{\mu Z}\left(\frac{\sigma_s - p}{\sigma_s - p_i}\right)^{-\alpha} dp = q_g \frac{1}{\pi K_i h} \frac{Tp_s}{T_s} \frac{1}{r} dr + q_g^2 \frac{1}{2\pi^2 h^2} \frac{\beta}{\mu} \frac{MTp_s^2}{RT_s^2}\left(\frac{\sigma_s - p}{\sigma_s - p_i}\right)^{-\alpha} \frac{1}{r^2} dr \tag{9}$$

引入真表皮因子 S_d，描述钻完井过程对地层造成的伤害，同时考虑井斜所形成的拟表皮［式（7）］，定义等效井径 r_{we} 来综合考虑两表皮系数的影响：

$$r_{we} = r_w e^{S_d + S_θ} \tag{10}$$

假设各气井有稳定的供给边界，能够达到稳定渗流，则可对式（9）进行积分：

$$\int_{p_{wf}}^{p_e} \frac{2p}{\mu Z}\left(\frac{\sigma_s - p}{\sigma_s - p_i}\right)^{-\alpha} dp = q_g \frac{1}{\pi K_i h} \frac{Tp_s}{T_s} \int_{r_{we}}^{r_e} \frac{1}{r} dr + q_g^2 \frac{\beta}{2\pi^2 h^2} \frac{MTp_s^2}{RT_s^2} \int_{r_{we}}^{r_e} \frac{1}{\mu}\left(\frac{\sigma_s - p}{\sigma_s - p_i}\right)^{-\alpha} \frac{1}{r^2} dr \tag{11}$$

定义修正的拟压力函数：

$$m = \int_{p_s}^{p} \frac{2p}{\mu Z}\left(\frac{\sigma_s - p}{\sigma_s - p_i}\right)^{-\alpha} dp \tag{12}$$

由于气体黏度为压力的函数，而压力又为位置的函数，因此，对于方程（11）右边第二项无法实现积分。为了方便求取，在工程允许的精度范围内，取储层压力的平均值，然后进行积分化简可得：

$$m_e - m_w = Aq_g + Bq_g^2 \tag{13}$$

其中

$$A = \frac{1.27 \times 10^{-3} T}{K_i h}\left(\ln \frac{r_e}{r_{we}}\right) \tag{14}$$

$$B = \frac{9.7 \times 10^{-23} \beta MT}{\bar{\mu} r_{we} h^2} \left(\frac{\sigma_s - \bar{p}}{\sigma_s - p_i} \right)^{-\alpha} \tag{15}$$

式（8）至式（11）中，各参数单位为达西混合单位制，为方便现场使用，在式（12）至式（15）中，采用标准单位。

式中　T——气藏温度，K；

T_s——标况温度，为293.15K；

p_e——气藏初始压力，MPa；

p_{wf}——井底流压，MPa；

$\bar{p}$——气藏的平均地层压力，MPa；

p_s——标况压力，为0.101MPa；

m_e，m_w——气藏初始压力、井底流压所对应的拟压力，MPa²/（mPa·s）；

r_e——储层控制半径，m；

r——地层半径，m；

M——气体平均相对分子质量，kg/kmol；

$\bar{\mu}$——平均地层压力下的气体黏度，mPa·s；

Z——气体偏差系数；

R——理想气体常数，为8.314×10^{-3}MPa·m³/（kmol·K）；

q_g——标准状况下气井产量，m³/d；

A，B——二项式产能方程系数。

4　模型的求解与实例分析

自2011年震旦系灯影组碳酸盐岩气藏发现以来，目前已投产斜井四口，根据储层描述及测试资料，可以获得四口井的地层及流体的物性参数（表1）。压力、温度等测试资料显示，平均地层压力系数为1.13，属常压气藏，地温梯度为2.6℃/100m，地层垂向平均渗透率为0.48mD，平均岩石密度为2.6g/cm³。

整理四口井的生产数据，运用Blasigname、Agarwal-Gardner和NPI方法等现代产量递减分析方法[22-25]，在生产历史曲线拟合的基础上，对生产数据进行典型图版拟合、分析及解释，从而可以较为准确地确定各气井的控制半径及地层渗透率大小，见表1。

表1　储层流体物性及生产参数

井名	气藏中深（m）	厚度（m）	气体相对密度	井斜角（°）	水平渗透率（mD）	控制半径（m）	表皮因子
GS3	5170	89.5	0.61	68.4	2	984.4	6.98
GS8	5191	83.0	0.62	37.3	0.085	787.0	-4.60
GS001-X1	5134	56.8	0.61	59.5	0.821	902.0	7.08
GS001-X3	5097	43.6	0.61	60.0	0.869	1109.4	7.02

由表1可看出，与其他井不同，GS8井表皮因子为负值，其原因是GS8井钻遇地层渗透率较低，为提高其产能，在投产初期进行了酸压改造，因而使得产量递减分析解释表

皮因子为负值。根据以上给定的参数，将其带入二项式渗流数学模型，可以计算各气井的无阻流量，同时，也可以求取仅考虑储层应力敏感及仅考虑井斜时气井的无阻流量，并分别与实际矿场测试无阻流量进行对比分析，见表2。

表2 考虑不同条件计算无阻流量及计算误差

井名	测试无阻流量（$10^4m^3/d$）	考虑井斜与应力敏感无阻流量（$10^4m^3/d$）	不考虑井斜无阻流量（$10^4m^3/d$）	不考虑应力敏感无阻流量（$10^4m^3/d$）	考虑井斜与应力敏感计算误差（%）	不考虑井斜计算误差（%）	不考虑应力敏感计算误差（%）
GS3	214.0	219.1	102.7	245.7	2.4	52.0	14.8
GS8	102.9	97.3	32.4	111.4	5.4	68.5	8.3
GS001-X1	54.2	57.1	29.8	64.1	5.3	45.1	18.2
GS001-X3	41.7	45.8	24.6	51.7	9.8	40.9	24.0

观察表2可发现，不考虑井斜影响的计算误差最大，均在40%以上，表明其对产能计算影响最大；其次为不考虑储层应力敏感效应时的计算误差，大都在10%以上，因井斜对GS8井无阻流量计算影响较大，使得应力敏感效应对计算结果的影响相对减小，但仍高于考虑井斜与应力敏感时的计算误差；考虑井斜及储层应力敏感特性计算无阻流量误差最小，GS3、GS8及001-X1井的计算误差均小于6%。

根据表2也可看出，GS001-X3井计算误差较大，接近10%，分析认为该井生产时间相对较短，流动未完全达到拟稳态，导致产量递减分析解释结果与实际存在偏差，从而使得计算与测试无阻流量间差距相对较大。由此可看出建立的无阻流量计算方法对于生产时间较长、流动达到拟稳态的气井适用性更强，而对于生产时间较短、未完全达到拟稳态的生产井，可能会产生较大偏差。但整体而言，四口井计算误差均在10%以内，平均值小于6%，说明所建立的模型及计算方法有一定的准确性与可靠性。

5 结论

（1）灯影组气藏岩性为白云岩为主，储集空间主要为孔隙及溶蚀孔洞，对于不同类型储层，裂缝、溶洞及孔隙均可作为主要渗流通道；应力敏感实验研究表明裂缝—孔洞型储层应力敏感性最强，孔隙—溶洞型和基质孔隙型应力敏感性相对较弱。

（2）基于应力敏感及单相气体渗流规律实验研究，引入拟表皮因子，考虑井斜的影响，推导建立了二项式渗流数学模型，为碳酸盐岩气藏斜井产能评价奠定了基础。

（3）与矿场实际测试无阻流量相对比，仅考虑应力敏感计算无阻流量误差最大，其次为仅考虑井斜时的情形，考虑井斜及储层应力敏感影响的计算无阻流量误差最小，平均值小于6%，准确性较好，对气井合理配产及开发动态预测有重要的指导意义。

参 考 文 献

[1] 魏国齐，杜金虎，徐春春，等. 四川盆地高石梯—磨溪地区震旦系—寒武系大型气藏特征与聚集模式 [J]. 石油学报，2015，36（1）：1-12.

[2] 张璐，谢增业，王志宏，等. 四川盆地高石梯—磨溪地区震旦系—寒武系气藏盖层特征及封闭能力

评价[J]. 天然气地球科学, 2015, 26（5）: 796-804.
[3] 汪泽成, 王铜山, 文龙, 等. 四川盆地安岳特大型气田基本地质特征与形成条件[J]. 中国海上油气, 2016, 28（2）: 45-52.
[4] 杨滨, 姜汉桥, 陈民锋, 等. 应力敏感气藏产能方程研究[J]. 西南石油大学学报（自然科学版）, 2008, 30（5）: 158-160.
[5] 郭春华, 周文, 冯文光, 等. 四川河坝异常高压气藏的产能方程及其计算[J]. 天然气工业, 2009, 29（6）: 86-88.
[6] 安志斌, 贾爱林, 位云生, 等. 考虑应力敏感的异常高压气藏产能新方程[J]. 石油天然气学报, 2013, 35（11）: 141-144.
[7] 郭晶晶, 张烈辉, 涂中. 异常高压气藏应力敏感性及其对产能的影响[J]. 特种油气藏, 2010, 17（2）: 79-81.
[8] Ozkan E, Raghavan R. New solutions for well-test analysis problems: Part 1; analytical considerations[J]. SPE Formation Evaluation, 1991, 6（3）: 359-368.
[9] Ozkan E, Raghavan R. New solutions for well-test-analysis problems: Part 2 computational considerations and applications[J]. SPE Formation Evaluation, 1991, 6（3）: 369-378.
[10] 任俊杰, 郭平, 汪周华. 三重介质油藏斜井压力动态特征分析[J]. 水动力学研究与进展, 2012, 27（1）: 7-15.
[11] 廖新维. 双重介质拟稳态油藏斜井试井模型研究[J]. 石油勘探与开发, 1998, 25（5）: 57-61.
[12] 郭世慧, 王晓冬. 大斜度井两种计算产能和表皮系数方法的对比与讨论[J]. 油气井测试, 2008, 17（4）: 21-23.
[13] 高树生, 刘华勋, 任东, 等. 缝洞型碳酸盐岩储层产能方程及其影响因素分析[J]. 天然气工业, 2015, 35（9）: 1-7.
[14] 刘华勋, 任东, 胡志明, 等. 四川盆地龙王庙组气藏渗流数学模型的建立与应用[J]. 天然气工业, 2014, 34（3）: 110-114.
[15] 温伟明, 朱绍鹏, 李茂. 海上异常高压气藏应力敏感特征及产能方程——以莺歌海盆地为例[J]. 天然气工业, 2014, 34（9）: 59-63.
[16] 李程辉, 李熙喆, 高树生, 等. 高石梯-磨溪区块灯影组碳酸盐岩气藏孔隙结构特征[J]. 科学技术与工程, 2015, 34（3）: 72-78.
[17] 李熙喆, 郭振华, 万玉金, 等. 安岳气田龙王庙组气藏地质特征与开发技术政策[J]. 石油勘探与开发, 2017, 44（3）: 1-9.
[18] Forchheimer P H. Wasserbewegung durch boden[J]. Zeitschrift des Vereines Deutscher Ingenieure, 1901, 45（5）: 1781-1788.
[19] Cinco-Ley H, Ramey H J, Miller F. Pseudo-skin factors for partially penetrating directionally drilled wells[C]. SPE5589, 1975: 1-12.
[20] Cinco H, Miller F G. Unsteady-state pressure distribution created by a directionally drilled well[J]. Journal of Petroleum Technology, 1975, 27（11）: 1392-1400.
[21] Besson J. Performance of slanted and horizontal wells on an anisotropicmedium[C]. SPE20965, 1990: 219-231.
[22] 孙贺东. 油气井现代产量递减分析方法及应用[M]. 北京: 石油工业出版社, 2013: 62-104.
[23] Blasingame T A, Mccray T L, Lee W J. Decline curve analysis for variable pressure drop/variable flowrate systems[C]. SPE21513, 1991: 1-17.
[24] Agarwal R G, Gardner D C, Kleinsteiber S W, et al. Analyzing well production data using combined-type-curve and decline-curve analysis concepts[J]. SPE Reservoir Evaluation & Engineering, 1999, 2（5）: 478-486.
[25] 祝晓林, 郭林, 朱琴, 等. NPI产量递减分析在海上油田试井中的应用[J]. 特种油气藏, 2016, 23（4）: 112-114.

缝洞型碳酸盐岩气藏多类型储层内水的赋存特征可视化实验

王 璐[1] 杨胜来[1] 彭 先[2] 邓 惠[2]
李隆新[2] 孟 展[1] 钱 坤[1] 王 千[1]

（1.中国石油大学（北京）油气资源与探测国家重点实验室；
2.中国石油西南油气田分公司）

摘 要 缝洞型碳酸盐岩气藏非均质性强且孔隙结构复杂，多类型储层内水的形成过程与赋存模式难以确定，影响储层内气体渗流能力与气井生产动态预测。首次将岩心 CT 扫描与微电子光刻技术结合，设计并研制了三类储层的微观可视化模型，开展气驱水物理模拟实验，定性地研究了水的形成机理与赋存模式，并借助 ImageJ 灰度分析法定量研究了不同压差下的含水饱和度及残余水膜占比变化规律，综合分析了多类型储层内水的赋存特征及其对气体渗流的影响。结果表明：天然气在不同类型储层中的运移成藏过程不同；多重介质中的水由原生可动水和残余水组成，而残余水又分为次生可动水和束缚水；残余水主要以"水膜""水团""水柱"和"水珠"四种模式赋存在不同类型储层的不同位置，其主要影响因素有毛细管压力、表面张力、气驱压差和通道连通性；可动水、残余水饱和度是与储层物性、孔隙结构和气驱压差直接相关的参数；流动通道尺寸越小，相同气驱压差下水膜占据的空间越大，且水膜占比呈指数性增加；随着气驱压差增大，水膜占比减小，当气驱压差增大到一定程度时，水膜占比基本不再减小，形成"薄膜"型束缚水。该研究结果为该类气藏高效开发技术政策的制定提供了理论依据。

关键词 缝洞型碳酸盐岩；多类型储层；微观可视化模型；赋存特征；残余水；束缚水

缝洞型碳酸盐岩气藏是经多期构造运动与古岩溶共同作用形成的一种特殊类型气藏，其储集介质由溶洞、溶孔和裂缝组成，具有构造复杂、储层非均质性强、孔洞缝宏观发育等特征，典型代表为四川盆地震旦系—寒武系特大型气田[1-4]。这些不同于常规储层的特性使得其多重介质内水的赋存状态与流动特征十分复杂，气水两相渗流机理认识难度加大，影响储层内气体渗流能力和气井生产动态预测。目前，地层水赋存状态的研究多集中在致密砂岩气藏，常规的研究手段为气驱水、核磁共振、压汞等实验方法，均取得了一定的研究成果，但这些方法仅能通过分析实验结果曲线预测水在储层内的赋存特征，缺少对其直观的动态表征[5-10]。

微观可视化模型作为一种新兴的多功能仿真物理模型已经被应用到油藏工程领域，且已被国内外学者普遍认可[11]。它不仅可以从根本上研究水驱、蒸汽驱、泡沫驱、碳酸水驱和溶解气驱等[12-16]多种提高采收率机理与效果，还可以用来直观地研究多孔介质内的沥青质沉淀、毛细管压力、润湿性和界面张力等[17-20]现象与性质。但上述可视化模型的制作都是基于理想孔隙结构或铸体薄片图像制作，无法真实还原储层中的孔缝洞分布，且还未有借助可视化模型研究多类型储层内水的赋存状态的相关报道。

笔者在前人可视化实验研究的基础上，首次将岩心CT扫描与微电子光刻技术结合，设计并研制了三类储层的微观可视化模型，开展气驱水物理模拟实验，直观地研究了缝洞型碳酸盐岩气藏多类型储层内水的形成过程及赋存状态，借助 ImageJ 灰度分析法定量地研究了不同压差下的含水饱和度及残余水膜占比变化规律，并从机理上分析了各类型水对气体渗流的影响，形成了一套较完善的可视化模型研制及其实验方法，深化了对缝洞型碳酸盐岩气藏气水渗流机理的认识，为该类气藏高效开发技术政策的制定提供了依据。

1 微观可视化模型

1.1 基于CT扫描图像的掩膜版制作

微观可视化模型作为可视化物理模拟实验中最重要的部分，其设计与制作水平将直接影响物理模拟实验结果的系统性与准确性。笔者提出了基于CT扫描技术与微电子光刻技术的微观可视化模型设计与制作流程。掩膜版的制作是构建微观可视化模型中十分关键的一步，其质量的好坏将直接影响可视化模型中微观孔隙结构的准确性与复杂性。掩膜版制作的第一步是设计基础图像，这些图像能够通过数字化改造来改善微观结构的特征与连通性。为了能够准确模拟缝洞型碳酸盐岩气藏多类型储层的微观结构特征并还原孔、缝、洞分布，借助CT扫描仪对安岳气田三类储层的典型岩心样品进行了CT扫描，岩心图像与基础数据如图1和表1所示。笔者使用的是 MicroXCT-400 型微米扫描仪，电压为 40~150 kV，功率为 1~10 W，像素分辨率为 0.7~40μm，能够满足对研究区域多类型孔隙结构进行精准刻画的要求。通过对 6 000 余张 CT 扫描图像进行筛选和提取，最终选取了结构特征明显、孔、缝、洞分布规律复杂的三类图像（图2）作为掩膜版制作的基础图像[21]。

表 1 三类储层典型岩心样品基础物性

岩心编号	长度（cm）	直径（cm）	孔隙度（%）	渗透率（mD）	岩心类型
201400270147	4.384	2.518	2.75	2.658	裂缝型
201400830059	4.900	2.518	6.48	0.734	孔洞型
201400830021	4.560	2.510	8.31	3.928	缝洞型

(a) 201400270147　　　　　(b) 201400830059　　　　　(c) 201400830021

图 1　三类储层典型岩心样品图像

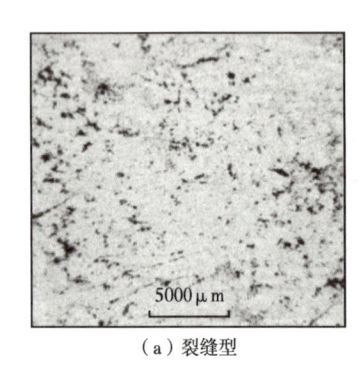

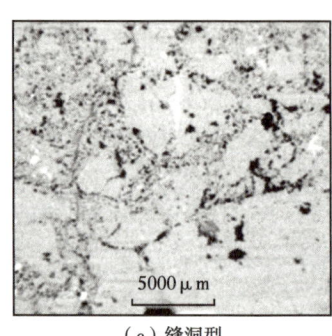

(a) 裂缝型　　　　　　　(b) 孔洞型　　　　　　　(c) 缝洞型

图 2　三类岩心 CT 扫描优选图像

基础图像确定后，通过设置灰度值的阈值将其转换为二进制图像来进行数字化改造，移除了无效孔隙，并基于三维 CT 扫描图像重新连接了二维图像中孤立的裂缝与喉道。在二进制图像中，白色像素对应岩石基质而黑色像素代表多孔介质。然后依据实验要求，设计了掩膜版构造简图（图 3）。从图 3 中可以看出，在模型两侧的入口端和出口端分别加入了流动通道，并在流动通道内加入了多个能够进出有效区域的端口。这种设计不仅加强了流体交换能力，并保证了线性流动边界条件。与传统的点边界条件相比，实验模拟的驱替过程更加符合实际情况。由于数控铣床的分辨率限制，无法识别高分辨率的 CT 扫描图像。

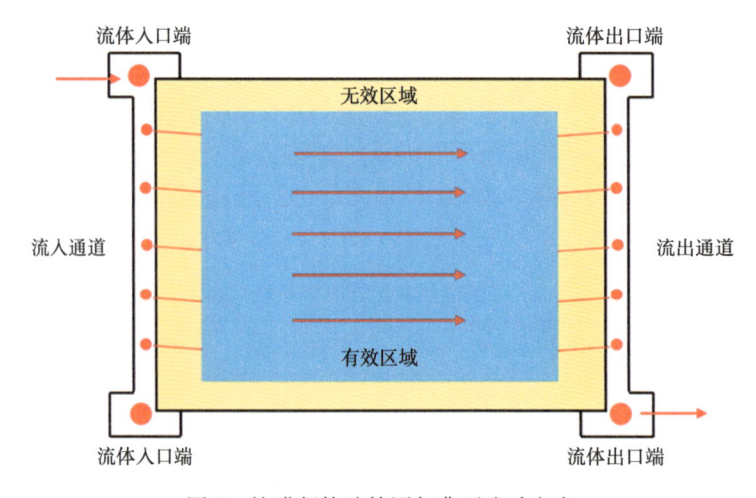

图 3　掩膜版构造简图与典型流动方向

在保证微观结构的非均质性与相对孔径分布保持不变的前提下,将基础图像的像素尺寸进行适当放大,借助 Corel Draw X8 绘图软件,最终得到了三类掩膜版的设计图样(图4)。

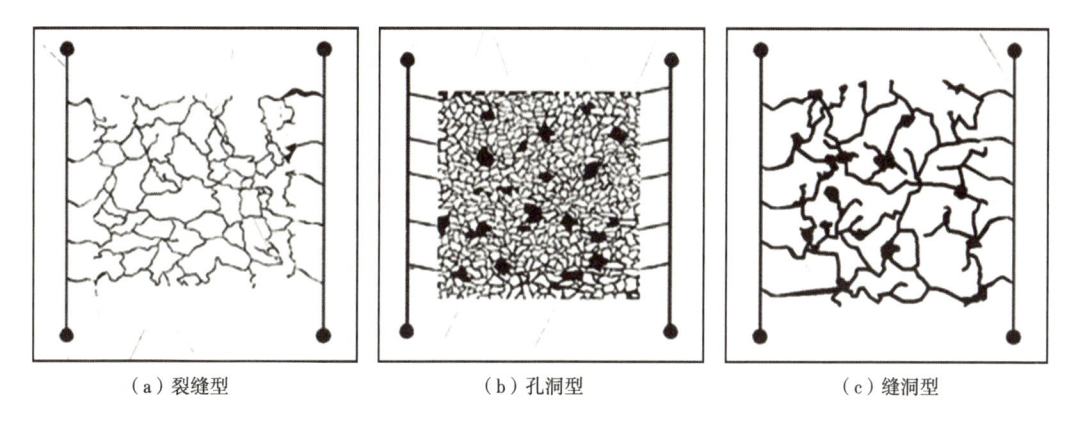

(a)裂缝型　　　　　　　(b)孔洞型　　　　　　　(c)缝洞型

图4　基于 CT 扫描图像的三类掩膜版设计图样

1.2　基于微电子光刻技术的微观模型制作

微观模型制作所需的基板与盖片采用的是浮法玻璃,这种玻璃具有平度好、无水波纹、透明度好等优点,且在进行刻蚀时不易破损。微观模型的制作流程包括预处理、刻蚀、清洗、烧结和测试,如图5所示。需要注意的是三类模型的制作流程相同,但使用的掩膜版不同。经过测试,制作的微观可视化模型(图6)的物理参数见表2。随后对模型的亲水性进行了测试,通过接触角仪测得的接触角为 36.4°~36.7°(亲水),与碳酸盐岩的润湿性相似[22]。

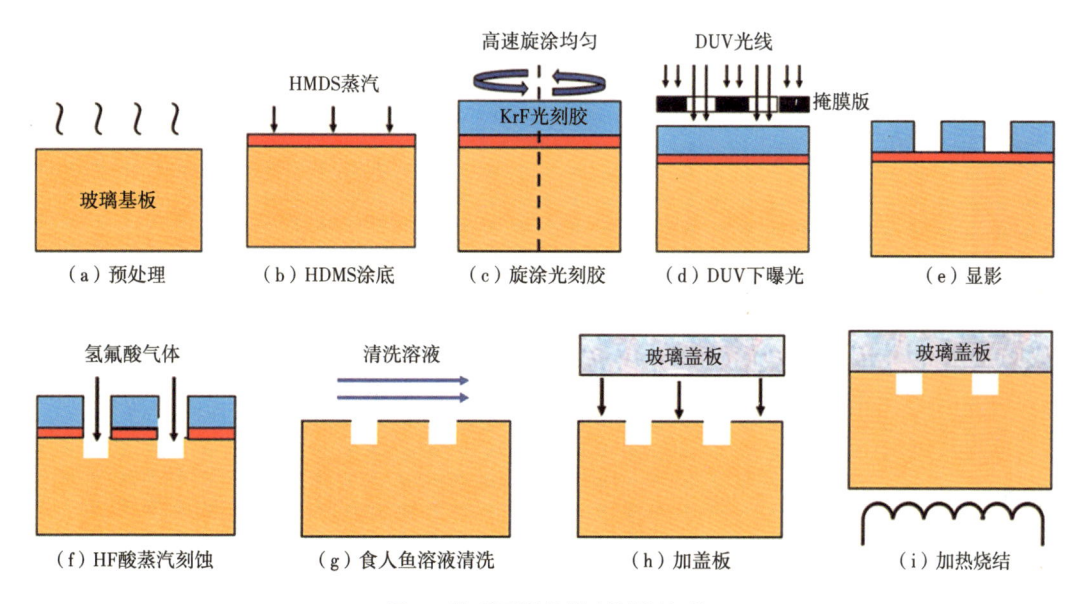

(a)预处理　(b)HDMS涂底　(c)旋涂光刻胶　(d)DUV下曝光　(e)显影

(f)HF酸蒸汽刻蚀　(g)食人鱼溶液清洗　(h)加盖板　(i)加热烧结

图5　微观可视化模型制作流程

（a）裂缝型　　　　　　　　　（b）孔洞型　　　　　　　　　（c）缝洞型

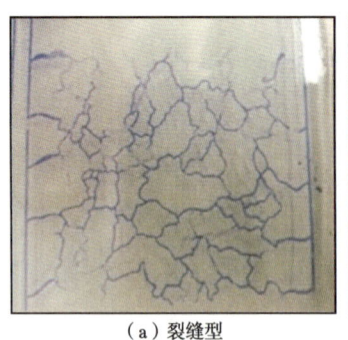

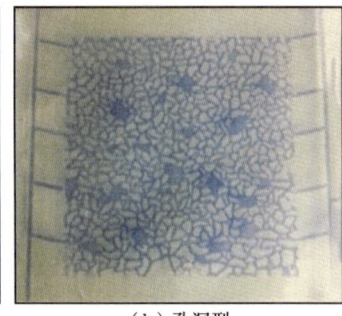

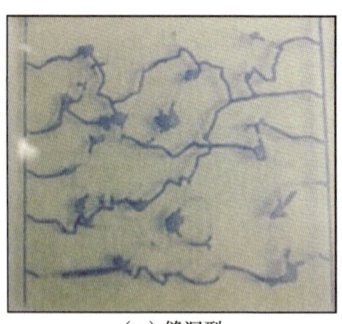

图 6　制作的微观可视化模型

表 2　微观可视化模型的物理参数

模型尺寸（cm）	孔隙直径（mm）	溶洞直径（mm）	裂缝直径（mm）	承载压力（MPa）
6.00×6.00	0.099~0.181	1.161~1.657	0.325~0.492	10.0

1.3　微观可视化模型优点

与传统的可视化模型相比，基于 CT 扫描图像和微电子光刻技术的模型进行了以下方面的改进：（1）通过改进烧结技术提高了模型的密封性，可以被用来模拟一定压力下的气水两相流动；（2）模型的微观结构特征与孔、缝、洞分布与实际储层更加相似，可用来直观地研究气驱水后水的赋存特征；（3）最高承载压力高达 10MPa，弥补了大部分常规模型不耐压的缺点，可以使实验压力更加接近实际地层压力；（4）根据缝洞型碳酸盐岩气藏多类型储层的特点制作了 3 类模型，国内外尚未有此类研究。

2　微观可视化物理模拟实验

2.1　实验仪器与流体

研究缝洞型碳酸盐岩气藏多重介质内水的赋存特征的微观可视化物理模拟实验仪器由驱替系统、数据采集系统与可视化系统 3 部分组成，实验流程如图 7 所示。驱替系统包括 ISCO 注入泵、回压泵、天然气釜、地层水釜、搜集容器、回压阀和压力传感器。数据采集系统中，高分辨率显微镜（HLOT）可以捕获局部高清显微图像，可用于研究气驱水时多重介质中的两相流动机理以及残余水的赋存特征；数码摄像机用于记录模型的整体流动过程，可用于不同时刻下模型内流体的定量表征；背光源与反光板用于提高图像和视频的质量；此外还包括数据采集器和计算机。可视化系统包括三类微观可视化模型、模型夹持器与恒温箱，其中定制的夹持器是重要的仪器之一，该夹持器具有 4 个流体注入与产出端口，分别对应模型上的端口，同时为了提高夹持器的密封性，4 个端口都加入了 O 形圈。实验用水为按照该气田地层水水成分分析资料配置的等矿化度标准盐水，矿化度为 106 241mg/L，水型为 $CaCl_2$。实验用气为实际气井生产的天然气，气体组分见表 3。实验用水需要用甲基蓝试剂染成蓝色来区别于图像中的无色天然气。

表3 实验用天然气组分表

天然气组分摩尔分数（%）							相对密度	拟临界压力（MPa）	拟临界温度（K）
CH_4	C_2H_6	C_3H_8	N_2	CO_2	He	H_2S			
93.13	0.07	0.01	0.73	5.01	0.03	1.02	0.6265	4.82	199.55

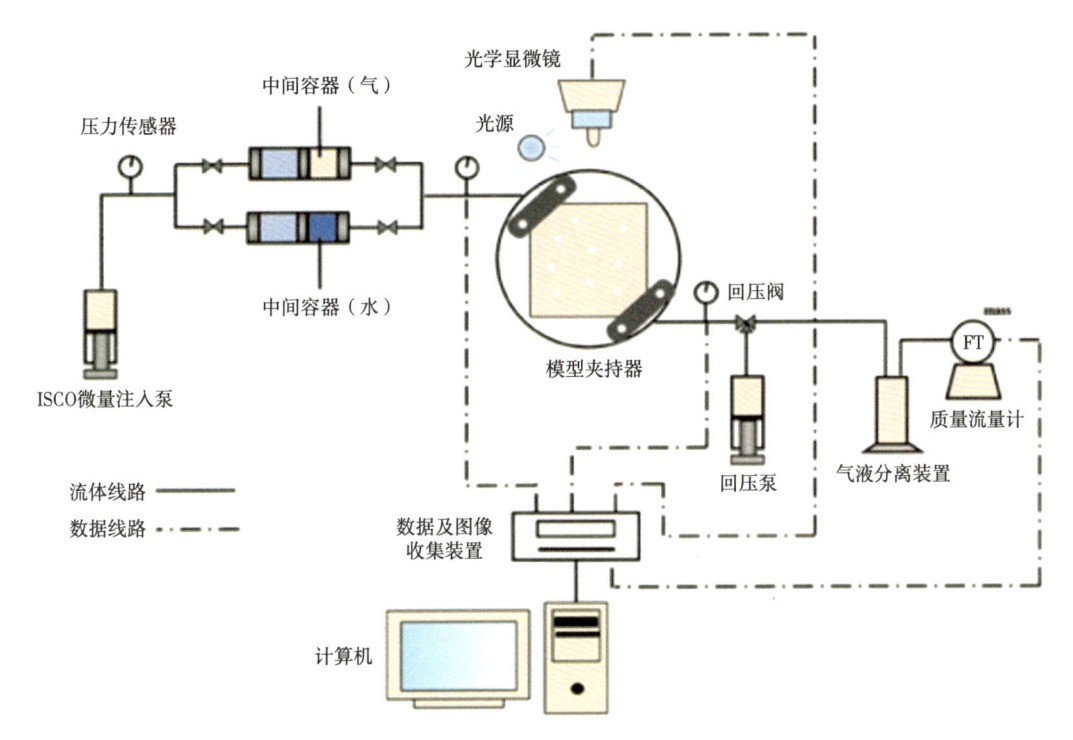

图7 微观可视化物理模拟实验装置及流程

2.2 实验步骤

缝洞型碳酸盐岩气藏多重介质内水的赋存特征微观可视化物理模拟实验步骤如下：(1) 用去离子水清洁模型与夹持器，并放入烘箱中干燥；(2) 将模型置于夹持器支架上，并连接实验仪器；(3) 通过注入高纯氮气检验装置的密封性，然后将模型抽真空40min；(4) 将模型与管线加热并保持在80℃的初始地层温度；(5) 将地层水以0.01mL/min的注入模型直至饱和压力达到8MPa；(6) 然后将天然气分别以不同的驱替压差（0.05~1.00MPa）注入模型中，直至出口端没有水产出；(7) 针对其他模型重复步骤1-6。通过可视化实验，不仅得到了局部显微图像用以分析渗流机理与赋存特征，还记录了模型内流体的整体流动过程，通过后续视频剪辑得到不同时刻下的整体气水分布图像，可以利用图像分析方法进行定量表征。

2.3 图像分析方法

与前人研究中报道的油水两相流动可视化实验不同[23]，由于气体的高流动性，气水两相流动实验的持续时间很短，无法通过常规的测量方法进行定量测量，而且也难以实现物质平衡的精准计算。为了克服测量问题，采用图像分析法对视频中截取的图像进行定量表征，能够得到孔隙体积、气水饱和度、采收率、流动与赋存模式。笔者使用的图像分析法是 ImageJ 灰度分析，其定量表征过程如下：（1）使用 Photoshop 软件对图像进行预处理，提高图像质量并调整亮度；（2）为了区分模型中气体与玻璃颗粒，无色气体被软件转换为黄色（图 8a）；（3）利用 ImageJ 软件的图像识别功能对图像的灰度值进行区分，在设定阈值之后，玻璃颗粒的像素被转换为白色，空隙的像素被转换成红色［图 8（b）］；（4）通过统计红色像素的数量来计算空隙占据的面积，进而计算模型孔隙度；（5）再次使用 Photoshop 和 ImageJ 软件将气体从流体中分离出来，并转换为红色像素［图 8（c）］；（6）通过统计红色像素的数量计算气体占据的面积，进而获得任意时刻下的气相饱和度，同理可得水相饱和度。

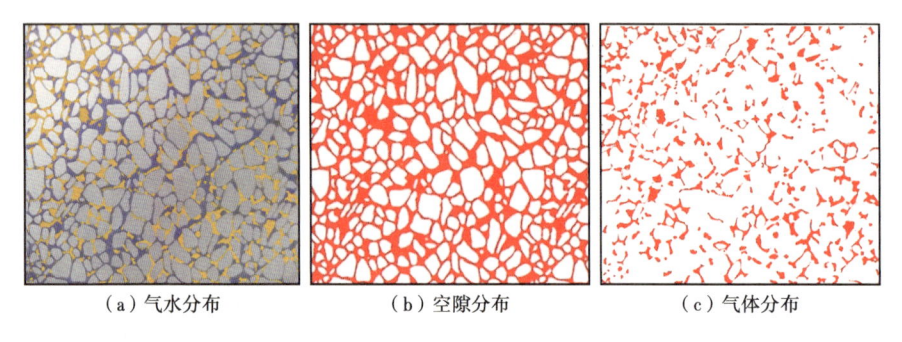

(a) 气水分布　　　　　(b) 空隙分布　　　　　(c) 气体分布

图 8　基于灰度分析法的可视化图像定量表征过程

3　实验结果与分析

3.1　不同类型储层残余水形成机理

气驱水实验主要用来模拟气藏的形成过程和地层水的流动过程，气体的性质决定了其能够进入极小的空间进行驱替。对于三类微观模型，由于表面张力和毛细管大小的共同影响，在饱和水过程中水会优先占据大通道壁面和细小孔喉，最终完全充满裂缝、溶洞、孔隙与喉道，但在盲端和角隅处只能部分饱和［图 9（a）、图 10（a）与图 11（a）］。

对于裂缝性模型，气驱水开始时，由于裂缝尺度相对孔隙较大，渗流阻力较小，其在多孔介质中流动时会优先选择大孔道[24]，因此气体很快便将裂缝中间部位的水驱出（图 9b），随后将小孔隙和裂缝褶皱、交叉位置的水部分驱出［图 9（c）］。在气驱水的后期，随着气体不断注入，带走裂缝壁面上的残余水，使水膜逐渐变薄，并在裂缝交叉处汇聚成水珠被驱出，最后仅在裂缝壁上留下一层薄薄的水膜［图 9（d）］。该部分残余水膜可以通过增大驱替压差的方式进一步变薄。

对于孔洞型模型，气体进入后首先沿优势通道快速推进，随着注气量的增多，气体逐渐占据大部分孔道空间，并将其中大部分水驱出［图 10（b）］。当气体流经溶洞时，会先在溶洞水体外围形成一圈细小的气流通道，并随着气体的进入逐渐拓宽通道，将水体边部水驱出，最终在溶洞中央形成一个相对圆润的水体团。当水体团被驱替到一定程度后，形状不再发生变化，此驱替压力下的气体无法再将水体团驱出［图 10（c）］。气驱水后期，注入的气体将孔隙壁上的水膜聚集，当厚度达到一定时被驱替出，最终在细长孔道处、狭窄喉道处和溶洞底部形成残余水［图 10（d）］。随着驱替压差增大，溶洞底部残余水团会变小并被部分驱出。

在缝洞型模型气驱水开始后，气体迅速将裂缝中部的水驱出，形成气流通道［图11（b）］。当气体流经溶洞时，会优先驱替溶洞外围的水，形成气的渗流通道，并把中部的水体包围［图11（c）］。随着气体的不断注入，不断剥蚀中部水体，并在出口裂缝处汇聚成水珠后被驱出，使溶洞内水体逐渐缩小，至一定程度后不再发生变化，形成溶洞底部残余水团。也有一部分溶洞由于被多条裂缝沟通，水被全部驱出，仅在孔洞壁上形成残余水膜［图11（d）］。这部分残余水膜或水团也能在高驱替压差下变薄或变小。

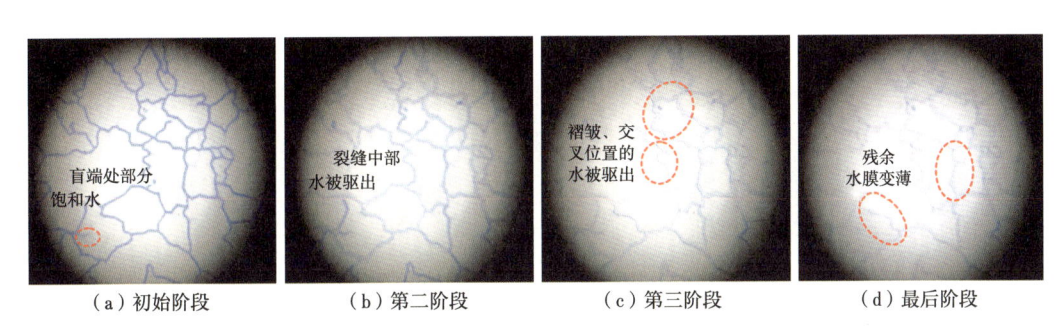

图 9　裂缝型模型气驱水过程

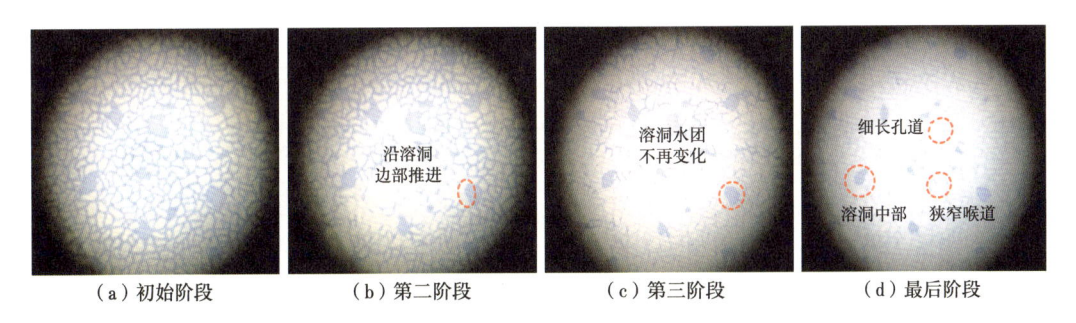

图 10　孔洞型模型气驱水过程

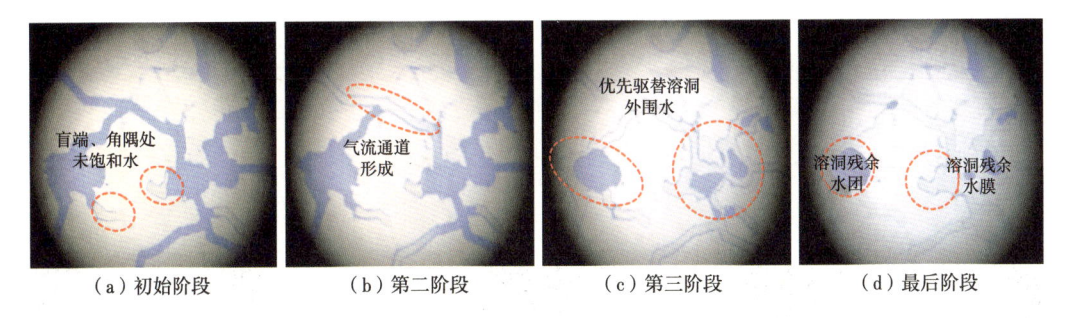

图 11　缝洞型模型气驱水过程

3.2　水的赋存模式及影响气相渗流的机理

岩石在沉积过程中，储集空间最初被水充填，而后在油气运聚成藏时，空间内原有的水被油或气排驱，形成油水或气水共存的状态[8]，这部分被驱替运移的水称为原生可动水。当油气藏被发现后，此时储集空间内的水被称为残余水，残余水的多少与成藏条件有

253

关[25]。在开发过程中,储层中部分残余水会转化为次生可动水,在驱替压差下逐渐产出。这部分残余水是在油气成藏过程中,由于运移动力小于运移阻力而滞留在储集空间中未被驱替出去。在油气运移过程中,即使运移动力非常充足,也无法将储集内的水完全驱替出,会有一定量的残余水分布或残存在岩石颗粒接触角隅、狭窄孔喉或吸附在岩石骨架颗粒表面。这部分残余水在一般开采条件下不能自由移动,因而被称作束缚水[9]。

对于裂缝型和缝洞型模型,裂缝是主要的渗流通道。气驱水过程中,裂缝中部的水首先被驱出。由于毛细管阻力很小,表面张力的作用使得残余水主要以"薄水膜"形式赋存在连通性较差的裂缝壁面 [图12(a)],残余水饱和度较低,对气相渗流影响较小。对于孔洞型模型,孔道中的残余水在高毛细管压力的作用下,以"厚水膜"形式赋存在颗粒表面,残余水饱和度较高,这会使气相渗流通道变窄并增大流动阻力。此类型残余水膜在气驱压力较低时不易被驱出,但当驱替压力增大到一定程度且驱替较长时间后,气流将带动部分水流动,逐渐成为次生可动水的重要组成部分。

溶洞底部的残余水团是孔洞型和缝洞型模型中残余水的主要形式之一。当气体流经溶洞时,会优先沿溶洞水体外围突破,形成并逐渐拓宽渗流通道,剥蚀中部水体并在出口通道处汇聚成水珠后被驱出。当水体团被驱替到一定程度后,优势渗流通道已经完全形成,此时形状不再发生变化,滞留在溶洞底部形成残余"水团"[图12(b)]。由于溶洞中上部仍有很宽的气流通道,因此残余水团对气相渗流影响很小,提高驱替压差即可打破水团受力平衡,使部分外围水转化为次生可动水。

由于模型(岩样)亲水,气相是非润湿相,水相是润湿相,因此毛细管压力在气驱水过程中表现为阻力。水在狭窄喉道处受到的毛细管阻力非常大,在气驱水过程中容易发生卡断,以"水柱"的形式滞留在整个喉道处[图12(c)],堵塞渗流通道,同时会封堵被细小喉道所控制的较大孔隙,这也是储层发生水侵后气相渗透率大幅下降的主要原因。实验中观察到卡断形成的残余"水柱"在高驱替压差也不会流动,解释为束缚水。而对于多条孔道同时存在的情况,狭长孔道内受到的毛细管阻力比较宽、较短的孔道要大得多,需要耗费较多的能量才能被驱出,所以在狭长孔道处也容易形成残余水,减少渗流通道,解释为次生可动水。

在孔隙、溶洞的盲端和角隅中,由于无法形成渗流通道,在气体压力下被封闭,部分残余水以"水珠"的形式赋存[图12(d)],其中也可能会封闭部分气体,但是这部分气、水很难参与流动[10],故解释为封闭气和束缚水。通过上述可视化实验结果可知,在缝洞型碳酸盐岩气藏三类典型储层,残余水主要以"水膜""水团""水柱"和"水珠"四种模式进行赋存,其主要类型、影响因素与形成机理见表4。

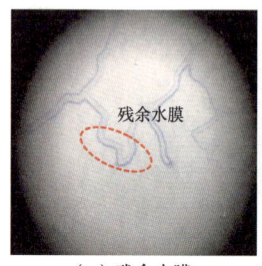

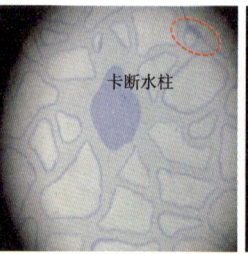

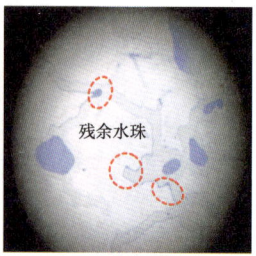

(a)残余水膜　　(b)残余水团　　(c)残余水柱　　(d)残余水珠

图12　气驱水实验残余水赋存模式

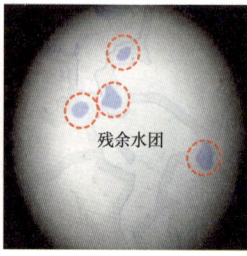

表4　不同类型残余水主要影响因素及形成机理

赋存模式	主要影响因素	形成机理	赋存类型
裂缝壁面上残余薄水膜	表面张力	流动通道宽，毛细管阻力小，残余水膜较薄	次生可动水
孔道壁面上残余厚水膜	毛细管压力	流动通道窄，毛细管阻力大，残余水膜较厚	次生可动水
溶洞底部残余水团	驱替压力	溶洞尺寸大，毛细管压力可忽略；驱替压差越大，残余水团越小	次生可动水
狭窄喉道处残余水柱	贾敏效应	喉道尺寸小，毛细管阻力极大，贾敏现象严重，卡断形成水柱	束缚水
狭长孔道处残余水柱	毛细管压力	孔道狭长细小，毛细管阻力大，驱替压力不足，滞留形成水柱	次生可动水
盲端、角隅处残余水珠	通道连通性	通道连通性差，被气体压力封闭	束缚水

3.3 Image J 定量表征结果与分析

上述可视化物理模拟实验结果只能进行定性的描述与分析，为了对不同时刻下的可视化图像进行定量表征，采用 Image J 灰度分析法对三类模型进行不同驱替压差下的含水饱和度分布、残余水膜厚度占比研究。

通过对不同驱替压差下稳定后的残余水进行定量表征，得到三类模型含水饱和度变化曲线，计算公式为：

$$S_{rw} = \frac{A_w}{A_v} = \frac{N_w}{N_v} \tag{1}$$

计算结果如图13所示，从图中可以看出，可动水、残余水是与储层物性、孔隙结构和气驱压差直接相关的参数，对于完全饱和水的模型，物性越差、驱替压差越小则残余水饱和度越高。对于物性最差的孔洞型储层，当驱替压差较小时，注入气无法推动水形成有效流动，只有当驱替压差增大到足以克服水锁效应产生的毛细管阻力时才开始流动，这在渗流曲线上表现为启动压力。裂缝型与缝洞型模型由于存在裂缝这一优势渗流通道，水在较小的驱替压差下便可以快速流动，因此不存在启动压力，且残余水饱和度的下降速度也要大于孔洞型模型。当三类模型内的水开始流动时，低驱替压差下残余水饱和度快速下降，此时驱替出的是渗流阻力较小的裂缝、大孔隙以及连通性较好的溶洞内的水，以原生可动水为主；随着驱替压差增大，残余水饱和度下降变缓，此时气流带动渗流阻力较大的小孔道、裂缝与大孔道壁面水膜以及溶洞底部残余水团中的水流出，以次生可动水为主；当驱替压差增大到一定程度，含水饱和度不再发生变化，为束缚水饱和度。裂缝型、孔洞型和缝洞型模型的束缚水饱和度分别为10.2%、23.5%和15.3%，可见溶洞内也会有一定量的束缚水，主要存在于大溶洞底部以及大溶洞周缘的小缝洞系统内，这与孔洞缝的形状和组合关系有关[11]。此外，缝洞型模型残余水饱和度的下降速度要稍慢于裂缝性模型，这是因为溶洞内的水体能量较大，当气驱前缘到达溶洞时，推动水体流动需要较高的驱替压差和较长的驱替时间，因此溶洞起到了减缓流动速度的作用。

(a) 裂缝型模型

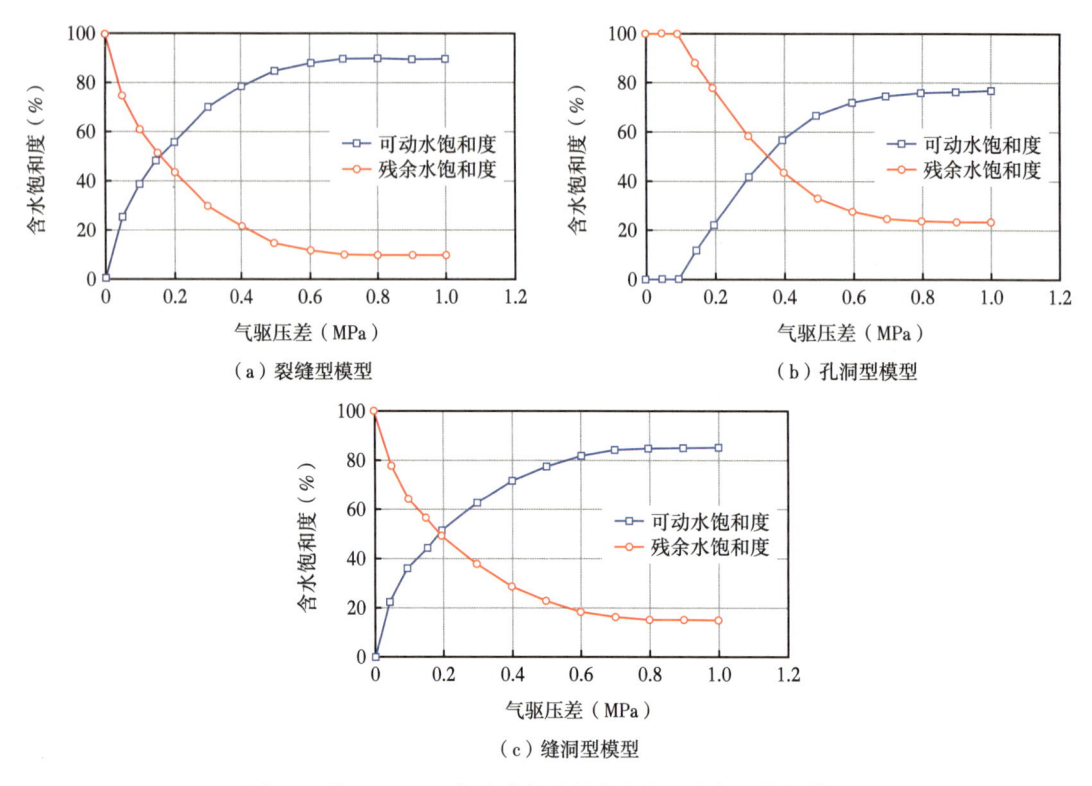

(b) 孔洞型模型

(c) 缝洞型模型

图 13　基于 Image J 灰度分析法的含水饱和度定量表征结果

在可视化物理模拟实验中发现，裂缝、孔道壁面的残余水膜厚度不仅与通道大小有关，还与气驱压差有关。为了研究其中的相关性，在三类模型中选取了不同尺寸的孔道与裂缝，利用 Image J 灰度分析法定量表征了不同气驱压差下的束缚水膜厚度占通道尺寸的百分比，计算公式为：

$$P_w = \frac{T_w}{T_c} = \frac{N_w}{N_c} \quad (2)$$

式中　P_w——水膜占通道的百分比；

T_w——残余水膜厚度，μm；

T_c——裂缝或孔道的尺寸，μm；

N_w——残余水膜的像素点数；

N_c——裂缝或孔道的像素点数。

计算结果如图 14 所示，从图中可以看出，流动通道尺寸越小，相同气驱压差下水膜占据的空间越大，有效渗流通道越小，对气相的渗流影响越大。当流动通道尺寸小到一定程度时，水膜占比会呈指数性增加，在极其细小狭窄的喉道处，通道将会完全被水膜占据，形成"卡断"型束缚水。随着气驱压差增大，各种尺寸下的水膜占比都会减小，其中通道尺寸越小，减小程度越大；但当气驱压差增大到一定程度时，各尺寸下的水膜占比基本不再减小，形成"薄膜"型束缚水。在较高的气驱压差下，裂缝内的水膜占比几乎不再随尺寸发生变化，达到"相对临界厚度"。因此，储层物性越差，孔隙和喉道就越小，毛细管压力就越大，形成的"毛细管"束缚水含量越高；颗粒越细，岩石与水接触的面积越大，"薄膜"束缚水越多[26]。

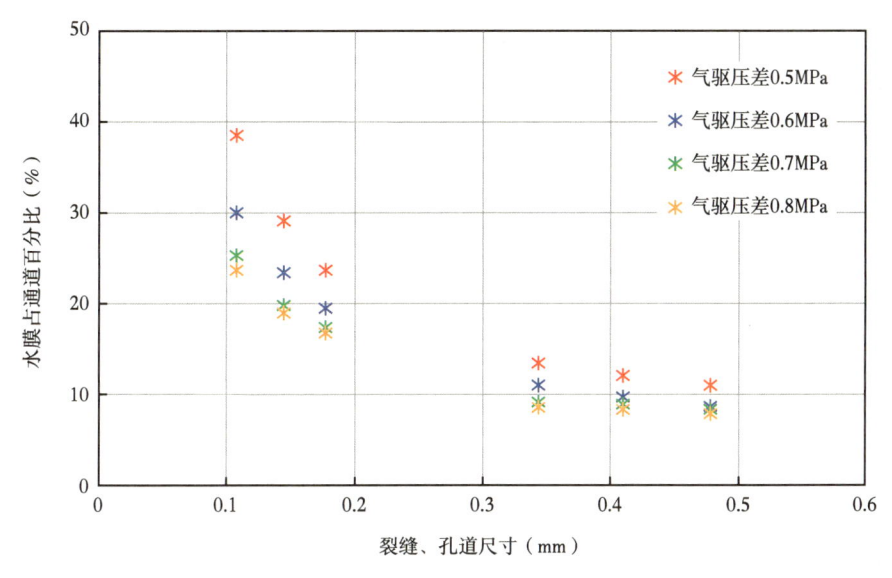

图 14　基于 Image J 灰度分析法的残余水膜定量表征结果

通过对上述可视化图像与定量表征结果进行分析可知，对于缝洞型碳酸盐岩气藏中物性较差的孔隙型和孔洞型储层，其残余水饱和度与束缚水饱和度都较高，有效渗流通道小，启动压力梯度较高，供气能力较差，在开发初期上产阶段不建议射开该类储层，可留在后期高压差稳产阶段进行补孔。而对于物性较好的裂缝型和缝洞型储层，残余水和束缚水饱和度较低，有效渗流通道大，不存在启动压力梯度，供气能力较强，可作为主力产气层位，但同时要注意边、底水的入侵会使气井快速见水，在井筒及附近形成积液，使得与其合采的其他储层产生液相滞留和毛细管自吸作用，降低气相渗透率，抑制供气能力[27-28]。

4　结论

（1）将岩心 CT 扫描与微电子光刻技术结合，并通过改进制作方法得到了裂缝性、孔洞型和缝洞型三类微观可视化模型，实现了对缝洞型碳酸盐气藏中孔、缝、洞分布的精准刻画。与常规可视化模型相比，真实性、密封性和耐压性得到了改善，可以直观地研究气水两相渗流过程、残余水形成机理以及水的赋存特征。

（2）缝洞型碳酸盐岩气藏多重介质中的水由原生可动水和残余水组成，而残余水又能分为可流动的次生可动水和不可流动的束缚水；残余水主要以"水膜""水团""水柱"和"水珠"四种模式赋存在不同类型储层的不同位置，其主要影响因素有毛细管压力、表面张力、气驱压差和通道连通性。

（3）低驱替压差下残余水饱和度快速下降，此时驱替出的是渗流阻力较小的裂缝、大孔隙以及连通性较好的溶洞内的水，以原生可动水为主；随着驱替压差增大，残余水饱和度下降变缓，此时气流带动渗流阻力较大的小孔道、裂缝与大孔道壁面水膜以及溶洞底部残余水团中的水流出,以次生可动水为主;当驱替压差增大到一定程度,含水饱和度不再发生变化,为束缚水饱和度。

(4)流动通道尺寸越小,相同气驱压差下水膜占据的空间越大,有效渗流通道越小,对气相的渗流影响越大,当流动通道尺寸小到一定程度时,水膜占比会呈指数性增加;随着气驱压差增大,水膜占比减小,通道尺寸越小,减小程度越大;当气驱压差增大到一定程度时,水膜占比基本不再减小,形成"薄膜"型束缚水。

符号注释:S_{rw}—残余水饱和度;A_w—模型内水的面积,$μm^2$;A_v—模型空隙的面积,$μm^2$;N_w—模型内水的像素点数;N_v—模型空隙的像素点数;P_w—水膜占通道的百分比;T_w—残余水膜厚度,$μm$;T_c—裂缝或孔道的尺寸,$μm$;N_w—残余水膜的像素点数;N_c—裂缝或孔道的像素点数。

参 考 文 献

[1] 贾爱林,闫海军. 不同类型典型碳酸盐岩气藏开发面临问题与对策[J]. 石油学报, 2014, 35(3): 519-527.

[2] 邹才能,杜金虎,徐春春,等. 四川盆地震旦系—寒武系特大型气田形成分布、资源潜力及勘探发现[J]. 石油勘探与开发, 2014, 41(3): 278-293.

[3] 单秀琴,张静,张宝民,等. 四川盆地震旦系灯影组白云岩岩溶储层特征及溶蚀作用证据[J]. 石油学报, 2016, 37(1): 17-29.

[4] 冯明友,强子同,沈平,等. 四川盆地高石梯—磨溪地区震旦系灯影组热液白云岩证据[J]. 石油学报, 2016, 37(5): 587-598.

[5] 朱华银,徐轩,高岩,等. 致密砂岩孔隙内水的赋存特征及其对气体渗流的影响——以松辽盆地长岭气田登娄库组气藏为例[J]. 天然气工业, 2014, 34(10): 54-58.

[6] 王晓梅,赵靖舟,刘新社. 苏里格地区致密砂岩地层水赋存状态和产出机理探讨[J]. 石油实验地质, 2012, 34(4): 400-405.

[7] 朱华银,徐轩,安来志,等. 致密气藏孔隙水赋存状态与流动性实验[J]. 石油学报, 2016, 37(2): 230-236.

[8] 朱蓉,楼章华,牛少凤,等. 塔河奥陶系油藏地层水赋存状态及控水对策[J]. 浙江大学学报(工学版), 2008, 42(10): 1843-1848.

[9] 胡勇,邵阳,陆家亮,等. 低渗气藏储层孔隙中水的赋存模式及对气藏开发的影响[J]. 天然气地球科学, 2011, 22(1): 176-181.

[10] 代金友,李建霆,王宝刚,等. 苏里格气田西区气水分布规律及其形成机理[J]. 石油勘探与开发, 2012, 39(5): 524-529.

[11] SAYEGH S G, FISHER D B. Enhanced oil recovery by CO_2 flooding in homogeneous and heterogeneous 2Dmicromodels[J]. Journal of Canadian Petroleum Technology, 2009, 48(8): 30-36.

[12] WANG L, YANG S, PENG X, et al. An improved visual investigation on gas-water flow characteristics and trapped gas formationmechanism of fracture-cavity carbonate gas reservoir[J]. Journal of Natural Gas Science & Engineering, 2018, 49, 213-226.

[13] WANG Y, LIU H, PANG Z, et al. Visualization study on plugging characteristics of temperature-resistant gel during steam flooding[J]. Energy & Fuels, 2016, 30(9): 6968-6976.

[14] 狄勤丰,张景楠,叶峰,等. 驱替过程中重力舌进特征的核磁共振可视化实验[J]. 石油学报, 2017, 38(10): 1183-1188.

[15] MOSAVAT N, TORABI F.micro-optical analysis of carbonated water injection in irregular and

heterogeneous pore geometry[J]. Fuel, 2016, 175: 191-201.
[16] GEORGE D S, HAYAT O, KOVSCEK A R. Amicrovisual study of solution-gas-drivemechanisms in viscous oils[J]. Journal of Petroleum Science & Engineering, 2005, 46（1）: 101-119.
[17] DORYANI H, mALAYERIm R, RIAZIm. Visualization of asphaltene precipitation and deposition in a uniformly patterned glassmicromodel[J]. Fuel, 2016, 182: 613-622.
[18] SMITH J D, CHATZIS I, IOANNIDISm A. A new technique tomeasure the breakthrough capillary pressure[J]. Journal of Canadian Petroleum Technology, 2005, 44（11）: 25-31.
[19] ROMERO-ZERON L B, KANTZAS A. The effect of wettability and pore geometry on foamed-gel-blockage performance[J]. SPE Reservoir Evaluation & Engineering, 2007, 10（2）: 150-163.
[20] MACKAY E J, HENDERSON G D, TEHRANI D H, et al. The importance of interfacial tension on fluid distribution during depressurization[J]. SPE Reservoir Evaluation & Engineering, 1998, 1（5）: 408-415.
[21] 王璐, 杨胜来, 刘义成, 等. 缝洞型碳酸盐岩储层气水两相微观渗流机理可视化实验研究[J]. 石油科学通报, 2017, 2（3）: 364-376.
[22] SCHNEIDERm, OSSELIN F, ANDREWS B, et al. Wettability Determination of Core Samples through Visual Rock and Fluid Imaging during Fluid Injection[J]. Journal of Petroleum Science & Engineering, 2011, 78（2）: 476-485.
[23] 吴正彬, 庞占喜, 刘慧卿, 等. 稠油油藏高温凝胶改善蒸汽驱开发效果可视化实验[J]. 石油学报, 2015, 36（11）: 1421-1426.
[24] 李明诚, 李剑. "动力圈闭"——低渗透致密储层中油气充注成藏的主要作用[J]. 石油学报, 2010, 31（5）: 718-722.
[25] 赵靖舟, 曹青, 白玉彬, 等. 油气藏形成与分布: 从连续到不连续——兼论油气藏概念及分类[J]. 石油学报, 2016, 37（2）: 145-159.
[26] 陈科贵, 温易娜, 何太洪, 等. 低孔低渗致密砂岩气藏束缚水饱和度模型建立及应用——以苏里格气田某区块山西组致密砂岩储层为例[J]. 天然气地球科学, 2014, 25（2）: 273-277.
[27] 王璐, 杨胜来, 刘义成, 等. 缝洞型碳酸盐岩气藏多层合采供气能力实验[J]. 石油勘探与开发, 2017, 44（5）: 779-787.
[28] WANG L, YANG S, mENG Z, et al. Time-dependent shape factors for fractured reservoir simulation: Effect of stress sensitivity inmatrix system[J]. Journal of Petroleum Science & Engineering, 2018, 163, 556-569.

深层有水气藏多层合采技术界限探讨

徐 伟 刘义成 邓 惠 樊怀才 张 岩 庄小菊 姚宏宇

（中国石油西南油气田公司）

摘 要 对于含水层的多层组气藏的合理开发一直是困扰气藏开发的疑难问题，尤其对于超深层酸性气藏而言，为提高气藏开发效益，降低开采成本，这个问题显得尤为突出。为此，本文基于有限元仿真等技术对安岳气田灯影组气藏GM1井开展不同气水产量条件下井筒携液能力研究，掌握了该气井多层合采技术界限。通过机理研究表明：对于底部储层存在底水的两层合采的直井，底部储层产气量贡献越大，越有利于气井携液，油管下至底部储层中部也有利气井携液，气井临界携液水气比在 $3.0m^3/10^4m^3$ 左右，同时要根据气藏地层压力和测试情况合理优选油管。同时，绘制了安岳气田灯影组气藏直井和水平井气水两相流流型图版，根据图版可以判定气井不同气水产量条件下井筒内流型及流型之间的转变界限，从而判定气井携液能力及水淹停产的风险。该研究成果为下一步气井产水后快速判定气井携液能力及评价水淹风险提供了技术支撑，能有效指导气藏开发技术对策的优化，同时也对同类气藏的开发具有一定的借鉴意义。

关键词 深层；多层合采；有水气藏；临界携液；技术界限；机理研究

1 引言

井筒积液是有水气藏开发面临的核心问题之一，国内外学者主要围绕气井临界携液流量计算开展了大量工作，Duggan 等[1]基于统计学原理建立了临界携液流量计算方法，Turner 等[2]学者基于管流理论建立了直井的临界携液计算模型，之后大量学者[3~17]主要围绕 Turner 模型的相关系数进行修正或改进，此外部分学者[18~20]通过数值模拟或两相管流等方法对多层合采的适宜性开展了研究，但有水气藏多层合采开发技术界限的确定尚无相关研究，为此，本文以安岳气田 GM 区块灯影组气藏为例开展相关技术界限研究，为该气藏开发决策提供技术支撑。

2 机理模型的建立

安岳气田 GM 区块灯影组气藏自下至上分为4段，其中灯二段、灯四段为主要开发层系，灯三段泥岩是直接盖层和侧向封堵层（夹层），灯影组储层裂缝以斜交缝和高角度缝为主，且未被充填，灯二段储层裂缝发育密度在 8.12~32.38 条/m，上部含气但下部普遍含水（图1）。气藏气水界面在 -5173.11m。由于该气藏埋藏超过 5000m，且中含二氧化碳、中含硫化氢，灯二段、灯四段压力系数接近，为提高气藏开发效益，减少投资，可将灯二段与灯四段进行合采。但灯二段下部存在底水，对于两层合采气井，底水对气藏开发的影响不容轻视。

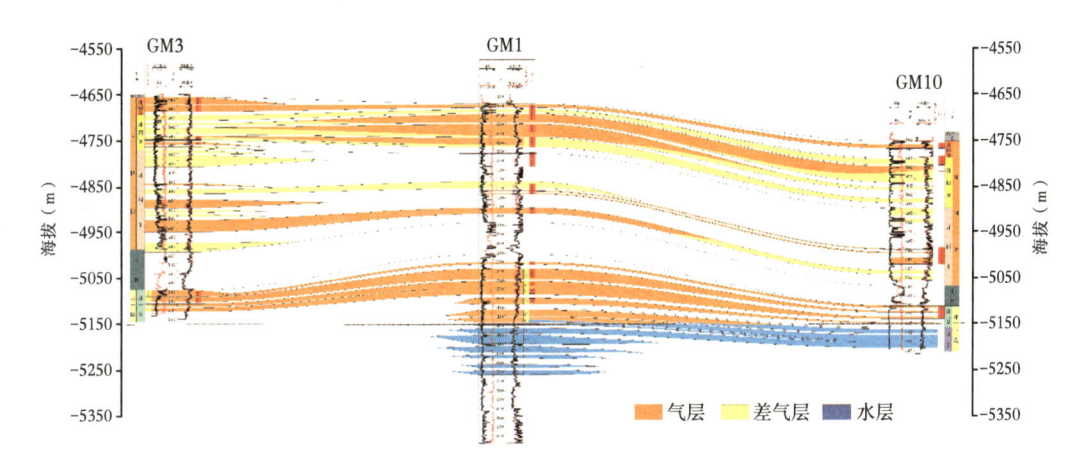

图1 GM9-GM10-GM11 井灯二段气藏剖面图

GM1 井为灯二、灯四合采气井，开发井型为直井，生产期间日产气量保持在 $5.5×10^4m^3$ 左右。以 GM1 井油套管尺寸（油管内径 $\phi = 62mm$）模拟井底 100m 高度范围内井筒中气水两相流的流动状况，井筒模型如图2所示。设定灯二段为气水同流入边界，灯四段为纯气流入边界，夹层为壁面（无流体流入）。

3 多层合采技术界限的确定

3.1 灯二段产气量越大有利于 GM1 井携液生产

为了分析灯二段和灯四段不同产气量条件下 GM1 井携液生产情况，分别设计了灯四段产量大于灯二段、灯四段产量等于灯二段及灯四段产量小于灯二段 3 套方案（表1），研究灯二段井筒内持液率与井筒中气水两相流的流动型态的变化规律。

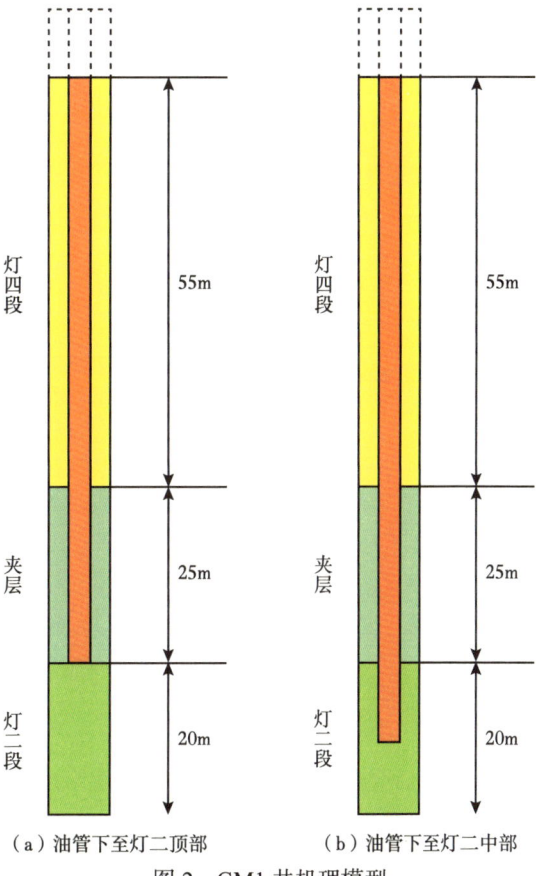

（a）油管下至灯二顶部　　（b）油管下至灯二中部

图2 GM1 井机理模型

表 1　GM1 井不同生产条件下携液能力分析

层位	日产气量（10⁴m³）			日产水量（m³）		
	方案Ⅰ	方案Ⅱ	方案Ⅲ	方案Ⅰ	方案Ⅱ	方案Ⅲ
灯四	7.5	5.0	2.5	0	0	0
灯二	2.5	5.0	7.5	50	50	50

从模拟结果（图 3 至图 5）可以看出，当灯二段产气量较低时（方案Ⅰ），井筒内的天然气以分散泡状流和段塞流为主，气井携液能力较低。随着灯二段产气量的增加（方案Ⅱ、Ⅲ），在灯二段井筒截面上气流速度增大，井筒内的天然气以搅动流为主，井筒内持液率大幅度降低，气井携液生产能力大大提高。因此，在气井总产气量和灯二段产水量一定的情况下，灯二段产气量所占比重越大，越有利于将灯二段的积液携带出。

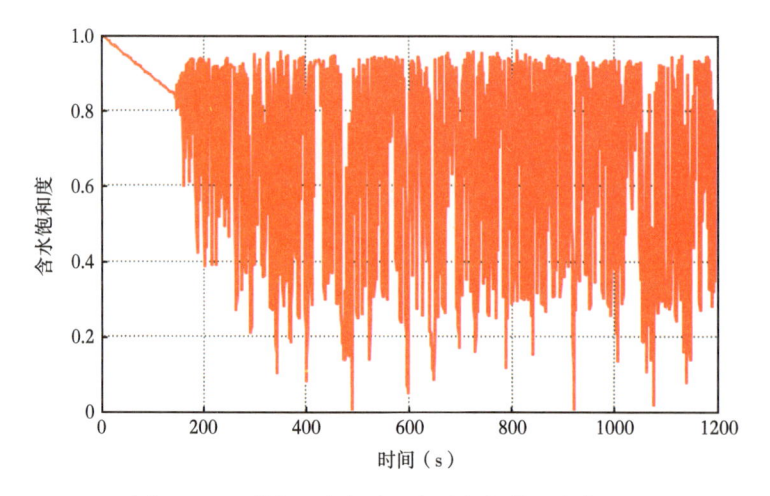

图 3　GM1 井灯二段气水两相流的规律（方案Ⅰ）

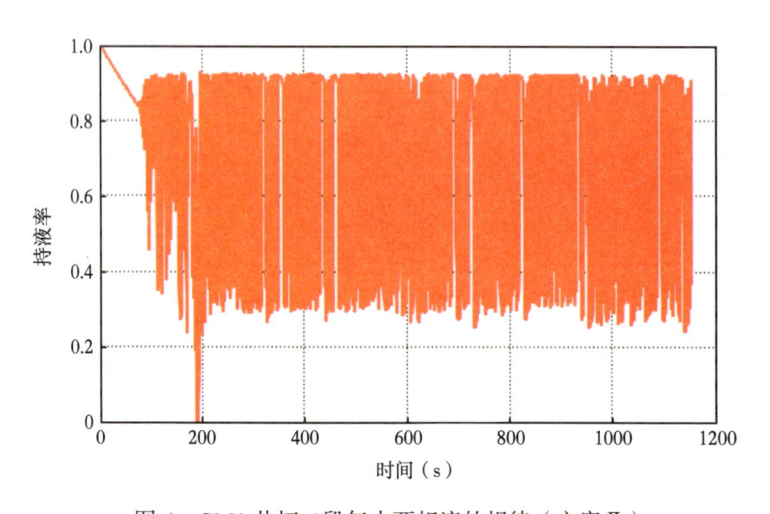

图 4　GM1 井灯二段气水两相流的规律（方案Ⅱ）

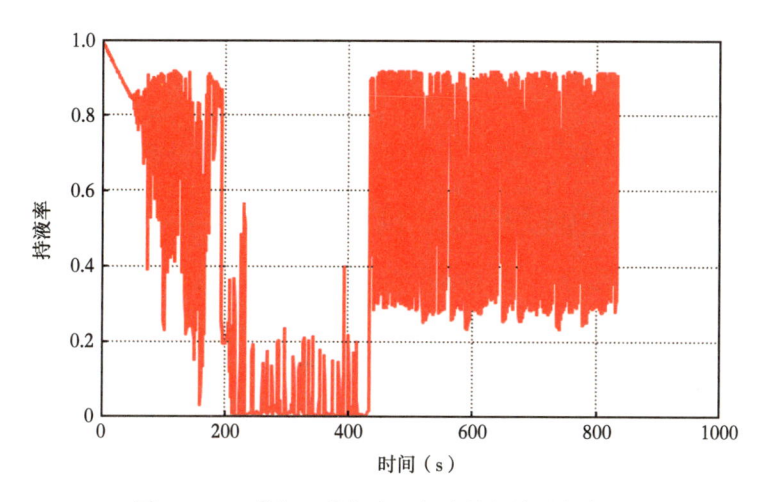

图 5　GM1 井灯二段气水两相流的规律（方案Ⅲ）

3.2　油管下至灯二段中部有助于 GM1 井携液生产

为了分析油管不同下入位置条件下 GM1 井携液生产情况，设计了油管分别下至灯二顶部和灯二中部，其中灯二段和灯四段日产气量均为 $5.0×10^4m^3$，灯二段日产水量为 $50m^3$，初始条件下井筒内积液高度为 25m，从 GM1 井井筒内流线分布（图 6）可以看出，当油管下至灯二段中部时，灯四段产出的天然气先向下流至灯二段井筒内，然后经灯二段中

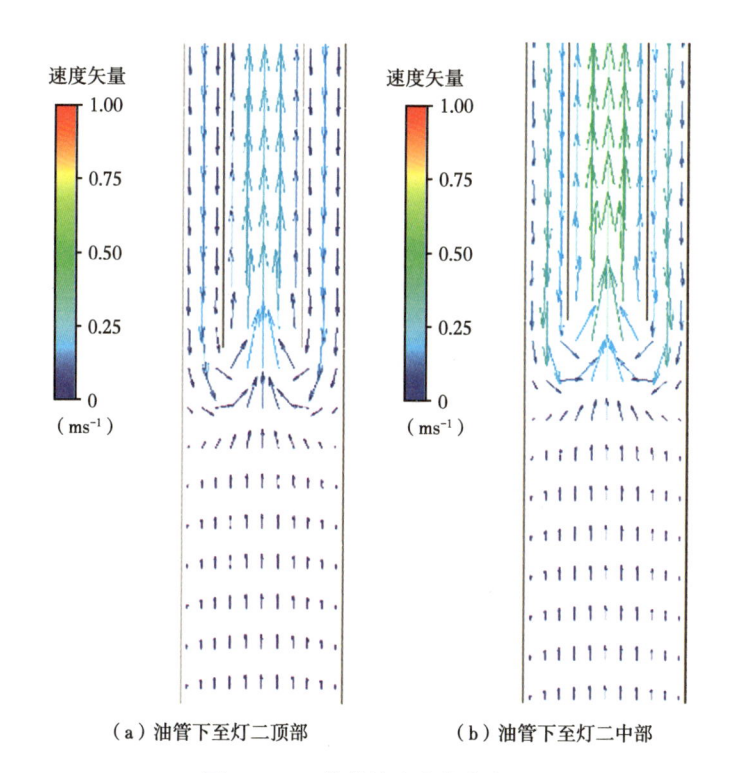

（a）油管下至灯二顶部　　　（b）油管下至灯二中部

图 6　GM1 井井筒内流线分布图

部处的油管口向上流出，有效增加了灯二段内天然气的流速，提高了灯二段的排液能力。此外，若油管下至灯二段中部，气井排液迅速，积液较快排至油管口处，当流动达到稳定时，井筒内总持液率较油管在灯二顶部低 0.04。因此，油管下至灯二段中部可以发挥灯四段产气对灯二段积液的"气举"作用，有利于增强灯二段携液生产的能力。

3.3 GM1 井临界携液水气比为 3.0m³/10⁴m³

为了分析不同水气比条件下 GM1 井携液生产情况，分别设置气井水气比为 2.5m³/10⁴m³、3.3m³/10⁴m³、6.5m³/10⁴m³ 和 20m³/10⁴m³，从模拟结果（图 7）可以看出，当水气比为 20m³/10⁴m³ 时，井筒内的天然气以分散泡状流和段塞流为主，气井携液能力较低。随着产气量的逐步增加，水气比逐步由 20m³/10⁴m³→6.5m³/10⁴m³→3.3m³/10⁴m³→2.5m³/10⁴m³，井筒内的气水两相流由连续水相分散气相逐渐转变成连续气相分散水相的流动状态，流动型态由分散泡状流 + 段塞流 → 搅动流 → 雾状流，井筒内持液率也随水气比的下降而减小，当水气比达到 3.0m³/10⁴m³ 左右时，GM1 井可以实现连续携液的生产状态。因此，可将 GM1 井的临界携液水气比标定为 3.0m³/10⁴m³。

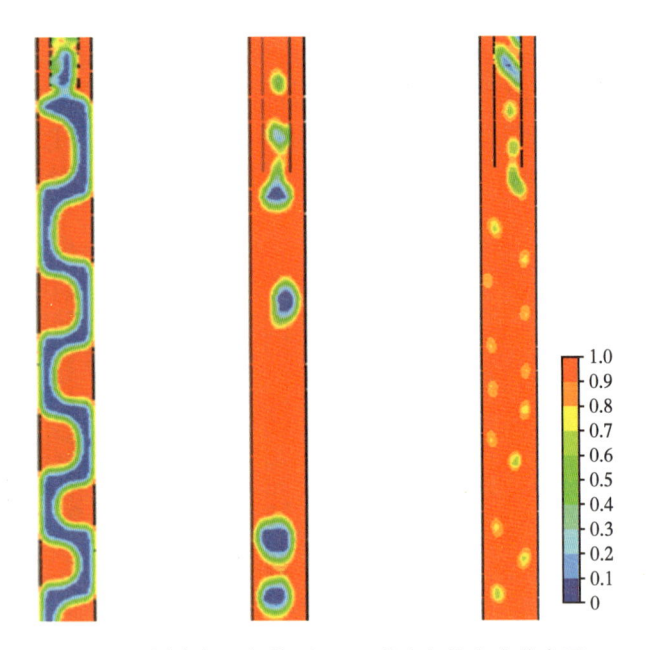

图 7 不同水气比条件下 GM1 井含气饱和度分布图

（从左至右，水气比依次为 20m³/10⁴m³、6.5m³/10⁴m³、3.3m³/10⁴m³、2.5m³/10⁴m³）

3.4 油管内径在 88.6mm 以下有利于气井携液

气井油管尺寸和井口油压影响气井临界携液流量大小，熊健等推导出气井最小临界携液流量方法[21]，通过多次迭代计算得到不同油管尺寸下井口油压与最小临界携液流量关系图版（图 8），GM1 井无阻流量为 20.5×10⁴m³/d，若按照 1/4 无阻流量配产在 5.0×10⁴m³/d 左右，当油管内径在 88.6mm 以下时，气井都能正常携液，因此，气井在选择油管时应选择内径小于 88.6mm 的油管。

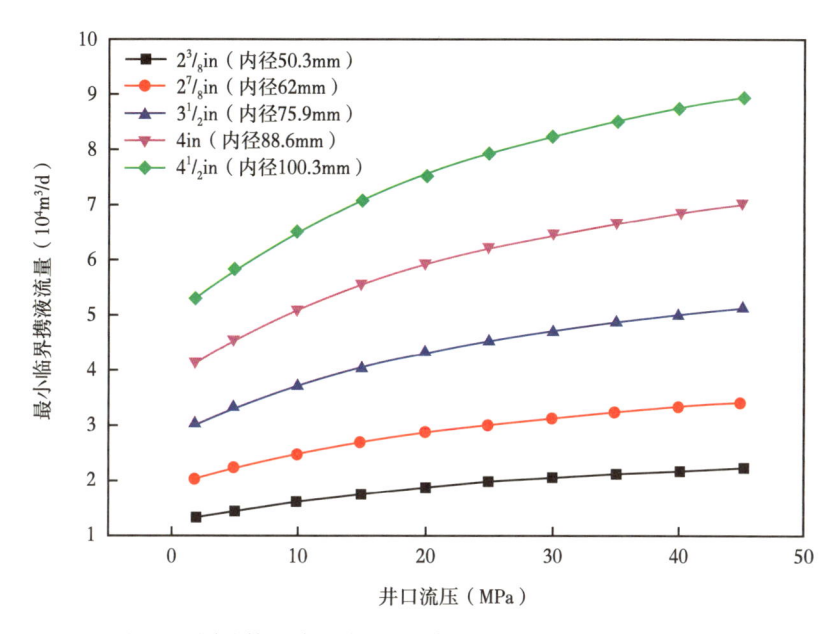

图 8　不同油管尺寸下井口油压与最小临界携液流量关系图版

4　安岳气田 GM 区块气藏携液能力技术界限分析

气井的气水流动有以下两种方式，其一是依靠流入的气相动能携带初始为静止状态的水，或从地层很慢地流入的水；其二是直接依靠流入速度较快的地层水的动能使水流动。但是，不管是上述哪一种方式，气液流型与气水流速的关系是相对固定的。针对气液两相流速与流型变化，贝克（Baker）、曼德汉（Mandhane）、泰特尔（Taitel）、威斯曼（Weisman）等进行了研究，建立了气液两相流的流速与流型分区图，但这些研究成果是基于实验室常温、常压条件下的分析所得，而实际气藏温度、压力条件下流体的黏度增大，导致流体之间的黏滞力增大，真实地层条件与地面标准状态的差异将直接影响气液两相流速与流型的变化规律。为了准确掌握安岳气田 GM 区块灯影组气藏灯二段储层条件下直井和水平井携液能力，根据气藏灯二段的温度和压力、直井油管半径及水平井井筒半径计算不同气水产量时气井的流型，绘制直井和水平井气水两相流流型图版（图9、图10），根据图版可以判定气井不同气水产量条件下井筒内流型及流型之间的转变界限，从而判定气井携液能力及水淹停产的风险。

从图 9 可以看出，当直井内气水两相流流型为环状流时，气井是可以完全正常携液的，在井底流压 56.74MPa 时要保持气井正常生产，其技术界限为日产气量 $7.65×10^4m^3$，气井产气量低于该技术界限时，随着气井产水量的增加，油管内流型依次由搅动流向段塞流、泡状流转变，将气井日产气量和日产水量对应到图版上，即可判定气井的携液能力，若在搅动流区域，则气井携液困难；若在段塞流区域，则气井存在水淹停产风险；若在泡状流区域，气井则会被完全水淹。因此，可以根据该图版快速判定直井的携液能力和水淹风险。

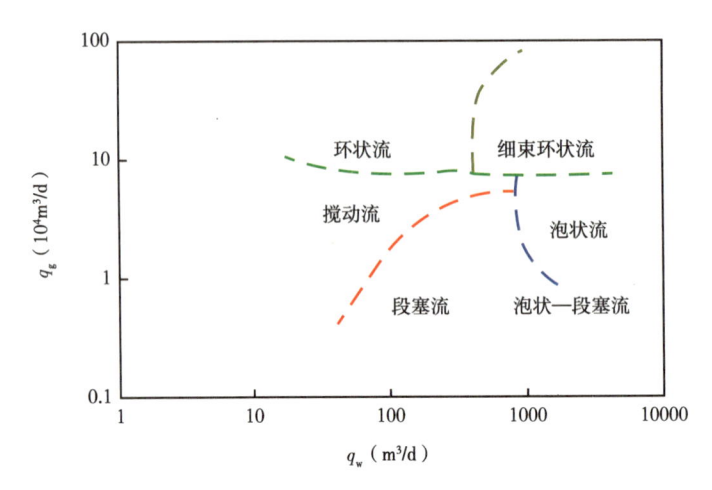

图 9 安岳气田震旦系气藏直井筒临界携液产量分析图版

（井底流压 56.74MPa，油管内径 62mm）

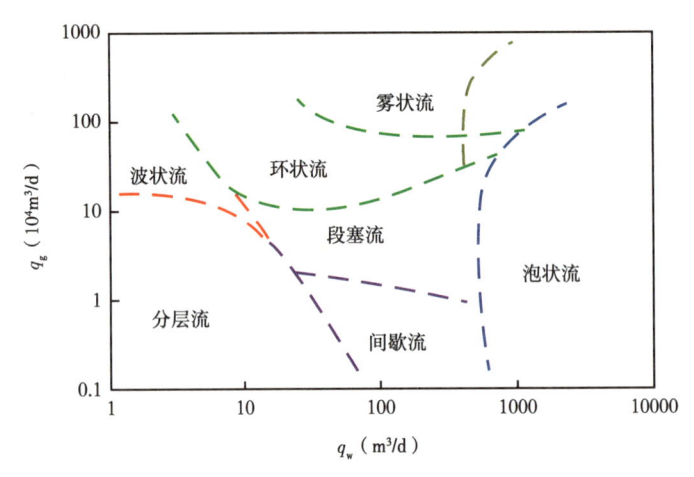

图 10 安岳气田震旦系气藏水平井筒临界携液产量分析图版

（井底流压 56.74MPa，井筒内径 127mm）

根据CFD仿真模拟计算结果可知，水平井携液临界条件：平滑分层流与波状分层流流型转变的界限，根据图10可以看出安岳气田震旦系气藏水平井积液开始被携带的技术界限为 $5.24×10^4 m^3$，当水平井中出现环状流之后，积液可以完全被携带出，相应的技术界限为日产气量 $10.72×10^4 m^3$，当气井产气量低于该技术界限时，随着气井产水量的增加，油管内流型依次由搅动流向段塞流、间歇流和泡状流转变，同样，将气井日产气量和日产水量对应到图版上，即可判定气井的携液能力。

5 结论

（1）建立了一套基于有限元的有水气藏多层合采仿真技术，进一步拓宽了有水气藏多层合采开发研究的分析手段。

（2）对于底部储层存在底水的两层合采气井，底部储层产气量贡献越大，越有利于气井携液，油管下至底部储层中部也有利气井携液，对于采用直井开发，临界携液水气比在 3.0m³/10⁴m³ 左右，同时要根据气井测试情况合理优选油管。

（3）研究成果为该有水气藏开发技术政策的制定提供了理论指导，对同类气藏的开发同样具有一定的指导意义。

参 考 文 献

[1] Duggan J O. Estimating flow rate required to keep gas wells unloaded[J]. JPT, 1961, 13（12）：1173-1176.
[2] Turner R G, et al. Analysis and prediction of minimum flow rate for the continuous removal of liquids from gas wells[J] JPT, 1969, 21（11）：1475-1482.
[3] 潘杰，王武杰，魏耀奇，等 . 气井连续携液预测新模型[J]. 工程热物理学报，2019，40（03）：579-586.
[4] 潘杰，王武杰，王亮亮，等 . 考虑液滴夹带的气井连续携液预测模型[J]. 石油学报，2019，40（03）：332-336.
[5] 刘双全，吴晓东，吴革生，等 . 气井井筒携液临界流速和流量的动态分布研究[J]. 天然气工业，2007，27（2）：104-106.
[6] 刘永辉，艾先婷，罗程程，等 . 预测水平井携液临界气流速的新模型[J]. 深圳大学学报（理工版），2018，35（06）：551-557.
[7] 刘文仪，严文德，杨喜彦，等 . 涩北气田低渗气井临界携液流量计算新模型[J]. 重庆科技学院学报（自然科学版），2018，20（04）：56-59.
[8] 明瑞卿，贺会群，胡强法 . 水平气井临界携液流量预测新方法[J]. 大庆石油地质与开发，2018，37（05）：81-85.
[9] 鹿克峰，简洁，张彦振，等 . 井筒变流量气井携液临界流量的确定方法——以东海西湖凹陷多层合采气井为例[J]. 岩性油气藏，2017，29（03）：147-151.
[10] 李元生，藤赛男，杨志兴，等 . 考虑界面张力和液滴变形影响的携液临界流量模型[J]. 石油钻采工艺，2017，39（02）：218-223.
[11] 娄乐勤，耿新中 . 气井携液临界流速多模型辨析[J]. 断块油气田，2016，23（04）：497-500.
[12] 郭布民，敬季昀，王杏尊 . 气井临界携液流量计算方法的改进[J]. 断块油气田，2018，25（04）：484-487.
[13] 明瑞卿，贺会群，胡强法 . 基于紊流条件下的气井临界携液流量计算模型[J]. 地质科技情报，2018，37（03）：248-252.
[14] 潘杰，王武杰，魏耀奇，等 . 考虑液滴形状影响的气井临界携液流速计算模型[J]. 天然气工业，2018，38（01）：67-73.
[15] 何玉发，李紫晗，张滨海，等 . 深水气井测试临界携液条件的优化设计[J]. 天然气工业，2017，37（09）：63-70.
[16] 陈德春，姚亚，韩昊，等 . 定向气井临界携液流量预测新模型[J]. 天然气工业，2016，36（06）：40-44.
[17] 李治平，郭珍珍，林娜 . 考虑实际界面张力的凝析气井临界携液流量计算方法[J]. 科技导报，2014，32（23）：28-32.
[18] 顾岱鸿，崔国峰，刘广峰，等 . 多层合采气井产量劈分新方法[J]. 天然气地球科学，2016，27（07）：1346-1351.
[19] 杨学锋，刘义成，李进，等 . 两层组气藏分采、合采效果和开采方式优选[J]. 天然气工业，2012，32（1）：57-60.
[20] 李进，冯曦，杨学锋，等 . 基于计算流体力学技术研究多层合采气井井筒携液能力[J]. 天然气勘探与开发，2012，35（02）：31-34.
[21] 熊健，李凌峰，张涛 . 气井临界携液流量的计算方法[J]. 天然气与石油，2011，29（04）：54-56.21.

改进的产能模拟法在确定安岳气田磨溪区块储层物性下限中的应用

王 璐[1] 杨胜来[1] 徐 伟[2] 孟 展[1] 韩 伟[1] 钱 坤[1]

（1.中国石油大学（北京）；2.中国石油西南油气田分公司）

摘 要 现有的产能模拟法在确定气藏储层物性下限过程中近似地将单井生产压差设定为产能模拟的实验压差，但由于岩心尺度与单井控制区域尺度相差较大，导致岩心出口端的流体流速与压力梯度和油气井井筒端的流体流速与压力梯度并不相等，使预测结果误差较大。为此，对现有的产能模拟法进行改进，在进行产量相似换算之前加入了压差相似转换，根据换算后的结果设定实验压差，保证了流体流速相等这一重要前提。并将改进的产能模拟法应用到安岳气田磨溪区块储层物性下限的确定中。研究结果表明：在气井生产压差为6MPa，产层有效厚度为40m的条件下，利用改进的产能模拟法确定的孔隙度下限为2.74%，渗透率下限为0.015mD；常规产能模拟法确定的孔隙度下限为2.42%，渗透率下限为0.011mD；改进的产能模拟法确定的下限值要稍高一些。改进的产能模拟法确定的储层物性下限更加准确。

关键词 安岳气田；磨溪区块；产能模拟法；物性下限；压差转换；储层

目前，油气田现场确定储层物性下限的方法有许多，常见的包括：经验统计法、孔渗关系法、最小流动孔喉半径法、产能模拟法、试油试气法、相渗曲线法、测井参数法等[1-10]。其中，产能模拟法是指利用研究区域实际储层岩心，在实验室条件下模拟储层温压条件，并沿水平方向建立不同的生产压差，获得单向流动条件下的油气渗流速度，再转换为径向流动条件下的单井日产油气量[11-18]，转换公式如下：

$$q = \frac{69.12 Q_R r_w d_r}{D^2} \tag{1}$$

产能模拟法通常用于对其他方法确定的物性下限的准确性进行验证，或者在试油试气资料较少的情况下对储层的物性下限进行预测。但是，利用该方法确定的物性下限值普遍偏低，油气田现场按照该下限值进行试油试气时往往达不到预测的产量，这是因为式（1）的使用是以岩心出口端流体流速与井筒端流体流速相等为前提。后人在利用产能模拟法时，通常默认岩心的实验压差等于单井的生产压差，由于岩心尺度与单井控制区域尺度相差较大，导致相同压差下的岩心出口端流体流速与井筒端流体流速并不相等。为此，对现有的产能模拟法进行改进，在进行产能模拟实验和产量相似换算之前，增加了实验压差与生产压差的相似转换，并将该方法应用到安岳气田磨溪区块储层物性下限的预测中，得到了更为准确的储层物性下限值。

1 产能模拟法确定储层物性下限的缺陷

产能模拟法的计算公式首次提出是以实验条件下的气体临界流速与矿场条件下的气井临界流速相等为基础，实现了实验临界流量与气井临界产量之间的转换，然后将气井临界产量作为该气井的合理产量[19]。令现场生产井井筒端气体径向临界流速为 v，产能模拟实验中气体水平临界流速为 v'，则有：

$$v = \frac{q}{2\pi r_w d_r} \tag{2}$$

$$v' = \frac{Q_R}{\pi (D/2)^2} \tag{3}$$

假定，$v = v'$，那么：

$$q = \frac{8 r_w d_r Q_R}{D^2} \tag{4}$$

再将式（4）中的各参数由国际单位转换为生产中的单位，便可得到式（1）所示的常用形式。虽然实验临界流速对应的实验压差并不等于气井临界产量对应的生产压差，但由于研究过程中并不需要寻求实验压差和生产压差之间的对应关系，因此利用该方法确定油气井的临界产量是正确的。

随后，产能模拟法开始被学者们广泛应用于确定储层的物性下限，而确定储层物性下限的过程与确定储层合理产量的过程并不完全相同。物性下限的确定需要以某一生产压差为前提，不同的生产压差下对应的物性下限值是不同的，而合理产量的确定并不需要给定生产压差。但是，后人在利用产能模拟法时，近似将油气井的生产压差作为实验压差进行产能模拟实验，根据单向气体流速公式（5）和径向气体流速公式（6）可知，由于岩心尺度与单井控制区域尺度相差较大，导致两者的压力梯度存在差异，那么岩心出口端流速与气井井筒端流速也不会相同。因此，在利用产能模拟法确定储层物性下限时，需要先对实验压差和生产压差进行相似换算，才能保证后续产量换算的准确性。

2 改进的产能模拟法

对于气藏，产能模拟实验时，岩心出口端气体流速：

$$v_{sg} = -\frac{K \mathrm{d}p}{\mu \mathrm{d}x} = -\frac{K(p_e^2 - p_{w1}^2)}{2\mu L p} \tag{5}$$

气井井筒端气体流速：

$$v_{rg} = -\frac{Kdp}{\mu dr} = -\frac{K(p_e^2 - p_{w2}^2)}{2\mu pr \ln(r_e/r_w)} \quad (6)$$

为了保证岩心出口端气体流速与井筒端气体流速相等，（5）式中 $p=p$，（6）式中 $p=p_{w2}$，$r=r_w$，则会有：

$$\frac{p_e^2 - p_{w1}^2}{2Lp_{w1}} = \frac{p_e^2 - p_{w2}^2}{2p_{w2}r_w \ln(r_e/r_w)} \quad (7)$$

化简后可得：

$$p_{w1}^2 + \frac{(p_e^2 - p_{w2}^2)L}{p_{w2} \cdot r_w \cdot \ln\frac{r_e}{r_w}} \cdot p_{w1} - p_e^2 = 0 \quad (8)$$

$$p_{w1} = \frac{1}{2}\left\{-\frac{(p_e^2 - p_{w2}^2)L}{p_{w2} \cdot r_w \cdot \ln\frac{r_e}{r_w}} \pm \sqrt{\left[\frac{(p_e^2 - p_{w2}^2)L}{p_{w2} \cdot r_w \cdot \ln\frac{r_e}{r_w}}\right]^2 + 4p_e^2}\right\} \quad (9)$$

$$\Delta p_t = p_e - p_{w1} \quad (10)$$

对于油藏，产能模拟实验时，岩心出口端流体流速：

$$v_{so} = -\frac{Kdp}{\mu dx} = -\frac{K(p_e - p_{w1})}{\mu L} \quad (11)$$

油井井筒端流体流速：

$$v_{ro} = -\frac{Kdp}{\mu dr} = -\frac{K(p_e - p_{w2})}{\mu r \ln(r_e/r_w)} \quad (12)$$

令岩心出口端流体流速与井筒端流体流速相等，则会有：

$$p_{w1} = p_e - \frac{L(p_e - p_{w2})}{r_w \ln(r_e/r_w)} \quad (13)$$

式中　dr——储层厚度，m；

D——岩心直径，m；

K——储层渗透率，mD；

L——岩心长度，m；

p——储层任意一点的压力，MPa；

p_e——岩心上游（供给边缘）压力，MPa；

p_{w1}——岩心下游设定压力，MPa；

p_{w2}——油气井生产时井底压力，MPa；

q——单井产油气量，$10^4 m^3/d$；

Q_R——实验室条件下油气流量，m^3/s；

r——储层任意一点的半径，m；

r_e——泄油半径，m；

r_w——井眼半径（射孔完成时则为孔眼端部至井中心距离），m；

Δp_t——实验压差，MPa；

μ——气体黏度，mPa·s。

通过式（9）和式（13）可以看出，只要给定油气井生产时的井底压力，便可以得到产能模拟实验时需要设定的下游压力，而岩心长度与单井控制区域尺度之间的对比关系决定了实验压差与生产压差之间的对应关系。

假设已知研究区常用生产压差，利用上述压力转换公式可以得到实验压差，而通过设定实验压差进行产能模拟实验测得油气流量，再根据现有的产能模拟公式式（1），便可以得到单井径向流条件下的日产油气量，然后将该产量与工业气流标准进行对比，制定研究区物性下限标准。

3 改进的产能模拟法确定气藏储层物性下限

安岳气田位于四川盆地川中古隆平缓构造区的威远—龙女寺构造群，东至广安构造，西邻威远构造，南与川东南中隆高陡构造区相接，属川中古隆平缓构造区向川东南高陡构造区的过渡地带。安岳气田震旦系—下古生界纵向上发育多套储层，主力含气层有寒武系龙王庙组和震旦系灯影组。其中，灯影组储集岩主要以丘滩复合体的藻凝块白云岩、藻叠层白云岩、藻纹层白云岩、砂屑白云岩为主，储集空间类型多样，既有受组构控制的粒间溶孔、粒内溶孔、铸模孔、晶间溶孔等，又有不受组构控制的溶洞、溶缝和构造缝。灯影组储层平均孔隙度为4.2%，平均渗透率为1.209mD。以安岳气田磨溪区块灯影组气藏为例，用改进的产能模拟法确定其储层物性下限。

实验选取安岳气田磨溪区块灯影组气藏孔隙型碳酸盐岩岩心，由于碳酸盐岩储层非均质程度较高，为了保证实验的精度要求，设计采用不同孔隙度范围的组合长岩心进行产能模拟实验，装置与流程如图1所示。研究区气藏中部平均压力为56MPa，压力系数1.12，埋深大于4 800m，平均地层温度128℃，属于超深层高温高压碳酸盐岩气藏。目前已投产的气井井眼半径0.06m，泄油半径约500m，产层有效厚度30~50m，组合长岩心长度0.4m，岩心直径0.025m。利用气藏压力转换公式式（9）和产量转换公式式（1），便可以得到实验压差与生产压差之间的对应关系（图2），以及实验气体流量与单井日产气量之间的对应关系（图3）。根据气田现场常用生产压差4.0MPa，6.0MPa，8.0MPa和10.0MPa（图2），分别设置实验压差为3.0MPa，4.5MPa，6.1MPa和7.6MPa进行产能模拟实验，再将组合长岩心出口端计量的气体流量转换为单井日产气量，最终得到研究区孔隙度、生产压差和单井日产气量之间的关系曲线（图4）。

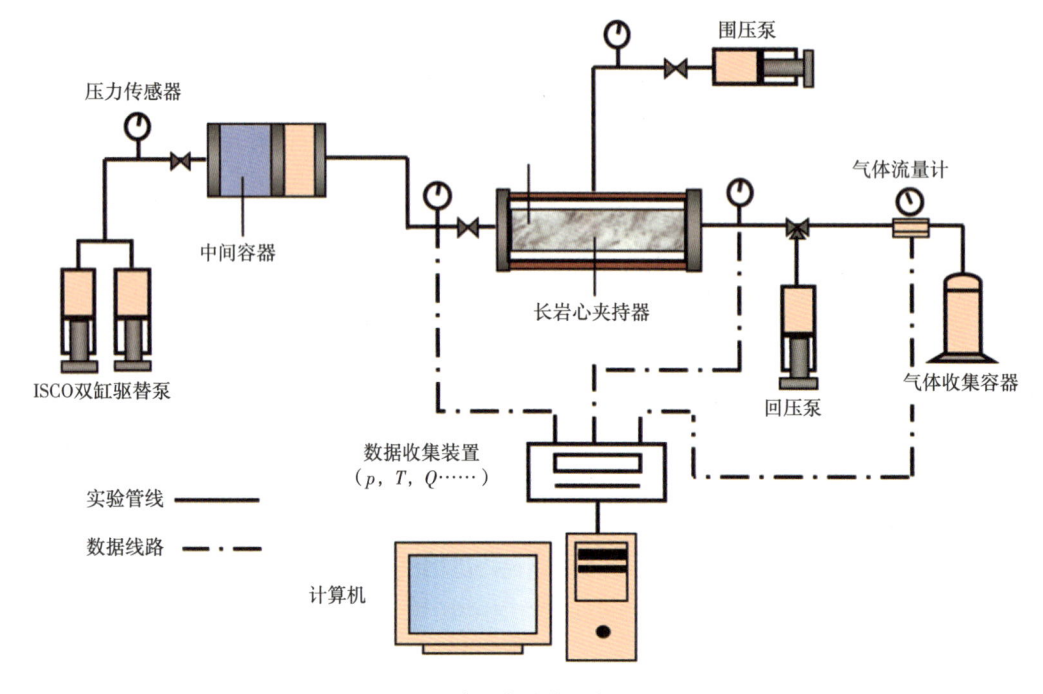

图 1　渗流实验装置与流程

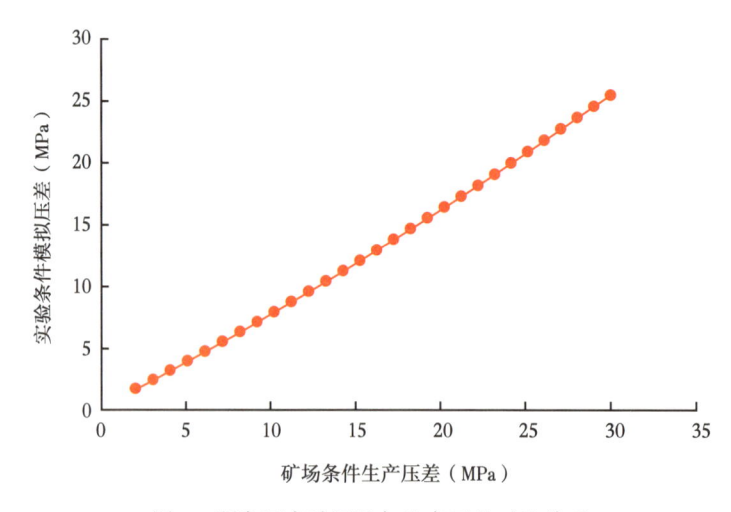

图 2　研究区实验压差与生产压差对比关系

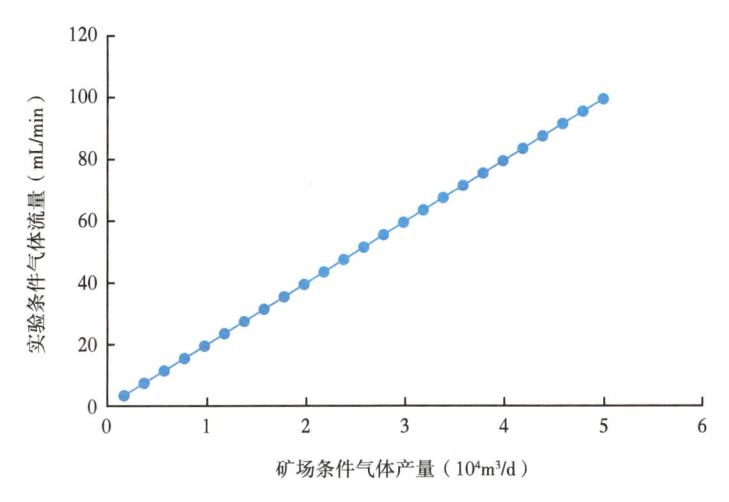

图 3　研究区实验气体流量与单井日产气量对比关系

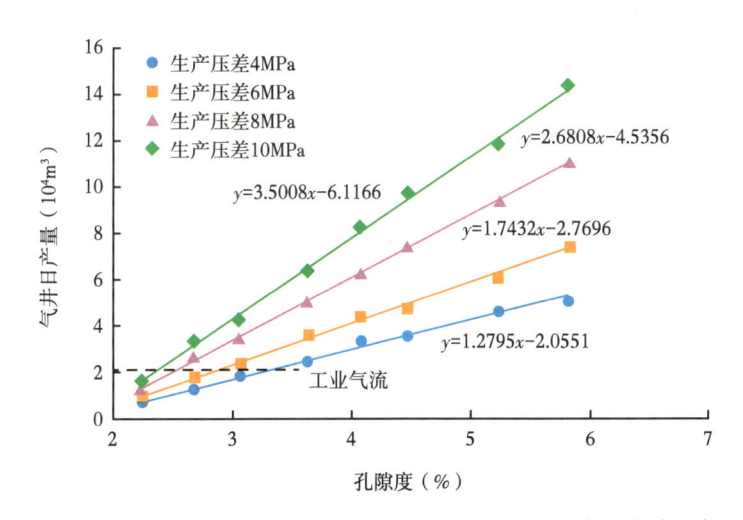

图 4　研究区孔隙度、生产压差与单井日产气量关系图版（产层有效厚度40m）

根据图 4 中拟合出的函数关系式便可以计算达到开发下限所需要的孔隙度、生产压差和产层有效厚度。为了对比改进的产能模拟法与常规产能模拟法确定的储层物性下限差异，同时设计实验压差为 4.0MPa，6.0MPa，8.0MPa 和 10.0MPa 进行产能模拟实验（图 5）。由图 5 可知，由于实际产层有效厚度介于 30~50m，选择有效厚度为 30m 和 50m 的产层进行产能模拟实验，以求取不同产层有效厚度下的物性下限（表 1）。从表 1 中可以看出，通过改进的产能模拟法确定的物性下限值要稍高于常规产能模拟法，这是因为岩心尺度要远小于气井控制区域尺度，岩心仅需要较低的压差便可以形成与井筒端相同的压力梯度和产气速度，如果近似地将气井生产压差作为实验压差，必定会使预测结果偏大。因此，在产能模拟实验前先进行生产压差与实验压差的相似转换是必要的。

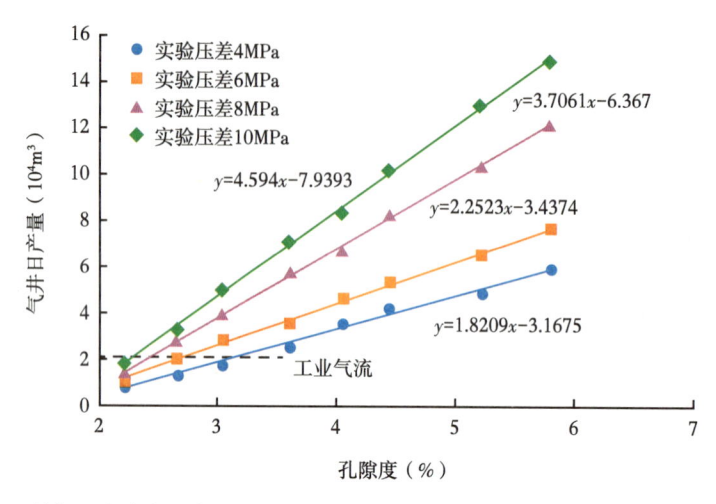

图 5 研究区孔隙度、实验压差与单井日产气量关系图版（产层有效厚度 40m）

表 1 研究区产能模拟法确定的孔隙度下限

单井产量 （$10^4m^3/d$）	产层有效厚度 （m）	生产压差 （MPa）	实验压差 （MPa）	孔隙度 （%）	实验压差 （MPa）	孔隙度 （%）
2	30	4.0	3.0	3.69	4.0	3.21
		6.0	4.5	3.12	6.0	2.71
		8.0	6.1	2.69	8.0	2.44
		10.0	7.6	2.51	10.0	2.31
	40	4.0	3.0	3.17	4.0	2.84
		6.0	4.5	2.74	6.0	2.42
		8.0	6.1	2.44	8.0	2.26
		10.0	7.6	2.32	10.0	2.16
	50	4.0	3.0	2.86	4.0	2.62
		6.0	4.5	2.51	6.0	2.24
		8.0	6.1	2.29	8.0	2.15
		10.0	7.6	2.21	10.0	2.08

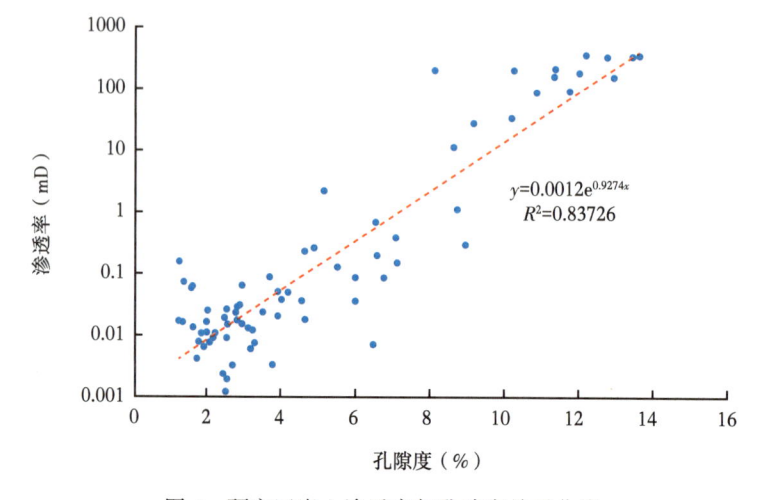

图 6 研究区岩心渗透率与孔隙度关系曲线

根据 G54 井、G40 井等气井试采资料表明，研究区气藏合理生产压差为 6~8mPa，产层平均有效厚度为 40m。由表 1 数据可以看出，当生产压差为 6MPa，产层有效厚度为 40m，孔隙度为 2.74% 时，即可达到工业气流下限要求。通过对研究区 75 块岩心的孔渗关系进行整理分析，得到渗透率与孔隙度的关系曲线（图 6）。将孔隙度为 2.74% 带入拟合关系式中，最终得到渗透率下限为 0.015mD，而利用常规产能模拟法确定的孔隙度下限为 2.42%，渗透率下限为 0.011mD。通过对比可以看出，改进的产能模拟法确定的储层物性下限值要稍高一些，也解释了常规产能模拟法确定的物性下限值过于乐观的原因。

4 结论

（1）利用产能模拟法确定储层物性下限时，近似将油气井的生产压差作为实验压差进行产能模拟实验，由于岩心尺度与单井控制区域尺度相差较大，使得岩心出口端流体流速与井筒端流体流速存在差异，因此直接利用现有的产量转换公式得到的物性下限值并不准确。

（2）在现有产能模拟法的基础上，对实验压差与生产压差进行相似转换，并根据安岳气田磨溪区块岩心与气井参数绘制二者之间的关系曲线，指导了产能模拟实验压差的设定，确保岩心出口端流体流速与井筒端流体流速的相等，使得到的储层物性下限值更加符合实际情况。

（3）利用改进的产能模拟法对安岳气田磨溪区块灯影组气藏储层物性下限进行研究，得到了孔隙度、生产压差、产层有效厚度与产量变化之间的关系。研究结果表明，当气井生产压差为 6MPa，产层有效厚度为 40m 时，研究区储层的孔隙度下限为 2.74%，渗透率下限为 0.015mD，与常规产能模拟法确定的储层物性下限值相比，要稍高一些。

参 考 文 献

[1] 王娟，刘学刚，崔智林.确定储层孔隙度和渗透率下限的几种方法[J].新疆石油地质，2010，31（2）：203-204.
[2] 黎菁，罗彬，张旭阳，等.致密砂岩气藏储层物性下限及控制因素分析[J].西南石油大学学报（自然科学版），2013，35（2）：54-62.
[3] 张安达，王成，乔睿.致密砂岩储层物性下限确定新方法及系统分类[J].岩性油气藏，2014，26（5）：5-8.
[4] 万念明，操应长，郑丽婧.滨南—利津地区沙四段有效储层物性下限研究[J].大庆石油地质与开发，2011，30（6）：50-56.
[5] 司马立强，吴思仪，袁龙，等.致密砂岩油藏有效厚度的确定方法——以苏北盆地阜宁组和戴一段为例[J].油气地质与采收率，2014，21（5）：57-60.
[6] 李文浩，张枝焕，昝灵，等.渤南洼陷北部陡坡带沙河街组砂砾岩有效储层物性下限及其主控因素[J].石油与天然气地质，2012，33（5）：766-777.
[7] 蒋裕强，高阳，徐厚伟，等.基于启动压力梯度的亲水低渗透储层物性下限确定方法——以蜀南河包场地区须家河组气藏为例[J].油气地质与采收率，2010，17（5）：57-60.
[8] 王岩泉，边伟华，刘宝鸿，等.辽河盆地火成岩储层评价标准与有效储层物性下限.中国石油大学学报（自然科学版），2016，40（2）：13-22.

[9] 黎菁，杨勇，王少飞，等.苏里格气田东区致密砂岩储层物性下限值的确定[J].特种油气藏，2011，18（6）：52-56.
[10] 张宝收，鲁雪松，孙雄伟，等.塔里木盆地迪北致密砂岩气藏储层物性下限研究[J].岩性油气藏，2015，27（2）：81-88.
[11] 黄大志，向丹.川中充西地区香四段气藏产能研究[J].天然气工业，2004，24（9）：33-35.
[12] 刘川成.应用产能模拟技术确定储层基质孔、渗下限[J].天然气工业，2005，25（10）：27-29.
[13] 李乐忠，李相方，何东博，等.苏里格气田椭圆状孤立砂体产能方程的建立[J].天然气工业，2009，29（4）：71-73.
[14] 王璐，杨胜来，孟展，等.高凝油油藏水驱油效率影响因素[J].大庆石油地质与开发，2016，35(5)：69-73.
[15] 黎菁，赵峰，刘鹏.苏里格气田东区致密砂岩气藏储层物性下限值的确定[J].天然气工业，2012，32（6）：31-35.
[16] 李烨，司马立强，闫建平，等.低孔、低渗致密砂岩储层物性下限值的确定——以川中 P 地区须二段气藏为例[J].天然气工业，2014，34（4）：52-56.
[17] 王亮国，唐立章，邓莉，等.致密储层物性下限研究——以川西新场大邑为例[J].钻采工艺，2011，36（6）：33-36.
[18] 黎菁，刘鹏，张旭阳，等.苏里格气田东区多层系气藏储层物性下限及控制因素[J].大庆石油地质与开发，2012，31（6）：41-47.
[19] 高博禹，戚斌，向阳.实验室模拟采气指示曲线法确定气井合理产量[J].成都理工学院学报，2001，28（2）：179-182.

应力敏感碳酸盐岩复合气藏生产动态特征分析

孟凡坤[1]　雷　群[1]　徐　伟[2]　何东博[1]　闫海军[1]　邓　惠[2]

（1. 中国石油勘探开发研究院；2. 中国石油西南油气田公司）

摘　要　针对碳酸盐岩气藏平面非均质性严重、应力敏感性强的特点，基于近井带裂缝—溶洞发育、远井带基质广泛展布的地质特征，将储层划分为内、外两区，内区为三重孔隙介质，外区为单重孔隙介质；通过开展应力敏感性试验，确定内区裂缝渗透率应力敏感性变化规律，并引入拟压力及拟时间函数加以描述，建立考虑储层应力敏感特性的碳酸盐岩复合气藏渗流数学模型。应用Laplace变换及Stehfest数值反演方法，并结合气藏物质平衡方程，迭代求取定产压力解和定压产量解。采用矿场实际储层、流体及生产数据，对模型的有效性进行验证。分析不同应力敏感系数、内区裂缝渗透率及外区基质渗透率等对生产动态的影响特征，研究结果表明气井初始产量及生产后期压力随应力敏感系数的增大而减小，相比内区裂缝渗透率，外区基质渗透率决定气井产气能力、井底流压大小与下降速率。

关键词　碳酸盐岩气藏；复合模型；应力敏感；裂缝渗透率；基质渗透率；生产动态

1 引言

碳酸盐岩气藏平面非均质性严重，储层应力敏感性强，导致不同气井生产动态差异较大，具体表现为部分气井初期高产，但随之压力或产量快速下降，致使生产动态难以准确描述与预测[1-4]。以近期开发的高石梯—磨溪区块震旦系气藏为例，高石7井在2016年3月投入试采，初期日产可达$50×10^4m^3$，而目前仅稳定在$15×10^4m^3$，油压由初始的40MPa下降为20MPa左右，储层描述和试井解释结果认为其近井带缝、洞发育，渗透性好，而远井带储层致密，气体渗流能力差，储层分布呈现复合气藏特征，即储层类型沿径向发生突变，内区为裂缝—孔洞型，外区为基质孔隙型。

针对应力敏感性碳酸盐岩复合气藏生产动态的分析，其难点在于复合气藏模型的数学描述与储层应力敏感性的考虑。对于内、外区介质不同的复合储层描述，国内外学者开展了大量的研究，通过建立内区双重—外区均质、内区三重—外区均质及内区三重—外区双重介质等不同内、外区孔隙介质的组合模式与数学模型，分析试井或生产动态曲线的变化规律与特征，但研究过程中普遍缺乏对储层应力敏感性的考虑[5-12]。而另一方面，在渗流模型中考虑储层应力敏感特性，给方程的求解带来较大困难，目前其求解方法主要有两种，一为采用有限差分或有限元等数值方法对方程离散，构建矩阵方程进行计算，求解过程复杂且难度较大[13-16]；二为应用摄动变换技术，将强非线性方程转换为线性方程后求解，但对渗透率变化形式及应力敏感系数大小有严格的限制[17-21]。此外，还有学者提出拟变量函数法，通过定义拟压力、拟时间函数来近似考虑储层参数应力敏感特性，但其研究对象主要为单一均匀介质油气藏，且没有给出较为详细、合理的求解步骤与方法[22-25]。

基于研究区域碳酸盐岩气藏储层的地质特征，同时考虑到该类气藏生产动态描述研究中存在的不足，在划分近井带及远井带储层类型基础上，运用实验方法获取内区裂缝渗透率应力敏感变化关系式，引入修正的拟压力、拟时间函数考虑渗透率的变化，建立应力敏感性碳酸盐岩复合气藏渗流数学模型，在定压或定产生产的条件下，通过与矿场实际生产数据相对比，验证模型有效性，以此分析描述气井生产动态变化规律。

2 物理模型描述及应力敏感性分析

2.1 物理模型

研究区域碳酸盐岩气藏储层精细描述显示，近井带缝、洞较为发育，储层类型为裂缝—孔洞型，孔隙及溶洞为主要的储集空间，裂缝为主要的渗流通道，流体渗流能力及应力敏感性较强；远井带储层致密，储层类型为基质孔隙型，裂缝及溶洞欠发育，孔隙既为储集空间也是主要的渗流通道，流体可动性差[1-2]。从试井解释结果来看，也呈现复合气藏模型的渗流特征。根据以上对储层的地质认识，将储层划分为内、外两个区域，内区为孔—缝—洞三重孔隙介质，半径为 R_1，外区为基质孔隙单一介质，半径为 R_e，其示意图如图 1 所示。

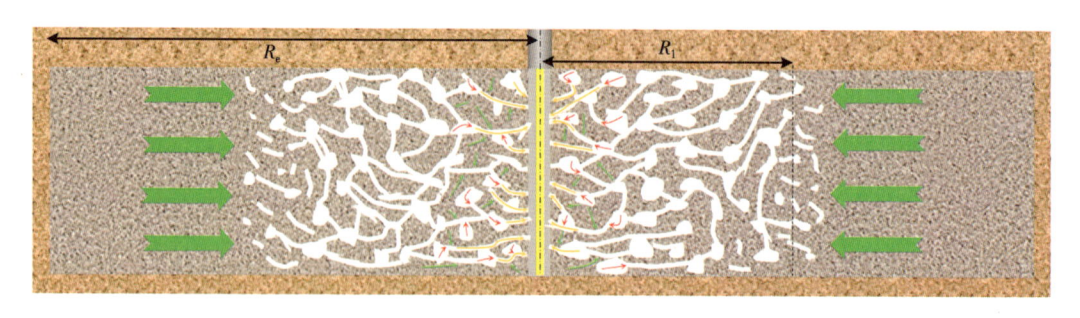

图 1 应力敏感性碳酸盐岩复合气藏示意图

2.2 应力敏感性分析

由于内区裂缝—孔洞型地层应力敏感性较强，因此，选取该储层类型岩心，利用异常高压岩心驱替装置，在室温条件下，开展岩石裂缝渗透率的应力敏感性实验。测定时围压保持恒定，以 5MPa 为间隔逐渐降低内压，模拟气藏降压开采过程，测试不同有效应力（净压力）岩石裂缝渗透率。定义无量纲渗透率（各测试点渗透率与初始测定渗透率的比值），绘制岩心无量纲渗透率与有效应力间的关系曲线（图2），分别运用幂函数与指数函数进行曲线的回归，拟合结果表明相比于指数函数，幂函数拟合效果较好，根据量纲一致性原则，对回归公式进行处理[26]，则无量纲渗透率与有效应力变化关系式为：

$$\frac{K_\mathrm{f}}{K_\mathrm{fi}} = \left(\frac{\sigma_\mathrm{s} - p}{\sigma_\mathrm{s} - p_\mathrm{i}}\right)^{-\alpha} \tag{1}$$

式中　p——实验流压，MPa；

σ_s、p_i——实验围压及初始流压，MPa；

K_f——岩石裂缝渗透率，D；

K_fi——初始流压下测定的岩石裂缝渗透率，D。

拟合结果表明，应力敏感系数 α 为 0.738。在实际气藏开发过程中，实验围压、流压分别表征气藏实际上覆岩层压力及气藏地层压力，初始流压对应原始地层压力。

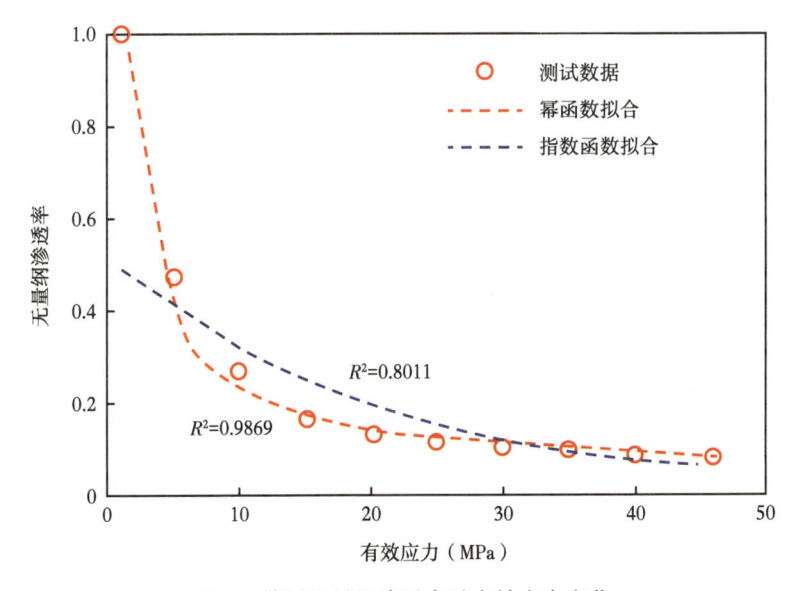

图2　储层无量纲渗透率随有效应力变化

3　渗流数学模型

基于2.1中对物理模型的描述，做出如下假设：（1）地层水平等厚，内区储层为孔—缝—洞三重孔隙介质，外区为孔隙型均匀介质；（2）气井生产前，地层各处压力均为原始地层压力；（3）考虑气体为可压缩性流体，复合气藏内、外区均忽略岩石的压缩性；（4）单相气体流动符合达西定律，忽略重力、毛细管压力的作用；（5）内区基质、溶洞为主要的储集空间，裂缝为主要的渗流通道，基质向裂缝为拟稳态窜流；（6）考虑裂缝渗透率的应力敏感效应。

依据以上假设，可以建立复合气藏渗流数学模型：

裂缝：

$$\frac{\partial^2 m_f}{\partial r^2}+\frac{1}{r}\frac{\partial m_f}{\partial r}=\frac{1}{a_t}\frac{\phi_f \mu_{gi} C_{tf}}{K_{fi}}\frac{\partial m_f}{\partial t_p}-\alpha_m \frac{K_{mi}}{K_{fi}}(m_{m1}-m_f)-\alpha_c \frac{K_{ci}}{K_{fi}}(m_c-m_f)(r_w \leqslant r \leqslant R_1) \quad (2)$$

$$m_f=\frac{\mu_{gi} z_i}{p_i K_{fi}}\int_{p_0}^{p_f}\frac{K_f p}{\mu_g z}\mathrm{d}p, m_{m1}=\frac{\mu_{gi} z_i}{p_i K_{fi}}\int_{p_0}^{p_{m1}}\frac{K_f p}{\mu_g z}\mathrm{d}p, m_c=\frac{\mu_{gi} z_i}{p_i K_{fi}}\int_{p_0}^{p_c}\frac{K_f p}{\mu_g z}\mathrm{d}p, C_{tf}=C_{gi}(1-S_{wfi}) \quad (3)$$

值得说明的是在式（2）及以后方程推导过程中，已做如下近似：

$$\frac{K_m}{K_f}\approx\frac{K_{mi}}{K_{fi}}, \frac{K_c}{K_f}\approx\frac{K_{ci}}{K_{fi}}, t_p=\frac{\mu_{gi} C_{gi}}{K_{fi}}\int_0^t \frac{K_f}{\mu_g C_g}\mathrm{d}t \approx \frac{\mu_{gi} C_{gi}}{K_{fi}}\int_0^t \frac{K_f(p_{avg})}{\mu_g(p_{avg})C_g(p_{avg})}\mathrm{d}t \quad (4)$$

式中　ϕ_f——裂缝孔隙度；

C_g——气体压缩系数，MPa^{-1}；

C_{gi}——原始状态下气体压缩系数，MPa^{-1}；

C_{tf}——裂缝综合压缩系数，MPa^{-1}；

S_{wfi}——裂缝中原始含水饱和度，设为0；

μ_g——气体黏度，$mPa \cdot s$；

μ_{gi}——原始地层压力下气体黏度，$mPa \cdot s$；

z_i——原始地层压力下气体偏差因子；

z——气体偏差因子；

K_m及K_c——基质、溶洞渗透率，D；

K_{fi}、K_{mi}与K_{ci}——原始地层压力下裂缝、基质和溶洞渗透率，D；

α_m、α_c——基质、溶洞形状因子，$1/m^2$；

r_w——井径，m；

R_1——内区半径，m；

r——半径，m；

p——压力，MPa；

p_0——标准状况压力，0.101MPa；

p_f、p_{m1}、p_c与p_{avg}——裂缝、内区基质、溶洞及气藏平均地层压力，MPa；

m_f、m_{m1}及m_c——裂缝、内区基质及溶洞系统的拟压力，MPa；

t——时间，d；

t_p——拟时间，d；

a_t——单位换算系数，取值为86.4。

内区基质：

$$\frac{\phi_{m1}\mu_{gi} C_{tm1}}{a_t}\frac{\partial m_{m1}}{\partial t_p}+\alpha_m K_{mi}(m_{m1}-m_f)=0 \quad (5)$$

溶洞：

$$\frac{\phi_c \mu_{gi} C_{tc}}{a_t}\frac{\partial m_c}{\partial t_p}+\alpha_c K_{ci}(m_c-m_f)=0 \quad (6)$$

外区基质：

$$\frac{\partial^2 m_{m2}}{\partial r^2} + \frac{1}{r}\frac{\partial m_{m2}}{\partial r} = \frac{1}{a_t}\frac{\phi_{m2}\mu_{gi}C_{tm2}}{K_{mi}}\frac{\partial m_{m2}}{\partial t_p} \quad (R_1 \leqslant r \leqslant R_e) \tag{7}$$

$$m_{m2} = \frac{\mu_{gi}z_i}{p_i K_{fi}}\int_{p_0}^{p_{m2}}\frac{K_f p}{\mu_g z}dp, C_{tm1} = C_{gi}(1-S_{wmi}), C_{tc} = C_{gi}(1-S_{wci}), C_{tm2} = C_{tm1} \tag{8}$$

式中 p_{m2} 和 m_{m2}——外区基质系统的压力和拟压力，MPa；

ϕ_{m1}、ϕ_c 及 ϕ_{m2}——内区基质、溶洞及外区基质孔隙度；

C_{tm1}、C_{tc} 与 C_{tm2}——内区基质、溶洞及外区基质综合压缩系数，MPa^{-1}；

S_{wmi}、S_{wci}——基质、溶洞原始含水饱和度，S_{wci} 取 0；

R_e——储层半径，m。

初始条件：

$$m_f = m_{m1} = m_c = m_{m2} = m_{p_i}, t = 0, \quad m_{p_i} = \frac{\mu_{gi}z_i}{p_i K_{fi}}\int_{p_0}^{p_i}\frac{K_f p}{\mu_g z}dp \tag{9}$$

内边界条件（定压生产）：

$$r\frac{\partial m_f}{\partial r}\bigg|_{r=r_w} = \frac{a_p q_g \mu_{gi} B_{gi}}{K_{fi} h} \tag{10}$$

外边界条件：

$$\frac{\partial m_f}{\partial r}\bigg|_{r=R_e} = 0 \tag{11}$$

衔接条件：

$$m_f = m_{m2}, \frac{K_f}{\mu_g}\frac{\partial m_f}{\partial r} = \frac{K_m}{\mu_g}\frac{\partial m_{m2}}{\partial r} \quad (r = R_1) \tag{12}$$

式中 B_{gi}——原始条件下气体体积系数；

q_g——标准状况下气井产量，m³/d；

h——地层厚度，m；

p_i、m_{p_i}——原始地层压力及其对应的拟压力，MPa；

a_p——单位换算系数，取值为 1.842×10^{-3}。

为便于对方程进行求解，对式（2）、式（5）至式（7）及式（9）至式（12）分别进行无量纲化：

$$\frac{\partial^2 m_{fD}}{\partial r_D^2} + \frac{1}{r_D}\frac{\partial m_{fD}}{\partial r_D} = (1-\omega_c-\omega_m)\frac{\partial m_{fD}}{\partial t_D} - \lambda_m(m_{m1D}-m_{fD}) - \lambda_c(m_{cD}-m_{fD})(1\leqslant r_D \leqslant R_{1D}) \tag{13}$$

$$\omega_m\frac{\partial m_{m1D}}{\partial t_D} + \lambda_m(m_{m1D}-m_{fD}) = 0, \quad \omega_c\frac{\partial m_{cD}}{\partial t_D} + \lambda_c(m_{cD}-m_{fD}) = 0 \tag{14}$$

$$\frac{\partial^2 m_{m2D}}{\partial r_D^2} + \frac{1}{r_D}\frac{\partial m_{m2D}}{\partial r_D} = \eta\frac{\partial m_{m2D}}{\partial t_D} \quad (R_{1D} \leqslant r_D \leqslant R_{eD}) \tag{15}$$

$$m_{fD} = m_{m1D} = m_{cD} = m_{m2D} = 0 \quad (t_D = 0) \tag{16}$$

$$\frac{\partial m_{fD}}{\partial r_D}\bigg|_{r_D=1} = -1 \tag{17}$$

$$\frac{\partial m_{m2D}}{\partial r_D}\bigg|_{r_D=R_{eD}} = 0 \tag{18}$$

$$m_{fD} = m_{m2D}, \frac{\partial m_{fD}}{\partial r_D} = M\frac{\partial m_{m2D}}{\partial r_D} \quad (r_D = R_{1D}) \tag{19}$$

式（13）至式（19）中无量纲变量定义式为：

$$m_{fD} = \frac{K_{fi}h[m_{p_i} - m_f(p)]}{a_p q_g B_{gi} \mu_{gi}}, m_{m1D} = \frac{K_{fi}h[m_{p_i} - m_{m1}(p)]}{a_p q_g B_{gi} \mu_{gi}}, m_{cD} = \frac{K_{fi}h[m_{p_i} - m_c(p)]}{a_p q_g B_{gi} \mu_{gi}}$$

$$m_{m2D} = \frac{K_{fi}h[m_{p_i} - m_{m2}(p)]}{a_p q_g B_{gi} \mu_{gi}}, t_D = \frac{a_t K_{fi} t_p}{(\phi_f C_{tf} + \phi_{m1} C_{tm1} + \phi_c C_{tc})\mu_{gi} r_w^2}, r_D = r/r_w, R_{1D} = R_1/r_w$$

$$R_{eD} = R_e/r_w, \omega_m = \frac{\phi_{m1} C_{tm1}}{\phi_f C_{tf} + \phi_{m1} C_{tm1} + \phi_c C_{tc}}, \omega_c = \frac{\phi_c C_{tc}}{\phi_f C_{tf} + \phi_{m1} C_{tm1} + \phi_c C_{tc}}, \omega_f = 1 - \omega_m - \omega_c$$

$$\lambda_m = \alpha_m \frac{K_{mi}}{K_{fi}} r_w^2, \lambda_c = \alpha_c \frac{K_{ci}}{K_{fi}} r_w^2, \eta = \frac{K_{fi}/(\phi_{m1}\mu_{gi}C_{tm1} + \phi_f\mu_{gi}C_{tf} + \phi_c\mu_{gi}C_{tc})}{K_{mi}/(\phi_{m2}\mu_{gi}C_{tm2})}, M = \frac{(K_m/\mu_g)_2}{(K_f/\mu_g)_1} = \frac{K_{mi}}{K_{fi}}$$

式中 m_{fD}、m_{m1D}、m_{cD} 及 m_{m2D}——裂缝、内区基质、溶洞及外区基质无量纲拟压力；

t_D——无量纲拟时间；

r_D——无量纲半径；

R_{1D}、R_{eD}——内区及储层无量纲半径；

ω_m、ω_c 与 ω_f——内区基质、溶洞及裂缝储容比；

λ_m、λ_c——内区基质、溶洞窜流系数；

η——内区与外区孔隙介质储容比；

M——外区与内区流体流度比。

4 模型的求解与验证

4.1 模型的求解

对数学模型［式（13）至式（19）］进行拉氏变换，可得到内、外区无量纲拟压力拉氏空间解：

$$\bar{m}_{fD} = AI_0\left[\sqrt{sf(s)}r_D\right] + BK_0\sqrt{sf(s)}r_D \quad (1 \leqslant r_D \leqslant R_{1D}) \tag{20}$$

$$\bar{m}_{m2D} = CI_0\left(\sqrt{s\eta}r_D\right) + DK_0\left(\sqrt{s\eta}r_D\right) \quad (R_{1D} \leqslant r_D \leqslant R_{eD}) \tag{21}$$

$$f(s) = (1 - \omega_c - \omega_m) + \frac{\lambda_m \omega_m}{\lambda_m + \omega_m s} + \frac{\lambda_c \omega_c}{\lambda_c + \omega_c s} \tag{22}$$

$$\bar{m}_{wD} = AI_0\left(\sqrt{sf(s)}\right) + BK_0\left(\sqrt{sf(s)}\right), m_{wD} = \frac{K_{fi}h[m_f(p_i) - m_w(p_{wf})]}{a_p q_g B_{gi} \mu_{gi}} \quad (23)$$

式中 q_{wD}、$\bar{m}_{m2D}$ 与 $\bar{m}_{wD}$——内区、外区及井底拉氏空间无量纲拟压力；

s——拉氏变量；

m_{wD}——无量纲井底拟压力；

p_{wf}、m_w——井底流压及其拟压力，MPa；

A、B、C、D——待定系数。

将式（20）、式（21）代入拉氏变换后的边界条件[式（17）至式（19）]可构建系数矩阵，求得 A、B 值。Van Everdingen 等[27]指出，根据叠加原理，定压产量解及定产压力解间有如下关系：

$$\bar{q}_{wD} = \frac{1}{s^2 \bar{m}_{wD}}, q_{wD} = \frac{a_p q_g(t) B_{gi} \mu_{gi}}{K_{fi}h[m_f(p_i) - m_w(p_{wf})]} \quad (24)$$

式中 q_{wD}、$\bar{q}_{wD}$——真实及拉氏空间无量纲产量。

将求得的 A、B 值分别代入式（23）、式（24），运用 Stehfest 数值反演方法[28]，即可求得无量纲井底流压与无量纲产量，有量纲化后，可获得实际井底流压和产气量大小。

拟压力函数中考虑了气体性质、储层渗透率等随压力的变化[式（3）]，有较强的非线性，因此，采用数值积分法构造数值表，再通过线性插值可确定拟压力对应的压力大小。在此，气体黏度、压缩因子分别采用 Lee-Gonzalez-Eakin 半经验公式法和 Hall-Yarbough 方法计算[29-30]，渗透率变化可用式（1）描述。拟时间函数的计算需结合物质平衡方程，作为中间变量，在整个数学模型求解过程通过数值积分求得[31]。其中，压缩系数可运用 D-A-K 方法计算[32]。

数学模型求解步骤为：①计算定产生产[式（25）]或定压生产[式（26）]累计产气量；②求解物质平衡方程[式（27）]，插值求取每一时间步气藏平均压力；③计算气体黏度、压缩系数等 PVT 参数，根据式（4）计算拟时间 t_p；④对拟时间进行无量纲化，代入式（24）计算定压生产日产气量或代入式（23）插值求取定产生产井底流压，返回①，进行下一时间步的迭代计算。

$$G_p(t_j) = G_p(t_{j-1}) + q_g \Delta t \quad (25)$$

$$G_p(p_{avg}^j) - G_p(p_{avg}^{j-1}) = \int_{t_{j-1}}^{t_j} q_g(\tau) d\tau \approx \frac{1}{2}\left[q_g(p_{avg}^j) + q_g(p_{avg}^{j-1})\right] \cdot (t_j - t_{j-1}) \quad (26)$$

$$\frac{p_{avg}}{z(p_{avg})} = \frac{p_i}{z(p_i)}\left(1 - \frac{G_p}{G_{sc}}\right) \quad (27)$$

式中 Δt——时间间隔，在此取 1d；

p_{avg}^{j-1}、p_{avg}^{j}——第 $j-1$、j 时间步的气藏平均压力，MPa；

G_p——累计产气量，m；

G_{sc}——气藏地质储量，单位为 m³，可由容积法计算求得。

4.2 模型有效性验证

选取高石梯—磨溪区块震旦系气藏一口定压生产井和一口定产生产井，综合试井、测井、室内试验及生产动态等数据资料，确定其储层及生产参数，同时，综合两者获得敏感性分析的基础参数，分别见表1中1~3列。依据图2曲线拟合结果，应力敏感系数在此均取0.738。对于流体属性，两口井的采出气组成相近，气体相对密度为0.59，临界压力为4.82MPa，临界温度为199.3K。将两口生产井的实际储层及流体参数代入建立的模型进行计算，与实际生产数据进行对比（图3）。

表1 碳酸盐岩气藏储层及流体参数

参数	定产	定压	综合	参数	定产	定压	综合
内区半径（m）	92	8	50	裂缝孔隙度（%）	0.11	0.10	0.1
井控半径（m）	711.5	478.3	600	溶洞孔隙度（%）	1.91	1.83	1.9
地层厚度（m）	88.93	48.5	50	基质含水饱和度（%）	15.98	15.78	15
裂缝初始渗透率（mD）	9.35	0.18	2	初始气藏压力（MPa）	42.4	56.1	50
基质初始渗透率（mD）	0.07	0.067	0.01	上覆岩层压力（MPa）	139.5	139.2	135
基质—裂缝窜流系数 λ_m	1×10^{-6}	1×10^{-6}	1×10^{-6}	气藏温度（℃）	154.8	154.6	150
溶洞—裂缝窜流系数 λ_c	1×10^{-4}	1×10^{-4}	1×10^{-4}	气井产量（m³/d）	200000	—	25000
内区基质孔隙度（%）	1.52	1.45	1.5	井底流压（MPa）	—	40.14	30
外区基质孔隙度（%）	3.29	3.29	3.3	生产时间（d）	107	115	1000

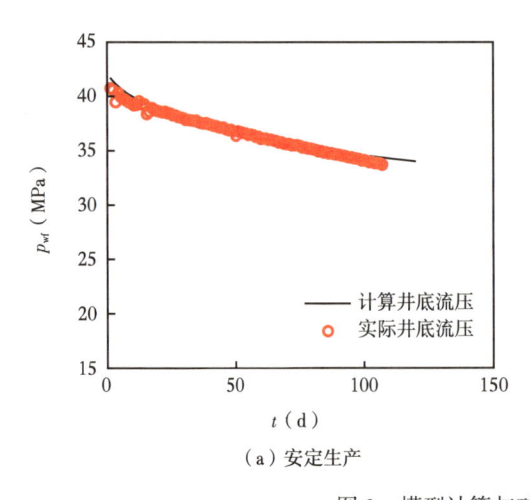

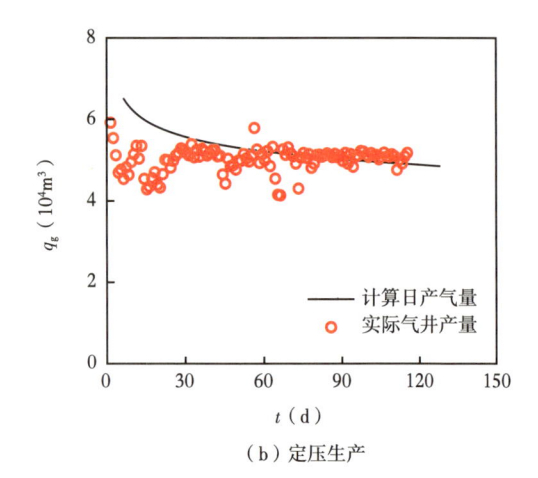

（a）安定生产

（b）定压生产

图3 模型计算与矿场实际生产数据对比

观察图3中计算与实际生产数据对比情况可发现，在生产初期，由于数学模型中没有考虑井储和表皮伤害等复杂因素的影响，计算井底流压和气井产量均高于实际值，但随生产时间的增加，上述因素影响程度减弱，拟合程度变好。从整体来看，计算值与生产数据间吻合较好，验证了建立模型的有效性，表明该模型可较为准确地描述与预测气井的生产动态。

5 储层参数敏感性分析

5.1 应力敏感系数

设定不同的应力敏感系数，计算定产生产井底流压与定压生产气井产量，绘制其随时间变化曲线（图4）。为清晰地反映早期日产气量变化规律，对于定压生产井日产气及累计产气量随时间变化曲线采用半对数坐标。对于定产生产井，由于生产初期采出气量较少，但内区缝、洞发育，供气能力较强，导致气藏平均压力下降幅度较小，不同应力敏感系数下的裂缝渗透率近似相等、井底流压变化曲线近乎重合；但当内区气藏储量开采到一定程度后，由于外区储层致密，供气能力较弱，使得气藏平均压力产生较大变化，不同应力敏感系数下的裂缝渗透率间产生较大差距，进而导致应力敏感系数越大，则井底流压越低。对于定压生产井，气井初期产量较高，内区缝、洞储层内天然气快速产出，而外区供气能力较差，导致气藏平均压力快速下降，因而使得不同应力敏感系数下裂缝渗透率初始就产生较大差异，应力敏感系数大的地层裂缝渗透率下降幅度较大，产气量较低，但当裂缝闭合到一定程度，不同应力敏感系数下裂缝渗透率变化程度较小，趋于一致，因此也使得产气量趋于相同。

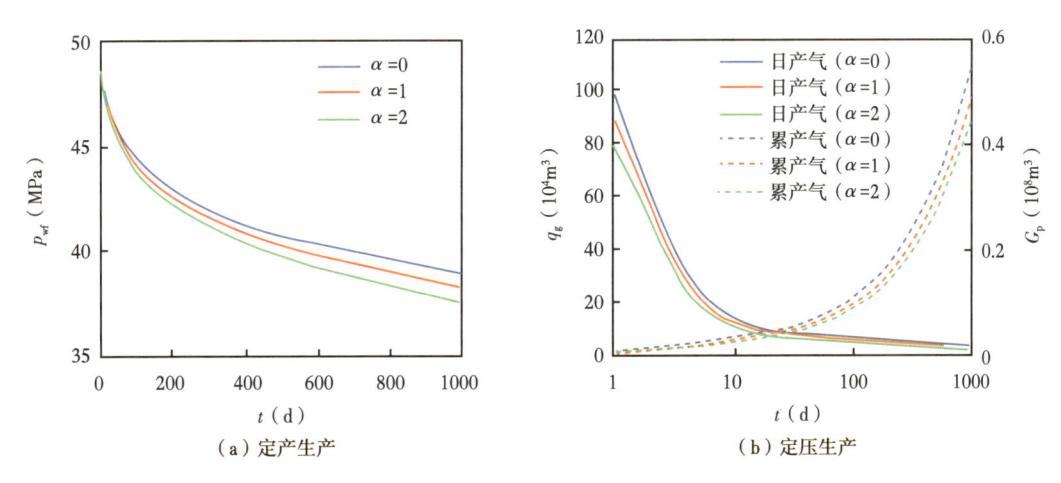

图4 不同应力敏感系数气井生产动态

5.2 内区裂缝渗透率

观察不同裂缝渗透率下气井生产动态变化规律（图5），可发现对于定产生产井，裂缝渗透率越小，则井底流压越低，但总体差别不大，表明裂缝渗透率对井底流压影响相对较小；而对于定压生产井，生产初期，裂缝渗透率越大，则气井产量越高，但下降速率较快，最终不同裂缝渗透率气井产量趋于相同。出现上述变化规律的主要原因为裂缝作为主要的渗流通道，其渗透率大小仅反映气体渗流能力的高低，裂缝渗透率越高，则裂缝向井筒的供气能力越强，气井产量也越高；但由于初始采出气主要来源于井周围的缝洞介质，有较强的供气能力，但基质渗透率较低，供气能力较弱，因此随着缝洞体内气量的采出，逐渐出现裂缝向井筒和基质向裂缝供气能力的不匹配，造成气井产量大幅下降，不同裂缝渗透率产气量趋于一致。

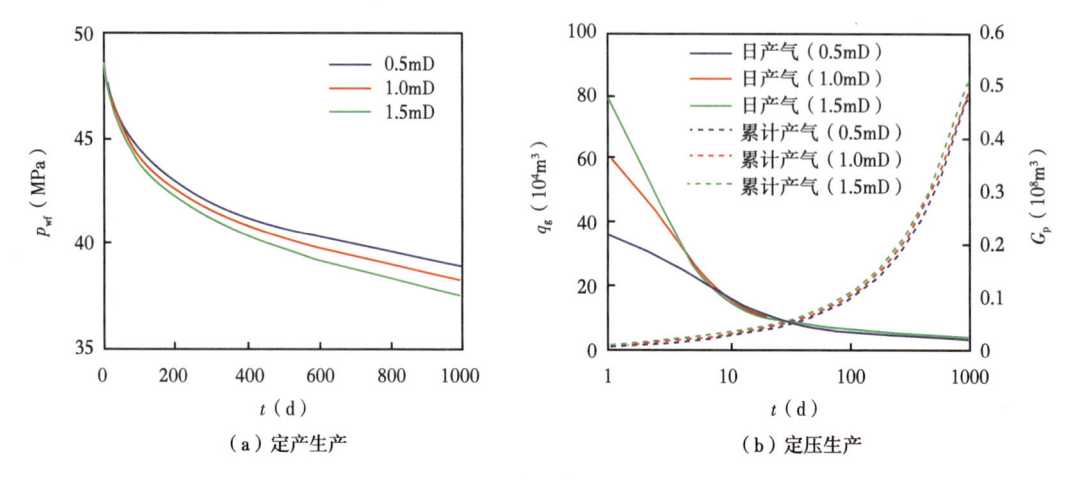

(a) 定产生产

(b) 定压生产

图 5 不同裂缝渗透率气井生产动态

5.3 外区基质渗透率

图 6 为不同外区基质渗透率气井生产动态变化曲线，结合图 5 进行对比分析，由图中看出对于定产生产井，外区基质渗透率越小，则井底流压越低，且下降速率越大；相比于内区裂缝渗透率，外区基质渗透率对气井井底流压影响较大，表明内区裂缝作为主要渗流通道，储气能力较小，对气井产气能力贡献程度有限，气井产量大小主要依赖于外区基质的供气能力，在定压生产井动态曲线上也可反映这一特征。因初始产气主要来自于内区，故不同外区基质渗透率下日产气、累计产气量差别不大，曲线重合，但随时间增加，不同外区基质渗透率下气井日产及累计产气量差距不断增大，外区基质渗透率越大，则气井日产、累产气量越高。

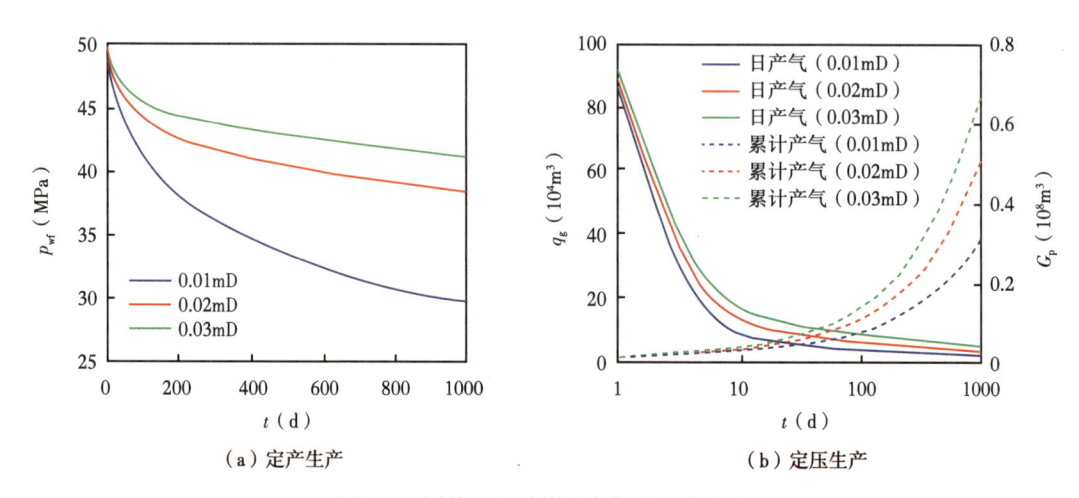

(a) 定产生产

(b) 定压生产

图 6 不同外区基质渗透率气井生产动态

6 结论

（1）碳酸盐岩气藏岩石应力敏感性实验及曲线拟合结果表明，岩石裂缝渗透率有较强的应力敏感特性，但不遵从指数变化，而呈现幂函数变化规律。

（2）综合考虑研究区储层地质特征和渗透率应力敏感特性，建立了内区三重介质—外区双重介质的应力敏感性碳酸盐岩复合气藏模型，通过计算与矿场定压生产井及定产生产井生产动态数据的拟合，验证了模型的有效性，为生产动态的准确预测奠定了基础。

（3）内区裂缝渗透率对定压生产初期产量影响较大，而外区基质渗透率决定气井产气能力、定产生产井的井底流压大小及下降速率，应力敏感对定产生产井后期影响程度较大，因此需合理配产，防止生产后期压力的快速降低。

参 考 文 献

[1] Yu Zhongren, Yang Yu, Xiao Yao, et al. High-yield wellmodes and production practices in the Longwangmiao Fm gas reservoirs, Anyue Gas Field, central Sichuan Basin [J]. Natural Gas Industry, 2016, 36（9）: 69-79.

[2] 余忠仁, 杨雨, 肖尧, 等. 安岳气田龙王庙组气藏高产井模式研究与生产实践 [J]. 天然气工业, 2016, 36（9）: 69-79.

[3] Li Xizhe, Guo Zhenhua, Wan Yujin, et al. Geological features of and development strategies for Cambrian Longwangmiao Formation gas reservoir in Anyue gas field, Sichuan Basin, SW China [J]. Petroleum Exploration and Development, 2017, 44（3）: 1-9.

[4] 李熙喆, 郭振华, 万玉金, 等. 安岳气田龙王庙组气藏地质特征与开发技术政策 [J]. 石油勘探与开发, 2017, 44（3）: 1-9.

[5] Wang Haiqiang, Li Yong, Liu Zhaowei. Newmethod of an integrated dynamic characterization of carbonate gas condensate reservoirs [J]. Natural Gas Geoscience, 2013, 24（5）: 1032-1036.

[6] 王海强, 李勇, 刘照伟. 碳酸盐岩凝析气藏动态综合描述新方法 [J]. 天然气地球科学, 2013, 24（5）: 1032-1036.

[7] Zhang Lin, Wan Yujin, Yang Hongzhi, et al. The type and combination pattern of karst vuggy reservoir in the fourthmember of the Dengying Formation of Gaoshitistructure in Sichuan Basin [J]. Natural Gas Geoscience, 2017, 28（8）: 1191-1198.

[8] 张林, 万玉金, 杨洪志, 等. 四川盆地高石梯构造灯影组四段溶蚀孔洞型储层类型及组合模式 [J]. 天然气地球科学, 2017, 28（8）: 1191-1198.

[9] Prado L R, Da G. An analytical solution for unsteady liquid flow in a reservoir with a uniformly fractured zone around the well [C]//SPE/DOE Low Permeability Reservoirs Symposium, Denver, Colorado: Society of Petroleum Engineers, 1987: 35-47.

[10] Guo Jianguo, Yang Xuewen, Wang Yan, et al. Typical testing curve's analysis of radial compound reservoir with dual porositymedium [J]. Well Testing, 2001, 10（4）: 18-20.

[11] 郭建国, 杨学文, 王岩, 等. 双孔均质介质径向复合油藏典型试井曲线分析 [J]. 油气井测试, 2001, 10（4）: 18-20.

[12] Kikani J, Walkup Jr G W. Analysis of pressure-transient tests for composite naturally fractured reservoirs [J]. SPE Formation Evaluation, 1991, 6（2）: 176-182.

[13] Satman A. Pressure-transient analysis of a composite naturally fractured reservoir [J]. SPE Formation Evaluation, 1991, 6（2）: 169-175.

[14] Chen Fangfang, Jia Yonglu, Huo Jin, et al. The flowmodel of the triple-medium composite reservoirs and the type curves [J]. Journal of Northeast Petroleum University, 2008, 32（6）: 64-67.

[15] 陈方方, 贾永禄, 霍进, 等. 三孔均质径向复合油藏模型与试井样版曲线 [J]. 东北石油大学学报, 2008, 32（6）: 64-67.

[16] Chen Fangfang, Jia Yonglu. Themodel of the triple-double porosity radial composite reservoir and the type of curve [J]. Well Testing, 2008, 17（4）: 1-4.

[17] 陈方方, 贾永禄. 三孔双孔介质径向复合油藏模型与试井曲线 [J]. 油气井测试, 2008, 17（4）: 1-4.

[18] Olarewaju J S, Lee J W, Lancaster D E. Type and decline-curve analysis with compositemodels [J]. SPE Formation Evaluation, 1991, 6（1）: 79-85.

[19] Zhao Haiyang, Jia Yonglu, Wang Dongquan. Study of production declinemodel for dual porosity-homogeneous composite reservoir [J]. XINJIANG Petroleum Geology, 2010, 31（1）: 63-65.

[20] 赵海洋, 贾永禄, 王东权. 双重-均质复合油藏产量递减模型研究 [J]. 新疆石油地质, 2010, 31（1）: 63-65.

[21] Chin L Y, Raghavan R, Thomas L K. Fully coupled analysis of well responses in stress-sensitive reservoirs [J]. SPE Reservoir Evaluation & Engineering, 2000, 3（5）: 435-443.

[22] Raghavan R, Scorer J D T, miller F G. An investigation by numericalmethods of the effect of pressure-dependent rock and fluid properties on well flow tests [J]. Society of Petroleum Engineers Journal, 1972, 12（3）: 267-275.

[23] Zhangm Y, Ambastha A K. New insights in pressure-transient analysis for stress-sensitive reservoirs [C]// SPE 89th Annual Technical Conference and Exhibition, New Orleans, LA: Society of Petroleum Engineers, 1994: 617-628.

[24] Zhang Lei, Tong Dengke, ma Xiaodan. Pressure dynamic analysis of triple permeabilitymodel in deformed triple porosity reservoirs [J]. Engineeringmechanics, 2008, 25（10）: 103-109.

[25] 张磊, 同登科, 马晓丹. 变形三重介质三渗模型的压力动态分析 [J]. 工程力学, 2008, 25（10）: 103-109.

[26] Pedrosa Jr O A. Pressure transient response in stress-sensitive formations [C]//56th California Regionalmeeting, Oakland, CA: Society of Petroleum Engineers, 1986: 203-210.

[27] Kikani J, Pedrosa O A. Perturbation analysis of stress-sensitive reservoirs [J]. SPE Formation Evaluation, 1991, 6（3）: 379-386.

[28] Wang Wenhuan. Three-zone composite well testmodel of condensate gas reservoir in stress-sensitive sandstone [J]. Petroleum Exploration and Development, 2005, 32（3）: 117-119.

[29] 王文环. 应力敏感砂岩地层三区复合凝析气藏不稳定试井模型 [J]. 石油勘探与开发, 2005, 32（3）: 117-119.

[30] Ning Zhengfu, Liao Xinwei, Gao Wanglai, et al. Pressure transient response in deep-seated geothermal stress-sensitive fissured composite gas reservoir [J]. Journal of Northeast Petroleum University, 2004, 28（2）: 34-36.

[21] 宁正福, 廖新维, 高旺来, 等. 应力敏感裂缝性双区复合气藏压力动态特征 [J]. 东北石油大学学报, 2004, 28（2）: 34-36.

[32] Liao Xinwei, Feng Jilei. Well testmodel of stress-sensitive gas reservoirs with super-high pressure and low permeability [J]. Natural Gas Industry, 2005, 25（2）: 110-112.

[33] 廖新维, 冯积累. 超高压低渗气藏应力敏感试井模型研究 [J]. 天然气工业, 2005, 25（2）: 110-112.

[34] Ji B Y, Li L, Zheng X B, et al. A new productionmodel by considering the pressure sensitivity of permeability in oil reservoirs [C]//Abu Dhabi International Petroleum Exhibition & Conference, Abu Dhabi, UAE: Society of Petroleum Engineers, 2012: 1-10.

[35] Tabatabaie S H, Pooladi-Darvishm, mattar L, et al. Analyticalmodeling of linear flow in pressure-sensitive formations [J]. SPE Reservoir Evaluation & Engineering, 2016, 20（1）: 216: 227.

[36] Samaniego V, Cinco L. Production rate decline in pressure-sensitive reservoirs [J]. Journal of Canadian

Petroleum Technology, 1980, 19（3）: 75-86.

[37] Fang Y, Yang B. Application of new pseudo-pressure for deliverability test analysis in stress-sensitive gas reservoir[C]//SPE Asia Pacific Oil and Gas Conference and Exhibition, Jakarta, Indonesia: Society of Petroleum Engineers, 2009: 1-7.

[38] Meng Fankun, Lei Qun, Yan Haijun, et al. Deliverability evaluation for inclined well in Gao Shi Ti-Mo Xi carbonate gas reservoir [J]. Special Oil & Gas Reservoirs, 2017, 24（5）: 111-115.

[39] 孟凡坤, 雷群, 闫海军, 等. 高石梯－磨溪碳酸盐岩气藏斜井产能评价[J]. 特种油气藏, 2017, 24(5): 111-115.

[40] Everdingen A F V, Hurst W. The application of the Laplace transformation to flow problems in reservoirs [J]. Journal of Petroleum Technology, 1949, 1（12）: 305-324.

[41] Stehfest H. Algorithm 368: Numerical inversion of Laplace transforms [J]. Communications of the ACM, 1970, 13（1）: 47-49.

[42] Lee A, Gonzalezm, Eakin B. The viscosity of natural gases [J]. Journal of Petroleum Technology, 1966, 18（8）: 997-1000.

[43] Hall, Kenneth R, and Lyman Yarborough. A new equation of state for Z-factor calculations [J]. Oil and Gas Journal. 1973, 71（7）: 82-92.

[44] Ye P, Luis F A H. A density-diffusivity approach for the unsteady state analysis of natural gas reservoirs [J]. Journal of Natural Gas Science & Engineering, 2012, 7（3）: 22-34.

[45] Dranchukpm, Purvisr A, Robinson D B. Computer calculation of natural gas compressibility factors using the Standing and Katz correlation[R]. Edmonton: Petroleum Society of Canada, 1973.

深层强非均质碳酸盐岩气藏合理开发井距研究
——以安岳气田 GM 地区灯四气藏为例

邓 惠[1,2] 彭 先[1,2] 刘义成[1,2] 徐 伟[1,2]
陶夏妍[1,2] 谈健康[1,2] 高奕奕[1,2]

（1.国家能源高含硫气藏开采研发中心；2.中国石油西南油气田公司）

摘 要 四川盆地安岳气田 GM 地区灯四气藏属于典型的岩溶风化壳碳酸盐岩气藏，由于受到多期岩溶作用的影响，储层具有强非均质性特征，气藏渗流规律复杂，气井产能差异大，由于气藏埋藏深，投资规模大。为提高气藏储量动用、降低投资，并实现效益开发必须根据开发地质目标储层类型选择合理的开发井距。为此，本文针对不同类型储层采用试井、气藏工程、经济评价等多种方法，计算气藏合理开发井距。研究表明：（1）灯四气藏储层类型多样，宜采用不规则井网有利于提高储量动用率；（2）裂缝—孔洞型储层缝洞交错发育，搭配关系好，井控范围大，合理井距为 2.0km 左右；（3）孔洞型储层溶蚀孔洞较发育，裂缝相对欠发育，合理井距为 1.0km 左右；（4）为尽可能避免气藏开发过程中发生井间干扰，计算灯四气藏经济极限井距为 1.0km；（5）通过计算及同类气藏类比，最终确定 GM 地区灯四气藏合理开发井距为 1.0~2.0km，该成果为气藏开发井位部署提供了重要的理论依据。

关键词 碳酸盐岩；气藏；井网；井距；经济极限

四川盆地安岳气田 GM 地区灯四气藏埋藏深度超过 5000m，资源潜力大[1]，但由于受到多期岩溶作用的影响，储集空间以中小溶洞为主，次为粒间（溶）孔，孔洞间连通性差，裂缝发育非均质性强，试井解释储层渗透率多在 1mD 以下，属低孔低渗透储层，基于孔洞缝搭配关系及其成因，将灯四气藏储层划分为裂缝—孔洞型、孔洞型、孔隙型三种储层类型，其中裂缝—孔洞型、孔洞型两种储层为灯四气藏优质储层，也是灯四气藏主要开发储层[2-3]。由于气藏储层非均质性较强，渗流规律也十分复杂，为了提高灯四气藏储量动用程度和最终采收率，若井距过近可能会产生井间干扰增加投资，井距过大又不利于气藏储量的有效动用，因此，有必要在气藏开发早期开展合理开发井距的研究。

1 气藏合理开发井网的确定

四川盆地安岳气田 GM 地区灯四气藏地质储量近万亿立方米,属于典型的特大型深层岩溶风化壳碳酸盐岩气藏。根据国内外大型气藏调研的结果[4-10],这类气藏开发多以不规则井网为主(表1)。安岳气田 GM 地区灯四气藏储层在平面上形态不规则,在纵向上厚度变化大(图1);由于受到多期岩溶作用的影响,储层非均质性强[11-14],气井产能差异大(图2),主要在裂缝—孔洞型、孔洞型储层发育区获得高产,气藏在开发过程中不宜均匀井网部署,反而采用不规则井网可以有效地控制储层,有利于提高储量动用率。

表 1 国内外大型气田井网井距统计表

气藏	部署区域	部署方式	水体
拉克气田		不规则井网	无边底水
奥伦堡凝析气田	高渗透区	中央布井	有边底水
	低渗透带	均匀井网	
普光气田	主体区	不规则井网	
	周边	不规则井网	
克拉2气田		沿构造高部位直线布井	
萨曼杰佩气田		不规则井网、在边境加密井网	

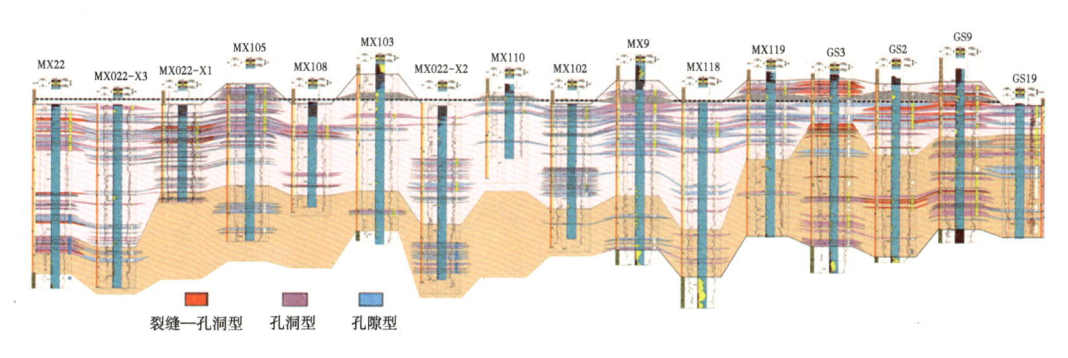

图 1 MX22—MX022-X1—MX108—MX022-X2—MX102—MX119—GS3—GS19 储层对比剖面图

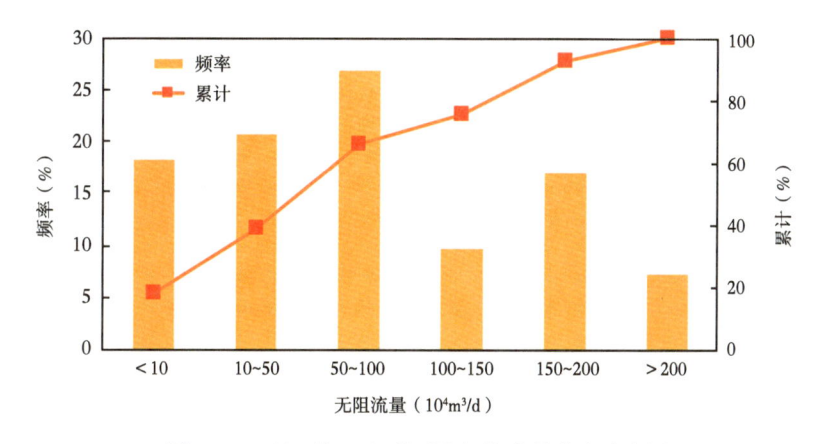

图 2 GM 地区灯四气藏开发初期产能分布直方图

2 气井合理开发井距的确定

2.1 动态控制半径法

2.1.1 裂缝—孔洞型储层

裂缝—孔洞型储层岩性以丘翼、丘核微相藻凝块云岩、藻叠层云岩、颗粒白云岩为主，在岩心上可同时观察到溶蚀孔洞和裂缝组合的存在，表现为岩心破碎、裂缝发育、溶蚀孔洞发育（图3）；FMI成像上高亮背景下暗色正弦线状影像和暗色斑点分布；常规测井特征表现为低电阻率，低自然伽马，高声波时差，低密度值，高中子；数字岩心分析上表现为缝洞交错发育，缝洞搭配好。这类储层气井测试产量较高，酸压改造[15]后一般在（50~200）×10^{4}m^3/d，可利用气井生产动态数据，先计算气井动态储量，再利用动态储量采用容积法反推算井控半径，如GS2、GS3井在试采期间多次开展压力恢复试井测试，利用多次计算的外推地层压力，采用物质平衡法[16]计算出GS2井动态储量为20.44×10^{8}m^3，GS3井动态储量为37.08×10^{8}m^3（图4）。

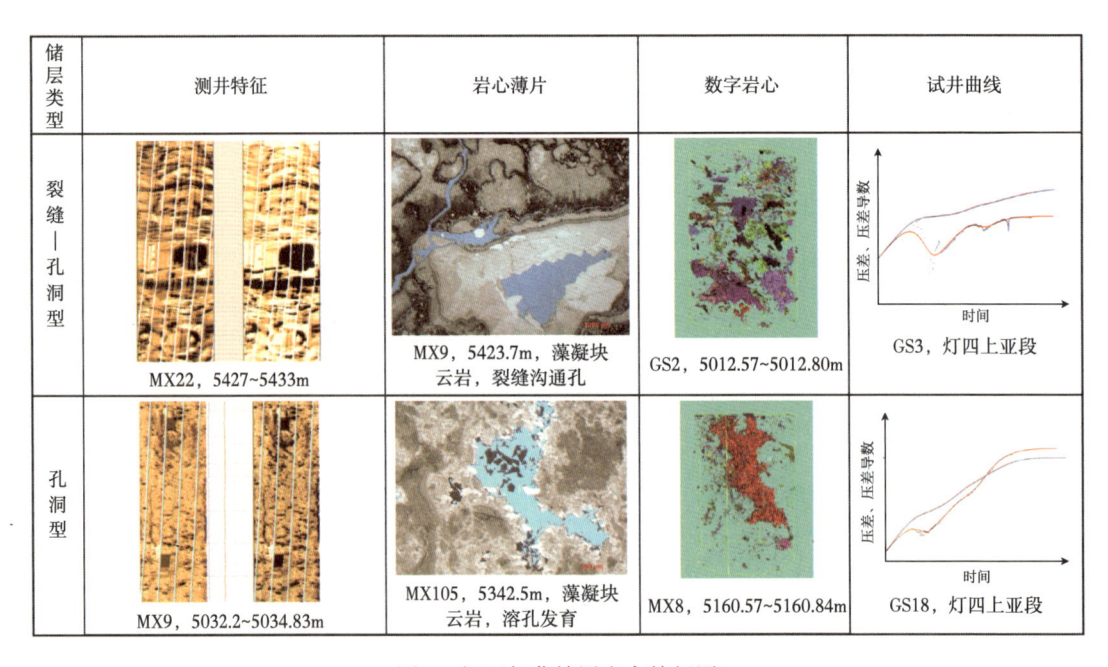

储层类型	测井特征	岩心薄片	数字岩心	试井曲线
裂缝—孔洞型	MX22，5427~5433m	MX9，5423.7m，藻凝块云岩，裂缝沟通孔	GS2，5012.57~5012.80m	GS3，灯四上亚段
孔洞型	MX9，5032.2~5034.83m	MX105，5342.5m，藻凝块云岩，溶孔发育	MX8，5160.57~5160.84m	GS18，灯四上亚段

图3 灯四气藏储层发育特征图

当气井进入边界控制流以后，同时利用生产数据，建立单井Blasingame曲线[17]，与理论特征曲线进行拟合，选择任何一拟合点，记录实际拟合点$(t_{ca}, q/\Delta p_p)_M$以及相应的理论拟合点$(t_{caDd}, q_{Dd})_M$，采用公式（1）计算GS2、GS3两口井的动态储量分别为19.63×10^{8}m^{3}和38.45×10^{8}m^3（图5）。采用两种方法计算动态储量很接近，取其平均值分别为19.63×10^{8}m^{3}和38.45×10^{8}m^3，再采用容积法计算出该井的井控半径为1.26km和1.36km（表2）。同时也可以采用公式（2）直接计算气井井控半径。

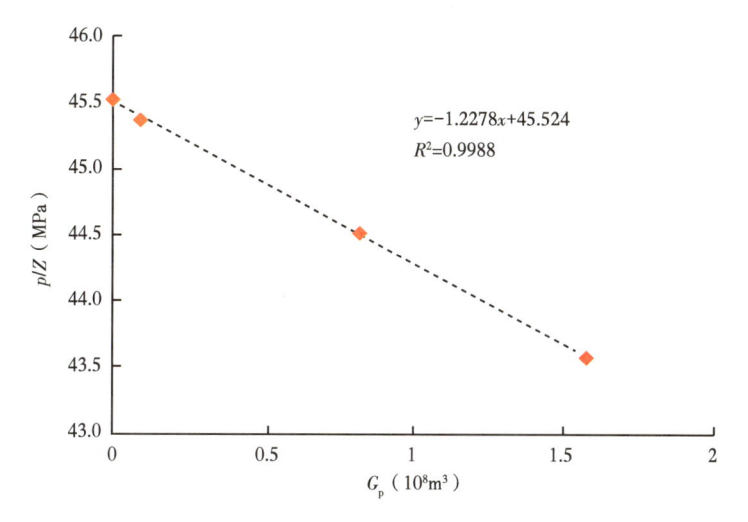

图 4　GS3 井物质平衡法动态储量计算图

$$G = \frac{1}{C_t}\left(\frac{t_{ca}}{t_{caDd}}\right)_M \left(\frac{q/\Delta p_p}{q_{Dd}}\right)_M (1-S_w) \tag{1}$$

$$r_e = \sqrt{\frac{\dfrac{B}{C_t}\left(\dfrac{t_{ca}}{t_{caDd}}\right)_M \left(\dfrac{q/\Delta p_p}{q_{Dd}}\right)_M}{\pi h \phi}} \tag{2}$$

式中　G——天然气地质储量，$10^8 m^3$；
　　　C_t——地层总压缩系数，MPa^{-1}；
　　　t_{ca}——气井物质平衡拟时间，d；
　　　t_{caDd}——Blasingame 气井无量纲物质平衡拟时间；
　　　q——日产气量，m^3/d；
　　　Δp_p——归整化拟压力差，MPa；
　　　q_{Dd}——Blasingame 气井无量纲产量；
　　　S_w——含水饱和度，%；
　　　B——体积系数，m^3/m^3；
　　　h——储层厚度，m；
　　　ϕ——孔隙度，%；
　　　r_e——井控半径，m。

表 2　部分气井井控半径计算表

储层类型	裂缝—孔洞型储层		孔洞型储层	
井号	GS2	GS3	GS18	GS8
（预测）动态储量（$10^8 m^3$）	20.44	37.08	5.10	1.40
孔隙度（%）	3.1	3.69	3.84	3.92
含气饱和度	0.83	0.83	0.85	0.92
有效储层厚度（m）	56.8	73.70	39.00	27.59
井控半径（km）	1.26	1.36	0.66	0.36

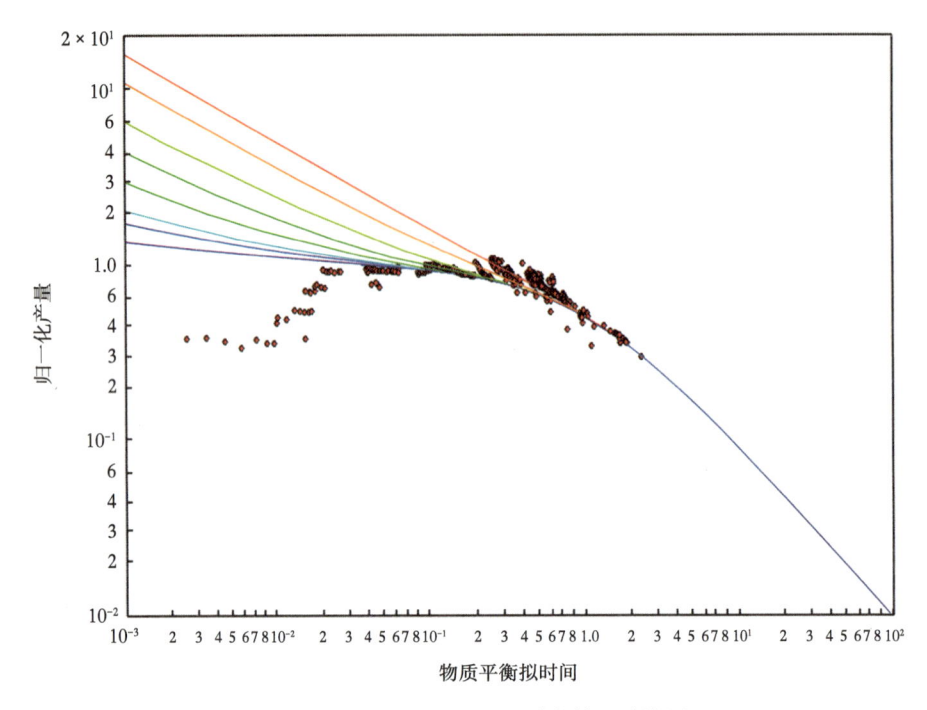

图 5 GS3 井 Blasingame 法动态储量计算图

2.1.2 孔洞型储层

孔洞型储层岩性以丘翼、丘核微相的藻叠层云岩、藻凝块云岩、藻砂屑白云岩为主，岩心观察溶蚀孔洞较为发育，毫米—厘米级溶洞顺层发育，分布相对均一，孔洞分布密集（图3）；FMI 成像上高亮背景下暗色斑点顺层分布；常规测井上表现为中—低电阻率、深浅电阻率差大，低自然伽马，中低声波时差，中高密度值，高中子；在数字岩心分析上表现为溶蚀孔洞发育，裂缝欠发育。气井酸压改造后测试产量多在（20~50）×$10^4m^3/d$，试井解释远井区渗透率明显比裂缝—孔洞型储层气井低，多在 0.01~0.1mD，因此可以利用试井解释模型开展生产动态预测，利用预测累计产气量和预测压力，采用物质平衡法计算其动态储量，再采用容积法计算气井的井控半径（表2）。

2.2 类比法

此外，通过调研跟 GM 地区灯四段气藏相类似的气藏并进行了对比分析，从表3可以看出，该气藏储层条件与磨溪雷一^1、檀木场石炭系气藏较类似，这两个气藏的井控半径在 1.0~1.5km，类比结果也和通过动态控制半径法计算的井控半径 1.0~2.0km 接近。

表 3 同类气藏压力物性对比表

气藏	平均孔隙度（%）	平均渗透率（mD）	储层含水饱和度（%）	压力系数	井距（km）
磨溪雷一^1	7.8	0.379	26.5	1.23	1~1.5
檀木场石炭系	4.24	0.67	28	1.12~1.19	1.5

2.3 经济极限法

为了实现气藏的规模效益开发，避免气藏开发过程中发生井间干扰，必须确定气藏的经济极限井距（最小井区），然而经济极限井距又与气井井控储量息息相关。所以，可建立平均增量成本法评价模型来确定满足气井效益开的最小可采储量[18-20]：安岳气田 GM 地区灯四气藏以大斜度井（80°左右）开发为主，同时在局部优质储层或缝洞集中发育区域可采用水平井（不低于 800m），通过经济极限法对不同类型气井的经济极限井区进行了论证，采用大斜度井（80°）平均经济极限井距为 1.01km，而采用水平井（水平段 800m）经济极限井距为 1.15km（表4）。

表4 经济极限评价简表

井型	大斜度井（80°）	水平井（800m）
商品率（%）	93.4	93.4
气价（元/m³）	1.14	1.14
单井钻井投资（亿元）	1.01	1.25
单井平摊地面投资（亿元）	0.43	0.43
现场操作成本（元/10⁴m³）	2160	2160
基准收益率（%）	8	8
储量丰度（10⁸m³/km²）	3.85	3.85
单井极限（稳产5年）（10⁴m³/d）	8.50	10.25
20年累计产气量（10⁸m³）	3.15	3.49
动态储量（10⁸m³）	3.05	3.68
极限井距（km）	1.01	1.15

综合上述三种方法研究，裂缝—孔洞型储层论证井控半径为 1.26~1.36km，气藏开发初期计算动态储量一般偏大，气井合理井距控制在 2.0km 左右；孔洞型储层论证井控半径为 0.36~0.66km，平均为 0.47km，气井合理井距控制在 1.0km 左右。考虑到 GM 灯四气藏以裂缝—孔洞型、孔洞型两类储层开发为主，气藏合理开发井距 1.0~2.0km。

3 结论

（1）GM 灯四气藏优质储层为裂缝—孔洞型、孔洞型储层为主。储层非均质性强，气井产能差异大，宜采用不规则井网部署井位。

（2）结合气藏实际的地质条件，采用井控半径、经济极限等方法确定 GM 灯四气藏合理井距为 1.0~2.0km，为该气藏开发技术政策的制定奠定了结实的基础，也可指导同类气藏的规模效益开发。

参 考 文 献

[1] 洪海涛, 谢继容, 吴国平, 等. 四川盆地震旦系天然气勘探潜力分析 [J]. 天然气工业, 2011, 31 (11): 37-41.
[2] 常程, 李隆新, 沈人烨, 等. 提高缝洞型气藏采出程度的物理实验——以高磨地区震旦系灯影组气藏为例 [J]. 天然气勘探与开发, 2017, 40 (4): 65-71.
[3] 王璐, 杨胜来, 刘义成, 等. 缝洞型碳酸盐岩气藏多层合采供气能力实验 [J]. 石油勘探与开发, 2017, 44 (5): 779-787.
[4] 孙玉平, 陆家亮, 万玉金, 等. 法国拉克、麦隆气田对安岳气田龙王庙组气藏开发的启示 [J]. 天然气

工业，2016，36（11）：37-45.

[5] 余洋，蒲伟，杨宇，等.萨曼杰佩气田试生产情况分析[J].石油与天然气化工，2011，40(S1)：6-11.
[6] 孔凡群，王寿平，曾大乾.普光高含硫气田开发关键技术[J].天然气工业，2011，31（03）：1-4.
[7] 王寿平，孔凡群，彭鑫岭，等.普光气田开发指标优化技术[J].天然气工业，2011，31（03）：5-8.
[8] 朱斌，熊燕莉，王浩，等.川东石炭系气藏低渗区合理井距确定方法[J].天然气勘探与开发，2009，32（03）：27-28.
[9] 白国平.世界碳酸盐岩大油气田分布特征[J].古地理学报，2006，8（2）：241-250.
[10] 贾爱林，闫海军，郭建林，等.全球不同类型大型气藏的开发特征及经验[J].天然气工业，2014，34（10）：33-46.
[11] 肖富森，陈康，冉崎，等.四川盆地高石梯地区震旦系灯影组气藏高产井地震模式新认识[J].天然气工业，2018，38（2）：8-15.
[12] 朱讯，谷一凡，蒋裕强，等.川中高石梯区块震旦系灯影组岩溶储层特征与储渗体分类评价[J].天然气工业，2019，39（3）：38-46.
[13] 张玺华，彭瀚霖，田兴旺，等.川中地区震旦系灯影组丘滩相储层差异性对勘探模式的影响[J].天然气勘探与开发，2019（02）：13-21.
[14] 罗文军，刘曦翔，徐伟，等.磨溪地区灯影组顶部石灰岩归属探讨及其地质意义[J].天然气勘探与开发，2018，41（02）：1-6.
[15] 韩慧芬，桑宇，杨建.四川盆地震旦系灯影组储层改造实验与应用[J].天然气工业，2016，36（1）：81-88.
[16] 邓惠，冯曦，王浩，等.复杂气藏开发早期计算动态储量方法及其适用性分析[J].天然气工业，2012，32（1）：61-63.
[17] 孙贺东.油气井现代产量递减分析方法及应用[M].北京：石油工业出版社，2013.
[18] 宋文杰，王振彪，李汝勇，等.大型整装异常高压气田开采技术研究——以克拉2气田为例[J].天然气地球科学，2004，（04）：331-336.
[19] 李爽，朱新佳，靳辉，等.低渗透气田合理井网井距研究[J].特种油气藏，2010，（05）：73-76.
[20] 刘毅军，马莉.低油价对天然气产业链的影响[J].天然气工业，2016，36（6）：98-109.

缝洞型碳酸盐岩储层开展地质条件下应力实验的必要性

——以四川盆地川中地区 LY 气藏为例

鄢友军　刘义成　徐　伟　邓　惠　罗文军

（国家能源高含硫气藏开采研发中心）

摘　要　四川盆地碳酸盐岩储层大多埋藏较深，溶洞和裂缝发育。裂缝开度低且溶蚀孔洞之间多为细小喉道沟通。在衰竭式开采过程中，伴随着储层流体压力减小，净应力增大，岩石孔洞缝连通空间受上覆压力影响逐渐被压缩，流体流动能力降低。裂缝作为主要的渗流通道，其闭合将更大地影响流体的渗流能力。该类气藏储层地层压力和温度较高，进行储层流体渗流机理室内实验较为困难，为此国内有些学者尝试用非地层温度和压力条件下的渗流实验结果进行相拟性推导得到地层条件下的实验结果，并以此来提出指导实际生产的建议。然而除了受净应力影响以外，地层中流体所处的压力、温度、密度、黏度等都会对渗流产生不同程度的影响，因此必须开展地层条件下的实验才能真实反映气相的渗流情况。通过开展川中 LY 碳酸盐岩缝洞型气藏地层条件下应力敏感实验，并对比分析不同应力敏感系数下产能变化的情况发现，采用真实地层条件下得到的应力敏感系数与常规实验的结果差异明显，如果按常规应力敏感实验的结果指导生产，可能会误导生产措施的制定带来不可挽回的后果，因此有必要开展缝洞型碳酸盐岩储层应力敏感实验研究才能为渗流特征和生产动态研究提供更为准确的参考依据。

关键词　缝洞型；碳酸盐岩；地层条件；应力敏感实验；渗流能力

1　概述

在碳酸盐岩气藏衰竭开采过程中，随着气藏流体压力下降，净应力也会随之逐渐增大，这必然要引起岩石骨架和储集介质（孔隙、溶洞和裂缝）的变形，从而造成岩石孔隙结构的改变。这种变化将会较大地影响到储层中流体的渗流能力。缝洞型碳酸盐岩储层又多发育交叉网状、扁平板状裂缝。裂缝开度低，溶蚀孔洞之间多为细小喉道沟通。在净应力增大过程中裂缝和细小喉道作为主要的渗流通道，其闭合将更大地影响流体的渗流能力[1]。

因此在此类型储层气藏开发前期应当及时开展应力敏感性评价实验，以便能客观地了解在开采过程中，储层在净应力改变时孔喉喉道、溶洞和裂缝变形的过程，以及由此导致的储层渗流能力变化情况。

赖枫鹏等认为传统的应力敏感实验与地层真实情况存在较大差异，通过进行有/无孔隙内压力的三轴应力变形实验对比分析，推导出由三轴应力实验结果计算的渗透率变化的数学模型[2]。高树生等开展了震旦系灯四气藏储层岩心的渗流实验，认为应力敏感和高速非达西效应是影响渗流的主要因素。王海洋等在进行深层致密双重介质气藏应力敏感实验分析后[3]，发现高渗透岩心应力敏感程度要高于低渗透岩心。徐新丽对含微裂缝的低渗透储层进行了应力敏感实验研究，得出了该类储层岩心应力敏感程度很弱，不会造成产能的大幅度变化的结论[4]。这些国内应力敏感性研究结果表明：在气藏开采过程中，渗透率应力敏感性强弱与储层的压力和温度有较大的关系。然而，高温高压地层条件下，气藏在开采过程中，受到的净应力比常温常压或低压条件下更强，作为主要渗流通道的裂缝是否会产生更为显著的变形，连通孔洞的喉道是否会易于闭合、形成更多的封闭气，从而使得常温低压下的渗透率应力敏感性实验结果与地层高温高压条件下的结果存在明显的差异[5]等，这些问题都不是仅能通过常规条件下的室内实验能解答的。因此，需要开展地层条件下的岩心应力敏感实验来明确研究区储层的应力敏感程度及对生产的影响。

四川盆地川中 LY 气藏为深层缝洞型碳酸盐岩气藏，缝洞发育明显，且非均质性较强（图 1）。以此气藏储层为例进行高温高压条件与常温低压条件下的应力敏感实验并对实验结果进行对比，可以为是否有必要开展地层条件下应力敏感实验提供进一步的参考实例。

图 1　储层岩心中的溶洞和裂缝

2　常规应力敏感实验结果

在勘探初期受实验条件的制约，川中 LY 气藏未能开展地层条件下的岩心应力敏感实验，只能是用常规中低压条件下应力敏感实验结果来推知其在高温高压条件下应力敏感的趋势。

实际气藏开发过程中上覆岩层压力基本维持不变，变化的主要是流体流动压力，为了更好模拟碳酸盐岩气藏开采过程中应力变化过程，常规中低压条件下的应力敏感实验采用变流体压力的方式来实现净应力的增长。实验过程为首先测试流压 30MPa 下岩心渗透率，然后按照流压从大到小测试不同净应力下岩心渗透率，绘制不同净应力下渗透率应力敏感曲线。

计算不同净应力下岩样渗透率的损失变化率的公式为：

$$D = \frac{K_0 - K_m}{K_0} \tag{1}$$

式中　D——净应力增加过程中渗透率损失率；
　　　K_0——初始渗透率，mD；
　　　K_m——不同净应力下岩心渗透率，mD。

渗透率应力敏感性评价指标参照行业标准《储层敏感性流动实验评价方法》(SY/T 5358—2010) 中的渗透率应力敏感性损害程度评价指标。图 2 为依据变流压实验获得的归一化应力敏感曲线，可以看出，渗透率保持率与净应力呈幂函数关系，归一化应力敏感曲线拟合的幂指数约为 –0.583。根据归一化后的应力敏感曲线拟合结果，不同净应力下渗透率与地层应力 p 呈现公式（2）的拟合关系[6]：

$$K_m = C(\sigma_s - p)^{-0.583} \tag{2}$$

式中　σ_s——上覆岩层压力，MPa；
　　　p——地层压力，MPa；
　　　C——地层应力敏感常数。

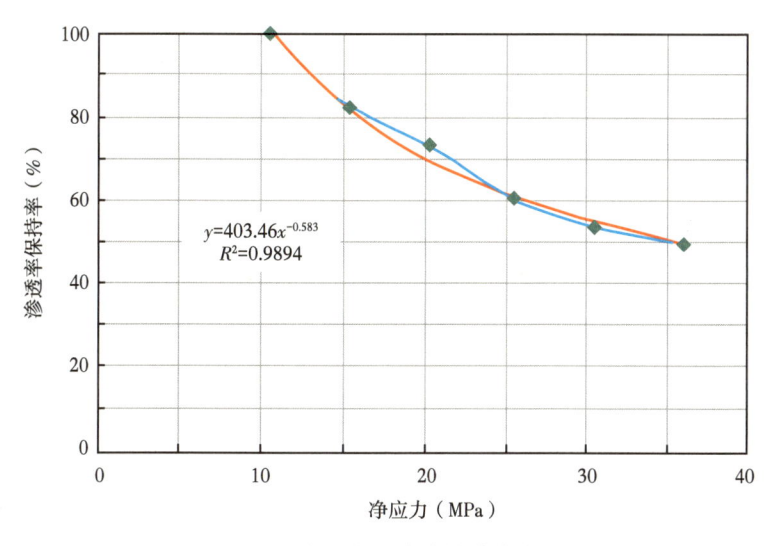

图 2　归一化后应力敏感曲线

将已知实验条件下的 $p = p_0$、$K = K_0$ 带入式（3），可求出常数项 C，确定常规实验条件下 LY 气藏储层应力敏感数学模型为：

$$K_\mathrm{m} = K_0 \left(\frac{\sigma_\mathrm{s} - p}{\sigma_\mathrm{s} - p_0} \right)^{-0.583} \quad (3)$$

式中 K_0——实验条件下测得的渗透率，mD；

p_0——实验条件下的流动压力，MPa。

根据公式（3）建立的常规渗透率与地层条件下渗透率关系式，计算得到不同地层压降下渗透率损失率（图3）。随着气藏地层压力下降，渗透率损失逐渐增加，地层压力降至废弃压力10MPa时应力敏感造成渗透率损失约为27%。

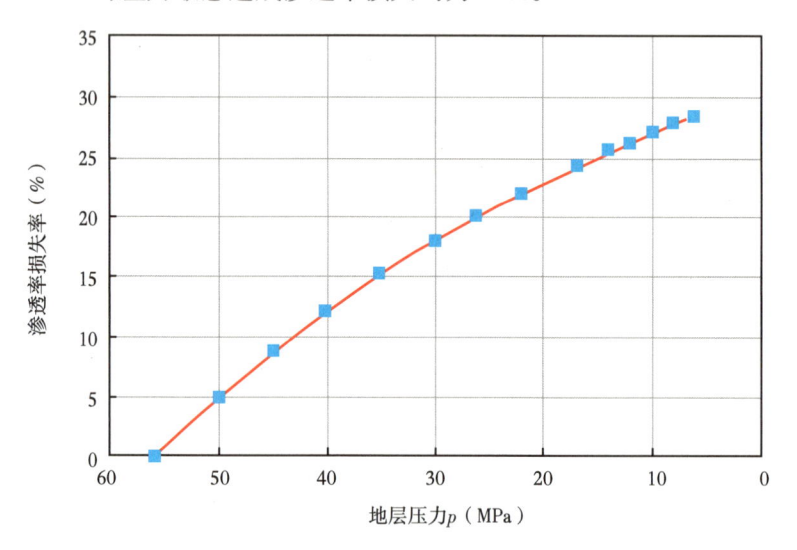

图3 储层岩心渗透率损失率曲线

同样根据上述的应力敏感模型，确定出储层覆压条件下的渗透率（即覆压渗透率）与常规渗透率换算关系。测试常规渗透率的净应力为2.0MPa，LY气藏初始净应力约为64MPa，根据应力敏感数学模型公式（3）得出：

$$K_\mathrm{m} = 0.132\ 6 K_\mathrm{c} \quad (4)$$

式中 K_c——常规渗透率，mD。

即地层条件下的渗透率约为常规渗透率的13.26%。

但这是在未考虑地层中实际上覆压力和流动压力以及温度的理论化结果。在地层高温高压条件下，气体黏度略微有所增加（实验测试的氮气55MPa、110℃下氮气黏度约为0.032mPa·s，30MPa、24℃时约为0.02mPa·s，增加幅度约为33%），使得相同流速数值下渗透率略有增加；但考虑到开采过程中净应力的增大又可能使得缝洞型储层中的孔喉和裂缝闭合，造成的相同压差下流动性的减弱。这两方面的影响因素使得渗透率变化趋势相反，不能简单判定哪个因素的影响更大一些。

考虑到在实际地层中不仅是气相渗流的流态有可能发生变化（从远井到近井），气体的偏差系数、密度、黏度、相态[7]都是在变化中，常规应力敏感测试结果与高温高压地层条件应力敏感测试结果可能存在一定的差异[8]，所以针对碳酸盐岩缝洞型储层，应当开展高温高压条件下应力敏感实验，才能反映和分析实际地层中流体的流动特征，进而为现场生产措施的制定提供较为真实的依据。

3 地层条件下渗流实验的难点

目前常规条件下实验结果仍在大量应用于气藏的实际生产中，而地层条件下的流动实验开展较少，究其原因是因为开展高温高压条件下渗流实验和进行渗流机理分析研究存在一些难点和困难，主要表现在以下几方面。①实验仪器要求高，实验仪器要求能在高温高压条件下工作，对实验仪器和配件的磨损率较高（图4）。②在计量时误差控制难度大，为了安全和耐压，通常仪器的管线和仪器壁面都做得比较厚，有效体积小，这样就带来了较大的计量误差，精度难以保证。③实验流程设计和操作要求高，高温高压条件下渗流分析实验的规范尚在摸索中。其中任何一个步骤失误都有可能使实验失败。④实验周期长，对实验操作人员技术要求较高，实验失败率也较高。为了完成一次实验，除了准备和收尾工作外，由于岩心低渗透或致密的影响，实验过程比较漫长，不同岩样的岩性、类型都相同，需要先期进行摸索找到一些规律性的操作经验，才能开展进一步的实验。

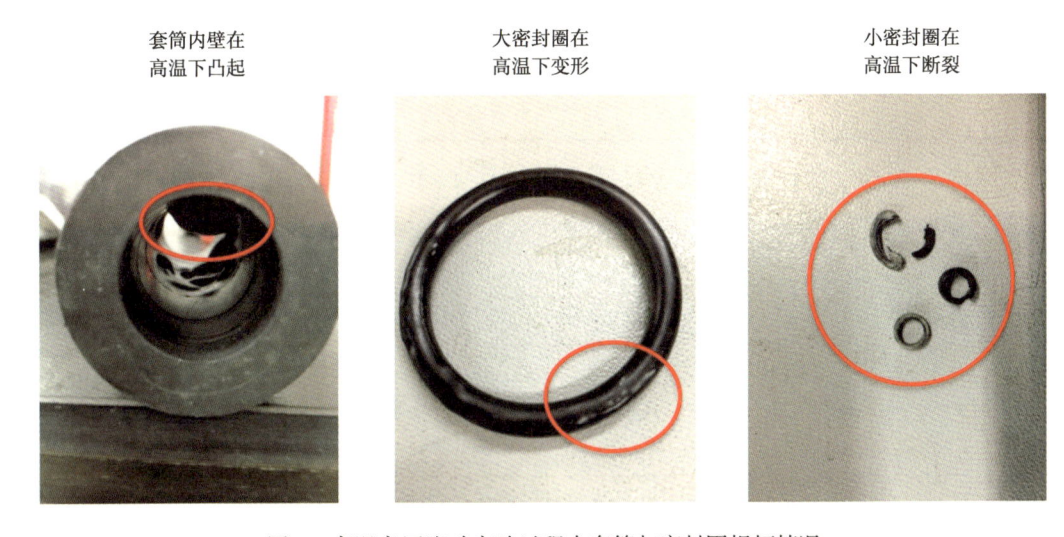

图4　高温高压流动实验过程中套筒与密封圈损坏情况

4 地层条件下应力敏感实验及分析

LY气藏储层高温高压条件下应力敏感实验装置使用改进的TC-180型气藏超高压多功能驱替系统（图5）。该装置选用了高精度的计量器具和耐温耐压配件，提高实验仪器高温高压下适应能力，改进了高温高压流动实验流程，减少管线长度和人为测试误差。

利用该仪器测试了地层条件下的岩心渗透率，与常规条件下测试结果进行对比（表1）。从表3中的对比结果可以看出，地层条件下的岩心渗透率与常规条件下测试结果的比值均小于0.1326。这就说明，在地层条件下储层流体的渗流能力变化与常温中低压条件下测试的变化规律有明显的差别。依据常规条件下测试出的数据经理论推导的结果［公式（4）］并不能代表在地层条件下渗透率变化的趋势。鉴于此，为了能真实地掌握地层条件下气藏开采时储层应力敏感的程度，有必要开展地层条件下的储层岩心应力敏感实验。

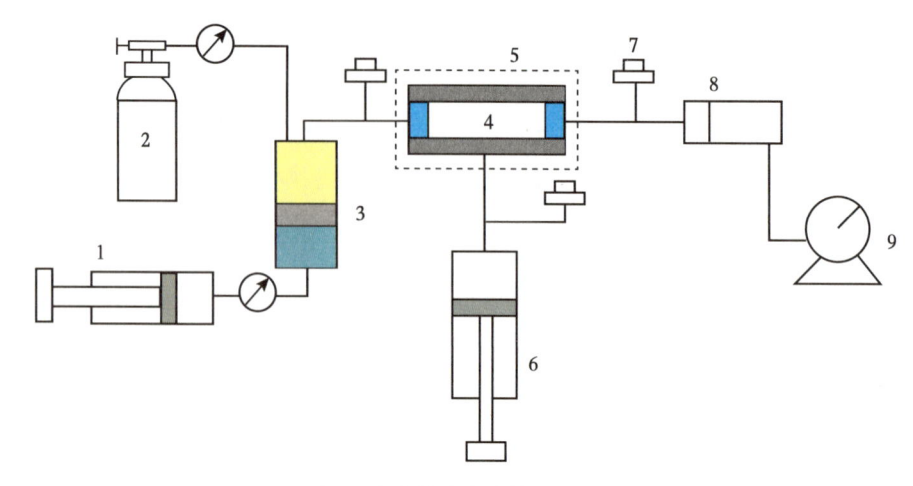

图 5 应力敏感实验装置流程图

1—驱动泵；2—气源；3—中间容器；4—岩心夹持器；5—恒温箱；
6—围压泵；7—温压传感器；8—回压阀；9—质量流量计

表 1 实测不同条件下岩心渗透率对比

样品编号	常规覆压渗透率（mD） 最大值 K_{max}	常规覆压渗透率（mD） 平均渗透率 K_{avg}	地层条件下覆压渗透率 K_m（mD）	K_m/K_{max}	K_m/K_{avg}
LY-15	0.0120	0.00739	0.000311	0.02590	0.04210
LY-20	0.0700	0.0442	0.000820	0.01170	0.01860
LY-12	0.1100	0.0720	0.000643	0.00584	0.00893
LY-17	0.7100	0.4320	0.007740	0.01090	0.01790

地层条件下应力敏感实验的岩样为 LY 气藏的缝洞型和孔洞型全直径岩心，实验压力为：上覆压力 135MPa，初始孔隙压力为 55MPa，以孔隙压力 10MPa 为废弃压力点。实验温度为 110℃。实验参考行业标准《储层敏感性流动实验评价方法》（SY/T 5358—2010）和《覆压下岩石孔隙度和渗透率测定方法》（SY/T 6385—2016）的规定及行业内研究人员的实验方法[5, 9-16]进行。通过改变（降低或上升）岩心内流动压力的实验方法来模拟储层衰竭式开采过程中受到的净应力变化情况[2]。由于储层岩石骨架具有塑/弹性的变形，并且实际生产过程中存在反复开关井的情况，因此考虑将回路最终恢复点的不可逆损害值作为应力敏感伤害评价值。

从应力敏感结果（表2）中可以得知，孔洞型岩心和缝洞型岩心渗透率应力敏感结果都为中等（偏强或偏弱）。从归一化的岩心应力敏感实验曲线（图6）中可以看到：随着净应力的升高，两类岩心渗透率呈逐渐下降的趋势。当净应力增加到最大净应力 125MPa 时，渗透率达到过程1曲线的最低值。回路过程2的渗透率最终恢复到初始值的57%左右，即不可逆损害率约为43%，储层应力敏感性总体表现为中等偏弱。从岩心渗透率应力敏感分析结果可以看出，在地层条件下储层的应力敏感性无论是在净应力增加还是减少方向，应力敏感伤害程度比常温中、低压条件下测得的结果都高。

表2　全直径岩心渗透率应力敏感实验结果对比

类型	样品编号	孔隙度（%）	常规渗透率（mD）	渗透率伤害率（%）	应力敏感性
缝洞型	LY-12	3.7	0.110	50.10	中等偏强
孔洞型	LY-13	6.2	0.160	36.57	中等偏弱

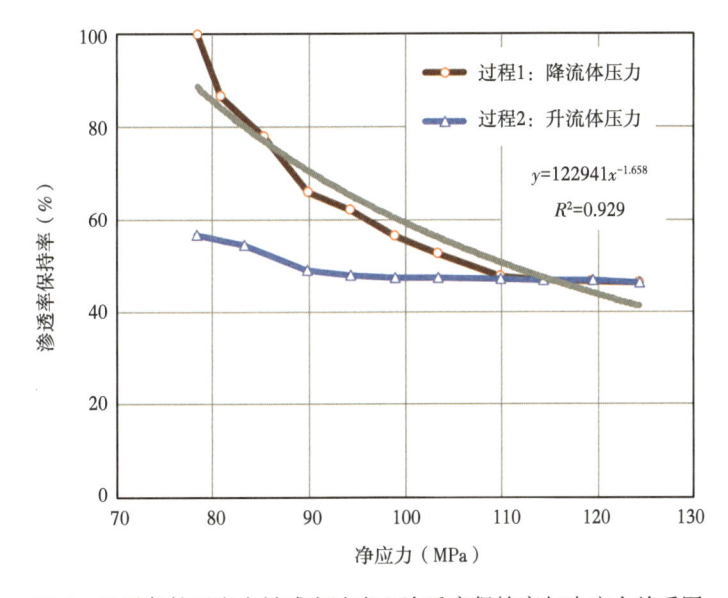

图6　地层条件下应力敏感实验岩心渗透率保持率与净应力关系图

5　储层应力敏感程度对气井产能的影响

根据国内外研究人员在理论和实验方面对渗透率应力敏感进行的深入研究[5, 17-19]，并结合以上实验的结果，得到岩心渗透率随净应力的变化规律，用指数关系式的方式来表现：

$$K = K_i e^{-\alpha_k(p_i - p)} \tag{5}$$

式中　K——储层当前渗透率，mD；

K_i——原始地层压力p_i下的渗透率，mD；

p_i——原始地层压力，MPa；

α_k——应力敏感系数，MPa^{-1}。

其中α_k由实验数据获得，其物理意义为净应力改变时对应渗透率变化的百分数。α_k越大，应力敏感性越强。LY气藏高温高压条件下岩心应力敏感实验结果计算得到储层的应力敏感系数α_k平均值为0.0261，而常规中低压应力敏感实验结果得到的α_k为0.0217，将公式（5）渗透率表达式代入到考虑应力敏感对产能影响的多重介质稳态产能方程中去，得到这两种不同应力敏感系数对产能的影响分析结果（图7）。

LY气藏M31井缝洞型储层为主力产层。从考虑应力敏感影响的气井产能随井底流压变化的模拟曲线可以看出（图7）：高温高压条件下应力敏感性比常规中低压条件的结果对产能的影响更大。应力敏感为中等时，当气井生产压差（井底流压的下降值）大于20MPa，应力敏感影响较为明显，气井产能损失逐渐加大，气井产能降幅在15%以上。而常温中低压条件下得到应力敏感性为弱的结果，那么随着开采的深入，加大生产压差对产能影响小，气井生产压差大于24MPa左右才能看到相似的明显影响。因而可能会误导生产，提高生产压差，使气井受到不必要的应力敏感伤害，减少产能，甚至使后续增产稳产措施失效。所以，只有开展地层条件下的应力敏感实验研究，综合气藏储层的实际情况进行分析，才能认清应力敏感对生产的真实影响，制定合理的配产制度。

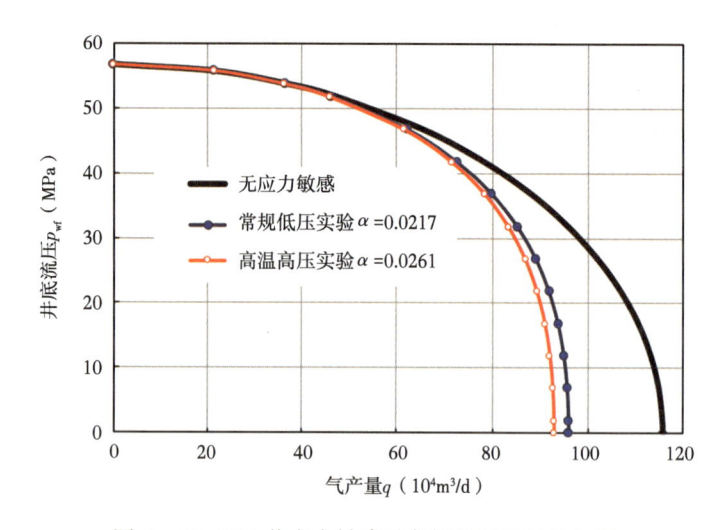

图7 LY-M31井应力敏感对产能的影响对比分析

6 结论

通过LY气藏高温高压地层条件下和常温中低压条件下岩心应力敏感性实验结果进行对比，并分析不同应力敏感系数下产能变化的情况可以得出以下结论。

（1）采用地层条件下得到的应力敏感系数与常规实验的结果差异明显，如果按常规应力敏感实验的结果指导生产，可能会误导生产措施的制定带来不可挽回的后果，因此有必要开展缝洞型碳酸盐岩储层应力敏感实验研究，才能为渗流特征和生产动态研究提供更为准确的参考依据。

（2）缝洞发育的LY气藏碳酸盐岩储层总体表现为中等强度应力敏感特征，生产压差增加到20MPa后，随着应力敏感性的增加，产能损失较为明显。为了避免在应力较集中的井筒附近产生更大的伤害，在衰竭式开采初期应适当控制井底压力和产量。

（3）一些深层碳酸盐气藏储层中存在束缚水，建议在实验分析中需要考虑束缚水带来的影响，开展含束缚水的地层条件流动实验，更能反映气藏流体的真实流动特征。

参 考 文 献

[1] 杨枝, 孙金声, 张洁, 等. 裂缝性碳酸盐岩储层应力敏感性实验研究 [J]. 钻井液与完井液, 2009, 26 (6): 5-6, 9.
[2] 赖枫鹏, 李治平, 郭艳东, 等. 川东北碳酸盐岩气藏岩石渗透率变化实验 [J]. 石油与天然气地质, 2012, 33 (6): 932-937.
[3] 王海洋, 杨胜来, 李武广, 等. 深层致密双重介质气藏应力敏感研究及应用 [J]. 天然气与石油, 2013, 31 (4): 51-56.
[4] 徐新丽. 含微裂缝低渗储层应力敏感性及其对产能影响 [J]. 特种油气藏, 2015, 22 (1): 127-130.
[5] 鄢友军, 常程, 李隆新, 等. 缝洞型碳酸盐岩储层应力敏感性实验分析及其对气井产能的影响 [C]. 2018 年全国天然气学术年会论文集 (02 气藏开发), 福州, 2018.
[6] 李凤鸣, 钱勤, 李其朋. 普光气藏流体物性变化规律研究 [J]. 内江科技, 2012 (10): 70, 82.
[7] 赵智强. mX 区块缝洞型气藏应力敏感及水侵机理研究 [D]. 成都: 西南石油大学, 2015.
[8] 高树生, 刘华勋, 任东, 等. 缝洞型碳酸盐岩储层产能方程及其影响因素分析 [J]. 天然气工业, 2015, 35 (9): 48-54.
[9] 景岷雪, 袁小玲. 碳酸盐岩岩心应力敏感性实验研究 [J]. 天然气工业, 2002, 22 (增刊): 114-117.
[10] 李成良, 邵洪志. 裂缝型碳酸盐岩储层渗透率应力敏感性分析 [J]. 化工管理, 2017 (11): 142.
[11] 闫丰明, 康毅力, 李松, 等. 裂缝-孔洞型碳酸盐岩储层应力敏感性实验研究 [J]. 天然气地球科学, 2010, 21 (3): 489-493, 507.
[12] 王业众, 康毅力, 张浩, 等. 碳酸盐岩应力敏感性对有效应力作用时间的响应 [J]. 钻采工艺, 2007, 30 (3): 105-107.
[13] 李宁, 张清秀. 裂缝型碳酸盐岩应力敏感性评价室内实验方法研究 [J]. 天然气工业, 2000, 20 (3): 30-33.
[14] 兰林, 康毅力, 陈一健, 等. 储层应力敏感性评价实验方法与评价指标探讨 [J]. 钻井液与完井液, 2005, 22 (3): 1-4.
[15] 蒋海军, 鄢捷年, 李荣. 裂缝性储层应力敏感性实验研究 [J]. 石油钻探技术, 2000, 28 (6): 32-33.
[16] 范学平, 徐向荣. 地应力对岩心渗透率伤害实验及机理分析 [J]. 石油勘探与开发, 2002, 29 (2): 117-119.
[17] 樊怀才, 李晓平, 窦天财, 等. 应力敏感效应的气井流量动态特征研究 [J]. 岩性油气藏, 2010, 22 (4): 130-134.
[18] 于忠良, 熊伟, 高树生, 等. 低渗透储层应力敏感程度及敏感机理分析 [C]// 第九届全国渗流力学学术讨论会. 西安, 2007: 157-159, 163.
[19] 尹琅, 黄全华, 张茂林, 等. 考虑应力敏感的气井产能分析 [J]. 西南石油大学学报, 2007, 29 (S2): 46-49.

缝洞型碳酸盐岩储层气水两相微观渗流机理可视化实验研究

王 璐[1]　杨胜来[1]　刘义成[2]　王云鹏[1]　孟 展[1]　韩 伟[1]　钱 坤[1]

（1.中国石油大学（北京）；2.中国石油西南油气田公司）

摘 要 四川盆地缝洞型碳酸盐岩气藏多属于有水气藏，气水两相渗流机理复杂。目前气水两相微观渗流可视化模型多是基于理想孔隙结构或铸体薄片图像制作，无法还原储层中真实孔、缝、洞分布，且机理研究多集中于孔隙型和裂缝型储层，缺少对孔洞型和缝洞型储层的认识。通过将岩心 CT 扫描与激光刻蚀技术结合，以四川盆地震旦系储层中裂缝型、孔洞型和缝洞型碳酸盐岩岩心 CT 扫描结果为模板，设计并研制了 3 类岩心的可视化模型，据此研究了气水两相微观渗流机理及封闭气、残余水形成机理，通过 Image J 灰度分析法实现了气水分布的定量表征。研究结果表明：3 类模型水驱气和气驱水过程中的渗流规律各不相同；绕流、卡断、盲端和角隅处形成的封闭气普遍存在于 3 类模型中，此外还在"H 型"孔道处、"哑铃型"通道处和微裂缝缝网处形成特殊封闭气；孔道、裂缝壁面上的束缚水膜，溶洞中部的圆润水团，狭窄喉道处的卡断水柱和狭长孔道处的滞留水柱是残余水的主要形式；裂缝型模型水窜最严重，无水采收期最短，采出程度最低，而孔洞型模型水驱前缘推进均匀，无水采收期最长，采出程度也最高。该研究实现了缝洞型碳酸盐岩不同类型储层气水两相微观渗流规律的精准刻画，为类似气藏的高效开发提供了理论依据。

关键词 缝洞型碳酸盐岩；气水两相渗流；可视化；封闭气；残余水；灰度分析

1 引言

缝洞型碳酸盐岩气藏是经过多期构造运动与古岩溶共同作用形成的一种特殊类型气藏，其储集介质由溶洞、溶孔和裂缝组成，具有构造复杂、储层非均质性强、孔洞缝宏观发育及气水两相渗流规律复杂等特征，是当前最复杂特殊的气藏之一[1-4]。2013 年四川盆地震旦系—寒武系特大型气田被发现，其中发育着震旦系灯影组碳酸盐岩缝洞型、寒武系龙王庙组白云岩孔隙型两套主要含气储层，该类复杂气藏开始引起广大科研工作者的关注与研究[5]。

长期以来，国内外气藏的研究主要集中在开采工艺技术和数值模拟方面，对于气水两相微观渗流机理研究较少。常规的气水两相渗流数学模型并不能真实反映岩石的孔隙结构分布，也不能反映岩石中的气水两相真实渗流特征。2002年周克明等[6]首次提出以岩心样品的铸体薄片所代表的孔隙结构为背景，借助激光刻蚀技术，研制了气水两相可视化物理模型，并通过该模型研究了水驱气机理及封闭气的形成方式，实现了气水两相渗流过程的可视化。随后，可视化模型开始被广泛应用到气水两相渗流机理的研究上[7-14]，但这些研究仍然存在许多问题：（1）可视化模型都是基于理想孔隙结构或铸体薄片制作的，无法还原岩心样品中的真实孔、缝、洞分布，得到的实验结果也会与实际情况存在差异；（2）研究主要集中在孔隙型和裂缝型气藏，而对于更为复杂的孔洞型和缝洞型气藏尚未进行研究；（3）气水两相可视化图像结果取自于水驱气实验完成后，缺少气水两相渗流过程中的可视化图像与机理分析；（4）气水两相渗流实验以模拟气藏水侵过程的水驱气为主，而对于气驱水过程的研究与分析较少。

针对以上问题，笔者首次将岩心CT扫描技术与激光刻蚀技术相结合，以四川盆地震旦系储层中的裂缝型、孔洞型和缝洞型碳酸盐岩岩心CT扫描图像为模板，设计并研制了3类岩心的激光刻蚀透明仿真模型，实现了对实际储层中孔、缝、洞分布的精准刻画。通过开展气水两相微观渗流实验，研究了3类模型的水驱气、气驱水微观机理，封闭气、残余水形成机理以及采出方法，并利用ImageJ灰度分析法实现了气水两相微观分布的定量表征，形成了一套较为完善的缝洞型碳酸盐岩储层气水两相微观渗流理论，为该类气藏的高效开发提供了有效依据。

2 可视化实验设计及方法

2.1 基于CT扫描的可视化模型设计

油气储层的微观孔隙结构特征与分布规律决定了储层中流体的微观分布关系、渗流机理与渗流规律[15-16]。为了完全模拟实际储层中孔、缝、洞的结构特征和分布规律，利用微米CT对震旦系储层中具有代表性的裂缝型、孔洞型和缝洞型3块岩心样品进行扫描，并对6 000余张CT扫描图像进行筛选和提取后，借助现代激光刻蚀技术，制作了储层结构特征明显的可视化微观模型（图1）。在进行CT扫描图像抽提时发现，大部分图像的孔、缝、洞分布规律并不明显，在单张图像中往往只存在一种典型结构特征，并不能完全代表该类型储层，而参照这些图像制作的可视化模型结构会过于简单，既无法得到气水两相渗流的全部流动特征，也无法对微观渗流机理、封闭气和残余水形成机理进行系统全面的分析。为此，通过对比最终选取了结构特征明显，孔、缝、洞分布规律复杂的3类图像，并以这3类图像作为母版，在不破坏原始结构的基础上增加了一些母版缺少的结构，以期通过这些母版制作的可视化模型能够较为全面的代表储层的各种典型结构，得到更加系统全面的机理分析与流动特征。其中孔洞型模型与缝洞型模型在结构特征与研究目的上存在本质差别。在结构特征上，孔洞型模型以孔隙和溶洞这2类介质为主，孔隙作为渗流通道设计尺寸较小，毛细管压力较大且分布广泛；而缝洞型模型以裂缝和溶洞为主，裂缝作为渗流通道设计尺寸较大，毛细管压力较小且分布离散。在研究目的上，孔洞型模型主要研究孔隙与溶洞之间的两相流动规律，缝洞型模型的重点则在裂缝与溶洞之间，由于裂缝的导流能力和通道尺寸远远大于孔隙，因此在流动特征与封闭气、残余水形成机理上会存在较大差异。

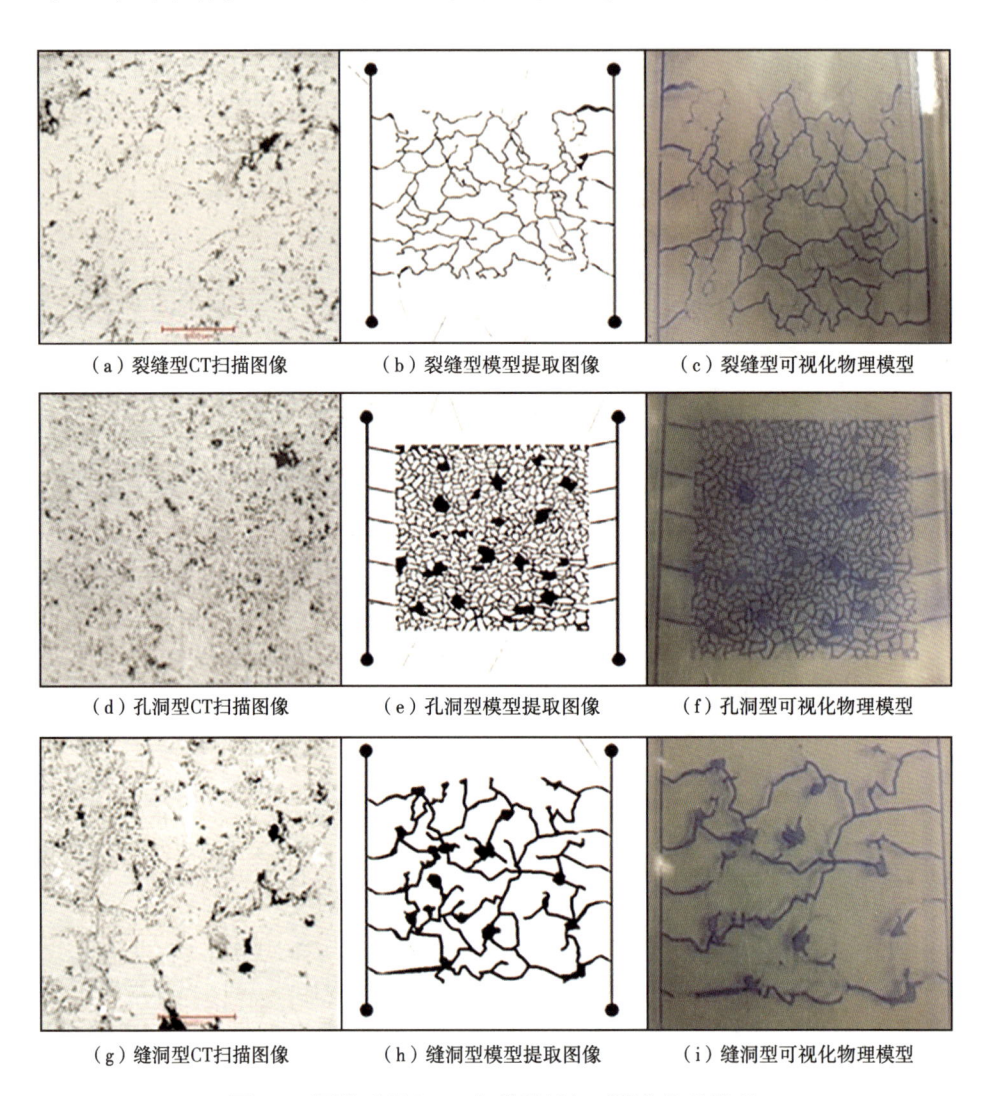

（a）裂缝型CT扫描图像　　（b）裂缝型模型提取图像　　（c）裂缝型可视化物理模型

（d）孔洞型CT扫描图像　　（e）孔洞型模型提取图像　　（f）孔洞型可视化物理模型

（g）缝洞型CT扫描图像　　（h）缝洞型模型提取图像　　（i）缝洞型可视化物理模型

图 1　不同类型岩心 CT 扫描结果与可视化物理模型

2.2　微观可视化模型制作

设计模型尺寸为 8.50cm×8.50cm，有效尺寸为 6.00cm×6.00cm，孔隙直径为 0.099~0.181mm，裂缝直径为 0.325~0.492mm，溶洞直径为 1.161~1.657mm，孔、缝、洞尺寸比例均按照 CT 扫描结果设计。通过接触角仪对模型材料与水之间的接触角进行了测量，结果表明接触角为 36.4°，原始润湿性为水湿。微观可视化模型制作流程如下：（1）依据 CT 扫描微观结构图像，利用 Auto CAD 软件绘制出可视化模型蓝图；（2）根据模型蓝图通过数控铣床加工出掩膜版；（3）利用紫外光通过掩膜版照射到附有一层光刻胶薄膜的基片表面，使曝光区域的光刻胶发生化学反应；（4）通过显影技术溶解去除曝光区域或未曝光区域的光刻胶，使掩膜版上的图形复制到光刻胶薄膜上；（5）利用刻蚀技术将图形转移到基片上；（6）在基片上覆盖一层玻璃，放入高温炉中烧结，制得模型。通过测试，可视化模型耐压超过 8MPa，弥补了微观实验模型尺度小（4.00cm×4.00cm）和实验压力较低（小于 0.2MPa）的缺陷。

2.3 实验方法

实验采用 99.99% 的高纯氮气作为气源模拟储层中的天然气，实验用水是根据磨溪 204 井地层水分析资料配制的等矿化度标准盐水，并用甲基蓝染成蓝色，这样可以与图像中的无色氮气进行区分。实验设备中微量泵的流量精度为 0.001mL/min，压力精度为 0.01MPa，实验驱替压差为 0.2~0.5MPa，实验温度为 50℃，实验压力为 8MPa。

2.4 实验流程与步骤

缝洞型碳酸盐岩储层气水两相微观渗流机理可视化实验系统主要由可视化玻璃刻蚀模型、ISCO 微量注入泵、回压泵、中间容器、压力传感器、模型夹持器、气体收集容器、光源、光学显微镜和数据、图像收集装置等组成（图 2）。实验步骤如下：

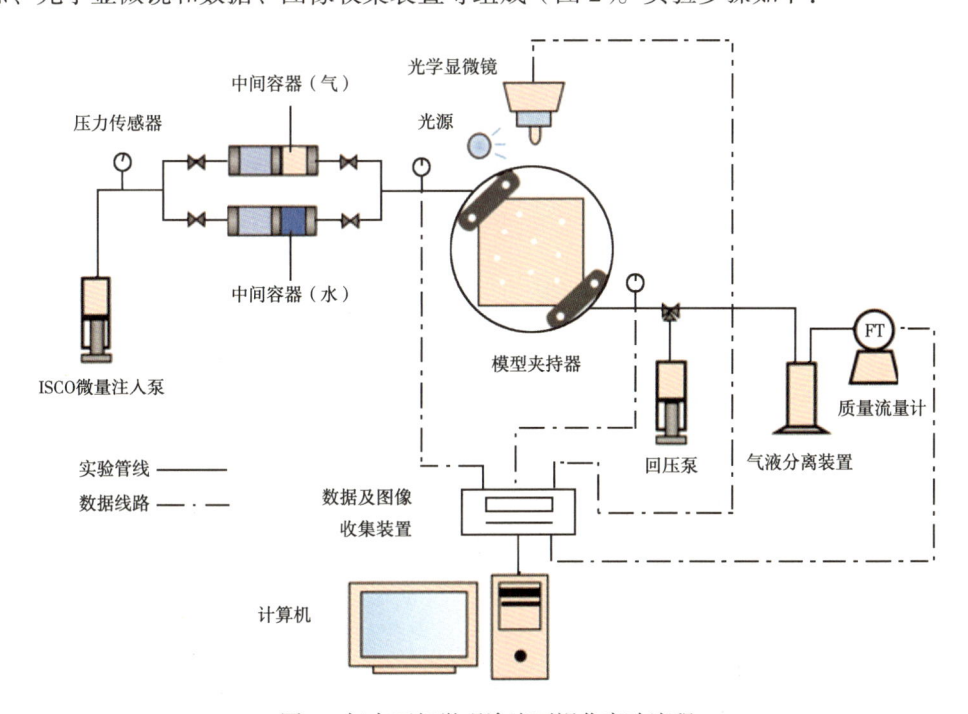

图 2　气水两相微观渗流可视化实验流程

（1）将可视化模型安放在模型夹持器上，按实验流程连接好实验设备并检查管线是否完好；

（2）对模型抽真空 40min 后，调整回压至 6MPa、围压至 8MPa，将模型加热至 50℃；

（3）将模型饱和地层水，然后用高纯氮气驱替至可视化模型不出水为止，期间用显微照相和录像设备记录气驱水动态，并计量出水量和出水速度；

（4）对模型再次抽真空，将残留的液体抽干净，用配置的地层水驱替至可视化模型不出气为止，期间用显微照相和录像设备记录水驱气动态，并计量出气量和出气速度；

（5）实验完成后处理录像和图像，分析微观驱替过程。

3 水驱气实验结果与分析

3.1 水驱气微观渗流机理

3.1.1 裂缝型模型水驱气微观渗流机理

在裂缝型模型中，裂缝是主要的渗流通道，与孔隙和溶洞相比具有更高的渗流能力。在水驱气初期，气水分布及流动方式主要为"水包气"。由于模型具有亲水性，进入模型中的水首先沿着裂缝壁面形成水膜，随着水膜的逐渐增厚，裂缝中开始形成水流并以连续相的形式沿裂缝壁流动，而气体以不连续的气泡或气柱在裂缝中间流动。最终，水柱将裂缝中的大部分气体驱出，同时在裂缝褶皱和缩颈部位发生卡断现象，滞留了部分气体（图3）。在水驱气中期，水窜现象已经发生。随着水的不断注入，裂缝型模型中残余气柱或气泡的能量不断得到补充，当受到的动力大于阻力时，气柱或气泡会聚能突破前方的水柱继续流动（图4）。当水驱气进入后期时，残余的少量气泡会由于能量不足无法克服贾敏效应而被束缚在微裂缝交叉部位，当后续气泡流经该位置时会发生合并与能量传递，当能量聚集到一定程度后，大气泡的前端部分会分离出来形成小泡先通过，其余的部分只能继续滞留，等待聚集更多的能力后才能通过（图5）。

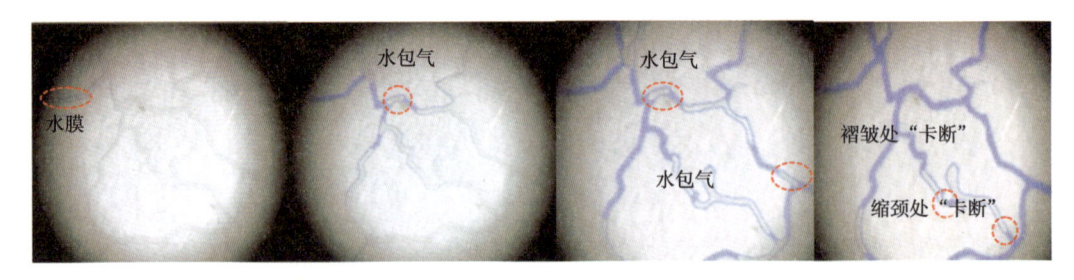

图 3　裂缝型模型水驱气初期"水包气"形成过程

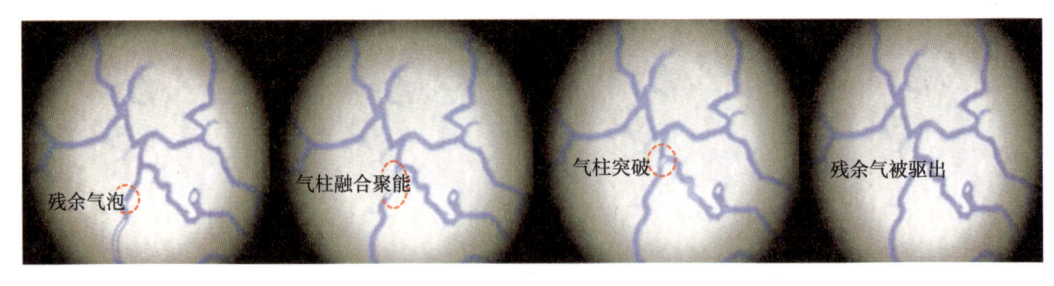

图 4　裂缝型模型水驱气中期气柱聚能突破过程

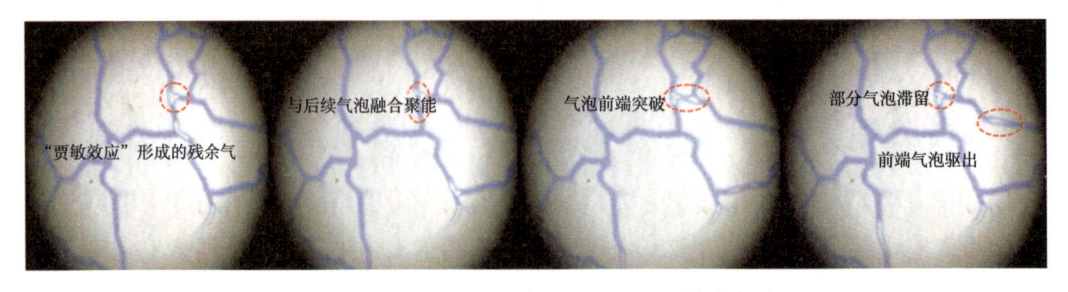

图 5　裂缝型模型水驱气后期气泡克服贾敏效应突破过程

3.1.2 孔洞型模型水驱气微观渗流机理

对于孔洞型模型,既存在尺寸较小的孔隙,又存在尺寸较大的溶洞,其渗流能力主要受喉道的大小和分布控制。与裂缝型模型相比,毛细管阻力相对较大,驱替压差也相对较高。水驱气过程中,由于模型亲水,水首先在孔道壁上形成水膜,逐渐变厚形成水柱后与气柱相互交替前进[图6(a)]。同时由于部分孔隙内前沿水膜在孔道交叉处汇聚形成水流,将中间段气柱封锁,形成封闭气[图6(b)]。当水进入溶洞时,首先将水膜延伸至溶洞壁面四围,随着水流的不断注入,逐渐充填溶洞空间,并沿气体渗流通道两侧压缩气体,最终将渗流通道压死[图6(c)]。此时溶洞与孔道连接出口处会由于缩颈形成封闭气。最终,溶洞大部分空间被水占据,孔隙内形成各种类型的封闭气[图6(d)]。

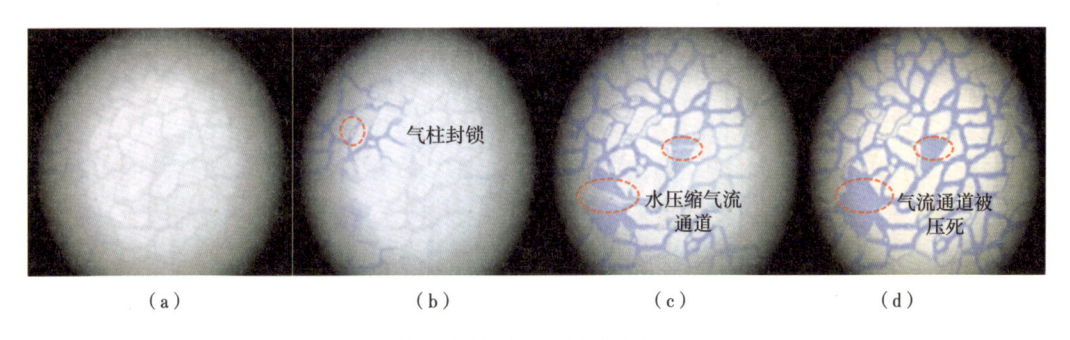

图6 孔洞型模型水驱气过程

3.1.3 缝洞型模型水驱气微观渗流机理

对于缝洞型微观模型,在水驱气初期,水先沿裂缝壁形成水膜[图7(a)],随后再聚集形成水柱,同时气体在裂缝中央形成气体心子或气体段塞并随水柱流动[图7(b)]。由于裂缝的导流能力和通道尺寸远远大于孔洞模型中的孔道,因此水不仅以水膜的形式进入溶洞壁面,还会直接以水柱形式进入溶洞中部,并以近似活塞式的方式将孔洞内的气体快速驱出[图7(c)]。当气水界面到达出口处裂缝时,会先沿主流线上的高渗透裂缝突破,随后再进入与溶洞相连的微裂缝或低渗透孔道[图7(d)]。

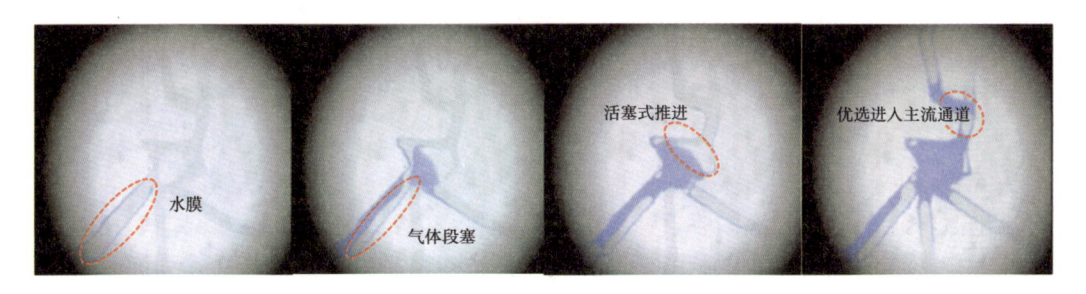

图7 缝洞型模型水驱气过程

3.2 水驱气封闭气的形成机理

3.2.1 盲端、角隅处形成的封闭气

无论是孔隙、溶洞还是裂缝,其盲端或角隅处总会形成一定数量的封闭气[17](表1)。

尽管模型具有亲水性，但是由于没有形成有效的渗流通道，很难将其中的气体驱出，特别是当流动通道上的压力高于孔、洞、缝内气体压力时。实验结果表明，只有降低驱替压差才能将该封闭气部分采出。这是因为当压差降低时，封闭气发生膨胀后重新占据优势渗流通道，在后续水动力的作用下被部分驱出，同时气体的能量被逐渐消耗，压力降低，当与流动通道的压力达到平衡时，气体又一次被封闭。因此，在气藏开发时只有降低气藏压力或在产能衰减时才能将这部分封闭气采出，同时应避免关井复压操作，以免这部分封闭气彻底被压死。

3.2.2 绕流形成的封闭气

绕流形成的封闭气受毛细管压力和水动力共同作用的影响，并与驱替压差密切相关。3 类模型中都存在该种形式的封闭气，但是机理并不相同（表 1）。对于孔隙型和孔洞型模型，当驱替压差较低时，毛细管压力为气水流动的主要动力，此时封闭气的形成主要来自绕流现象。当水进入多个孔径不同的孔道后，在毛细管压力的作用下，水以较快的速度进入较小的孔道[18]，由于小孔道中水的渗流速度较快，气体体积较小，水在模型出口处先于其他大孔道发生突破，随后将大孔道中还未来得及驱出的气体封闭起来形成封闭气。当驱替压差较大时，水动力起主要作用时，气水两相渗流机理与毛细管压力作为主要动力时正好相反。由于大孔道渗流阻力较小，水在水动力的作用下优先进入大孔道，并且先于小孔道在模型出口处突破，随后将小孔道中的气体封闭起来，形成封闭气。对于裂缝型和缝洞型模型，由于裂缝具有很高的渗流能力，毛细管阻力很小，无论驱替压差大小，注入水都会优先进入较大的裂缝并以较快的速度发生水窜，将许多孔隙和微裂缝中的气体封闭起来，降低了主裂缝的补给能力和气相渗透率，使实际气藏的采气速度和采出程度降低。

3.2.3 卡断形成的封闭气

实验结果表明，卡断形成的封闭气以不连续气泡或气柱的形式分布在孔道或裂缝中央（表 1），造成该种形式封闭气的原因是贾敏效应。贾敏效应又称气阻效应，由于地层孔隙结构复杂，渗流通道尺寸存在较大差异，当气泡或者油滴通过细小孔隙喉道或裂缝褶皱变形部位时，由于通道的前后半径差使得气泡或油滴两端的弧面毛细管压力表现为阻力，若要通过半径较小的通道必须拉长并改变自身形状，这种变形将消耗部分能量，从而减缓和限制气泡或油滴的运动，增加额外的阻力，这种阻力实质是一种微毛细管压力效应。对于孔隙型和孔洞型模型，当气水两相流经狭窄喉道时，贾敏效应的存在会产生附加阻力；同时由于模型亲水，水相在喉道处使水膜增厚，易产生水锁现象，使喉道直径进一步缩小，加剧了贾敏效应，增大了气相流动阻力，连续流动的气相必须收缩变形才能通过喉道。但是气泡的收缩变形需要消耗自身能量，而原有能量只能使气泡前端分离出来，形成小泡先行通过，其余部分只能滞留在喉道处，等待与后续气泡碰撞聚能后，才能再次通过。而对于裂缝型和缝洞型模型，在比较粗糙的裂缝表面或者裂缝褶皱变形部位，同样会因为贾敏效应使连续流动的气体发生卡断形成封闭气柱或封闭气泡。实验结果表明，既可以通过提高驱替压差来增大水动力的方法采出卡断封闭气，也可以通过降低模型出口压力的方法使卡断封闭气发生膨胀和聚集，利用自身的膨胀能力将其采出。

表 1 水驱气过程封闭气形成方式分类

封闭气形成方式	裂缝型模型	孔洞型模型	缝洞型模型
盲端、角隅形成的封闭气			
绕流形成的封闭气			
卡断形成的封闭气			
"H型"孔道形成的封闭气	无		无
"哑铃型"通道形成的封闭气	无	无	
微裂缝缝网形成的封闭气		无	

3.2.4 "H型"孔道形成的封闭气

在孔隙型或孔洞型模型中还会形成"H型"孔道封闭气（表1），该种类型封闭气形成的主要机理有两方面：一方面是由于水的毛细管指进优先通过孔隙的两条"边路"向前突破，从而绕过了连接两条"边路"的"桥"；另一方面是由于当水突破后，水会进一步依靠模型的亲水性进入"H型"孔道的"桥"，压缩"桥"上的气体形成封闭气。此类封闭气也可以通过两种方法将其采出：一是通过降低气藏压力使"桥"上的气体膨胀到"边路"上，在水动力的作用下被带出；二是通过增加驱替压差来打破两条"边路"的压力平衡，从而使"桥"上的气体采出。"H型"孔道形成的封闭气是绕流的一种特殊形式。

3.2.5 "哑铃型"通道形成的封闭气

在缝洞型模型中会形成一种独特的"哑铃型"通道封闭气（表1），该种类型封闭气的形成主要是由于注入水进入溶洞时，会优先充填溶洞空间，同时将气体沿出口端裂缝驱出，当仅有一条裂缝同时作为两个溶洞的出口通道时，两部分气体会同时向裂缝内压缩形成封闭气。由于裂缝两端溶洞内的水体能量较大，很难通过改变驱替压差的途径将这部分封闭气采出。

3.2.6 微裂缝缝网形成的封闭气

对于裂缝型和缝洞型模型，会在微裂缝缝网中封闭一部分气柱（表1），这是由于大裂缝具有更高的导流能力和极低的毛细管阻力，注入水会优先进入大裂缝并以较快的速度突破，这使得被大裂缝切割的微裂缝被水包围，堵塞了气流通道，使原本统一的压力系统被分割成多个，在微裂缝处形成"气死区"[19]。该部分封闭气只能通过降低模型出口压力，利用自身的膨胀能力进入主裂缝后被采出。六种类型封闭气的形成机理与主要影响因素见表2。

表2 封闭气主要影响因素及形成机理

封闭气类型	主要影响因素	形成机理
盲端、角隅处封闭气	通道连通性	无有效通道沟通，气体被压缩封闭
绕流形成封闭气	毛细管压力 驱替压力	驱替压差较低，毛细管压力为动力，驱替小孔道，封闭大孔道； 驱替压差较高，驱替压力为动力，驱替大孔道，封闭小孔道
卡断形成封闭气	贾敏效应	喉道狭窄，贾敏效应产生附加毛细管阻力；喉道处水膜增厚，产生水锁现象，缩小喉道直径，加剧贾敏效应，增大气流阻力
"H型"孔道处封闭气	毛细管压力	毛细管指进优先通过孔隙两条"边路"向前突破；水依靠模型亲水性进入"H型"孔道的"桥"，压缩"桥"上的气体形成封闭气
"哑铃型"通道处封闭气	通道连通性	一条裂缝同时作为两个溶洞的出口通道，两部分气体同时向裂缝内压缩形成封闭气
微裂缝缝网处封闭气	毛细管压力	大裂缝毛细管阻力极低，水优先突破后封隔微裂缝形成"死气区"

3.3 水驱气实验气水分布定量表征与开发建议

水驱气实验模拟的是有水气藏在开发过程中水侵对气井生产规律的影响，对实验过程中不同模型的气水分布进行定量表征对该类气藏的有效开发具有指导意义。由于气水两相微观渗流可视化实验持续时间很短,期间很难对不同时刻的出气量和出水量进行计量,也很难利用常规方法对不同时刻下模型内的气水分布进行定量表征。为了解决这一问题,决定采用 Image J 灰度分析法,首先利用视频处理软件截取水驱气视频中不同时刻下的可视化图像,并利用 Photoshop 软件进行预处理,主要是对图像的亮度进行均匀调整。在此基础上利用 Image J 软件的图像识别功能对图像的灰度值进行区分,通过调整阈值先识别出模型初始条件下的储集空间和玻璃颗粒,再统计像素点求出储集空间所占的总面积,进而计算出孔隙度。之后利用 Photoshop 软件区分不同时刻下的气水分布,分离出注入水,最后再利用 Image J 软件计算含水饱和度和含气饱和度。

通过 Image J 灰度分析法得到的裂缝型、孔洞型和缝洞型模型在不同时刻下的含气饱和度如图 8 所示。裂缝型模型由于存在裂缝这一高渗透通道,水驱气初期产气速度很快,含气饱和度快速下降,此时驱替的都是裂缝和大孔道中的气体,同时水窜现象严重,无水采收期较短,无水采出程度较低,只有 51.3%,模型见水后被裂缝和大孔道封锁的低渗透区域内气体很难被采出,封闭气大部分分布在盲端、角隅处以及微裂缝缝网内,最终采出程度只有 63.5%。为了提高裂缝性储层的采出程度,在进行气井配产时需要严格控制生产压差,不仅能减缓水侵速度,增长无水采收期,还可以提高波及效率;而在气井见水后,可以采取逐级降低生产压差的方式,使盲端、角隅和微裂缝缝网内的封闭气发生膨胀后重新占据优势渗流通道,在后续水动力的作用下被驱出;同时也要避免关井复压操作,以免这部分封闭气彻底被压死。

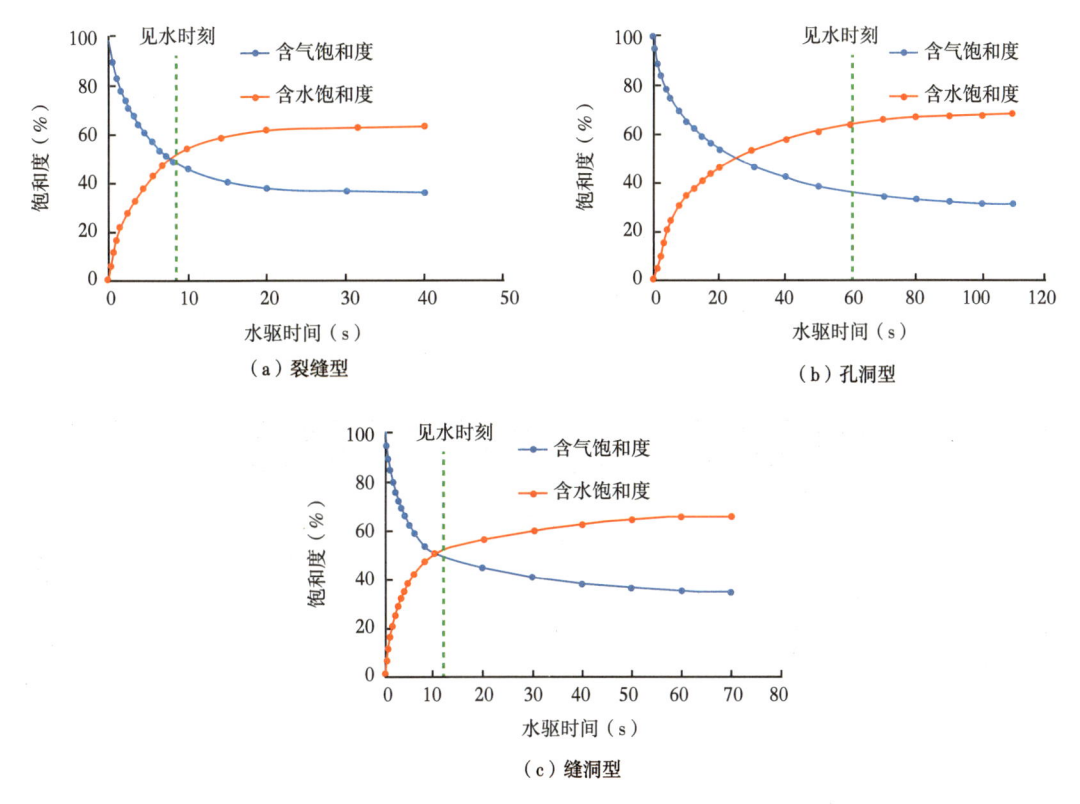

图 8 水驱气实验气水饱和度分布曲线

孔洞型模型由于渗流通道较小，渗流阻力较大，孤立的溶洞主要在局部影响水侵的流动规律，而整体水侵前缘推进和孔隙型储层类似，近似均匀推进，因此溶洞的存在主要为气藏提供了储集空间，对整体水侵前缘的推进影响不大，这使得初期产气速度相对较慢，无水采收期较长，无水采收程度较高，达到65%，模型见水后主要形成绕流、卡段形式的封闭气，采出程度最终为68.4%。为了提高孔洞型储层的采出程度，建议采用逐级加压的方式进行开发，既可以在低压差时利用毛管力采出小孔道中的气体，又可以在高压差时利用水动力采出因绕流封闭在大孔道中的气体，还可以使卡断形成的封闭气泡聚能克服贾敏效应，使得采出程度进一步提高。

对于缝洞型模型，气水饱和度变化规律与裂缝型模型相似，因此封闭气类型与开发方式也与裂缝型模型相同。水体会沿着裂缝快速向前推进，通过溶洞时由于其较大的储气空间减缓了水侵的进度，这使得无水采出程度和最终采出程度较裂缝型高一些，无水采收期也稍长一些。

4 气驱水实验结果与分析

4.1 气驱水微观渗流机理

气驱水实验主要用来模拟气藏的形成过程和地层水的流动过程，对于三类微观模型，由于表面张力和毛细管压力的共同作用，在饱和水过程中水会优先占据大通道壁面和细小孔喉，最终完全充满裂缝、溶洞、孔隙与喉道，但在盲端和角隅处只能部分饱和[图9（a）、图10（a）与图11（a）]。

4.1.1 裂缝型模型气驱水微观渗流机理

在气驱水实验中，气体的性质决定了其能够进入极小空间进行驱替。对于裂缝型模型，气体很快便将裂缝中间部位的水驱出[图9（b）]，随后将裂缝褶皱和角隅、盲道等位置的水驱出[图9（c）]。在气驱水的后期，随着气体不断注入，带走裂缝壁面上的残余水，使水膜逐渐变薄，并在裂缝交叉处汇聚成水珠被驱出，最后仅在裂缝壁上留下一层薄薄的水膜[图9（d）]，可以通过增大驱替压差的方式该部分残余水膜进一步变薄。

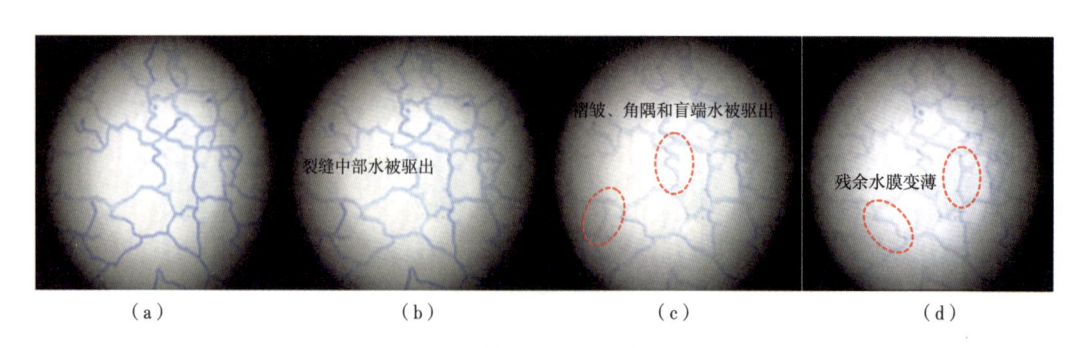

图9 裂缝型模型气驱水过程

4.1.2 孔洞型模型气驱水微观渗流机理

对于孔洞型模型，气体进入后首先沿优势通道快速推进，随着注气量的增多，气体逐渐占据大部分孔道空间，并将其中大部分水驱出［图 10（b）］。当气体流经溶洞时，会先在溶洞水体外围形成一圈细小的气流通道，并随着气体的进入逐渐扩大通道，将边部水驱出，最终在溶洞中央形成一个相对圆润的水体团，当水体团被驱替到一定程度后，形状不再发生变化，此时气体无法再将水体团驱出［图 10（c）］。气驱水后期，注入的气体将孔隙壁上的水膜聚集，当达到一定厚度时被驱替而出，最终在细长孔道处、狭窄喉道处和溶洞中部形成残余水［图 10（d）］。

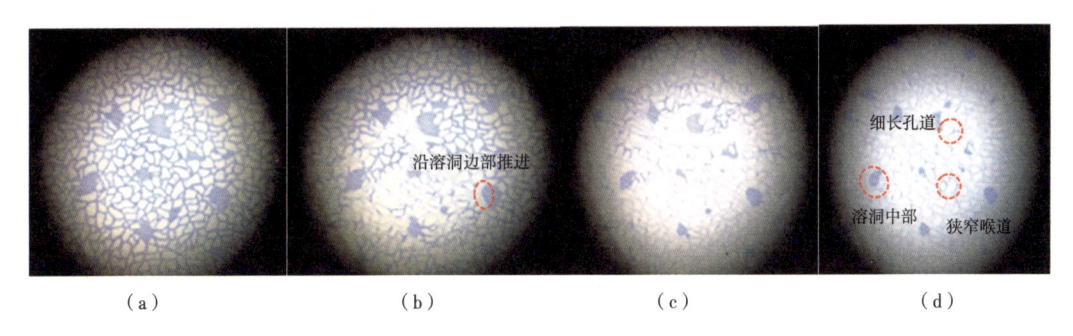

图 10　孔洞型模型气驱水过程

4.1.3　缝洞型模型气驱水微观渗流机理

在缝洞型模型气驱水开始后，气体迅速将裂缝中部的水驱出，形成气流通道［图 11（b）］。当气体流经溶洞时，会优先驱替溶洞外围的水，形成气体的渗流通道，并把中部的水体包围［图 11（c）］。随着气体的不断注入，不断剥蚀中部水体，并在出口裂缝处汇聚成水珠后被驱出，使溶洞内水体逐渐缩小至一定程度后不再发生变化，形成残余水团，也有一部分溶洞由于被多条裂缝沟通，水被全部驱出，仅在孔洞壁上形成束缚水膜［图 11（d）］。

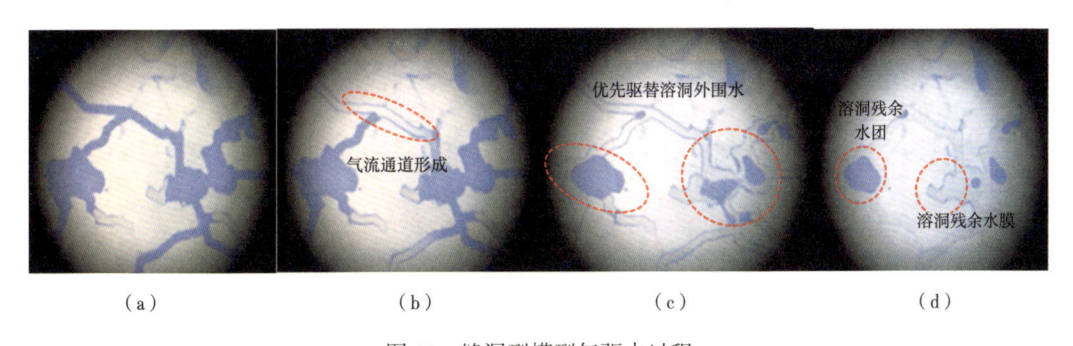

图 11　缝洞型模型气驱水过程

4.2　气驱水残余水形成机理

4.2.1　孔道、裂缝壁面上的残余水膜

对于裂缝型和缝洞型模型，裂缝是主要的渗流通道。气驱水过程中，裂缝中的水首先被驱出，由于毛细管阻力很小，残余水主要以"薄水膜"形式赋存在连通性较差的裂缝壁面［图 12（a）］，对气相渗流影响较小；而对于孔洞型模型，孔道中的残余水在高毛细管压力的作用下，以"厚水膜"形式赋存，残余水饱和度较高，这会使得气相渗流通道变窄并增大流动阻力。要将此种类型残余水驱替出需要较大的驱替压差和较长的驱替时间。

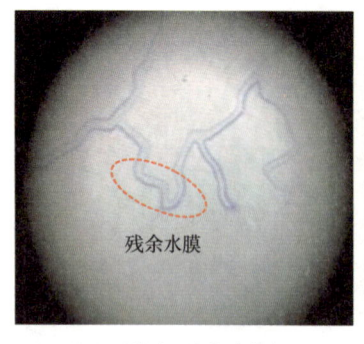

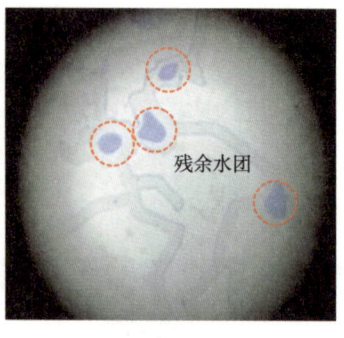

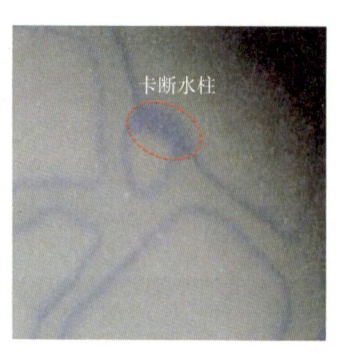

（a）裂缝壁面上的残余水　　　　（b）溶洞中部的残余水　　　　（c）狭窄喉道处的残余水

图 12　气驱水实验残余水形成模式

4.2.2　溶洞中部的残余水团

溶洞中部的残余水是孔洞型和缝洞型模型中残余水的主要形式之一，这是因为当气体流经溶洞时，会优先沿溶洞水体外围突破，形成并逐渐拓宽渗流通道，剥蚀中部水体并在出口通道处汇聚成水珠后被驱出。当水体团被驱替到一定程度后，优势渗流通道已经完全形成，此时形状不再发生变化，滞留在溶洞中部形成残余水［图 12（b）］，该部分残余水可以通过增大驱替压差的方式将其驱出。

4.2.3　狭窄喉道处、狭长孔道处的残余水柱

由于残余水在喉道处受到的毛细管阻力非常大，在气驱水过程中容易发生卡断，以"水柱"的形式滞留在整个喉道处［图 12（c）］，堵塞渗流通道，这也是储层发生水侵后气相渗透率大幅度下降的主要原因。在多条孔道同时存在的情况下，狭长孔道的毛细管阻力比较宽、较短的孔道要大得多，需要耗费较多的能量才能将水驱出，所以在狭长孔道处也容易形成残余水。三种类型残余水的形成机理与影响因素见表 3。

表 3　残余水主要影响因素及形成机理

残余水类型	影响因素	形成机理
孔道壁面上残余水膜	毛细管压力	流动通道窄，毛细管阻力大，束缚水膜较厚
裂缝壁面上残余水膜	毛细管压力	流动通道宽，毛细管阻力小，束缚水膜较薄
溶洞中部残余水团	驱替压力	溶洞尺寸大，毛细管压力可忽略；驱替压差越大，残余水团越小
狭窄喉道处残余水柱	贾敏效应	喉道尺寸小，毛细管阻力极大，贾敏现象严重，卡断形成水柱
狭长孔道处残余水柱	毛细管压力	孔道狭长细小，毛细管阻力大，驱替压力不足，滞留形成水柱

5　结论

（1）通过将岩心 CT 扫描技术与激光刻蚀技术相结合，以四川盆地震旦系储层中的裂缝型、孔洞型和缝洞型 3 类碳酸盐岩岩心 CT 扫描图像为模板，设计并研制了 3 类岩心的激光刻蚀透明仿真模型，实现了对实际储层中孔、缝、洞分布的精准刻画。通过开展气水两相微观渗流实验，得到了 3 类模型水驱气、气驱水过程中的微观可视化图像，并通过进

一步分析得到了缝洞型碳酸盐岩储层气水两相渗流过程中的机理与特征规律。

（2）通过水驱气可视化实验表明，绕流、卡断、盲端和角隅处形成的封闭气普遍存在于裂缝性、孔洞型和缝洞型3类模型中，"H型"孔道形成的封闭气只存在于孔洞型模型中，"哑铃型"通道形成的封闭气只存在于缝洞型模型中，而微裂缝缝网形成的封闭气存在于裂缝型和缝洞型两类模型中，上述形式的封闭气通过改变驱替压差或降低出口压力的方法只能部分采出。

（3）通过气驱水可视化实验表明，孔道、裂缝壁面上的束缚水膜，溶洞中部的圆润水体团，狭窄喉道处的卡断水柱和狭长孔道处的滞留水柱是3类模型残余水的主要形式，这些形式的残余水均可通过增大驱替压差的方法部分采出。

（4）通过 Image J 灰度分析法对气驱水实验不同时刻下的气水分布进行了定量表征，研究结果表明，裂缝型模型水窜最严重，无水采收期最短，无水采出程度和最终采出程度最低；缝洞型模型由于存在孔洞减缓了水侵的进度，使得采出程度稍高于裂缝型模型；孔洞型模型由于渗流阻力最大，水驱前缘推进均匀，无水采收期最长，采出程度也最高。

参 考 文 献

[1] 彭松，郭平.缝洞型碳酸盐岩凝析气藏注水开发物理模拟研究[J].石油实验地质，2014，36（5）：645-649.

[2] 李阳.塔河油田碳酸盐岩缝洞型油藏开发理论及方法[J].石油学报，2013，34（1）：115-121.

[3] 高树生，刘华勋，任东，等.缝洞型碳酸盐岩储层产能方程及其影响因素分析[J].天然气工业，2015，35（9）：48-54.

[4] 贾爱林，闫海军.不同类型典型碳酸盐岩气藏开发面临问题与对策[J].石油学报，2014，35（3）：519-527.

[5] 邹才能，杜金虎，徐春春，等.四川盆地震旦系—寒武系特大型气田形成分布、资源潜力及勘探发现[J].石油勘探与开发，2014，41（3）：278-293.

[6] 周克明，李宁，张清秀，等.气水两相渗流及封闭气的形成机理实验研究[J].天然气工业，2002，22（增刊1）：122-125.

[7] 吴建发，郭建春，赵金洲.裂缝性地层气水两相渗流机理研究[J].天然气工业，2004，24（11）：85-87.

[8] 朱华银，周娟，万玉金，等.多孔介质中气水渗流的微观机理研究[J].石油实验地质，2004，26(6)：571-573.

[9] 李登伟，张烈辉，周克明，等.可视化微观孔隙模型中气水两相渗流机理[J].中国石油大学学报（自然科学版），2008，32（3）：80-83.

[10] 樊怀才，钟兵，李晓平，等.裂缝型产水气藏水侵机理研究[J].天然气地球科学，2012，23（6）：1179-1184.

[11] 胡勇，邵阳，陆永亮，等.低渗气藏储层孔隙中水的赋存模式及对气藏开发的影响[J].天然气地球科学，2011，22（1）：176-181.

[12] 鄢友军，陈俊宇，郭静姝，等.龙岗地区储层微观鲕粒模型气水两相渗流可视化实验及分析[J].天然气工业，2012，32（1）：64-66.

[13] 陈朝晖，谢一婷，邓勇.涩北气田疏松砂岩气藏微观气水驱替实验[J].西南石油大学学报（自然科学版），2013，35（4）：139-144.

[14] 方飞飞，李熙喆，高树生，等.边、底水气藏水侵规律可视化实验研究[J].天然气地球科学，2016，27（12）：1-7.

[15] 高树生，胡志明，刘华勋，等．不同岩性储层的微观孔隙特征［J］．石油学报，2016，37（2）：248-256.
[16] 王家禄，高建，刘莉．应用CT技术研究岩石孔隙变化特征［J］．石油学报，2009，30（6）：887-893.
[17] RENG Dongmei, ZHANG Liehui, ZU Shuiqiao. Study on transportation numerical simulation of coalbedmethane reservoir［J］. Journal of Hydrodunamics（ser B），2003，15（6）：63-67.
[18] ZHANG Liehui, FENG Guoqing, LI Xiaoping, et al. Water breakthrough simulation in naturally fractured gas reservoirs with water drive［J］. Journal of Hydrodunamics（ser B），2005，17（4）：466-472.
[19] Cieslinski J T, mosdorf R. Gas bubble dynamics-experiment and fractal analysis［J］. International Journal of Heat &mass Transfer，2005，48（9）：1808-1818.

三维数字岩心流动模拟技术在四川盆地缝洞型储层渗流研究中的应用

鄢友军[1,2] 李隆新[1,2] 徐伟[1,2] 常程[1,2] 邓惠[1,2] 杨柳[1,2]

（1.国家能源高含硫气藏开采研发中心；2.中国石油西南油气田公司）

摘　要　四川盆地多数碳酸盐岩缝洞型气藏储层压力高，主力产层段的取心整体破损较多，利用现有岩心开展室内流动模拟实验较为困难。数字岩心分析技术作为储层微观结构和渗流特征研究的又一项新兴的重要技术手段，具有可动态模拟地层条件下流动参数、不破坏岩心等特点，可以用于四川盆地碳酸盐岩缝洞型储层流动实验研究。以该类气藏真实岩心 CT 扫描结果为基础，建立数字岩心三维模型，并利用有限元三维数字岩心流动模拟技术，模拟分析了在地层条件下流体的流动情况，得出其流动规律：在缝洞型储层中裂缝是流体主要的渗流通道，流体主要按照溶洞、基质、裂缝、出口的流动秩序逐次进行，其气体能量损耗主要发生在缝洞间的基岩部分。三维数字岩心流动模拟技术应用数字化手段对储层渗流规律和机理进行综合分析，可为该类气藏的开发对策提供必要的数据支撑。

关键词　三维数字岩心；流动模拟；缝洞；有限元

1　引言

数字岩心分析技术作为储层微观结构和渗流特征研究的一项重要手段，是油田开发领域的又一新兴技术。数字岩心技术以真实岩样为基础，通过一系列的图像处理技术和一定的数值算法将岩心数字化，构建三维数字岩心，基于该模型对岩心中的物理场进行分析研究，指导认识储层各种特性。三维数字岩心流动模拟技术是在岩心三维数字化模型基础上，依据储层实际温度和压力等条件，对气藏流体流动进行动态模拟的一项新技术。

当前对于储层渗流规律的研究大多依赖于岩心物理模拟实验。然而四川盆地碳酸盐岩裂缝—孔洞型（以下简称"缝洞型"）气藏主产层位由于温度压力高、裂缝和溶孔发育，所取得的岩心收获率低、整体破损严重，导致岩石物理实验开展较为困难。与物理室内实验相比，三维数字岩心流动模拟技术基于真实岩心的微观孔隙结构，构建三维数字岩心模型，实现了任意位置多种参数的精确计量，可以真实再现流动的过程、形态与规律。并且三维数字岩心流动模拟技术还可以在不破坏原岩心的情况下实现模拟多次可重复的流动。[1-9]

因此可以应用数字岩心流动模型技术，对四川盆地碳酸盐岩缝洞型储层开展流动模拟分析，研究其多重介质渗流规律。目前在真实岩心数字模拟流动分析方面，国内外主要是通过薄片电镜或者小岩心高分辨率CT扫描图像构建岩心三维模型，还原储层岩样的微观结构，利用流体力学的基本方程模拟流体在储层中的三维流动[1-9]。该类方法的优势在于定量、直观。但是该类方法主要针对的是均质性较好、储集空间种类较少的岩心，往往只适于模拟样品尺寸或者流动单元较小、流动方式单一的情况。相对于地质条件复杂、非均质性强、缝洞发育的碳酸盐岩缝洞型储层，这类方法在模型尺度和流动规律分析表征上，难以满足孔洞缝多重介质流动特征描述的需求。

本文利用四川盆地碳酸盐岩缝洞型全直径岩心CT扫描图像和岩心常规物理实验结果，建立了数字岩心三维可视化模型，应用有限元法耦合流体在孔、洞和缝三种不同存储介质中的流动特征，实现了定量动态模拟地层条件下流体的流动情况，并将其应用于综合分析对比缝洞型和孔洞型储层流体渗流规律分析中，可为缝洞型气藏的试采和开发决策提供必要的数据支撑。

2 数字岩心三维模型的构建

数字岩心模型的构建是运用数字岩心技术开展分析研究的基础。利用岩心CT扫描的二维图像重构的三维模型是常用的一种建模方法。它具有精度高、不破坏样品等特点[10-12]。

通过以下步骤完成数字岩心三维模型的构建，建模流程框图如图1所示。

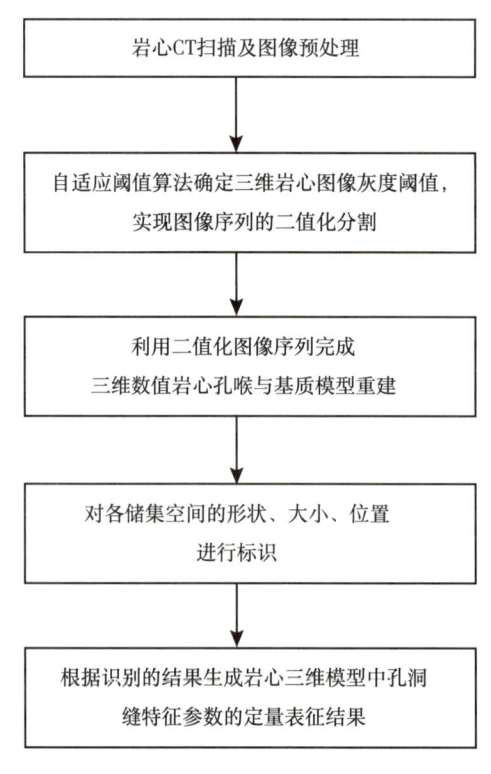

图1 CT扫描岩心三维数字化建模流程

（1）图像预处理。对 CT 扫描获得的一系列岩心灰度图像，经过图像增强、图像去噪、图像平滑、图像二值化分割等，获取能够清晰辨别储集空间与岩心骨架的二值化图像。

（2）数字岩心三维重构。用完成预处理的二值化图像，采用表面绘制的方法[13]，通过不同截面图像的拼接及拟合重构岩心内部结构的三维模型。

（3）储集空间类型识别。在构建的三维岩心模型中，进行数据点的逐行逐列扫描，利用"标签吸收法"提取岩心内部的储集空间[14]，具体划分标准见表 1。

表 1　不同类型储集空间的划分标准

储集空间类型	形状特征	储集空间尺度	备注
孔隙	$F > 0.05$ 且 $R_e/R_{min} < 20$	$< 2mm$	①形状因子 F：当形状因子 F 趋近于 1 时，目标在空间中近似表现为一个球，当空间中形状因子趋近于 0 时，目标在空间中呈面状；②R_e：等效球半径，是与目标体积相等的球的半径；③R_{min}：最小外接球半径
溶洞		$\geq 2mm$	
裂缝	$F < 0.05$ 或 $R_e/R_{min} > 20$		

利用储层岩心 CT 二维图像切片信息，对岩心进行三维物理重构和建模。图 2 为 CT 二维图像切片及二值化处理及三维数字岩心建模结果。如图 2 所示，二值化处理后能比较清晰分辨孔隙、溶洞和裂缝。在重构的三维数字岩心模型中，依据表 1 中的孔洞缝划分标准，利用重构软件对三种不同储集空间进行标定划分和体积计量，就能够实现储集空间的三维分布形态和尺度大小的定量化和可视化。同时，储集空间类型的划分还为下一步开展流动模拟计算奠定了基础。

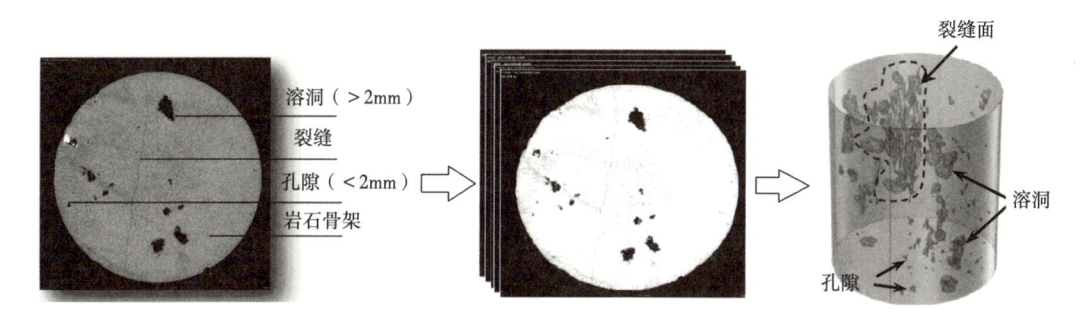

图 2　CT 扫描岩心图像和二值化处理及三维建模结果

数字岩心三维建模所使用的二维图像质量和分辨率主要受限于 CT 扫描技术的精度。目前的 Micro-CT 扫描的精度可达到 $\leq 0.5\mu m$，但仍不能扫描到低渗透致密岩心的所有孔隙和喉道。因此，为了减少数字岩心构建模型与室内常规分析得到的基础参数之间的误差，构建模型时将室内实验得到的岩心常规总孔隙度和渗透率等参数，赋值给数字岩心模型作为其基本的物性参数。

3　缝洞型储层岩心微观流动模拟研究

目前用于描述缝洞系统流动规律的数学模型主要有三种：三重介质模型，等效连续介质模型和离散介质模型[15-18]。这几种数学模型均是由裂缝系统流动模型发展而来的。然而这三种多重介质渗流模型，均是在宏观尺度下，根据不同的假设条件，对缝洞介质中流体流动过程进行了简化，但是会忽略掉部分微观流动细节。而在微观尺度下，针对具体且精细的岩心模型，流体在各类储集体中的流动可能呈现出不同的流动状态，如绕流、窜流、指进甚至紊流等。这些流动现象很可能就是影响微观渗流的关键因素。如果仅仅采用上述的几种方法对其流动过程进行描述，这些微观渗流现象就会被忽略，很难真实地还原地下流动情况。因此，需要建立一种针对于岩心微观流动的数值模拟方法，用于研究缝洞介质的渗流规律。应用基于多流场耦合的微观数值模拟方法可以对缝洞介质在微观尺度下的流动规律进行研究。

3.1 流动系统的划分

将构建的数字岩心划分为三个不同的流动系统。在流动系统内部，遵循以下流动的规律。

3.1.1 溶洞

在岩心中溶洞的分布较为离散，部分被裂缝沟通，具有良好的储集性能。这类储集空间中的流动可以看做是黏性流体的自由流动，可沿用流体力学中的基本方程 N—S 方程进行描述。

$$-2\mu\nabla \cdot D(u_s) + \nabla p_s = f \tag{1}$$

式中　μ——流体的黏度；

　　　$\nabla \cdot D(u_s)$——应变张量的散度；

　　　u_s——所述溶洞区域中的流动速度；

　　　∇p_s——溶洞区域的压力的梯度；

　　　f——流体的体积力。

3.1.2 裂缝

在岩心中裂缝的储集性能较小，但是可以起到改善渗流能力的作用。裂缝中的流动速度与裂缝的开度相关，目前主要可以通过立方率进行描述。

$$Q_f = \frac{b^3}{12\mu} \times \frac{\Delta p_f}{l} \tag{2}$$

式中　Q_f——裂缝出口流量；

　　　l——裂缝长度；

　　　b——裂缝开度；

　　　Δp_f——裂缝进出口的压差。

3.1.3 基岩

作为具有一定孔隙度和较低渗透性的基质区域，其中的流动仍然符合 Darcy 定律：

$$\mu \frac{K_m}{u_d} + \nabla p_d = f \tag{3}$$

式中　u_d——流体的速度；

　　　K_m——基质的渗透率；

　　　∇p_d——基质区域中压力梯度。

3.2 流动系统交界区域的流动耦合有限元求解

通过对流体流动计算方法的分析对比[19-22]，由于主要在裂缝和溶洞与基岩交界区域有流量的交换，因此对上述这些区域选用了网格剖分和有限元法，对流动过程中裂缝和溶洞与基岩交界区域流动压力场和速度场进行耦合计算求解。

求解前有以下假设和初始条件。（1）岩心中的流动模拟井下储层中的流动，温度变化较小，考虑设为等温流动。（2）孔隙、溶洞和裂缝等不同介质流态不同，均存在储集和渗流能力。（3）考虑了流体、岩石骨架和孔隙的压缩性。由于储层岩石骨架及流体具有可压缩性，在衰竭式开采过程中会受到净应力增大的影响，可能会使储层孔喉或裂缝通道变小变窄，较为明显地影响流体流动能力[23]，因此需要考虑岩石骨架和孔隙的压缩性。（4）不同介质间存在窜流，并且窜流的流动是连续的。

3.2.1 裂缝与基质交界区域流动耦合有限元求解[24]

联立式（2）和式（3）对裂缝区域有限元耦合求解得到：

$$\begin{cases} \dfrac{K_\mathrm{m}}{\mu}\dfrac{\partial^2 p}{\partial x^2} + \dfrac{K_\mathrm{m}}{\mu}\dfrac{\partial^2 p}{\partial y^2} + Q_\mathrm{mf} = 0 \\ \dfrac{K_\mathrm{f}}{\mu}\dfrac{\partial^2 p}{\partial L^2} + q_\mathrm{ffi} - Q_\mathrm{mf} = 0 \end{cases} \quad (4)$$

式中 L——沿裂缝轴向的线函数自变量；

K_f——基岩的有效渗透率值；

K_m——裂缝的有效渗透率值；

Q_fm——基岩裂缝两系统之间的窜流量；

q_ffi——第 i 条裂缝与其相交裂缝之间的窜流量。

可以把流动方程组写成积分的形式：

$$\int_\Omega F\mathrm{d}\Omega = \int_\Omega F_\mathrm{m}\mathrm{d}\Omega + \int_f F_\mathrm{f}\mathrm{d}\Omega = -\int_\Omega q\mathrm{d}\Omega \quad (5)$$

把上式写成矩阵形式就可以得到裂缝区域有限元流动计算形式：

$$DP = F \quad (6)$$

式中 D——整体刚度矩阵；

P——求解的压力列向量；

F——由于域中存在源或者汇形成的方程右端项组成的列向量。

求解此矩阵，可以获得裂缝发育区压力分布。

3.2.2 溶洞与基质交界区域流动耦合有限元求解

在流动交界区域的边界条件为：

$$u_\mathrm{s} \cdot n_\mathrm{s} + u_\mathrm{d} \cdot n_\mathrm{d} = 0 \quad (7)$$

$$p_\mathrm{s} - 2\mu n_\mathrm{s} \cdot D(u_\mathrm{s}) \cdot n_\mathrm{s} = p_\mathrm{s} \quad (8)$$

式中 n_d——基质流动区域的单位外法向量；

n_s——溶洞流动区域的单位外法向量；

p_d——基质中流动在交界面处的流动压力；
p_s——溶洞中流动在交界面处的流动压力；
u_d——基质中流动在交界面处的流动流速；
u_s——溶洞中流动在交界面处的流动流速。

联立边界条件［式（7）、式（8）］和流动方程［式（1）、式（3）］，用稳定化混合有限元法对方程进行求解[24-25]，就能得到溶洞与基质边界耦合流动区域的压力和速度。

将岩心中流动方程及有限元耦合方程组求解，并利用图形处理软件将求解的结果在重构的三维数字岩心中用图形化的形式展现，可以直观得到如图3、图4所示中流体在缝洞型储层岩心流动过程中即时的压力分布、流速分布、渗流路径等流动特征参数。利用上述流动模拟方法对4块缝洞型和孔洞型数字岩心模型的渗透率进行计算。计算结果与室内实验实测结果对比见表2。数字岩心计算渗透率与室内岩心实验实测渗透率结果相关性较好，相对误差较小，说明本模拟计算方法具有较高的可靠性。

表2 数字岩心渗透率模拟计算结果表

岩心号	室内实验实测渗透率（mD）	数字岩心模拟计算渗透率（mD）	相对误差（%）
1-6	0.036	0.045	25.00
2-17	10.6	12.36	16.60
2-18	0.524	0.412	−21.37
3-20	0.653	0.716	9.65

图3是缝洞型岩心模型在水平流动过程中某时刻岩心内部流速的分布情况；图4是该模型横截面上观察到的流动过程中压力的分布情况。由于三维数字岩心模型是反映的真实岩心内部三维结构，流体在该结构下的流动是真实渗流的体现，并且在构建流动物理模型的初始条件时可以将温度、压力以及压缩系数等参数设置到地层条件的状态，可进行不同地层条件下的模拟流动实验。

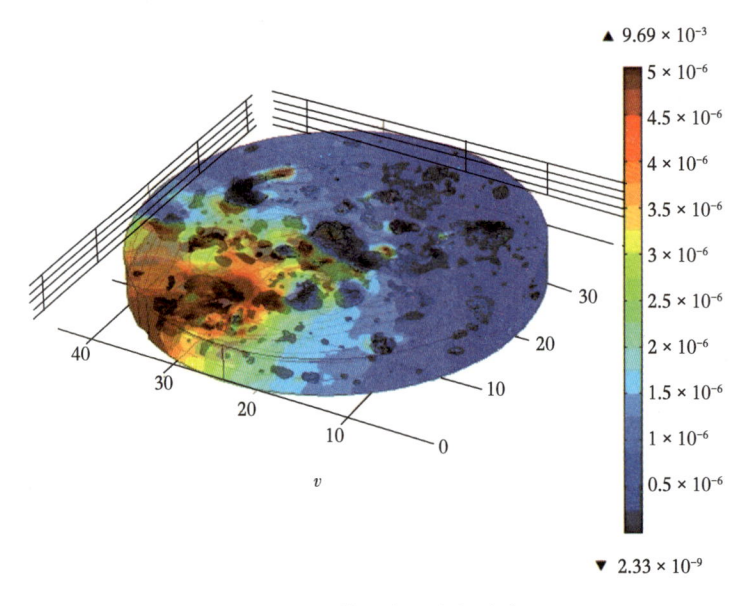

图3 缝洞模型中速度场分布

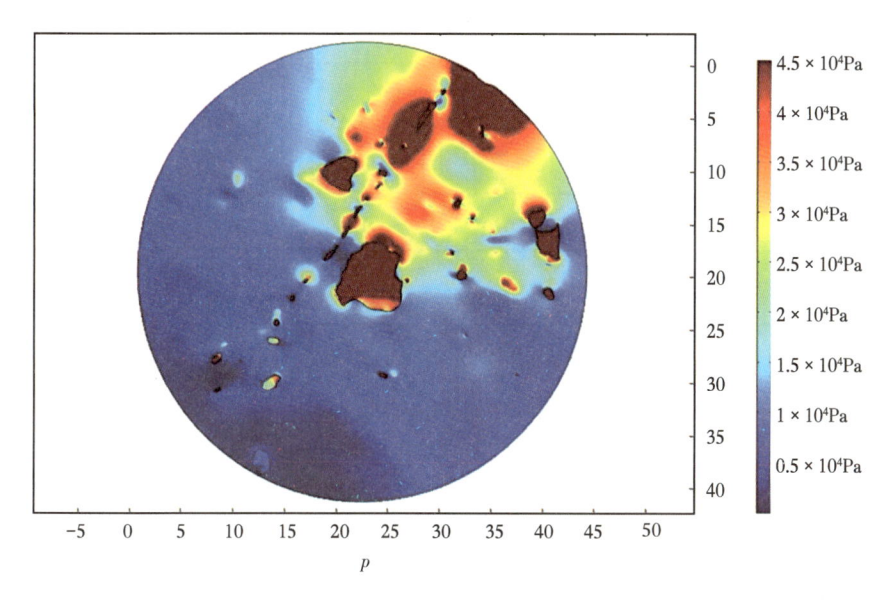

图 4 缝洞模型横截面压力分布

4 数字岩心微观流动模拟技术应用

为了更为真实地了解缝洞型储层岩心中真实流动情况,并对比分析其主要渗流规律,本文利用四川盆地碳酸盐岩缝洞型储层 L-4 号和孔隙溶洞型(以下简称"孔洞型")储层 DC-3 号岩心 CT 扫描后图像建立了三维数字岩心模型(图 5、图 6,表 3)。

图 5 缝洞型岩心数字模型及网格剖分

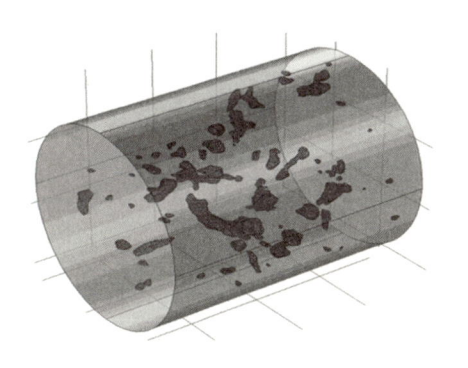

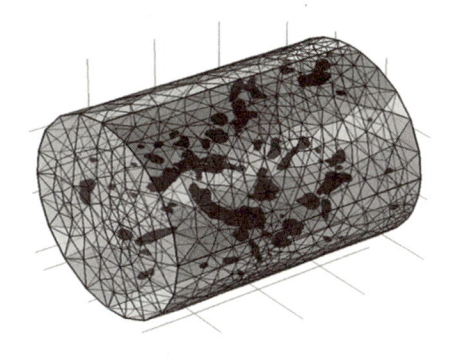

图 6 孔洞型岩心数字模型与网格剖分

表3 真实岩心数字三维模型参数对比

模型类型	总孔隙度（%）	各储集空间所占比例（%）			模型网格数（个）	压力梯度（MPa/m）
		孔隙	裂缝	溶洞		
缝洞型	3.20	42.58	15.86	41.56	1475576	0.545
孔洞型	3.61	56.57	0	43.43	985962	0.485

为了更为集中地反映岩心中的主要渗流规律和计算方便，对模型进行了部分简化处理。并用三维数字岩心流动模拟技术模拟了在这个模型中的衰竭式开采流动过程（图7至图11）。结合地层条件下压力梯度实际情况，模拟实验将压力梯度控制在一个较小的范围（0.485~0.545MPa，表3）。

在模拟实验初始条件的设置时，通常会考虑到岩石综合压缩系数随之变化的情况，以使模拟过程更为接近流动实际。但在本次模拟衰竭实验过程中，由于饱和压力与流动出口压力相差很小，净应力变化也很小，因此本次模拟实验未考虑孔喉和裂缝形状及岩石综合压缩系数变化情况。

从这些地层条件下裂缝—孔洞型储层岩心的流动过程图中可以分析得出以下几点。

（1）流动过程中裂缝和溶洞内的压降很小（图7至图10），流线由远端向出口汇聚。缝洞型岩心压力降由出口端沿着裂缝向岩心内部逐渐向远处基岩扩展；而中小溶洞较多的溶洞型岩心压力下降较为均匀且缓慢。缝洞型岩心的汇聚流动现象比孔洞型岩心更加明显（图11）。当裂缝中压力下降到接近出口压力时（裂缝储能衰竭中后期），其周围的气相从溶洞和基岩补充到裂缝中，通过裂缝向出口流动。

（2）由于溶洞和裂缝中流动的阻力都很小，流动过程中的主要能量消耗在缝与缝、洞与洞或者是缝洞之间的狭小基质部分。一旦包围溶洞的基岩区域被流体突破，建立了基岩与缝洞的渗流通道，就能保持较长时间的持续流动。

（3）和孔洞型岩心相比，缝洞型岩心由于有裂缝沟通基岩并减少了整体的渗流阻力，内部压力下降较孔洞型岩心快（图7至图9）；同时缝洞型岩心内部裂缝内部压力下降也是快于溶洞的（图10）。也就是说相同条件下缝洞型储层的初期产气量高于孔洞型储层，其采出程度也大于孔洞型储层。

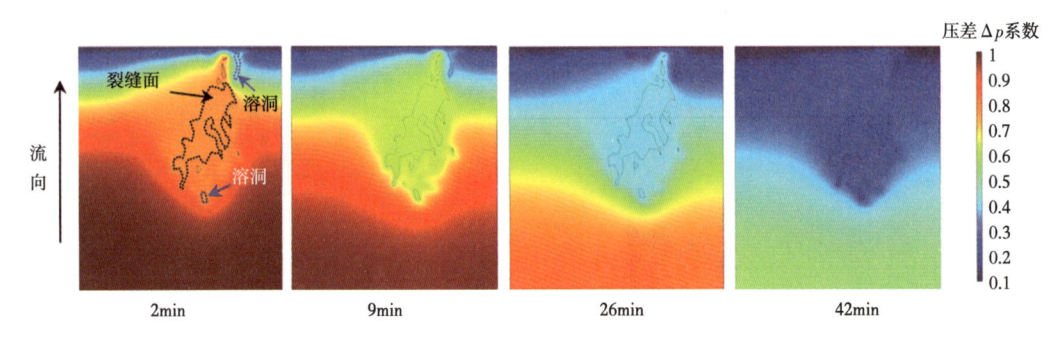

图7 缝洞型岩心中截面压力随时间变化情况

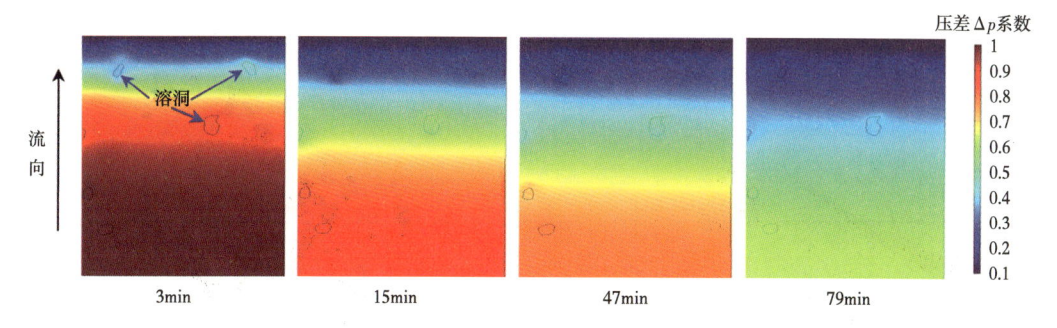

图 8　孔洞型岩心中截面压力随时间变化情况

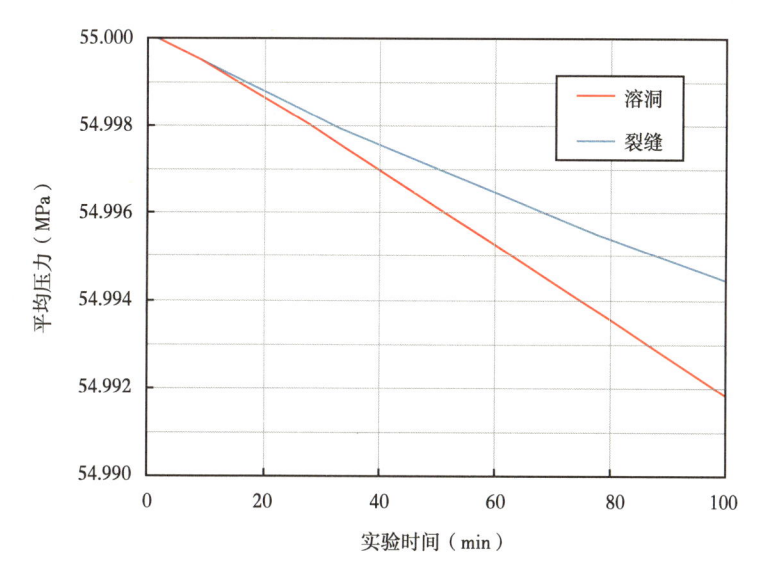

图 9　缝洞模型中不同储集空间压力变化

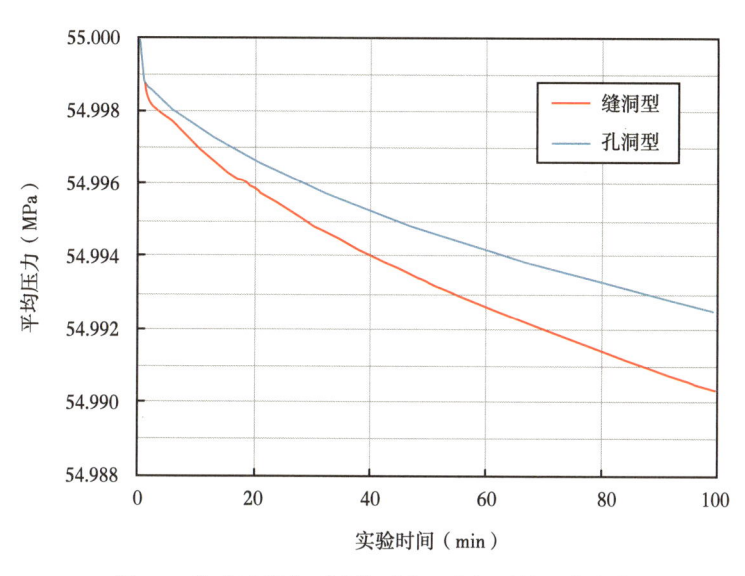

图 10　流动过程中不同类型岩心内部平均压力变化

缝洞型　　　　　　　　　　　　　孔洞型

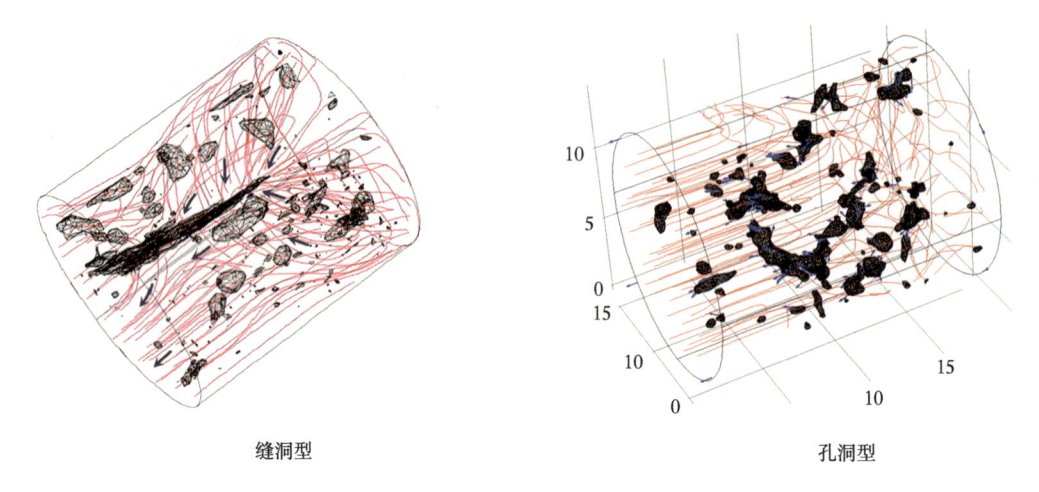

图 11　缝洞型和孔洞型岩心衰竭式流动实验时三维流线对比

5　结论

（1）利用岩心 CT 扫描的图像信息，建立三维数字岩心物理模型，并通过对不同储集空间流动特征的划分和流动耦合，应用网格剖分和有限元法，求解流动参数的三维数字岩心微观流动模拟技术，实现了岩心流动过程中压力分布，速度分布以及流动路径等多种流动参数的定量分析和可视化。

（2）通过流动模拟可以得知，裂缝—孔洞型储层中，裂缝是主要的渗流通道，基岩是能量主要消耗的区域，流动能量主要消耗在缝洞间的基岩部分。

在多重介质流动研究中，三维数字岩心流动模拟技术可与多相渗流理论和相似理论相结合，能够更加深入地研究多相流体的微观和宏观渗流机理，为该类气藏的开发对策提供必要的数据支撑。

参 考 文 献

[1] 高兴军，齐亚东，宋新民，等.数字岩心分析与真实岩心实验平行对比研究［J］.特种油气藏，2015，22（6）：93-96.
[2] 王晨晨，姚军，杨永飞，等.基于 CT 扫描法构建数字岩心的分辨率选取研究［J］.科学技术与工程，2013，13（4）：1049-1052.
[3] 崔利凯，孙建孟.基于数字岩心的致密砂岩储层岩石渗流特性多尺度数值模拟［C］.中国地球物理第二十届年会第二十三专题论文集，2013，10.
[4] 张丽，孙建孟，孙志强.数字岩心建模方法应用［J］.西安石油大学学报（自然科学版），2012，27（3）：35-40.
[5] 刘学锋，张伟伟，孙建孟.三维数字岩心建模方法综述［J］.地球物理学进展，2013，28（6）：3066-3072.
[6] 姚军，赵秀才，衣艳静，等.数字岩心技术现状及展望［J］.油气地质与采收率，2015，12（6）：52-54.

[7] 王鑫，姚军，杨永飞，等.利用数字岩心技术获取岩心物性参数方法研究［C］.全国流体力学会议，2012.
[8] Tomutsa L，Silin D B，Radmilovic V. Analysis of chalk petrophysical properties bymeans of submicron-scale pore imaging andmodeling［J］. SPE Reservoir Evaluation and Engineering，2007，10（3）：285-293.
[9] Arns C H，Bauget F，Limaye A，et al. Pore scale characterization of carbonates using X-raymicrotomography［J］. SPE Journal，2005，10（4）：475-484.
[10] 王晨晨，姚军，杨永飞，等.碳酸盐岩双孔隙数字岩心结构特征分析［J］.中国石油大学学报：自然科学版，2013，37（2）：71－74.
[11] 赵秀才，姚军.数字岩心建模及其准确性评价［J］.西安石油大学学报：自然科学版，2007，22(2)：16-20.
[12] 苏娜，段永刚，于春生.微CT扫描重建低渗气藏微观孔隙结构——以新场气田上沙溪庙组储层为例［J］.石油与天然气地质，2011，32（54）：792－796.
[13] Takashi Totsuka，Levoym. Frequency Domain Volume Rendering[A]. In computer graphics proceedings. Annual Conference Series, ACM SIGGRAPH, Anaheim, California, August, 1993：271-278.
[14] 王鑫，姚军，杨永飞.一种新的基于图像的路径压缩优化方法及其在数字岩心中的应用［J］.科学技术与工程，2013，13（36）：10863-10866.
[15] 夏崇双，刘林清，张理，等.四川盆地老气田二次开发优化技术及应用［J］.天然气工业，2016，36（9）：80-89.
[16] 刘曰武，刘慈群.三重介质油气藏数学模型的建立及其渗流机理的研究［J］.西南石油学院学报，1993，S1（3）：87-89.
[17] 万义钊，刘曰武.缝洞型油藏三维离散缝洞数值试井模型［J］.力学学报，2015，47（6）：1000-1008.
[18] 徐轩，杨正明，刘先贵，等.缝洞型碳酸盐岩油藏的等效连续介质模型［J］.石油钻探技术，2010，38（1）：84-88.
[19] 姚军，赵秀才.数字岩心及孔隙级渗流模拟理论［M］.北京：石油工业出版社，2010.
[20] 王晨晨，姚军，杨永飞，等.基于格子玻尔兹曼方法的碳酸盐岩数字岩心渗流特征分析［J］.中国石油大学学报，2012，36（6）：94-98.
[21] 王鑫，姚军，杨永飞，等.基于碳酸盐岩缝洞系统的孔网模型构建与流动模拟研究［J］.科学技术与工程，2013，13（30）：8900-8904.
[22] 张文辉，符力耘，张艳，等.利用三维数字岩心计算龙马溪组页岩等效弹性参数（英文）［J］.应用地球物理：英文版，2016，13（2）：364-374.
[23] 刘建军，刘先贵，胡雅礽，等.低渗透储层流－固耦合渗流规律的研究［J］.岩石力学与工程学报，2002，21（1）：88-92.
[24] 李隆新.多尺度碳酸盐岩缝洞型油藏数值模拟方法研究［D］.成都：西南石油大学，2013：50-72.
[25] 冯民富，祁瑞生，朱瑞，等.关于Darcy方程和Stokes方程耦合问题的非协调稳定化方法［J］.应用数学和力学，2010，31（3）：369-372.

数字岩心结合成像测井构建裂缝—孔洞储层孔渗特征

李隆新 常 程 徐 伟 鄢友军 杨 柳 邓 惠

（中国石油西南油气田公司）

摘 要 针对碳酸盐岩气藏储层由于缝洞发育导致的孔隙度、渗透率相关性差的问题，基于安岳气田高石梯—磨溪区块裂缝—孔洞型储层岩心的CT扫描图像和储层段的成像测井资料，通过重构岩心内部的三维结构，提取岩心中缝洞结构参数，划分缝洞模式，开展数字岩心流动模拟和渗透率计算，认识不同孔隙度区间渗透率的分布规律，描述裂缝—孔洞型储层的孔渗特征。研究结果表明：（1）碳酸盐岩岩心中毫米—厘米级小型溶洞是主要储集空间，占孔隙体积的68%，开度在0.1~0.6mm的扁平状小裂缝在局部构成缝网，缝洞搭配形成优势渗流通道是提高岩心渗透率的关键；（2）结合成像测井可将储层中缝洞划分为四种发育模式，在孔隙度大于3%的储层中，当面洞率大于10%或面缝率大于0.02%时，储层渗透性能有显著提高。该研究拓展了数字岩心的应用范围，为碳酸盐岩储层评价提供一种新的途径，进一步拓展了数字岩心技术的使用范围。

关键词 数字岩心；面洞率；面缝率；重构；CT成像；成像测井；碳酸盐岩；裂缝—孔洞型储层

碳酸盐岩储层在沉积、成岩、构造作用的共同影响下，形成了不同尺度的溶孔、溶洞和裂缝[1-5]，导致储层孔隙度与渗透率相关性差[6-7]，气井产能与钻遇储层孔隙度没有明显的相关关系，气藏储层评价和开发有利区优选的难度远大于常规砂岩气藏。研究缝洞发育特征对储层物性参数的影响，描述储层复杂孔渗特征，对碳酸盐岩气藏的高效开发具有十分重要的意义。近年来，数字岩心技术受益于计算机运算速度和存储量的大幅度提高，在应用范围和分析尺度上得到了显著提升，从单一的毫米级小样孔喉结构分析向岩心尺度的储集空间特征分析和更具实际意义的渗流模拟拓展[8-11]，具有可视化、定量化优势，可从微观角度精细刻画储层的缝洞结构和求取物性参数；同时，成像测井技术随着现场的广泛应用和图像处理技术的进步，不仅能够在单井尺度上识别储层缝洞发育的规模，而且通过面洞率、面缝率等参数可描述缝洞宏观发育特征[12-14]，具有效率高、样本点丰富等优点。

利用上述两项技术在研究精度和资料条件上的优势，基于安岳气田高石梯—磨溪区块深层碳酸盐岩裂缝—孔洞型储层岩心的 CT 扫描图像及储层段的成像测井资料，提取岩心中缝洞结构参数，建立缝洞发育模式，开展不同缝洞模式下渗透率计算，将微观精细刻画与宏观模式划分相结合，将静态识别和动态模拟相结合，将缝洞结构分析与岩心物性计算相结合，认识储层的复杂孔渗特征，能显著提高渗透率的缝洞发育特征，为碳酸盐岩气藏的精细描述和有利区优选提供重要依据。

1 缝洞特征描述

1.1 缝洞岩心重构

数字岩心三维建模方法可分为两大类：物理重构和数值构建。物理重构方法借助岩心的高精度 CT 扫描图像对岩心进行三维重建，能够真实还原岩心内部的结构形态，适宜于不同储集空间（孔、洞、缝）结构特征分析；数值构建是基于已提取的储集空间结构特征参数（孔洞个数、裂缝条数、裂缝开度等），采用某种数学方法构建三维岩心模型，该模型与实际岩心在储集空间的尺度、分布和结构参数上具有一致性，适宜于流动模拟计算[15-16]。笔者采用物理重构方法，基于高石梯—磨溪区块深层碳酸盐岩储层全直径岩心样品（直径 6cm）的工业 CT 扫描资料（分辨率 23μm），在完成样品的资料质量和完整性筛选后，重构还原了 6 块岩心的三维结构，用于缝洞结构特征参数的提取，岩心基础数据及重构结果见表 1。

表 1 岩心基础数据及三维重构结果展示表

岩心编号	20	30	44	19	21	8
井号	MX9 井	GS2 井	GS6 井	GS2 井	MX8 井	MX9 井
井深（m）	5046.54~5046.78	5013.11~5013.39	5378.35~5378.53	5013.69~5013.90	5160.57~5160.84	5452.19~5452.36
孔隙度（%）	4.82	5.58	3.48	6.08	4.21	2.80
扫描图像						
重构结果						
缝洞识别结果						

根据重构岩心中储集空间形态和尺度，划分出孔隙、溶洞、裂缝三类储集空间。其中，溶洞为直径大于 2mm 的储集空间，孔隙为直径介于 23μm~2mm 的储集空间，裂缝则根据几何形状因子、等效球半径与最小外接球半径比值、外接长方体的最长边与最短边的比值三个参数进行识别[17]。由于目前工业 CT 扫描针对全直径样品，不能识别小于 23μm 的储集空间，这类储集空间暂划归为岩石骨架。

1.2 缝洞结构参数计算

岩心三维重构结果表明：（1）溶洞二维上表现为非规则的多边形，空间上呈椭圆与条带状的多面体［图1（a）、（b）］；裂缝二维上以树枝状和闪电状为主，空间上表现为扁平板状，局部构成缝网［图1（c）、（d）］，相较岩心铸体薄片分析的结果，重构岩心识别的缝洞形态与镜下观察现象一致，但岩心三维重构的视域更广，结果更为直观；（2）6块岩心共识别出溶洞 562 个，单个岩心发育溶洞 20~240 个，溶洞尺度和分布具有非均质性，其中以直径 2~4mm 的小型溶洞为主，占总溶洞个数的 83%（图2），平均直径 3.07mm，仅部分岩心中发育个别厘米级的溶洞；（3）识别出裂缝 94 条，单个岩心发育裂缝 5~26 条，裂缝长介于 10~50mm，主要集中介于 20~35mm，平均 26.4mm，开度主要介于 0.1~0.3mm（图3），占裂缝总数的 65% 以上；（4）在目前分辨率下，单个岩心发育大、中孔 1640~8194 个，平均直径 73μm。

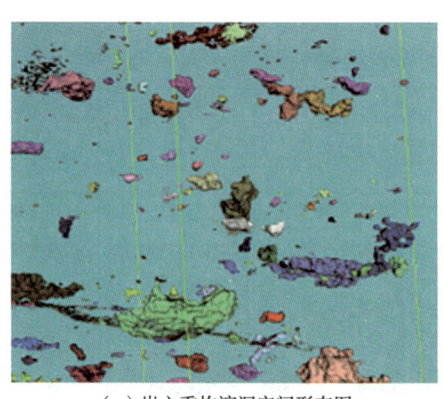

（a）岩心重构溶洞空间形态图　　（b）GS2井，井深5066.86~5067.04m溶洞

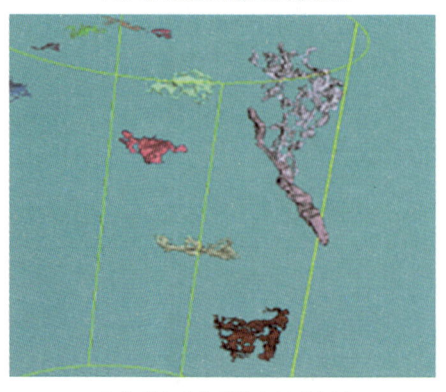

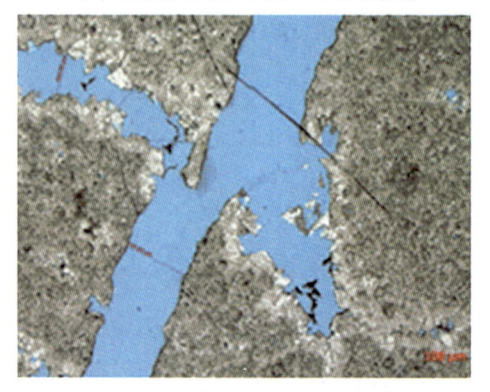

（c）岩心重构裂缝空间形态图　　（d）MX9井，井深5312.61~5312.75m裂缝

图 1　岩心重构缝洞三维形态与铸体薄片对比图

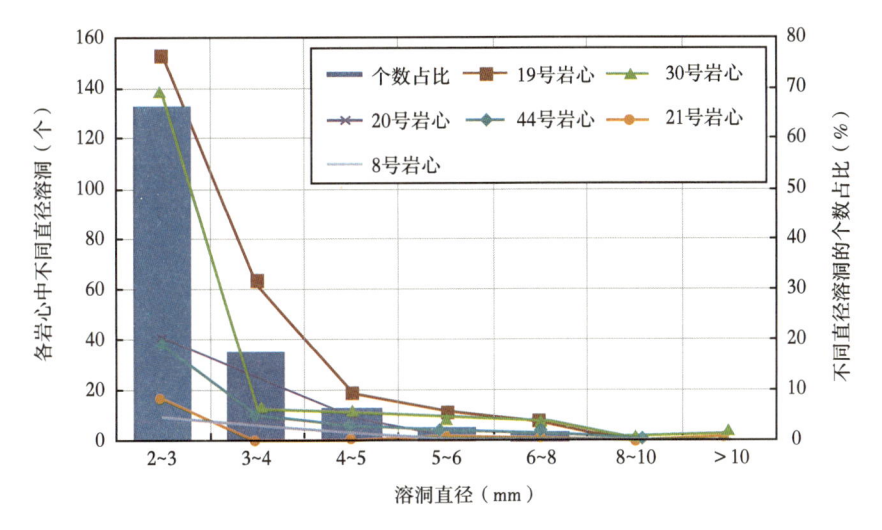

图 2　不同直径溶洞分布频率图

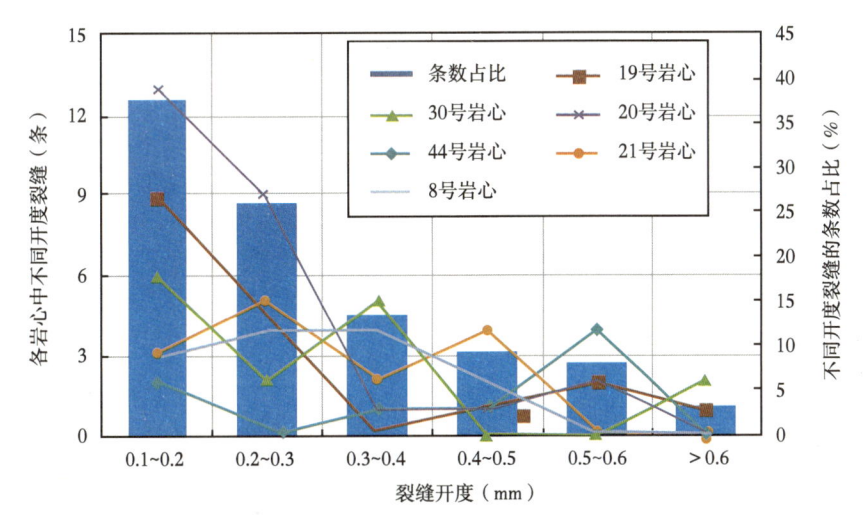

图 3　不同开度裂缝条数分布频率图

进一步通过对识别储集空间体积求和，可以计算出重构岩心模型的孔隙度，计算公式为：

$$\phi = \frac{1}{V_0} \sum_{i=1}^{N} V_{pi} \times 100\% \quad (1)$$

式中　ϕ——数字岩心孔隙度，%；
　　　V_{pi}——第 i 个储集空间的体积，mm³；
　　　V_0——重构岩心体积，mm³；
　　　N——岩心中储集空间个数。

计算结果表明，重构岩心孔隙度介于 2.15%~5.44%（表 2），与酒精法孔隙度测试值相比，数值大小与变化趋势基本一致，相对误差介于 12%~23%。分析认为未能识别的基质小孔（<23μm）仍对储集空间有贡献，致使数字岩心识别结果略低于酒精法测试值。利用重构岩心定量化的特点，统计出溶洞占孔隙体积的60%~77%（平均为68.5%），是主要的储集空间，裂缝占孔隙体积的0.07%~0.73%；基质孔隙占孔隙体积的22%~39%。

表2 数字岩心重构孔隙度分析结果统计表

井号	编号	孔隙体积占比（%）			数字岩心孔隙度（%）	酒精法测试孔隙度（%）	误差（%）
		溶洞	孔隙	裂缝			
MX9井	20	62.99	36.28	0.73	4.27	4.82	−11.43
GS2井	30	67.89	32.04	0.07	4.75	5.58	−14.80
GS6井	44	66.87	33.04	0.09	2.77	3.48	−20.40
GS2井	19	69.73	30.00	0.27	5.44	6.08	−10.52
MX8井	21	77.29	22.59	0.10	3.45	4.21	−18.05
MX9井	8	60.21	39.46	0.32	2.15	2.80	−23.21

1.3 缝洞发育模式

成像测井技术在高石梯—磨溪区块深层碳酸盐岩气藏的探井及开发井中得到了广泛应用。利用21口井128个缝洞发育层段的成像测井资料，选择面洞率、面缝率两个参数，参考相应层段岩心实测的孔隙度，建立缝洞发育模式。

成像测井资料显示：高石梯—磨溪区块缝洞发育层段面洞率介于0.1%~17.1%，面缝率介于0.0001%~0.05%，与之相对应的储层段岩心孔隙度介于2.1%~8.3%。笔者以成像解释的储层面洞率为横坐标，面缝率为纵坐标，作面缝率与面洞率的交会图，每一个散点代表一个层段，共计128个。根据每个层段孔隙度大小，采用不同类型散点进行标注（图4）。

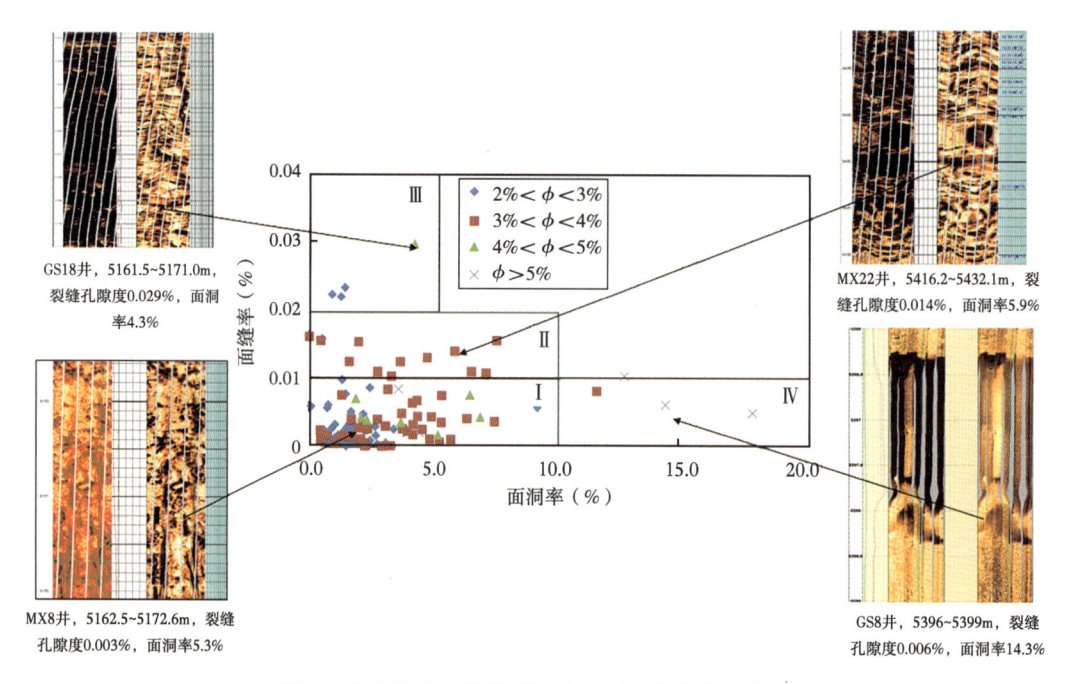

图4 成像测井解释段不同的缝洞组合模式划分图

如图 4 所示，散点比较明显的集中在四个区间内，以面洞率 5%、10%，面缝率 0.01%、0.02% 为界限，可建立四种不同的缝洞发育模式（表 3）。Ⅰ 类缝洞储层段，孔隙度介于 2%~5%；Ⅱ 类缝洞储层段，孔隙度主要介于 2%~4%；Ⅲ 类缝洞储层段，孔隙度集中介于 2%~3%、4%~5% 两个区间内；Ⅳ 类缝洞储层段，孔隙度主要介于 3%~4% 和大于 5% 区间内。

表 3　不同缝洞发育模式孔隙度区间表

模式	面洞率（%）	面缝率（%）	孔隙度区间（%）	样本数占比（%）	典型井
Ⅰ	＜10	＜0.01	2~5	66	GS2-30
Ⅱ	＜10	0.01~0.02	2~4	23	MX8-21
Ⅲ	＜5	＞0.02	2~3、4~5	7	GS2-19
Ⅳ	＞10	＜0.01	3~4、＞5	4	MX9-20

2　缝洞岩心孔渗特征分析

2.1　缝洞岩心的数值构建

研究缝洞岩心孔渗特征需对大量样本点开展统计分析，仅仅依赖以上 6 块岩心的分析结果，难以获得规律性认识。因此，依据岩心中缝洞结构特征参数识别结果，结合四种缝洞发育模式，以溶洞直径、裂缝长度和裂缝宽度等参数为变量，以参数的均质、标准差、方差为约束，采用蒙特卡洛法在不同缝洞发育模式下，分别构建了 100 块以上数字岩心模型。模型中，基质孔隙和骨架为背景相，缝洞嵌套于背景相中，不同直径的小球表示溶洞，不同形态的平行板表示裂缝（图 5）。从图 5 可知，岩心内部溶洞发育个数介于 50~200，裂缝介于 10~30 条，岩心的孔隙度介于 2.3%~7.5%，面洞率介于 0.1%~15.0%，面缝率介于 0~0.05%，缝洞的尺度、空间组合形态以及孔隙度与真实岩心基本一致，可以用于缝洞岩心孔渗特征的研究。

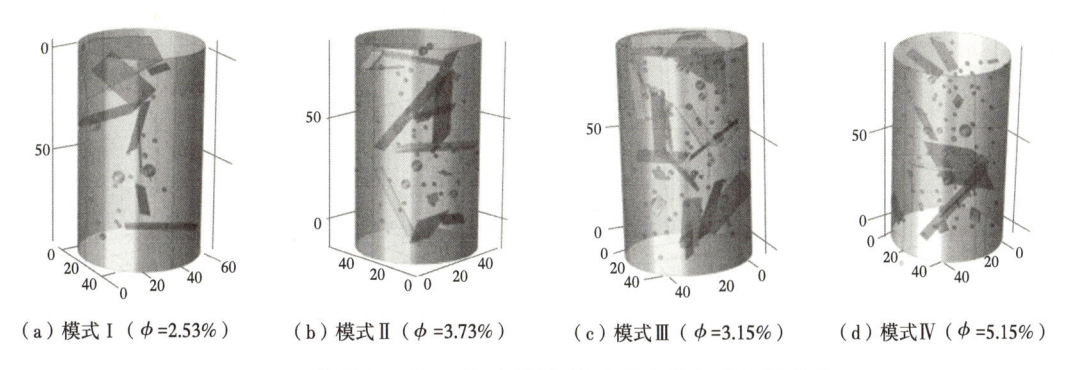

(a) 模式 Ⅰ（ϕ=2.53%）　　(b) 模式 Ⅱ（ϕ=3.73%）　　(c) 模式 Ⅲ（ϕ=3.15%）　　(d) 模式 Ⅳ（ϕ=5.15%）

图 5　数值方法构建的不同缝洞发育模式数字岩心模型图

2.2 岩心流动模拟计算

现有数字岩心技术对岩心渗透性的研究主要在"孔隙级"尺度下进行，通过建立孔隙网络模型模拟计算样品渗透率，该方法适应于相对均质的砂岩储层[18]。在非均质性极强的碳酸盐岩储层中，基质非常致密（多小于 0.001mD），缝洞对渗流起决定性作用，"孔隙级"尺度不足以表征岩心渗透性，需要在岩心尺度下开展研究[19]。本文基于上述建立的三维数字岩心重构模型，利用以下方法开展岩心尺度的流动模拟，计算岩心渗透率。

岩心中基质、缝、洞均具有流动能力，不同介质间存在窜流。基质区域（背景相）流动方程为：

$$\mu K_{\mathrm{m}}^{-1} u_{\mathrm{d}} + \nabla p_{\mathrm{d}} = f \tag{2}$$

式中　μ——全直径岩心中流体的有效黏度，mPa·s；
　　　u_{d}——基质区域中的流动速度，m/s；
　　　f——全直径岩心中流体的体积力，kg/m³；
　　　p_{d}——基质区域中的压力，Pa；
　　　∇p_{d}——基质区域中压力的梯度，Pa/m；
　　　K_{m}——基质孔喉模型中的等效渗透率，mD。

溶洞区域方程为：

$$2\mu \nabla \cdot D(u_{\mathrm{s}}) + \nabla p_{\mathrm{s}} = f \tag{3}$$

式中　$D(u_{\mathrm{s}})$——应变张量；
　　　$\nabla \cdot D(u_{\mathrm{s}})$——应变张量的散度；
　　　u_{s}——溶洞区域中的流动速度，m/s；
　　　p_{s}——溶洞区域的压力，Pa。

裂缝区域方程为：

$$Q_{\mathrm{f}} = \frac{b^3}{12\mu} \times \frac{\Delta p_{\mathrm{f}}}{l} \tag{4}$$

式中　Q_{f}——裂缝区域的出口流量，m/s；
　　　l——裂缝区域进、出口距离，m；
　　　b——裂缝区域的裂缝开度，m；
　　　p_{f}——裂缝区域的压力，Pa。

在给定数字岩心进出口压差条件下，不同介质间采用压力和速度的连续性边界条件建立方程组，利用有限元法，求解流动方程，计算岩心出口的稳定流量，进而通过达西公式求取岩心的渗透率。

利用上述方法对 6 块基于 CT 扫描重构的岩心模型开展渗透率计算，计算结果见表 3。岩心计算渗透率介于 0.053~10.540mD，与岩心实验实测渗透率结果匹配性较好，最大误差 21%（表 4），说明该方法具有可靠性。同时，从岩心中压力场和速度场的分布可见（图6），缝洞造成岩心内局部的优先流和扰流，极大影响了流体在岩心中流动的路径和压力的分布。当裂缝与溶洞有效沟通在岩心内形成流动通道后（如 20 号岩心），流线向通道汇聚，通道中压力减小，流速高，岩心渗透率可提高 1~2 个数量级，这种缝洞构成的通道称为优势渗流通道，是有效改善岩心渗透性的关键。

表4 数字岩心渗透率模拟计算结果表

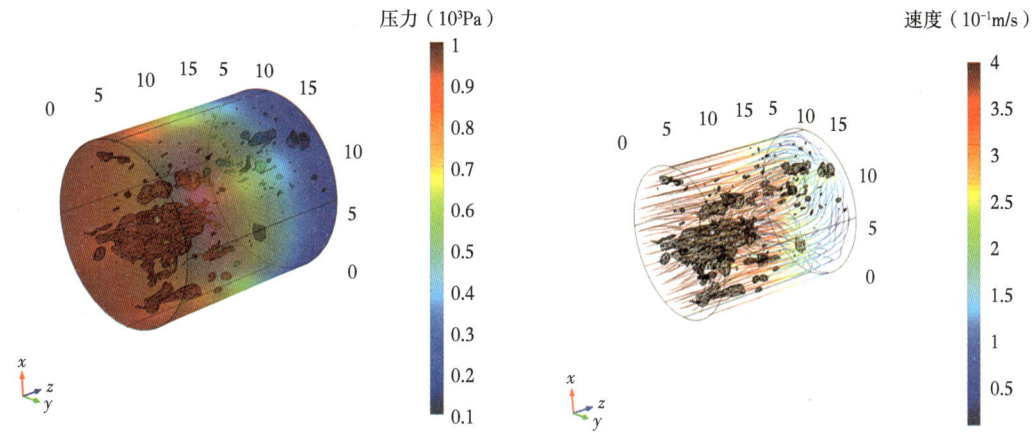

井号	岩心编号	孔隙度（%）	实测渗透率（mD）	计算渗透率（mD）	相对误差（%）
MX9	20	4.82	11.600	10.540	−9.14
GS2	30	5.58	0.540	0.630	16.67
GS6	44	3.48	0.045	0.053	17.78
GS2	19	6.08	3.743	4.550	21.56
MX8	21	4.21	0.373	0.404	8.31
MX9	8	2.80	0.071	0.059	−16.90

（a）流动模拟压力场分布图　　　　　（b）流动模拟流线分布图

图6　20号岩心流动模拟压力场及流线分布图

2.3　不同缝洞模式孔渗特征分析

采用上文中的岩心渗透率计算方法，针对不同缝洞发育模式下构建的数字岩心模型，开展岩心流动模拟和岩心渗透性的计算，通过统计不同缝洞发育模式下渗透率分布，并在不同孔隙度区间引入P90、P50、P10（P90表示有90%的岩心渗透率大于该值，P50、P10以此类推）三个概率参数描述储层孔渗特征（表5）。

表5　不同孔隙度区间相应缝洞组合模式的渗透率分布统计表

缝洞模式	概率	不同孔隙度区间的渗透率（mD）			
		2%~3%	3%~4%	4%~5%	>5%
I	P90	0.039	0.051	0.070	
	P50	0.050	0.084	0.160	
	P10	0.083	0.120	0.250	
II	P90	0.045	0.085		
	P50	0.071	0.125		
	P10	0.105	0.210		
III	P90	0.041		0.210	
	P50	0.087		0.670	
	P10	0.140		1.860	
IV	P90		0.330		0.520
	P50		0.710		1.090
	P10		1.840		3.510

统计结果显示，Ⅰ模式条件下，岩心中裂缝的发育数量小于 15 条，溶洞绝大多数以孤立的形式存在于岩心中，流体流动时能量主要损失在缝洞间的致密基质区域，大多数岩心渗透率小于 0.1mD；模式 Ⅱ 较模式 Ⅰ 岩心中的裂缝发育，虽然为在局部形成缝网，但仍没有缝洞搭配形成优势的渗流通道，仍有 50% 的岩心渗透率的小于 0.125mD；模式 Ⅲ 主要分布在孔隙度 2%~3% 和 4%~5% 两个区间，裂缝发育 25~30 条，其中在孔隙度 2%~3% 区间内，溶洞发育较少，仅 10% 的岩心渗透率大于 0.14mD，在孔隙度 4%~5% 区间内，随着溶洞发育程度提高，缝洞搭配在岩心中构成优势渗流通道的机率大大增加，岩心渗透率有 90% 的概率大于 0.21mD；模式 Ⅳ 的岩心孔隙度大于 5%，溶洞数量大多在 200 个以上，遍布整个岩心，裂缝数量虽然在 15 条左右，但沟通作用明显，岩心渗透率有 90% 概率大于 0.52mD。综上所述，对于孔隙度大于 3% 的储层，缝洞发育在模式 Ⅲ 和模式 Ⅳ 时，渗透性明显改善，渗透率提高 1~2 个数量级。

3 结论

（1）数字岩心技术与成像测井相结合在微观尺度的精细描述与宏观尺度的应用研究之间架设"桥梁"，为裂缝—孔洞型碳酸盐岩储层评价提供了一种新的途径，进一步拓展了数字岩心技术的使用范围。

（2）针对裂缝—孔洞型储层中孔隙度和渗透率相关性差的特点，可结合成像测井建立缝洞模式，采用数字岩心技术构建并计算相应缝洞模式下岩心渗透率，描述储层复杂的孔渗特征。

（3）高石梯—磨溪地区的裂缝—孔洞型储层中的毫米—厘米级椭圆或条带状小型溶洞是主要储集空间，缝洞搭配形成优势渗流通道是提高渗透率的关键。孔隙度大于 3% 的储层，面洞率大于 10% 或面缝率大于 0.02% 时，渗透性有较大概率改善，该认识为碳酸盐岩气藏开发有利区的优选提供了参考。

参考文献

[1] Ehrenberg SN & Nadeau PH. Sandstone vs. carbonate petroleum reservoirs：a global perspective on porosity-depth and porosity-permeability relationships[J]. AAPG Bulletin, 2005, 89（4）：435-445.
[2] 赵文智, 沈安江, 胡素云, 等. 中国碳酸盐岩储层大型化发育的地质条件与分布特征 [J]. 石油勘探与开发, 2012, 39（1）：1-12.
[3] 强子同. 碳酸盐岩储层地质学 [M]. 东营：中国石油大学出版社, 2007：32-78.
[4] 秦瑞宝, 李雄炎, 刘春成, 等. 碳酸盐岩储层孔隙结构的影响因素与储层参数的定量评价 [J]. 地学前缘, 2015, 22（1）：253-254.
[5] 范嘉松. 世界碳酸盐岩油气田的储层特征及其成藏的主要控制因素 [J]. 地学前缘, 2005, 12（3）：23~30.
[6] 何伶, 赵伦, 李建新, 等. 碳酸盐岩储层复杂孔渗关系及影响因素——以滨里海盆地台地相为例 [J]. 石油勘探与开发, 2014, 41（2）：207-208.
[7] 张得彦, 向芳, 陈康, 等. 贵州金沙岩孔地区上震旦统灯影组四段白云岩储层特征 [J]. 天然气勘探与开发, 2015, 38（1）：12-15.
[8] 苏娜, 段永刚, 于春生. 微 CT 扫描重建低渗气藏微观孔隙结构——以新场气田上沙溪庙组储层为例

[J]．石油与天然气地质，2011，32（5）：792-795．
[9] 朱洪林，刘向君，姚光华，等．用数字岩心确定低渗透砂岩水锁临界值[J]．天然气工业，2016，36（4）：41-47．
[10] 姚军，赵秀才，衣艳静，等．数字岩心技术现状及展望[J]．油气地质与采收率，2005，12（6）：52-54．
[11] 赵秀才，姚军．数字岩心建模及其准确性评价[J]．西安石油大学学报：自然科学版，2007，22（2）：16-20．
[12] 陆敬安，伍忠良，关晓春，等．成像测井中的裂缝自动识别方法[J]．测井技术，2004，28（2）：115-117．
[13] 缪祥禧，吴见萌，葛祥．元坝地区须家河组非常规致密储层成像测井评价[J]．天然气勘探与开发，2015，38（3）：33-36．
[14] 李雪英，蔺景龙，文慧俭．碳酸盐岩孔洞空间的自动识别[J]．大庆石油学院学报，2005，29（4），4-6．
[15] 姚秀才．数字岩心及孔隙网络模型重构方法研究[D]．东营：中国石油大学（华东），2009：9-14．
[16] 姚军，赵秀才．数字岩心及孔隙级渗流模拟理论[M]．北京：石油工业出版社，2010．
[17] 邓知秋，滕奇志．三维岩心图像裂缝自动识别[J]．计算机与数字工程．2013，41（1）：99-101．
[18] 杜建芬，魏博熙，郭平．应用数字岩心对砂岩绝对渗透率研究[J]．科学技术与工程，2016.23（5）：117-119．
[19] Krotkiewskim, Ligaarden I, Ingeborg S, Lie KA & Schmid DW. On the importance of the stokes-brinkman equations for computing effective permeability in karst reservoirs[J]. Communications in Computational Physics, 2011, 10（5）: 1315-1332.

多孔介质速度场和流量场分布

戚 涛 胡 勇 李 骞 彭 先 赵潇雨 荆 晨

（中国石油西南油气田公司）

摘 要 流体在多孔介质中的宏观特性由介质本身的孔隙结构直接决定，速度场和流量场作为连接微观和宏观的桥梁显得尤为重要，但相关的研究相对较少。本文基于孔隙网络模型中的流动模拟，采用欧拉描述方法，系统统计了多孔介质中速度和流量的分布，分析了速度和流量的概率密度函数随孔隙结构的变化关系。研究表明：（1）随多孔介质无序性的增加，速度的分布范围急剧增加，流量的分布范围变化不大；（2）速度的概率密度函数随无序因子的减小依次表现为：高斯分布、指数分布、指数截断的幂律分布及幂律分布，流量的概率密度函数主要受孔隙非均质性的影响，表现为高斯分布和指数截断的幂律分布；（3）归一化流体速度的平均值受变异系数和配位数共同影响，且与配位数成乘幂关系，归一化流体流量的平均值不随配位数的变化而变化，但其随变异系数的增加而降低。

关键词 速度场；流量场；无序因子；幂律分布；指数截断的幂律分布

1 引言

在医学、水文地质、石油工程及化学工程等不同领域，黏性流体或溶质在多孔介质中的输运是相当复杂的，这种复杂性源于多孔介质孔隙结构的随机性和不同流体颗粒间的相互作用[1-3]。表征流体流动和颗粒输运的宏观特性（如渗透率、地层因素、电阻率指数）直接取决于多孔介质几何结构的相关参数（如孔隙连通性、孔隙半径变异系数及迂曲度等），但两者间的关系是不具有普遍性的[4-5]。

不可压缩流体在特定多孔介质中的流动属性包括速度场和流量场，两者是连接多孔介质的孔隙结构与传输属性、流体流动的微观与宏观理论的纽带。速度场控制着流体突破时间，流量场决定着流体流动和颗粒输运的主要通道，两者转换的关键在于孔隙半径分布。速度场和流量场均可以通过实验[6-11]和数值仿真[12-16]方法进行研究，但学者为了分析其与多孔介质孔隙结构间的关系，提出了概率密度函数分析方法，并得到了速度分布的唯象模型：拉伸指数分布[17]和幂指数分布[18]，但都没有基于统计物理理论。因此，本文基于多孔介质网络模型的流动模拟，采用欧拉描述方法，深度剖析了不同多孔介质无序性下速度场和流量场的变化规律。

2 多孔介质网络模型的建立

多孔介质常用几何结构特征参数和拓扑结构特征参数联合表征，其中几何结构特征参数主要包括孔隙平均半径（或水力半径）、孔隙半径变异系数、孔隙长度、形状因子等；拓扑结构参数主要指配位数等。引入部分特征参数，参照多孔介质网络模型的构建方法[19-20]，建立了模型大小为 25×25×25 的体中心网格（BCC）的三维随机网络模型。

为直观、简洁地描述流体的流动属性，所建网络模型为"管束模型"，孔隙截面形状为圆形。孔隙半径服从均匀对数分布，可根据式（1）和式（2）联合求解确定孔隙半径分布的最大值 r_{max} 和最小值 r_{min}；其中 R 为水力半径，表征孔隙渗透性的特征长度，CV 为孔隙半径变异系数，表征孔隙结构的非均质性；在均匀对数分布下的水力半径 R 与平均孔隙半径 <r> 满足式（3）。孔隙长度 l 为水力半径的 7.5 倍。体中心网络模型的最大配位数为 8，其余特定配位数可通过断开管束的方式获得，为防止传导率系数矩阵变为奇异矩阵，断开管束的半径设置为一个相当小的数值（如 10^{-10}m），而连通管束服从均匀对数分布（图 1，其中红线代表死孔隙）。

$$CV = \sqrt{\frac{(r_{max} + r_{min})\ln(r_{max}/r_{min})}{2(r_{max} - r_{min})} - 1} \tag{1}$$

$$R = \frac{r_{max} + r_{min}}{2} \tag{2}$$

$$\langle r \rangle = \frac{R}{1 + CV^2} \tag{3}$$

式中　CV——孔隙半径变异系数；
　　　r_{max}——孔隙半径最大值，m；
　　　r_{min}——孔隙半径最小值，m；
　　　R——水力半径，m；
　　　$\langle r \rangle$——平均孔隙半径，m。

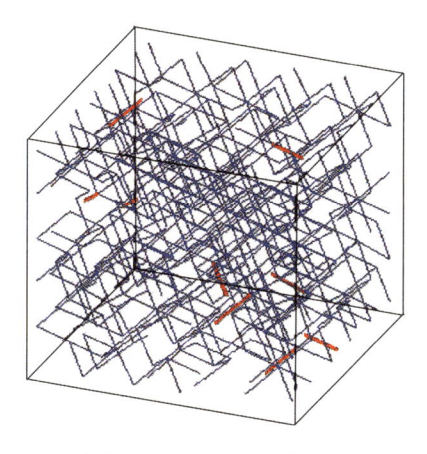

图 1　配位数 4.8 的 5×5×5 体中心网络模型

3 流体的流动模拟

与两相流动和颗粒输运相比，单相流体的流动更为简单，其宏观流动属性与多孔介质微观孔隙结构的关联性更为直接。一般情况下，单相流体在圆管的流动满足 Hagen-Poiseuille 方程，即管束流量为：

$$q = 10^9 \times \frac{\pi r^4}{8l} \frac{\Delta p}{\mu} \tag{4}$$

根据质量和能量守恒定律，流体在节点均遵循 Kirchoff 定律，即：

$$\sum_{k=1}^{z_i} q = 0 \tag{5}$$

式中　q——管束流量，m^3/s；
　　　r——管束半径，m；
　　　l——管束长度，m；
　　　Δp——由管束两端的压差，MPa；
　　　μ——流体黏度，$mPa \cdot s$；
　　　z_i——与节点 i 相连的总管束数。

根据式（4）和式（5）可以列出一系列线性方程组，写成矩阵形式如式（6），在给定模型两端压力的情况下，利用共轭梯度法求解模型的压力场分布。

$$AP = 0 \tag{6}$$

式中　A——传导率系数矩阵；
　　　P——模型各个节点压力组成的向量。

根据网络模型压力场分布和管束的传导率公式，运用式（4）即可求得所有管束的流量，再利用式（7）计算得到模型流速场分布。

$$v = \frac{q}{\pi r^2} \tag{7}$$

4 模拟结果

在保证水力半径（$R = 40\mu m$）、孔隙长度（$l = 300\mu m$）、宏观平均流体速度（$U = 10^{-4} m/s$）不变的情况下，改变变异系数（$CV = 0.05$，0.55 和 1.05）和配位数（$z = 2.8$，3.2，4.0，4.8，6.4 和 8.0）以模拟不同多孔介质中的流体流动。孔隙半径变异系数 CV 和配位数 z 均是多孔介质无序性的表征参数，变异系数越大，则孔隙半径差异越大，孔隙非均质性越强；配位数越小，则孔隙连通率越低，流体流动的通道越少。因此，引入多孔介质无序因子 F_{dis}（$F_{dis} = z/CV$），F_{dis} 越小，多孔介质无序性越强。

拉格朗日法和欧拉法常用于描述流体运动和颗粒输运，两者的区别在于拉格朗日法侧重于"质点"，而欧拉法侧重于"场"，因此，采用欧拉法描述多孔介质中所有孔隙的属性参数更为合适。同时，为描述、量化及对比不同多孔介质的传输属性参数，以完全均质且完全连通的 BCC 网络模型的参数为标准，将孔隙结构参数与传输属性参数进行归一化处理，即：$r^* = r_i/R$，$v^* = v_i/(\sqrt{3}U)$，$q^* = q_i/q_0$，其中 $q_0 = \sqrt{3}\pi R^2 U$。

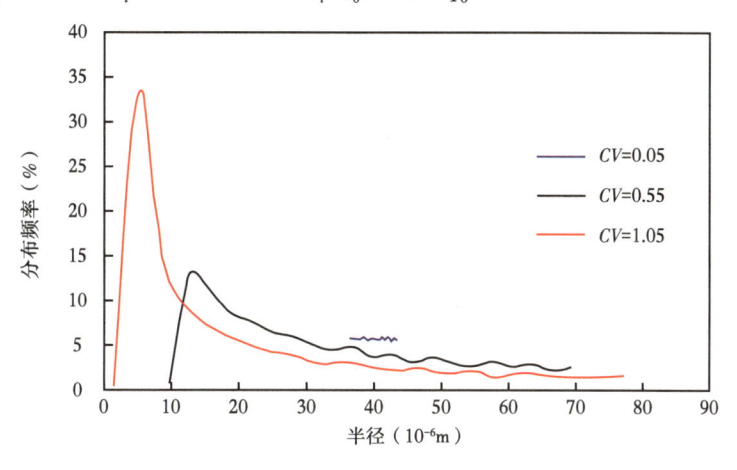

图 2 水力半径为 40μm 时不同变异系数下孔隙半径分布

4.1 多孔介质速度场

图 3 为归一化孔隙流体速度 v^* 与归一化孔隙半径 r^* 的关系图版，v^* 为负值代表该孔隙中的流体发生反向流动（与整体流动方向相反）。总体上看，随着变异系数的增加，孔

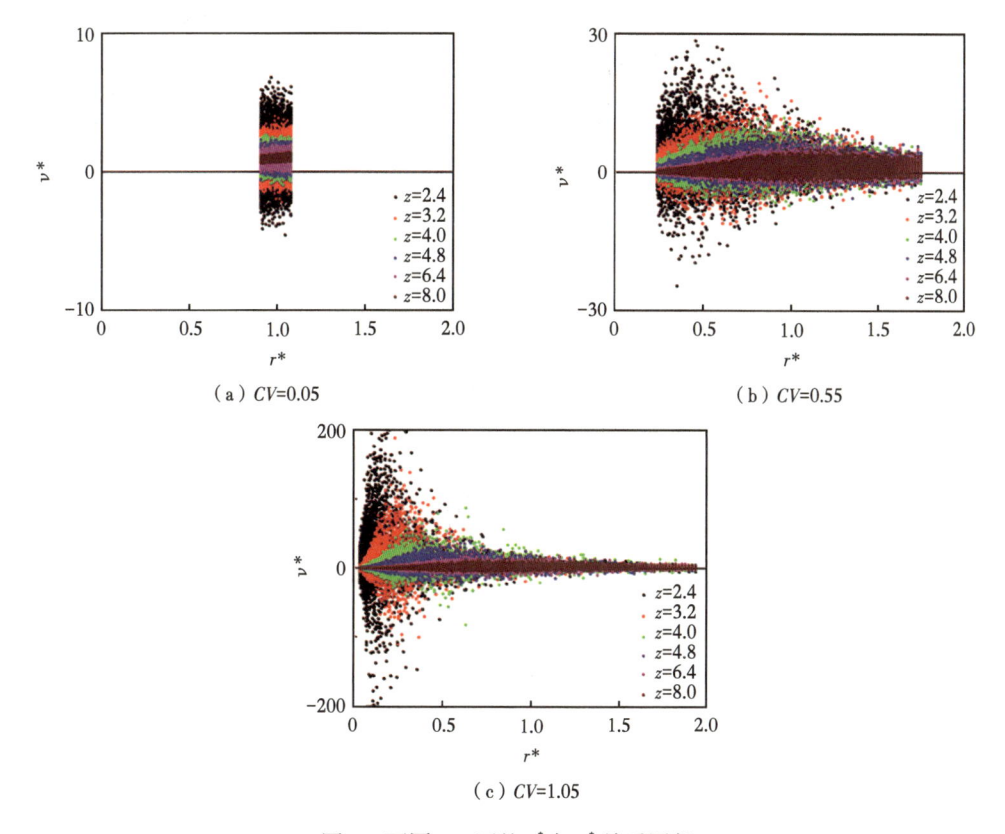

（a）CV=0.05

（b）CV=0.55

（c）CV=1.05

图 3 不同 F_{dis} 下的 v^* 与 r^* 关系图版

隙流体速度的非均质性增强，大孔隙流体速度变化较小，而小孔隙流体速度波动范围急剧增加，这主要因为孔隙半径服从对数均匀分布，小孔隙占比较高，导致小孔隙出现大流速的概率增加。

对于均质网络（$CV=0.05$），v^*与r^*呈条带型分布；当网络模型完全连通（$z=8$）时，孔隙流体速度均为正值，即流体只沿着主要压力梯度方向流动，不会发生反向流动，且v^*基本围绕1上下波动，振幅较小；随着配位数的降低，v^*的变化范围增大，孔隙流体速度出现负值，流体在局部发生反向流动，形成涡旋［图3（a）］。随着变异系数的增加，条带型分布转变为无规律的分布形态［图3（b）、（c）］；同时，连通性越差，v^*的波动范围越大，小孔隙出现大流速的概率越大，且v^*与r^*近似表现为长尾分布形态。

流体速度为负值或正值的概率分布形态类似，因此仅以正值的流体速度为主研究v^*的概率分布形态（图4）。v^*分布范围较广，介于$10^{-5} \sim 10^3$；随着多孔介质无序性的增强，小v^*占比增加，孔隙流体速度差异增大，v^*最小值变化不大，仍在10^{-5}数量级，v^*最大值增加近两个数量级。v^*概率分布受变异系数和配位数共同影响，其随无序因子F_{dis}减小大致经历四个阶段：高斯分布、指数分布、指数截断的幂律分布及幂律分布[21]，拟合结果见表1。

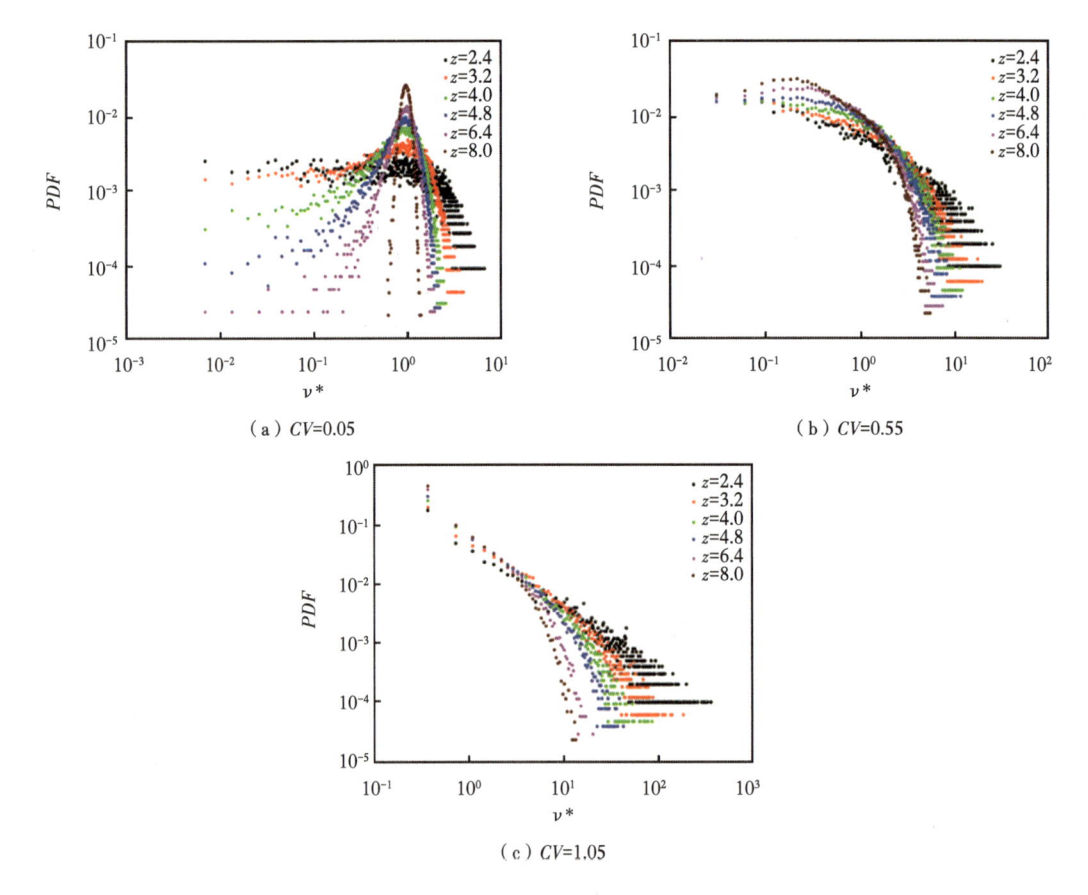

（a）$CV=0.05$

（b）$CV=0.55$

（c）$CV=1.05$

图4 不同F_{dis}下的v^*概率分布图

表 1 v^* 概率分布函数拟合参数

CV	z	F_{dis}	拟合函数类型	函数表达式	A a_1, a_2, a_3, a_4	B b_1, b_2, b_3, b_4	C c_1, c_3	D d_1
0.05	8	160	高斯分布	$y = a_1 + b_1 e^{-\frac{(x-c_1)^2}{2d_1^2}}$	−0.0000784	0.02604	0.99552	0.10504
0.05	6.4	128			0.0001375	0.01254	0.99941	0.20811
0.05	4.8	96			0.0001476	0.00878	1.00214	0.29343
0.05	4	80			0.0000929	0.00654	1.00699	0.39685
0.05	3.2	64			0.0000433	0.00389	1.02211	0.66877
0.05	2.4	48	指数分布	$y = a_2 e^{b_2 x}$	0.00257	−0.40999	−	−
0.55	8	14.55			0.03089	−1.10671	−	−
0.55	6.4	11.64			0.02498	−0.92385	−	−
0.55	4.8	8.72			0.01865	−0.74007	−	−
0.55	4	7.27	指数截断的幂律分布	$y = a_3 e^{b_3 x} x^{c_3}$	0.01465	−0.61232	−0.02909	
0.55	3.2	5.82			0.00962	−0.40697	−0.15708	
0.55	2.4	4.36			0.00638	−0.25604	−0.31891	
1.05	8	7.61			0.09849	−0.35983	−0.79922	
1.05	6.4	6.09			0.08153	−0.20102	−0.97895	
1.05	4.8	4.57			0.07146	−0.08254	−1.10840	
1.05	4	3.80			0.06914	−0.07314	−1.07836	
1.05	3.2	3.04			0.05162	−0.06326	−0.81005	
1.05	2.4	2.28	幂律分布	$y = a_4 x^{b_4}$	0.03657	−0.99433	−	−

由表 1 可知，当 $F_{dis} > 60$ 时，v^* 概率分布服从高斯分布；当 $8 < F_{dis} < 60$ 时，v^* 概率分布服从指数分布；当 $3 < F_{dis} < 8$ 时，v^* 概率分布服从指数截断的幂律分布；当 $F_{dis} < 3$ 时，v^* 概率分布服从幂律分布。观察 b_3 和 c_3 可以发现，随着 F_{dis} 的减小，b_3 逐渐接近 0，而 c_3 逐渐远离 0，展示了 v^* 概率分布由指数分布向幂律分布的过渡。

其中 a_1, a_2, a_3, a_4, b_1, b_2, b_3, b_4, c_1, c_3, d_1 均为拟合系数。

根据统计的孔隙流体速度，计算了归一化流体速度的平均值 $\langle v^* \rangle$（图 5）。对于均质介质（$CV = 0.05$），$\langle v^* \rangle$ 约等于 1，且不随配位数的变化而变化。对于连通性较好的网络，$\langle v^* \rangle$ 随变异系数的增加而减小；对于连通性较差的网络，$\langle v^* \rangle$ 随变异系数的增加而增加，且 $\langle v^* \rangle$ 基本满足乘幂规律；$\langle v^* \rangle \propto (z - z_c)^{-b_v}$，$b_v$ 随着变异系数的增加而增加。

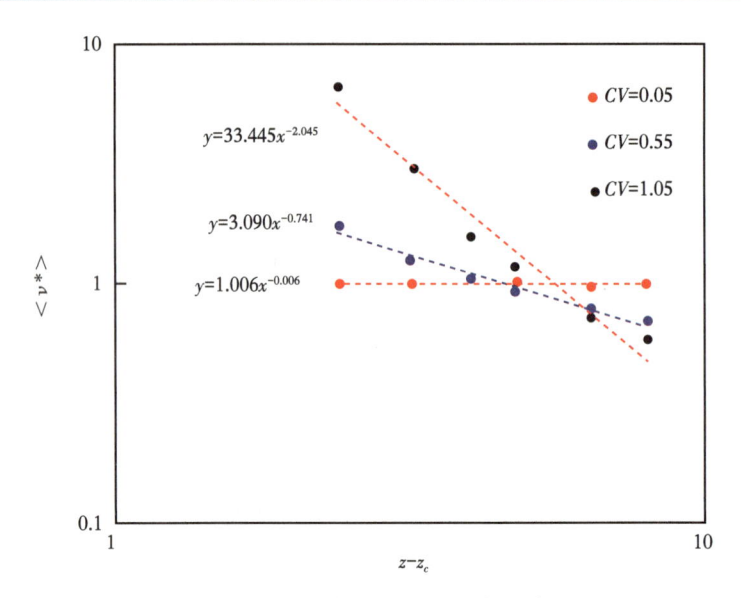

图 5　归一化流体速度的平均值$<v^*>$

4.2 多孔介质流量场

图 6 为归一化流体流量 q^* 和归一化流体速度 v^* 的关系图版，与 v^* 一样，q^* 为负值表示流体发生反向流动产生的流量。总体上看，q^* 变化范围远小于 v^* 变化范围，因此由公

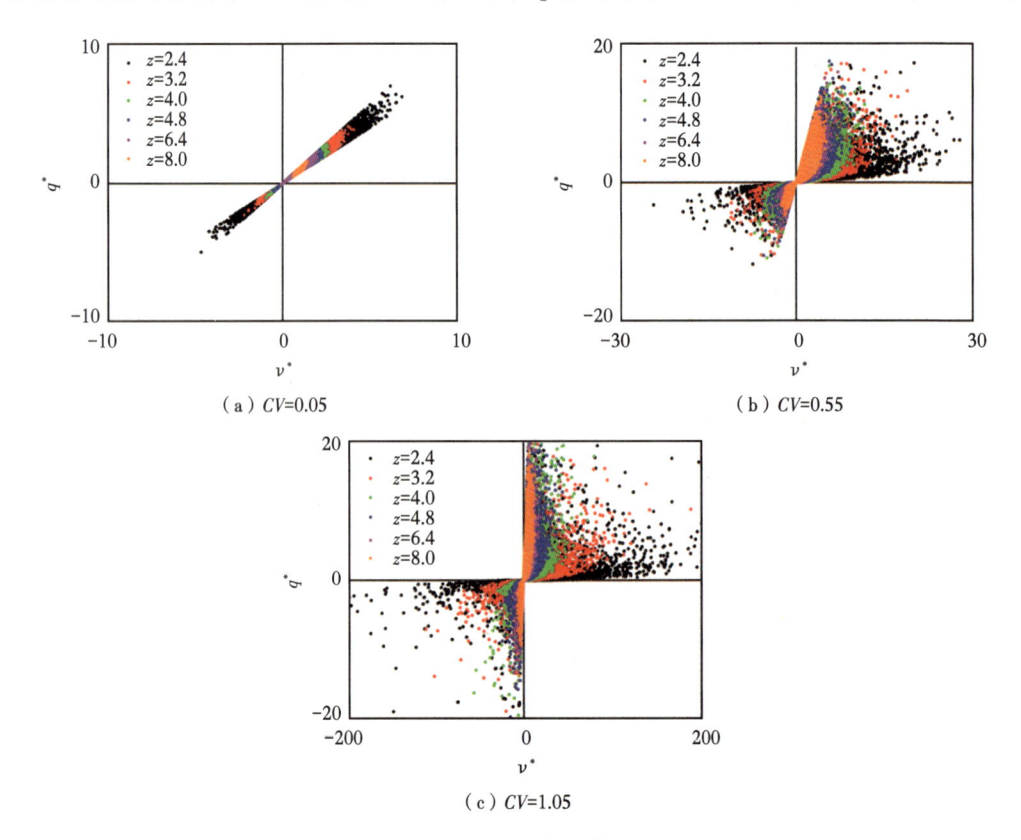

（a）$CV=0.05$

（b）$CV=0.55$

（c）$CV=1.05$

图 6　不同 F_{dis} 下的 q^* 与 v^* 关系图版

式 $q^* = \pi r^2 v^*$ 可以发现大孔隙常为小流速，而大流速常出现在小孔隙中；正向流动的流体流量最大值大于反向流动的流体流量最大值，从侧面体现了流体的主要流动方向。

有序网络（$CV = 0.05$，$z = 8$）中的流体均发生正向流动，流体流量均为正值；稍微增加网络的无序性就会出现反向流动，继而产生反向流量（图 6a）。当 $CV \geq 0.55$ 时，正向流动的 q^* 与 v^* 分布形态与反向流动的 q^* 与 v^* 分布形态基本类似，且关于点（0，0）成对称分布（图 6b、图 6c）。当变异系数相同时，配位数越低，发生反向流动的孔隙占比越大，产生的反向流量占比越大，在一定程度上阻止了流体的正向流动，进而降低了模型的渗透率。

随着变异系数的增加，归一化流体流量 q^* 概率分布越趋近于一致，小数值 q^*（$q^* < 0.1$）占比大幅增加，大数值 q^*（$q^* > 1$）占比逐渐减小（图 7）。大流量孔隙对多孔介质中的流体流动起主导作用，而小流量孔隙的影响微乎其微，大数值 q^* 平均值的增大及占比的减小越发突显了大流量孔隙的重要地位。若多个大流量孔隙相连通，贯穿整个多孔介质，将形成一条或多条流体流动的优势通道。

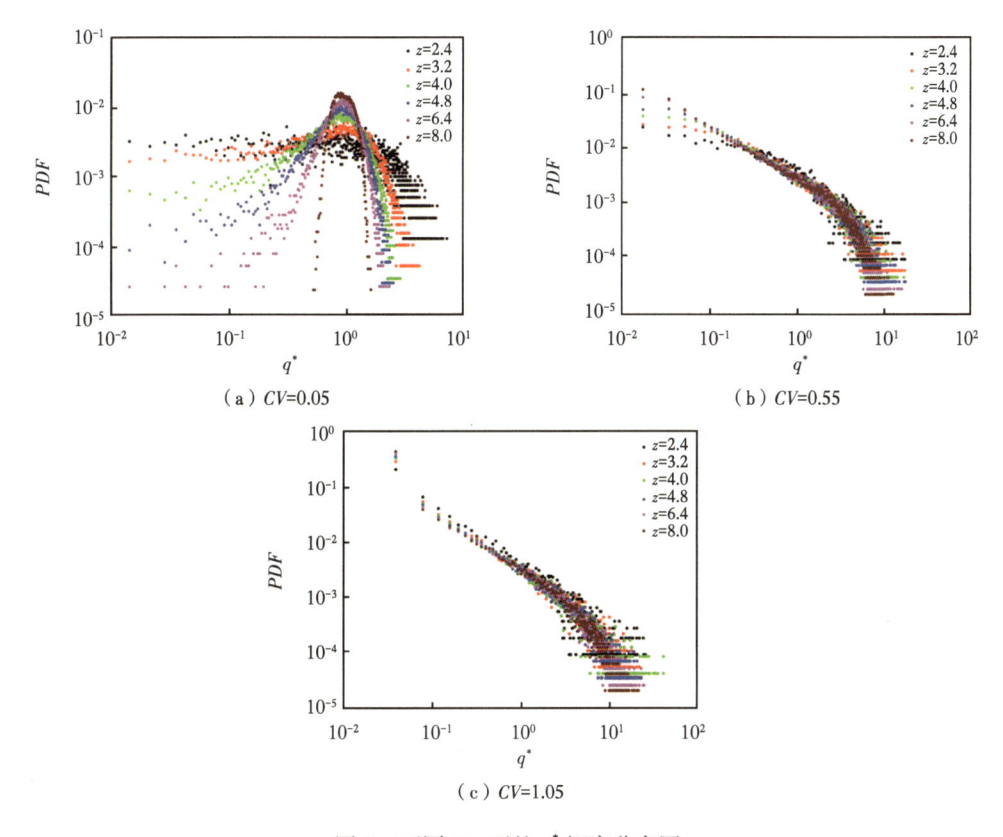

（a）$CV = 0.05$

（b）$CV = 0.55$

（c）$CV = 1.05$

图 7　不同 F_{dis} 下的 q^* 概率分布图

当 $CV = 0.05$ 时，q^* 概率分布与 v^* 的分布类似，表现为高斯分布向指数截断的幂律分布过渡；当 $CV \geq 0.55$ 时，小数值 q^* 概率分布在一定程度上受到配位数影响，但大数值 q^* 概率分布几乎没有变化，表现出了一致性。结合 q^* 概率分布的形态，以高斯分布和指数截断的幂律分布对 q^* 概率分布进行拟合，拟合结果见表 2。

指数截断的幂律分布融合了指数分布和幂律分布，其拟合效果将优于指数分布和幂律分布。由表 2 可以发现：$CV = 0.55$ 对应的 b_3 整体小于 $CV = 1.05$ 对应的 b_3，即 $CV = 1.05$ 对应的 b_3 更接近于 0，说明随着变异系数的增加，q^* 概率分布服从指数分布类型的减弱；同时 $CV = 0.55$ 对应的 c_3 整体大于 $CV = 1.05$ 对应的 c_3，说明随着变异系数的增加，q^* 概率分布服从幂律分布类型的增强。总结而言，随着变异系数的增加，q^* 概率分布更偏重于幂律分布。

表 2 q^* 概率分布函数拟合参数

CV	z	F_{dis}	拟合函数类型	函数表达式	A a_1, a_3	B b_1, b_3	C c_1, c_3	D d_1
0.05	8	160	高斯分布	$y = a_1 + b_1 e^{-\frac{(x-c_1)^2}{2d_1^2}}$	−0.00105	0.01584	0.98229	0.21335
0.05	6.4	128			0.0001023	0.01098	0.97358	0.25337
0.05	4.8	96			0.0001456	0.00849	0.97416	0.32178
0.05	4	80			0.0001525	0.00669	0.97892	0.40766
0.05	3.2	64			0.0000816	0.00441	0.99601	0.67211
0.05	2.4	48	指数截断的幂律分布	$y = a_3 e^{b_3 x} x^{c_3}$	0.00604	−0.78440	−0.39886	−
0.55	8	14.55			0.00269	−0.10372	−0.96091	−
0.55	6.4	11.64			0.00292	−0.13428	−0.91536	−
0.55	4.8	8.73			0.00341	−0.21155	−0.84822	−
0.55	4	7.27			0.00428	−0.34979	−0.71606	−
0.55	3.2	5.82			0.00585	−0.57417	−0.51717	−
0.55	2.4	4.36			0.00800	−0.76078	−0.23733	−
1.05	8	7.62			0.00367	−0.14582	−0.92354	−
1.05	6.4	6.09			0.00365	−0.14049	−0.92681	−
1.05	4.8	4.57			0.00373	−0.13793	−0.94717	−
1.05	4	3.81			0.00339	−0.10291	−1.02872	−
1.05	3.2	3.05			0.00348	−0.08151	−1.04974	−
1.05	2.4	2.28			0.00422	−0.11934	−1.07145	−

与 $\langle v^* \rangle$ 不同，归一化流体流量的平均值 $\langle q^* \rangle$ 不随配位数的变化而变化，但其随变异系数的增加而降低（图 8）。达西公式揭示了多孔介质的渗透率与横截面的流体流量成正比，即 $K^* \propto N \langle q^* \rangle$，其中 K^* 为归一化渗透率，N 为横截面上的平均有效孔隙个数。因此，当孔隙连通性一定时，增加孔隙半径变异系数将降低 $\langle q^* \rangle$，进而降低模型的渗透率；类似地，当变异系数一定时，降低孔隙连通性，横截面上的有效孔隙数 N 将减少，最终导致模型渗透率的降低。换言之，增加多孔介质的无序性将降低渗透率。

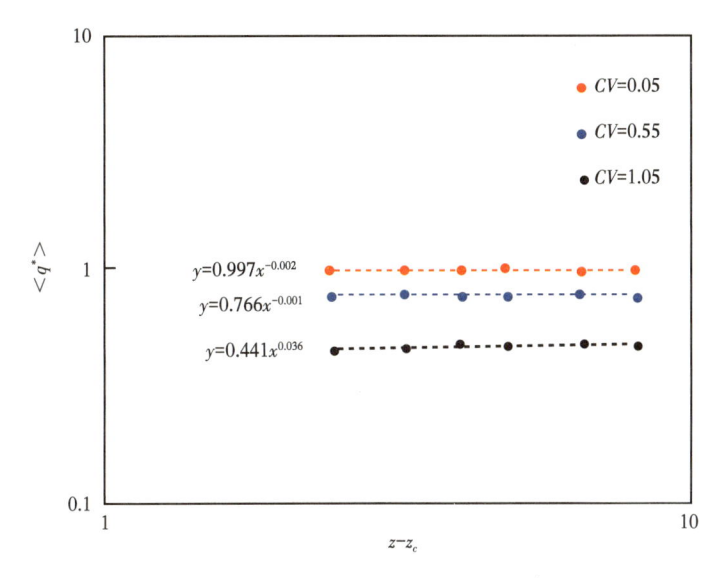

图 8　归一化流体流量的平均值 $\langle q^* \rangle$

5　结论

本文利用网络模型模拟多孔介质中的流体流动，采用欧拉描述方法，结合统计学理论，探索分析了速度场和流量场分布与多孔介质无序性的关系，主要得到以下结论。

（1）速度场受孔隙非均质性和孔隙连通性共同影响，其概率密度函数随无序因子的降低逐渐表现为：高斯分布、指数分布、指数截断的幂律分布及幂律分布；归一化流体速度的平均值与配位数满足乘幂规律：$\langle v^* \rangle \propto (z-z_c)^{-b_v}$，$b_v$ 随着变异系数的增加而增加。

（2）流量场受孔隙非均质性的影响较大，受孔隙连通性的影响较小，其概率密度函数主要表现为高斯分布和指数截断的幂律分布；归一化流体流量的平均值随变异系数的增加而降低，但不随配位数的变化而变化。

参 考 文 献

[1] Penta R, Ambrosi D. The role of microvascular tortuosity in tumor transport phenomena and future perspective for drug delivery[J]. PAMM, 2015, 15（1）：101-102.

[2] Boisson A, De Anna P, Bour O, et al. Reaction chainmodeling of denitrification reactions during a push-pull test[J]. Journal of contaminant hydrology, 2013, 148：1-11.

[3] Orr Fm, Taber J J. Use of carbon dioxide in enhanced oil recovery[J]. Science, 1984, 224（4649）：563-569.

[4] Dardis O, mcCloskey J. Permeability porosity relationships from numerical simulations of fluid flow[J]. Geophysical Research Letters, 1998, 25（9）：1471-1474.

[5] Chen C, Packman A I, Gaillard J F. Pore-scale analysis of permeability reduction resulting from colloid deposition[J]. Geophysical Research Letters, 2008, 35, L07404, doi：10.1029/2007GL033077.

[6] Holznerm, morales V L, Willmannm, et al. Intermittent Lagrangian velocities and accelerations in three-

dimensional porousmedium flow[J]. Physical Review E, 2015, 92（1）：013015.

[7] Cassidy R, mccLoskey J, morrow P. Fluid velocity fields in 2D heterogeneous porousmedia：empiricalmeasurement and validation of numerical prediction[J]. Geological Society, London, Special Publications, 2005, 249（1）：115-130.

[8] Moradm R, Khalili A. Transition layer thickness in a fluid-porousmedium ofmulti-sized spherical beads[J]. Experiments in Fluids, 2009, 46（2）：323.

[9] Mansfield P, Issa B. Fluid transport in porous rocks. I. EPI studies and a stochasticmodel of flow[J]. Journal ofmagnetic Resonance, Series A, 1996, 122（2）：137-148.

[10] Kutsovsky Y E, Scriven L E, Davis H T, et al. NMR imaging of velocity profiles and velocity distributions in bead packs[J]. Physics of Fluids, 1996, 8（4）：863-871.

[11] Wu A, Chao L I U, Yin S, et al. Pore structure and liquid flow velocity distribution in water-saturated porousmedia probed bymRI[J]. Transactions of Nonferrousmetals Society of China, 2016, 26（5）：1403-1409.

[12] Andrade Jr J S, Costa Um S, Almeidam P, et al. Inertial effects on fluid flow through disordered porousmedia[J]. Physical Review Letters, 1999, 82（26）：5249.

[13] Lebon L, Oger L, Leblond J, et al. Pulsed gradient NMRmeasurements and numerical simulation of flow velocity distribution in sphere packings[J]. Physics of Fluids, 1996, 8（2）：293-301.

[14] de Anna P, Quaife B, Biros G, et al. Prediction of the low-velocity distribution from the pore structure in simple porousmedia[J]. Physical Review Fluids, 2017, 2（12）：124103.

[15] Lebon L, Oger L, Leblond J, et al. Pulsed gradient NMRmeasurements and numerical simulation of flow velocity distribution in sphere packings[J]. Physics of Fluids, 1996, 8（2）：293-301.

[16] Zami-Pierre F, De Loubens R, Quintardm, et al. Transition in the flow of power-law fluids through isotropic porousmedia[J]. Physical review letters, 2016, 117（7）：074502.

[17] Sienam, Rivam, Hyman J D, et al. Relationship between pore size and velocity probability distributions in stochastically generated porousmedia[J]. Physical Review E, 2014, 89（1）：013018.

[18] Matykam, Gołembiewski J, Koza Z. Power-exponential velocity distributions in disordered porousmedia[J]. Physical Review E, 2016, 93（1）：013110.

[19] Bernabé Y, Lim, maineult A. Permeability and pore connectivity：A newmodel based on network simulations[J]. Journal of Geophysical Research Atmospheres, 2010, 115（B10）：172-186.

[20] Bernabé Y, Wang Y, Qi T, et al. Passive advection-dispersion in networks of pipes：effect of connectivity and relationship to permeability[J]. Journal of Geophysical Research Solid Earth, 2016, 121（2）：713-728.

[21] Zhou T, Wang B H, Jin Y D, et al.modelling collaboration networks based on nonlinear preferential attachment[J]. International Journal ofmodern Physics C, 2007, 18（02）：297-314.

多段压裂水平井三线性流模型适用性研究

刘启国[1]　岑雪芳[1]　李隆新[2]　鲁　恒[1]　金吉焱[1]

（1.西南石油大学；2.中国石油西南油气田公司）

摘　要　三线性流模型是目前求解多段压裂水平井试井模型的常用方法之一。采用正交试验、极差分析法和方差分析法，分析了裂缝半长、内区宽度、储层半长、无量纲裂缝导流能力、内区渗透率对三线性流模型与数值模型压力及压力导数双对数曲线拟合的影响。研究表明，影响两种模型压力及压力导数双对数曲线拟合程度的排序为：无量纲裂缝导流能力（F_{CD}）＞内区渗透率（K_I）＞裂缝半长（x_F）＞储层半长（x_e）＞内区宽度（y_e）。无量纲裂缝导流能力对两种模型压力特征曲线的拟合有显著影响，当无量纲裂缝导流能力小于1时，曲线拟合效果差，线性流模型不适用；当无量纲裂缝导流能力大于1时，曲线拟合效果较好，线性流模型适用。

关键词　压裂水平井；三线性流；适用性；正交试验

1　引言

多段压裂水平井具有泄油面积大、单井产量高、多产层同时开采等优势，在油气藏开发中的应用越来越广泛[1-2]。国外对于压裂井模型的解释起步较早，Gringaren[3]研究了一条垂直裂缝完全穿透均质储层的行为，首次假定流体从储层以均匀流方式流入裂缝，并且假设裂缝是无限导流能力。Lee和Brockenbrough[4]假设储层和裂缝之间的流动是三线性流，建立了无限大均质地层有限导流垂直裂缝井的三线性渗流模型，但只考虑了单条裂缝对垂直气井的生产效应影响。2009年，Ozkan、Brown[5]将三线性流模型拓展到压裂水平井模型中，将流体的流动过程分为三个不同的区域，即流体在地层中、天然裂缝中和人工裂缝中的流动。Stalgorova[6-7]在Brown提出的模型基础上加以改进，先后建立了封闭均质地层压裂水平井的三线性流模型及五区渗流模型。国内在压裂水平井研究方面，姚军、殷修杏等[8]针对低渗透油藏的特征，利用三线性流模型，建立了考虑启动压力梯度的压裂水平井三线性不稳定渗流模型，研究了影响因素。谢亚雄[9]建立了考虑缝网压裂的压裂水平井三线性流数学模型，分析了压力动态曲线特征与曲线的敏感性因素。王本成[10]利用源函数理论求解了多段压裂水平井不稳定渗流模型，绘制了压力动态特征曲线，并做了参数敏感性分析。高杰[11]建立具有吸附解吸及扩散特性的页岩气压裂水平三线性流模型，并划分流动阶段，分析敏感性参数对压力相应特征曲线的影响。

通过调研，目前多段压裂水平井的试井模型不胜枚举，常用的求解方法是三线性流模型与源函数[12-17]。有学者认为三线性流模型过于简单，对三线性模型的适用性提出了疑问。但前人在建立求解模型后仅分析参数对曲线形状的影响，并未对模型结果进行对比研究。本文参考高杰研究的均质气藏多段压裂水平井三线性渗流模型的解，通过Sethfest数值反演算法编程绘制了三线性流模型的无量纲压力及压力导数特征曲线，并与利用Saphir试井解释软件得到的数值模型计算结果进行对比。采用正交试验和方差分析法，分析了裂缝半长、内区宽度、储层半长、无量纲裂缝导流能力、内区渗透率对两种模型曲线拟合的影响。

2 三线性流模型

2.1 物理模型

根据微地震监测结果[18]，水力压裂后形成的不是单一双翼裂缝，而是复杂裂缝网络，为此文章引入一个高渗透率区域代表诱导裂缝。如图1所示，人工裂缝间的浅色区域代表着裂缝延伸的区域，渗透率较高；图中颜色较深的区域代表裂缝未波及的区域，渗透率较低。气藏压裂形成的裂缝一般认为是呈双翼对称的形式。由于该几何模型的对称性，可选取两条人工裂缝之间的四分之一区域为三线性流模型进行研究。根据渗透能力的差异，可将三线性流模型划分为人工裂缝区、内区和外区三个小区域。气体在各区中的渗流为一维直线渗流，每个区域的流动方向如图2所示。

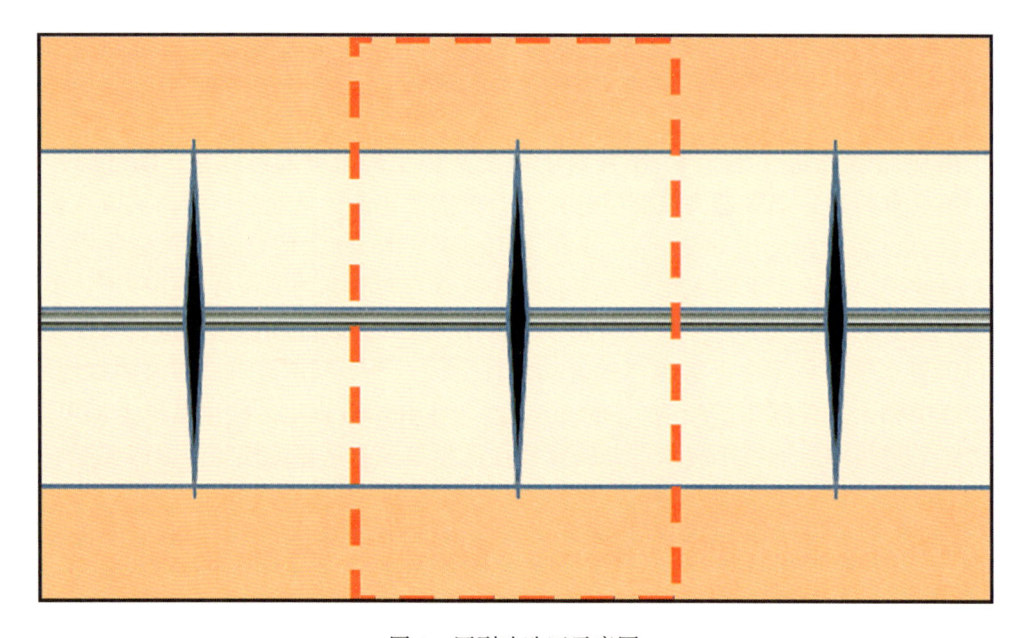

图1 压裂改造区示意图

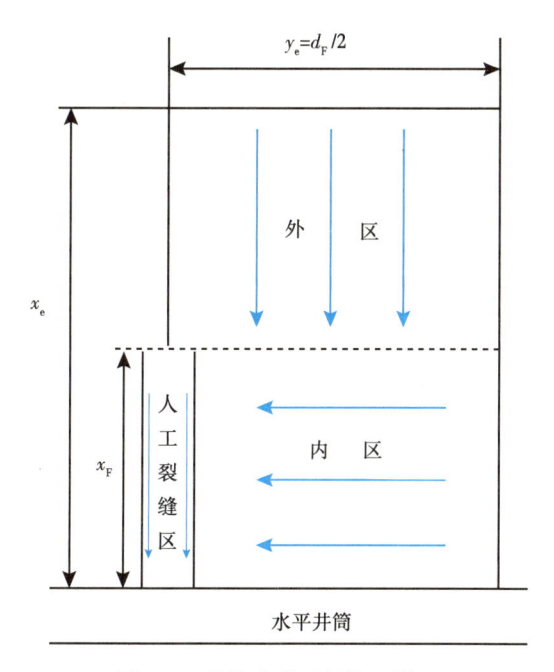

图 2　三线性流模型的物理模型

2.2　三线性流模型的解

参考高杰[19]的研究，考虑井筒储集效应和表皮效应的情况下，均质气藏多段压裂水平井三线性渗流模型拉普拉斯空间下的无量纲井底压力解为：

$$\overline{\psi}_{wD}(S_c, C_D) = \frac{s\overline{\psi}_{wD} + S_c}{s\left[1 + C_D s\left(s\overline{\psi}_{wD} + S_c\right)\right]} \quad (1)$$

式中

$$\overline{\psi}_{wD} = \overline{\psi}_{FD}\big|_{x_D=0} = \frac{\pi}{F_{CD} s\sqrt{\alpha_F} \tanh\left(\sqrt{\alpha_F}\right)}$$

$$\alpha_F = \frac{2\beta_F}{F_{CD}} + \frac{s}{\eta_{FD}}$$

$$\beta_F = \sqrt{\alpha_I} \tanh\left[\sqrt{\alpha_I}\left(y_{eD} - \frac{w_D}{2}\right)\right]$$

$$\alpha_I = s + \frac{\beta_I}{y_{eD} R_{CD}}$$

$$\beta_I = \sqrt{f_O(s)} \tanh\left[\sqrt{f_O(s)}(x_{eD} - 1)\right]$$

$$f_O(s) = \frac{s}{\eta_{OD}}$$

定义无量纲变量如下：无量纲拟压力 $\psi_{iD} = \frac{K_I h_I}{1.2734 \times 10^{-2} q_F T}[\psi(p_0) - \psi(p_i)]$；无量纲时间 $t_D = \frac{3.6 K_I}{\mu x_F^2} t$；无量纲距离 $x_D = \frac{x}{x_F}$，$y_D = \frac{y}{x_F}$，$w_D = \frac{w_F}{x_F}$，$x_{eD} = \frac{x_e}{x_F}$，$y_{eD} = \frac{y_e}{x_F}$；无量纲导压系数比 $\eta_{iD} = \frac{\eta_i}{\eta_I}$；无量纲裂缝导流能力 $F_{CD} = \frac{K_F w_F}{k_I x_F}$；无量纲储层导流能力 $R_{CD} = \frac{K_I x_F}{K_O y_e}$。

其中：拟压力 $\psi = 2\int_{p_c}^{p} \frac{p}{\mu Z} dp$；导压系数 $\eta_I = \frac{3.6 K_I}{(\phi c_t)_I \mu}$，$\eta_O = \frac{3.6 K_O}{(\phi c_t)_O \mu}$，$\eta_F = \frac{3.6 K_F}{\mu (\phi C_t)_F}$。

式中 y_e——内区宽度，m；

x_e——x 方向的储层半长，m；

x_F——人工裂缝半长，m；

w_F——人工裂缝宽度，m；

q——产量，m³/d；

K——渗透率，mD；

μ——气体黏度，mPa·s；

ϕ——孔隙度，%；

c——压缩系数，MPa⁻¹；

$\bar{\psi}_{wD}$——拉普拉斯空间下无量纲井底拟压力；

s——拉普拉斯变量；

C_D——无因次井筒储集系数；

S_c——表皮系数。

下标 O 代表外区；下标 I 代表内区；下标 F 代表人工裂缝区。

3 适用性分析

3.1 拟合对比

通过调研前人的研究成果，可知裂缝半长、储层半长、内区宽度、无量纲裂缝导流能力、内区渗透率是影响三线性流模型井底压力动态的敏感参数[19]。本文以三线性流解析模型与 Saphir 数值模型（图 3）的无量纲压力及压力导数双对数曲线拟合的最大相差距离为标准，以裂缝半长、储层半长、内区宽度、无量纲裂缝导流能力、内区渗透率为主要影响因素来研究三线性流模型的适用性。5 个主要影响因素各取 5 个水平的合理工程参数，正交试验因素与水平见表 1。

根据正交试验法[20]，在考虑水平均匀，因素间无交互作用的前提下，列成正交试验表见表 2。根据所得的正交表，利用三线性流模型与数值模型进行井底压力计算，对比两模型无量纲压力及压力导数曲线，无量纲压力导数最大相差距离见表 2。

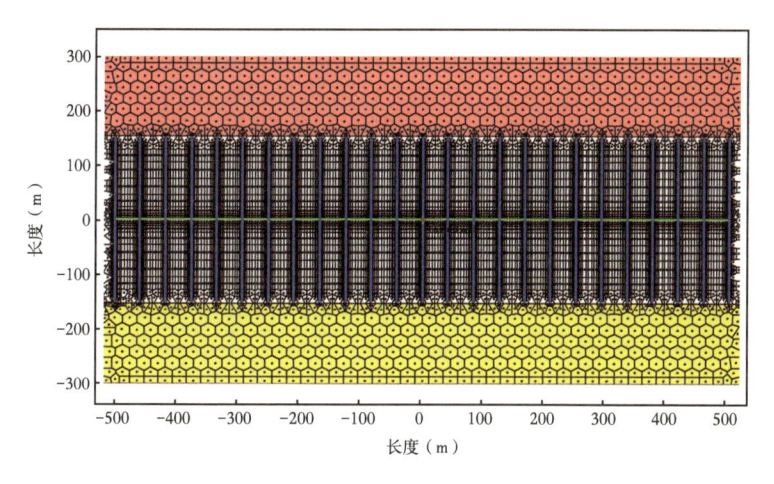

图 3　多段压裂水平井数值试井网格模型示意图

表 1　正交因素与水平

因素水平	x_F (m)	x_e (m)	y_e (m)	F_{CD}	K_I (mD)
1	30	200	20.83	1	0.001
2	60	300	50	5	0.01
3	100	400	83.33	10	0.1
4	140	500	125	50	1
5	180	600	166.67	100	10

表 2　正交试验结果表

序号	x_F (m)	x_e (m)	y_e (m)	F_{CD}	K_I (mD)	最大相差距离
1	30	200	20.83	0.1	0.001	0.396631
2	30	300	50	1	0.01	0.279292
3	30	400	83.33	10	0.1	0.209394
4	30	500	125	50	1	0.152497
5	30	600	166.67	100	10	0.102971
6	60	200	50	10	1	0.107713
7	60	300	83.33	50	10	0.029492
8	60	400	125	100	0.001	0.102189
9	60	500	166.67	0.1	0.01	0.404976
10	60	600	20.83	1	0.1	0.15034
11	100	200	83.33	100	0.01	0.087965
12	100	300	125	0.1	0.1	0.392069
13	100	400	166.67	1	1	0.075188
14	100	500	20.83	10	10	0.072519
15	100	600	50	50	0.001	0.066288
16	140	200	125	1	10	0.048006
17	140	300	166.67	10	0.001	0.140619
18	140	400	20.83	50	0.01	0.169879

续表

序号	x_F (m)	x_e (m)	y_e (m)	F_{CD}	K_I (mD)	最大相差距离
19	140	500	50	100	0.1	0.090949
20	140	600	83.33	0.1	1	0.387175
21	180	200	166.67	50	0.1	0.190454
22	180	300	20.83	100	1	0.165546
23	180	400	50	0.1	10	0.334429
24	180	500	83.33	1	0.001	0.070946
25	180	600	125	10	0.01	0.141509

从表2可以看出，无量纲裂缝导流能力 F_{CD} 越小，三线性流模型与数值模型无量纲压力导数最大相差距离越大。F_{CD} 等于 0.1 的 5 组试验展示结果如图 4 所示，其三线性流模型压力导数曲线与数值模型压力导数曲线偏离程度大，拟合效果差。F_{CD} 为 1、10、50 和 100 的 4 组试验结果如图 5 所示，三线性流模型压力及压力导数曲线与数值模型压力及压力导数曲线重合度较高，拟合效果好。

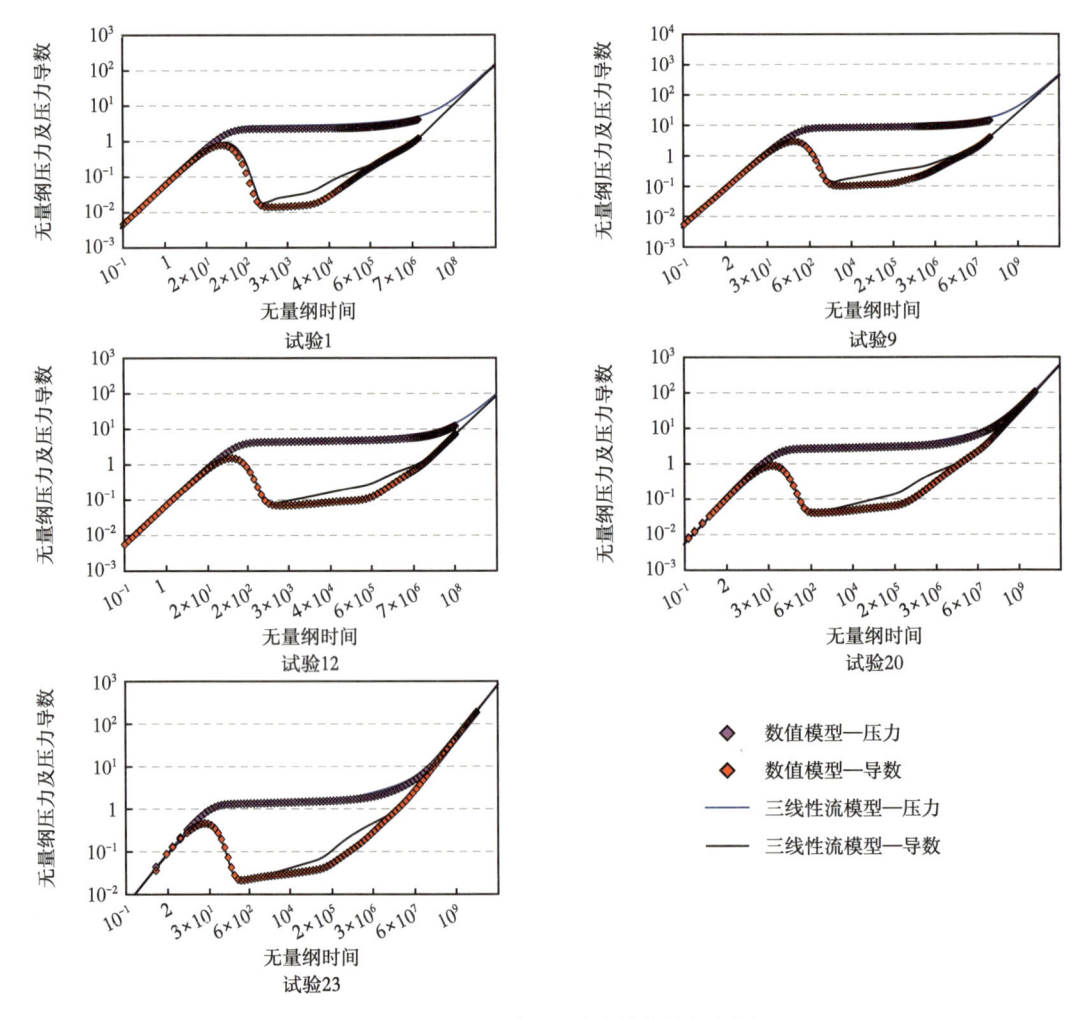

图 4 $F_{CD}=0.1$ 时五组试验的曲线拟合图

图 5　$F_{CD} = 1\sim100$ 的 4 组试验曲线拟合图

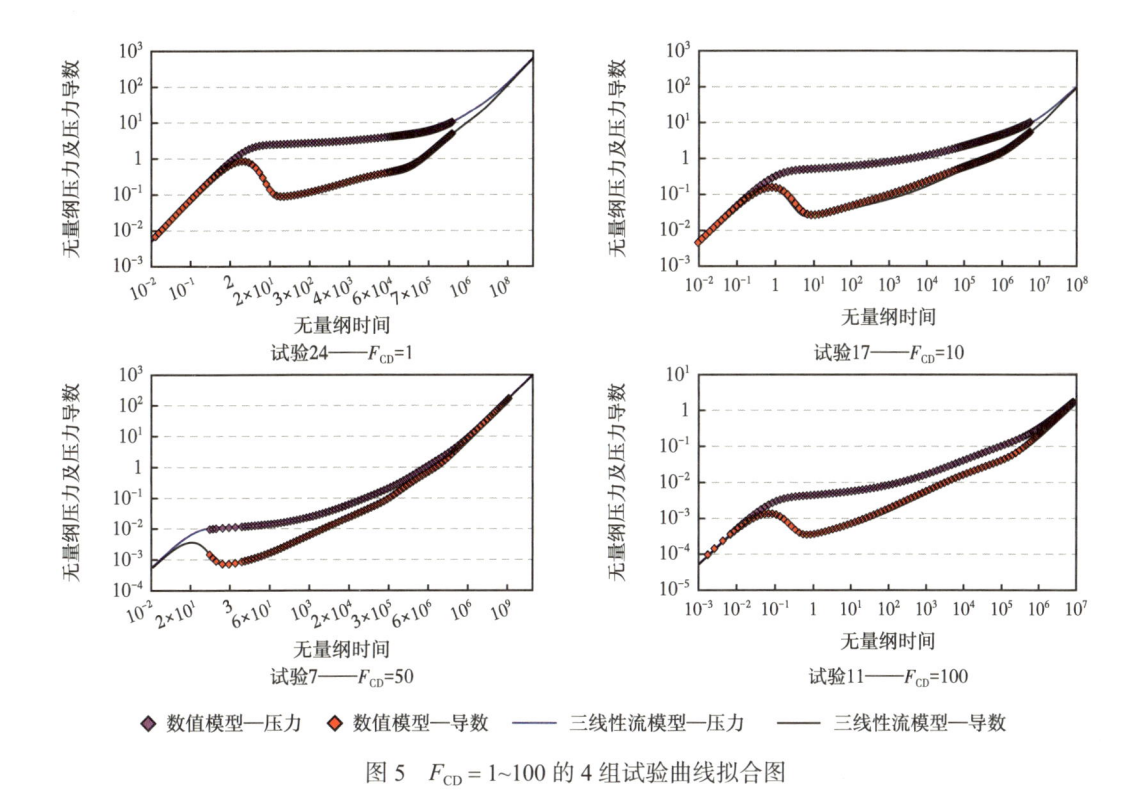

3.2　极差分析

根据数理统计的理论，可以采用极差分析的方法对试验结果进行影响程度研究。对表 2 中拟合最大偏差进行极差分析，其结果列于表 3。通过对比各因素的极差大小，可以得到各因素对最大相差距离的影响程度为：无量纲裂缝导流能力（F_{CD}）＞内区渗透率（K_I）＞裂缝半长（x_F）＞储层半长（x_e）＞内区宽度（y_e），其中，无量纲裂缝导流能力对最大相差距离影响最大。从均值与正交试验结果来看，在合理工程参数条件下，当无量纲裂缝导流能力（F_{CD}）小于 1 时，曲线拟合效果差，线性流模型不适用；当无量纲裂缝导流能力（F_{CD}）大于或等于 1 时，曲线拟合效果好，线性流模型适用。

表 3　最大相差距离极差分析表

因素 水平	最大相差距离均值				
	x_F（m）	x_e（m）	y_e（m）	F_{CD}	K_I（mD）
1	0.228157	0.166154	0.190983	0.383056	0.155335
2	0.158942	0.201404	0.175734	0.124754	0.216724
3	0.138806	0.178216	0.156994	0.134351	0.206641
4	0.167326	0.158377	0.167254	0.121722	0.177624
5	0.180577	0.169657	0.182842	0.109924	0.117483
极差	0.089351	0.043026	0.033989	0.273132	0.099241

3.3 方差分析

极差分析过程简便，结果也较直观，但因计算比较粗放，不能很好给出误差大小的估计，因此需对影响拟合效果的五个因素和最大相差距离进行方差分析，利用 F 检验进行显著性判定，分析结果列于表 4。根据 F 值的大小可以判断影响程度主次顺序，即影响最大相差距离的因素排序：无量纲裂缝导流能力（F_{CD}）>内区渗透率（K_I）>裂缝半长（x_F）>储层半长（x_e）>内区宽度（y_e），此结果与极差分析结果一致。判断取显著性水平 $\alpha = 0.05$，查得临界值 $F_{0.05}(4, 4) = 6.39$。分别将因素 x_F、x_e、y_e、F_{CD}、K_I 的 F 值与临界值 $F_{0.05}(4, 4)$ 对比，仅无量纲裂缝导流能力的 F 值远远大于临界值 6.39，表明无量纲裂缝导流能力对两个模型井底压力的拟合程度有非常显著的影响，而内区渗透率、裂缝半长、储层半长及内区宽度无显著影响。因此当无量纲裂缝导流能力大于 1 时，三线性流解析模型对高渗透储层和低渗透致密储层都适用，可以正确地认识流体在压裂水平井的渗流规律，促进高渗透储层与低渗透储层的高效开发。

表 4 方差分析表

来源	离差	自由度	均方离差	F 值
x_F	0.022416	4	0.005604	2.441234
x_e	0.005452	4	0.001363	0.593706
y_e	0.003507	4	0.000877	0.38193
F_{CD}	0.272687	4	0.068172	29.69684
K_I	0.032218	4	0.008054	3.508662
误差	0.009182	4	0.002296	
总和	0.345462	24		

4 结论

（1）影响三线性流解析模型与 Saphir 数值模型压力及压力导数双对数曲线拟合程度的因素排序为：无量纲裂缝导流能力（F_{CD}）>内区渗透率（K_I）>裂缝半长（x_F）>储层半长（x_e）>内区宽度（y_e）。

（2）无量纲裂缝导流能力对三线性流解析模型与 Saphir 数值模型压力及压力导数双对数曲线拟合程度有极大的影响。在合理工程参数条件下，当无量纲裂缝导流能力小于 1 时，曲线拟合效果差，线性流模型不适用；当无量纲裂缝导流能力大于 1 时，曲线拟合效果好，线性流模型适用。

（3）在无量纲裂缝导流能力（F_{CD}）大于 1 及储层半长（x_e）与内区宽度（y_e）符合实际的条件下，三线性流模型既适用于高渗透储层，也适用于低渗透致密储层，促进高渗透储层与低渗透储层的高效开发。

参 考 文 献

[1] 李传亮，朱苏阳. 水平井的表皮因子 [J]. 岩性油气藏，2014，26（4）：16-21.
[2] 单娴，姚军. 压裂水平井生产效果影响因素分析 [J]. 油气田地面工程，2011，30（2）：74-76.
[3] Gringarten A C，Ramey H J. Unsteady-state pressure distributions created by a well with a single horizontal fracture，partial penetration，or restricted entry. SPE3819，1974：413—426.
[4] Lee S T，John R. A new approximate analytic solution for finite conductivity vertical fractures. SPE12013，1986：75-88.
[5] Brownm.L，Ozkan E.，Raghavan R. S.，et al. Practical Solutions for Pressure Transient Responses of Fractured Horizontal Wells in Unconventional Reservoirs[C]. Proceedings of the SPE Annual Technical Conference and Exhibition，New Orleans，Louisiana，4-7，October，2009.
[6] Stalgorova E，Mattar L. Practical analyticalmodel to simulate production of horizontal wells with branch fractures[C]. SPE Canadian Unconventional Resources Conference，Alberta，Canada，2012.
[7] Stalgorova E，Mattar L. Analyticalmodel for unconventionalmultifractured composite systems[C]. SPE Canadian Unconventional Resources Conference，Calgary，Canada，2012.
[8] 姚军，殷修杏，樊冬艳，等. 低渗透油藏的压裂水平井三线性流试井模型 [J]. 油气井测试，2011，20（5）：1-5.
[9] 谢亚雄，刘启国，刘振平，等. 低渗透油藏压裂水平井压力动态特征研究 [J]. 科学技术与工程，2014，14（19）：64-68.
[10] 王本成，贾永禄，李友全，等. 多段压裂水平井试井模型求解新方法 [J]. 石油学报，2013，34（6）：1150-1156.
[11] 高杰，张烈辉，刘启国，等. 页岩气藏压裂水平井三线性流试井模型研究 [J]. 水动力学研究与进展A辑，2014，29（1）：108-113.
[12] 郭小哲，周长沙. 页岩气储层压裂水平井三线性渗流模型研究 [J]. 西南石油大学学报（自然科学版），2016，38（2）：86-94.
[13] 程时清，刘斌，李双，等. 多段生产水平井试井解释方法 [J]. 中国海上油气，2014，26（6）：44-50.
[14] 姚军，刘丕养，吴明录. 裂缝性油气藏压裂水平井试井分析 [J]. 中国石油大学学报（自然科学版），2013，37（5）：107-113.
[15] 樊冬艳，姚军，孙海，等. 页岩气藏分段压裂水平井不稳定渗流模型 [J]. 中国石油大学学报（自然科学版），2014，38（5）：116-123.
[16] 尹洪军，杨春城，徐子怡，等. 分段压裂水平井压力动态分析 [J]. 东北石油大学学报，2014，38（3）：75-80+122+9-10.
[17] 何军，范子菲，宋珩，等. 压裂水平井渗流理论研究进展 [J]. 地质科技情报，2015，34（4）：158-164.
[18] L Fan，J W Thompson，J R Robinson. Understanding gas productionmechanism and effectiveness of well stimulation in the Haynesville shale through reservoir simulation[C]. SPE136696，2010.
[19] 高杰. 页岩气藏多段压裂水平井压力动态特征研究 [D]. 成都：西南石油大学，2014：31-33.
[20] 马希文. 正交设计的数学理论 [M]. 北京：人民教育出版社，1981.

缝洞型碳酸盐岩气藏多层合采供气能力实验

王 璐[1]　杨胜来[1]　刘义成[2]　徐 伟[2]
邓 惠[2]　孟 展[1]　韩 伟[1]　钱 坤[1]

（1. 中国石油大学（北京）；2. 中国石油西南油气田公司）

摘　要　在孔隙型、孔洞型和缝洞型岩心 CT 扫描、压汞资料分析储层微观孔隙结构特征的基础上，建立多层合采物理模拟实验模型，研究了层间非均质性、生产压差、含水饱和度和水侵等因素对供气能力的影响，并采用 Eclipse 软件建立多层合采径向流模型对实验结果进行了验证。结果表明：缝洞型储层渗流能力强，前期产气贡献大，孔洞型和孔隙型储层渗流能力较弱，产气贡献主要体现在中后期；储层渗透率的绝对大小影响自身的产能贡献率，相对大小影响多层合采总采收率；合理的生产压差下各类储层之间可以达到"动态补给平衡"供气状态；缝洞型储层产气能力受边底水影响较小，但会优先见水并封堵其他储层，大幅度降低合采供气能力与采收率。

关键词　缝洞型碳酸盐岩；微观孔隙结构特征；高温高压物理模拟；多层合采；供气能力

1　引言

缝洞型碳酸盐岩气藏储集空间由溶洞、溶孔和裂缝组成，具有构造复杂、储层非均质性强、孔洞缝宏观发育及渗流规律复杂等特征[1-4]，该类气藏多数纵向上存在多个产层，多层合采是主要的开发方式[5-6]。气藏多层合采供气能力研究的方法主要有试井分析、数值模拟和物理模拟。目前国内外主要是通过试井分析或数值模拟来进行研究[7-13]，物理模拟方面的研究主要集中在低渗透或致密砂岩气藏。胡勇等[14]利用现代物理模拟技术，模拟研究了物性相同的两块砂岩岩心"并联"状态下高、低压合采时的产气特征；游利军等[15]建立了3块致密砂岩岩心"并联"多层供气物理模拟模型及实验方法，揭示了有效应力与含水饱和度对多层合采供气能力的影响；朱华银等[16]利用"并联"物理模型模拟分析了砂岩气藏两层合采时储层物性差异、压力差异等对合采效果的影响。缝洞型碳酸盐岩气藏具有复杂的孔、缝、洞连通关系，在高温高压条件下，多层合采供气机理研究难度更大，仅依赖气藏数值模拟或试井分析很难完全模拟多层合采过程。经查阅相关文献，目前没有缝洞型碳酸盐岩气藏供气能力评价实验方面的报道。

四川盆地安岳气田震旦系灯四段气藏纵向上发育多套储层，介质类型多样，储层类型主要为裂缝—孔洞型储层，非均质性强，是国内典型的缝洞型碳酸盐岩气藏。因此，选取该区具有代表性的孔隙型、孔洞型和缝洞型3类碳酸盐岩岩心样品进行CT扫描、压汞测试、多层合采实验，研究多层合采机理。

2　研究区气藏基本特征

安岳气田震旦系—下古生界主力含气层为寒武系龙王庙组和震旦系灯影组[17]。据研究区9口井966个孔渗实验数据，孔隙度主要为2.0%~6.0%，平均为3.9%；渗透率主要分布在0.01~1.00mD，占样品总数的56.94%，平均1.02mD，储层具有低孔、低渗透特征，局部发育高孔、高渗透层段。

气田压力、温度资料显示：气藏各层地层压力接近，范围56.50~57.09MPa，相差0.01~0.59MPa，平均56.83MPa；压力系数1.06~1.13，平均1.12；地层温度152.8~155.9℃，平均155.7℃，平均地温梯度2.71℃/100m。

3　储层微观结构对渗流能力的影响

缝洞型碳酸盐岩储层孔隙大小与分布、孔隙与喉道连通关系、孔隙几何形态和非均质特征等微观孔隙结构特征直接控制和影响不同类型储层的渗流特征与供气能力[18-20]。因此，有必要对研究区内孔隙型、孔洞型和缝洞型岩心样品进行CT扫描和压汞测试实验，研究微观孔隙结构对渗流能力的影响，同时为实验提供原型和数据支持。

压汞测试实验样品采用GS1井灯四段的7块岩心，孔隙度小于2%、2%~4%和4%~6%各2块，大于6%的1块。实验结果如图1所示，根据曲线形态分为4类：Ⅰ类平台区间较宽，

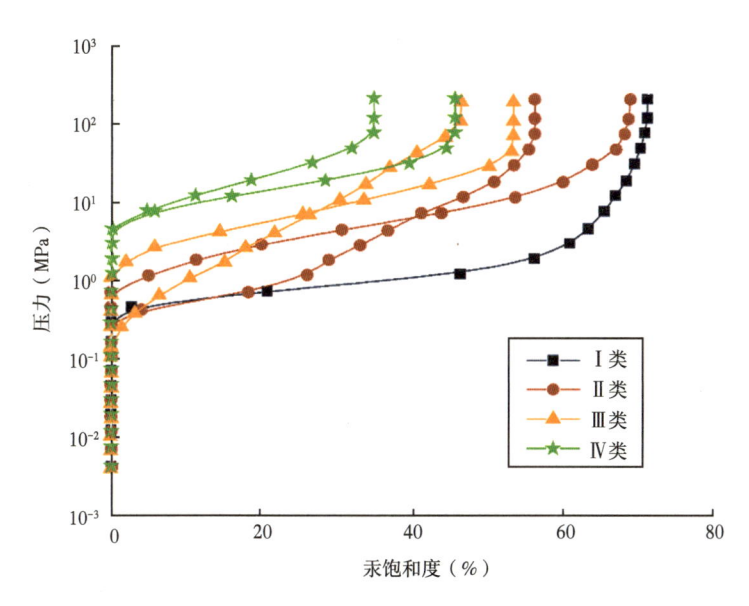

图1　GS1井震旦系灯四段岩心压汞曲线

分选好、粗歪度，排驱压力小于0.17MPa，代表最优质的缝洞型储层，孔喉结构粗大且分布均匀，连通性好，具有高孔、高渗透特征；Ⅱ类排驱压力为0.28~0.71MPa，代表溶洞发育的孔洞型储层，具有粗、细两套不同的孔喉系统，平直段代表粗孔喉，分选较好、粗歪度、中值压力较小，具有较好的储集能力，但渗流能力中等；Ⅲ类分选性中偏好，略细歪度，排驱压力为0.26~1.1MPa，代表物性稍好的孔隙型储层，粗、细孔喉分布较散，储集、渗流能力较差；Ⅳ类排驱压力较高（≥5MPa），进汞饱和度较低，细歪度，孔喉分选性好，但以微孔喉为主，储渗能力极差，代表非储层。

图2为3类岩心的CT扫描（分辨率0.9787μm）孔喉网络提取"球棍模型"，球表示孔隙，棍表示喉道，描述岩心的储、渗能力。图3至图5为岩心孔喉网络分析量化测试

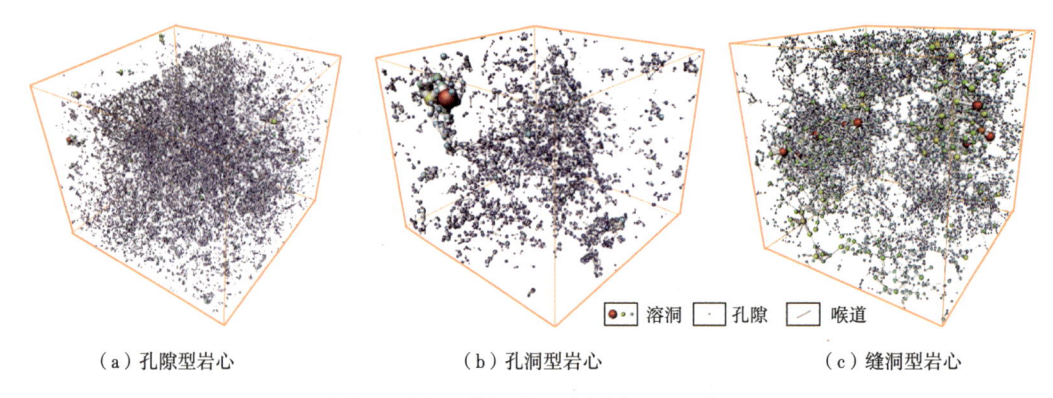

（a）孔隙型岩心　　　　（b）孔洞型岩心　　　　（c）缝洞型岩心

图2　孔喉网络提取"球棍模型"图像

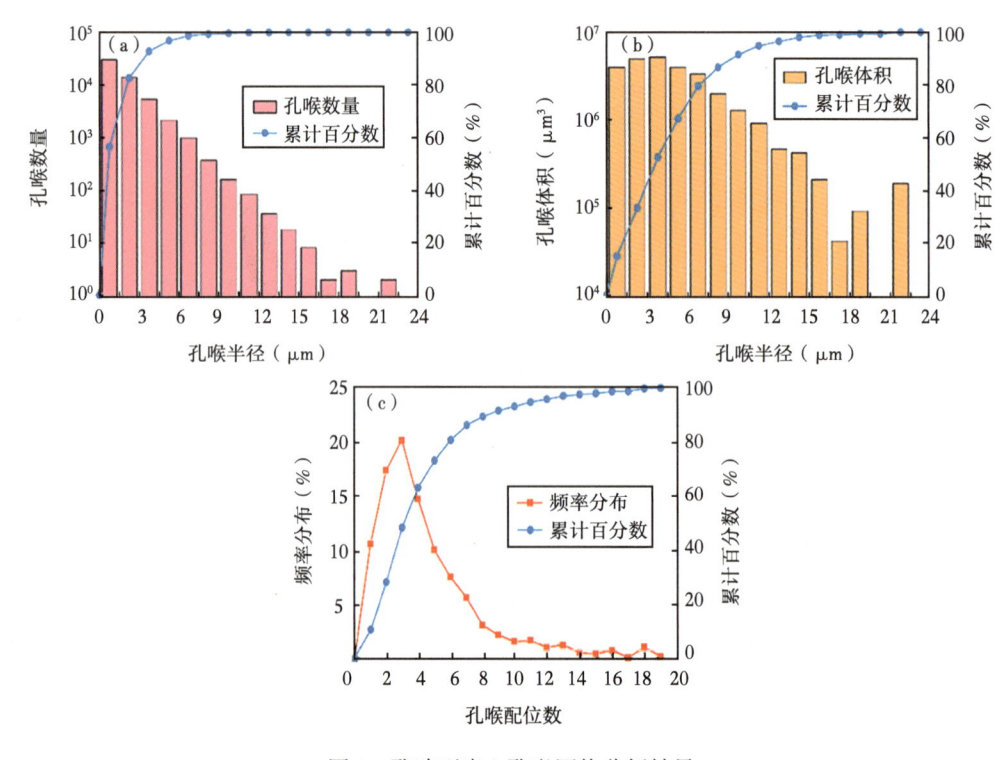

图3　孔隙型岩心孔喉网络分析结果

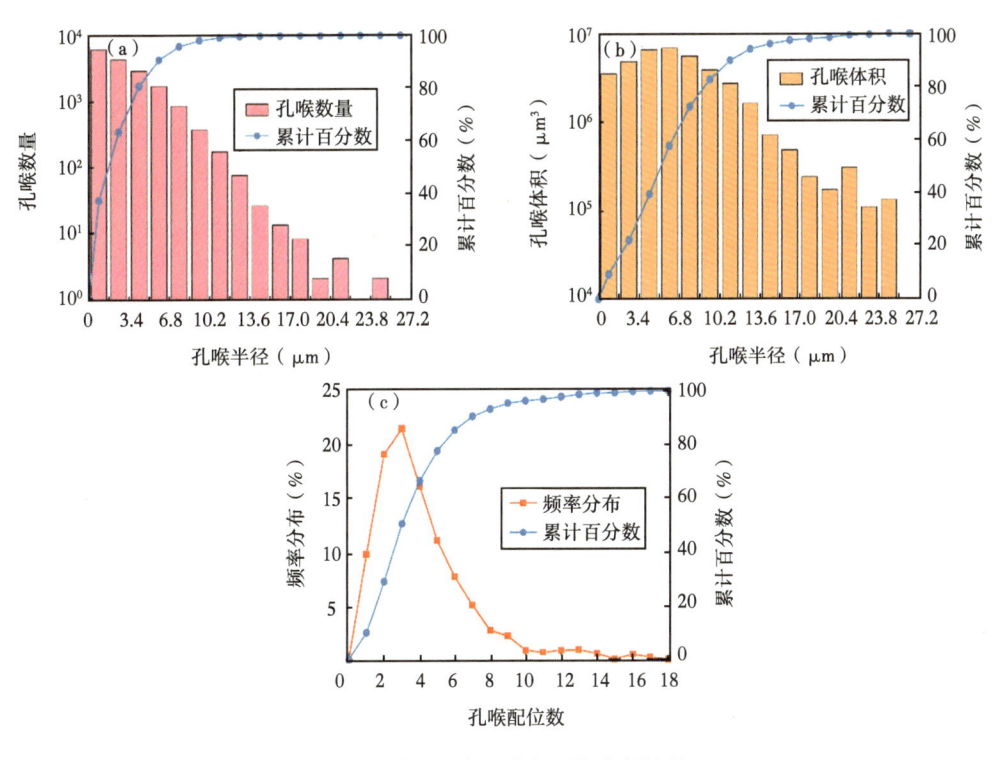

图 4　孔洞型岩心孔喉网络分析结果

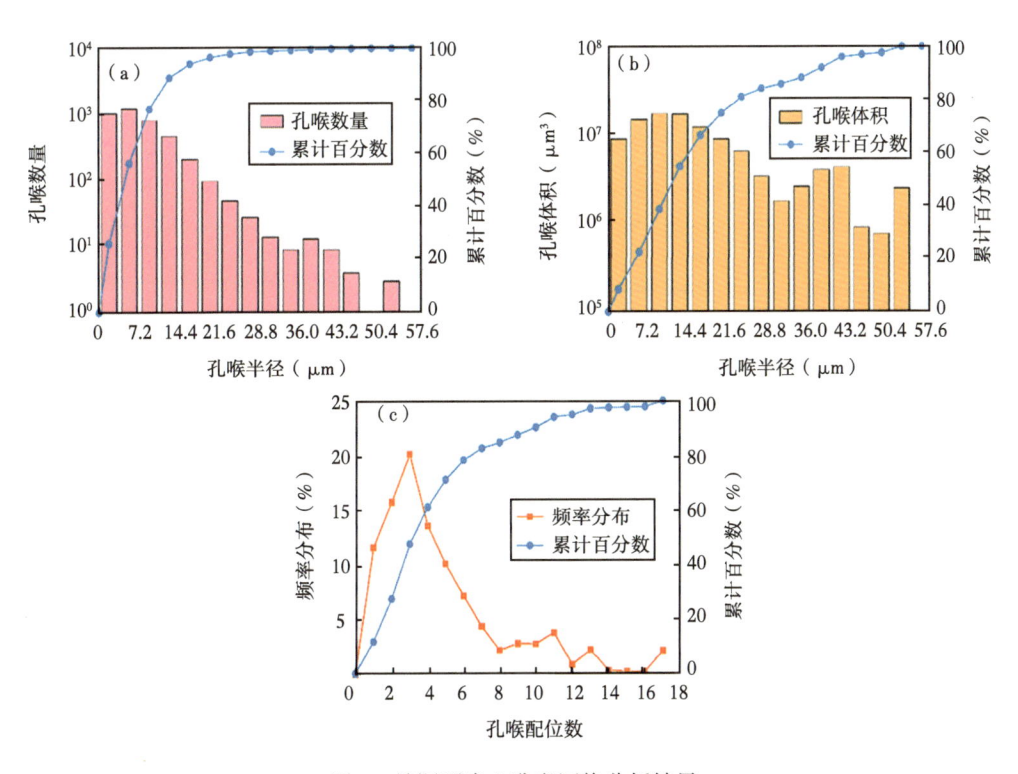

图 5　缝洞型岩心孔喉网络分析结果

结果，对比3类岩心的测试结果：孔隙型岩心孔喉半径多为0.8~2.3μm，孔喉体积多在$3×10^6μm^3$以下，细小孔隙发育，喉道数量较少且连通性差，配位数低，储、渗能力最差；孔洞型岩心孔喉半径为1.0~6.1μm，孔喉体积多在$7×10^6μm^3$以下，大尺度孔洞发育，储集空间较好，但喉道细小且连通性差，配位数较低，无法形成有效沟通，渗流能力受限；而缝洞型岩心孔喉半径多为1.9~12.7μm，孔喉体积多在$1×10^7μm^3$以上，喉道粗大且配位数较高，大孔隙与溶洞发育，具有最好的储、渗能力。

4 多层合采物理模型及实验方法

4.1 相似性原理

根据物理模拟实验相似准则的要求，气藏多层合采动态模拟设计了4个方面的相似：（1）岩性和物性相似，选取研究区内具有代表性的储层岩心，并根据孔隙度、渗透率、岩性筛选相似的岩心；（2）多层合采模式的相似，实验中将3类典型储层（孔隙型、孔洞型和缝洞型）岩心进行并联处理，并结合气藏实际采用定容衰竭方式开采；（3）初始条件的相似，设计并搭建一套高温、高压多功能驱替系统完全模拟实际储层的温压条件；（4）生产条件的相似，根据研究区实际气井生产压差设计实验压差。

4.2 实验样品与条件

岩心样品：采用四川盆地震旦系灯四段气藏实际储层岩心，根据储层类型及非均质性特点选取孔隙型、孔洞型和缝洞型岩心各两块，并按照相对高、低渗透分为Ⅰ类和Ⅱ类，基础数据见表1。

表1 灯四段气藏岩心样品基础数据

岩心编号	长度（cm）	直径（cm）	孔隙度（%）	渗透率（mD）	岩心类型	岩心分类
G23	3.93	2.528	4.05	0.038	孔隙型	Ⅰ类
M35	4.48	2.494	3.73	0.010	孔隙型	Ⅱ类
G39	4.05	2.518	6.55	0.376	孔洞型	Ⅰ类
G28	4.04	2.510	5.83	0.101	孔洞型	Ⅱ类
G40	4.37	2.510	4.75	8.681	缝洞型	Ⅰ类
M17	3.23	2.500	5.04	2.451	缝洞型	Ⅱ类

流体：采用$CaCl_2$水型，矿化度106241mg/L，为按气田地层水成分分析资料配制等矿化度标准盐水。并采用99.99%的高纯氮气作为气源，模拟储层中的天然气。

温度、压力：参照研究区温压条件，设定实验流压56MPa，温度150℃，围压138MPa。

实验方式：气体质量流量控制器模拟定容定产开采适用于低压常温条件，研究区气藏高温、高压，温压条件已超出其承受范围。因此，实验选取定容定压开采方式进行，该方式具有通过控制生产压差防止气井产水的优点。

4.3 实验装置及流程

常规驱替实验装置与管线不能满足研究区气藏的高温高压条件，为此专门设计并搭建超高温、高压多功能驱替系统。该装置具有承受高温高压、保温性好、密封性强、实验效率高等特点，能够满足多层合采物理模拟实验的需要，实验装置如图 6 所示。

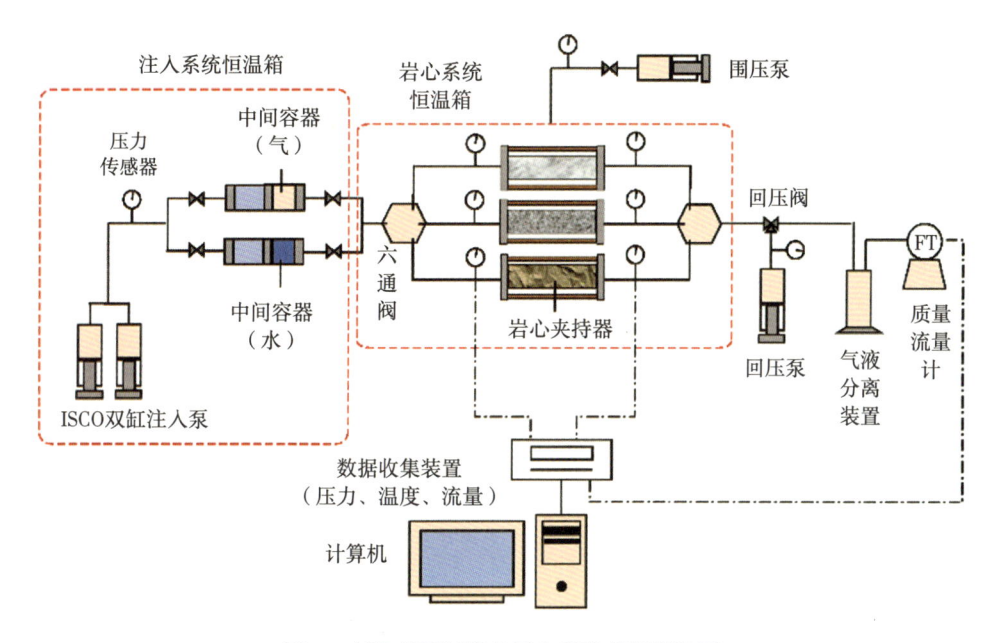

图 6 高温高压气藏多层合采物理模拟装置

4.4 实验方案设计

实验方案设计包括 5 项内容：（1）将孔隙型、孔洞型和缝洞型 3 类岩心一起放入岩心夹持器中进行并联实验；（2）更换岩心，改变实验岩心渗透率的大小进行对比实验，模拟研究层间非均质性对气藏多层合采供气能力的影响；（3）改变实验压差模拟不同生产压差（1MPa、3MPa 和 5MPa）对多层合采供气能力的影响；（4）采用配制好的地层水，利用毛细管自吸法[21]在 3 类岩样中建立不同含水饱和度（10%、30%、50% 和 80% 左右），模拟不同初始含水饱和度对多层合采供气能力的影响；（5）采用上游端恒压水驱方式模拟多层合采时水侵对供气能力的影响，实验方案设计参数见表 2。

对 3 类岩心进行束缚水饱和度测定，结果为缝洞型岩心束缚水饱和度为 13%~18%，孔洞型岩心为 19%~23%，孔隙型岩心为 22%~30%。在进行非均质性、生产压差对气藏多层合采供气能力的影响实验时，为了保证研究变量的单一性，避免气水两相渗流对实验结果的影响，将 3 类岩心的初始含水饱和度设置在束缚水饱和度之下。参照测井解释中气层含水饱和度资料，将初始含水饱和度设置在 10% 左右。

表 2 实验方案设计

实验方案名称	岩心类型	压差（MPa）	含水饱和度（%）
层间非均质性"并联"实验	①、②、③	3	10
	④、②、③	3	10
	①、⑤、③	3	10
	①、②、⑥	3	10
不同生产压差"并联"实验	①、②、③	1	10
	①、②、③	5	10
不同含水饱和度"并联"实验	①、②、③	3	30
	①、②、③	3	50
	①、②、③	3	80
水侵"并联"实验	①、②、③	3	10

注：①—孔隙型Ⅰ类；②—孔洞型Ⅰ类；③—缝洞型Ⅰ类；④—孔隙型Ⅱ类；⑤—孔洞型Ⅱ类；⑥—缝洞型Ⅱ类。

5　实验结果分析及验证

室内物理模拟实验可以模拟矿场实际储层的开发过程，并考虑多个变量对模拟结果的影响，来获取瞬时产量、累计产量、产层压力、采收率和产能贡献率等参数[22-23]。综合处理与分析这些参数，可清晰认识多层合采气井的单层压力变化、单层产量、单层采收率和单层贡献率等问题，掌握缝洞型碳酸盐岩气藏多层合采供气能力与规律，为开发方案编制和气井产能评价提供依据。

5.1　层间非均质性对多层合采供气能力的影响

图 7 为孔隙型、孔洞型和缝洞型 3 类岩心并联衰竭开发物理模拟实验（实验压差 3MPa）结果，不同类型储层在多层合采的不同阶段，其压力变化与产能贡献率也表现出了不同的特征规律：多层合采初期（0~50s），缝洞型储层压力急剧下降，孔隙型和孔洞型压力变化相对滞后，该阶段产气很快，持续时间较短，主要由缝洞型储层供气，其产气贡献率在 50% 以上；多层合采中期（50~230s），持续时间较长，缝洞型储层内的压力下降变缓，供气能力变弱，单层产量快速下降，此时物性较差的孔隙型和孔洞型储层成为产气的主力层位；多层合采后期（230~770s），该阶段孔洞型储层压力接近井底压力，持续时间最长，只由物性最差的孔隙型储层供气，产量非常低，不具有效益开发价值。并联实验时 3 类岩心初始压力相同，实验中没有出现气体倒灌现象。开采期结束，缝洞型储层的产能贡献率最大，孔隙型储层最小。

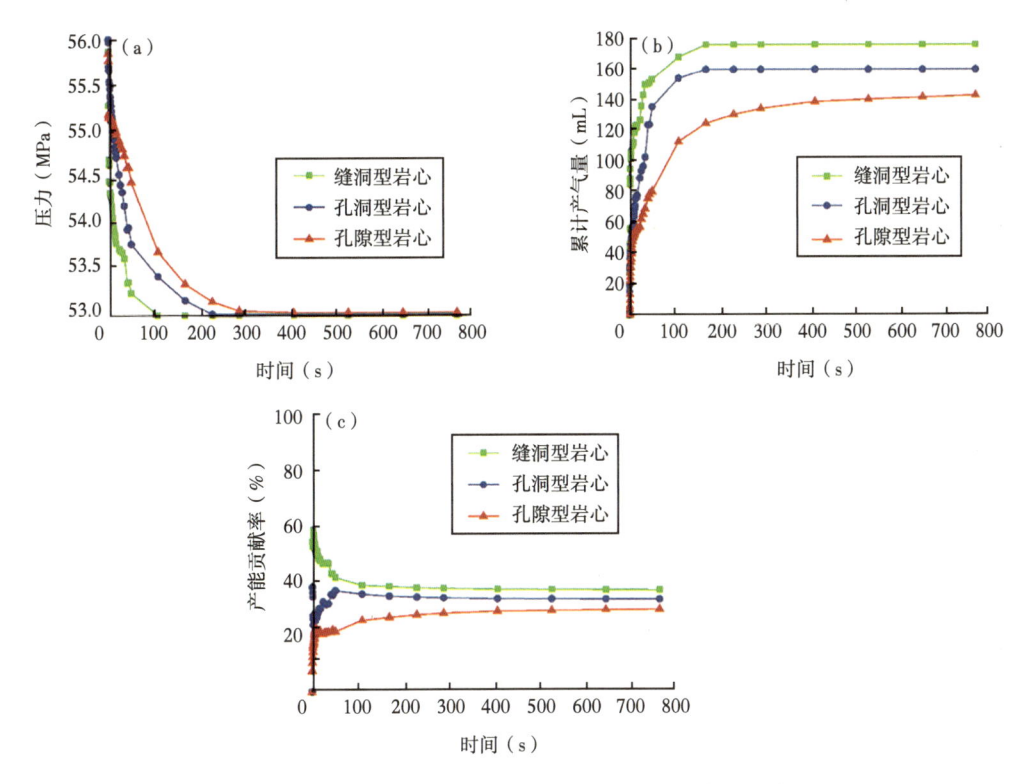

图 7　并联 I 类岩心实验结果（生产压差 3MPa，含水饱和度 10%）

为了研究 3 种类型储层渗透率差异对多层合采过程中供气能力的影响，分别选取不同渗透率的 3 类岩心进行对比实验，其中 II 类岩心渗透率均比相同类型储层 I 类岩心的要小。实验结果表明，压力变化、累计产气量变化与产能贡献率变化趋势均与图 7 相似，但单层采收率、总采收率与产能贡献率的大小随岩心渗透率的变化表现出不同的特征（表3）。孔洞型和孔隙型作为中、低渗透储层，渗透率的减小使两者的产能贡献率和总采收率下降，缝洞型储层渗透率的减小虽然也使自身的产能贡献率降低，却使总采收率提高。由此可知：岩心渗透率的绝对大小影响的是自身的产能贡献率，渗透率越大产能贡献率越大；

表 3　不同渗透率岩心组合实验结果

岩心组合类型	孔隙型 采收率（%）	孔隙型 产能贡献率（%）	孔洞型 采收率（%）	孔洞型 产能贡献率（%）	缝洞型 采收率（%）	缝洞型 产能贡献率（%）	合采总采收率（%）
①②③组合	3.29	29.84	3.41	33.36	3.85	36.80	3.52
④②③组合	2.54	25.45	2.74	31.53	3.83	43.02	3.05
①⑤③组合	2.86	28.65	3.01	30.78	3.84	40.57	3.31
①②⑥组合	3.42	30.12	3.56	33.81	4.07	36.07	3.74

注：①、②、③、④、⑤、⑥含义同表 1。

渗透率的相对大小影响的是多层合采总采收率，渗透率差异越小总采收率越高。缝洞型作为高渗透储层，渗透率的变化对合采时自身采收率的影响程度较小，孔隙型和孔洞型岩心的自身采收率受渗透率变化的影响程度较大。缝洞型碳酸盐岩气藏在多层合采时，层间非均质性越强，供气能力越弱，采出程度越低。

5.2 生产压差对多层合采供气能力的影响

图 8、图 9 分别为实验压差 5MPa 和 1MPa 条件下 3 类岩心并联衰竭开发物理模拟实验结果。对比 3 组压差下岩心压力变化可知，缝洞型储层的压力下降最快，孔隙型储层最慢，随着生产压差的降低，这种压力变化差异越来越小。当生产压差降低至一定值时，由于低渗透岩心中存在"阈压效应"，孔隙型和孔洞型储层的压力变化都存在一定程度的滞后现象。对比累计产气量和产能贡献率曲线发现，当生产压差较小时（1MPa），不能充分发挥缝洞型储层的优势渗流能力，孔隙型和孔洞型储层也出现了滞后流动现象，瞬时产气量和累计产气量较低，气井产能不能有效发挥；当生产压差较大时（5MPa），高渗透储层中的气体会被迅速采出，渗流能力较弱的孔洞型和孔隙型储层虽然能保持连续供气，但供给速度有限，气井难以长时间维持较高产量稳定生产；当生产压差为 3MPa 时，各类储层的产能贡献率能够较快达到稳定，累计产气量较快增长时间最长（表 4），表现出"动态补给平衡"供气状态。这说明在合理的生产压差下，各类型储层之间可以实现稳定供气，压差过大或者过小都会打破这种动态平衡，影响单层供气能力。

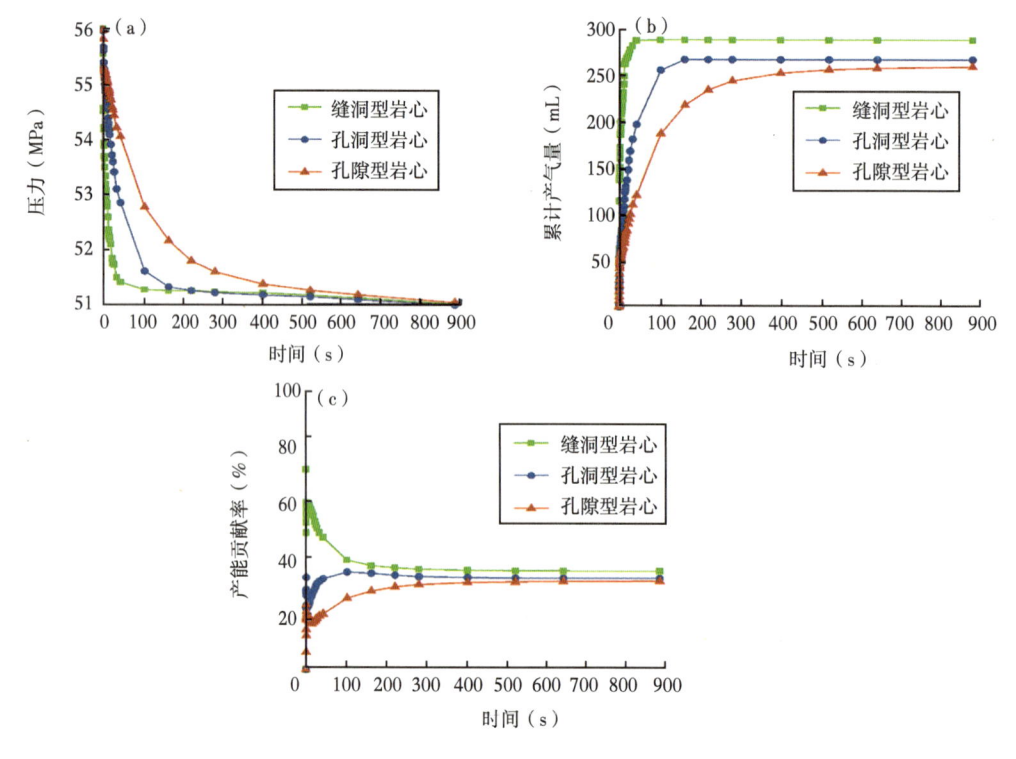

图 8 并联 I 类岩心实验结果（生产压差 5MPa，含水饱和度 10%）

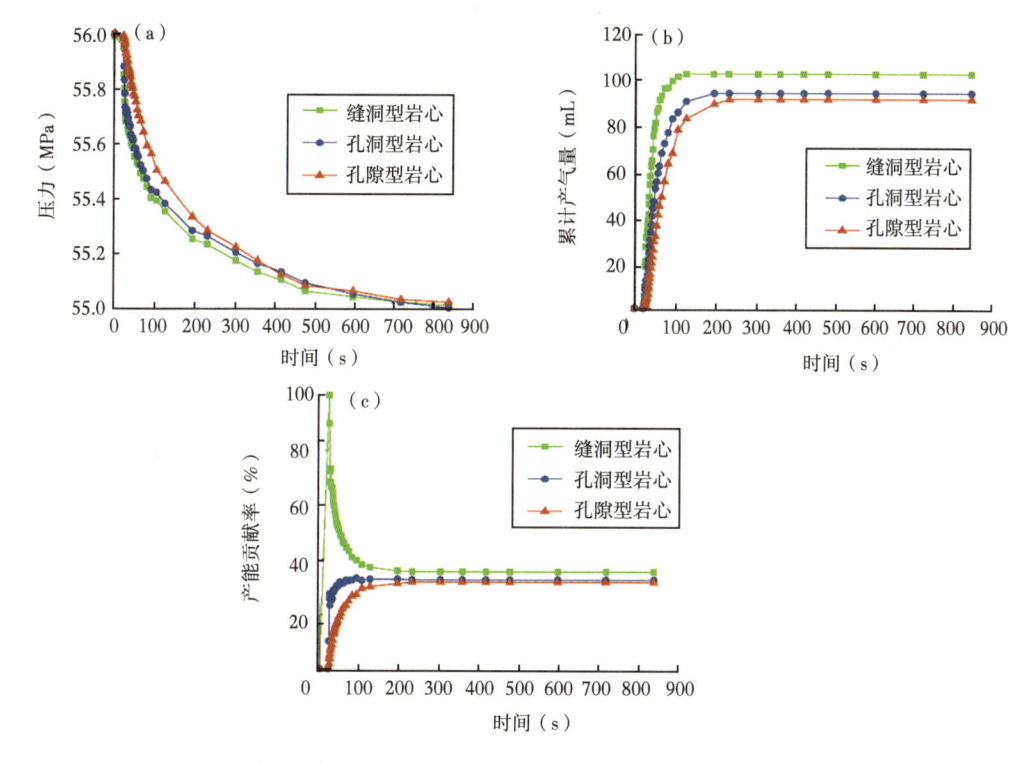

图 9 并联 I 类岩心实验结果（生产压差 1MPa，含水饱和度 10%）

表 4 不同压差下并联 I 类岩心累计产气量较快增长时间

实验压差（MPa）	累计产气量较快增长时间（s）		
	孔隙型	孔洞型	缝洞型
1	78.22	127.00	72.56
3	170.00	135.29	149.69
5	164.66	104.42	44.24

5.3 初始含水饱和度对多层合采供气能力的影响

不同含水饱和度模拟实验中发现，随着岩心初始含水饱和度的增加，瞬时产气量与累计产气量均明显下降，且物性越差的储层产气量下降越快，当含水饱和度增加至束缚水饱和度以上时，孔隙型储层中的气体需要克服一定的阻力才能开始流动，而物性较好的缝洞型储层则开始产出地层水。实验结果显示（图 10），随着含水饱和度的增加，缝洞型储层的产能贡献率快速上升，孔隙型和孔洞型储层的产能贡献率均下降，当含水饱和度达到 80% 时，80% 的产气量来自缝洞型储层，而孔隙型储层只贡献了 4.5% 的气量。

371

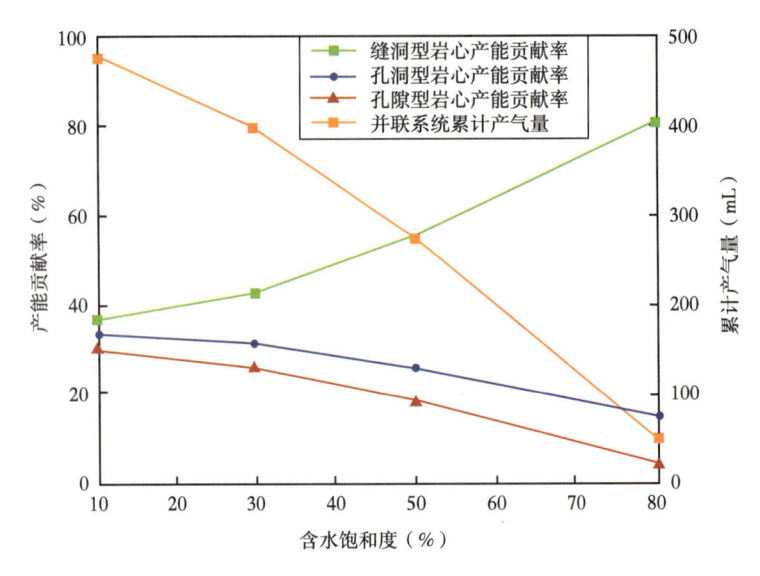

图 10 不同含水饱和度并联 I 类岩心实验结果（生产压差 3MPa）

分析原因，地层水容易在储层骨架表面形成水膜或在颗粒之间形成水楔，使喉道半径减小[24]。孔隙型和孔洞型储层的孔喉半径较小，且主要以喉道作为流体的渗流通道，地层水的存在大幅度降低其渗流能力，供气能力下降明显；缝洞型储层裂缝为优势渗流通道，地层水沿裂缝快速流向井底，并在井筒及附近形成积液，与其合采的物性较差的储层产生水相毛细管自吸和液相滞留作用，气相渗透率下降，抑制其供气能力，加剧层间矛盾，导致高含水阶段的产能主要来自于缝洞型储层。

5.4 水侵对多层合采供气能力的影响

在实验装置上游端采用恒压水驱方式模拟多层合采时的水侵作用，驱替压差为 3MPa。对比实验结果（表 5），水侵作用致使 3 类储层的累计产气量均有一定程度的下降，孔隙型岩心受影响程度最大，下降了 56.72%，孔洞型下降了 28.76%，而缝洞型仅下降了 5.21%。为便于分析水侵初期 3 类储层的供气能力特征，对累计产气量曲线 0~50s 部分进行放大，并与无边底水衰竭开发进行对比，结果如图 11 所示。缝洞型和孔洞型岩心，因恒压水驱对能量的补充，开始时的供气能力都有短时间提升，而孔隙型因为岩心致密，注入水短时间内很难进入，供气能力基本不变。缝洞型储层高渗透裂缝发育，注入水沿裂缝快速推进，同时在毛细管压力和润湿性的作用下，与裂缝中水体接触的基质发生渗吸，当缝洞型岩心快速见水后（5s 左右），微裂缝包围的基质内气体被封闭，供气能力开始下降，此刻孔洞型和孔隙型岩心的供气能力也开始受到抑制，产气量大幅度下降，即使继续生产很长时间，也只有极少量的气体产出。

表 5 水驱与衰竭开采实验结果对比

实验类型	缝洞型岩心 累计产气量（mL）	产能贡献率（%）	孔洞型岩心 累计产气量（mL）	产能贡献率（%）	孔隙型岩心 累计产气量（mL）	产能贡献率（%）
衰竭	170.21	36.80	159.58	33.37	142.69	29.83
水驱	161.33	47.90	113.69	33.76	61.75	18.34

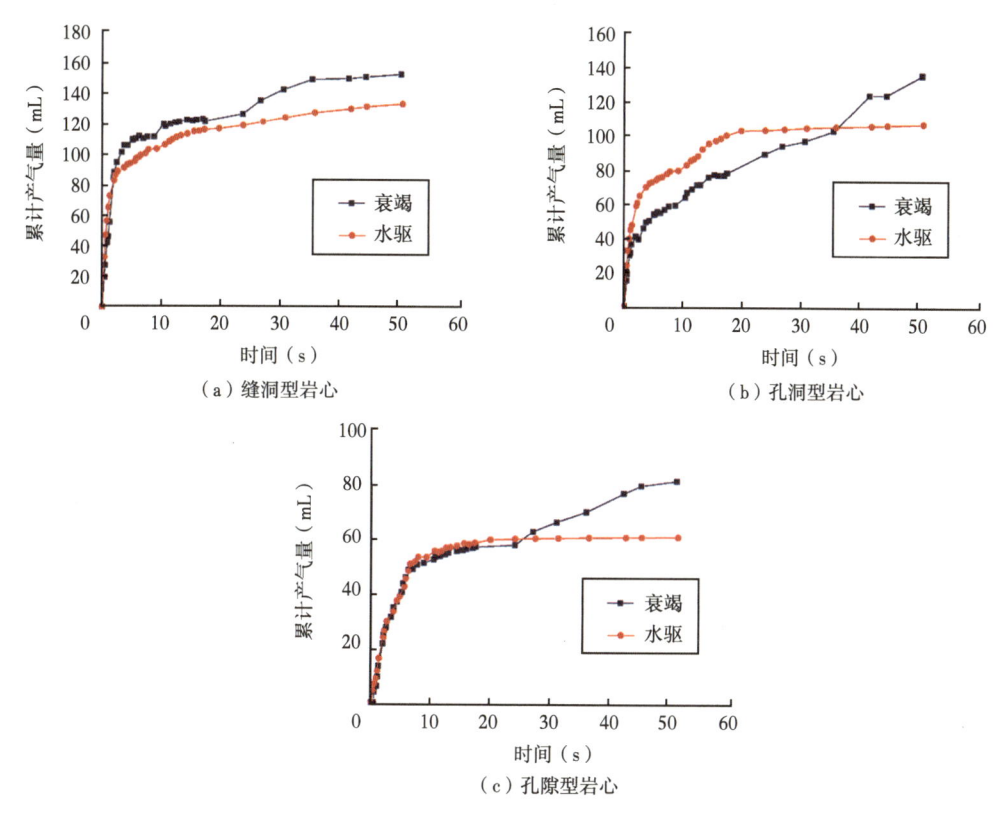

图11　并联Ⅰ类岩心水侵与衰竭开采初期累计产气量对比曲线（生产压差3MPa，含水饱和度10%）

实验结束后观察孔隙型岩心可以发现，只有在岩心出口端和入口端端面附近有明显的地层水，中部区域相对干燥（图12）。该现象有力证实缝洞型储层的产出水在井筒及附近形成积液，使物性较差的孔洞型和孔隙型储层在出口端发生了毛细管自吸和液相滞留作用，在边底水并没有完全推进到近井地带时储层中部气体就被封堵这一观点。

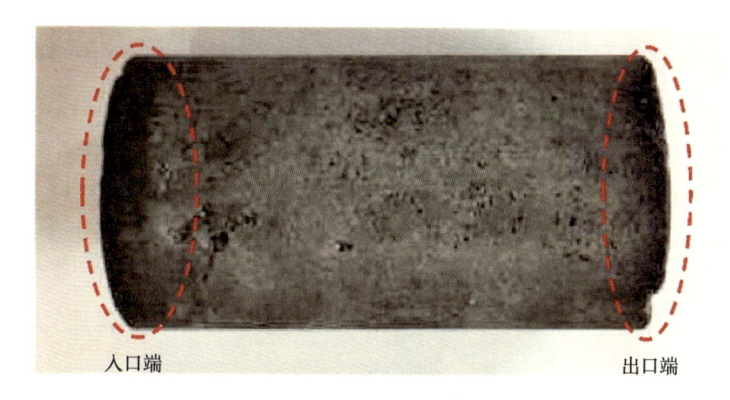

图12　水侵实验后孔隙型岩心图

5.5　实验结果验证

室内物理模拟实验采用的岩心尺度小，实际气藏尺度下是否符合上述实验规律，需进一步验证。安岳气田震旦系灯四段气藏目前处于试采阶段，投产井较少且生产时间短，缺少相应的现场生产数据。因此以该气藏 GS1 井试井模型为基础，利用 Eclipse 油藏数值模拟软件建立单井径向流模型。模型纵向上分为 3 层，分别代表缝洞型、孔洞型和孔隙型 3 类储层，各储层的物性参数、高压物性参数和相渗曲线等根据测井资料及物理模拟实验模型进行设置，同层参数场取相同值。模型初始地层压力为 56MPa，初始含水饱和度为 10%，单井控制范围 500m，井控地质储量 $1.62 \times 10^8 m^3$。气井以定井底流压（51MPa）的方式衰竭生产，预测时间为 30 年。储层压力、累计产气量和产能贡献率的模拟结果如图 13 所示。

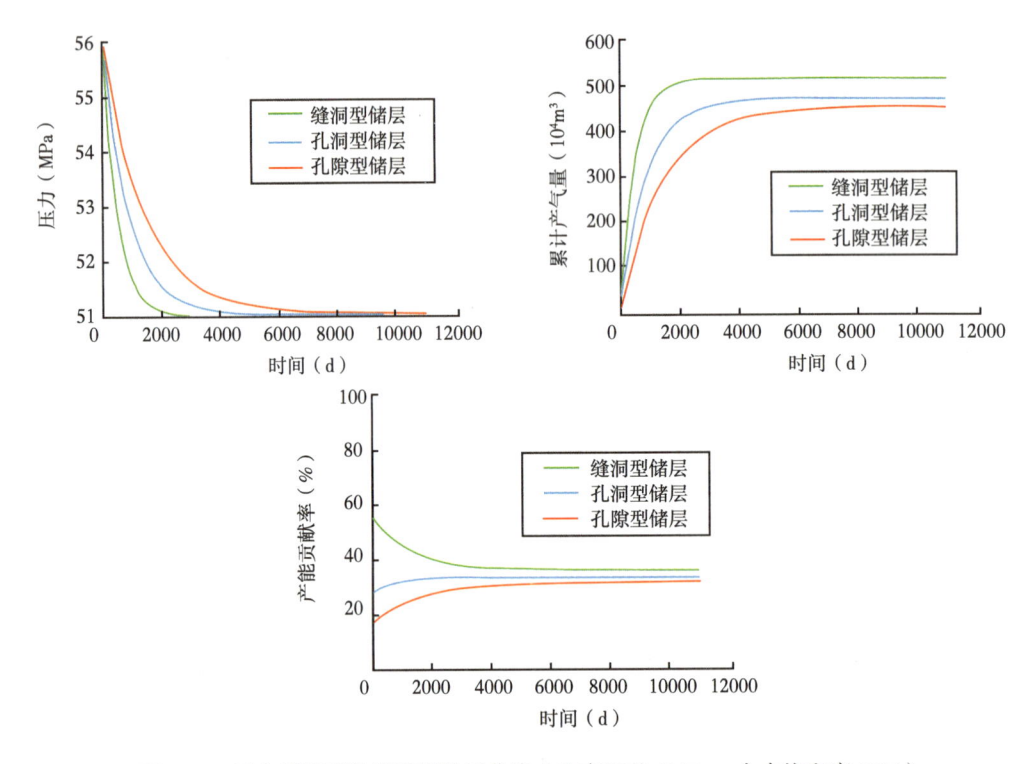

图 13　3 层合采油藏数值模拟结果曲线（生产压差 5MPa，含水饱和度 10%）

对比物理模拟实验结果（图 8）与油藏数值模拟结果（图 13）可见，两者的曲线变化趋势基本一致，这证实了实验结果的可靠性，只是岩心尺度下的变化幅度相对大一些，这与岩心尺度小，压力波很快传递到边界有关。在气藏开发初期，地质与生产资料相对缺乏，利用数值模拟、试井等方法分析缝洞型碳酸盐岩气藏多层合采的生产动态，其精准度依赖于所用资料的准确性，而物理模拟实验采用实际储层岩心、依据相似性原理进行实验，所得结果更接近流体在地层条件下的流动规律，精准性更好，是研究多层合采动态特征不可或缺的方法。

6　缝洞型碳酸盐岩气藏多层合采建议

缝洞型碳酸盐岩储层具有特殊的微观孔隙结构特征，其多层合采动态特征也具有其特殊性，综合储层微观孔隙结构、物理模拟与数模研究成果，认为实施多层合采开发应做好

4个方面的工作。

（1）优选井位。缝洞型储层孔缝洞发育，喉道粗大且连通性好，具有最好的储渗能力，因此应尽量选取该类储层发育的位置布井，保证在初期上产阶段获得较高产气量。

（2）加强气水层识别。碳酸盐岩气藏储层介质类型多样，非均质性强，测井响应关系复杂，储层含气饱和度定量评价难度大，高、低电阻率气层与高电阻率水层并存进一步增加了测井气、水层识别的难度，因此，做好测井解释工作，避免误射水层或气水同层是保证气井高产稳产的关键。

（3）控制生产压差。结合室内物理模拟实验和油藏数值模拟研究确定合理的生产压差，防止生产压差过低抑制高渗透储层的供气能力，生产压差过高破坏"动态补给平衡"供气状态。

（4）选择最佳合采时期。无边底水或离边底水较远的生产井，投产初期为最佳合采时机；离边底水较近的生产井，不宜过早打开裂缝比较发育的高渗透层，可在开发后期补孔。

7 结论

缝洞型碳酸盐岩储层多层合采的不同阶段，其压力变化与产能贡献率表现出不同的动态特征，缝洞型储层渗流能力强，前期产气贡献大，孔洞型和孔隙型储层渗流能力较弱，产气贡献主要体现在中后期。

储层渗透率的绝对大小影响自身的产能贡献率，相对大小影响多层合采总采收率。

合理的生产压差下各类储层之间可以达到"动态补给平衡"供气状态。

缝洞型储层产气能力受边底水影响较小，但会优先见水并封堵其他储层，大幅度降低合采供气能力与采收率。

参 考 文 献

[1] 彭松，郭平. 缝洞型碳酸盐岩凝析气藏注水开发物理模拟研究[J]. 石油实验地质，2014，36（5）：645-649.
[2] 李阳. 塔河油田碳酸盐岩缝洞型油藏开发理论及方法[J]. 石油学报，2013，34（1）：115-121.
[3] 高树生，刘华勋，任东，等. 缝洞型碳酸盐岩储层产能方程及其影响因素分析[J]. 天然气工业，2015，35（9）：48-54.
[4] 贾爱林，闫海军. 不同类型典型碳酸盐岩气藏开发面临问题与对策[J]. 石油学报，2014，35（3）：519-527.
[5] 李成勇，蒋裕强，伍勇，等. 多层合采气藏井底压力响应模型通解[J]. 天然气工业，2010，30（9）：39-41.
[6] 杨波，唐海，周科，等. 多层合采气井合理配产简易新方法[J]. 油气井测试，2010，19（1）：66-68.
[7] SPATH J, OZKAN E, RAGHAVAN R. An efficient algorithm for computation of well responses in commingled reservoirs[J]. SPE Formation Evaluation, 1994, 9（2）: 115-121.
[8] AGARWAL B, CHEN H Y, RAGHAVAN R. Buildup behaviors in commingled reservoir systems with unequal initial pressure distributions: Interpretation[R]. SPE 24680, 1992.
[9] AREVALO-VILLAGRAN J, WATTENBARGER R, EL-BANBI A. Production analysis of commingled gas reservoirs: Case histories[R]. SPE 58985, 2000.

[10] 刘启国, 王辉, 王瑞成, 等. 多层气藏井分层产量贡献计算方法及影响因素[J]. 西南石油大学学报(自然科学版), 2010, 32(1): 80-84.

[11] CHENG Y, LEE W J, mCVAY D A. Improving reserves estimates from decline-curve analysis of tight andmultilayer gas wells[R]. SPE 108176, 2007.

[12] 晏宁平, 王旭, 吕华, 等. 鄂尔多斯盆地靖边气田下古生界非均质性气藏的产量递减规律[J]. 天然气工业, 2013, 33(2): 43-47.

[13] 王卫红, 沈平平, 马新华, 等. 非均质低渗透气藏储层动用能力及影响因素研究[J]. 天然气地球科学, 2005, 16(1): 93-97.

[14] 胡勇, 李熙喆, 万玉金, 等. 高低压双气层合采产气特征[J]. 天然气工业, 2009, 29(2): 89-91.

[15] 游利军, 李雷, 康毅力, 等. 考虑有效应力与含水饱和度的致密砂岩气层供气能力[J]. 天然气地球科学, 2012, 23(4): 764-769.

[16] 朱华银, 胡勇, 李江涛, 等. 柴达木盆地涩北多层气藏合采物理模拟[J]. 石油学报, 2013, 34(S1): 136-142.

[17] 邹才能, 杜金虎, 徐春春, 等. 四川盆地震旦系—寒武系特大型气田形成分布、资源潜力及勘探发现[J]. 石油勘探与开发, 2014, 41(3): 278-293.

[18] 唐洪明, 文鑫, 张旭阳, 等. 层间非均质砾岩油藏水驱油模拟实验[J]. 西南石油大学学报(自然科学版), 2014, 36(5): 129-135.

[19] 蔡忠. 储层孔隙结构与驱油效率关系研究[J]. 石油勘探与开发, 2000, 27(6): 45-46.

[20] 肖佃师, 卢双舫, 陆正元, 等. 联合核磁共振和恒速压汞方法测定致密砂岩孔喉结构[J]. 石油勘探与开发, 2016, 43(6): 961-970.

[21] 游利军, 康毅力, 陈一健. 致密砂岩含水饱和度建立新方法: 毛管自吸法[J]. 西南石油学院学报, 2005, 27(1): 28-31.

[22] LEI H, YANG S, QIAN K, et al. Experimental investigation and application of the asphaltene precipitation envelope[J]. Energy & Fuels, 2015, 29(11): 6920-6927.

[23] LEI H, YANG S, ZU L, et al. Oil recovery performance and CO_2 storage potential of CO_2 water-alternating-gas injection after continuous CO_2 injection in amultilayer formation[J]. Energy & Fuels, 2016, 30(11): 8922-8931.

[24] 游利军, 康毅力, 陈一键, 等. 考虑裂缝和含水饱和度的致密砂岩应力敏感性[J]. 中国石油大学学报(自然科学版), 2006, 30(2): 59-63.

缝洞型碳酸盐岩气藏多类型储层孔隙结构特征及储渗能力
——以四川盆地高石梯—磨溪地区灯四段为例

王 璐[1] 杨胜来[1] 彭 先[2] 刘义成[2] 徐 伟[2] 邓 惠[2]

（1.中国石油大学（北京）；2.中国石油西南油气田分公司）

摘 要 为全面表征缝洞型碳酸盐岩气藏多类型储层的孔隙结构特征及储渗能力，借助多种测试技术对四川盆地高石梯—磨溪地区灯四段储层样品进行分析与研究。首先利用铸体薄片和扫描电镜技术定性刻画了储层的岩性、物性、储集空间和喉道特征，然后根据高压压汞得到的毛细管压力曲线对储层进行分类，最后基于多尺度CT扫描定量表征了3类样品的二维、三维孔隙结构特征。结果表明：研究区储集空间既有受组构控制的粒间溶孔、粒内溶孔和晶间溶孔等，又有不受组构控制的溶洞、溶缝和构造缝；喉道以缩颈、片状和管束状为主；根据毛细管压力曲线特征，储层可划分为缝洞型、孔洞型和孔隙型；缝洞型储层大孔隙与溶洞发育，分布均匀且连通性好，喉道粗大且数量较多，微裂缝与溶蚀孔洞串接呈串珠状分布，沟通了孤立的储集空间，具有最好的储渗能力；孔洞型多尺度孔隙与溶洞发育，储集能力强，喉道粗大但数量较少，连通性较差，各储集空间无法有效沟通，渗流能力受限；孔隙型细小孔隙发育且分布不均，大部分区域被岩石骨架占据，喉道数量少且连通性极差，储渗能力弱。

关键词 孔隙结构；缝洞型碳酸盐岩；多类型储层；多尺度CT扫描；储渗能力；四川盆地

1 引言

缝洞型碳酸盐岩气藏是经多期构造运动与古岩溶共同作用形成的一种特殊类型气藏，其储集介质由溶洞、溶孔和裂缝组成，具有构造复杂、储层非均质性强、孔缝洞宏观发育及渗流规律复杂等特征，典型代表为四川盆地震旦系—寒武系特大型气田[1-2]，这些不同于常规储层的特性使其形成了多类型储层交替分布的特征。孔隙结构是指储集岩中孔隙和喉道的几何形状、大小、分布及其相互连通关系[3]，是直接影响储层储集和渗流能力的重要因素[4-5]。对于缝洞型碳酸盐岩气藏，裂缝与溶洞的加入使得多重介质之间的孔隙结构特征更加复杂，能否准确全面表征储层的微观孔隙结构特征是提高该类气藏产能的关键[6-9]。

目前，能直观反映和表征储层微观孔隙结构的方法多在实验室内进行，主要包括铸体薄片法、扫描电镜法、压汞法及 CT 扫描法[10-12]。各种方法都有其优缺点：铸体薄片和扫描电镜可以获得样品截面图像，直接观察截面面孔率、孔喉类型、孔喉形貌、孔喉大小及分布特征，但多为定性刻画，且无法获取三维孔隙结构特征；压汞法虽然能够得到孔喉参数及其连通性，但仅能反映连通孔喉的整体信息，无法反映孔喉分布的非均质性与三维孔隙结构；CT 扫描法可以针对不同尺度的样品，快速获取微观的二维、三维孔隙结构特征，并能进行精确的定量表征，但在定性刻画孔隙结构方面还无法代替扫描电镜、铸体薄片等功能，且成本高，无法进行大量测试[13-20]。

前人对不同类型油气藏的孔隙结构特征已经开展了一定的研究：白斌等[21]对致密砂岩储层样品进行纳米—微米 CT 三维成像，全面表征了致密储层微观孔喉分布及结构特征；高树生等[22]应用 CT 扫描与核磁共振技术研究了四川盆地龙王庙组气藏储层的孔缝洞分布特征与规律；薛华庆等[10]利用 CT 扫描技术对油砂、致密砂岩和页岩样品的微观结构进行了表征研究，并对比了常规测试方法与 CT 扫描表征技术的差异性；高树生等[23]通过压汞和核磁共振实验研究了低渗透砂岩、火山岩和碳酸盐岩储层的孔隙结构，并分析了这 3 类储层存在物性与开发差异的根本原因。然而，目前还未有针对缝洞型碳酸盐岩气藏多类型储层进行的孔隙结构特征及储渗能力方面的研究。

本文在前人研究的基础上，综合运用多种测试技术，对四川盆地高石梯—磨溪地区灯四段气藏储层样品进行了研究与分析。首先利用铸体薄片和扫描电镜技术定性刻画了储层的岩性、物性、储集空间和喉道特征，然后根据高压压汞实验得到的毛细管压力曲线对储层进行分类，最后基于多尺度 CT 扫描定量表征了 3 类储层的二维、三维孔隙结构特征，实现了缝洞型碳酸盐岩气藏多类型储层孔隙结构特征在定性和定量上的精准刻画。并据此分析了不同类型储层的储集和渗流能力，形成了一套较为完善的孔隙结构特征与储渗能力的研究测试方法，以期对该类气藏的有效、高效开发和提产、稳产方案的设计提供指导。

2 基于铸体薄片与扫描电镜的储层特征

基于铸体薄片和扫描电镜技术，选取四川盆地高石梯—磨溪地区灯四段气藏典型井岩心资料进行储层岩石性质、物性、储集空间及喉道特征研究，定性刻画了研究区域储层的多类型孔隙结构特征，为后续进行储层类型的划分与孔隙结构的定量表征奠定了研究基础。

2.1 储层岩性特征

通过观察岩心照片与铸体薄片（图 1）可以看出，灯四段储层均发育在白云岩中，主要以丘滩复合体的藻凝块云岩、藻叠层云岩和藻砂屑云岩为主。藻凝块云岩是灯四段最主要的储集岩，面孔率集中在 3%~6%，主要储集空间为凝块间残余溶蚀孔洞及后期溶蚀孔洞，局部充填沥青或云质。藻叠层云岩发育仅次于藻凝块云岩，岩溶改造作用强，溶蚀孔洞发育，面孔率主要在4%~8%，部分达10%以上，主要储集空间为藻丝体腐烂后形成的鸟眼孔洞或窗格孔洞，顺层溶蚀作用明显。当沉积界面处于浪基面之上的高能带时，早期的泥晶岩类或藻白云岩被破碎，形成砂屑云岩，主要储集空间为粒间（溶）孔。

（a）高石102井，5300.0m，藻凝块云岩

（b）高石1井，4977.7m，藻叠层云岩

（c）高石102井，5091.3m，藻砂屑云岩

图1 灯四段气藏典型井岩心照片

2.2 储层物性特征

通过对灯四段气藏9口井、966个孔渗实验数据进行分析，得到的储层物性特征如下：孔隙度总体分布在2.00%~13.90%，主要分布在2.00%~6.00%，平均为3.91%；渗透率总体分布在0.000 1~10 000mD，主要分布在0.01~10mD，平均为1.02mD；储层物性总体具有低孔、低渗透特征，局部发育高孔、高渗透层段。

（a）藻凝块云岩

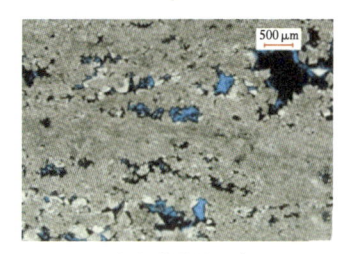

（b）藻叠层云岩

（c）藻砂屑云岩

图2 灯四段气藏典型井岩石薄片

2.3 储集空间特征

缝洞型碳酸盐岩气藏的储集空间类型多样，既有受组构控制的粒间溶孔、粒内溶孔、格架孔和晶间溶孔等，又有不受组构控制的溶洞、溶缝和构造缝。通过对灯四段储层剖面、钻井岩心及薄片微观的详细观察，根据成因、形态、大小及分布位置，其储集空间具有以下特征。（1）以粒间溶孔和晶间溶孔为主的次生孔隙是灯四段气藏的主要储集空间，局部发育晶间孔、格架孔和粒间孔等（图3）。多类型孔隙的形成主要与粒间或格架孔保存、准同生期、成岩早期溶蚀作用和多期埋藏岩溶叠加有关。（2）灯四段气藏发育不同成因且各具特色的溶洞，多呈层状或沿裂缝呈串珠状分布，也有围绕岩溶角砾分布。各类型溶洞中以中、小溶洞为主，大溶洞发育较少，洞径在2~5mm的小溶洞占79%，洞径

在 5~10mm 的中溶洞占 15%，洞径大于 10mm 的大溶洞仅占 6%。因此，多类型中、小溶洞构成另一类重要储集空间（图 1）。（3）裂缝在灯四段气藏中普遍发育，主要为构造缝、压溶缝和扩溶缝，其中对储渗性贡献较大的有效缝主要包括白云石—沥青部分充填的构造缝和沿构造缝分布的溶缝（图 4）。裂缝虽然对储集空间的贡献较小，但它们有效沟通了孔洞型储集空间，起到了改善储层渗透性的作用。宏、微观裂缝与各种有效孔洞的良好搭配，是安岳气田灯四段优质储层形成和气井高产的重要原因。

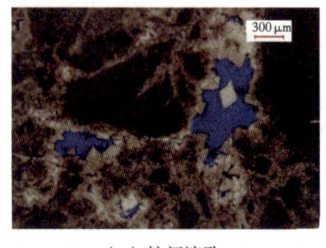

（a）粒间溶孔 　　　　　（b）晶间孔及晶间溶孔 　　　　　（c）格架孔

图 3　灯四段气藏多类型孔隙岩石薄片

（a）高石1井，4958.7m，构造缝 　　　（b）高石102井，5034.8m，压溶缝 　　　（c）高石1井，4966.98m，扩溶缝

图 4　灯四段气藏多类型裂缝图像

2.4　储层喉道特征

岩层中喉道的大小与类型决定了油气储层的渗流能力，孔喉的配置关系则影响着岩石的储集性能。借助扫描电镜技术，研究了灯四段气藏储层喉道类型及特征，主要发育缩颈、片状和管束状 3 类喉道类型（图 5）。（1）缩颈喉道是孔隙缩小部分形成的喉道，宽度一般大于 10μm，在砂屑云岩粒间溶孔之间常见，是灯四段储层最主要的喉道类型

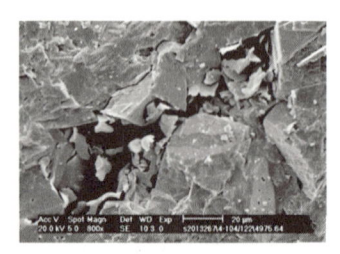

（a）缩颈和片状喉道 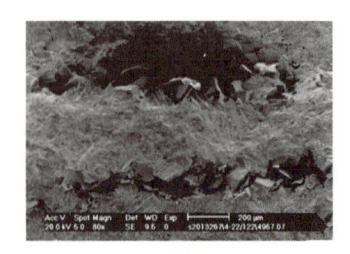　　　　　（b）片状喉道 　　　　　（c）管束状喉道

图 5　灯四段气藏主要喉道类型扫描电镜照片

之一。（2）片状喉道宽度一般在 1μm 以下，常见于晶粒白云岩储层中，是另一种主要的喉道类型。（3）连接孔隙与孔隙的细长管道称为管束状喉道，其端面近似为圆形，半径一般小于 10μm，见于胶结或压实作用较强的砂屑云岩中，在灯四段喉道中所占比例较少。

3 基于高压压汞实验的储层类型划分

通过利用铸体薄片与电镜扫描等实验手段对灯四段气藏储层特征进行精细表征，证明该地区碳酸盐岩储层主要发育孔隙、溶洞与裂缝 3 类孔隙结构，是典型的缝洞型碳酸盐岩气藏。各类孔隙结构相互组合匹配，增强了非均质性，形成了多种类型储层。为了更好地研究缝洞型碳酸盐岩气藏多类型储层的孔喉结构特征，对 GS1 井灯四段 7 块特征明显的岩心样品进行了高压压汞测试。压汞法的基本原理为：相对于大部分固体界面，汞表现为非润湿相，当汞被注入多孔介质时，毛细管压力表现为阻力；随着外部压力的增大，汞逐渐进入半径更小的孔隙，通过测量不同外压下进入孔隙中汞的量即可知相应孔的体积。在油气藏物理模拟试验中，压汞结果被用来绘制毛细管压力曲线，可以描述多项储层的特征。

常规储层大多基于孔隙度范围进行分类，再对区域内岩心进行高压压汞实验研究不同类型储层的孔隙结构特征。而对于缝洞型碳酸盐岩气藏，裂缝与溶洞发育，储层非均质性强，孔隙度分类方法难以用于对其多类型储层的孔隙结构和储渗能力进行研究。因此，笔者以是否存在溶洞与裂缝作为分类标准，在岩心表面观察的基础上，对岩心进行初步分类并进行高压压汞实验。然后，将同一类型的多条毛细管压力曲线放在一起，对比分析曲线特征，判断初步分类结果的正确性，并对部分曲线进行类型调整，防止部分岩心内部存在裂缝或溶洞导致初步分类出现偏差。最后，将同一类型储层的毛细管压力曲线进行归一化处理，得到如图 6 所示的 4 类储层毛细管压力曲线：Ⅰ类平台段较长且区间

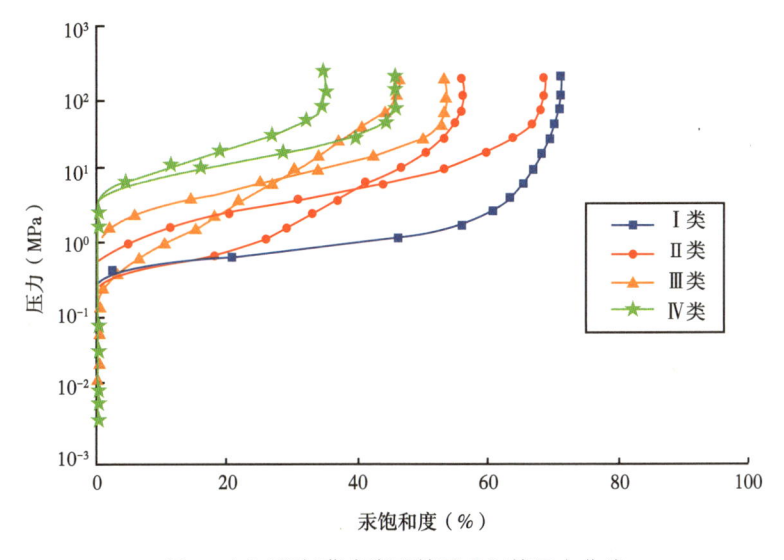

图 6 灯四段气藏多类型储层毛细管压力曲线

较宽，分选好、粗歪度，进汞压力小于 0.17MPa，最大进汞饱和度大于 70%，代表最优质的缝洞型储层，孔喉结构粗大且分布均匀，连通性好，具有高孔、高渗透特征，储集和渗流能力好；Ⅱ类具有双台阶，反映储层具有粗、细两套不同的孔喉系统，平直段主要出现在粗孔喉段，分选较好，粗歪度，进汞压力 0.28~0.71MPa，中值压力较小，最大进汞饱和度 55%~70%，代表溶洞发育的孔洞型储层，储集能力好，但渗流能力中等；Ⅲ类分选性中偏好，略细歪度，进汞压力 0.26~1.10MPa，中值压力中等，最大进汞饱和度 45%~55%，代表物性一般的孔隙型储层，粗、细孔喉较散，储集与渗流能力差；Ⅳ类分选较好，细歪度，进汞压力大于 5MPa，最大进汞饱和度极低，具有微孔喉集中分布的特征，储集和渗流能力差，代表不具有开发价值的非储层。因此，灯四段碳酸盐岩气藏储层类型可划分为缝洞型、孔洞型和孔隙型，而后面关于各种类型储层孔隙结构特征的研究结果也验证了这一分类的准确性与必要性。

4 基于多尺度 CT 扫描的孔隙结构特征及储渗能力

为了对灯四段缝洞型碳酸盐岩气藏多类型储层的孔隙结构进行三维重构并定量表征孔缝洞分布规律，依据储层分类结果，选取了缝洞型、孔洞型和孔隙型 3 类典型岩心进行 CT 扫描实验。通过上述孔隙结构特征定性研究结果可知，3 种类型储层既包含大尺度的溶洞和裂缝，也包含小尺度的孔隙，如果仅进行一个分辨率尺度下的 CT 扫描将无法完全反映缝洞型碳酸盐岩气藏所有类型的孔隙结构特征。因此，根据高压压汞实验对 3 类储层孔喉尺寸的初步研究，对岩心进行了两个分辨率尺度下的 CT 扫描，其中：分辨率 13.15μm 可用来研究较大尺度的孔喉、溶洞结构特征以及裂缝参数；分辨率 0.98μm 则可以较好地观察小尺度的孔喉结构特征。

4.1 实验设备及孔隙模型建立方法

由于 CT 图像反映的是 X 射线在穿透物体过程中能量衰减的信息，因此三维 CT 图像能够真实反映出岩心内部的孔隙结构特征与分布规律。本实验采用 MicroXCT-400 型微米扫描仪，电压 40~150kV，功率 1~10W，最大测量岩样直径为 50mm，最大岩样高度 40mm，像素分辨率 0.7~40.0μm，能够实现精准刻画研究区域不同尺度下孔隙结构的要求。本文采用"最大球（maxima-ball）法"在三维数字岩心中进行孔隙网络结构的提取与建模，既提高了网络提取的速度，也保证了孔隙分布特征与连通特征的准确性。

"最大球法"一次性把不同尺寸的球体填充到三维岩心图像的全部孔隙空间中，整个岩心内部的不规则孔隙结构将通过相互交叠及包含的球串来表征（图 7）。孔隙网络结构中"孔隙"和"喉道"的确定通过在球串中寻找局部最大球以及两个最大球之间的最小球，从而形成"孔隙—喉道—孔隙"的配对关系来完成。最终，整个球串结构被快速地简化为以孔隙和喉道为单元的规则孔隙网络结构模型。表征连通性的"配位数"即为最大球代表的"孔隙"所连接最小球代表的"喉道"的数量。

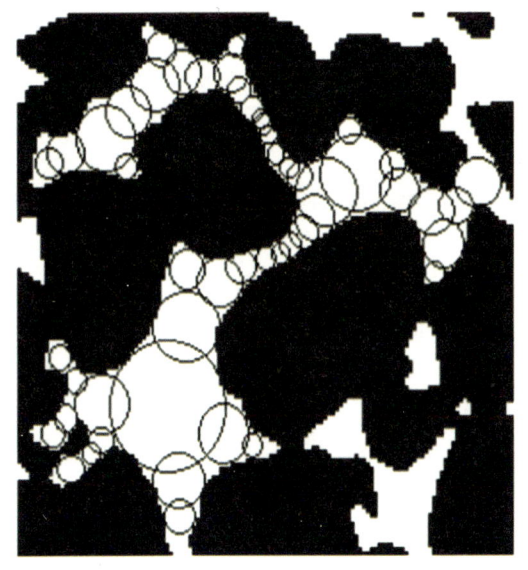

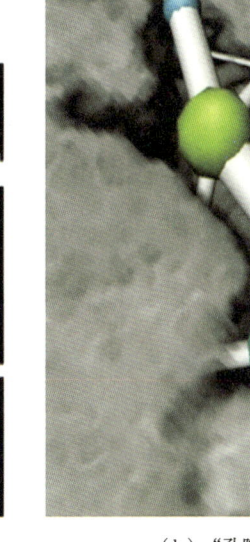

(a）不同尺寸球体填充孔隙空间　　　　　　（b）"孔隙—喉道—孔隙"填充图

图 7 "最大球法"提取孔隙网络结构

4.2 孔隙结构特征分析流程

基于 CT 扫描的孔隙结构特征分析流程如下。

（1）二维孔隙结构分析。根据二维 CT 扫描图像，分析表观孔隙结构特征。

（2）样品区域选取［图 8（a）］。基于二维 CT 扫描图像，选取最大和最能代表样品的区域建立三维孔隙模型，同时避免扫描质量较差的区域，以免对图像后期处理造成影响。

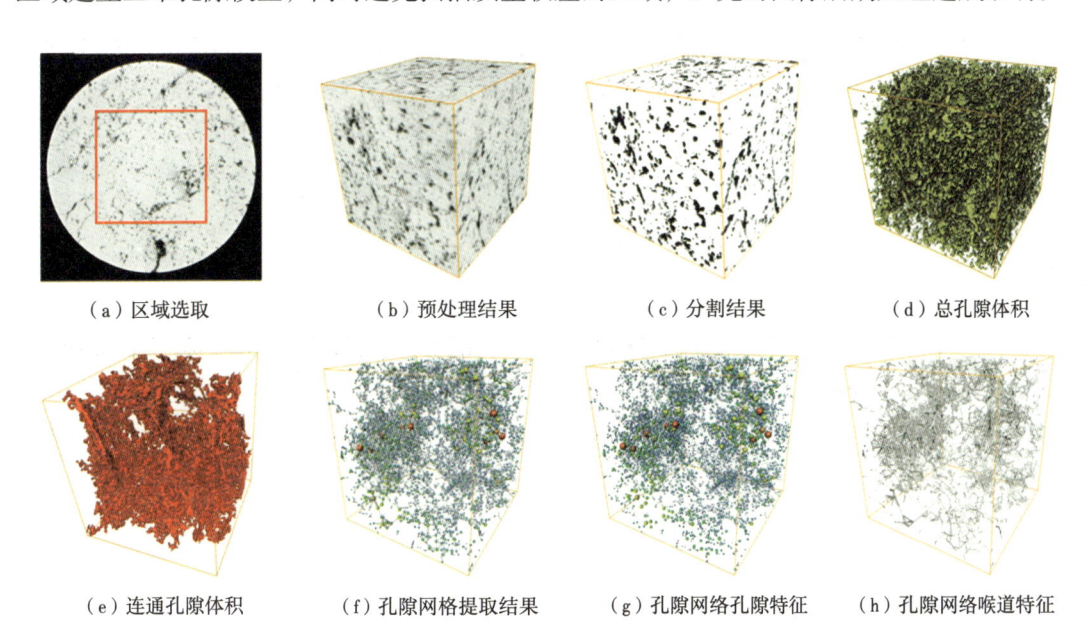

（a）区域选取　　　（b）预处理结果　　　（c）分割结果　　　（d）总孔隙体积

（e）连通孔隙体积　（f）孔隙网格提取结果　（g）孔隙网络孔隙特征　（h）孔隙网络喉道特征

图 8 基于 CT 扫描的孔隙结构特征分析流程

（3）样品区域预处理［图8（b）］。对样品进行平滑处理，去除样品扫描中的噪声，避免在分割过程中造成噪声影响。

（4）样品分割［图8（c）］。图像预处理完后，在此基础上将其分割成孔隙和骨架颗粒。

（5）孔喉参数计算［图8（d）、(e)］。根据分割的样品对孔隙基本参数进行计算，主要包括孔隙度、连通孔隙度、孔喉半径等。

（6）孔隙网络提取［图8（f）］。基于图像分割的结果，利用 iCore 软件对孔隙网络进行提取。

（7）三维孔隙网络分析［图8（g）、(h)］。在提取的孔隙网络基础上进行定量分析，包括孔喉半径、孔喉体积分布特征以及孔喉配位数分布规律。

4.3 二维孔隙结构特征

首先对3类岩心进行不同尺度条件下的二维CT扫描及分析。通过观察和对比俯视图与正视图（图9）可见，缝洞型碳酸盐岩气藏非均质性强，3类储层在孔隙结构上存在较大差别：(1)缝洞型样品中存在宏观缝与微缝，发育程度总体较高，构造缝断面较平直且多以高角度缝出现，微裂缝与溶蚀孔洞串接呈串珠状分布，有效沟通了各储集空间，微

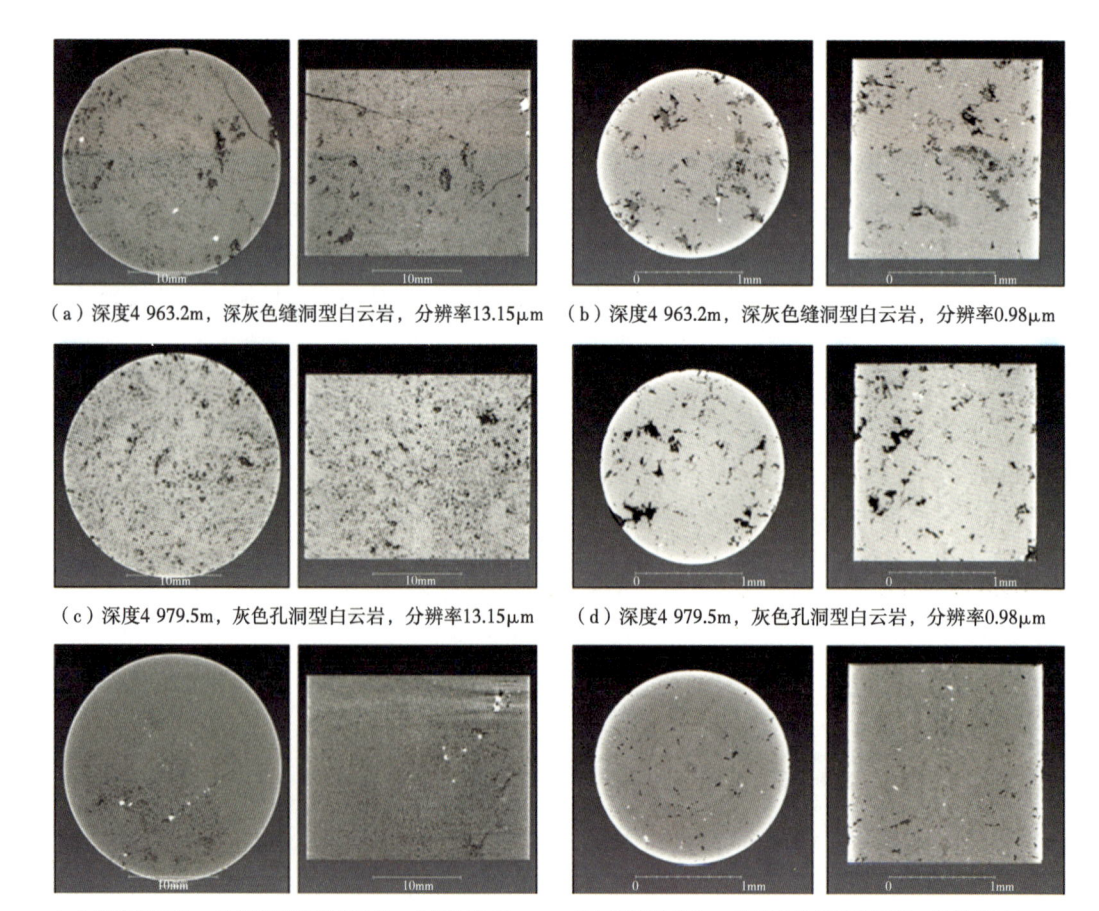

（a）深度4 963.2m，深灰色缝洞型白云岩，分辨率13.15μm　（b）深度4 963.2m，深灰色缝洞型白云岩，分辨率0.98μm

（c）深度4 979.5m，灰色孔洞型白云岩，分辨率13.15μm　（d）深度4 979.5m，灰色孔洞型白云岩，分辨率0.98μm

（e）深度5047.8m，灰褐色孔隙型白云岩，分辨率13.15μm　（f）深度5047.8m，灰褐色孔隙型白云岩，分辨率0.98μm

图9　不同类型岩心不同尺度下CT扫描表观图像

裂缝孔隙度为 0.5%，宽度为 20~332μm，平面延伸 800μm 左右；（2）孔洞型样品中溶蚀孔洞发育，多呈层状或围绕岩溶角砾分布，形状主要为不规则圆形、三角形和长条状，以直径在 2mm 左右的小型溶洞为主；（3）小尺度条件下，孔洞型和缝洞型储层微观孔喉结构仍然发育，可见直径大于 100μm 的粗大孔喉，但无法观察到宏观裂缝与溶洞；（4）孔隙型样品在大尺度条件下只能在部分区域观察到极小的孔隙结构，但大部分区域孔喉不发育，表现为致密层，在小尺度下可见微观孔喉，但大都呈椭球状、三角状孤立分布，多为发育在矿物颗粒和晶体之间的溶孔，大小为 0.7~4.6μm。

4.4 三维孔隙结构特征

选取样品中孔喉集中发育的区域，建立 3 类储层的三维孔隙结构模型，对比分析孔隙体积、孔喉大小及其分布规律和连通关系等三维结构特征。图 10 为 3 类岩样孔隙结构提取的"球棍模型"，球代表孔隙，棍代表喉道，其大小表示孔喉的尺寸，分别描述岩样的储、渗能力，每个球连接棍的数量表示孔喉配位数。由于常规三维孔隙模型无法对微裂缝进行提取分析，基于二值分割后的岩石图像，以 5×10^5 个像素的体积为微裂缝分割阈值，对二值图像进一步分割，提取图像中的微裂缝，缝洞型样品的三维裂缝提取结果如图 11 所示。图 12 为利用 iCore 软件进行定量分析得到的多类型孔隙结构的体积大小及分布特征。综合铸体薄片、扫描电镜、高压压汞、多尺度 CT 扫描研究结果，灯四段缝洞型碳酸盐岩气藏多类型储层孔隙结构特征见表 1。综合分析图 10 至图 12 与表 1 可以得出三类储层的三维孔隙结构特征：（1）孔隙型样品孔隙半径多为 0.7~4.6μm，喉道半径多为 0.5~3.8μm，最大孔喉半径 170.4μm，孔隙体积多在 $3\times10^6\mu m^3$ 以下，细小孔隙发育且分布不均，大部分区域被岩石骨架占据，总孔隙度小于 4%，连通孔隙度小，储集空间以微孔隙为主，渗流通道为喉道，但喉道数量少且孔喉连通性差，配位数低，储集和渗流能力均很差；（2）孔洞型样品孔隙半径多为 2.5~20.3μm，喉道半径多为 1.7~14.0μm，最大孔喉半径为 470.7μm，孔隙体积多在 $7\times10^6\mu m^3$ 以下，发育不同尺度的孔隙与溶洞，总孔隙度大于 4%，连通孔隙度较高，溶洞体积占比大，储集空间以溶洞和大孔隙为主，储集能力强，渗流通道为喉道和顺层溶洞，喉道粗大但数量较少，孔喉连通性较差，配位数较低，各储集空间之间无法形成有效沟通，渗流能力受限；（3）缝洞型样品孔隙半径多为 1.9~13.2μm，喉道半径多为 1.2~12.9μm，最大孔喉半径为 392.2μm，孔隙体积多在 $1\times10^7\mu m^3$ 以上，大孔隙与溶洞发育且分布均匀，总孔隙度大于 6%，多条微裂缝的存在沟通了孤立的储集空间，连通孔隙度占比高达 83%，溶洞与孔隙体积占比较高，储集空间以溶洞和大孔隙为主，渗流通道以裂缝和喉道为主，喉道粗大且数量较多，配位数较高，储集和渗流能力最好。CT 扫描分析结果与高压压汞实验结果相对应，也进一步验证了多类型储层分类结果的准确性。

结合宏观、微观、静态、动态等资料分析认为：灯四段缝洞型碳酸盐岩储层储集类型以裂缝—孔洞型储层为主，发育的微裂缝、宏观裂缝及水平顺层溶洞在改善储层渗流能力方面起重要作用，且溶洞的发育是储集能力的重要补充，裂缝与溶洞的合理搭配是缝洞型碳酸盐岩气藏能否实现有效开发的基础，寻找缝洞发育区是气藏能否高效开发的重点，而针对孔洞发育区进行压裂改造则是提高采收率的关键。

（a）缝洞型（13.15μm） （b）孔洞型（13.15μm） （c）孔隙型（13.15μm）

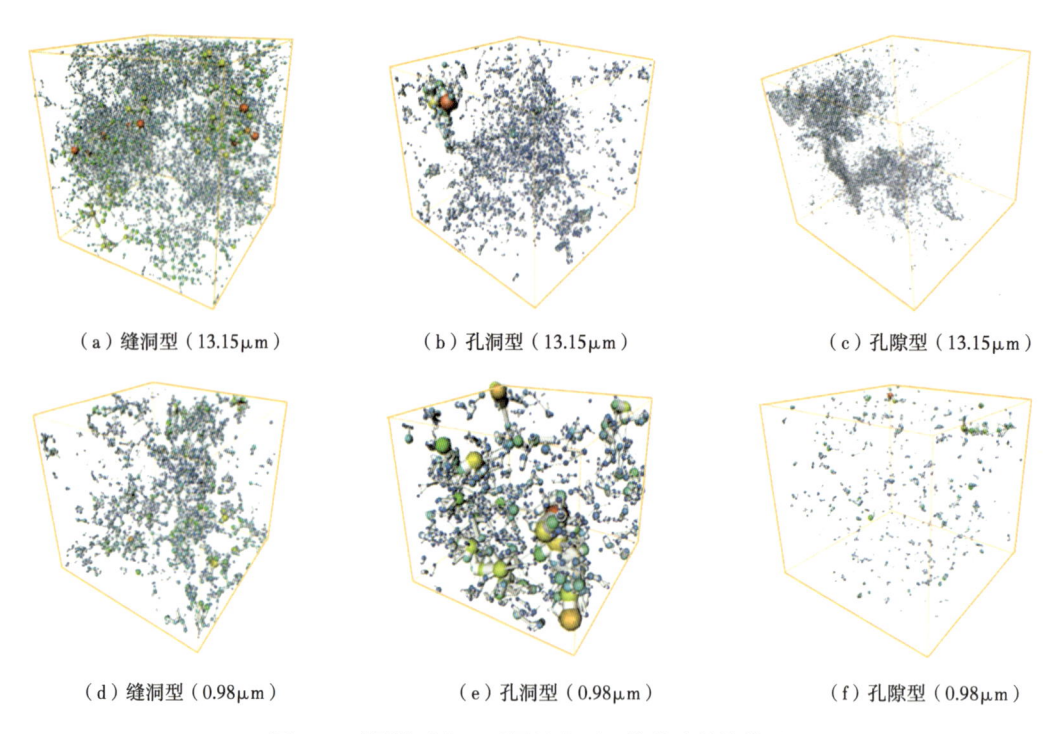

（d）缝洞型（0.98μm） （e）孔洞型（0.98μm） （f）孔隙型（0.98μm）

图 10 不同类型岩心不同尺度下三维孔隙结构模型

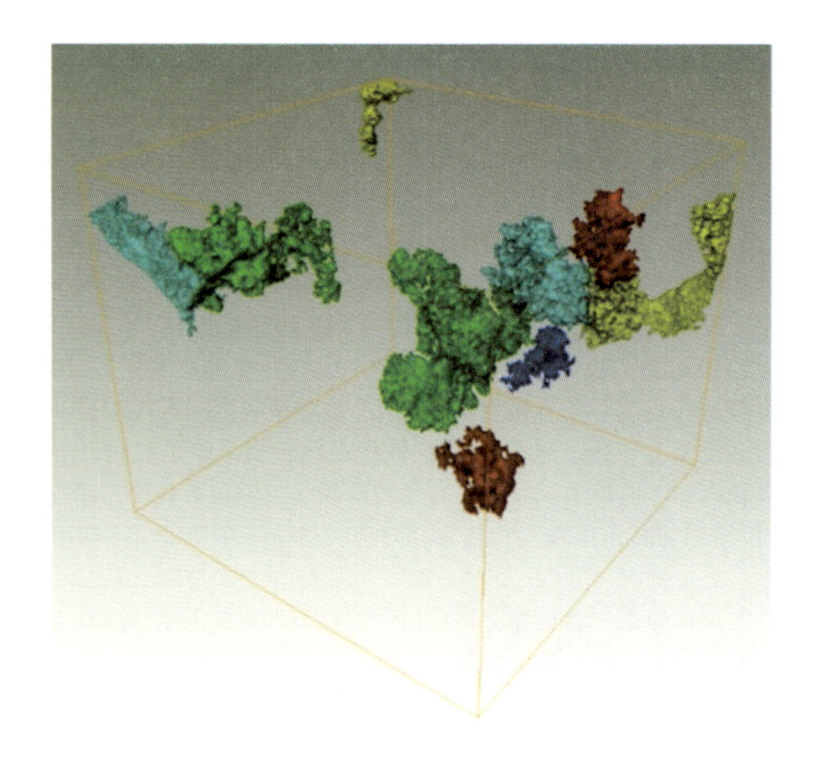

图 11 缝洞型样品微裂缝模型

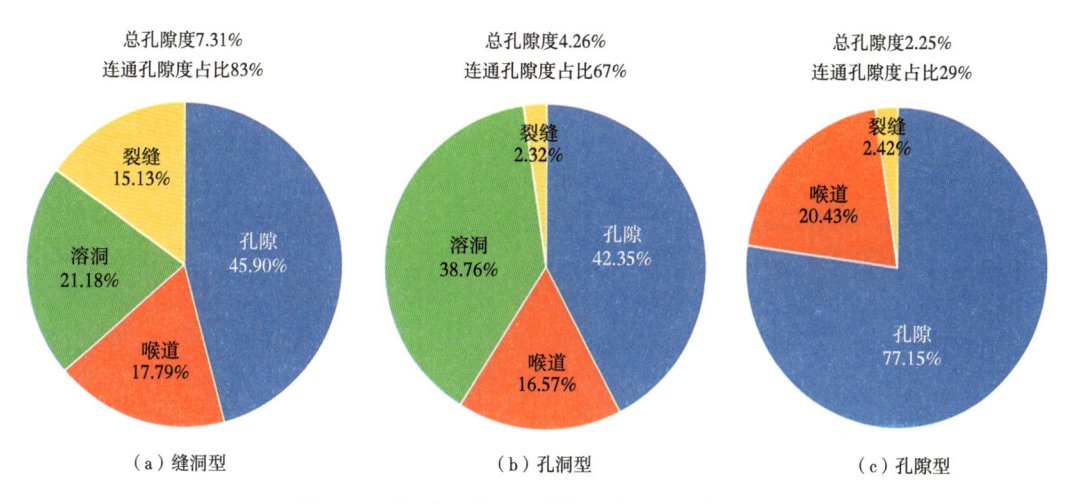

总孔隙度7.31%　　　　　　　　总孔隙度4.26%　　　　　　　　总孔隙度2.25%
连通孔隙度占比83%　　　　　　连通孔隙度占比67%　　　　　　连通孔隙度占比29%

（a）缝洞型　　　　　　　　　（b）孔洞型　　　　　　　　　（c）孔隙型

图12　不同类型储层孔隙体积大小及分布特征

表1　灯四段缝洞型碳酸盐岩气藏多类型储层孔隙结构特征

孔隙特征参数	孔隙型储层	孔洞型储层	缝洞型储层
孔隙度（%）	<4	>4	>6
孔隙连通性	极差	较好	好
渗透率（mD）	<0.1	<1.0	>1.0
岩性特征	藻凝块云岩、藻叠层云岩、藻砂屑云岩		
孔隙类型	粒间溶孔、粒内溶孔、铸模孔、晶间溶孔		
溶洞类型		中、小型溶洞，呈层状或沿裂缝、溶缝呈串珠状分布	
裂缝类型			构造缝、压溶缝、扩溶缝
喉道类型	缩颈喉道、片状喉道、管束状喉道		
进汞压力（MPa）	0.2~2.0	0.2~1.0	<0.2
最大进汞饱和度（%）	45~55	55~70	>70
分选性	中偏好	较好	好
孔隙半径（μm）	0.7~4.6	2.5~20.3	1.9~13.2
最大孔喉半径（μm）	170.4	470.7	392.2
孔隙体积（μm³）	<3×10⁶为主	<7×10⁶为主	>1×10⁷为主
喉道半径（μm）	0.5~3.8	1.7~14.0	1.2~12.9
喉道数量	少	较少	较多
孔喉配位数	低	较低	较高
溶洞尺寸		以直径2mm左右的小型溶洞为主	
裂缝开度（μm）			20~332
孔隙形状	呈椭球、三角状孤立分布		
溶洞形状		扁圆形、椭圆形、条带状分布	
裂缝形状			串珠状分布
储集空间	孔隙	溶洞、大孔隙为主	溶洞、大孔隙为主
储集能力	弱	强	强
渗流通道	喉道	喉道、溶洞	裂缝、喉道
渗流能力	弱	较弱	强

5 结论

（1）铸体薄片与扫描电镜结果表明，灯四段缝洞型碳酸盐岩气藏储集空间以粒间溶孔和晶间溶孔为主，中、小型溶洞发育是储集能力的重要补充；构造缝、压溶缝和扩溶缝的发育有效沟通了孔洞型储集空间，改善了储渗能力；喉道类型以缩颈状、片状和管束状为主。

（2）依据高压压汞实验得到的毛细管压力曲线，可将研究区储层划分为缝洞型、孔洞型、孔隙型和非储层。其中：缝洞型储层进汞压力＜0.2MPa，进汞饱和度＞70%，分选性好；孔洞型储层进汞压力为0.2~1.0MPa，进汞饱和度55%~70%，分选性较好；孔隙型储层进汞压力为0.2~2.0MPa，进汞饱和度45%~55%，分选性中偏好。

（3）基于多尺度CT扫描技术，采用"最大球法"对3类储层不同尺度下的孔隙结构进行了三维重构，研究结果表明：缝洞型样品孔喉尺寸大，大孔隙与溶洞发育，分布均匀且连通性好，喉道粗大且数量较多，微裂缝与溶蚀孔洞串接沟通了孤立的储集空间，储渗能力最好；孔洞型样品孔喉尺寸大，不同尺度的孔隙与溶洞发育，储集能力强，喉道粗大但数量较少，连通性较差，各储集空间之间无法有效沟通，渗流能力受限；孔隙型样品孔喉尺寸小，细小孔隙发育且分布不均，多为发育在矿物颗粒和晶体之间的溶孔，储集空间以微孔隙为主，喉道数量少且连通性极差，储流能力最弱。

参 考 文 献

[1] 贾爱林，闫海军. 不同类型典型碳酸盐岩气藏开发面临问题与对策[J]. 石油学报，2014，35（3）：519-527.

[2] 邹才能，杜金虎，徐春春，等. 四川盆地震旦系—寒武系特大型气田形成分布、资源潜力及勘探发现[J]. 石油勘探与开发，2014，41（3）：278-293.

[3] 吴胜和，熊琦华. 油气储层地质学[M]. 北京：石油工业出版社，1998.

[4] 毛志强，李进福. 油气层产能预测方法及模型[J]. 石油学报，2000，21（5）：58-61.

[5] 王璐，杨胜来，刘义成，等. 缝洞型碳酸盐岩气藏多层合采供气能力实验[J]. 石油勘探与开发，2017，44（5）：779-787.

[6] 王璐，杨胜来，刘义成，等. 缝洞型碳酸盐岩储层气水两相微观渗流机理可视化实验研究[J]. 石油科学通报，2017，2（3）：364-376.

[7] Wang Lu, Yang Shenglai, Peng Xian, et al. An Improved Visual Investigation on Gas-Water Flow Characteristics and Trapped Gas Formationmechanism of Fracture-Cavity Carbonate Gas Reservoir[J]. Journal of Natural Gas Science and Engineering, 2018, 49, 213-226.

[8] Wang Lu, Yang Shenglai, meng Zhan, et al. Time-Dependent Shape Factors for Fractured Reservoir Simulation：Effect of Stress Sensitivity inmatrix System[J]. Journal of Petroleum Science and Engineering, 2018, 163, 556-569.

[9] 王璐，杨胜来，彭先，等. 缝洞型碳酸盐岩气藏多类型储层内水的赋存特征可视化实验[J]. 石油学报，2018，39（6）：686-696.

[10] 薛华庆，胥蕊娜，姜培学，等. 岩石微观结构CT扫描表征技术研究[J]. 力学学报，2015，47（6）：1073-1078.

[11] Peng Ruidong, Yang Yancong, Ju Yang, et al. Computation of Fractal Dimension of Rock Pores Based on

Gray CT Images[J]. Chinese Science Bulletin, 2011, 56: 3346-3357.

[12] Clarkson C R, Solano N, Bustin Rm, et al. Pore Structure Characterization of North American Shale Gas Reservoirs Using USANS/SANS, Gas Adsorption, andmercury Intrusion[J]. Fuel, 2013, 103: 606-616.

[13] 查明, 尹向烟, 姜林, 等. CT扫描技术在石油勘探开发中的应用[J]. 地质科技情报, 2017（4）: 228-235.

[14] Denney D. Robust Determination of the Pore-Spacemorphology in Sedimentary Rocks[J]. Journal of Petroleum Technology, 2004, 56: 69-70.

[15] Al-Kharusi A S, Bluntm J. Network Extraction from Sandstone and Carbonate Pore Space Images[J]. Journal of Petroleum Science and Engineering, 2007, 56: 219-231.

[16] Attwood D.microscopy: Nanotomography Comes of Age[J]. Nature, 2006, 442: 642.

[17] 邓世冠, 吕伟峰, 刘庆杰, 等. 利用CT技术研究砾岩驱油机理[J]. 石油勘探与开发, 2014, 41（3）: 330-335.

[18] 王明磊, 张遂安, 张福东, 等. 鄂尔多斯盆地延长组长7段致密油微观赋存形式定量研究[J]. 石油勘探与开发, 2015, 42（6）: 757-762.

[19] 杨峰, 宁正福, 胡昌蓬, 等. 页岩储层微观孔隙结构特征[J]. 石油学报, 2013, 34（2）: 301-311.

[20] 林承焰, 王杨, 杨山, 等. 基于CT的数字岩心三维建模[J]. 吉林大学学报（地球科学版）, 2018, 48（1）: 307-317.

[21] 白斌, 朱如凯, 吴松涛, 等. 利用多尺度CT成像表征致密砂岩微观孔喉结构[J]. 石油勘探与开发, 2013, 40（3）: 329-333.

[22] 高树生, 胡志明, 安为国, 等. 四川盆地龙王庙组气藏白云岩储层孔洞缝分布特征[J]. 天然气工业, 2014, 34（3）: 103-109.

[23] 高树生, 胡志明, 刘华勋, 等. 不同岩性储层的微观孔隙特征[J]. 石油学报, 2016, 37（2）: 248-256.